컴퓨터응용선반
기능사 필기
+
무료 강좌

KB141205

PREFACE

컴퓨터응용선반기능사 시험은 부품을 가공하기 위한 가공도면의 해석, 작업계획의 수립, 적합한 공구의 선택, 선반과 CNC선반을 운용한 내·외경, 홈, 테이퍼, 나사 등의 가공, 공작물 측정 및 수정작업 등의 직무수행능력을 평가합니다.

본서는 2022년부터 적용되는 최신 NCS 기반의 출제기준에 맞게 단원별로 핵심 내용을 정리하였으며, 기출문제와 CBT 모의고사를 통해 수험생들이 보다 쉽게 실전 문제 풀이 능력을 향상할 수 있도록 효율적인 학습 루틴을 제시하였습니다.

이 책의 구성 및 특징

첫째, 최신 NCS를 토대로 한 핵심 내용 정리
둘째, 단원별 핵심 기출문제와 5개년 기출문제 및 출제예상문제 수록
셋째, 이해도를 높이는 상세한 문제풀이 게재
넷째, YouTube 무료 강좌 제공

이 책이 기계가공 분야로 첫발을 내딛는 입문자들에게 밝은 빛이 될 것이라 믿습니다.

다솔유캠퍼스 연구진들의 땀과 정성으로 만든 이 책이 누군가에게 기회를 만들 수 있는 초석이 되었으면 하는 바람입니다.

다솔유캠퍼스

Creative Engineering Drawing

Dasol U-Campus Book

2001

전산응용기계제도 실기
전산응용기계제도기능사 필기
기계설계산업기사 필기

2007

KS규격집 기계설계
전산응용기계제도 실기 출제도면집

2008

전산응용기계제도 실기/실무
AutoCAD-2D 활용서

1996

전산응용기계설계제도

1998

제도박사 98 개발
기계도면 실기/실습

2000

㈜다솔리더테크
설계교육부설연구소 설립

1996

다솔기계설계교육연구소

2001

다솔유캠퍼스 오픈
국내 최초 기계설계제도
교육 사이트

2002

(주)다솔리더테크
신기술벤처기업 승인

2008

다솔유캠퍼스 통합

2010

자동차정비분야
강의 서비스 시작

2012

홈페이지 1차 개편

Since 1996

Dasol U-Campus

다솔유캠퍼스는 기계설계공학의 상향 평준화라는 한결같은 목표를 가지고 1996년 이래 교재 집필과 교육에 매진해 왔습니다.
앞으로도 여러분의 꿈을 실현하는 데 다솔유캠퍼스가 기회가 될 수 있도록 교육자로서 사명감을 가지고 더욱 노력하는 전문교육기업이 되겠습니다.

2011

전산응용제도 실기/실무(신간)
KS규격집 기계설계
KS규격집 기계설계 실무(신간)

2012

AutoCAD-2D와 기계설계제도

2013

ATC 출제도면집

2014

NX-3D 실기활용서
인벤터-3D 실기/실무
인벤터-3D 실기활용서
솔리드웍스-3D 실기/실무
솔리드웍스-3D 실기활용서
CATIA-3D 실기/실무

2015

CATIA-3D 실기활용서
기능경기대회 공개과제 도면집

2017

CATIA-3D 실무 실습도면집
3D 실기 활용서 시리즈(신간)

2018

기계설계 필답형 실기
권사부의 인벤터-3D 실기

2019

박성일마스터의 기계 3역학
홍쌤의 솔리드웍스-3D 실기

2020

일반기계기사 필기

2021

컴퓨터응용선반기능사
컴퓨터응용밀링기능사

2013

홈페이지 2차 개편

2015

홈페이지 3차 개편
단체수강시스템 개발

2016

오프라인
원데이클래스

2017

오프라인
투데이클래스

2018

국내 최초 기술교육전문
동영상 자료실 「채닐나솔」 오픈

2018 브랜드선호도 1위

2020

Live클래스
E-Book사이트(교사/교수용)

CBT PREVIEW

한국산업인력공단(www.q-net.or.kr)에서는 실제 컴퓨터 필기시험 환경과 동일하게 구성된 자격검정 CBT 웹 체험을 제공하고 있습니다.

💻 수험자 정보 확인

시험장 감독위원이 컴퓨터에 나온 수험자 정보와 신분증이 일치하는지를 확인하는 단계입니다.
수험번호, 성명, 주민등록번호, 응시종목, 좌석번호를 확인합니다.

💻 안내사항

시험에 관련된 안내사항이므로 꼼꼼히 읽어보시기 바랍니다.

유의사항

부정행위는 절대 안 된다는 점, 잊지 마세요!

 유의사항 - [1/3]

- 다음과 같은 부정행위가 발각될 경우 감독관의 지시에 따라 퇴실 조치되고, 시험은 무효로 처리되며, 3년간 국가기술자격검정에 응시할 자격이 정지됩니다.

  - ✔ 시험 중 다른 수험자와 시험에 관련한 대화를 하는 행위
  - ✔ 시험 중에 다른 수험자의 문제 및 답안을 엿보고 답안지를 작성하는 행위
  - ✔ 다른 수험자를 위하여 답안을 알려주거나, 엿보게 하는 행위
  - ✔ 시험 중 시험문제 내용과 관련된 물건을 휴대하여 사용하거나 이를 주고받는 행위

다음 유의사항 보기 ▶

 문제풀이 메뉴 설명

문제풀이 메뉴에 대한 주요 설명입니다. CBT에 익숙하지 않다면 꼼꼼한 확인이 필요합니다.
(글자크기/화면배치, 전체/안 푼 문제 수 조회, 남은 시간 표시, 답안 표기 영역, 계산기 도구,
페이지 이동, 안 푼 문제 번호 보기/답안 제출)

 문제풀이 메뉴 설명

- 아래 문제풀이 기능 설명을 유의해서 읽고 기능을 숙지해 주십시오.

💻 시험준비 완료!

이제 시험에 응시할 준비를 완료합니다.

| 1. 안내사항 | 2. 유의사항 | 3. 메뉴설명 | 4. 문제풀이 연습 | **5. 시험준비완료** |

📢 시험 준비 완료

✔ 아래의 시험 준비 완료 버튼을 클릭해주세요.
✔ 잠시 후 시험감독관의 지시에 따라 시험이 자동으로 시작됩니다.

시험 준비 완료

💻 시험화면

❶ 수험번호, 수험자명 : 본인이 맞는지 확인합니다.
❷ 글자크기 : 100%, 150%, 200%로 조정 가능합니다.
❸ 화면배치 : 2단 구성, 1단 구성으로 변경합니다.
❹ 계산기 : 계산이 필요할 경우 사용합니다.
❺ 제한 시간, 남은 시간 : 시험시간을 표시합니다.
❻ 다음 : 다음 페이지로 넘어갑니다.
❼ 안 푼 문제 : 답안 표기가 되지 않은 문제를 확인합니다.
❽ 답안 제출 : 최종답안을 제출합니다.

🖥 답안 제출

문제를 다 푼 후 답안 제출을 클릭하면 위와 같은 메시지가 출력됩니다.
여기서 '예'를 누르면 답안 제출이 완료되며 시험을 마칩니다.

🖥 알고 가면 쉬운 CBT 4가지 팁

1. 시험에 집중하자.
기존 시험과 달리 CBT 시험에서는 같은 고사장이라도 각기 다른 시험에 응시할 수 있습니다. 옆 사람은 다른 시험을 응시하고 있으니, 자신의 시험에 집중하면 됩니다.

2. 필요하면 연습지를 요청하자.
응시자의 요청에 한해 시험장에서는 연습지를 제공하고 있습니다. 연습지는 시험이 종료되면 회수 되므로 필요에 따라 요청하시기 바랍니다.

3. 이상이 있으면 주저하지 말고 손을 들자.
갑작스럽게 프로그램 문제가 발생할 수 있습니다. 이때는 주저하며 시간을 허비하지 말고, 즉시 손을 들어 감독관에게 문제점을 알려주시기 바랍니다.

4. 제출 전에 한 번 더 확인하자.
시험 종료 이전에는 언제든지 제출할 수 있지만, 한 번 제출하고 나면 수정할 수 없습니다. 맞게 표기하였는지 다시 확인해보시기 바랍니다.

INFORMATION

직무 분야	기계	중직무 분야	기계제작	자격 종목	컴퓨터응용선반기능사	적용 기간	2022.1.1. ~ 2026.12.31.
[직무내용] 부품을 가공하기 위하여 가공 도면을 해독하고 작업계획을 수립하며 적합한 공구를 선택하여 내·외경, 홈, 테이퍼, 나사 등을 선반과 CNC선반을 운용하여 가공하고, 공작물의 측정 및 수정작업 등을 하는 직무 수행							
필기검정방법		객관식		문제수	60	시험시간	1시간

필기과목명	문제수	주요항목	세부항목	세세항목
도면해독, 측정 및 선반가공	60	1. 기계제도	1. 도면 파악	1. KS, ISO 표준 2. 공작물 재질 3. 도면의 구성요소 4. 가공기호 5. 체결용 기계요소(나사, 키, 핀 등) 6. 운동용 기계요소(베어링, 기어 등) 7. 제어용 기계요소(스프링, 클러치 등)
			2. 제도 통칙 등	1. 일반사항(양식, 척도, 선, 문자 등) 2. 투상법 및 도형 표시법 3. 치수 기입 4. 누적치수 계산 5. 치수공차 6. 기하공차 7. 끼워맞춤 8. 표면거칠기 9. 기타 제도 통칙에 관한 사항
			3. 기계요소	1. 기계설계기초 2. 재료의 강도와 변형(응력과 안전율, 　재료의 강도, 변형 등) 3. 결합용 요소(나사, 키, 핀, 리벳 등) 4. 전달용 기계요소(축, 기어, 베어링, 　벨트, 체인 등) 5. 제어용 기계요소(스프링, 브레이크)
			4. 도면해독	1. 투상도면해독 2. 기계가공도면 3. 비절삭가공도면 4. 기계조립도면 5. 재료기호 및 중량산출
		2. 측정	1. 작업계획 파악	1. 기본측정기 종류 2. 기본측정기 사용법 3. 도면에 따른 측정방법

필기과목명	문제수	주요항목	세부항목	세세항목
			2. 측정기 선정	1. 측정기 선정 2. 측정기 보조기구
			3. 기본측정기 사용	1. 기본측정기 사용법 2. 기본측정기 0점 조정 3. 교정성적서 확인 4. 측정 오차 5. 측정기 유지관리
			4. 측정 개요 및 기타 측정 등	1. 측정 기초 2. 측정단위 및 오차 3. 길이측정(버니어캘리퍼스, 하이트게이지, 마이크로미터, 한계게이지 등) 4. 각도측정(사인바, 수준기 등) 5. 표면거칠기 및 윤곽 측정 6. 나사 및 기어 측정 7. 3차원 측정기
		3. 선반 가공	1. 선반의 개요 및 구조	1. 선반가공의 종류 2. 선반의 분류 및 크기 표시방법 3. 선반의 주요 부분 및 각부 명칭 등
			2. 선반용 절삭공구, 부속품 및 부속장치	1. 바이트와 칩브레이커 2. 가공면의 표면거칠기 등 3. 부속품 및 부속장치(센터, 센터드릴, 면판, 돌림판, 방진구, 척 등)
			3. 선반 가공	1. 선반의 절삭조건(절삭속도, 절삭깊이, 이송, 절삭동력 등) 2. 원통 가공 3. 단면 가공 4. 홈 가공 5. 내경 가공 6. 널링 가공 및 테이퍼 가공 7. 편심 및 나사 가공 8. 가공시간 및 기타 가공
		4. CNC선반	1. CNC선반 조작 준비	1. CNC선반 구조 2. CNC선반 인전운전 준수사항 3. CNC선반 조작기 주요 경보메시지 4. CNC선반 공작물 고정방법
			2. CNC선반 조작	1. CNC선반 조작방법 2. 좌표계 설정 3. 공구 보정
			3. CNC선반 가공 프로그램 준비	1. CNC선반 가공 프로그램 개요

필기과목명	문제수	주요항목	세부항목	세세항목
			4. CNC선반 가공 프로그램 작성	1. CNC선반 수동 프로그램 작성 (준비기능, 주축기능, 이송기능, 공구기능, 보조기능 등) 2. 원점 및 좌표계 설정(기계원점, 프로그램 원점, 공작물 좌표계 설정) 3. 나사 가공, 기타 가공 프로그램 4. 단일형, 복합형 고정 사이클
			5. CNC선반 프로그램 확인	1. CNC선반 수동 프로그램 수정 2. CNC선반 컨트롤러 입력 · 가공 3. CNC선반 공구경로 이상 유무 확인
		5. 기타 기계가공	1. 공작기계 일반	1. 기계공작과 공작기계 2. 칩의 생성과 구성인선 3. 절삭공구 및 공구수명 4. 절삭온도 및 절삭유제
			2. 연삭기	1. 연삭기의 개요 및 구조 2. 연삭기의 종류(외경, 내경, 평면, 공구, 센터리스 연삭기 등) 3. 연삭숫돌의 구성요소 4. 연삭숫돌의 모양과 표시 5. 연삭조건 및 연삭가공 6. 연삭숫돌의 수정과 검사
			3. 기타 기계가공	1. 드릴링머신 2. 보링머신 3. 기어가공기 4. 브로칭머신 5. 고속가공기 6. 셰이퍼 및 플레이너 등
			4. 정밀입자가공 및 특수가공	1. 래핑 2. 호닝 3. 슈퍼피니싱 4. 방전가공 5. 레이저 가공 6. 초음파 가공 7. 화학적 가공 등
			5. 손다듬질 가공	1. 줄작업 2. 리머작업 3. 드릴, 탭, 다이스 작업 등
			6. 기계 재료	1. 철강재료 2. 비철금속재료 3. 비금속재료 4. 신소재 5. 일반 열처리

필기과목명	문제수	주요항목	세부항목	세세항목
		6. 안전규정 준수	1. 안전수칙 확인	1. 가공작업 안전수칙 2. 수공구 취급 안전수칙
			2. 안전수칙 준수	1. 안전보호장구 2. 기계가공 시 안전사항
			3. 공구 · 장비 정리	1. 공구 이상 유무 확인 2. 장비 이상 유무 확인
			4. 작업장 정리	1. 작업장 정리 방법
			5. 장비 일상점검	1. 일상점검 2. 점검주기 3. 윤활제
			6. 작업일지 작성	1. 작업일지 이해

CONTENTS

PART 01 기계제도

PART 02 측정 및 선반가공

PART 03 CNC 선반

PART 04 기타 기계가공

PART 05 안전관리

PART 06 기출문제

CONTENTS

PART 07 CBT 모의고사

PART 01

기계제도

CRAFTSMAN COMPUTER AIDED LATHE

CHAPTER 001 제도의 기본

CRAFTSMAN COMPUTER AIDED LATHE

SECTION 01 제도통칙(KS A 0005)

1 제도

기계나 구조물의 모양 또는 크기를 일정한 규격에 따라 점·선·문자·부호 등을 사용하여 설계자의 의도를 제작자 또는 시공자에게 명확하게 전달되도록 도면을 작성하는 과정을 말한다.
- 제도통칙 : 1966년 KS A 0005로 제정
- 기계제도통칙 : 1967년 KS B 0001로 제정

2 제도의 표준화

① 균일한 제품을 만들고 품질을 향상시킬 수 있다.
② 생산능률을 높여 생산단가를 줄일 수 있다.
③ 부품의 호환성이 증가된다.
④ 인력과 자재가 절약되어 경쟁력을 높일 수 있다.

3 한국산업표준의 분류체계(각 분야를 알파벳으로 구분)

분류기호	부문	분류기호	부문	분류기호	부문
A	기본	H	식료품	Q	품질경영
B	기계	I	환경	R	수송기계
C	전기	J	생물	S	서비스
D	금속	K	섬유	T	물류
E	광산	L	요업	V	조선
F	건설	M	화학	W	항공우주
G	일용품	P	의료	X	정보

4 산업규격의 명칭 및 기호

명칭	규격 기호	명칭	규격 기호
국제 표준화 기구	ISO	일본 산업 규격	JIS
한국 산업 규격	KS	영국 산업 규격	BS
미국 산업 규격	ANSI	스위스 산업 규격	SNV
독일 산업 규격	DIN	프랑스 산업 규격	NF

📖 Reference

- KS(Korean Industrial Standards)
- ISO(International Organization for Standardization)

SECTION 02 재료 표시법

구분	기호	명칭	해설
보통강	SS275	일반구조용 압연강재	• S : 강(Steel) • S : 일반구조용 압연강재 • 275 : 최저 항복강도(275N/mm^2), 판 두께(16mm 이하)
	SM275	용접구조용 압연강재	• S : 강(Steel) • M : 용접 구조용 압연강재 • 275 : 최저 항복강도(275N/mm^2), 판 두께(16mm 이하)
특수강	SM20C	기계구조용 탄소강재	• S : 강철(Steel) • M : 기계구조용(Machine Structure Use) • 20C : 탄소함유량 0.18~0.23%
주강	SC450	주강	• S : 강철(Steel) • C : 주조(Casting) • 450 : 최저 인장강도(450N/mm^2)
단강	SF340	단조강	• S : 강(Steel) • F : 단조품(Forging) • 340 : 최저 인장강도(340N/mm^2)
주철	GC200	회주철	• GC : 회주철품 • 200 : 최저 인장강도(200N/mm^2)
	BMC270	흑심가단주철	• 270 : 최저 인장강도(270N/mm^2)
	WMC330	백심가단주철	• 330 : 최저 인장강도(330N/mm^2)

가공방법	약호		가공방법	약호	
	I	II		I	II
주조	C	주조	호닝 가공	GH	호닝
선반 가공	L	선삭	페이퍼 다듬질	FCA	페이퍼
드릴 가공	D	드릴링	줄 다듬질	FF	줄
보링머신 가공	B	보링	래핑 다듬질	FL	래핑
밀링 가공	M	밀링	리머 가공	FR	리밍
플레이닝 가공	P	평삭	스크레이퍼 다듬질	FS	스크레이핑
셰이퍼 가공	SH	형삭	버프 다듬질	FB	브러싱
브로치 가공	BR	브로칭	배럴 연마 가공	SPBR	배럴
연삭 가공	G	연삭	액체 호닝 가공	SPLH	액체 호닝
벨트샌딩 가공	GBL	벨트 연삭	블라스트 다듬질	SB	블라스팅

SECTION 01 결합용 기계요소

1 나사(screw)

(1) 나사 도시법

① 수나사와 암나사의 산봉우리 부분(수나사는 바깥쪽 선, 암나사는 안쪽 선)은 굵은 실선으로, 골 부분(수나사는 안쪽 선, 암나사는 바깥쪽 선)은 가는 실선으로 표시한다.

② 나사인 부분(완전 나사부)과 나사가 아닌 부분(불완전 나사부)의 경계는 굵은 실선을 긋고, 나사가 아닌 부분의 골밑 표시 선은 축 중심선에 대하여 30°의 경사각을 갖는 가는 실선으로 표시한다.

③ 보이지 않는 부분의 나사산 봉우리와 골 부분, 완전 나사부와 불완전 나사부 등은 중간선 굵기의 은선으로 표시한다.

④ 암나사의 드릴 구멍의 끝부분은 굵은 실선으로 118° 되게 긋는다(도면 작도 시 120°로 그어도 된다).

⑤ 수나사와 암나사 결합 부분은 수나사로 표현한다.

⑥ 나사 부분의 단면 표시에 해치를 할 경우에는 산봉우리 부분까지 긋도록 한다.

| 수나사의 표시방법 | | 수나사의 실체 |

| 암나사의 표시방법 | | 암나사의 실체 |

(2) 나사의 호칭방법

나사의 호칭방법은 "나사산이 감기는 방향, 나사산의 줄의 수, 나사의 호칭, 나사의 등급" 순으로 표시한다. 나사산이 감기는 방향(오른쪽인 경우), 나사산의 줄의 수, 나사의 등급은 필요 없는 경우 생략해도 된다.

① **미터 가는 나사**

　예 왼 2줄 M50×2−6H : 왼 2줄 미터 가는 나사(M50×2), 암나사 등급 6, 공차 위치 H

② **미터 보통 나사의 조합**(암나사와 수나사의 등급 동시 표기)

　예 왼 M10−6H/6g : 왼 미터 보통 나사(M10), 암나사 6H와 수나사 6g의 조합

③ **유니파이 보통 나사의 조합**

　예 No.4−40UNC−2A : 유니파이 보통 나사(No.4−40UNC) 2A급

④ **관용 평행 수나사**

　예 G1/2 A : 관용 평행 수나사(G1/2) A급

⑤ **관용 평행 암나사와 관용 테이퍼 수나사의 조합**

　예 Rp1/2/R1/2 : 관용 평행 암나사(Rp1/2)와 관용 테이퍼 수나사(R1/2)의 조합

(3) 나사의 종류와 표시

구분		나사의 종류		나사의 종류를 표시하는 기호	나사의 호칭에 대한 표시 방법의 보기
일반용	ISO 규격에 있는 것	미터 보통 나사		M	M8
		미터 가는 나사			M8×1
		미니추어 나사		S	S0.5
		유니파이 보통 나사		UNC	3/8−16UNC
		유니파이 가는 나사		UNF	No.8−36UNF
		미터 사다리꼴 나사		Tr	Tr10×2
		관용 테이퍼 나사	테이퍼 수나사	R	R3/4
			테이퍼 암나사	Rc	Rc3/4
			평행 암나사	Rp	Rp3/4
		관용 평행 나사		G	G1/2
	ISO 규격에 없는 것	30° 사다리꼴 나사		TM	TM18
		29° 사다리꼴 나사		TW	TW20
		관용 테이퍼 나사	테이퍼 나사	PT	PT7
			평행 암나사	PS	PS7
		관용 평행 나사		PF	PF7

2 키(key)

(1) 키의 입체도 및 치수기입법

키 홈은 되도록 위쪽으로 도시한다.

| 묻힘 키의 입체도 |

| 묻힘 키의 치수기입법 |

| 미끄럼 키의 입체도 | | 미끄럼 키의 치수기입법 |

| 반달 키 홈 |

| 스플라인 |

(2) 키의 종류

키의 종류에는 묻힘 키(평행 키, 경사 키, 반달 키), 미끄럼 키 등이 있다.

	모양	기호
평행 키	나사용 구멍 없음	P
	나사용 구멍 있음	PS
경사 키	머리 없음	T
	머리 있음	TG
반달 키	둥근 바닥	WA
	납작 바닥	WB

(3) 키의 끝부분 모양

명칭	한쪽 둥근형	양쪽 둥근형	양쪽 네모형
기호	A	B	C

(4) 키의 호칭방법

① 묻힘 키의 호칭방법

키의 호칭은 "표준번호, 종류(또는 그 기호), '호칭치수×길이'$(b \times h \times l)$[반달 키는 호칭치수$(b \times h)$만 기입]"로 한다. 다만, 나사용 구멍이 없는 평행 키 및 머리 없는 경사 키의 경우, 종류는 각각 단순히 "평행 키" 및 "경사 키"로 기재하여도 좋다.

평행 키의 끝부분의 모양을 나타낼 필요가 있는 경우에는 종류 뒤에 그 모양(또는 '종류－기호')을 나타낸다.

예		
평행 키	KS B 1311 나사용 구멍 없는 평행 키 양쪽 둥근형 $25 \times 14 \times 90 (b \times h \times l)$	
	KS B 1311 P－B $25 \times 14 \times 90$	
경사 키	KS B 1311 머리붙이 경사 키 $25 \times 14 \times 90$	
	KS B 1311 TG $25 \times 14 \times 90$	
반달 키	KS B 1311 둥근 바닥 반달 키 3×16	
	KS B 1311 WA 3×16	

② 미끄럼 키의 호칭방법

키의 호칭은 "표준번호 또는 명칭, 호칭치수×길이"로 한다. 다만, 끝부분의 모양 또는 재료에 대하여 특별 지정이 있는 경우는 이것을 기입한다.

예	
KS B 1313 $6 \times 6 \times 50$	
KS B 1313 $36 \times 20 \times 140$ 양끝둥긂 SM45C－D	
미끄럼 키 $6 \times 6 \times 50$ SF55	

③ 핀(pin)

(1) 테이퍼 핀

테이퍼 핀의 호칭은 "규격번호 또는 규격명칭, 등급, 호칭직경×길이, 재료"로 기입한다. 단, 특별한 지정사항이 있는 경우에는 그 후에 추가로 기입한다.

예		
호칭 1.	KS B 1322 1급 6×70 S45C－Q	작은 쪽이 호칭지름
호칭 2.	테이퍼 핀 2급 6×70 SUS303	테이퍼 1/50

(2) 분할 핀

분할 핀의 호칭은 "규격번호 − 호칭지름 × 호칭길이 − 재료"로 기입한다.

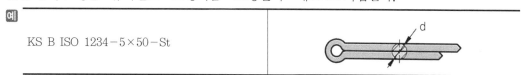

예	
KS B ISO 1234 − 5 × 50 − St	

※ 재료에 따른 기호 : 강(St), 구리 − 아연 합금(CuZn), 구리(Cu), 알루미늄 합금(Al), 오스테나이트 스테인리스강(A)

4 리벳(rivet joint)

보일러, 물탱크, 교량 등과 같이 영구적인 이음에 사용된다.

(1) 리벳의 종류(머리 모양에 따라 구분)

(a) 얇은납작머리   (b) 둥근접시머리   (c) 냄비머리

(d) 둥근머리   (e) 접시머리   (f) 납작머리

(2) 리벳이음의 도시법

① 리벳의 위치만을 표시할 때에는 중심선만으로 그린다.
② 얇은 판이나 형강 등의 단면은 굵은 실선으로 그리고, 인접하여 있는 경우 선 사이를 약간 띄어서 그린다.
③ 리벳은 길이 방향으로 절단하여 그리지 않는다.
④ 구조물에 사용하는 리벳은 약도(간략 기호)로 표시한다.
⑤ 같은 피치로 같은 종류의 구멍이 연속되어 있을 때는 '피치의 수 × 피치의 간격 = 합계치수'로 간단히 기입한다.

(3) 리벳의 호칭방법

"표준번호(생략 가능), 종류, 호칭지름 × 길이, 재료, 지정 사항" 순으로 기입한다.(단, 둥근머리 리벳의 길이는 머리 부분을 제외한 길이이다.)

예 KS B 1102 둥근머리 리벳 12 × 30 SV330

1 벨트풀리

(1) 평벨트풀리의 도시법

| 평벨트풀리 도시법 |

① 평벨트풀리는 축 직각 방향의 단면을 정면도로 한다.
② 평벨트풀리는 대칭형이므로 일부분만을 그릴 수도 있다.
③ 암은 길이 방향으로 단면하지 않으므로 회전단면도(도형 안에 그릴 때는 가는 실선, 도형 밖에 그릴 때는 굵은 실선)로 표시한다.
④ 암의 테이퍼 부분을 치수기입 할 때 치수보조선은 비스듬하게(수평의 60° 방향) 긋는다.

(2) V 벨트풀리

(a) V 벨트   (b) V 벨트와 V 벨트풀리   (c) V 벨트풀리 홈부

| V 벨트풀리 |

크기는 형별에 따라 M, A, B, C, D, E형이 있고, 폭이 가장 좁은 것은 M형, 가장 넓은 것은 E형이다. V 벨트의 각은 40°이고, V 벨트 홈부의 각은 34°, 36°, 38°가 있다.
다음 표는 V 벨트풀리 홈부의 명칭을 나타낸다.

d_p	호칭 직경	k_0	피치원 직경에서 홈 바닥까지의 거리
α	홈부 각도	e	홈과 홈 사이의 거리
l_0	피치원 직경에서 홈의 폭	f	홈 중심에서 측면까지의 거리
k	피치원 직경에서 풀리의 바깥지름까지의 거리	$r_{1,2,3}$	홈부의 모서리 라운드

② 스프로킷 휠

① 체인 전동은 체인을 스프로킷 휠에 걸어 감아서(자전거, 오토바이 등) 동력을 전달해 주는 요소이다.

② 도시법

   ㉠ 이끝원은 굵은 실선으로 도시

   ㉡ 피치원은 가는 일점쇄선으로 도시

   ㉢ 이뿌리원은 가는 실선으로 도시

   ㉣ 정면도를 단면으로 도시할 경우 이뿌리는 굵은 실선으로 도시

| 스프로킷의 도시법 |

③ 기어

(1) 스퍼기어의 도시법

① 이끝원은 굵은 실선으로 도시

② 피치원은 가는 일점쇄선으로 도시

③ 이뿌리원은 가는 실선으로 도시(단, 정면도에서 단면을 했을 경우 굵은 실선으로 도시)

④ 피치원 지름(PCD) = 잇수(Z)×모듈(M)

   이끝원 지름$(D) = PCD + 2M = (Z+2)M$

이끝원(굵은 실선) 이뿌리원(단면 시 굵은 실선)

피치원 이끝원 이뿌리원(가는 실선)

피치원(가는 일점쇄선)

이뿌리원(단면을
안 했을 때 가는 실선)

| 측면도 | | 정면도 |

(2) 맞물린 기어의 도시법

① 측면도의 이끝원은 굵은 실선으로 도시한다.
② 정면도의 단면에서 한쪽의 이끝원은 파선(숨은선)으로 그린다.

가는 실선

이끝원
(굵은 실선)

피치원

이뿌리원 가는 실선

맞물리는 한 쌍의
이끝은 파선으로 나타낸다.

| 정면도 | | 측면도 |

(3) 헬리컬 기어의 도시법

30°

(가는 이점쇄선)

(※ 단면하지 않을 경우 : 가는 실선)

| 헬리컬 기어 |

헬리컬 기어는 이의 모양이 비스듬히 경사져 있다. 기어이의 방향(잇줄 방향)은 3개의 가는 실선으로 그리고, 단면을 하였을 때는 가는 이점쇄선으로 그리며 기울어진 각도와 상관없이 30°로 표시한다.

SECTION 03 축용 기계요소

1 축의 도시법

① 축은 길이 방향으로 단면 도시하지 않는다. (단, 부분 단면을 할 때는 표시한다.)	
② 긴 축은 중간을 파단하여 짧게 그리되 치수는 실제 길이로 나타내야 한다.	실제 치수
③ 모따기 및 평면 표시는 치수기입법에 따른다.	평면은 가는 실선으로 대각선으로 표시

④ 축에 널링을 도시할 때 빗줄인 경우는 축선에 대하여 30°로 엇갈리게 나타낸다.	
⑤ 축을 가공하기 위한 센터의 도시를 한다.	KS B 0410 60° A형 2, 양끝

② 베어링

회전축을 받쳐주는 기계요소이며 축과 작용하중의 방향에 따라 레이디얼 베어링, 스러스트 베어링으로 나뉘며 축과 베어링 접촉상태에 따라 미끄럼 베어링과 롤링 베어링으로 구분할 수 있다.

| 깊은 홈 볼베어링 | | 앵귤러 볼베어링 | | 자동조심 볼베어링 | | 원통 롤러베어링 |

(1) 구름 베어링의 형식 기호

구름 베어링	깊은 홈 볼베어링	앵귤러 볼베어링	자동조심 볼베어링	원통 롤러베어링				
				NJ	NU	NF	N	NN

니들 롤러베어링		앵귤러 롤러베어링	자동조심 롤러베어링	원통 롤러베어링		스러스트 자동 조심 롤러베어링
NA	RNA			NA	RNA	

(2) 베어링 호칭 번호

예1) <u>6</u> <u>3</u> <u>06</u>

예2) <u>N</u> <u>3</u> <u>07</u>

안지름 번호(7×5=35)
치수 번호(중간 하중)
형식 번호(원통 롤러형)

① 형식 번호(첫 번째 숫자)

번호	형식
1	복렬자동조심형
2, 3	복렬자동조심형(큰 나비)
5	스러스트 베어링
6	단열홈형
7	단열 앵귤러 볼형
N	원통 롤러베어링

② 치수 번호(두 번째 숫자)

번호	종류
0, 1	특별 경하중형
2	경하중형
3	중간 하중형
4	중하중형

③ 안지름 번호(세 번째, 네 번째 숫자)

번호	안지름 크기(mm)
00	10
01	12
02	15
03	17
04	20

- 1~9까지는 숫자가 그대로 베어링 내경이 된다.
  예 625 : 62 계열의 베어링, 내경은 5mm이다.
- 00~03번까지는 왼쪽 표의 크기를 따른다.
- 04번부터는 ×5를 한다. (4×5=20)
  예 6206 : 62 계열의 베어링, 내경은 6×5=30이다.
- "/"가 있을 경우 "/" 뒤의 숫자가 그대로 베어링 내경이 된다.
  예 60/22 : 60 계열의 베어링, 내경은 22mm이다.

(3) 베어링 등급 기호(숫자 이후의 기호)

무기호	H	P	HP
보통급	상급	정밀급	초정밀급

📷 구름베어링(608C2P6)

60	8	C2	P6
베어링 계열 번호	안지름 번호(베어링 내경 8mm)	틈새 기호	등급 기호(6급)

📷 구름베어링(6205ZZNR)

62	05	ZZ	NR
베어링 계열 번호	안지름 번호(베어링 내경 25mm)	실드 기호	궤도륜 형상 기호

SECTION 04 제어용 기계요소

1 스프링

(1) 스프링 제도법

① 스프링은 일반적으로 무하중(힘을 받지 않은 상태)인 상태로 그린다.
② 스프링은 모두 오른쪽으로 감은 것을 나타내고, 왼쪽으로 감은 경우에는 '감긴 방향 왼쪽'이라고
　표기한다.
③ 그림에 기입하기 힘든 사항은 요목표에 기입한다.
④ 종류 및 모양만을 간략도로 그릴 경우 재료의 중심선만을 굵은 실선으로 그린다.
⑤ 코일 스프링에서 양 끝을 제외한 동일 모양 부분의 일부를 생략하는 경우에는 생략하는 부분의
　선 지름의 중심선을 가는 1점쇄선으로 그린다.
⑥ 조립도, 설명도 등에서 코일 스프링을 도시하는 경우에는 그 단면만으로 표시하여도 좋다.

| 코일 스프링 |

| 코일 스프링 외관도 |

| 코일 스프링 단면도 |

| 코일 스프링 부분 생략도 |

| 코일 스프링 간략도 |

(2) 겹판 스프링 제도법

① 겹판 스프링은 일반적으로 스프링 판이 수평인 상태(힘을 받고 있는 상태)에서 그리고, 무하중일 때의 모양은 이점쇄선으로 표시한다.

② 종류 및 모양만을 간략도로 그릴 경우 스프링의 외형만을 굵은 실선으로 그린다.

③ 하중과 처짐의 관계는 요목표에 기입한다.

| 겹판 스프링 |

| 겹판 스프링 외관도 | | 겹판 스프링 간략도 |

CHAPTER
003 선·문자·CAD 제도

CRAFTSMAN COMPUTER AIDED LATHE

SECTION 01 도면

1 도면의 크기와 윤곽선

① 길이의 기본 단위는 mm이다.

② 도면의 용지는 A 계열을 사용하며, 세로와 가로의 비는 $1 : \sqrt{2}$ 이고 A0의 넓이는 $1m^2$이다.

| 도면의 크기와 윤곽선 |

용지 크기		A0	A1	A2	A3	A4
A×B		841×1189	594×841	420×594	297×420	210×297
C(최소)		20	20	10	10	10
D (최소)	철하지 않을 때	20	20	10	10	10
	철할 때	25	25	25	25	25

❷ 도면의 형식

도면에 반드시 기입해야 할 사항은 도면의 윤곽, 중심마크, 표제란이고, 비교눈금, 도면의 구역을 구분하는 구분선, 구분기호, 재단마크 등은 생략 가능하다.

표제란에 기입하는 사항은 도번(도면 번호), 도명(도면 이름), 척도, 투상법, 작성자명, 일자 등이고, 오른쪽 아래에 배치한다.

| 도면의 형식 |

❸ 척도

(1) 척도 표시방법

일반적으로 도면은 현척(실척)으로 그리는데, 경우에 따라 부품을 확대하거나 축소하여 그릴 수 있다. 척도는 표제란에 기입을 원칙으로 하며 한 장의 도면 내에 나타낸 각 부품의 척도가 서로 다를 경우 부품 번호 옆에 또는 부품란의 비고란에 기입해야 한다.

$$\textbf{A} \quad : \quad \textbf{B}$$

도면 크기   물체의 실제 크기

(2) 척도의 종류

① **축척** : 규정된 배율(다음 ⑤, ⑥ 표)에 따라 실물보다 작게 그린 도면

② **현척(실척)** : 실물과 같은 크기로 그린 도면

③ 배척 : 규정된 배율(다음 ⑤, ⑥ 표)에 따라 실물보다 크게 그린 도면

④ NS(None Scale) : 비례척이 아닌 작성자가 임의대로 실물보다 크게 그린 도면

⑤ KS 규격에 정해진 축척, 현척, 배척의 값

척도의 종류	값
축척	1 : 2, 1 : 5, 1 : 10, 1 : 20, 1 : 50, 1 : 100, 1 : 200 $(1 : \sqrt{2})$, $(1 : 2.5)$, $(1 : 2\sqrt{2})$, $(1 : 3)$, $(1 : 4)$, $(1 : 5\sqrt{2})$, $(1 : 25)$, $(1 : 250)$
현척	1 : 1
배척	2 : 1, 5 : 1, 10 : 1, 20 : 1, 50 : 1 $(\sqrt{2} : 1)$, $(2.5\sqrt{2} : 1)$, $(100 : 1)$

[비고] ( )의 척도는 가급적 사용하지 않는다.

⑥ ISO 5455에 의한 척도

축척			현척	배척		
1 : 2	1 : 5	1 : 10	1 : 1	50 : 1	20 : 1	10 : 1
1 : 20	1 : 50	1 : 100		5 : 1	2 : 1	
1 : 200	1 : 500	1 : 1000				
1 : 2000	1 : 5000	1 : 10000				

4 도면의 종류

(1) 사용 목적에 따른 분류

① 계획도 : 설계자가 만들고자 하는 제품의 계획을 나타낸 도면

② 제작도 : 부품도와 조립도가 있으며, 실제로 제품을 만들기 위한 도면

③ 주문도 : 주문서에 첨부하여 주문자의 요구 내용을 제작자에게 전달하는 도면

④ 견적도 : 견적서에 첨부하여 주문자에게 견적 내용을 전달하는 도면

⑤ 승인도 : 제작자가 주문자의 검토와 승인을 얻기 위한 도면

⑥ 설명도 : 제품의 구조, 기능, 성능 등을 설명하기 위한 도면

(2) 내용에 따른 분류

① 조립도 : 제품의 전체적인 조립상태를 나타내고, 조립에 필요한 치수 등을 나타낸 도면

② 부분 조립도 : 복잡한 제품의 각 부분 조립상태를 나타낸 도면

③ 부품도 : 각 부품에 대하여 필요한 모든 정보를 나타낸 도면

④ 상세도 : 필요한 부분을 더욱 상세하게 표시한 도면

⑤ 공정도 : 제품의 생산과정을 일련의 공정 도시 기호로 나타내는 도면

⑥ 접속도 : 전기기기의 상호 간 접속상태 및 기능을 나타낸 도면

⑦ 배선도 : 전기기기의 배선상태(전기기기의 크기, 설치할 위치, 전선의 종류·굵기·수 및 배선의 위치 등)를 나타내는 도면
⑧ 배관도 : 관의 위치 및 설치방법 등을 나타낸 도면
⑨ 전개도 : 입체적인 제품의 표면을 평면에 펼쳐 그린 도면
⑩ 곡면선도 : 제품의 복잡한 곡면을 단면 곡선으로 나타내는 도면
⑪ 장치도 : 각 장치의 배치 및 제조공정 등의 관계를 나타내는 도면
⑫ 계통도 : 배관 및 전기장치의 결선과 작동을 나타내는 도면

(3) 성격에 따른 분류

① 원도 : 제도 용지에 연필로 그린 도면, 컴퓨터로 작성한 최초의 도면
② 트레이스도 : 연필로 그린 원도 위에 트레이싱지를 대고 연필 또는 드로잉 펜으로 그린 도면
③ 복사도 : 트레이스도를 원본으로 하여 복사한 도면[청사진(blue print), 백사진(positive print) 및 전자 복사도 등]

SECTION 02 선

1 굵기에 따른 선의 종류

종류	설명	모양
가는 선	굵기가 0.18~0.5mm인 선	——————
굵은 선	굵기가 0.35~1mm인 선	——————
아주 굵은 선	굵기가 0.7~2mm인 선	——————

Reference 선의 굵기 비율

아주 굵은 선 : 굵은 선 : 가는 선 = 4 : 2 : 1

2 모양에 따른 선의 종류

송류	설명	모양
실선	연속된 선	——————
파선	일정한 간격으로 반복되어 그어진 선	– – – – – –
1점쇄선	길고 짧은 2종류의 길이로 반복되어 그어진 선	—— – —— –
2점쇄선	길고 짧고 짧은 길이로 반복되어 그어진 선	—— – – ——

❸ 용도에 따른 선의 종류

명칭	종류	용도에 의한 명칭	용도
굵은 실선	▬▬▬▬▬	외형선	물체의 보이는 부분의 모양을 표시하는 데 사용한다.
가는 실선	─────	치수선	치수를 기입하기 위하여 사용한다.
		치수보조선	치수를 기입하기 위하여 도형으로부터 끌어내는 데 사용한다.
		지시선	기술·기호 등을 표시하기 위하여 끌어들이는 데 사용한다.
		회전단면선	도형 내에서 끊은 부분을 90° 회전하여 표시하는 데 사용한다.
		중심선	짧은 길이의 물체 중심을 나타내는 데 사용한다.
		수준면선	수면, 유면 등의 위치를 표시하는 데 사용한다.
가는 파선 또는 굵은 파선	─ ─ ─ ─ ─ ─	숨은선	물체의 보이지 않는 부분의 모양을 표시하는 데 사용한다.
가는 1점쇄선	─── ─ ───	중심선	• 도형의 중심을 표시하는 데 사용한다. • 중심이 이동한 중심궤적을 표시하는 데 사용한다.
		기준선	위치 결정의 근거가 된다는 것을 명시할 때 사용한다.
		피치선	되풀이하는 도형의 피치를 취하는 기준을 표시하는 데 사용한다.
굵은 1점쇄선	▬▬ ▪ ▬▬	기준선	기준선 중 특히 강조하는 데 쓰이는 선이다.
		특수 지정선	특수한 가공을 하는 부분 등 특별한 요구사항을 적용할 수 있는 범위를 표시하는 데 사용한다.
가는 2점쇄선	─── ─ ─ ───	가상선	• 인접 부분을 참고하거나 공구, 지그 등의 위치를 참고로 나타내는 데 사용한다. • 가공 부분을 이동 중의 특정 위치 또는 이동 한계의 위치로 표시하는 데 사용한다. • 되풀이하는 것을 나타내는 데 사용한다. • 도시된 단면의 앞쪽에 있는 부분을 표시하는 데 사용한다.
		무게중심선	단면의 무게중심을 연결한 선을 표시하는 데 사용한다.
파형의 가는 실선	～	파단선	물체의 일부를 자른 경계 또는 일부를 잘라 떼어낸 경계를 표시하는 데 사용한다.
지그재그의 가는 실선	─／\／─		

명칭	종류	용도에 의한 명칭	용도
가는 1점쇄선 (선의 시작과 끝, 방향이 바뀌는 부분을 굵게 표시)		절단선	단면도를 그리는 경우 그 잘린 위치를 대응하는 그림 에 표시하는 데 사용한다.
가는 실선으로 규칙적으로 빗줄을 그은 선		해칭선	잘려나간 물체의 절단면을 표시하는 데 사용한다.

4 겹치는 선의 우선순위

선과 문자나 기호가 겹친 경우 문자나 기호가 우선하고, 두 종류의 이상의 선이 겹칠 경우 다음의
순위에 따라 그린다.

외형선 → 숨은선 → 절단선 → 가는 1점쇄선 → 가는 2점쇄선 → 치수 보조선

SECTION 03 문자

제도에 사용되는 문자는 한자, 한글, 숫자, 영자 등이 있으며 문자는 되도록 간결하게 쓰고, 가로쓰기
를 원칙으로 한다. 문자의 선 굵기는 한자는 문자 크기의 1/12.5, 한글은 문자 크기의 1/9로 한다.

1 문자의 크기(mm)

① 한자 : 3.15, 4.5, 6.3, 9, 12.5, 18의 6종 사용
② 한글 : 2.24, 3.15, 4.5, 6.3, 9의 5종 사용, 필요한 경우 다른 치수 사용 가능
③ 숫자 및 영자 : 2.24, 3.15, 4.5, 6.3, 9 등 6종 사용, 필요한 경우 다른 치수 사용 가능

CHAPTER 004 투상법 및 단면도법

CRAFTSMAN COMPUTER AIDED LATHE

SECTION 01 투상법

공간에 있는 물체는 눈(시점)과 물체의 부분들을 연결하는 투상선이 조합되어 그 물체의 위치와 형상이 인식된다. 눈과 물체의 중간에 유리판(투상면)을 수평면에 수직으로 세워 유리판과 투상선의 교점들을 연결하면 유리판 위에 물체의 모양을 그릴 수 있게 되는데 이를 투상(projection)이라 하며, 보이는 형상을 투상하여 그린 그림을 투상도(projection drawing)라 한다.

1 투상도의 종류

(1) 정투상도

실척(현척)으로 보이는 물체의 모서리마다 관측시점을 두고 투상면에 투상하여 그린다. 기본적으로 6개의 투상도(정면도, 우측면도, 좌측면도, 평면도, 저면도, 배면도)가 존재하며, 투상도의 배치방법에 따라 1각법과 3각법으로 구분한다.

종류	원리	기호	
1각법	눈 → 물체 → 투상면		
3각법	눈 → 투상면 → 물체		

① 1각법(조선 분야) : 눈 → 물체 → 투상면

| 1각법의 원리 |

| 1각법의 배치 |

② 3각법(기계 분야) : 눈 → 투상면 → 물체

| 3각법의 원리 |

| 3각법의 배치 |

(2) 등각 투상도

정면, 우측면, 평면을 하나의 투상면에 나타내기 위하여 정면과 우측면 모서리 선을 수평선에 대하여 30°가 되게 하여 입체도로 투상한 것을 등각 투상도라 한다.

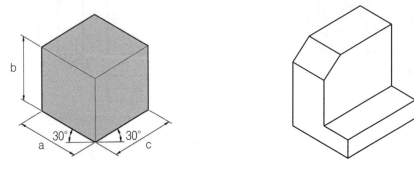

| 등각 투상도 |

(3) 부등각 투상도

등각 투상도와 비슷하지만 수평선에 대한 양쪽 각을 서로 다르게 하여 입체도로 투상한 것을 부등각 투상도라 한다.

| 부등각 투상도 |

(4) 사투상도

정면도는 정면에서 바라본 실제 모양으로 그리고 나머지 윤곽은 α 각도로 기울여서 입체도로 투상한 것을 사투상도라 한다.

α 각도가 45°인 입체도를 카발리에도, 60°인 입체도를 캐비닛도라 한다.

| 사투상도 |

2 특수 투상도

(1) 보조 투상도

경사진 물체를 경사면에 대해 수직인 각도로 바라보지 않으면 실제 길이보다 짧게 보이므로 경사면의 실제 길이를 나타내주기 위하여 경사면에 평행하게 그려내는 투상도를 말한다.

| 입체도 |　　　　　　| 보조 투상도 |

보조 투상도는 화살표와 문자로써 표현하는 방법과 중심선을 이용하여 표현하는 방법이 있다.

| 문자로 표현하는 방법 |　　　　　| 중심선으로 표현하는 방법 |

(2) 부분 투상도

투상도의 일부를 그리는 것으로도 충분한 경우에 필요한 일부분을 잘라내어 그리는 투상도를 말하며, 잘린 경계를 파단선으로 그려준다.

| 입체도 | | 부분 투상도 |

(3) 국부 투상도

대상물의 구멍, 홈 등의 어느 한곳의 특정 부분의 모양만을 그리는 투상도를 말한다. 투상의 관계를 나타내기 위해 중심선, 기준선, 치수보조선 등으로 연결하여 나타낸다.

| 입체도 | | 국부 투상도 |

(4) 회전 투상도

단일 물체의 일부가 어떤 각도를 가지고 있을 때 그 물체의 실제 모양을 나타내기 위하여 각도를 가진 부분의 중심선을 기준 중심선까지 회전시켜 나타내는 투상도를 말하며, 투상도를 잘못 볼 우려가 있으면 가는 실선으로 그려진 작도선은 남겨둔다.

| 입체도 |　　　　　　　　　　| 회전 투상도 |

(5) 부분 확대도

물체에서 중요한 부분이 너무 작거나 치수선 등으로 인하여 물체의 형상이 복잡해지는 경우에 그 부분만 따로 오려내어 크기를 확대시켜 그려주는 투상도로서 확대부의 형상과 치수를 자세히 알 수 있다. 상세도에는 문자로써 척도를 표시하고 치수기입은 확대시키기 전의 원래 치수를 기입해야 한다.

| 부분 확대도 |

물체의 보이지 않는 부분은 숨은선으로 나타내는데 숨은선이 많을수록 물체의 형상이 이해하기 어렵고 불확실하게 보이므로 숨은선은 가능한 한 적게 사용하는 것이 바람직하다.

도면에서 숨은선으로 표시되는 부분을 분명하게 나타내기 위해 가상적으로 필요한 부분을 잘라내어 투상한 다음 물체의 내부형상을 보여주는 것이 단면법이다. 이러한 단면도를 활용하여 설계자의 뜻을 가공자에게 명확하게 전달할 수 있도록 도면은 간단하고 정확하게 그려야 한다.

(a) 단면을 하지 않고 투상한 경우

(b) 단면을 하여 투상한 경우

| 단면법 |

1 단면 도시 방법의 원칙

① 숨은선(은선)은 되도록 생략한다.

② 잘린 면과 잘리지 않은 면을 구분하기 위하여 45°의 가는 실선으로 하는 해칭(hatching) 또는 스머징(smudging)을 사용한다.

③ 다음 그림 (a)에서와 같이 절단선으로 잘린 면의 위치를 나타낸다. 화살표의 방향은 자른 면을 직각으로 바라보는 방향(관측시점)이며, 문자는 주로 고딕·단선체의 알파벳 대문자를 사용한

다. 아래 그림 (b)에서와 같이 자른 면의 위치가 대칭 중심선 방향으로 명확할 경우 단면 도시
방법(화살표, 문자)은 생략해도 된다.

(a) 단면 위치를 문자와 화살표로 표시

(b) 단면 위치가 분명한 경우의 도시방법

| 단면 도시 방법 |

┃ 단면도의 종류와 특징

종류	특징
온단면도(전단면도)	물체의 1/2 절단
한쪽 단면도(반단면도)	대칭 물체를 1/4 절단. 내부와 외부를 동시에 보여줌
부분 단면도	• 필요한 부분만을 절단하여 단면으로 나타냄 • 절단 부위는 가는 파단선을 이용하여 경계를 나타냄
회전 단면도	암, 리브, 축, 훅 등의 일부를 90° 회전하여 나타냄
계단 단면	계단 모양으로 물체를 절단하여 나타낸 것
곡면 단면	구부러진 관 등의 단면을 나타낸 것

1 온단면도(전단면도)

중심선을 기준으로 전체 물체의 반(1/2)을 자른 다음, 잘린 면의 수직인 방향에서 바라본 형상을 그리는 가장 기본적인 단면도이다.

| 입체도 |　　　　　　　　　　| 온단면도 |

2 한쪽 단면도(반단면도)

상하 또는 좌우 대칭인 물체에서 중심선을 기준으로 물체의 1/4만 잘라내서 그려주는 방법으로 물체의 외부형상과 내부형상을 동시에 나타낼 수 있는 장점을 가지고 있다.

| 입체도 |　　　　　　　　　　| 한쪽 단면도 |

3 부분 단면도

물체에서 필요한 일부분을 잘라내어 그 형상을 나타내는 기법으로 원하는 곳에 자유롭게 적용할 수 있어 사용범위가 매우 넓다. 대칭 또는 비대칭인 물체에 상관없이 적용할 수 있으며 잘려나간 부분은 파단선을 이용하여 그 경계를 표시해 준다.

| 입체도 | | 부분 단면도 |

4 회전 단면도

물체의 한 부분을 자른 다음, 자른 면만 $90°$ 회전시켜 형상을 나타내는 기법으로, 자른 단면에 수직인 면에서 자른 단면의 형상을 보여준다고 생각하면 이해하기 쉽다.

도형 내에 도시할 때는 가는 선으로 도시하고, 외부에 표시할 때는 외형선으로 도시한다.

(a) 리브 내부에 도시할 경우   (b) 리브 외부에 도시할 경우

(c) 형강 내부에 도시할 경우   (d) 형강 외부에 도시할 경우

| 입체도 | | 회전 단면도 |

| 입체도 | | 회전 단면도 | | 훅의 회전단면 도시 |

(외부 도시할 경우)
굵은 선

(내부 도시할 경우)
가는 선

5 조합에 의한 단면도

(1) 예각 단면

중심선을 기준으로 그림과 같이 보이고자 하는 부위를 어느 정도의 각을 갖고 단면하는 방법

| 입체도 | | 예각 단면 |

(2) 계단 단면

절단할 부분이 일직선상에 있지 않을 때 필요한 단면 모양을 계단식으로 절단하여 투상하는 방법

| 입체도 | | 계단 단면 |

(3) 곡면 단면

구부러진 관 등의 단면을 표시하는 경우 그 구부러진 중심선에 따라 절단하고 투상하는 방법

| 곡면 단면 |

6 얇은 두께 부분의 단면도

① 개스킷, 박판, 형강 등의 절단면이 얇은 경우 실제 치수와 관계없이 아주 굵은 실선으로 단면을 표시한다.

② 얇은 두께 부분의 단면이 서로 가깝게 있는 경우 0.7mm 이상 간격을 두어 그린다.

| 얇은 두께 부분의 단면도 |

7 절단하지 않는 부품

키, 축, 리브, 바퀴의 암, 기어의 이, 볼트, 너트, 핀, 단일기계요소 등의 물체는 잘라서 단면으로 나타내지 않는다. 그 이유는 단면으로 나타내면 물체를 이해하는 데 오히려 방해만 되고 잘못 해석될 수 있기 때문이다. 실제 물체가 잘려진다 하더라도 단면 표시를 하지 않는 것을 원칙으로 한다.

| 동력전달장치의 조립도 |

8 도형의 생략

(1) 대칭 도형의 생략

물체가 대칭인 경우 중심선을 기준으로 물체의 절반만을 그리고, 나머지 절반은 생략하고, 중심선의 양쪽 끝에 중간선으로 된 2개의 짧은 선을 수평으로 그어 대칭을 표시한다. 이를 대칭 도시 기호라 하며, 반드시 대칭인 도면에는 기호를 나타내주어야 한다.

대칭 기호

| 대칭 도시 기호를 이용한 생략 |

(2) 반복 도형의 생략

같은 모양의 도형이 반복되는 경우 개수 또는 피치를 표시하여 나타낼 수 있다.

12-11 구멍

생략한 경우

| ϕ11 구멍 12개가 등간격으로 있는 경우 |

12-M10

생략한 경우

| M10의 볼트 구멍 12개가 등간격으로 있는 경우 |

⑨ 특수한 경우의 표시방법

(1) 물체가 구부러진 경우

| 라운드 없는 구부러진 물체 | | 라운드 있는 구부러진 물체 |

(2) 리브의 경우

| R1 = R2인 경우 | | R1 < R2인 경우 | | R1 > R2인 경우 |

⑩ 재료를 구분할 수 있는 단면 표시법

(a) 강   (b) 비철금속   (c) 고무, 플라스틱   (d) 주철, 가단주철
          (황동, 구리)

(e) 화이트메탈   (f) 콘크리트   (g) 물, 액체   (h) 목재   (i) 유리

SECTION 01 치수기입 일반

1 치수의 단위

① 단위 표시가 되지 않았을 경우에는 길이의 기본 단위는 밀리미터(mm)이고, 각도는 도(°)를
기준으로 한다. 만약, 밀리미터(mm)나 도(°) 이외의 단위를 사용하고자 할 경우에는 그에 해당되
는 단위의 기호를 붙여서 기입하는 것을 원칙으로 한다.

예 cm, m, inch(인치), ft(피트)

② 치수정밀도에 따라 소수점 아래 2자리 또는 3자리까지 나타내 줄 수 있다.

예 10mm를 10.000mm로 나타낼 수 있다.

2 치수기입요소

치수기입요소에는 치수선, 치수보조선, 화살표, 치수문자, 지시선 등이 있으며 모두 가는 선이다.

| 치수의 주요부 명칭 |

3 치수기입의 원칙

① 형체의 기능, 제작, 조립 등을 고려하여 필요하다고 생각되는 치수를 명료하게 도면에 기입한다.
② 치수는 형체의 크기, 자세 및 위치를 명확하게 표시한다.
③ 치수는 되도록 정면도에 집중하여 기입한다.(보기 좋게 알맞게 기입하면 절대 안 됨)
④ 치수는 중복 기입을 피한다.
⑤ 치수는 선에 겹치게 기입해서는 안 된다.
⑥ 치수는 되도록 계산하여 구할 필요가 없도록 기입한다.
⑦ 치수는 치수선이 서로 만나는 곳에 기입하면 안 된다.
⑧ 치수는 필요에 따라 기준으로 하는 점, 선, 또는 면을 기초로 한다.

4 치수 표시 기호

명칭	기호(호칭)	사용법	예
지름	ϕ(파이)	지름 치수 앞에 기입한다.	$\phi20$
반지름	R(알)	반지름 치수 앞에 기입한다.	R10
구의 지름	$S\phi$(에스파이)	구의 지름 치수 앞에 기입한다.	$S\phi20$
구의 반지름	SR(에스알)	구의 반지름 치수 앞에 기입한다.	SR10
정사각형의 변	□(사각)	정사각형 치수 앞에 기입한다.	□10
판의 두께	t(티)	두께 치수 앞에 기입한다.	t5
모따기	C(씨)	45° 모따기 치수 문자 앞에 기입한다.	C5
원호의 길이	⌒(원호)	원호 치수 앞 또는 위에 기입한다.	$\overset{\frown}{20}$
이론적으로 정확한 치수	▭(테두리)	이론적으로 정확한 치수의 치수 문자에 테두리를 씌운다.	20
참고치수	( )(괄호)	치수 문자를 ( ) 안에 기입한다.	(20)
비례치수가 아닌 치수	___(밑줄)	비례 치수가 아닌 치수에 밑줄을 친다.	<u>50</u>

5 치수기입의 예

(1) 현, 호, 각도 치수기입의 구분

| 현의 치수 |

| 호의 치수 |

| 각도의 치수 |

(2) 센터 구멍의 표시방법

① 센터는 선반가공에서 공작물을 지지하는 부속장치로서 주로 축 가공 시 사용된다.

② 센터 구멍의 치수는 KS B 0410을 따르고, 도시 및 표시 방법은 KS A ISO 6411 − 1에 따른다.

(a) 선반의 센터로 지지한 축 가공   (b) 센터 구멍 표시

| 센터 구멍 |

③ 센터 구멍의 도시방법

센터 구멍의 필요 여부	그림 기호	도시방법
남겨둔다.		KS A ISO 6411−1 A 2/4.25
남아 있어도 된다.		KS A ISO 6411−1 A 2/4.25
남겨두지 않는다.		KS A ISO 6411−1 A 2/4.25

(3) 치수기입법

① 직렬 치수기입법

한 줄로 나란히 연결된 치수에 주어진 치수공차가 누적되어도 상관없는 경우에 사용하나, 누적공차가 발생하므로 잘 사용하지 않는다.

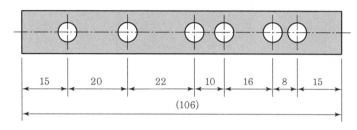

| 직렬 치수 |

② 병렬 치수기입법

한곳을 기준으로 하여 치수를 계단 모양으로 기입하는 방법으로 개개의 치수공차는 다른 치수공차에 영향을 주지 않는다. 기준선의 위치는 제품의 기능이나 가공 등의 조건을 고려하여 적절히 선택하여야 한다.

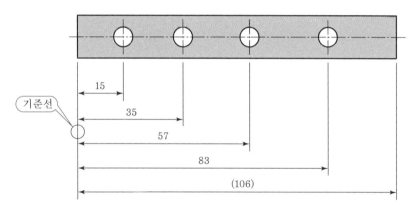

| 병렬 치수 |

③ 누진 치수기입법

한곳을 기준으로 한 줄로 나란히 연결되게 기입하는 방법으로 병렬 치수기입법과 같이 개개의 치수공차는 다른 치수공차에 영향을 주지 않는다.

| 누진 치수 |

④ 좌표 치수기입법

여러 종류의 구멍 가공 시 구멍의 위치나 크기 등을 좌표를 사용하여 표에 나타낸 치수기입법
으로 기준점의 위치는 제품의 기능이나 가공 등의 조건을 고려하여 적절히 선택하여야 한다.

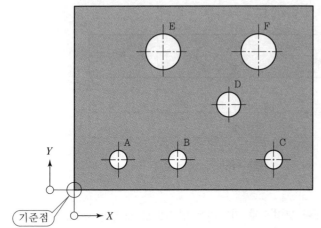

	X	Y	F
A	15	10	$\phi 6$
B	35	10	$\phi 6$
C	67	10	$\phi 6$
D	52	28	$\phi 8$
E	30	45	$\phi 11.5$
F	62	45	$\phi 11.5$

| 좌표 치수 |

SECTION 01 치수공차

1 용어 정의

| 치수공차 용어 |

① **실치수** : 물체(형체)의 실제 측정 치수를 말하며, 기본단위는 mm이다.

② **기준선** : 허용 한계치수 또는 끼워맞춤을 도시할 때는 기준치수를 나타내고, 치수 허용차의 기준이 되는 직선을 말한다.

　예 구멍 : $\varnothing 60^{+\,0.04}_{+\,0.01}$, 축 : $\varnothing 60^{-\,0.01}_{-\,0.029}$

③ **기준치수** : 위 치수 허용차 및 아래 치수 허용차를 적용하는 데 따라 허용 한계치수가 주어지는 기준이 되는 치수로 도면에 기입된 호칭치수와 같다.

구분	구멍	축
기준치수	$\varnothing 60$	$\varnothing 60$

④ 최대 허용치수 : 물체에 허용되는 최대 치수를 말한다.

구분	구멍	축
최대 허용치수	$\varnothing 60 + 0.04 = \varnothing 60.04$	$\varnothing 60 - 0.01 = \varnothing 59.99$

⑤ 최소 허용치수 : 물체에 허용되는 최소 치수를 말한다.

구분	구멍	축
최소 허용치수	$\varnothing 60 + 0.01 = \varnothing 60.01$	$\varnothing 60 - 0.029 = \varnothing 59.971$

⑥ 허용 한계치수 : 물체의 실제 치수가 그 사이에 들어가도록 한계를 정하여 허용할 수 있는 최대, 최소의 극한 치수(최대 허용치수, 최소 허용치수)를 말한다.

구분	구멍	축
허용 한계치수	$\varnothing {}^{60.04}_{60.01}$	$\varnothing {}^{59.99}_{59.971}$

⑦ 위 치수 허용차 : "최대 허용치수−기준치수"를 말한다.

구분	구멍	축
위 치수 허용차	$\varnothing 60.04 - \varnothing 60 = +0.04$	$\varnothing 59.99 - \varnothing 60 = -0.01$

⑧ 아래 치수 허용차 : "최소 허용치수−기준치수"를 말한다.

구분	구멍	축
아래 치수 허용차	$\varnothing 60.01 - \varnothing 60 = +0.01$	$\varnothing 59.971 - \varnothing 60 = -0.029$

⑨ 치수공차(공차 범위) : "최대 허용치수−최소 허용치수", "위 치수 허용차−아래 치수 허용차"를 말한다.

구분	구멍	축
치수공차(공차 범위)	$\varnothing 60.04 - \varnothing 60.01 = 0.03$ $0.04 - 0.01 = 0.03$	$\varnothing 59.99 - \varnothing 59.971 = 0.019$ $0.01 - 0.029 = 0.019$

2 일반공차

개별 공차 지시가 없는 선 치수(길이 치수)와 각도 치수에 대한 공차를 뜻한다.
공차 등급에 따른 분류는 아래 표를 따르고 도면에 표시할 때는 KS B ISO 2768−f와 같이 나타내면 된다.

호칭	f	m	c	v
설명	정밀급	중간급	거친급	매우거친급

3 IT 기본공차

다음 표는 IT 기본공차가 적용되는 부분을 나타낸 것으로 기본공차의 등급을 01급, 0급, 1급, 2급, …, 18급의 총 20등급으로 구분하여 규정하였다. 표에서 알 수 있듯이 숫자가 낮을수록 IT 등급이 높으며, 축이 구멍보다 한 등급씩 높다는 것을 알 수 있다.

구분 \ 적용	게이지 제작 공차	끼워맞춤 공차	일반공차 (끼워맞춤 이외 공차)
구멍	IT01급 ~ IT5급	IT6급 ~ IT10급	IT11급 ~ IT18급
축	IT01급 ~ IT4급	IT5급 ~ IT9급	IT10급 ~ IT18급

4 끼워맞춤의 종류

① 헐거운 끼워맞춤 : 조립하였을 때, 항상 구멍과 축 사이에 틈새가 있다.

② 억지 끼워맞춤 : 조립하였을 때, 항상 구멍과 축 사이에 죔새가 있다.

③ 중간 끼워맞춤 : 조립하였을 때, 구멍과 축의 실제 치수에 따라 틈새가 발생하거나, 죔새가 발생할 수 있는 끼워맞춤이다.

④ 틈새 : 구멍의 치수가 축의 치수보다 클 때의 구멍과 축의 치수 차를 말한다.

예 구멍 : $\varnothing 60^{+0.04}_{+0.01}$, 축 : $\varnothing 60^{-0.01}_{-0.029}$

ㄱ 최소 틈새 : 헐거운 끼워맞춤에서 "구멍의 최소 허용치수 – 축의 최대 허용치수"를 말한다.(구멍은 가장 작고, 축은 가장 클 때)

즉, $60.01 - 59.99 = 0.02$ 또는 $0.01 - (-0.01) = 0.02$ 값이다.

ㄴ 최대 틈새 : 헐거운 끼워맞춤에서 "구멍의 최대 허용치수 – 축의 최소 허용치수"를 말한다.(구멍은 가장 크고, 축은 가장 작을 때)

즉, $60.04 - 59.971 = 0.069$ 또는 $0.04 - (-0.029) = 0.069$ 값이다.

⑤ 죔새 : 구멍의 치수가 축의 치수보다 작을 때 발생하며 조립 전의 구멍과 축의 치수 차를 말한다.

예 구멍 : $\varnothing 60^{-0.005}_{-0.024}$, 축 : $\varnothing 60^{+0.01}_{+0.002}$

ㄱ 최소 죔새 : 억지 끼워맞춤에서 조립 전의 "축의 최소 허용치수 – 구멍의 최대 허용치수"를 말한다.(축은 가장 작고, 구멍은 가장 클 때)

즉, $60.002 - 59.995 = 0.007$ 또는 $0.002 - (-0.005) = 0.007$ 값이다.

ㄴ 최대 죔새 : 억지 끼워맞춤에서 조립 전의 "축의 최대 허용치수 – 구멍의 최소 허용치수"를 말한다.(축은 가장 크고, 구멍은 가장 작을 때)

즉, $60.01 - 59.976 = 0.034$ 또는 $0.01 - (-0.024) = 0.034$ 값이다.

5 **치수공차 기입법**

구멍과 축의 끼워맞춤 공차를 동시에 기입하여 사용할 경우 구멍과 축의 기준치수 다음에 구멍의 공차 기호와 축의 공차 기호를 연속하여 기입한다.[단, 연속하여 기입할 경우 구멍공차(대문자), 축공차(소문자) 순서대로 쓴다.]

예 · $\varnothing\,60\mathrm{H}7/\mathrm{g}6$

· $\varnothing\,60\mathrm{H}7 - \mathrm{g}6$

· $\varnothing\,60\dfrac{\mathrm{H}7}{\mathrm{g}6}$

SECTION 02 기하공차

1 **기하공차의 종류와 기호**

공차의 종류		기호	적용하는 형체	기준면(datum)
모양 공차	직진도 공차	—	단독 형체	불필요
	평면도 공차	▱		
	진원도 공차	○		
	원통도 공차	⌀		
	선의 윤곽도 공차	⌒	단독 형체 또는 관련 형체	
	면의 윤곽도 공차	◠		
자세 공차	평행도 공차	//	관련 형체	필요
	직각도 공차	⊥		
	경사도 공차	∠		
위치 공차	위치도 공차	⊕		
	동심도 공차	◎		
	대칭도 공차	=		
흔들림 공차	원주 흔들림 공차	↗		
	온흔들림 공차	⫽↗		

② 기하공차의 부가기호

① 최대 실체 조건(MMC, Maximum Material Condition)
  ㉠ 실체(구멍, 축)가 최대 질량을 갖는 조건이므로 구멍 지름이 최소이거나 축 지름이 최대
    일 때를 말한다.
  ㉡ 최대 실체 치수(MMS, Maximum Material Size)의 기호는 Ⓜ으로 표기한다.
② 최소 실체 조건(LMC, Least Material Condition)
  ㉠ 실체(구멍, 축)가 최소 질량을 갖는 조건이므로 구멍 지름이 최대이거나 축 지름이 최소
    일 때를 말한다.
  ㉡ 최소 실체 치수(LMS, Least Material Size)의 기호는 Ⓛ로 표기한다.
③ 돌출 공차 : 형체의 돌출부에 대해 적용하는 공차로 기호는 Ⓟ로 표기한다.
④ 실체 공차를 사용하지 않음 : 규제기호로 표시하지 않음(RFS)의 기호는 Ⓢ로 표기한다.

③ 치수공차의 기입방법

보기(예)	해설
// 0.02/100 A	A면을 기준으로 기준길이 100mm당 평행도가 0.02mm임을 표시
= 0.01 / 0.003/100	구분 구간 100mm에 대하여는 0.003mm, 전체 길이에 대하여는 0.01mm의 대칭도
▱ 0.01/□100	임의의 100×100에 대한 평면도의 허용값이 0.01임을 표시

SECTION 03 표면 거칠기

표면 거칠기는 가공된 표면 거칠기의 정밀도를 의미하며, 표면 거칠기의 표시는 공차와 밀접한
관련이 있다.

① 표면 거칠기 표시방법

KS B 0161에서는 표면 거칠기를 다음 세 가지 방법으로 규정하고 있다.
① 산술평균 거칠기(R_a) : 1999년 이전에는 중심선 평균 거칠기라 함
② 최대 높이(R_y)
③ 10점 평균 거칠기(R_z)

표면조도 계산(R_a, R_y, R_z)

기호	단위 기호	표면조도 구하는 법
R_a	a	 | 산술평균 거칠기 | 단면곡선(진한 곡선)의 중심선(X축) 아래 부분을 위쪽으로 접어서 얻은 빗금 부분의 면적을 기준길이(l)로 나눈 값이다. $$R_a = \frac{1}{l}\int_0^l |f(x)|dx$$
R_y	s	 | 최대 높이 | 기준길이(l)의 단면 곡선 중 가장 높은 곳과 가장 낮은 곳 사이의 거리를 의미한다. $$R_y = R_p + R_v$$
R_z	z	 | 10점 평균 거칠기 | 기준길이(l) 사이에서 가장 높은 봉우리 5개의 평균과 가장 낮은 골 5개의 평균을 합하여 측정한다.(10개 점의 평균값) $$R_z = \frac{|Y_{p1}+Y_{p2}+Y_{p3}+Y_{p4}+Y_{p5}|+|Y_{v1}+Y_{v2}+Y_{v3}+Y_{v4}+Y_{v5}|}{5}$$ Y_{p1}, Y_{p2}, Y_{p3}, Y_{p4}, Y_{p5} : 가장 높은 봉우리 5개 Y_{v1}, Y_{v2}, Y_{v3}, Y_{v4}, Y_{v5} : 가장 낮은 골 5개

2 다듬질 기호

표면 거칠기의 표시는 가공된 표면의 거칠기 정도를 기호로써 표기하는 것을 말하는데 이를 다듬질 기호라고도 한다. 표면 거칠기의 정밀도가 높으면 높을수록 부품의 가공비는 많이 들게 되므로 물체의 특성과 경제성을 고려하여 적절한 표면 거칠기 값을 기입하는 것이 바람직하다. 표면 거칠기의 지시사항으로 대상물의 표면, 제거가공 여부, 표면 거칠기 값을 기입하며, 필요에 따라 면 가공방법, 줄무늬 방향, 파상도 등도 함께 표시한다.

(1) 제거가공 여부에 따른 표시

① √ : 절삭 등 제거가공의 필요 여부를 문제 삼지 않는다.

② ∀ : 제거가공을 하지 않는다.

③ ▽ : 제거가공을 한다.

(2) 지시기호 위치에 따른 표시

a : 중심선 평균거칠기의 값(R_a의 값[μm])

b : 가공방법, 표면처리

c : 컷오프 값, 평가길이

c' : 기준길이, 평가길이

d : 줄무늬 방향의 기호

e : 기계 가공 공차(ISO에 규정되어 있음)

f : 최대 높이 또는 10점 평균 거칠기의 값

g : 표면 파상도(KS B 0610에 따름)

※ a 또는 f 이외는 필요에 따라 기입한다.

(3) 가공방법에 따른 표시

(4) 표면처리 지시에 따른 표시

- SP(Surface treatment Polishing) : 표면처리 폴리싱(연마)
- Fe : 소재는 철강
- Cr : 크롬 도금
- [3] : 도금의 등급, 3급으로 도금(두께 10μm)
- * : 'KS D 0022의 표시에 따른다.'라는 의미의 기호

(5) 줄무늬 방향에 따른 표시

투상면에 직각으로 줄무늬 생성

3 줄무늬 방향의 기호

기호	뜻	설명도
═	가공으로 생긴 커터의 줄무늬 방향이 기호를 기입한 그림의 투상면에 평행	커터의 줄무늬 방향
⊥	가공으로 생긴 커터의 줄무늬 방향이 기호를 기입한 그림의 투상면에 직각	커터의 줄무늬 방향
✕	가공으로 생긴 커터의 줄무늬 방향이 기호를 기입한 그림의 투상면에 경사지고 두 방향으로 교차	커터의 줄무늬 방향
M	가공으로 생긴 커터의 줄무늬가 여러 방향으로 교차 또는 방향이 없음	
C	가공으로 생긴 커터의 줄무늬가 기호를 기입한 면의 중심에 대하여 동심원 모양	
R	가공으로 생긴 커터의 줄무늬가 기호를 기입한 면의 중심에 대하여 대략 방사선 모양	

CHAPTER

007 스케치 및 전개도

CRAFTSMAN COMPUTER AIDED LATHE

SECTION 01 스케치

실물을 보고 그 모양을 용지에 직접 그리는 것을 스케치라 하고, 스케치에 의하여 작성된 도면 (치수, 재질, 가공방법 등을 기입)을 스케치도라고 한다.

1 스케치 용구

작도 용구	연필(HB, B), 용지(켄트지, 모눈종이, 트레이싱지), 화판, 지우개 등이 필요하며 필요에 따라 펜, 잉크, 매직, 목탄, 파스텔 등도 쓰인다.
측정 용구	눈금자, 직각자, 분도기, 버니어 캘리퍼스, 마이크로미터, 내측 캘리퍼스, 외측 캘리퍼스, 반지름 게이지, 피치 게이지, 틈새 게이지, 경도 시험편, 표면거칠기 표준편, 정반 등
분해 조립용 공구	스패너, 드라이버, 렌치, 육각렌치, 별렌치, 망치 등
기타 용구	지우개, 세척제, 면 걸레, 납선, 광명단, 꼬리표 등

2 스케치 방법

종류	설명
프리핸드법	손으로 스케치한 도면에 치수를 기입하는 방법
본뜨기법 (모양뜨기법)	불규칙한 곡선이 있는 물체를 직접 용지에 대고 그리거나, 탄성이 있는 납선이나 구리선을 물체의 윤곽에 대고 구부린 후 용지에 대고 그린 후 치수 등을 기입하는 방법
프린트법	평면으로 되어 있는 부품의 표면에 기름이나 광명단을 발라 용지에 대고 눌러서 실제의 모양을 뜨고 치수를 기입하는 방법
사진법	복잡한 기계의 조립상태나 부품을 앞에 놓고 여러 각도로 사진 찍는 방법

입체도형의 겉 표면을 한 장의 평면 위에 펼쳐 그린 그림을 전개도라 한다.

1 전개도의 종류

종류	설명
평행선 전개법	원기둥이나 각기둥 표면에 직선을 나란히 그어 전개하는 방법이다.
방사선 전개법	원뿔이나 각뿔의 꼭짓점을 중심으로 전개하는 방법이다.
삼각형 전개법	입체도형의 표면을 몇 개의 삼각형으로 나누어 전개하는 방법이다.

(1) 평행선법

| 사각기둥 |

| 원기둥 |

(2) 방사선법

| 잘린 원뿔 | | 원뿔 |

(3) 삼각형법

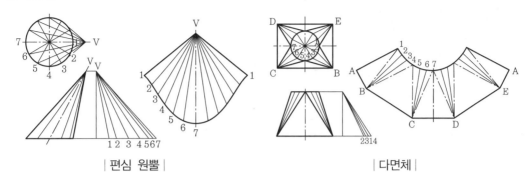

| 편심 원뿔 | | 다면체 |

CHAPTER

008 기계요소의 설계

CRAFTSMAN COMPUTER AIDED LATHE

SECTION 01 기계설계 기초

1 기계요소의 분류

구분	종류	용도
결합용 기계요소	나사(볼트, 너트)	임시적 체결
	리벳, 용접	반영구적 체결
	키, 핀, 코터	축과 보스(회전체) 연결
축용 기계요소	축	회전 및 동력 전달
	축이음	축과 축 연결
	베어링	축 지지
전동용 기계요소	마찰차, 기어, 캠	동력의 직접 전달
	벨트, 체인, 로프	동력의 간접 전달
제어용 기계요소	브레이크	제동
	스프링	충격 및 진동 방지

2 단위

(1) SI 기본단위(국제표준단위)

측정량	명칭	단위
길이	미터	m
질량	킬로그램	kg
시간	초	s
온도	켈빈	K

- m, kg, s → MKS 단위계(큰 단위계)
- cm, g, s → CGS 단위계(작은 단위계)

(2) SI 유도단위(물리식에 의해 유도되는 단위)

유도량	명칭	기호	SI 기본단위로 표기
힘, 무게	뉴턴	N	$1N = 1kg \times \dfrac{m}{s^2}, \quad 1kgf = 9.8N$
압력, 응력	파스칼	Pa	$1Pa = 1\dfrac{N}{m^2}$
에너지, 일, 열	줄	J	$1J = 1N \cdot m = 1kg \times \dfrac{m}{s^2} \times m$
동력	와트	W	$1W = 1\dfrac{J}{s} = 1kg \times \dfrac{m}{s^2} \times \dfrac{m}{s}$

(3) SI 단위계의 접두어 의미

단위 표기	대소문자 구분	영문	숫자 표시	단위 표기	대소문자 구분	영문	숫자 표시
k	소문자	kilo	10^3	m	소문자	milli	10^{-3}
M	대문자	Mega	10^6	μ	그리스 소문자	micro	10^{-6}
G	대문자	Giga	10^9	n	소문자	nano	10^{-9}

(4) 그리스 문자의 기호와 명칭

α	알파	θ	세타	σ	시그마
β	베타	λ	람다	τ	타우
γ	감마	μ	뮤	ω	오메가
δ	델타	ϕ	파이		
ε	엡실론	ρ	로		

3 속도, 가속도, 각속도, 힘

(1) 속도(v)

단위 시간당 변위(물체의 위치 변화량)

$$v = \frac{x}{t} = \frac{거리}{시간} \; [m/s]$$

여기서, x : 변위 [m], t : 시간[s]

(2) 가속도(a)

속도 변화를 시간으로 나눈 것

$$a = \frac{dv}{dt} = \frac{\text{속도 변화}}{\text{시간 변화}} \, [\text{m/s}^2]$$

여기서, dv : 속도 변화 [m/s], dt : 시간 변화[s]

(3) 각속도(ω)

① 각속도(ω)와 회전수(n)의 관계

$$\omega = \frac{2\pi n}{60} \, [\text{rad/s}]$$

여기서, n : 1분당 회전수[rpm]

② 속도(v)와 각속도의 관계

$$v = \omega r = \frac{2\pi n}{60} \times \frac{d}{2} = \frac{\pi dn}{60} \, [\text{mm/s}]$$

(단위 환산)

$$v = \frac{\pi dn}{1,000 \times 60} = \frac{\pi dn}{60,000} \, [\text{m/s}]$$

여기서, v : 속도, ω : 각속도, r : 회전반경[mm], d : 지름[mm]

(4) 힘

물체의 운동상태를 변화시키는 원인

$$F = ma \, [\text{N}]$$

여기서, m : 질량[kg], a : 가속도[m/s^2]

4 하중

(1) 하중의 개요

부하가 발생하는 원인이 되는 모든 외적 작용력을 하중이라고 하며, 이때 발생하는 부하에 해당하는 반력요소에 의해 재료 내부의 저항하는 응력(stress)이 존재하게 된다.

① 변화 여부에 따른 분류

ㄱ 정하중

항상 일정한 하중으로, 하중의 크기 및 방향이 변하지 않는다.

ⓛ 동하중

물체에 작용하는 하중의 크기 및 방향이 시간에 따라 변한다.

   ⓐ 충격하중 : 속도를 갖는 물체가 구조물에 충돌하거나 이와 유사한 상황에서 작용하는 하중으로, 차의 충돌, 급브레이크 등이 포함된다.

   ⓑ 반복하중 : 구조물에 일정한 진폭과 주기로 반복해서 작용하는 하중

   ⓒ 교번하중 : 반복하중 중 크기뿐만 아니라 방향도 변하는 하중

      예 인장과 압축이 교대로 작용하는 경우, 굽힘 또는 비틀림이 교대로 작용하는 경우

② 집중 유무에 따른 분류

  ⓐ 집중하중 : 한 점에 집중되는 하중

  ⓛ 분포하중 : 한 점에 집중되지 않고 분포하는 하중(선분포, 면분포, 체적분포)

③ 물체에 작용하는 상태에 따른 분류

하중 종류	하중 상태
인장하중 (하중과 파괴단면 수직)	
압축하중 (하중과 파괴단면 수직)	
전단하중 (하중과 파괴단면 평행)	
굽힘하중 (중립축을 기준으로 인장, 압축)	
비틀림하중 (비틀림 발생 하중)	
좌굴하중 (기둥의 휨을 발생)	

5 응력과 변형률

(1) 응력(stress)

① 인장응력(σ)

인장(압축)응력 σ [N/mm^2] $\times$ 인장파괴면적 A_σ [mm^2] = 하중 F [N]

$$\sigma = \frac{F}{A_\sigma}$$

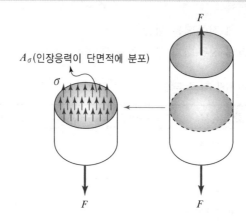

A_σ(인장응력이 단면적에 분포)

② 전단응력(τ)

전단응력 τ [N/mm^2] $\times$ 전단파괴면적 A_τ [mm^2] = 전단하중 P(N)

$$\tau = \frac{P}{A_\tau}$$

A (전단응력이 단면적에 분포)

③ 압축응력(σ_c)

$$압축응력\ \sigma_c[\text{N/mm}^2] \times \boxed{압축면적\ A_c[\text{mm}^2]} = 하중\ P(\text{N})$$

$$\sigma_c = \frac{P}{A_c} = \frac{P}{d \times t}$$

반원통의 곡면에 압축이 가해진다.

⇒ 압축곡면을 투사하여 A_c(투사면적) $= d$(직경)$\times t$(두께)로 본다.

(2) 인장과 압축 부재의 변형률

재료가 인장되면 길이는 늘어나고 직경은 줄어들며, 재료가 압축되면 길이는 줄어들고 직경은 늘어난다.

여기서, l : 인장 전 부재의 길이(종방향)

d : 인장 전 부재의 직경(횡방향)

l' : 인장 후 부재의 길이($l' = l + \lambda$, λ : 종방향 길이 변화량)

d' : 인장 후 부재의 직경($d' = d - \delta$, δ : 횡방향 직경 변화량)

| 인장부재의 변형 |

① 종변형률 : $\varepsilon = \dfrac{\Delta l}{l} = \dfrac{l'-l}{l} = \dfrac{\lambda}{l}$

② 횡변형률 : $\varepsilon' = \dfrac{\Delta d}{d} = \dfrac{d-d'}{d} = \dfrac{\delta}{d}$

③ 단면변형률 : $\varepsilon_A = \dfrac{\Delta A}{A} = 2\mu\varepsilon$

여기서, μ : 포아송의 비
　　　　A : 부재의 단면적

(3) 열응력

물질은 온도가 올라가면 팽창하고 내려가면 수축하므로, 기계요소는 온도의 변화에 따라 작은 양이긴 하지만 늘어나거나 줄어들게 된다. 이때 생기는 내부응력을 열응력이라 한다.

① 열변형량(λ)

$$\lambda = l - l' = \alpha(T_2 - T_1)l [\text{mm}]$$

여기서, α : 선팽창 계수[/℃], T_1 : 처음온도[℃] , T_2 : 나중온도[℃]
　　　　l : 인장 전 부재의 길이[mm], l' : 인장 후 부재의 길이[mm]

② 열변형률(ε)

$$\varepsilon = \alpha(T_2 - T_1)$$

여기서, α : 선팽창 계수[/℃], T_1 : 처음온도[℃] , T_2 : 나중온도[℃]

③ 열응력(σ)

$$\sigma = E \cdot \varepsilon = E \cdot \alpha(T_2 - T_1)$$

여기서, σ : 인장 응력[N/mm²]$\left(\sigma = \dfrac{P}{A}\right)$
　　　　E : 종탄성계수, 영계수, 비례계수[N/mm²]
　　　　ε : 종변형률$\left(\varepsilon = \dfrac{\lambda}{l}\right)$
　　　　T_1 : 처음온도[℃] , T_2 : 나중온도[℃]

6 일

(1) 일

힘의 공간적 이동(변위) 효과를 나타낸다.

> 일=힘 F × 거리 S

- $1J=1N×1m$
- $1kgf·m=1kgf×1m$

(2) 모멘트(moment)

물체를 회전시키려는 특성을 힘의 모멘트 M 이라 하며 그중에 축에 대해 물체를 회전시키려는 힘의 모멘트를 토크(torque)라 한다.

> 모멘트 M = 힘 F × 수직거리 r
> 토크 T = 회전력 P_e × 반경 r = $P_e × \dfrac{지름(d)}{2}$

(3) 일의 원리

① 기계설계에 적용된 일의 원리 예

| 빗면에서 일의 원리 |　　　| 나사의 원리(긴 거리 작은 힘) |

> 일의 양=힘×거리
> : (a)=(b)=(c)
> $300N×1m = 200N×1.5m = 150N×2m = 300N·m = 300J$

그림 (a), (b), (c)에서 일의 양은 300J로 모두 같지만 빗면의 길이가 가장 긴 (c)에서 가장 작은 힘 150N으로 올라감을 알 수 있으며 이런 빗면의 원리를 이용해 빗면을 돌아 올라가는 기계요소인 나사를 설계할 수 있다.

② 축에 작용하는 일의 원리

| 나사 체결에서 일의 원리 |

$$T = F_{조작력} \times L = F_{나사} \times \frac{D}{2}$$

㉠ 그림에서 만약 손의 힘 $F_{조작력} = 20\text{N}$, 볼트지름 $D = 20\text{mm}$ 라면, 스패너의 길이 L이 길수록 나사의 회전력 $F_{나사}$의 크기가 커져서 쉽게 볼트를 체결할 수 있다는 것을 알 수 있다.

㉡ 축 토크 T는 같다.(일의 원리)

| 축의 전달 토크 |

축 토크 = 기어의 토크 = 키의 전단력에 의한 전달 토크

$$T = F_1 \times \frac{D_{기어}}{2} = F_2 \times \frac{D_축}{2} \ (F_2 = \tau_k \cdot A_\tau)$$

여기서, $D_{기어}$: 기어의 피치원 지름

  $D_축$: 축지름

  T : 축의 토크

  F_1 : 기어의 전달력

  F_2 : 키의 전단력

  τ_k : 키의 전단응력

  A_τ : 키의 전단면적

7 동력

동력은 시간당 발생하는 일을 의미한다.

$$동력\ H = \frac{일}{시간} = \frac{힘\ F \times 거리\ S}{시간\ t} = 힘\ F \times 속도\ V \left(\because 속도 = \frac{거리}{시간} \right)$$

- $H = F \times V$
- $1\mathrm{W} = 1\mathrm{N \cdot m/s}$ (SI 단위의 동력) $= 1\mathrm{J/s}$

8 마찰(friction)

① 마찰력이란 운동을 방해하려는 성질의 힘을 말한다.

② 마찰력을 최대로 이용하는 기계요소에는 브레이크, 마찰차, 클러치, 전동벨트 등이 있다.

③ 마찰력을 최소로 줄여야 하는 기계요소에는 베어링, 치차, 동력전달나사 등이 있다.

④ 마찰력(F_f) 계산

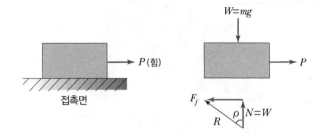

| 마찰력 |

접촉면을 제거했을 때 물체가 움직이고자 하는 방향과 반대 방향으로 접촉면에 발생한 마찰력 F_f를 그린다.

최대정지마찰력 $F_f = \mu N$

여기서, μ : 접촉면(정지)마찰계수, N : 수직력
※ 마찰력은 수직력(N)만의 함수이다.

⑤ 만약, '움직이고자 하는 힘(P)≤마찰력(F_f)'이면 물체는 정지상태를 유지하고, '움직이고자 하는 힘(P)≥마찰력(F_f)'이면 물체는 움직인다.

9 피로(fatigue)

① 피로파괴 : 실제의 기계나 구조물들은 반복하중 상태에 놓이는 경우가 많이 있는데, 이 경우 재료에 발생하는 응력이 탄성한도 영역 안에 있어도 하중의 반복작용에 의하여 재료가 점점 약해지며 파괴되는 현상을 피로파괴라 한다.
② 피로한도 : 반복응력이라도 진폭이 일정값 이하가 되면 사이클 수가 무한히 증가하더라도 파괴되지 않고 견디는 응력의 한계를 피로한도 또는 내구한도라고 한다.
③ 설계상 충분히 주의해야 하는 이유는 반복하중에 계속 노출될 경우 재료의 정적강도보다 훨씬 낮은 응력으로도 파괴될 수 있기 때문이다.

10 사용응력과 허용응력

① 사용응력 : 오랜 기간 동안 실제 상태에서 안전하게 작용하고 있는 응력을 사용응력(working stress)이라 하며, 이 사용응력을 정확하게 선정한다는 것은 거의 불가능하다.
② 허용응력 : 탄성한도 영역 내의 안전상 허용할 수 있는 최대응력이다.
③ 사용응력은 허용응력을 넘지 않도록 설계해야 한다.

사용응력(σ_w) ≤ 허용응력(σ_a) ≤ 탄성한도

11 안전율

하중의 종류와 사용조건에 따라 달라지는 기초강도 σ_s 와 허용응력 σ_a 와의 비를 안전율(safety factor)이라고 한다.

$$S= \frac{기초강도}{허용응력} = \frac{\sigma_s}{\sigma_a}$$

① **기초강도** : 사용재료의 종류, 형상, 사용조건에 의해 정해진다. 주로 항복강도, 인장강도(극한강도) 값이며 크리프 한도, 피로한도, 좌굴강도 값이 되기도 한다.

② 안전율은 항상 1보다 크며, 설계 시 안전율을 크게 하면 기계나 구조물의 안정성은 증가하나 경제성은 떨어진다. 왜냐하면 어떤 부재에 작용하는 하중이 정해져 있을 경우 안전율을 높이면 사용할 부재의 치수가 커지기 때문이다.

③ 그러므로 실제하중의 작용조건, 상태(부식, 마모, 진동, 마찰, 정밀도, 수명) 등을 고려해서 적절한 안전율을 고려해주는 최적화 설계를 해야 한다.

SECTION 02 결합용 기계요소

1 나사(screw)

(1) 개요

| 육각볼트 | | 나사의 원리 |

① 나사는 부품을 죄거나 힘을 전달하는 데 쓰이는 기본적인 기계요소이다.

② 나사에는 일의 원리가 적용되는데, 빗변 $\overline{AC}$와 높이 $\overline{BC}$를 올라가는 일의 양은 같으므로 나사를 돌리면 나사는 나선(빗면)을 따라 작은 힘으로 돌아 올라가며 짧은 거리(높이)를 큰 힘으로 나아가게 된다. 즉, 나사는 축 방향으로 큰 힘을 가하는 기계요소이며 쐐기와 같은 역할을 한다.

③ 대량 생산과 호환성이 필요하므로 그 치수는 KS(B 0200~0249, B 0101~1060)에 규정되어 있으며 ISO에 의하여 국제적으로 표준화되어 있다.

(2) 나사 용어

| 수나사 | | 암나사 |

| 1줄 나사 | | 2줄 나사 |

① 호칭지름(d)

나사의 바깥지름이다.

② 안지름(d_1)

나사의 골지름이다.

③ 유효지름(d_2)

나사산의 형태가 사각나사일 때는 평균지름$\left(\dfrac{d_1 + d}{2}\right)$이지만 다른 나사에서는 그렇지 않다.

나사에 대한 하중계산, 토크계산, 리드각을 구할 때의 기초가 되는 지름으로 매우 중요하다.

④ 1줄 나사, 2줄 나사

한 줄의 나선으로 이루어진 나사를 1줄 나사, 두 줄의 나선을 감아올린 나사를 2줄 나사, n개의 나선이면 n줄 나사이다.

⑤ 피치(p)

나사산과 나사산 사이의 거리(pitch) 또는 골과 골 사이의 거리이다.

⑥ 리드(l)

나사를 1회전시켰을 때 축 방향으로 나아가는 거리(lead)로, 1줄 나사는 1피치(p)만큼 리드하며 n줄 나사이면 리드 $l = np$이다.

⑦ 리드각(α)

나사가 1회전 시 나아가는 리드에 의해 생성되는 각

$$\tan \alpha = \frac{l}{\pi d_2} = \frac{np}{\pi d_2}$$

⑧ 나사산의 높이(h)

$$h = \frac{d - d_1}{2}$$

(3) 나사의 표시방법(피치를 mm로 표시하는 경우 : 미터계)

| 나사의 종류를 표시하는 기호 | 나사의 호칭지름 | × | 피치 |

예 M 5 × 0.8

여기서, M : 미터 보통 나사
5 : 외경이 5mm(외경＝나사의 호칭지름)
0.8 : 피치가 0.8mm(생략 가능)

예 TM 10

여기서, TM : 30° 사다리꼴 나사
10 : 외경 10mm

(4) 나사의 종류와 특징

(a) 3각 나사   (b) 4각 나사   (c) 사다리꼴 나사

(d) 톱니 나사   (e) 둥근 나사

| 나사의 종류 |

① ISO 규격에 따른 나사의 종류 · 기호 · 호칭

구분	종류		기호	호칭방법
ISO 규격에 있는 것	미터 보통 나사		M	M8
	미터 가는 나사			M8×1
	미니추어 나사		S	S0.5
	유니파이 보통 나사		UNC	3/8−16UNC
	유니파이 가는 나사		UNF	No. 8−36UNF
	미터 사다리꼴 나사		Tr	Tr10×2
	관용 테이퍼 나사	테이퍼 수나사	R	R3/4
		테이퍼 암나사	Rc	Rc3/4
		평행 암나사	Rp	Rp3/4
ISO 규격에 없는 것	관용 평행 나사		G	G1/2
	30도 사다리꼴 나사		TM	TM18
	29도 사다리꼴 나사		TW	TW18
	관용 테이퍼 나사	테이퍼 나사	PT	PT7
		평행 암나사	PS	PS7
	관용 평행 나사		PF	PF7

② 나사 모양에 따른 용도와 특징

명칭	용도	특징
삼각 나사	체결용	일반기계의 조립용 볼트와 너트 또는 배관의 이음부에 사용
사각 나사	전동용	매우 큰 힘을 전달하는 프레스, 나사잭에 사용
사다리꼴 나사	전동용	운동을 전달하는 선반의 리드 스크루에 사용
톱니 나사	전동용	한 방향으로 센 힘을 전달하는 바이스, 프레스에 사용
둥근 나사	체결용	먼지, 모래 등이 들어가기 쉬운 곳에 사용, 너클 나사라고도 함
볼나사	전동용	마찰이 적고 정밀도가 높아 공작기계의 수치 제어용으로 사용

③ 볼나사의 특징

ㄱ 백래시가 매우 적다.

ㄴ 먼지나 이물질에 의한 마모가 적다.

ㄷ 정밀도가 높다.

ㄹ 나사의 효율이 높다(90% 이상).

ㅁ 마찰이 매우 적다.

| 볼나사 |

2 볼트와 너트, 와셔

(1) 볼트의 고정하는 방법에 따른 분류

| (a) 관통볼트 | (b) 탭볼트 | (c) 스터드 볼트 | (d) 스테이 볼트 |

│ 고정하는 방법에 따른 볼트의 종류 │

① **관통볼트(through bolt)** : 두 물체를 관통시켜 반대쪽에서 너트로 죈다.
② **탭볼트(tap bolt)** : 물체의 한쪽에 암나사를 깎은 다음, 수나사를 조여 사용하므로 너트가 필요하지 않으며, 결합하는 부분이 두꺼워 관통하기 어려운 곳에 사용한다.
③ **스터드 볼트(stud bolt)** : 머리가 없는 볼트로, 한 끝은 본체에 고정되어 있고 고정되지 않은 볼트부 끝에 너트를 끼워 죈다.(분해가 간편하다.)
④ **스테이 볼트(stay bolt)** : 두 물체의 간격을 유지시키는 데 사용하는데 부시(bush)를 끼워서 사용하는 것과 볼트에 턱을 만들어 놓은 것이 있다.

(2) 볼트의 머리 모양과 용도에 따른 분류

| (a) 육각 볼트 | (b) 육각 구멍붙이 볼트 | (c) 나비 볼트 |

| (d) 기초 볼트 | (e) 접시머리 볼트 | (f) 아이볼드 |

│ 머리 모양에 따른 볼트의 종류 │

① 육각 볼트 : 일반적으로 가장 널리 사용한다.

② 육각 구멍붙이 볼트 : 둥근 머리에 6각 홈을 파 놓은 것으로 볼트의 머리가 밖으로 나오지 않아야 하는 곳에 사용한다.

③ 나비 볼트 : 볼트 머리 부분이 나비 모양으로 되어 있어 손으로 쉽게 돌릴 수 있도록 한 볼트

④ 기초 볼트 : 기계 구조물을 콘크리트 바닥 등에 고정할 때 사용한다.

⑤ 접시머리 볼트 : 볼트의 머리가 밖으로 나오지 않아야 하는 곳에 사용한다.

⑥ 아이볼트 : 무거운 부품을 들어 올릴 때 고리로 사용한다.

(3) 너트(nut)의 종류

| (a) 육각너트 | (b) 사각너트 | (c) 측면 홈붙이 둥근너트 |

| (d) 나비너트 | (e) 플랜지 너트 | (f) 캡너트 | (g) 홈붙이 너트 |

| 너트의 종류 |

① 육각너트 : 모양이 육각형이고 가장 널리 사용된다.

② 사각너트 : 바깥 둘레가 사각형으로 되어 있는 너트로 주로 목재 결합용으로 사용한다.

③ 둥근너트 : 회전체의 균형을 좋게 하거나 너트를 외부로 돌출시키지 않을 경우 사용한다. 너트를 죌 때는 특수한 스패너가 필요하다.

④ 나비너트 : 너트 윗부분에 나비 모양이 있어 손으로 작업이 가능하다.

⑤ 플랜지 너트(와셔붙이 너트) : 너트의 밑면에 넓은 원형 플랜지가 붙어있는 와셔붙이 너트로 볼트 구멍이 크거나 접촉하는 물체와의 접촉면적을 크게 하여 압력을 작게 하려고 할 때 사용, 너트 하나로 와셔 역할을 겸한다.

⑥ 캡너트 : 너트의 한쪽 부분을 관통되지 않도록 만든 것으로 나사면을 따라 증기, 기름 등의 누출을 방지하고 외부로부터 먼지 등의 오염물질 침입을 막는 데 사용한다.

⑦ 홈붙이 너트 : 너트의 풀림을 억제하기 위해 너트 머리 부분에 방사형의 홈을 파고, 볼트 나사부에 뚫린 작은 구멍에 이 홈을 맞추고 분할 핀을 꽂아 고정시키는 너트이다.

(4) 그 외 나사류

| 턴버클 |
| 멈춤 나사 |

① **턴버클** : 양끝에 왼나사와 오른나사가 있어 양끝을 서로 당기거나 밀어서, 와이어로프나 전선 등의 길이를 조정한다. 장력의 조정을 필요로 하는 곳에 사용한다.
② **멈춤 나사** : 나사의 끝을 이용하여 축에 바퀴를 고정시키거나 위치를 조정할 때 사용한다.

(5) 와셔의 종류와 용도

| 평와셔 | | 스프링 와셔 | | 이붙이 와셔 |

① 구멍이 볼트의 지름보다 클 때(평와셔)
② 진동이나 회전으로 인한 너트의 풀림을 방지(스프링 와셔)
③ 볼트가 닿는 자리가 거칠 때(평와셔 또는 이붙이 와셔)
④ 부품의 재질이 연하여 볼트가 파고 들어갈 염려가 있을 때(평와셔)

(6) 너트의 풀림 방지법

(a) 스프링 와셔   (b) 고무 와셔   (c) 특수 와셔   (d) 혀붙이 와셔   (e) 중지판에 의한 방법

| 와셔에 의한 방법 |

| 로크 너트에 의한 방법 |

| 핀에 의한 방법 |

| 자동 죔 너트에 의한 방법 |

| 플라스틱 플러그에 의한 방법 |

| 멈춤 나사에 의한 방법 |

| 스프링 너트에 의한 방법 |

① **로크(lock) 너트** : 2개의 너트를 서로 죄여 너트 사이를 미는 상태로 만들어 외부에서 진동이 작용해도 항상 하중이 작용하는 상태를 유지하도록 하는 방법(일반 나사 피치보다 작음)

② **분할 핀** : 볼트, 너트에 구멍을 뚫고 분할핀을 끼워 너트를 고정시키는 방법

③ **세트 나사** : 너트의 옆면에 나사 구멍을 뚫고 여기에 세트 나사(set screw)를 끼워 볼트 나사부를 고정시키는 방법

④ **특수 와셔를 사용** : 스프링 와셔, 혀붙이 와셔 등을 끼워 너트의 자립 조건을 만족시키는 방법

⑤ 멈춤 나사에 의한 방법

⑥ 스프링 너트에 의한 방법

(7) 축하중만 받는 경우(아이볼트) 수나사의 인장응력

인장(압축)응력 $\sigma = \dfrac{Q(\text{축하중})}{A(\text{인장파괴면적})} = \dfrac{Q}{\dfrac{\pi}{4}d_1^2(\text{골지름 파괴})}$

수나사의 안지름 $d_1 = \sqrt{\dfrac{4Q}{\pi\sigma}}$

($d_1 = 0.8\,d_2$를 대입하면)

수나사의 바깥지름(호칭지름) $d_2 = \sqrt{\dfrac{2Q}{\sigma}}$

❸ 키, 핀, 코터, 리벳

(1) 키(key)

키(Key)는 회전축에 끼워질 기어, 풀리 등의 기계부품을 고정하여 회전력을 전달하는 기계요소이다. 키의 종류에는 안장 키, 평키, 묻힘 키, 접선 키, 미끄럼 키가 있으며 묻힘 키의 호칭치수는 폭×높이×길이 $= b \times h \times l$ 로 나타낸다.

① 키(key)의 종류

| 키의 종류 |

㉠ 안장 키(saddle key) : 축에서 키 홈을 가공하지 않고 보스에만 테이퍼 키 홈을 만들어서 홈 속에 키를 끼우는 것으로, 축에 기어 등을 고정시킬 때 사용되며 큰 힘을 전달하는 곳에는 사용되지 않는다.

㉡ 납작 키(flat key) : 축의 윗면을 평평하게 깎은 면에 끼우는 키이다. 안장 키보다 큰 힘을 전달할 수 있다.

㉢ 묻힘 키(sunk key) : 벨트풀리 등의 보스(축에 끼우는 기계부품들)와 축 모두 홈을 파서 키를 고정시킨 것으로, 가장 일반적으로 사용되며, 상당히 큰 힘을 전달할 수 있다.

㉣ 접선 키(tangent key) : 기울기가 반대인 키를 2개 조합한 것이다. 큰 힘을 전달할 수 있다.

㉤ 스플라인(spline) : 축에 평행하게 4~20줄의 키 홈을 판 특수 키이다. 보스에도 끼워 맞추어지는 키 홈을 파서 결합한다.

㉥ 세레이션(serration) : 축에 작은 삼각형 키 홈을 만들어 축과 보스를 고정시키는 것으로 동일한 지름의 스플라인보다 많은 키에 돌기가 있어 동력 전달이 큰 자동차의 핸들 등에 주로 사용된다.

㉦ 원뿔 키 : 특수 키의 일종으로 원뿔 모양이다. 축과 보스에 홈을 파지 않고 보스 구멍을 원뿔 모양으로 만들고 세 개로 분할된 원뿔형의 키를 박아 마찰만으로 회전력을 전달한다. 비교적 큰 힘에 견딘다.

㉧ 반달 키(woodruff key) : 일명 우드러프 키라고도 하며, 키와 키 홈 가공이 쉽고, 축과 보스를 결합하는 과정에서 자동으로 키가 자리잡을 수 있다는 장점이 있으며 자동차, 공작 기계 등에 널리 사용되는 키이다.

㉨ 둥근 키 : 단면이 원형으로 된 작은 키로서 회전력이 작은 곳에 사용된다.

㉩ 미끄럼 키(sliding key) : 페더 키 또는 안내 키라고도 하며, 축 방향으로 보스를 미끄럼 운동시킬 필요가 있을 때에 사용한다.

② 동력 전달력 크기

안장 키 < 납작 키 < 반달 키 < 묻힘 키 < 접선 키 < 스플라인 < 세레이션

③ 키의 전단응력(τ)

$$\tau = \frac{P}{b \cdot l}$$

여기서, P : 회전력
b : 키의 폭
l : 키의 길이

(2) 핀(pin)

핀은 키의 대용, 부품 고정의 목적으로 사용한다. 상대적인 각운동을 할 수 있다.

(a) 평행 핀

(b) 테이퍼 핀

(c) 슬롯 테이퍼 핀

(d) 분할 핀

(e) 스프링 핀

(f) 너클 핀

| 핀의 종류 |

① **평행 핀** : 굵기가 일정한 핀
② **테이퍼 핀** : 1/50의 테이퍼를 가지며 호칭지름은 작은 쪽의 지름으로 표시한다.
③ **슬롯 테이퍼 핀** : 끝이 갈라진 테이퍼 핀
④ **분할 핀** : 핀 전체가 두 갈래로 되어 있는 것으로, 너트를 채운 축에 구멍을 뚫고, 분할 핀을 끼운 후 끝을 구부려 진동에 의해 풀리는 것을 방지하는 핀
⑤ **스프링 핀** : 얇은 판을 원통형으로 말아서 만든 평행 핀의 일종으로 억지끼움 했을 때 핀의 복원력에 의해 구멍에 정확히 밀착되는 특성이 있고, 중공이어서 평행 핀에 비해 가볍다는 이점이 있다.
⑥ **너클 핀** : 핀 이음에서 한쪽 포크(fork)에 아이(eye) 부분을 연결하여 구멍에 수직으로 평행 핀을 끼워 두 부분이 상대적으로 각운동을 할 수 있도록 연결한 것

(3) 코터(cotter)

키는 축의 회전력을 전달하는 곳에 사용되므로 주로 전단력을 받게 되나 코터는 축 방향으로 인장 또는 압축을 받는 봉을 연결하는 데 사용되므로 인장력 또는 압축력을 주로 받게 된다.

| 코터의 구조 |

(4) 리벳(rivet)

보일러나 철교, 철골건물 등의 강판이나 형강을 영구적으로 결합하는 이음을 리벳이음이라 한다.

| 리베팅 | | 코킹과 플러링 |

① 리베팅 작업방법

　ㄱ 리벳이 들어갈 구멍을 뚫는다. 리벳구멍은 지름 20mm까지는 펀칭으로 뚫고, 리벳지름 보다 1~1.5mm 정도 크게 뚫는다.

　ㄴ 뚫린 구멍을 리머로 정밀하게 다듬는다.

　ㄷ 리벳을 구멍에 넣고 양쪽에 스냅(snap)을 대고 때려서 머리부분을 만든다.

　　ⓐ 리벳지름 10mm 이상은 열간 리베팅, 그 이하인 것은 냉간 리베팅 한다.

　　ⓑ 리벳의 지름 25mm까지 손으로 작업할 수 있다.

　ㄹ 기밀을 필요로 하는 경우 코킹과 플러링을 한다. 강판의 두께가 5mm 이하인 경우에는 코킹의 효과가 없으므로 종이, 천, 석면 같은 패킹 재료를 사용한다.

② 코킹과 플러링

　ㄱ 코킹(caulking) : 기밀을 필요로 하는 경우 리베팅이 끝난 뒤 리벳머리의 주위와 강판의 가장자리를 정과 같은 공구로 때리는 작업을 코킹이라 한다. 강판의 가장자리를 75~85°가량 경사지게 놓는다.

　ㄴ 플러링(fullering) : 기밀을 더욱 완벽하게 하기 위하여 끝이 넓은 공구로 때리는 것을 플러링이라 한다.

1 축

(1) 축의 개요

축(shaft)은 주로 회전에 의하여 동력을 전달할 목적으로 사용하는 기계요소이다.

(2) 축의 용도에 의한 분류

| 차축 |

| 전동축 |

| 스핀들 |

저널 : 축 끼워 맞춤 중 베어링으로 지지된 부분

| 저널 |

| 중실피벗 |

| 중공피벗 |

① 차축(axle)

자동차 바퀴와 같이 축이 고정되어 있는 정지축과, 철도차량과 같이 바퀴와 축이 같이 회전하는 회전축이 있으며, 주로 굽힘하중을 받는 축이다.

② 전동축(shaft)

회전력을 전달하는 축으로서 비틀림을 받는 축이다.

③ 스핀들(spindle)

주로 비틀림 하중을 받는 축으로, 치수가 정밀하고 변형량도 매우 적은 회전축이다. 지름에 비하여 짧은 축으로 선반 또는 드릴링 머신 등의 회전축, 주축을 말한다.

④ 저널(journal)

미끄럼 베어링으로 지지되어 있는 축 부분이다.(베어링과 닿아 있는 축 부분)

⑤ 피벗(pivot), 스러스트 저널

축하중을 받는 축의 끝부분으로서 스러스트 베어링으로 지지되는 부분이다.

(3) 축의 형상에 따른 분류

| 직선축 | | 크랭크축 | | 플렉시블 축 |

① 직선축

길이 방향으로 일직선 형태의 축이며, 일반적으로 동력전달용으로 사용한다.

② 크랭크축(crank shaft)

회전운동을 직선운동으로 변환 또는 직선운동을 회전운동으로 변환시켜주는 축이다.

예 엔진 피스톤의 직선왕복운동을 회전운동으로 변환

③ 플렉시블 축(flexible shaft)

강선을 나사 모양으로 2중, 3중 감아 만든 축이며, 자유로이 휠 수 있는 축이다. 전동축에 큰 휨을 주어서 축의 방향을 자유롭게 바꾸거나 충격을 완화시키기 위하여 사용한다.

(4) 축 설계 시 고려사항

① 강도

축에 작용하는 하중에 따라 축의 강도를 충분하게 설계해야 한다.

② 응력집중

단면형상 등의 급격한 변화(구멍 , 홈 , 노치 , 키 홈 등) 부분에 응력이 집중되어 축의 강도가 감소된다. 설계 시 이런 부분을 고려해야 한다.

③ 변형

축에 작용하는 하중에 의한 처짐변형과 비틀림변형의 허용변형한도를 초과하지 않도록 설계해야 한다. 처짐량과 비틀림각이 한도를 초과하면 진동의 원인이 된다.

④ 진동

회전하는 축의 굽힘이나 비틀림 진동이 축의 고유진동수와 일치하여 공진현상이 일어나면 축이 파괴되므로 공진현상을 일으키는 위험속도를 고려하여 설계해야 한다.

⑤ 열응력, 열팽창

고온의 열을 받는 축은 크리프와 열팽창을 고려해야 한다.

⑥ 부식

바닷물 또는 수중에 사용되는 선박의 프로펠러 축, 수차 축 및 펌프의 축은 전기, 화학적 작용에 의하여 부식되므로 축의 설계에 부식여유를 고려해야 한다.

(5) 비틀림을 받는 축의 강도설계

토크식을 기준으로 해석한다.

(T : 축의 토크, Z_P : 극단면계수, τ : 축의 허용전단응력, H : 전달동력, ω : 각속도, N : 분당 회전수)

① 전달동력(H)과 각속도가 주어졌을 때 축의 토크(T)

$$T = P \cdot \frac{d}{2} = \tau \cdot Z_P = \frac{H}{\omega} \ [\text{N} \cdot \text{m}] \ (\text{SI 단위})$$

여기서, P : 회전력[N], d : 축의 직경[m]

τ : 축의 허용전단응력[N/m²]

H : 전달동력[W], ω : 각속도[rad/s]

Z_P : 극단면계수[m³]

② 전달동력(H_{kW})과 분당 회전수가 주어졌을 때 축의 토크(T)

$$T = \frac{H}{\omega} = \frac{H_{kW} \times 1,000}{\dfrac{2\pi N}{60}} = \frac{H_{kW} \times 1,000 \times 60}{2\pi N}$$

$$\therefore\ T = \frac{60,000}{2\pi} \times \frac{H_{kW}}{N}[\mathrm{N \cdot m}]\ \ (\mathrm{SI}\ 단위)$$

여기서, $H = 1,000 \times H_{kW}$

$\omega = \dfrac{2\pi N}{60}$

N : 회전수[rpm]

③ 중실축에서 축지름설계

$$T = \tau \cdot Z_P = \tau \cdot \frac{\pi}{16}d^3$$

$$\therefore\ d = \sqrt[3]{\frac{16\,T}{\pi\tau}}$$

| 중실축 단면 |

④ 중공축에서 외경설계

$$T = \tau \cdot Z_P = \tau \cdot \frac{\pi}{16}d_2{}^3(1 - x^4)\ \left(내외경비\ \ x = \frac{d_1}{d_2}\right)$$

$$\therefore\ d_2 = \sqrt[3]{\frac{16\,T}{\pi\tau(1 - x^4)}}$$

| 중공축 단면 |

※ 중공축은 지름을 조금만 크게 하여도 중실축과 강도가 같아지며, 중실축에 비해 중량은 상당히 가벼워진다.

2 축이음

(1) 커플링(coupling)

① 고정 커플링(fixed coupling)

|분할원통형 커플링|　　　　　　　|플랜지형 커플링|

㉠ 두 축 사이에 상호 이동이 전혀 허용되지 않는 일체형으로 일직선상에 있는 두 축을 키 또는 볼트를 사용하여 결합한다.

㉡ 원통형 커플링(일체형, 분할형)과 플랜지형 커플링으로 나눈다.

② 플렉시블 커플링(flexible coupling)

|우레탄 플렉시블 커플링|　　　　　|스프링형 플렉시블 커플링|

㉠ 스프링이나 고무 등 탄성체를 이용한 조인트로서, 전달 각도가 3~5° 정도로 낮은 것에 사용이 가능하다.

㉡ 일직선 위에 두 축을 연결하나 두 축 사이에 약간의 이동이 가능하다.

㉢ 윤활이 필요하지 않으며, 비틀림 진동을 흡수하는 작용을 한다.

③ 올덤 커플링(Oldham's coupling)

|올덤 커플링|

㉠ 두 축이 평행하면서 축의 중심선이 약간 어긋난 경우 축간거리가 짧을 때 사용한다.

㉡ 각속도의 변화 없이 회전동력을 전달한다.

㉢ 속도의 제곱에 비례하는 원심력이 발생하여 진동이 수반되는 고속회전에는 부적합하다.

④ 유니버설 조인트(universal joint)

| 유니버설 조인트 |

ㄱ 두 축의 축선이 약간의 각을 이루어 교차한다.
ㄴ 두 축의 중심선 각도가 약간 변하더라도 자유롭게 운동을 전달할 수 있다.

(2) 클러치

운전 중에 두 축을 자유롭게 동력을 이어주거나 끊을 필요가 있을 때 사용한다.
예 자동차 클러치

① 맞물림 클러치(positive clutch)

| 맞물림 클러치 |

ㄱ 두 축에 턱을 만들어서 적극적인 연결을 한 클러치
ㄴ 두 축을 연결할 경우 낮은 속도로 회전 또는 정지시켜야 한다.

② 마찰클러치(friction clutch)

| 마찰 클러치 |

마주 보는 두 축에 붙어있는 마찰면을 밀어붙여 접촉시키며, 두 면 사이의 마찰력을 이용하여 동력을 전달하는 클러치

③ 유체클러치

유체를 매체로 하여 동력을 전달하는 클러치

3 베어링

(1) 베어링의 개요

① 회전축을 받쳐주는 기계요소를 베어링(bearing)이라 한다.

② 축이 고속으로 부드럽게 회전할 수 있도록 축을 지지해주며 축의 회전마찰을 줄여준다.

(2) 베어링의 분류

① 축과 작용하중의 방향에 따라

| 레이디얼 베어링 | | 스러스트 베어링 | | 테이퍼 베어링 |

(저널 베어링)   (컬러 베어링)

㉠ 축 방향과 하중 방향이 직각일 때 : 레이디얼 베어링(radial bearing)

㉡ 축 방향과 하중 방향이 평행할 때 : 스러스트 베어링(thrust bearing)

㉢ 축 방향의 하중과 축 직각 방향 하중을 동시에 받을 때 : 테이퍼 베어링(taper bearing, 원추 롤러베어링)

② 축과 베어링의 접촉상태에 따라

| 미끄럼 베어링 | | 구름 베어링 |

㉠ 미끄럼접촉을 할 때 : 미끄럼 베어링(sliding bearing)

㉡ 볼 또는 롤러가 구름접촉을 할 때 : 구름 베어링(rolling bearing)

③ 미끄럼 베어링과 구름 베어링의 비교

구분	미끄럼 베어링	구름 베어링
크기	지름은 작으나 폭이 크다.	폭은 작으나 지름이 크다.
구조	간단하다.	전동체가 있어 복잡하다.
충격 흡수	유막에 의한 충격 흡수가 잘된다.	충격 흡수가 잘되지 않는다.
고속회전	마찰저항은 일반적으로 크나 고속회전에 유리하다.	윤활유가 흩날리며, 전동체가 있어 고속 회전에 불리하다.
저속회전	불리하다.	유리하다.
소음	특별한 고속 이외는 정숙하다.	일반적으로 소음이 크다.
하중	추력하중(축방향 하중)은 견디기 힘들다.	추력하중을 견딜 수 있다.
기동 토크	크다.	작다.
베어링 강성	정압 베어링에서는 축의 중심이 변할 가능성이 있다.	축의 중심이 변할 가능성이 적다.
규격화	자체 제작하는 경우가 많다.	표준형 양산품으로 호환성이 높다.

(3) 구름 베어링

| 볼베어링의 구조 |

📖 Reference 리테이너

볼의 간격을 일정하게 유지해준다.

① 볼베어링의 규격

　㉠ 볼베어링의 호칭번호는 아래와 같이 베어링의 형식, 주요 치수를 표시하는 기본번호와 그 밖의 보조기호로 이루어져 있다.

기본 번호			보조 기호					
베어링 계열 기호	안지름 번호	접촉각 기호	리테이너 기호	밀봉기호 또는 실드기호	궤도륜 모양기호	조합 기호	틈새 기호	등급 기호

　㉡ 주로 사용하는 깊은 홈 볼베어링 호칭은 규격집 KS B 2023에 있으며 베어링 계열 60이고 호칭번호는 다음과 같다.

호칭번호	내경(mm) 중요
6000	10
6001	12
6002	15
6003	17
6004	20 (4×5)
6005	25 (5×5)
6006	30 (6×5)

60, 62, 63, 70 등의 베어링 계열 기호와 상관없이 내경은 표의 값이 된다.

안지름 번호×5＝내경

　　※ 내경은 기억해두자.

　㉢ 베어링 표시

　　ⓐ 6 2 0 3 　Z 　NR

　　　　　　　　　　　　→ 궤도륜 모양기호
　　　　　　　　　　→ 실드기호로서 한쪽 실드를 나타낸다.
　　　　　　　　→ 안지름 번호로서 내경 d＝17mm임을 나타낸다.
　　　　　　→ 베어링 계열 기호로서 깊은 홈 볼베어링을 나타낸다.

　　ⓑ 7006
　　　　　→ 베어링 내경은 6×5＝30mm이다.
　　　→ 앵귤러 볼베어링(베어링 계열 기호)

② 볼베어링의 종류

| 깊은 홈 볼베어링 |　　　| 마그네토 볼베어링 |　　　| 자동조심 볼베어링 |

    ㉠ 깊은 홈 볼베어링
    ㉡ 마그네토 볼베어링
    ㉢ 자동조심 볼베어링

③ 롤러베어링의 종류

| 원통 롤러베어링 | | 니들 롤러베어링 | | 자동조심 롤러베어링 |

    ㉠ 원통 롤러베어링
    ㉡ 니들 롤러베어링
    ㉢ 자동조심 롤러베어링

④ 스러스트 베어링

| 스러스트 볼베어링 | | 테이퍼 롤러베어링 |

    ㉠ 스러스트 볼베어링 : 축방향의 하중을 견딜 수 있다.
    ㉡ 스러스트 자동조심 롤러베어링
       ⓐ 궤도면이 타원형인 롤러를 경사지게 배열한 스러스트 베어링이다.
       ⓑ 스러스트 하중을 매우 잘 견디며, 액시얼 하중이나 약간의 레이디얼 하중도 견딜 수
          있다.

⑤ 볼베어링과 롤러베어링의 비교

구분	볼베어링	롤러베어링
하중	비교적 작은 하중에 적당하다.	비교적 큰 하중에 적당하다.
마찰	작다.	비교적 크다.
회전수	고속회전에 적당하다.	비교적 저속회전에 적당하다.
충격성	작다.	작지만 볼베어링보다는 크다.

(4) 미끄럼 베어링

① 엔드저널 베어링의 평균압력

$$q = \frac{P}{A_q} = \frac{P}{d\,l}$$

여기서, q : 접촉면에 작용하는 베어링 평균 압력

A_q : 투사면적

l : 저널의 길이

d : 저널의 지름

② 스러스트 저널 베어링의 평균압력

$$q = \frac{P_t}{A_q} = \frac{P_t}{\dfrac{\pi d^2}{4}}$$

(5) 베어링의 윤활법

(a) 적하윤활법   (b) 패드 윤활법   (c) 오일링 윤활법   (d) 중력 윤활법

(e) 강제 윤활법   (f) 비산 윤활법   (g) 그리스 윤활법

| 미끄럼 베어링의 윤활법 |

① **적하 윤활법**

  ㉠ 섬유(심지)의 모세관 작용과 기름의 중력을 이용하여 용기의 기름을 베어링 안으로 급유
한다.

  ㉡ 원주속도 4~5m/s 정도의 저속, 중하중용에 사용한다.

② **패드 윤활법**

  ㉠ 철도차량용 베어링에서와 같이 레이디얼 베어링에서 급유가 곤란한 경우 패드의 모세관
작용을 이용, 용기 안의 기름을 베어링 면에 바르는 방법

  ㉡ 베어링 면을 청결하게 유지한다.

  ㉢ 유량이 적기 때문에 기름에 의한 냉각효과를 기대하기 어렵다.

③ **오일링 윤활법**

  ㉠ 너무 저속인 회전에서는 적용하기 곤란하다.

  ㉡ 축의 속도가 높아지면 미끄럼이 증가하므로 온도가 상승하여 급유량도 감소한다.

④ **중력 윤활법**

  ㉠ 베어링 위에 설치한 기름 탱크로부터 파이프를 통하여 급유한다.

  ㉡ 탱크의 위치를 높이면 강제 윤활이 된다.

  ㉢ 베어링에서 흘러나온 기름은 펌프에서 탱크로 되돌려 순환한다.

  ㉣ 원주속도 15~20m/s 인 중·고속용에 이용한다.

⑤ 순환(강제) 윤활법

㉠ 기름의 순환을 많게 하여 냉각효과를 상승시키므로 펌프에 의해 기름을 베어링 안으로 강제 급유한다.

㉡ 1대의 펌프로 많은 베어링에 확실한 급유가 동시에 가능하다.

㉢ 고속 · 고하중용에 적합하다.

⑥ 비산 윤활법

기어의 일부 혹은 커넥팅 로드의 끝부분이 윤활유면에 접촉하여 회전하면 윤활유가 기어 하우징의 벽에 뿌려지면서 베어링에 급유된다.

⑦ 그리스 윤활법

㉠ 그리스컵에 그리스를 채우고 뚜껑을 닫아 놓으면, 베어링부의 온도 상승에 따라 그리스가 녹아서 윤활이 된다.

㉡ 저속 · 고하중에서 그리스가 아니면 유막이 형성되지 않는 곳, 또는 기름이 튀면 곤란한 장소에 이용된다.

⑧ 오일리스 베어링

주유가 필요 없는 베어링을 말한다. 구리, 주석 및 흑연의 분말을 혼합시켜 성형한 후 가열하고, 윤활유를 4~5% 침투시킨 후 소결한 베어링으로서, 주유가 곤란한 부위에 사용한다.

SECTION 04 전동용 기계요소

1 전동장치

(1) 정의

전동장치란 원동축의 동력을 종동축으로 전달하는 장치를 말한다.

(2) 종류

① 직접 동력전달 장치

기어나 마찰차와 같이 직접접촉으로 동력을 전달하는 것으로 축 사이가 비교적 짧은 경우에 사용한다.

② 간접 동력전달 장치

벨트, 체인, 로프 등을 매개로 한 전달 장치로 축이 서로 멀리 떨어져 있을 때 사용한다.

2 마찰차

(1) 마찰차의 응용범위

① 속도비가 중요하지 않은 경우
② 회전속도가 커서 보통의 기어를 사용하지 못하는 경우
③ 전달 힘이 크지 않아도 되는 경우
④ 두 축 사이를 단속할 필요가 있는 경우

(2) 마찰차의 종류

① 원통 마찰차

원통 마찰차는 평행한 두 축 사이에 동력을 전달하며, 외접하는 경우와 내접하는 경우가 있다.

(a) 외접형

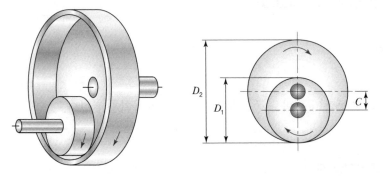

(b) 내접형

| 원통 마찰차 |

위 그림에서 축간거리(C)를 구해보면

$$C = \frac{D_1 + D_2}{2} \text{ [m] (외접일 때)}, \quad C = \frac{D_2 - D_1}{2} \text{ [m] (내접일 때)}$$

② 홈 마찰차

마찰차의 둘레에 쐐기 모양의 V형 홈을 가공하여 서로 물리게 한 것으로 동일한 압력에 대하여 큰 회전력을 얻을 수 있다.($2\alpha = 30 \sim 40°$)

| 홈 마찰차 |

③ 원추 마찰차

두 축이 구름접촉을 하면서 임의의 각도로 교차할 때 사용하는 마찰차를 원추 마찰차라 한다.

| 원추 마찰차 |

④ 무단변속 마찰차

구동축의 속도를 일정하게 유지하고, 종동축의 회전속도를 일정 범위 내에서 연속적으로 자유로이 변화시킬 수 있는 장치이다.

| 무단변속 마찰차 |

❸ 기어

(1) 기어의 원리

원통의 둘레에 기어이를 가공한 다음, 한 쌍의 기어이가 서로 맞물려 돌면서 동력을 전달하는 기계장치이다.

(2) 기어의 특징

① 기어의 잇수를 바꿈에 따라 축의 회전속도를 바꿀 수 있다.
② 두 축이 평행하지 않아도 미끄럼 없이 정확히 동력을 전달할 수 있다.
③ 강력한 동력을 전달할 수 있고, 내구성이 높다.
④ 충격에 약하고 소음·진동이 발생하는 단점이 있다.

(3) 기어의 용도

① 두 축 사이의 거리가 짧은 경우에 효율적이다.
② 정확한 속도비를 얻을 수 있어 전동장치와 변속 기계부품 등에 사용된다.

(4) 기어의 종류

① 두 축이 평행한 경우

| 스퍼 기어 |　　　| 헬리컬 기어 |　　　| 이중 헬리컬 기어 |

| 랙 기어 |　　　　　　　| 내접 기어 |

㉠ 스퍼 기어(spur gear) : 이끝이 직선인 기어이고 축과 평행한 원통기어로 평기어라고도 한다.(가장 일반적인 기어)

㉡ 헬리컬 기어(helical gear) : 기어이를 축에 경사지게 가공하여 진동이나 소음이 적고 고속운전에도 원활한 동력을 전달할 수 있다. 또 스퍼 기어보다 회전수비를 크게 할 수 있으나 축 방향의 스러스트 하중이 발생하는 결점이 있다.

㉢ 이중 헬리컬 기어(double helical gear) : 방향이 반대인 헬리컬 기어를 같은 축에 고정시

킨 것으로 축에 스러스트 하중이 발생하지 않는다.

ㄹ 랙(rack) 기어 : 피니언(원통 기어)의 맞물림에 의하여 회전운동을 직선운동으로 또는 그 반대 운동으로 바꾸는 데 사용하는 기어(랙 → 직선운동, 피니언 → 회전운동)

ㅁ 내접 기어 : 기어이가 원통의 내면에 가공되어 다른 기어와 맞물리고 기어이가 축에 대하여 평행하며, 두 기어의 회전 방향이 같고, 주로 큰 감속비가 필요한 곳에 사용한다.

② 두 축이 교차하는 경우

| 베벨 기어 |

베벨 기어(spur bevel gear) : 원추형으로 펼쳐진 우산 모양을 한 기어로서, 두 개의 직선인 이를 가진 두 개의 기어를 직각으로 맞물린 것인데, 감속과 동시에 회전의 방향을 바꾸는 작용을 한다.

③ 두 축이 어긋난 경우

| 나사 기어 |

| 하이포이드 기어 |

| 웜 기어 |

ㄱ 나사(스크루) 기어(screw gear) : 서로 교차하지도 않고 평행하지도 않는 두 축 사이의 운동을 전달하는 기어

ㄴ 하이포이드 기어(hypoid gear) : 두 축이 나란하지도 교차하지도 않으며, 베벨 기어의 축을 엇갈리게 한 것으로, 자동차의 차동기어 장치의 감속기어로 사용된다.

ㄷ 웜 기어(worm gear)

ⓐ 두 축이 한 점에서 교차할 때 동력을 구름접촉에 의해 전달하는 나사 기어의 일종으로 축각은 90°인 경우가 많고 적은 용적으로 큰 감속비를 쉽게 얻을 수 있다.

ⓑ 특징

장점	단점
• 감속비가 크다.(1/10~1/100) • 부하용량이 크다. • 역전 방지를 할 수 있다. • 소음과 진동이 적다.	• 효율이 낮다.(50~70%) • 웜 휠의 공작에는 특수 공구가 필요하며, 연삭가공이 어렵다. • 인벌류트 원통 기어와 같이 호환성이 없다. • 웜 휠은 정밀측정이 곤란하다. • 중심거리에 오차가 있을 때는 마멸이 심하다.

ⓒ 웜 기어의 속비(i)

$$i = \frac{N_g}{N_w} = \frac{n}{Z_g} = \frac{l}{\pi D_g} \left(1줄 \ 웜이면 \ \frac{p}{\pi D_g} \right)$$

여기서, N_g : 웜 휠의 회전수

N_w : 웜의 회전수

n : 웜의 줄수$\left(n = \dfrac{l(리드)}{p(피치)} \right)$

Z_g : 웜 기어의 잇수$\left(Z_g = \dfrac{\pi D_g}{p} \right)$

(5) 표준 기어(스퍼 기어, spur gear)

여기서, a : 이끝높이(어덴덤), d : 이뿌리높이(디덴덤)

p : 원주 피치, p_g : 기초원 피치, α : 압력각(14.5°, 20°, KS 규격)

| 표준 기어 |

① 주요 부위의 명칭

㉠ 피치원(pitch circle) : 기어의 중심점과 피치점과의 거리를 반지름으로 하는 가상의 원

㉡ 기초원(base circle) : 인벌류트 치형 작도 시 기초가 되는 원

㉢ 이끝원(addendum circle) : 피치원의 위쪽에 있는 이끝을 연결하는 원

㉣ 이뿌리원(dedendum circle) : 피치원의 아래쪽의 이뿌리를 연결하는 원

ⓜ 이끝높이(addendum) : 피치원에서 이끝원까지의 거리

ⓗ 이뿌리높이(dedendum) : 피치원에서 이뿌리원까지의 거리

ⓢ 총 이높이 : 이끝높이와 이뿌리높이를 합한 크기

ⓞ 압력각 : 기어 중심에서 치형과 피치원이 만나는 점을 잇는 직선과 치형과 피치원이 만나는 점의 접선이 이루는 각

② 이의 크기

기어의 이 크기를 표시하는 방법

㉠ 원주 피치(p)

$$p = \frac{\text{피치원의 원주}}{\text{잇수}} = \frac{\pi D}{z}[\text{mm 또는 inch}] = \pi m$$

여기서, m : 모듈

㉡ 모듈(m)

미터계에서 사용

$$m = \frac{\text{피치원지름}}{\text{잇수}} = \frac{D}{z}[\text{mm}]$$

㉢ 지름 피치(p_d)

인치계에서 사용

$$p_d = \frac{\text{잇수}}{\text{피치원지름}} = \frac{z}{D}[\text{inch}] \rightarrow \frac{25.4 \cdot z}{D}[\text{mm}] = \frac{25.4}{m}[\text{mm}]$$

여기서, 1inch=25.4mm, m : 모듈

③ 치차의 전동

여기서, N_1, N_2 : 원동차, 종동차의 회전수

　　　　D_1, D_2 : 원동차, 종동차의 피치원지름

　　　　z_1, z_2 : 원동차, 종동차의 잇수

　　　　m : 모듈

㉠ 속비(i)

$$i = \frac{N_2}{N_1} = \frac{D_1}{D_2} = \frac{m z_1}{m z_2} = \frac{z_1}{z_2}$$

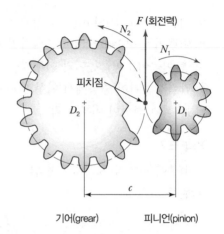

기어(grear)   피니언(pinion)

| 스퍼기어의 축간거리 |

ⓛ 축간거리(C)

$$C = \frac{D_1 + D_2}{2} \text{ [mm] (한 쌍의 기어의 축 간 중심거리)}$$
$$= \frac{m z_1 + m z_2}{2} \text{ (외접), } \frac{m z_2 - m z_1}{2} \text{ (내접)}$$

(6) 전위 기어

① 개요

기준 랙형 커터를 전위시켜 이를 절삭하여 만든 기어로서 잇수가 적은 기어의 강도를 증가시킨다.

② 전위 기어의 사용 목적

ⓗ 중심거리를 자유로이 조절할 수 있다.
ⓛ 언더컷을 방지할 수 있다.
ⓒ 이의 강도를 증대시킨다.

(7) 이의 간섭 및 언더컷

① 발생 원인

ⓗ 잇수가 적을 때   ⓛ 압력각이 적을 때
ⓒ 유효이높이가 클 때   ⓔ 잇수비가 너무 클 때

② 방지법

ⓗ 압력각을 크게 한다.   ⓛ 이끝을 둥글게 한다.
ⓒ 피니언의 이뿌리면을 파낸다. ⓔ 이높이를 줄인다.
ⓜ 전위 기어를 사용한다.

4 벨트, 체인

(1) 벨트전동

① 벨트전동의 개요

벨트와 풀리가 접촉하는 접촉면의 마찰력을 이용하여 동력을 전달하는 기계요소이다.

② 벨트와 벨트풀리의 특징

㉠ 벨트풀리와 벨트 면 사이에서 미끄럼이 발생할 수 있으므로 정확한 회전비를 필요로 하는 동력이나 큰 동력의 전달에는 적합하지 않다.

㉡ 두 축 사이의 거리가 비교적 멀어 마찰차, 기어전동과 같이 직접 동력을 전달할 수 없을 때 사용한다.

③ 평벨트의 종류

㉠ 가죽벨트 : 쇠가죽을 많이 사용. 마찰계수가 크고, 탄력성이 좋고, 충분한 강도를 가지고 있다.

㉡ 직물벨트 : 가벼우며 이음매가 없다. 가죽벨트보다 인장강도는 크나 유연성이 작다.

㉢ 고무벨트 : 여러 개의 직물벨트에 고무를 입힌 것으로 유연하고 수명이 길며 저렴하지만, 열과 기름에 약하다.

㉣ 강철벨트 : 인장강도가 크며, 신장률이 작고 수명이 길다.

> 📖 **Reference**
>
> 평벨트의 이음방법 중 이음효율이 가장 좋은 것은 접착제 이음이다.

④ 벨트전동의 종류

㉠ 평벨트

절단면이 납작한 모양이며 두 축 사이의 거리가 멀 때 사용한다.

ⓐ 바로걸기 : 구동축(원동축)과 종동축의 회전 방향을 같게 하여 동력을 전달한다.

| 바로걸기 |

ⓑ 엇걸기 : 구동축과 종동축의 회전 방향을 반대로 하여 동력을 전달한다.

| 엇걸기 |

ⓛ V − 벨트

큰 속도비로 운전이 가능하고, 작은 인장력으로 큰 회전력을 전달하며, 마찰력이 크고, 미끄럼이 적어 조용하며, 벨트가 벗겨질 염려가 적다.

| V − 벨트 |

ⓒ 긴장차

벨트를 걸었을 때 이완 측에 설치하여 벨트와 벨트풀리의 접촉각을 크게 해준다.

| 긴장차 |

⑤ 벨트의 장력

ⓐ 벨트를 처음 걸었을 때의 장력을 초장력이라 한다.

ⓛ 벨트가 회전할 때 팽팽히 당겨지는 쪽의 장력 : T_t (긴장 측 장력 : tight side tension)

ⓒ 벨트가 회전할 때 느슨해지는 쪽의 장력 : T_s (이완 측 장력 : slack side tension)

ⓔ 벨트풀리를 실제로 돌리는 힘 : T_e (유효장력 : effective tension)

$$T_e = T_t - T_s \ [N]$$

긴장 측 장력과 이완 측 장력의 차이만큼 풀리를 돌리게 된다.

| 벨트의 장력 |

(2) 체인전동

| 체인과 스프로킷 |

① 체인전동의 개요

체인을 스프로킷의 이에 하나씩 물려서 동력을 전달하는 기계요소이다.

② 체인과 스프로킷의 특징

ⓐ 동력을 전달하는 두 축 사이의 거리가 비교적 멀어 기어전동이 불가능한 곳에 사용한다.
(축간거리 4m 이하에서 사용)

ⓑ 정확한 속도비를 얻을 수 있고, 미끄럼 없이 큰 동력을 정확히 효율적으로 전달할 수 있다.(전동 효율 : 95% 이상)

ⓒ 소음과 진동이 커서 고속회전에는 부적합하며 저속운전 시 지속적으로 큰 힘을 전달할 때 주로 사용한다.

ⓓ 초기의 장력을 줄 필요가 없으므로 정지 시에 장력이 작용하지 않고, 베어링에도 하중이 가해지지 않는다.

SECTION 05 제어용 기계요소

1 브레이크

(1) 브레이크의 개요

브레이크는 동력전달을 제어하기 위한 기계요소로서 운동하는 물체의 감속 또는 정지에 사용된다. 일반적으로 운동에너지를 고체 마찰에 의하여 열에너지로 바꾸는 마찰 브레이크가 가장 많이 사용된다.

(2) 브레이크의 종류

① 블록 브레이크

회전하는 물체의 옆면을 브레이크 블록으로 눌러 접촉면에서 발생하는 마찰력으로 제동한다.

㉠ 접촉면의 압력(q)

$$q = \frac{N}{A_q} = \frac{N}{b \cdot e}$$

여기서, N : 수직력[N], A_q : 접촉면의 투사면적[m²]
b : 브레이크 블록의 폭[m], e : 브레이크 블록의 높이[m]

㉡ 마찰력(브레이크의 제동력, F_f)

$$F_f = \mu N = \mu q A_q = \mu q b e$$

여기서, N : 수직력[N], A_q : 접촉면의 투사면적[m²]
b : 브레이크 블록의 폭[m], e : 브레이크 블록의 높이[m]
μ : 마찰계수, q : 접촉면의 압력[N/m²]

| 블록 브레이크 |

② 드럼 브레이크(내확 브레이크)

브레이크 드럼의 내부에서 브레이크 블록이 안에서 밖으로 확장되며 그에 따른 마찰력으로 제동한다.

| 원추 브레이크 |　　　　　　　　　| 내확 브레이크 |

㉠ 복식 블록 브레이크의 변형된 형식이다.

㉡ 브레이크슈를 바깥으로 확장하는 데 유압실린더 및 캠을 사용한다.

㉢ 자동차의 제동에 주로 사용한다.

㉣ 마찰면이 드럼 내부에 존재, 먼지와 기름 이물질 등이 마찰면에 부착되면 제동력이 떨어진다.

③ 원판 브레이크(디스크 브레이크)

회전하는 물체의 축에 연결된 원판의 양면을 브레이크 패드로 압착하여 마찰력으로 제동한다.

| 단판 브레이크 |　　　　　　　　　| 다판 브레이크 |

㉠ 축방향하중에 의해 발생하는 마찰력으로 제동한다.

㉡ 원판 개수에 따라 단판 또는 다판으로 구분된다.

㉢ 축압 브레이크의 일종이다.

㉣ 축방향하중에 의해 제동하며 냉각이 쉽고 큰 회전력의 제동에 적합하다.

④ 밴드 브레이크(띠 브레이크)

브레이크 드럼 둘레에 밴드를 지렛대로 잡아당겨 그 압력으로 마찰을 일으켜 제동한다.

| 밴드 브레이크 |

⑤ 자동하중 브레이크

　　㉠ 작동원리 : 화물을 감아올릴 때 제동 작용은 하지 않고 클러치 작용을 하며, 내릴 때는 화
　　　　물 자중에 의한 브레이크 작용을 한다.
　　㉡ 자동하중 브레이크 종류
　　　　ⓐ 나사 브레이크　　　　　　　ⓑ 웜 브레이크
　　　　ⓒ 코일 브레이크　　　　　　　ⓓ 캠 브레이크
　　　　ⓔ 원심력 브레이크　　　　　　ⓕ 전자기 브레이크

2 스프링

(1) 스프링의 용도

① 진동 흡수, 충격 완화(철도, 차량)
② 에너지 축적(시계태엽)
③ 압력의 제한(안전밸브) 및 힘의 측정(압력 게이지, 저울)
④ 기계 부품의 운동 제한 및 운동 전달(내연 기관의 밸브 스프링)

(2) 스프링의 종류

| 코일 스프링 |　　　　　　　　　　| 겹판 스프링 |

① **코일 스프링** : 탄성을 가진 금속이나 플라스틱 등의 코일을 나선 모양으로 꼬아 만든 스프링으로, 양쪽에서 미는 힘 또는 양쪽에서 잡아당기는 힘이나 운동에 대한 완충작용을 한다.

② **겹판 스프링** : 탄성을 가진 금속판을 한 겹 또는 여러 겹으로 겹쳐 만든 스프링으로, 스프링 중앙에서 발생하는 진동을 완충시킨다. 자동차의 현가장치 등에 사용한다.

(3) 스프링의 설계

① 스프링 상수(k)

$$k = \frac{W}{\delta} \text{ [N/mm]}$$

$$W = k\delta$$

여기서, W : 스프링에 작용하는 하중[N]
δ : W에 의한 스프링 처짐량[mm]

② 스프링 조합

㉠ 직렬조합

서로 다른 스프링이 직렬로 배열되어 하중 W를 받는다.

$$\delta = \delta_1 + \delta_2$$

$$\frac{W}{k} = \frac{W}{k_1} + \frac{W}{k_2}$$

$$\therefore \frac{1}{k} = \frac{1}{k_1} + \frac{1}{k_2}$$

여기서, k : 조합된 스프링의 전체 스프링상수
δ : 조합된 스프링의 전체 처짐량
k_1, k_2 : 각각의 스프링상수
δ_1, δ_2 : 각각의 스프링처짐량

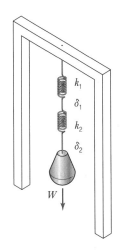

| 스프링 직렬조합 |

㉡ 병렬조합

$W = W_1 + W_2$에서

$k\delta = k_1\delta_1 + k_2\delta_2$

(신장량이 일정하므로 $\delta = \delta_1 = \delta_2$)

$$\therefore k = k_1 + k_2$$

| 스프링 병렬조합 |

③ 인장(압축) 코일 스프링

스프링 지수 $c = \dfrac{D}{d}$

| 코일 스프링 |

3 댐퍼(damper, 완충기)

스프링, 유압, 방진고무 등을 사용하여 진동, 충격을 완화하는 시스템으로, 자동차나 철도차량의 주행 중 안정감을 높이고, 승차감을 좋게 한다.

4 쇼크업소버(shock absorber)

축 방향으로 하중이 작용하면 피스톤이 이동하여 작은 구멍인 오리피스(orifice)로 기름이 유출되면서 진동을 감소시키는 완충장치

5 토션바(torsion bar)

스프링강으로 만든 긴 환봉의 비틀림 탄성을 이용하여 완충 작용을 하는 스프링

CHAPTER **01 제도의 기본**

01 제도 용지에서 A0 용지의 가로길이 : 세로길이의 비와 그 면적으로 옳은 것은?

① $\sqrt{3}$: 1, 약 1m²
② $\sqrt{2}$: 1, 약 1m²
③ $\sqrt{3}$: 1, 약 2m²
④ $\sqrt{2}$: 1, 약 2m²

풀이 제도 용지의 가로와 세로의 길이 비는 $\sqrt{2}$: 1이고 A0의 넓이는 1m²이다.

02 실제 길이가 90mm인 것을 척도가 1 : 2인 도면에 나타내었을 때 치수를 얼마로 기입해야 하는가?

① 2   ② 45
③ 90   ④ 180

풀이 척도 표시방법

　　　A　　　　:　　　　B
　　도면 크기　　　물체의 실제 크기
A : 90 = 1 : 2, 2A = 90, A = 45이다.

03 도면을 마이크로필름으로 촬영하거나 복사하고자 할 때 도면의 위치 결정에 편리하도록 도면에 나타내야 하는 것은?

① 비교눈금   ② 중심마크
③ 도면구역   ④ 표제란

풀이 중심마크 : 마이크로필름으로 촬영하거나, 제품 생산에 사용할 수 있도록 복사할 때, 편의를 위하여 만드는 것을 말한다.

04 다음과 같은 부품란에 대한 설명 중 틀린 것은?

4	세트 스크루	SM30C	4		M4×0.7
3	커넥팅 로드	SF440A			
2	육각 너트	SM30C			3×18
1	실린더	GC200			
품번	품명	재질	수량	중량	비고

① 실린더의 재질은 회주철이다.
② 육각 너트의 재질은 공구강이다.
③ 커넥팅 로드는 탄소강 단강품이며 최저 인장강도가 440N/mm²이다.
④ 세트 스크루는 호칭지름이 4mm이고, 피치 0.7mm인 미터나사이다.

풀이 SM30C : 기계구조용 탄소강재, 탄소의 함유량이 0.3%이다.

05 기계가공 도면의 척도가 2 : 1로 나타났을 때, 실선으로 표시된 형상의 치수가 30으로 표시되었다면 가공 제품의 해당 부분 실제 가공치수는?

① 15mm   ② 30mm
③ 60mm   ④ 90mm

풀이 도면에 기입되는 치수는 도면의 척도와 관계없이 실제 치수를 기입하므로 실제 가공치수도 30mm로 가공한다.

정답 | 01 ② 02 ③ 03 ② 04 ② 05 ②

06 KS의 부문별 기호로 옳은 것은?

① KS A-기계
② KS B-전기
③ KS C-토건
④ KS D-금속

풀이 한국산업표준의 분류체계(각 분야를 알파벳으로 구분)

분류기호	A	B	C	D
부문	기본	기계	전기	금속

07 다음 중 용접구조용 압연강재에 속하는 재료 기호는?

① SM 35C
② SM 400C
③ SS 400
④ STKM 13C

풀이
- SM 35C : 기계 구조용 탄소강재
- SM 400C : 용접구조용 압연강재
- SS 400 : 일반 구조용 압연강재
- STKM 13C : 기계구조용 탄소강 강관

08 KS 재료 기호가 "STC"일 경우 이 재료는?

① 냉간 압연 강판
② 크롬 강재
③ 탄소 주강품
④ 탄소 공구강 강재

풀이 STC : 탄소 공구강 강재, SC : 탄소강 주강품

09 도면에 사용되는 가공 방법의 약호로 틀린 것은?

① 선반 가공 : L
② 드릴 가공 : D
③ 연삭 가공 : G
④ 리머 가공 : R

풀이 리머 가공은 FR로 표기한다.

01 축의 도시 방법에 관한 설명으로 옳은 것은?

① 축은 길이 방향으로 온단면 도시한다.
② 길이가 긴 축은 중간을 파단하여 짧게 그릴 수 있다.
③ 축의 끝에는 모따기를 하지 않는다.
④ 축의 키홈을 나타낼 경우 국부 투상도로 나타내어서는 안 된다.

풀이 축의 도시 방법
㉠ 축은 길이 방향으로 자르지 않으며 필요에 따라 부분단면으로 그린다.
㉡ 긴 축은 중간을 잘라내어 짧게 그리고 치수는 실제 길이로 나타낸다.
㉢ 모따기는 도면에 직접 기입하거나 주서에 기입한다.
㉣ 평면표시는 평면에 해당하는 부분은 가는 실선으로 그린다.
㉤ 널링은 바른 줄 및 빗줄의 2종류가 있으며 빗줄인 경우 축 중심선에 대하여 30°로 엇갈리게 굵은 실선으로 그린다.
㉥ 축은 기계 가공, 측정 및 검사에 사용하는 센터 구멍을 표시한다.

02 그림과 같이 코일 스프링의 간략도를 그릴 때 A 부분에 나타내야 할 선으로 옳은 것은?

① 굵은 실선
② 가는 실선
③ 굵은 파선
④ 가는 2점쇄선

풀이 A 부분은 가는 2점쇄선으로 그린다.

03 ISO 규격에 있는 미터 사다리꼴 나사의 표시 기호는?

① M
② Tr
③ UNC
④ R

풀이 • ISO 규격에 있는 것 : 미터보통(가는)나사(M), 유니파이 보통나사(UNC), 미터 사다리꼴 나사(Tr), 관용 테이퍼 수나사(R)
• ISO 규격에 없는 것 : 30° 사다리꼴 나사(TM), 29° 사다리꼴 나사(TW)

04 기어의 도시 방법에 관한 설명으로 틀린 것은?

① 잇봉우리원은 굵은 실선으로 표시한다.
② 피치원은 가는 1점쇄선으로 표시한다.
③ 이골원은 가는 실선으로 표시한다.
④ 잇줄 방향은 통상 3개의 굵은 실선으로 표시한다.

풀이 기어 이의 방향(잇줄 방향)은 3개의 가는 실선으로 그리고, 단면을 하였을 때는 가는 이점쇄선으로 그리며 기울어진 각도와 상관없이 30°로 표시한다.

05 스프링의 도시방법에 관한 설명으로 틀린 것은?

① 그림에 기입하기 힘든 사항은 요목표에 일괄하여 표시한다.
② 조립도, 설명도 등에서 코일 스프링을 도시하는 경우에는 그 단면만을 나타내어도 좋다.
③ 요목표에 단서가 없는 코일 스프링 및 벌류트 스프링은 모두 오른쪽 감는 것을 나타낸다.
④ 코일 스프링, 벌류트 스프링 및 접시 스프링은 일반적으로 무하중 상태에서 그리며, 겹판 스프링 역시 일반적으로 무하중 상태(스프링 판이 휘어진 상태)에서 그린다.

풀이 코일 스프링, 벌류트 스프링 및 접시 스프링은 일반적으로 무하중 상태에서 그리며, 겹판 스프링은 일반적으로 하중을 받고 있는 상태(스프링 판이 수평인 상태)에서 그린다.

06 세 줄 나사의 피치가 3mm일 때 리드는 얼마인가?

① 1mm
② 3mm
③ 6mm
④ 9mm

풀이 $L = n \times p = 3줄 \times 3\mathrm{mm} = 9\mathrm{mm}$

07 스프로킷 휠의 도시방법 중 가는 1점쇄선으로 그려야 할 곳은?

① 바깥지름
② 이뿌리원
③ 키홈
④ 피치원

풀이 스프로킷의 도시법

08 베어링 기호 "6203ZZ"에서 "ZZ" 부분이 의미하는 것은?

① 실드 기호
② 궤도륜 모양 기호
③ 정밀도 등급 기호
④ 레이디얼 내부 틈새 기호

풀이 6203ZZ
- 62 : 베어링 계열 번호(깊은 홈 볼베어링)
- 03 : 안지름 번호(안지름 17mm)
- ZZ : 실드 기호(양쪽 실드붙이)

09 미터나사에서 나사의 호칭 지름인 것은?

① 수나사의 골지름
② 수나사의 유효지름
③ 암나사의 유효지름
④ 수나사의 바깥지름

풀이 미터나사에서 나사의 호칭 지름은 수나사의 바깥지름(＝암나사의 골지름)으로 나타낸다.

10 보기 도면에서 품번 ©의 부품 명칭으로 알맞은 것은?

① 육각 볼트　　② 육각 구멍붙이 볼트
③ 둥근머리 나사　④ 둥근머리 작은 나사

풀이 ㉠ 베어링 본체
　　　㉡ 베어링 커버
　　　㉢ 육각 구멍붙이 볼트

11 다음 베어링의 호칭에 대한 각각의 기호 해석으로 틀린 것은?

> 7206 C DB

① 72 : 단열 앵귤러 볼베어링
② 06 : 베어링 안지름 30mm
③ C : 틈새 기호로 보통 틈새보다 작음
④ DB : 보조기호로 베어링의 조합이 뒷면 조합

풀이 단열 앵귤러 볼베어링에서는 접촉각 기호로 A, B, C를 사용한다.
A : 22° 초과 32° 이하, B : 32° 초과 45° 이하, C : 10° 초과 22° 이하를 나타낸다.

12 다음과 같은 맞춤 핀에서 호칭지름은 몇 mm인가?

> 맞춤 핀 KS B 1310 − 6 × 30 − A − St

① 13mm　　② 6mm
③ 10mm　　④ 30mm

풀이 맞춤 핀의 호칭은 "규격명칭, 규격번호, 호칭직경 × 길이, 등급, 재료"를 기입한다.
맞춤 핀(규격명칭), KS B 1310(규격번호), 6 × 30(호칭직경 × 길이), A(등급), St(재료)를 나타낸다.

13 나사의 각 부분을 표시하는 선에 관한 설명으로 맞는 것은?

① 수나사의 골지름과 암나사의 골지름은 굵은 실선으로 표시한다.
② 완전 나사부와 불완전 나사부의 경계는 가는 실선으로 표시한다.
③ 나사의 골면에서 본 투상도에서는 나사의 골 밑은 굵은 실선으로 그린 원주의 3/4에 거의 같은 원의 일부로 표시한다.
④ 수나사의 바깥지름과 암나사의 안지름은 굵은 실선으로 표시한다.

풀이 나사의 도시법

- 수나사의 골지름과 암나사의 골지름은 가는 실선으로 표시한다.
- 완전 나사부와 불완전 나사부의 경계는 굵은 실선으로 표시한다.
- 나사의 골면에서 본 투상도에서는 나사의 골 밑은 가는 실선으로 그린 원주의 3/4에 거의 같은 원의 일부로 표시한다.

14 다음과 같은 도면은 무슨 기어의 맞물리는 기어 간략도인가?

① 헬리컬 기어　② 베벨 기어
③ 웜 기어　④ 스파이럴 베벨 기어

풀이 스파이럴 베벨 기어는 잇줄의 방향을 3개의 가는 실선으로 표기한다.

15 다음과 같은 도면에서 대각선으로 교차한 가는 실선 부분은 무엇을 나타내는가?

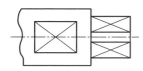

① 취급 시 주의 표시
② 다이아몬드 형상을 표시
③ 사각형 구멍 관통
④ 평면이란 것을 표시

풀이 평면 표시로 평면에 해당하는 부분에 대각선 방향으로 가는 실선으로 그린다.

평면이라는 표시(가는 실선)

16 다음과 같은 암나사 관련 부분의 도시 기호의 설명으로 틀린 것은?

① 드릴의 지름은 8.5mm
② 암나사의 안지름은 10mm
③ 드릴 구멍의 깊이는 14mm
④ 유효 나사부의 길이는 10mm

풀이 암나사의 안지름(드릴지름)은 8.5mm, 암나사의 골지름은 10mm이다. 유효 나사부의 길이는 10mm, 드릴 구멍의 깊이는 14mm이다.

17 스퍼기어의 도면에서 항목표에 기입해야 하는 사항으로 가장 거리가 먼 것은?

① 치형　② 모듈
③ 압력각　④ 리드

풀이 스퍼기어 요목표

스퍼기어 요목표		
기어치형		표준
공구	치형	보통 이
	모듈	2
	압력각	20°
잇수		31
피치원 지름		62
전체 이 높이		4.5
다듬질 방법		호브 절삭
정밀도		KS B ISO 1328－1, 4급

정답 | 14 ④　15 ④　16 ②　17 ④

18 그림과 같은 육각 볼트를 제도할 때 옳지 않은 설명은?

① 볼트 머리의 외형선을 굵은 실선으로 그린다.
② 나사의 골지름을 나타내는 선은 가는 실선으로 그린다.
③ 나사의 피치원 지름선은 가는 2점쇄선으로 그린다.
④ 완전 나사부와 불완전 나사부의 경계선은 굵은 실선으로 그린다.

풀이 나사의 피치원 지름선을 그리지 않는다.

19 다음 중 나사의 표시를 옳게 나타낸 것은?

① 왼 M25×2−2줄
② 왼 M25−2−2−6줄
③ 2줄 왼 M25×2−2A
④ 왼 2줄 M25×2−6H

풀이 나사의 표시 방법

감기는 방향	줄 수	호칭	등급
왼	2줄	M25×2	6H

20 다음 중 분할 핀 호칭 지름에 해당하는 것은?

① 분할 핀 구멍의 지름
② 분할 상태의 핀의 단면지름
③ 분할 핀의 길이
④ 분할 상태의 두께

풀이 분할 핀의 호칭
규격 번호−호칭지름×호칭길이−재료
예 KS B ISO 1234−5×50−St

21 나사를 "M12"로만 표시하였을 경우 설명으로 틀린 것은?

① 2줄 나사인데 표시하지 않고 생략되었다.
② 오른나사인데 표시하지 않고 생략되었다.
③ 미터 나사이고 피치는 생략되었다.
④ 나사의 등급이 생략되었다.

풀이 1줄 나사인 경우만 생략하고, 2줄 나사인 경우 2L, 3줄 나사인 경우 3L 등으로 표시한다.

22 인벌류트 치형을 가진 표준 스퍼기어의 전체 이 높이는 다음 중 어떤 값이 되는가?

① "모듈"의 크기와 동일하다.
② "2.25×모듈"의 값이 된다.
③ "π×모듈"의 값이 된다.
④ "잇수×모듈"의 값이 된다.

풀이 전체 이 높이(h)=$2.25 \times M$(모듈)

23 관용 테이퍼 나사 종류 중 테이퍼 수나사 R에 대하여만 사용하는 3/4인치 평행 암나사를 표시하는 KS 나사 표시 기호는?

① PT 3/4 　　② RP 3/4
③ PF 3/4 　　④ RC 3/4

풀이 관용 테이퍼 나사 표시방법

나사의 종류		나사의 종류를 표시하는 기호	나사의 호칭방법
관용테이퍼 나사	테이퍼 수나사	R	R3/4
	테이퍼 암나사	Rc	Rc3/4
	평행 암나사	Rp	Rp3/4

24 KS 나사 표시 방법에서 G 3/4 A로 기입된 기호의 올바른 해독은?

① 가스용 암나사로 인치 단위이다.
② 가스용 수나사로 인치 단위이다.
③ 관용 평행 수나사로 등급이 A급이다.
④ 관용 테이퍼 암나사로 등급이 A급이다.

풀이 G 3/4 A

G(관용 평행 나사), 3/4(외경 3/4인치), A(A급)을 뜻한다.

25 미터 가는 나사의 호칭 표시 "M8×1"에서 "1"이 뜻하는 것은?

① 나사산의 줄 수

② 나사의 호칭지름

③ 나사의 피치

④ 나사의 등급

풀이 미터 가는 나사의 호칭 표시방법

M8 : 나사의 호칭지름, 1 : 나사의 피치

26 감속기 하우징의 기름 주입구 나사가 PF 1/2 −A로 표시되어 있을 때 이 나사는?

① 관용 평행 나사, A급

② 관용 평행 나사, 바깥지름 1/2인치

③ 관용 테이퍼 나사, A급

④ 관용 테이퍼 나사, 바깥지름 1/2인치

풀이 PF 1/2−A

PF : 관용 평행 나사, 1/2 : 외경 1/2인치, A : A급

27 다음 중 센터 구멍의 간략 도시 기호로서 옳지 않은 것은?

① ⊢← KS A ISO 6411−B 2.5/8

② ⊢← KS A ISO 6411−B 2.5/8

③ KS A ISO 6411−B 2.5/8

④ ⊢← KS A ISO 6411−B 2.5/8

풀이 ④는 센터 구멍 도시방법으로 옳지 않다.

센터 구멍 도시방법

KS A ISO 6411−1 A 2/4.25

KS A ISO 6411−1 A 2/4.25

KS A ISO 6411−1 A 2/4.25

28 도면에 표시된 3/8−16UNC−2A의 해석으로 옳은 것은?

① 피치는 3/8인치이다.

② 산의 수는 1인치당 16개이다.

③ 유니파이 가는 나사이다.

④ 나사부의 길이는 2인치이다.

풀이 3/8−16UNC−2A

• 3/8 : 수나사의 외경(숫자 또는 번호)

• 16 : 산의 수(1인치당 16개)

• UNC : 유니파이 보통 나사

• 2A : 나사 등급

CHAPTER **03** 선·문자·CAD 제도

01 기계제도에서 가는 1점쇄선이 사용되지 않는 것은?

① 중심선   ② 피치선

③ 기준선   ④ 숨은선

풀이 숨은선 : 물체의 보이지 않는 부분의 모양을 나타내는 선으로 점선 또는 파선이라 부른다.

02 다음 그림에서 A~D에 관한 설명으로 가장 타당한 것은?

① 선 A는 물체의 이동 한계의 위치를 나타낸다.
② 선 B는 도형의 숨은 부분을 나타낸다.
③ 선 C는 대상의 앞쪽 형상을 가상으로 나타낸다.
④ 선 D는 대상이 평면임을 나타낸다.

풀이 ② 선 B는 도형의 중심 부분을 나타내는 중심선이다.
③ 선 C는 대상의 내부 형상을 나타내기 위해 가상으로 자른 경계를 나타내는 파단선이다.
④ 선 D는 잘려나간 물체의 절단면을 표시하는 데 사용하는 해칭선이다.

03 가동하는 부분의 이동 중 특정 위치 또는 이동 한계를 표시하는 선으로 사용되는 것은?
① 가상선 　　② 해칭선
③ 기준선 　　④ 중심선

풀이 가상선의 용도
• 인접 부분을 참고하거나 공구, 지그 등의 위치를 참고로 나타내는 데 사용한다.
• 가공 부분을 이동 중의 특정 위치 또는 이동 한계의 위치로 표시하는 데 사용한다.
• 되풀이하는 것을 나타내는 데 사용한다.
• 도시된 단면의 앞쪽에 있는 부분을 표시하는 데 사용한다.

04 투상한 대상물의 일부를 파단한 경계 또는 일부를 떼어낸 경계를 표시하는 데 사용하는 선은?
① 절단선
② 파단선
③ 가상선
④ 특수 지정선

풀이 파단선 : 물체의 일부를 자른 경계 또는 일부를 잘라 떼어낸 경계를 표시하는 데 사용한다.

05 기계제도 도면에 사용되는 가는 실선의 용도로 틀린 것은?
① 치수보조선
② 치수선
③ 지시선
④ 피치선

풀이 • 가는 실선의 용도 : 치수선, 치수보조선, 지시선, 회전단면선, 중심선, 수준면선 등
• 피치선 : 가는 1점쇄선으로 표시한다.

06 절단된 면을 다른 부분과 구분하기 위하여 가는 실선으로 규칙적으로 줄을 늘어놓은 선들의 명칭은?
① 기준선
② 파단선
③ 피치선
④ 해칭선

풀이 • 기준선 : 가는 1점쇄선으로 표시한다.
• 파단선 : 파형의 가는 실선 또는 지그재그의 가는 선으로 표시한다.
• 피치선 : 가는 1점쇄선으로 표시한다.
• 해칭선 : 잘려나간 물체의 절단면을 가는 실선으로 규칙적으로 빗줄을 그은 선으로 표시한다.

07 다음 도면에서 ㈀~㈁의 선의 명칭이 모두 올바르게 짝지어진 것은?

㉮ 가상선	㉯ 기준선
㉰ 파단선	㉱ 중심선
㉲ 숨은선	㉳ 수준면선
㉴ 지시선	㉵ 치수선
㉶ 치수보조선	㉷ 외형선
㉸ 해칭선	㉹ 절단선

① ㉠-㉶, ㉡-㉶, ㉢-㉮, ㉣-㉲, ㉤-㉱
② ㉠-㉷, ㉡-㉮, ㉢-㉰, ㉣-㉲, ㉤-㉱
③ ㉠-㉹, ㉡-㉶, ㉢-㉰, ㉣-㉲, ㉤-㉱
④ ㉠-㉷, ㉡-㉮, ㉢-㉰, ㉣-㉳, ㉤-㉲

풀이 ㉠-외형선, ㉡-가상선, ㉢-파단선, ㉣-숨은선, ㉤-중심선을 나타낸다.

08 도면에서 2종류 이상의 선이 같은 장소에 겹칠 때 다음 중 가장 우선하는 것은?

① 절단선　　　　② 숨은선
③ 중심선　　　　④ 무게중심선

풀이 선의 우선순위

외형선 → 숨은선 → 절단선 →

가는 1점쇄선 → 가는 2점쇄선 →

치수 보조선

• 가는 1점쇄선 : 중심선, 기준선, 피치선
• 가는 2점쇄선 : 가상선, 무게중심선

09 기계제도에서 사용하는 다음 선 중 가는 실선으로 표시되는 선은?

① 물체의 보이지 않는 부분의 형상을 나타내는 선
② 물체에 특수한 표면처리 부분을 나타내는 선
③ 단면도를 그릴 경우에 그 절단 위치를 나타내는 선
④ 절단된 단면임을 명시하기 위한 해칭선

풀이 ① 숨은선 : 가는 파선 또는 굵은 파선(물체의 보이지 않는 부분의 모양을 나타내는 선으로 점선 또는 파선이라 부른다.)
② 특수지정선 : 굵은 1점쇄선
③ 절단선 : 가는 1점쇄선(선의 시작과 끝, 방향이 바뀌는 부분은 굵게 표시)
④ 해칭선 : 가는 실선(잘려나간 물체의 절단면을 가는 실선으로 규칙적으로 빗줄을 그은 선으로 표시한다.)

10 가는 1점쇄선의 용도로 적합하지 않은 것은?

① 도형의 중심을 표시하는 데 사용
② 중심이 이동한 중심궤적을 표시하는 데 사용
③ 위치 결정의 근거가 된다는 것을 명시할 때 사용
④ 단면의 무게중심을 연결한 선을 표시하는 데 사용

풀이 단면의 무게중심을 연결한 선을 표시하는 데 사용하는 선은 무게중심선을 뜻하며, 가는 2점쇄선으로 표시한다.

01 그림과 같은 입체도에서 화살표 방향에서 본 것을 정면도로 할 때 가장 적합한 정면도는?

① ② ③ ④

풀이

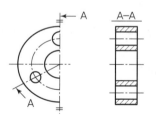

02 그림과 같은 단면도의 명칭이 올바른 것은?

① 온단면도 ② 회전 도시 단면도
③ 한쪽 단면도 ④ 조합에 의한 단면도

풀이 잘린 2개의 단면을 하나의 위치에서 본 것처럼 조합하여 그린 단면이다.

03 그림과 같은 정면도와 우측면도에 가장 적합한 평면도는?

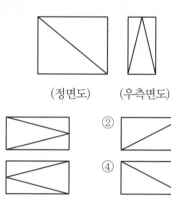

(정면도) (우측면도)

① ② ③ ④

풀이

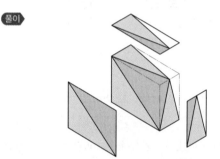

04 그림과 같이 나타낸 단면도의 명칭으로 옳은 것은?

① 한쪽 단면도
② 부분 단면도
③ 회전 도시 단면도
④ 조합에 의한 단면도

풀이 잘린 단면을 90° 회전시켜 그렸으므로 회전 도시 단면도에 해당한다.

정답 | 01 ④ 02 ④ 03 ① 04 ③

05 제3각법으로 나타낸 그림과 같은 투상도에 적합한 입체도는?

① ②

③ ④

풀이

06 다음과 같이 구멍, 홈 등을 투상한 투상도의 명칭은?

① 보조 투상도   ② 부분 투상도
③ 국부 투상도   ④ 회전 투상도

풀이 구멍부의 특정 부분만을 그렸으므로 국부 투상도이다.

07 제3각법으로 투상된 그림과 같은 투상도에서 평면도로 가장 적합한 것은?

① ②

③ ④

풀이

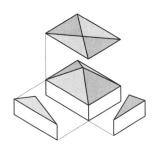

08 그림과 같은 입체도에서 화살표 방향이 정면일 경우 평면도로 가장 적합한 것은?

① ②

③ ④

09 투상도법 중 제1각법과 제3각법이 속하는 투상도법은?

① 경사투상법 　② 등각투상법

③ 정투상법 　④ 다이메트릭 투상법

정투상법에는 1각법과 3각법으로 물체를 투상하여 도면을 그린다.

10 다음 중 긴 쪽 방향으로 절단하여 단면도로 나타내기에 가장 적합한 것은?

① 리브 　② 기어의 이

③ 하우징 　④ 볼트

키, 축, 리브, 바퀴 암, 기어의 이, 볼트, 너트, 핀, 단일 기계요소 등의 물체들은 잘라서 단면으로 나타내지 않는다. 그 이유는 단면을 나타내면 물체를 이해하는 데 오히려 방해만 되고 잘못 해석될 수 있기 때문이며, 실제 물체가 잘려진다 하더라도 단면 표시를 하지 않는 것을 원칙으로 한다.

11 다음 도면에 대한 설명으로 잘못된 것은?

① 긴 축은 중간을 파단하여 짧게 그렸고, 치수는 실제 치수를 기입하였다.

② 평행 키 홈의 깊이 부분을 회전 도시 단면도로 나타내었다.

③ 평행 키 홈의 폭 부분을 국부투상도로 나타내었다.

④ 축의 양 끝을 1×45°로 모따기하도록 지시하였다.

② 평행 키 홈의 깊이 부분을 부분 단면도로 나타내었다.

※ 부분단면도 : 물체에서 필요한 일부분을 잘라내어 그 형상을 나타내는 기법으로 원하는 곳에 자유롭게 적용할 수 있으며, 잘려나간 부분은 파단선을 이용하여 그 경계를 표시해 준다.

12 도면에서 어떤 경우에 해칭(Hatching)하는가?

① 가상 부분을 표시할 경우

② 절단 단면을 표시할 경우

③ 회전 부분을 표시할 경우

④ 부품이 겹치는 부분을 표시할 경우

해칭선 : 잘려나간 물체의 절단면을 가는 실선으로 규칙적으로 빗줄을 그어 표시한다.

13 투상면이 어느 각도를 가지고 있기 때문에 그 실형을 도시하기 위하여 그림과 같이 나타내는 투상법의 명칭은?

① 보조 투상도 　② 부분 투상도

③ 회전 투상도 　④ 국부 투상도

회전 투상도 : 단일 물체의 일부가 어느 각도를 가지고 있을 때 그 물체의 실제 모양을 나타내기 위하여 구부러진 부분의 중심선을 기준 중심선까지 회전시켜 나타내는 투상도를 말한다.

14 오른쪽 그림과 같이 절단면을 색칠한 것을 무엇이라고 하는가?

① 해칭　　② 단면
③ 투상　　④ 스머징

절단된 단면을 표시하는 방법에는 해칭(hatching)과 스머징이 있다.
- 해칭 : 잘려나간 물체의 절단면을 가는 실선으로 규칙적으로 빗줄을 그은 선으로 표시한다.
- 스머징 : 잘려나간 물체의 절단면을 표시하기 위해 해칭을 대신하여 얇게 색칠하는 것을 말한다.

15 다음 그림에서 화살표 방향을 정면도로 하였을 때 좌측면도로 맞는 것은?

① 　②

③ 　④

16 다음과 같은 단면도를 나타내고 있는 절단선 위치가 가장 올바른 것은?

① 단면 A-B　　② 단면 C-D
③ 단면 E-F　　④ 단면 G-H

단면도에서 아랫부분의 구멍이 보이므로 단면 C-D와 단면 G-H가 이에 해당된다. 또한 단면도 중간 부분도 큰 구멍과 작은 구멍이 보이므로 단면 C-D가 된다.

17 주로 대칭인 물체의 중심선을 기준으로 내부 모양과 외부 모양을 동시에 표시하는 단면도는?

① 온단면도
② 부분 단면도
③ 한쪽 단면도
④ 회전 도시 단면도

18 도면의 표제란에 제3각법 투상을 나타내는 기호로 옳은 것은?

①

②

③

④

풀이 1각법과 3각법의 기호

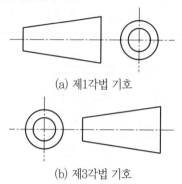

(a) 제1각법 기호

(b) 제3각법 기호

19 보기 도면은 제3각 정투상도로 그려진 정면도와 평면도이다. 우측면도로 가장 적합한 것은?

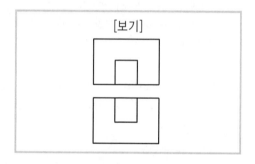

[보기]

① ② ③ ④

풀이 정면도와 평면도를 가지고 우측면도를 판단해보면 아래 그림 (a), (b), (c) 정도로 해석할 수 있다.

(a)

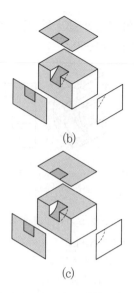

(b)

(c)

20 정면, 평면, 측면을 하나의 투상면 위에서 동시에 볼 수 있도록 두 개의 옆면 모서리가 수평선에 30°가 되고 3개의 축간 각도가 120°가 되는 투상도는?

① 등각 투상도   ② 정면 투상도

③ 입체 투상도   ④ 부등각 투상도

풀이 등각 투상도

정면, 우측면, 평면을 하나의 투상면에 나타내기 위하여 정면과 우측면 모서리 선을 수평선에 대하여 30°가 되게 하여 입체도로 투상한 것을 등각 투상도라 한다.

21 제3각법에 대한 설명 중 틀린 것은?

① 물체를 제3면각 공간에 놓고 투상하는 방법이다.

② 눈 → 물체 → 투상면의 순서로 투상도를 얻는다.

③ 정면도의 우측에는 우측면도가 위치한다.

④ KS에서는 특별한 경우를 제외하고는 제3각법으로 투상하는 것을 원칙으로 하고 있다.

정답 | 19 ②   **20** ①   **21** ②

제3각법은 눈과 물체 사이에 투상면을 두어 투상도를 얻는다.(눈 → 투상면 → 물체)

22 그림과 같은 정면도와 좌측면도에 가장 적합한 평면도는?

(좌측면도)   (정면도)

①   ②

③   ④

23 다음 중 밑면에서 수직한 중심선을 포함하는 평면으로 절단했을 때 단면이 사각형인 것은?

① 원뿔   ② 원기둥
③ 정사면체   ④ 사각뿔

[원뿔 단면도]   [원기둥 단면도]

[정사면체 단면도]   [사각뿔 단면도]

24 그림과 같은 입체의 투상도를 제3각법으로 나타낸다면 정면도로 옳은 것은?

정면

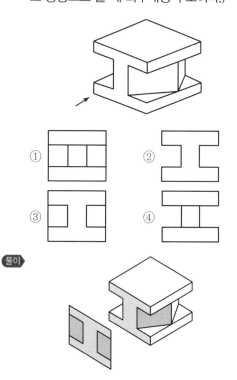

25 그림과 같은 입체도를 화살표 방향에서 본 투상도로 가장 옳은 것은?(단, 해당 입체는 화살표 방향으로 볼 때 좌우대칭 구조이다.)

01 치수보조(표시) 기호와 그 의미 연결이 틀린 것은?

① R : 반지름
② SR : 구의 반지름
③ t : 판의 두께
④ ( ) : 이론적으로 정확한 치수

풀이 치수 표시 기호
• R : 반지름을 나타내는 기호
• SR : 구의 반지름을 나타내는 기호
• t : 두께를 나타내는 기호
• ( ) : 참고치수, ⬜ : 이론적으로 정확한 치수

02 다음 도면에서 (A)의 치수는 얼마인가?

① 10.5
② 12
③ 21
④ 22

풀이 대칭도시기호가 들어가 있으므로 앞뒤 대칭인 물체이고, 우측면도와 평면도의 관계를 쉽게 알기 위해 45° 선을 이용하면 편리하다. 따라서 (A)의 치수는 45−2×12=21이다.

03 모따기의 각도가 45°일 때의 치수 기입 방법으로 틀린 것은?

풀이 길이 치수와 각도 치수를 동시에 기입하는 경우 길이 치수가 먼저이다.
따라서, 45°×6이라고 기입하지 않고 6×45°라고 기입하여야 한다.

04 다음 중 용접구조용 압연강재에 속하는 재료 기호는?

① SM 35C
② SM 400C
③ SS 400
④ STKM 13C

풀이 • SM 35C : 기계 구조용 탄소강재
• SM 400C : 용접구조용 압연강재
• SS 400 : 일반 구조용 압연강재
• STKM 13C : 기계구조용 탄소강 강관

05 기계제도에서 치수 기입 원칙에 관한 설명 중 틀린 것은?

① 기능, 제작, 조립 등을 고려하여 필요한 수치를 명료하게 도면에 기입한다.
② 치수는 되도록 주 투상도에 집중한다.
③ 치수의 자릿수가 많은 경우 3자리마다 " , " 표시를 하여 자릿수를 명료하게 한다.
④ 길이의 치수는 원칙으로 mm 단위로 하고 단위 기호는 붙이지 않는다.

풀이 치수의 자릿수가 많은 경우 3자리마다 숫자의 사이를 적당히 띄우고 콤마는 찍지 않는다.

06 치수숫자와 함께 사용되는 기호로 45° 모따기를 나타내는 기호는?

① C
② R
③ K
④ M

풀이 치수 표시 기호
• C : 45° 모따기를 나타내는 기호
• R : 반지름을 나타내는 기호
• M : 미터나사를 나타내는 기호

정답 | 01 ④ 02 ③ 03 ③ 04 ② 05 ③ 06 ①

07 다음과 같은 도면에서 100으로 표현된 치수 표시가 의미하는 것은?

① 정사각형의 변을 표시
② 평면도를 표시
③ 이론적으로 정확한 치수 표시
④ 참고 치수 표시

풀이 100 : 이론적으로 정확한 치수를 표시

08 도면에서 치수 숫자와 함께 사용되는 기호를 올바르게 연결한 것은?

① 지름 : D
② 구의 지름 : □
③ 반지름 : R
④ 45° 모따기 : 45°

풀이 치수 표시 기호
• D : 드릴의 호칭치수를 나타내는 기호
• □ : 정사각형의 변을 나타내는 기호
• R : 반지름을 나타내는 기호
• C : 45° 모따기를 나타내는 기호

09 그림의 치수 기입 방법 중 옳게 나타낸 것을 모두 고른 것은?

① 가, 나, 다, 라   ② 나, 다, 라
③ 가, 나, 다   ④ 나, 다

풀이 현의 치수 기입에서 단위(mm)는 기입하지 않는다.

10 다음 치수와 병용되는 기호 중 잘못된 것은?

① R5   ② C5
③ ◇5   ④ ϕ5

풀이 ◇5은 치수 보조 기호로 사용되지 않고, □5는 한 변의 길이가 5mm인 정사각형을 나타낸다.

11 KS 재료 기호가 "STC"일 경우 이 재료는?

① 냉간 압연 강판   ② 크롬 강재
③ 탄소 주강품   ④ 탄소 공구강 강재

풀이 STC : 탄소 공구강 강재, SC : 탄소강 주강품

12 다음 도면에서 "A" 치수는 얼마인가?

① 17.5   ② 23.5
③ 24   ④ 29

풀이 A=35−6=29mm
전체 길이(35mm)에서 아래 구멍 중심(6mm)을 뺀 치수이다.

정답 | 07 ③ 08 ③ 09 ② 10 ③ 11 ④ 12 ④

13 여러 개의 관련되는 치수에 허용한계를 지시하는 경우로 틀린 것은?

① 누진 치수 기입은 가격 제한이 있거나 다른 산업 분야에서 특별히 필요한 경우에 사용해도 된다.

② 병렬 치수 기입 방법 또는 누진 치수 기입 방법에서 기입하는 치수공차는 다른 치수 공차에 영향을 주지 않는다.

③ 직렬 치수 기입 방법으로 치수를 기입할 때에는 치수공차가 누적된다.

④ 직렬 치수 기입 방법은 공차의 누적이 기능에 관계가 있을 경우에 사용하는 것이 좋다.

(풀이) 직렬 치수 기입법 : 한 줄로 나란히 연결된 치수에 주어진 치수공차가 누적되어도 상관없는 경우에 사용하며, 공차의 누적이 기능에 관계가 있으면 좋지 않으므로 잘 사용하지 않는다.

14 제도에 있어서 치수 기입 요소로 틀린 것은?

① 치수선　　　② 치수 숫자
③ 가공 기호　　④ 치수 보조선

(풀이) 치수 기입 요소에는 치수선, 치수 보조선, 화살표, 치수 문자, 지시선 등이 있다.

15 도면에서의 치수 배치 방법에 해당하지 않는 것은?

① 직렬 치수기입법　② 누진 치수기입법
③ 좌표 치수기입법　④ 상대 치수기입법

(풀이) 치수 배치 방법
직렬, 병렬, 누진, 좌표 치수기입법 등이 있다.

16 치수와 같이 사용될 수 없는 치수 보조기호는?

① t　　　　　② φ
③ 回　　　　④ □

(풀이) • t : 판의 두께를 나타내는 기호
• φ : 지름을 나타내는 기호
• □ : 정사각형의 변을 나타내는 기호

17 치수 기입 시 사용되는 기호와 그 설명으로 틀린 것은?

① C : 45° 모따기
② φ : 지름
③ SR : 구의 반지름
④ ◇ : 정사각형

(풀이) ④ □ : 정사각형의 변을 나타내는 기호

18 다음 치수기입 방법 중 호의 길이로 옳은 것은?

(풀이) ① 변의 길이 치수　② 현의 길이 치수
③ 호의 길이 치수　④ 각도 치수

CHAPTER **06 공차 및 표면 거칠기**

01 도면에 사용되는 가공 방법의 약호로 틀린 것은?

① 선반 가공 : L　② 드릴 가공 : D
③ 연삭 가공 : G　④ 리머 가공 : R

(풀이) 리머 가공은 FR로 표기한다.

02 다음 기하공차 기입 틀에서 ⊕가 의미하는 것은?

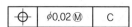

① 진원도　　　② 동축도
③ 진직도　　　④ 위치도

(풀이) • 진원도 공차 : ○
• 동심도(동축도) 공차 : ◎
• 지진도 공차 : ___

---

03 가공에 의한 커터의 줄무늬가 기호를 기입한 면의 중심에 대하여 거의 방사 모양으로 표시하는 것은?

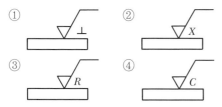

풀이 줄무늬 방향의 기호

R : 가공으로 생긴 커터의 줄무늬가 기호를 기입한 면의 중심에 대하여 대략 방사선 모양이다.

04 구멍의 치수가 $\phi 50^{+0.05}_{+0.02}$ 이고 축의 치수가 $\phi 50^{-0.03}_{-0.05}$ 인 경우의 끼워맞춤은?

① 헐거운 끼워맞춤
② 중간 끼워맞춤
③ 억지 끼워맞춤
④ 고정 끼워맞춤

풀이 구멍의 최소 직경은 $\phi 50.02$이고, 축의 최대 직경은 $\phi 49.97$이므로 헐거운 끼워맞춤이 된다.

05 최대 실체 공차 방식에서 외측 형체에 대한 실효치수의 식으로 옳은 것은?

① 최대 실체 치수 − 기하공차
② 최대 실체 치수 + 기하공차
③ 최소 실체 치수 − 기하공차
④ 최소 실체 치수 + 기하공차

풀이 최대 실체 공차 방식은 실체(구멍, 축)가 최대 질량을 갖는 조건이므로 구멍 지름이 최소이거나 축 지름이 최대일 때를 말한다. 따라서 최대 실체 치수 + 기하공차이다.

06 기준치수가 60, 최대 허용치수가 59.96이고 치수공차가 0.02일 때 아래 치수 허용차는?

① −0.06
② +0.06
③ −0.04
④ +0.04

풀이
- 위 치수 허용차 = 최대 허용치수 − 기준치수
$$= 59.96 − 60 = −0.04$$
- 치수공차 = 최대 허용치수 − 최소 허용치수
$$= 0.02$$
  최소 허용치수 = 최대 허용치수 − 0.02
$$= 59.96 − 0.02 = 59.94$$
- 아래 치수 허용차 = 최소 허용치수 − 기준치수
$$= 59.94 − 60 = −0.06$$

07 조립 부품에 대한 치수허용차를 기입할 경우 다음 중 잘못 기입한 것은?

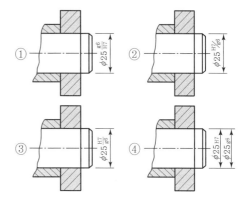

풀이 $\phi 25 \frac{g6}{H7}$ 은 잘못된 기입이고 $\phi 25 \frac{H7}{g6}$ 이 올바른 치수기입법이다.

08 다음 중 기준치수가 동일한 경우 죔새가 가장 큰 것은?

① H7/f6
② H7/js6
③ H7/m6
④ H7/p6

풀이 구멍의 기준치수가 동일하므로 축 지름이 가장 큰 것을 찾아야 한다.
축은 알파벳이 클수록 지름도 커지므로 p가 가장 큰 축이므로 죔새가 가장 크게 된다.

09 기하공차의 기호 중 모양공차에 해당하는 것은?

① ◯　　② ∠
③ ⊥　　④ ⫽

풀이 모양공차의 종류

공차의 종류	기호
직진도 공차	—
평면도 공차	▱
진원도 공차	◯
원통도 공차	⌭
선의 윤곽도 공차	⌒
면의 윤곽도 공차	⌓

10 치수공차 및 끼워맞춤에 관한 용어 설명 중 틀린 것은?

① 허용한계치수 : 형체의 실치수가 그 사이에 들어가도록 정한 허용할 수 있는 대소 2개의 극한의 치수
② 기준치수 : 위 치수 허용차 및 아래 치수 허용차를 적용하는 데 따라 허용한계치수가 주어지는 기준이 되는 치수
③ 공차등급 : 치수공차방식 · 끼워맞춤방식으로 전체의 기준치수에 대하여 동일 수준에 속하는 치수공차의 한 그룹
④ 최대 실체치수 : 형체의 실체가 최대가 되는 쪽의 허용한계치수로서 내측 형체에 대해서는 최대 허용치수, 외측 형체에 대해서는 최소 허용치수를 의미

풀이 최대 실체 치수 : 실체(구멍, 축)가 최대 질량을 갖는 조건이므로 구멍 지름(내측 형체)이 최소이거나 축 지름(외측 형체)이 최대일 때를 말한다. 즉, 내측 형체에 대해서는 최소 허용치수, 외측 형체에 대해서는 최대 허용치수를 의미한다.

11 표면거칠기 지시방법에서 '제거가공을 허용하지 않는다.'는 것을 지시하는 것은?

풀이 제거가공 여부에 따른 표시

 : 절삭 등 제거가공의 필요 여부를 문제 삼지 않는다.

 : 제거가공을 하지 않는다.

: 제거가공을 한다.

12 지시선의 화살표로 나타낸 중심면은 데이텀 중심평면 A에 대칭으로 0.08mm의 간격을 갖는 평행한 두 개의 평면 사이에 있어야 한다고 할 때 들어가야 할 기하공차 기호로 옳은 것은?

① ⊥　　② ⹀
③ ⨁　　④ ⫽

풀이 "지시선의 화살표로 나타낸 중심면은 데이텀 중심평면 A에 대칭으로 0.08mm의 간격을 갖는 평행한 두 개의 평면 사이에 있어야 한다."라고 하였으므로 대칭도 공차(⹀)가 들어가야 한다.

13 줄무늬 방향의 기호와 그에 대한 설명으로 틀린 것은?

① C : 가공으로 생긴 컷의 줄무늬가 기호를 기입한 면의 중심에 거의 동심원 모양

② R : 가공으로 생긴 컷의 줄무늬가 기호를 기입한 면의 중심에 대하여 거의 방사 모양

③ M : 가공으로 생긴 컷의 줄무늬 방향이 기호를 기입한 그림의 투영면에 평행

④ X : 가공으로 생긴 컷의 줄무늬 방향이 기호를 기입한 그림의 투영면에 비스듬하게 2방향을 교차

풀이 줄무늬 방향의 기호

M : 가공으로 생긴 커터의 줄무늬가 여러 방향으로 교차 또는 방향이 없음

14 $\phi 50$ H7/g6으로 표시된 끼워맞춤 기호 중 "g6"에서 "6"이 뜻하는 것은?

① 공차의 등급
② 끼워맞춤의 종류
③ 공차역의 위치
④ 아래치수 허용차

풀이 6 : IT 기본 공차 등급을 뜻한다.

15 기하공차의 종류와 기호의 연결이 잘못된 것은?

① ○ – 진원도　　② ▱ – 평행도
③ ◎ – 동심도　　④ ✗ – 원주 흔들림

풀이 ▱ : 평면도 공차, ∥ : 평행도 공차

16 최대 실체 공차 방식의 적용을 표시하는 방법으로 옳지 못한 것은?

17 다음 축과 구멍의 공차치수에서 최대 틈새는?

구멍 : $\phi 50^{+0.025}_{0}$

축 : $\phi 50^{-0.025}_{-0.050}$

① 0.075　　　　② 0.050
③ 0.025　　　　④ 0.015

풀이 최대 틈새는 구멍이 최대 크기이고 축은 최소 크기일 때 나오므로
$50.025 - 49.95 = 0.075$이다.

18 부품의 기능과 역할에 따라 틈새 또는 죔새가 생기는 끼워맞춤은?

① 헐거운 끼워맞춤
② 억지 끼워맞춤
③ 표준 끼워맞춤
④ 중간 끼워맞춤

풀이 중간 끼워맞춤에 대한 설명이다.

19 재료가 최대 크기일 경우에 형태가 한계 크기가 되는 고려된 형태의 상태, 즉 구멍의 경우 최소 지름과 축의 경우 최대 지름이 되는 상태를 무엇이라고 하는가?

① 최대 재료 조건(MMC)
② 한계 재료 조건(UMC)
③ 최소 재료 조건(LMC)
④ 일반 재료 조건(NMC)

풀이 최대 재료 조건(MMC)에 대한 설명이다.

풀이 ① 규제 형체에 적용하는 경우로 공차값 뒤에 Ⓜ을 기입한다.
② 데이텀 형체에 적용하는 경우로 데이텀 문자 뒤에 Ⓜ을 기입한다.
④ 규제 형체와 데이텀 형체에 적용하는 경우로 공차값과 데이텀 문자 뒤에 각각 Ⓜ을 기입한다.

20 기하공차 기입 틀에서 B가 의미하는 것은?

① 데이텀   ② 공차 등급
③ 공차기호   ④ 기준치수

풀이

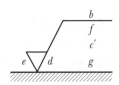

데이텀(기준면)을 나타내는 문자
공차값
공차의 종류

21 조립한 상태에서의 치수의 허용한계 기입이 "85 H6/g5"인 경우 해석으로 틀린 것은?

① 축 기준식 끼워맞춤이다.
② 85는 축과 구멍의 기준 치수이다.
③ 85H6의 구멍과 85g5의 축을 끼워맞춤한 것이다.
④ H6과 g5의 6과 5는 구멍과 축의 IT 기본 공차의 등급을 말한다.

풀이 85 H6/g5에서 H6이 존재하므로 구멍기준식 끼워맞춤이다.

22 다음 중 표면의 결 도시 기호에서 각 항목이 설명하는 것으로 틀린 것은?

① d : 줄무늬 방향의 기호
② b : 컷오프 값
③ c' : 기준길이, 평가길이
④ g : 표면 파상도

풀이 지시기호 위치에 따른 표시

b : 가공방법, 표면처리
c' : 기준길이, 평가길이
d : 줄무늬 방향의 기호
e : 기계가공 공차(ISO에 규정되어 있음)
f : 최대 높이 또는 10점 평균 거칠기의 값
g : 표면 파상도(KS B 0610에 따름)

23 데이텀을 지시하는 문자기호를 공차기입틀 안에 기입할 때의 설명으로 틀린 것은?

① 1개를 설정하는 데이텀은 1개의 문자기호로 나타낸다.
② 2개의 공통 데이텀을 설정할 때는 2개의 문자기호를 하이픈(−)으로 연결한다.
③ 여러 개의 데이텀을 지정할 때는 우선순위가 높은 것을 오른쪽에서 왼쪽으로 각각 다른 구획에 기입한다.
④ 2개 이상의 데이텀을 지정할 때, 우선순위가 없을 경우는 문자기호를 같은 구획 내에 나란히 기입한다.

풀이 ① 1개의 문자기호로 나타내는 경우

② 2개의 문자기호를 하이픈(−)으로 연결하는 경우

③ 우선순위가 높은 것은 문자기호를 왼쪽에서 오른쪽으로 각각 다른 구획에 기입하는 경우

④ 우선순위가 없을 경우는 문자기호를 같은 구획 내에 나란히 기입하는 경우

24 구멍과 축의 기호에서 최대허용치수가 기준 치수와 일치하는 기호는?

① H ② h
③ G ④ g

풀이 h : 최대허용치수가 기준치수와 일치한다.

25 기하공차 기호에서 자세공차를 나타내는 것은?

① ─ ② ○
③ ◎ ④ ∠

풀이 자세공차는 평행도 공차($/\!/$), 직각도 공차(⊥), 경사도 공차(∠)가 있다.

26 표면거칠기와 관련하여 표면 조직의 파라미터 용어와 그 기호가 잘못 연결된 것은?

① Ra : 평가된 프로파일의 산술평균 높이
② Rq : 평가된 프로파일의 제곱평균 평방근 높이
③ Rc : 프로파일의 평균 높이
④ Rz : 프로파일의 총 높이

풀이 Rz : 10점 평균 거칠기

27 헐거운 끼워맞춤에서 구멍의 최소 허용치수와 축의 최대 허용치수와의 차를 무엇이라 하는가?

① 최대 틈새 ② 최소 죔새
③ 최소 틈새 ④ 최대 죔새

풀이 헐거운 끼워맞춤은 항상 구멍이 축보다 큰 경우이고, 구멍의 최소 허용치수와 축의 최대 허용치수와의 차는 최소 틈새를 말한다.

CHAPTER **08 기계요소의 설계**

01 지름이 6cm인 원형단면의 봉에 500kN의 인장하중이 작용할 때 이 봉에 발생되는 응력은 약 몇 N/mm²인가?

① 170.8 ② 176.8
③ 180.8 ④ 200.8

풀이 응력은 면적분포의 힘이므로,

인장응력 $\sigma = \dfrac{F(인장하중)}{A_\sigma(면적)} = \dfrac{500 \times 1,000}{\dfrac{\pi \times 60^2}{4}}$

$= 176.8 \mathrm{N/mm^2}$

02 재료의 안전성을 고려하여 허용할 수 있는 최대응력을 무엇이라 하는가?

① 주응력 ② 사용응력
③ 수직응력 ④ 허용응력

풀이 허용응력 : 탄성한도 영역 내의 안전상 허용할 수 있는 최대응력

03 길이가 1m이고 지름이 30mm인 둥근 막대에 30,000N의 인장하중을 작용하면 얼마 정도 늘어나는가?(단, 세로탄성계수 : $2.1 \times 10^5 \mathrm{N/mm^2}$)

① 0.102mm ② 0.202mm
③ 0.302mm ④ 0.402mm

풀이 늘어난 길이

$\lambda = \dfrac{Pl}{AE} = \dfrac{Pl}{\dfrac{\pi}{4}d^2 \times E} = \dfrac{4Pl}{\pi d^2 E}$

$= \dfrac{4 \times 30,000 \times 1,000}{\pi \times 30^2 \times 2.1 \times 10^5} = 0.202\mathrm{mm}$

여기서, A : 둥근 막대 단면적
P : 인장하중
l : 막대 길이
E : 세로탄성계수

---

04 각속도(ω, rad/s)를 구하는 식 중 옳은 것은? [단, N : 회전수(rpm), H : 전달마력(PS)이다.]

① $\omega = (2\pi N)/60$
② $\omega = 60/(2\pi N)$
③ $\omega = (2\pi N)/(60H)$
④ $\omega = (60H)/(2\pi N)$

풀이 1바퀴 → 2π rad(라디안),

회전수 : N(rpm ; revolution per minute)

$\therefore$ 각속도 $\omega = \dfrac{2\pi\,\text{rad}}{1\,\text{rev}} \times \dfrac{N\,\text{rev}}{1\,\text{min} \times 60\dfrac{\text{sec}}{1\,\text{min}}}$

$= \dfrac{2\pi N}{60}$ (rad/sec)

05 다음 중 하중의 크기 및 방향이 주기적으로 변화하는 하중으로서 양진하중을 말하는 것은?

① 집중하중
② 분포하중
③ 교번하중
④ 반복하중

풀이 교번하중 : 부재가 하중을 받을 때, 힘의 크기와 방향이 변화하면서 인장과 압축이 교대로 가해지는 하중

06 다음 나사 중 백래시를 작게 할 수 있고 높은 정밀도를 오래 유지할 수 있으며 효율이 가장 좋은 것은?

① 사각 나사
② 톱니 나사
③ 볼 나사
④ 둥근 나사

풀이 볼 나사의 특징
• 백래시가 매우 작다.
• 먼지나 이물질에 의한 마모가 적다.
• 정밀도가 높다.
• 나사의 효율이 높다.(90% 이상)
• 마찰이 매우 적다.

07 볼트를 결합시킬 때 너트를 2회전 하면 축 방향으로 10mm, 나사산 수는 4산이 진행된다. 이와 같은 나사의 조건은?

① 피치 2.5mm, 리드 5mm
② 피치 5mm, 리드 5mm
③ 피치 5mm, 리드 10mm
④ 피치 2.5mm, 리드 10mm

풀이
• 리드(1회전 시 축 방향으로 움직인 거리) :

$l = \dfrac{\text{축방향의 진행 길이}}{\text{나사의 회전수}} = \dfrac{10}{2} = 5\text{mm}$

• 줄수 :

$n = \dfrac{\text{진행된 나사산 수}}{\text{나사의 회전수}} = \dfrac{4\text{산}}{2\text{회전}} = 2\text{줄나사}$

• 피치 : $p = \dfrac{\text{리드}(l)}{\text{줄수}(n)} = \dfrac{5}{2} = 2.5\text{mm}$

08 나사의 끝을 이용하여 축에 바퀴를 고정시키거나 위치를 조정할 때 사용되는 나사는?

① 태핑 나사
② 사각 나사
③ 볼 나사
④ 멈춤 나사

풀이 멈춤 나사 : 두 물체 사이에 회전이나 미끄럼이 생기지 않도록 사용하는 나사로 키(key)의 대용 역할을 한다. 회전체의 보스 부분을 축에 고정시키는 데 많이 사용한다.

멈춤 나사

09 축 방향으로만 정하중을 받는 경우 50kN을 지탱할 수 있는 훅 나사부의 바깥지름은 약 몇 mm 인가?(단, 허용응력은 50N/mm²이다.)

① 40mm
② 45mm
③ 50mm
④ 55mm

하중 $W = \sigma \times \dfrac{1}{4}\pi d_1^2$

여기서, d_1 : 골지름, 정하중에 의해 골지름(d_1)이
파괴된다.

$d_1 = \sqrt{\dfrac{4 \times W}{\pi\sigma}} = \sqrt{\dfrac{4 \times 50,000}{\pi \times 50}} ≒ 35.68\text{mm}$

KS 규격 $d_1 = 0.8d$ (d : 바깥지름)

나사부의 바깥지름 $d = \dfrac{d_1}{0.8} = \dfrac{35.68}{0.8}$
$= 44.6\text{mm}$

∴ 훅 나사부의 바깥지름은 44.6mm보다 큰 45mm
로 설계해야 한다.

10 보스와 축이 둘레에 여러 개의 같은 키(key)를
깎아 붙인 모양으로 큰 동력을 전달할 수 있고
내구력이 크며, 축과 보스의 중심을 정확하게
맞출 수 있는 특징을 가지는 것은?

① 반달 키　　　　② 새들 키
③ 원뿔 키　　　　④ 스플라인

스플라인
축에 평행하게 4~20줄의 키 홈을 판 특수키이다. 보
스에도 끼워 맞추어지는 키 홈을 파서 결합한다.

11 부품의 위치결정 또는 고정 시에 사용되는 체
결요소가 아닌 것은?

① 핀(pin)
② 너트(nut)
③ 볼트(bolt)
④ 기어 (gear)

기어는 물체의 결합용 기계요소가 아니고 직접 동력
전달용 기계요소이다.

12 평판 모양의 쐐기를 이용하여 인장력이나 압
축력을 받는 2개의 축을 연결하는 결합용 기
계요소는?

① 코터　　　　② 커플링
③ 아이 볼트　　④ 테이퍼 키

13 지름 50mm 축에 10mm인 성크 키를 설치했을
때, 일반적으로 전단하중만을 받을 경우 키가
파손되지 않으려면 키의 길이는 몇 mm인가?

① 25mm　　　② 75mm
③ 150mm　　　④ 200mm

경험식에 의한 키의 길이 $l = 1.5d$ 로 설계한다.
$l = 1.5 \times d = 1.5 \times 50\text{mm} = 75\text{mm}$

14 회전체의 균형을 좋게 하거나 너트를 외부
에 돌출시키지 않으려고 할 때 주로 사용
하는 너트는?

① 캡 너트　　　② 둥근 너트
③ 육각 너트　　④ 와셔붙이 너트

[둥근 너트]

15 양쪽 끝 모두 수나사로 되어 있으며, 한쪽 끝
에 상대 쪽에 암나사를 만들어 미리 반영구적
으로 나사 박음하고, 다른 쪽 끝에 너트를 끼
워 죄도록 하는 볼트는 무엇인가?

① 스테이 볼트　　② 아이 볼트
③ 탭 볼트　　　　④ 스터드 볼트

스터드 볼트(stud bolt)

볼트의 머리가 없는 볼트로 한 끝은 본체에 고정되어 있고, 고정되지 않는 볼트부 끝에 너트를 끼워 죈다.(분해가 간편하다.)

16 가장 널리 쓰이는 키(Key)로 축과 보스 양쪽에 키홈을 파서 동력을 전달하는 것은?

① 성크 키   ② 반달 키
③ 접선 키   ④ 원뿔 키

[성크(묻힘) 키]

17 볼트, 너트의 풀림 방지 방법 중 틀린 것은?

① 로크 너트에 의한 방법
② 스프링 와셔에 의한 방법
③ 플라스틱 플러그에 의한 방법
④ 아이 볼트에 의한 방법

볼트, 너트의 풀림 방지

• 로크(lock) 너트에 의한 방법
• 분할 핀에 의한 방법
• 혀붙이, 스프링, 고무와셔에 의한 방법
• 멈춤나사에 의한 방법
• 스프링 너트에 의한 방법

※ 아이 볼트는 주로 축하중만을 받을 때 사용하는 볼트이다.

18 나사의 기호 표시가 틀린 것은?

① 미터계 사다리꼴 나사 : TM
② 인치계 사다리꼴 나사 : WTC
③ 유니파이 보통 나사 : UNC
④ 유니파이 가는 나사 : UNF

인치계 사다리꼴 나사 : TW – 나사산의 각도가 29°인 사다리꼴 나사

19 리베팅이 끝난 뒤에 리벳 머리의 주위 또는 강판의 가장자리를 정으로 때려 그 부분을 밀착시켜 틈을 없애는 작업은?

① 시밍   ② 코킹
③ 커플링   ④ 해머링

코킹 : 기밀을 유지하기 위한 작업으로 리베팅이 끝난 뒤에 리벳 머리의 주위 또는 강판의 가장자리를 정으로 때려 그 부분을 밀착시켜서 틈을 없애는 작업

20 핀(pin)의 종류에 대한 설명으로 틀린 것은?

① 테이퍼 핀은 보통 1/50 정도의 테이퍼를 가지며, 축에 보스를 고정시킬 때 사용할 수 있다.
② 평행 핀은 분해·조립하는 부품의 맞춤면의 관계 위치를 일정하게 할 필요가 있을 때 주로 사용된다.
③ 분할 핀은 한쪽 끝이 2가닥으로 갈라진 핀으로 축에 끼워진 부품이 빠지는 것을 막는 데 사용할 수 있다.
④ 스프링 핀은 2개의 봉을 연결하기 위해 구멍에 수직으로 핀을 끼워 2개의 봉이 상대 각운동을 할 수 있도록 연결한 것이다.

스프링 핀

얇은 판을 원통형으로 말아서 만든 평형 핀의 일종으로 억지끼움을 했을 때 핀의 복원력으로 구멍에 정확히 밀착되는 특성이 있고, 평행 핀에 비해 중공이어서 가볍다는 이점이 있다.

21 축이음 중 두 축이 평행하고 각속도의 변동 없이 토크를 전달하는 데 가장 적합한 것은?

① 올덤 커플링
② 플렉시블 커플링
③ 유니버설 커플링
④ 플랜지 커플링

풀이 올덤 커플링
두 축이 평행하고 축의 중심선이 약간 어긋난 경우 축간거리가 짧을 때 각속도의 변동 없이 토크를 전달하는 데 사용하는 축이음

22 저널 베어링에서 저널의 지름이 30mm, 길이가 40mm, 베어링의 하중이 2,400N일 때 베어링의 압력(N/mm²)은?

① 1
② 2
③ 3
④ 4

풀이 q(베어링 압력) $= \dfrac{\text{베어링 하중}}{\text{투사면적}}$

$= \dfrac{P(\text{베어링 하중})}{d(\text{지름}) \times l(\text{저널 길이})}$

$= \dfrac{2{,}400\text{N}}{30\text{mm} \times 40\text{mm}} = 2\text{N/mm}^2$

23 구름 베어링 중에서 볼베어링의 구성요소와 관련이 없는 것은?

① 외륜
② 내륜
③ 니들
④ 리테이너

풀이 니들(needle : 바늘) : 바늘 모양의 롤러로 니들 롤러베어링의 부품이다.

[구름 베어링의 구조]

24 레이디얼 볼베어링 번호 6200의 안지름은?

① 10mm
② 12mm
③ 15mm
④ 17mm

풀이

호칭번호	내경(mm)	
6000	10	60, 62, 63, 70 등 베어링 계열 기호와 상관없이 내경은 표의 값이 된다.
6001	12	
6002	15	
6003	17	
6004	20 (4×5)	안지름 번호×5 = 내경
6005	25 (5×5)	
6006	30 (6×5)	

25 축을 설계할 때 고려하지 않아도 되는 것은?

① 축의 강도
② 피로 충격
③ 응력 집중의 영향
④ 축의 표면조도

풀이 축의 설계에 고려되는 사항
강도, 변형(강성), 진동, 부식, 응력집중, 열응력, 열팽창 등

④ 축의 표면조도는 축 설계 시 고려사항이 아니다.

26 축에 작용하는 비틀림 토크가 2.5kN·m이고 축의 허용전단응력이 49MPa일 때 축 지름은 약 몇 mm 이상이어야 하는가?

① 24
② 36
③ 48
④ 64

풀이 $T = \tau_a Z_P = \tau_a \dfrac{\pi d^3}{16}$

$d = \sqrt{\dfrac{16 T}{\pi \tau_a}}$

여기서, T : 축의 비틀림 토크, τ_a : 허용전단응력

Z_P : 극단면계수, d : 축 지름

$T = 2.5\,\text{kN} \cdot \text{m} = 2.5 \times 10^3\,\text{N} \cdot \text{m}$

$\tau_a = 49\,\text{MPa} = 49 \times 10^6\,\text{Pa} = 49 \times 10^6\,\text{N/m}^2$

$\therefore d = \sqrt[3]{\dfrac{16 \times 2.5 \times 10^3}{\pi \times 49 \times 10^6}} = 0.0638\,\text{m} \fallingdotseq 64\,\text{mm}$

27 미끄럼 베어링의 윤활방법이 아닌 것은?

① 적하 급유법 ② 패드 급유법
③ 오일링 급유법 ④ 충격 급유법

풀이 충격 급유법은 윤활방법이 아니다.

※ 미끄럼 베어링의 윤활법에는 적하 급유, 패드 급유, 오일링 급유, 손 급유(수동 급유), 원심 급유, 비말 급유, 강제 급유, 그리스 급유가 있다.

28 회전하고 있는 원동 마찰차의 지름이 250mm이고 종동차의 지름이 400mm일 때 최대 토크는 몇 N·m인가?(단, 마찰차의 마찰계수는 0.2이고 서로 밀어붙이는 힘이 2kN이다.)

① 20 ② 40
③ 80 ④ 160

풀이 마찰차는 마찰력에 의해 토크를 전달하므로

$T = \mu N \times$ 거리

종동차의 반지름이 더 크므로 최대 토크는

$T_{종동} = \mu N \times \dfrac{D_{종동}}{2} = 0.2 \times 2\text{kN} \times \left(\dfrac{1{,}000\text{N}}{1\text{kN}} \right)$

$\times \dfrac{400\text{mm} \times \left(\dfrac{1\text{m}}{1{,}000\text{mm}} \right)}{2}$

$= 80\text{N} \cdot \text{m}$

29 표준 스퍼기어의 잇수가 40개, 모듈이 3인 소재의 바깥 지름(mm)은?

① 120 ② 126
③ 184 ④ 204

풀이 피치원 지름 $D = m \times z$

(여기서, m : 모듈, z : 잇수)

이끝원 지름 $D_0 = D + 2a = D + 2m$

[여기서, a(어덴덤) : 이끝높이, m : 모듈]

$a = m$ [표준치형에서는 이끝높이(a)와 모듈(m)의 크기를 같게 설계한다.]

$\therefore$ 소재의 지름 = 이끝원 지름

$= 40 \times 3 + 2 \times 3 = 126\text{mm}$

30 웜기어에서 웜이 3줄이고 웜휠의 잇수가 60개일 때의 속도비는?

① $\dfrac{1}{10}$ ② $\dfrac{1}{20}$
③ $\dfrac{1}{30}$ ④ $\dfrac{1}{60}$

풀이 웜기어 속도비 $i = \dfrac{N_g}{N_w} = \dfrac{n}{Z_g} = \dfrac{3}{60} = \dfrac{1}{20}$

여기서, n : 웜의 줄 수, N_w : 웜의 회전수

Z_g : 웜휠의 잇수, N_g : 웜휠의 회전수

31 평벨트 전동과 비교한 V 벨트 전동의 특징이 아닌 것은?

① 고속운전이 가능하다.
② 미끄럼이 적고 속도비가 크다.
③ 바로걸기와 엇걸기 모두 가능하다.
④ 접촉 면적이 넓으므로 큰 동력을 전달한다.

풀이 평벨트는 바로걸기(⊙─⊙)와 엇걸기(⊙✕⊙) 모두 가능하나, 단면이 사다리꼴(▨)인 V-벨트는 엇걸기를 할 수 없다.

32 사용 기능에 따라 분류한 기계요소에서 직접 전동 기계요소는?

① 마찰차   ② 로프

③ 체인   ④ 벨트

풀이 • 직접 전동용 기계요소 : 마찰차, 기어(기계요소가 직접 닿아 동력 전달)
 • 간접 전동용 기계요소 : 벨트, 체인, 로프

33 기어에서 이(tooth)의 간섭을 막는 방법으로 틀린 것은?

① 이의 높이를 높인다.

② 압력각을 증가시킨다.

③ 치형의 이끝면을 깎아낸다.

④ 피니언의 반경 방향의 이뿌리면을 파낸다.

풀이 이의 높이를 높이면 이의 간섭이 더 심해진다.(언더컷 증가)

34 일반 스퍼 기어와 비교한 헬리컬 기어의 특징에 대한 설명으로 틀린 것은?

① 임의의 비틀림각을 선택할 수 있어서 축 중심거리의 조절이 용이하다.

② 물림 길이가 길고 물림률이 크다.

③ 최소 잇수가 적어서 회전비를 크게 할 수가 있다.

④ 추력이 발생하지 않아서 진동과 소음이 적다.

풀이 헬리컬 기어
스퍼기어보다 접촉선의 길이가 길어서 큰 힘을 전달할 수 있고, 진동과 소음이 작지만, 톱니가 경사져 있어 축 방향으로 스러스트 하중(추력)이 발생한다.

35 체인전동의 일반적인 특징으로 거리가 먼 것은?

① 속도비가 일정하다.

② 유지 및 보수가 용이하다.

③ 내열, 내유, 내습성이 강하다.

④ 진동과 소음이 없다.

풀이 체인전동은 소음 및 진동이 일어나기 쉽기 때문에 고속회전에는 적합하지 않다.

36 기계 부분의 운동 에너지를 열에너지나 전기에너지 등으로 바꾸어 흡수함으로써 운동 속도를 감소시키거나 정지시키는 장치는?

① 브레이크   ② 커플링

③ 캠   ④ 마찰차

37 코일스프링의 전체 평균직경이 50mm, 소선의 직경이 6mm일 때 스프링 지수는 약 얼마인가?

① 1.4   ② 2.5

③ 4.3   ④ 8.3

풀이 스프링 지수 $C = \dfrac{D}{d} = \dfrac{50}{6} = 8.3$

여기서, D : 스프링 전체의 평균지름
          d : 소선의 지름

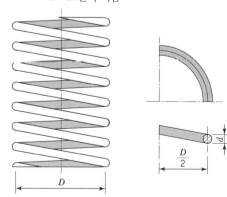

38 스프링을 사용하는 목적이 아닌 것은?

① 힘 축적   ② 진동 흡수

③ 동력 전달   ④ 충격 완화

풀이 스프링의 용도
- 진동 흡수, 충격 완화(철도, 차량)
- 에너지 축적(시계 태엽)
- 압력의 제한(안전 밸브) 및 힘의 측정(압력 게이지, 저울)
- 기계 부품의 운동 제한 및 운동 전달(내연기관의 밸브 스프링)

39 스프링의 길이가 100mm인 한 끝을 고정하고, 다른 한 끝에 무게 40N의 추를 달았더니 스프링의 전체 길이가 120mm로 늘어났을 때 스프링 상수는 몇 N/mm인가?

① 8   ② 4

③ 2   ④ 1

풀이 스프링 상수 $k = \dfrac{W}{\delta} = \dfrac{40}{120-100} = 2\text{N/mm}$

여기서, W : 하중, δ : 처짐량(신장량)

40 브레이크 드럼에서 브레이크 블록에 수직으로 밀어 붙이는 힘이 1,000N이고 마찰계수가 0.45일 때 드럼의 접선 방향 제동력은 몇 N인가?

① 150   ② 250

③ 350   ④ 450

풀이 접선 방향의 제동력은 마찰력 F_f(수직력만의 함수)이므로

$F_f = \mu N = 0.45 \times 1,000 = 450\text{N}$

측정 및 선반가공

SECTION 01 측정기의 분류

1 측정 종류에 따른 분류

(1) 길이 측정기

강철자, 직각자, 컴퍼스, 만능측장기, 마이크로미터, 버니어캘리퍼스, 하이트게이지, 다이얼게이지, 두께 게이지, 표준 게이지, 광학측정기 등

(2) 각도 측정기

각도 게이지, 직각자, 분도기, 콤비네이션, 사인바, 테이퍼게이지, 만능 각도기, 분할대 등

(3) 평면 측정기

수준기, 직각자, 서피스게이지, 정반, 옵티컬플랫, 조도계, 3차원 형상측정기 등

2 측정 방법에 따른 분류

(1) 직접측정

측정기에 표시된 눈금을 직접 읽어 측정하는 방법

예 버니어 캘리퍼스, 마이크로미터, 측장기 등

(2) 간접측정

원추의 테이퍼양을 측정할 경우와 같이 직접 측정값을 읽지 못하고 기하학적 관계를 이용하여 계산에 의해 측정값을 구하는 측정법

예 사인바에 의한 각도 측정, 테이퍼 측정, 나사나 기어의 유효지름 측정 등

(3) 비교측정

측정값과 기준 게이지 값과의 차이를 비교하여 치수를 계산하는 측정방법

예 블록게이지, 다이얼 테스트 인디케이터, 한계 게이지, 공기 마이크로미터, 전기 마이크로미터 등

SECTION 02 아베의 원리

측정 정밀도를 높이기 위해서는 측정물체와 측정기구의 눈금을 측정 방향과 동일 축선상에 배치해야 한다.

■ 마이크로미터

측정물체와 측정기구의 눈금을 일직선상에 배치한다. ⇒ 아베의 원리에 맞는 측정

| 아베의 원리에 맞는 측정 |

② 버니어캘리퍼스

측정물체와 측정기구의 눈금이 일직선상에 있지 않는다. ⇒ 아베의 원리에 맞지 않는 측정

| 아베의 원리에 맞지 않는 측정 |

SECTION 03 길이 측정

■ 버니어캘리퍼스

① 버니어캘리퍼스는 본척(어미자)과 부척(아들자)을 이용하여 1/20mm, 1/50mm까지 길이를 측정하는 측정기이다.

② 측정 종류 : 바깥지름, 안지름, 깊이, 두께, 높이 등

③ 최소 측정값

$\dfrac{1}{20}$mm 또는 $\dfrac{1}{50}$mm까지 측정

$$V = \frac{S}{n}$$

여기서, V : 부척의 1눈금 간격
S : 본척의 1눈금 간격
n : 부척의 등분 눈금 수

④ 눈금 읽는 방법

ㄱ 아들자 눈금의 "0"이 어미자의 어느 곳에 있는지 확인한다.(화살표 표시 ① 위치)

ㄴ 아들자가 위치한 곳이 어미자의 11보다는 크고 12보다는 작으므로 첫 번째 숫자는 11 로 읽는다.

ㄷ 두 번째 숫자, 즉 소수점 이하의 숫자를 읽는다.(화살표 표시 ② 위치)

⇒ 어미자와 아들자의 숫자가 일치하는 곳을 찾아 아들자의 숫자를 읽어 ㄴ의 첫 번째 숫 자 뒤에 소수점을 붙이고 바로 뒤에 아들자 숫자를 붙여서 읽으면 된다.

ㄹ 결과 : ㄴ의 숫자 11, ㄷ의 숫자 .8 ⇒ 11.80mm

2 하이트게이지

| 하이트게이지 |

① 용도 : 대형 부품, 복잡한 모양의 부품 등을 정반 위에 올려놓고 정반면을 기준으로 하여 높이를 측정하거나, 스크라이버로 금긋기 작업을 하는 데 사용한다.

② 눈금 읽는 방법 : 버니어캘리퍼스의 눈금 읽는 방법과 같다.

❸ 마이크로미터와 옵티컬플랫

| 마이크로미터 |

① 마이크로미터는 길이의 변화를 나사의 회전각과 지름에 의해 원 주변에 확대하여 눈금을 새김으로써 작은 길이의 변화를 읽을 수 있도록 한 측정기이다.

② **종류** : 외측 · 내측 · 기어이 · 깊이 · 나사 · 유니 · 포인트 마이크로미터 등이 있다.

③ **최소 측정값** : 0.01mm 또는 0.001mm가 있다.

$$최소\ 측정값 = \frac{나사의\ 피치}{심블의\ 등분\ 수}$$

④ **눈금 읽는 방법**

	슬리브 읽음	7.0	[mm]
(+)	심블 읽음	0.37	[mm]
	읽음	7.37	[mm]

⑤ **마이크로미터의 검사**

마이크로미터 측정면의 평면도와 평행도는 앤빌과 스핀들의 양측 정면에 옵티컬 플랫 또는 옵티컬 패럴을 밀착시켜 간섭무늬를 관찰해서 판정한다.

| 옵티컬 플랫 |

| 옵티컬 패럴렐 |

(a) 평면도 측정   (b) 평행도 측정

| 마이크로미터의 평면도 및 평행도 측정방법 |

4 다이얼게이지

| 다이얼게이지 |

① 다이얼게이지는 측정자의 직선 또는 원호 운동을 기계적으로 확대하고 그 움직임을 지침의 회전 변위로 변환시켜 눈금으로 읽을 수 있는 길이 측정기이다.
② 용도 : 평형도, 평면도, 진원도, 원통도, 축의 흔들림을 측정한다.

5 표준게이지

(1) 블록게이지

① 길이 측정의 기본이 되며, 가장 정밀도가 높고 표준이 되는 것으로, 공장 등에서 길이의 기준으로 사용되는 단도기
② 블록게이지를 여러 개 조합하면 원하는 치수를 얻을 수 있다.

| (a) 요한슨(Johanson)형 | (b) 호크(Hoke)형 | (c) 캐리(Cary)형 |

| 블록게이지의 형상 |

> **Reference** 단도기
>
> 크기나 길이 따위를 재는 데 기준이 되는 계기
> **예** 블록 게이지, 한계 게이지

(2) 한계게이지

① 설계자가 허용하는 제품의 최대 허용한계치수와 최소 허용한계치수를 측정하는 데 사용하는 게이지
② 최대 허용치수와 최소 허용치수를 각각 통과, 측과, 정지 측으로 하므로 매우 능률적으로 측정할 수 있고 측정된 제품이 호환성을 갖게 할 수 있는 측정기이다.

통과 측　　　정지 측

(a) 플러그게이지와 링게이지

통과 측　　　정지 측

(b) 플러그나사게이지와 링나사게이지

통과 측　　　　　　　정지 측

(c) 스냅게이지

| 한계게이지 |

통과 측　　　게이트　　　정지 측

제품

(a) 합격　　　　　　(b) 과대　　　　　　(c) 과소

| 한계게이지 측정 결과 |

(3) 기타 표준게이지

호환성 생산 방식에 필요한 게이지로서 드릴게이지, 와이어게이지, 틈새게이지, 피치게이지, 센터게이지, 반지름게이지 등이 있다.

① 드릴게이지 : 드릴의 지름 측정

② 와이어게이지 : 각종 선재의 지름이나 판재의 두께 측정

③ 틈새게이지 : 미세한 틈새 측정

④ 피치게이지 : 나사의 피치나 산 수 측정

⑤ 센터게이지 : 나사 바이트의 각도 측정

⑥ 반지름게이지 : 곡면의 둥글기 측정

(a) 드릴게이지　　　　　(b) 와이어게이지　　　　　(c) 틈새게이지

|(d) 피치게이지|(e) 센터게이지|(f) 반지름게이지|

| 기타 표준게이지 |

⑥ 공기 마이크로미터

그림과 같이 압축공기가 노즐로부터 피측정물의 사이를 빠져나올 때 틈새에 따라 공기의 양이 변화한다. 즉, 틈새가 크면 공기량이 많고 틈새가 작으면 공기량이 적어진다. 이 공기의 유량을 유량계로 측정하여 치수의 값으로 읽는 측정기기이다.

| 공기 마이크로미터 |

SECTION 04 각도 측정

① 각도게이지

요한슨식과 NPL식이 있다.

| 요한슨식 각도게이지 및 각도조합 예 |

| NPL식 각도게이지 및 각도조합 예 |

② 사인바

| 사인바의 원리 |

① 블록게이지로 양단의 높이를 맞추어, 삼각함수(sine)를 이용하여 각도를 측정한다.
② 양 롤러 중심의 간격은 100mm 또는 200mm로 제작한다.
③ 각도가 45°가 넘으면 오차가 커지므로 45° 이하에만 사용한다.
④ 각도 측정

$$\sin\theta = \frac{H-h}{L}$$

여기서, H : 높이가 높은 쪽의 롤러를 지지하고 있는 블록게이지의 길이
h : 높이가 낮은 쪽의 롤러를 지지하고 있는 블록게이지의 길이
L : 양 롤러의 중심거리

③ 수준기

기포관 내의 기포 위치로 수평면에서 기울기를 측정하는 액체식 각도 측정기로서 기계의 조립 및 설치 시 수평, 수직 상태를 검사하는 데 사용된다.

| 기포관 내의 기포 |

| 수준기 |

4 **오토콜리메이터**

시준기(collimator)와 망원경(telescope)을 조합한 것으로서 미소 각도 측정, 진직도 측정, 평면도 측정 등에 사용되는 광학적 측정기이다.

| 오토콜리메이터 |

5 **기타 각도측정기**

| 콤비네이션 스퀘어 세트 |

| 베벨각도기 |

① 콤비네이션 스퀘어 세트
　　㉠ 콤비네이션 스퀘어에 각도기가 붙은 것으로서 직선자의 좌측에 스퀘어헤드가 있고 우측
　　　에는 센터헤드가 있다.
　　㉡ 각도측정이나 높이측정에 사용하고 중심을 내는 금긋기 작업에도 사용된다.

② 베벨각도기
　　위치를 조정할 수 있는 날과 360°의 버니어 눈금이 새겨져 있는 눈금판으로 이루어져 있다.

① 나사 마이크로미터

나사의 산과 골 사이에 끼우도록 되어 있는 앤빌을 나사에 알맞게 끼워 넣어서 유효지름을 측정한다.

② 삼침법

나사의 골에 적당한 굵기의 침을 3개 끼워서 침의 외측거리 M을 외측 마이크로미터로 측정하여 수나사의 유효지름을 계산한다. (가장 정밀도가 높은 나사의 유효지름 측정에 쓰인다.)

유효경 $E = M - 3d_m + 0.866025p$
(단, 유니파이 나사의 경우 단위 mm)
여기서, M : 삼침의 외측 측정규격
$\quad\quad d_m$: 삼침경
$\quad\quad p$: 나사의 피치

| 삼침법에 의한 나사의 유효지름 측정 |

③ 공구현미경

공구현미경은 관측 현미경과 정밀 십자이동테이블을 이용하며 길이, 각도, 윤곽 등을 측정하는 데 편리한 측정기기이다.

④ 만능측장기

① 측정자와 피측정물을 측정 방향으로 일직선상에 두고 측정하는 측정기로서 기하학적 오차를 줄일 수 있는 구조로 되어 있다.
② 외경, 내경, 나사플러그. 나사링게이지의 유효경 등을 측정한다.

| 공구현미경 |

| 만능측장기 |

SECTION 01 선반의 개요

1 선반의 정의

선반은 공작물에 회전운동을 주고 절삭공구를 직선운동시킨다. 즉, 주축에 고정한 공작물을 회전시키고 공구대에 설치된 바이트에 절삭깊이와 이송을 주어 공작물을 절삭하는 기계로서 공작기계 중 가장 많이 사용한다.

| 선반가공 |

2 선반가공의 종류

(a) 외경 절삭

(b) 단면 절삭

(c) 절단(홈) 작업

(d) 테이퍼 절삭

(e) 드릴링

(f) 보링

(g) 수나사 절삭

(h) 암나사 절삭

(i) 정면 절삭   (j) 곡면 절삭   (k) 총형 절삭   (l) 널링 작업

3 선반의 종류

① **탁상선반** : 정밀 소형기계 및 시계부품 가공

② **보통선반** : 선반의 기본이며 가장 많이 사용

③ **정면선반** : 직경이 크고 길이가 짧은 공작물 가공(대형 풀리, 플라이휠)

④ **수직선반** : 중량이 큰 대형공작물의 선반가공에 사용되며 직경이 크고, 폭이 좁으며 불균형한 공작물을 가공한다. 공작물 고정이 쉽고, 안정된 중절삭이 가능하고 비교적 정밀하다.

⑤ **터릿선반** : 보통 선반의 심압대 대신 여러 개의 공구를 방사형으로 구성한 터릿공구대를 설치하여 공정 순서대로 공구를 차례로 사용해 가공할 수 있는 선반

⑥ **공구선반** : 정밀한 형식으로 되어 있으며, 테이퍼 깎기 장치, 릴리빙 장치(=Back off 장치)가 부속되어 절삭공구(호브 커터, 탭 등)를 가공하는 선반

⑦ **자동선반** : 캠이나 유압기구를 사용하여 자동화한 것으로 핀, 볼트, 시계, 자동차 생산에 사용된다.

⑧ **모방선반** : 형상이 복잡하거나 곡선형 외경만을 가진 공작물을 많이 가공할 때 편리하며 트레이서를 접촉시켜 형판 모양으로 공작물을 가공한다. 테이퍼 및 곡면 등이 모방 절삭에 사용된다.

⑨ **차륜선반** : 철도차량의 바퀴를 깎는 선반으로 정면선반 2개를 서로 마주보게 설치한다.

⑩ **크랭크축 선반** : 크랭크축의 베어링 저널과 크랭크 핀을 가공한다.

| 선반의 주요 구성요소 |

1 선반의 주요 구성요소

주축대, 베드, 왕복대, 심압대

2 베드(Bed)

① 주축대, 왕복대, 심압대를 지지해준다.
② 주물로 되어 있으며 2개의 다리에 고정된다.
③ 절삭력 및 중량, 가공 중 충격, 진동 등에 변형이 없는 강성 구조이다.
④ 가공정밀도가 높고, 직진도가 좋아야 한다.
⑤ 베드면은 표면경화열처리, 주조응력제거를 한다.

3 주축대

| 주축대의 구조 |

(1) 개요

① 공작물을 고정하여 회전시킴
② 속이 비어 있는 굵고 짧은 축
③ 주축의 끝에 척(chuck)과 면판을 설치

(2) 주축이 중공축인 이유

① 굽힘과 비틀림 응력에 강하다.
② 중량이 감소되어 베어링에 작용하는 하중을 줄여 준다.
③ 긴 가공물 고정이 편리하다.
④ 콜릿 척의 사용이 쉽고, 센터를 쉽게 분리할 수 있다.

4 심압대

| 심압대의 구조 |

① 주축대와 마주보는 베드 우측에 위치
② 심압대 중심과 주축 중심 일치(주축대와 심압대 사이에 공작물 고정)
③ 센터작업 시 드릴, 리머, 탭 등을 테이퍼에 끼워 작업

5 왕복대

(1) 개요

왕복대는 베드 윗면에서 주축대와 심압대 사이를 미끄러지면서 운동하는 부분으로 에이프런(apron), 새들(saddle), 복식공구대 및 공구대로 구성되어 있다.

(2) 왕복대의 구성

| 왕복대의 구조 |

① 에이프런 : 이송기구, 자동장치, 나사 절삭장치 등이 내장되어 있으며 나사 절삭 시 이송은 하프너트를 리드스크루에 맞물리고 왕복대를 이동시켜 전달한다.

② 복식공구대 : 가로 이송대 위에 있고 공작물의 가공에 편리하게 여러 가지 각도로 움직일 수 있다.

③ 새들 : 베드면과 접촉하여 이송하는 부분이며 H 자 형상이다.

SECTION 03 선반에 쓰이는 부속장치

1 척(chuck)

주축 끝 단에 부착되어 공작물을 고정하여 회전시킨다.

① 연동척(universal chuck)	② 단동척(independent chuck)
• 스크롤 척 • 3개 조(jaw)가 동시 이동, 정밀도 저하 • 규칙적인 외경재료 가공 용이 • 편심가공 불가능 	• 4개 조(jaw)가 독립 이동 • 외경이 불규칙한 재료 가공 용이 • 편심가공 가능
③ 마그네틱척(magnetic chuck)	④ 콜릿척(collet chuck)
• 전자척, 자기척 – 내부에 전자석 설치 • 직류전기 이용, 탈 자기장치 필수 • 강력 절삭 부적당 	• 터릿, 자동, 탁상 선반에 사용 • 중심 정확, 가는 지름, 원형, 각봉 재료 • 스핀들에 슬리브를 끼운 후 사용

⑤ 복동척	⑥ 유압척 또는 공기척
• 단동척과 연동척의 기능을 모두 겸비한 척 • 4개의 조가 90° 배열로 설치	• 공기압 또는 유압을 이용하여 공작물 고정 • 균등한 힘으로 공작물 고정 • 운전 중에도 작업 가능 • 조의 개폐 신속

② 센터

공작물을 지지하는 장치이다.

| 센터 |

③ 면판

척으로 고정이 불가능한 복잡한 형태의 부품을 고정시킬 때 사용한다.

| 면판 |

④ 방진구

① 지름이 작고 길이가 긴 공작물 가공 시 휨이나 떨림을 방지해 준다.

② 종류

고정식	이동식
베드에 고정, 3개의 조	왕복대의 새들에 고정, 2개의 조

5 돌림판과 돌리개

① 양 센터 작업(정밀한 동심원의 부품 가공) 시 필요하다.
② 돌리개와 센터를 활용하여 공작물을 회전시킨다.

| 돌림판 | | 돌리개 | | 돌림판과 돌리개 사용 예 |

6 맨드릴(mandrel, 심봉)

기어나 벨트풀리의 소재와 같이 구멍이 뚫린 일감의 외면을 가공할 때 구멍에 끼워 일감을 고정할 수 있도록 도와주는 장치

| 단체(표준) 맨드릴 사용 예 |

1 절삭속도와 절삭시간

(1) 절삭속도(V)

$$V = \frac{\pi Dn}{1,000}\,[\text{m/min}], \quad n = \frac{1,000\,V}{\pi D}\,[\text{rpm(분당 회전수)}]$$

여기서, n : 회전수 [rpm], D : 공작물의 지름[mm]

(2) 이송(f)

매 회전 시마다 바이트가 이동하는 거리를 말하며 mm/rev로 표시한다.

(3) 절삭깊이(t)

바이트가 공작물의 표면에서 깎는 두께를 말하며 mm로 표시한다.

$$t = \frac{D-d}{2}\,[\text{mm}]$$

여기서, D : 가공 전 공작물의 지름, d : 가공 후 공작물의 지름

(4) 절삭시간(T)

$$T = \frac{L}{fn} = \frac{L}{f} \cdot \frac{\pi D}{1,000\,V}\,[\text{min}]$$

여기서, L : 가공할 길이[mm], f : 공구의 이송속도[mm/rev], n : 회전수[rpm]
D : 공작물의 지름[mm], V : 절삭속도[m/min])

2 테이퍼 절삭작업

(1) 심압대 편위에 의한 방법

① 공작물이 길고 테이퍼가 작을 때 적합

② 심압대의 편위량(X)

| 심압대 편위에 의한 테이퍼 가공 |

$$\frac{X}{L} = \frac{\left(\dfrac{D-d}{2}\right)}{l} \qquad \therefore \ X = \frac{(D-d)L}{2l}$$

(2) 복식공구대에 의한 방법

공작물의 길이가 짧고 경사각이 큰 테이퍼 가공 시 적합

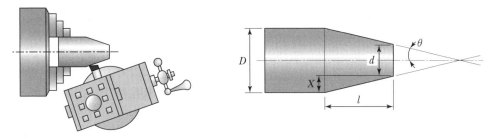

| 복식공구대에 의한 테이퍼 가공 |

$$\tan\theta = \frac{X}{l} = \frac{(D-d)}{2\,l}$$

$$편위량 \ X = \tan\theta \times l = \frac{(D-d)}{2}$$

(3) 테이퍼 절삭장치에 의한 방법

가로 이송대의 나사축과 너트를 분리하여 가로 이송대를 자유롭게 한 다음 안내판의 각도를 테이퍼 양의 절반으로 조정하고 안내블록을 가로 이송대에 고정하면 정밀한 테이퍼를 쉽게 가공할 수 있다.

① 가공물의 길이에 관계없이 동일한 테이퍼로 가공할 수 있다.
② 심압대를 편위시키는 방법보다 넓은 범위의 테이퍼를 가공할 수 있다.

(a) 바깥지름 가공   (b) 안지름 가공

| 테이퍼 절삭장치 |

CHAPTER **01 측정**

01 측정 대상 부품은 측정기의 측정 축과 일직선 위에 놓여 있으면 측정 오차가 작아진다는 원리는?

① 월라스톤의 원리
② 아베의 원리
③ 아보트 부하곡선의 원리
④ 히스테리시스차의 원리

풀이 • 아베의 원리 : 측정 정밀도를 높이기 위해서는 측정물체와 측정 기구의 눈금을 측정 방향의 동일선상에 배치해야 한다.
• 마이크로미터 : 측정물체와 측정기구의 눈금을 일직선상에 배치한다.⇒ 아베의 원리에 맞는 측정

02 마이크로미터 측정면의 평면도를 검사하는 데 사용하는 것은?

① 옵티미터
② 오토콜리메이터
③ 옵티컬플랫
④ 사인바

풀이 마이크로미터의 검사
마이크로미터 측정면의 평면도와 평행도는 앤빌과 스핀들의 양측 정면에 옵티컬플랫 또는 옵티컬패럴렐을 밀착시켜 간섭무늬를 관찰해서 판정한다.

03 다음 각각의 게이지와 그 용도에 대한 설명이 틀린 것은?

① 와이어게이지는 와이어의 길이를 측정하는 것이다.
② 센터게이지는 나사절삭 시 나사바이트의 각도를 측정하는 것이다.
③ 드릴게이지는 드릴의 지름을 측정하는 것이다.
④ R 게이지는 원호 등의 반지름을 측정하는 것이다.

풀이 와이어게이지는 각종 선재의 지름이나 판재의 두께 측정하는 것이다.

04 부품 측정의 일반적인 사항을 설명한 것으로 틀린 것은?

① 제품의 평면도는 정반과 다이얼 게이지나 다이얼 테스트 인디케이터를 이용하여 측정할 수 있다.
② 제품의 진원도는 V블록 위나 양 센터 사이에 설치한 후 회전시켜 다이얼 테스트 인디케이터를 이용하여 측정할 수 있다.
③ 3차원 측정기는 몸체 및 스케일, 측정침, 구동장치, 컴퓨터 등으로 구성되어 있다.
④ 우연 오차는 측정기의 구조, 측정 압력, 측정 온도 등에 의하여 생기는 오차이다.

풀이 • 우연오차 : 측정온도나 재광의 변화가 영향을 미쳐 발생하는 오차

정답 | 01 ② 02 ③ 03 ① 04 ④

- 기기의 오차 : 측정기의 구조, 측정 압력, 측정 온
도, 측정기의 마모 등에 따른 오차

05 길이 측정에 사용되는 공구가 아닌 것은?

① 버니어 캘리퍼스   ② 사인바
③ 마이크로미터   ④ 측장기

풀이 사인바 : 각도 측정기

06 다음 끼워맞춤에서 요철틈새 0.1mm를 측정할 경우 가장 적당한 것은?

① 내경 마이크로미터
② 다이얼 게이지
③ 버니어 캘리퍼스
④ 틈새 게이지

풀이 틈새 게이지
미세한 틈새 측정

07 마이크로미터의 나사 피치가 0.5mm이고 딤블(thimble)의 원주를 50등분 하였다면 최소 측정값은 몇 mm인가?

① 0.1   ② 0.01
③ 0.001   ④ 0.0001

풀이 최소 측정값 $= \dfrac{\text{나사의 피치}}{\text{딤블의 등분 수}}$

$= \dfrac{0.5}{50} = 0.01\,\text{mm}$

08 그림의 마이크로미터가 지시하는 측정값은?

① 1.23mm   ② 1.53mm
③ 1.73mm   ④ 2.23mm

풀이

	슬리브 읽음	1.5	[mm]
(+)	딤블 읽음	0.23	[mm]
		1.73	[mm]

09 다음 중 비교 측정기에 해당하는 것은?

① 버니어 캘리퍼스   ② 마이크로미터
③ 다이얼 게이지   ④ 하이트 게이지

풀이 비교측정
다음 그림과 같이 기준 치수의 블록 게이지와 제품을 측정기로 비교하여 측정기의 바늘이 가리키는 눈금에 의하여 그 차를 읽는 측정법이다.

10 일반적인 버니어 캘리퍼스로 측정할 수 없는 것은?

① 나사의 유효지름
② 지름이 30mm인 둥근 봉의 바깥지름
③ 지름이 35mm인 파이프의 안지름
④ 두께가 10mm인 철판의 두께

풀이 나사의 유효지름은 나사 마이크로미터, 삼침법, 공구현미경, 만능측장기 등으로 측정할 수 있다.

11 다이얼 게이지에 대한 설명으로 틀린 것은?

① 소형이고 가벼워서 취급이 쉽다.

② 외경, 내경, 깊이 등의 측정이 가능하다.

③ 연속된 변위량의 측정이 가능하다.

④ 어태치먼트의 사용방법에 따라 측정 범위가 넓어진다.

풀이 ② 평형도, 평면도, 진원도, 원통도, 축의 흔들림을 측정한다.

12 다음 중 진원도를 측정할 때 가장 적당한 측정기는?

① 게이지 블록　　② 한계 게이지

③ 다이얼 게이지　④ 오토콜리메이터

풀이 다이얼 게이지

• 측정자의 직선 또는 원호 운동을 기계적으로 확대하고 그 움직임을 지침의 회전 변위로 변환시켜 눈금으로 읽을 수 있는 길이 측정기이다.

• 용도 : 평형도, 평면도, 진원도, 원통도, 축의 흔들림을 측정한다.

13 기포의 위치에 의하여 수평면에서 기울기를 측정하는 데 사용하는 액체식 각도측정기는?

① 사인바　　　　② 수준기

③ NPL식 각도기　④ 콤비네이션 세트

풀이 수준기

투명관 내의 기포 위치를 확인하여 기울기를 측정하는 데 사용되는 액체식 각도 측정기로서, 기계의 조립 및 설치 시 수평, 수직, 45° 각을 측정할 때 사용한다.

14 사인바(sine bar)에 의한 각도 측정에서 필요하지 않은 것은?

① 블록 게이지　　② 다이얼 게이지

③ 버니어 캘리퍼스　④ 정반

풀이 • 아래 그림은 사인바에 의한 각도 측정방법을 나타낸 그림이다.

• 사인바에 의한 각도 측정 시 필요한 것 : 사인바, 블록 게이지, 다이얼 게이지, 정반, 앵글 플레이트

15 각도를 측정할 수 없는 측정기는?

① 사인바　　　　② 수준기

③ 콤비네이션 세트　④ 와이어 게이지

풀이 와이어 게이지 : 각종 선재의 지름이나 판재의 두께 측정

16 그림에서 정반면과 사인바의 윗면이 이루는 각($\sin\theta$)을 구하는 식은?

① $\sin\theta = \dfrac{H-h}{L}$

② $\sin\theta = \dfrac{H+h}{L}$

③ $\sin\theta = \dfrac{L-h}{H}$

④ $\sin\theta = \dfrac{L-H}{h}$

풀이 사인바 각도 : $\sin\theta = \dfrac{H-h}{L}$

17 시준기와 망원경을 조합한 것으로 미소 각도를 측정하는 광학적 측정기는?

① 오토콜리메이터　　② 콤비네이션 세트
③ 사인바　　　　　　④ 측장기

풀이 오토콜리메이터
　　시준기(collimator)와 망원경(telescope)을 조합한 것으로서 미소 각도 측정, 진직도 측정, 평면도 측정 등에 사용되는 광학적 측정기이다.

18 나사의 유효지름 측정과 관계없는 것은?

① 삼침법
② 피치게이지
③ 공구현미경
④ 나사 마이크로미터

풀이 피치게이지
　　나사의 피치나 산 수를 측정

---

01 공작물에 회전을 주고 바이트에는 절입량과 이송량을 주어 원통형의 공작물을 주로 가공하는 공작기계는?

① 셰이퍼　　　　　　② 밀링
③ 선반　　　　　　　④ 플레이너

02 다음 중 일반적으로 선반에서 가공하지 않는 것은?

① 키홈 가공　　　　　② 보링 가공
③ 나사 가공　　　　　④ 총형 가공

풀이 축의 키홈 가공은 홈 밀링커터나 엔드밀을 이용해 절삭하고, 보스(구멍)의 키홈은 브로칭, 셰이퍼, 슬로터 등을 이용해 가공한다.

03 선반 가공에서 가공면의 표면 거칠기를 양호하게 하는 방법은?

① 바이트 노즈 반지름은 크게, 이송은 작게 한다.
② 바이트 노즈 반지름은 작게, 이송은 크게 한다.
③ 바이트 노즈 반지름은 작게, 이송은 작게 한다.
④ 바이트 노즈 반지름은 크게, 이송은 크게 한다.

풀이 • 표면거칠기가 양호하다는 의미는 표면거칠기 값이 작다는 것을 말한다.
　　• 표면거칠기 값↓
　　　⇒ 바이트 노즈의 반지름↑, 이송↓

04 절삭공구를 전후 좌우로 이송하여 절삭깊이와 이송을 주고 공작물을 회전시키면서 절삭하는 공작 기계는?

① 셰이퍼　　　　　　② 드릴링머신
③ 밀링머신　　　　　④ 선반

정답 | **17** ① **18** ② | **01** ③ **02** ① **03** ① **04** ④

풀이 • 셰이퍼 : 수평, 수직, 측면, 홈 절삭
• 드릴링머신 : 구멍 뚫기 가공
• 밀링머신 : 평면, 홈, 측면, 윤곽 가공 등
• 선반 : 원통(내경/외경) 가공

05 작업대 위에 설치해야 할 만큼의 소형 선반으로 시계 부품, 재봉틀 부품 등의 소형물을 주로 가공하는 선반은?

① 탁상선반　　　　② 정면선반
③ 터릿선반　　　　④ 공구선반

풀이 탁상선반 : 작업대에 고정 설치하여 시계와 계기 등 소형 부품을 만드는 데 이용되는 선반

06 자동 모방장치를 이용하여 모형이나 형판을 따라 절삭하는 선반은?

① 모방선반　　　　② 공구선반
③ 정면선반　　　　④ 터릿선반

풀이 모방선반 : 형상이 복잡하거나 곡선형 외경만을 가진 공작물을 많이 가공할 때 편리하며 트레이서를 접촉시켜 형판 모양으로 공작물을 가공한다. 테이퍼 및 곡면 등이 모방 절삭에 사용된다.

07 선반의 종류 중 볼트, 작은 나사 등을 능률적으로 가공하기 위하여 보통 선반의 심압대 대신에 회전 공구대를 설치하여 여러 가지 절삭공구를 공정에 맞게 설치한 선반은?

① 자동선반(automatic lathe)
② 터릿선반(turret lathe)
③ 모방선반(copying lathe)
④ 정면선반(face lathe)

풀이 터릿선반
보통 선반의 심압대 대신에 터릿으로 불리는 회전 공구대를 설치하여 여러 가지 절삭공구를 공정에 맞게 설치하여 간단한 부품을 대량생산하는 선반

08 직경이 크고 길이가 짧은 공작물을 가공할 때 사용하는 선반은?

① 보통선반　　　　② 정면선반
③ 탁상선반　　　　④ 터릿선반

풀이 정면선반
• 직경이 크고 길이가 짧은 공작물 가공
• 가공물 : 대형 풀리, 플라이휠, 기차 바퀴

09 선반의 구조는 크게 4부분으로 구분하는데 이에 해당하지 않는 것은?

① 공구대
② 심압대
③ 주축대
④ 베드

풀이 선반의 주요 구성 부분은 주축대, 왕복대. 심압대, 베드이다.

10 선반의 테이퍼 구멍 안에 부속품을 설치하여 가공물 지지, 센터드릴 가공, 드릴 가공 등을 하거나 중심축의 편위를 조정하여 테이퍼 절삭에 사용하는 부분은?

① 심압대
② 베드
③ 왕복대
④ 주축대

풀이 심압대
• 주축대와 마주 보는 베드 우측에 위치
• 심압대 중심과 주축 중심 일치(주축대와 심압대 사이에 공작물 고정)
• 센터작업 시 센터드릴을 테이퍼에 끼워 작업한다.

11 선반에서 새들과 에이프런으로 구성되어 있는 부분은?

① 베드   ② 주축대
③ 왕복대   ④ 심압대

풀이 ▶ 왕복대는 새들, 에이프런, 공구대로 구성되어 있다.

12 보통 선반에서 왕복대의 구성 부분이 아닌 것은?

① 에이프런
② 새들
③ 공구대
④ 베드

풀이 ▶ 베드 : 주축대, 왕복대, 심압대를 지지해준다.

13 선반의 주축에 대한 설명으로 틀린 것은?

① 합금강(Ni-Cr 강)을 사용하여 제작한다.
② 무게를 감소시키기 위하여 속이 빈 축으로 한다.
③ 끝부분은 제이콥스 테이퍼(Jacobs taper) 구멍으로 되어 있다.
④ 주축 회전 속도의 변환은 보통 계단식 변속으로 등비급수 속도열을 이용한다.

풀이 ▶ 주축에 사용되는 테이퍼는 모스 테이퍼(Morse taper)이다.

14 선반에서 면판이 설치되는 곳은?

① 주축 선단
② 왕복대
③ 새들
④ 심압대

풀이 ▶ 면판
• 척으로 고정이 불가능한 복잡한 형태의 부품을 고정시킬 때 사용된다.
• 주축 끝 단에 부착되어 공작물을 고정하여 회전시킨다.

15 선반의 부속장치 중 3개의 조가 방사형으로 같은 거리를 동시에 움직이므로 원형, 정삼각형, 정육각형의 단면을 가진 공작물을 고정하는 데 편리한 척은?

① 단동척   ② 마그네틱척
③ 연동척   ④ 콜릿척

풀이 ▶ 연동척
• 3개 조(jaw)가 동시 이동, 정밀도가 낮음
• 규칙적인 외경 재료 가공 용이
• 편심가공 불가능

16 선반에서 구멍이 뚫린 일감의 바깥 원통면을 동심원으로 가공할 때 사용하는 부속품은?

① 방진구   ② 돌림판
③ 면판   ④ 맨드릴

풀이 ▶ 맨드릴(mandrel) : 기어, 벨트풀리 등과 같이 구멍과 외경이 동심원인 부품을 가공할 때, 공작물의 구멍을 먼저 가공하고 이 구멍에 맨드릴을 끼워 양 센터로 지지하여 외경과 측면을 가공하기 위한 선반의 부속장치

17 선반 가공에서 가늘고 긴 가공물을 절삭할 때 사용하는 부속 장치는?

① 돌리개   ② 방진구
③ 콜릿척   ④ 돌림판

풀이 ▶ 방진구 : 지름이 작고 길이가 긴 공작물의 선반가공 시 휨이나 진동을 방지해 준다.

18 선반에서 양 센터 작업을 할 때, 주축의 회전력을 가공물에 전달하기 위해 사용하는 부속품은?

① 연동척과 단동척
② 돌림판과 돌리개
③ 면판과 클램프
④ 고정 방진구와 이동 방진구

풀이 **돌림판과 돌리개**

주축의 회전을 공작물에 전달하기 위해 사용하는 선반의 부속품이다.

19 지름이 작은 가공물이나 각봉재를 가공할 때 편리하며, 보통 선반에서는 주축 테이퍼 구멍에 슬리브를 끼우고 여기에 척을 끼워 사용하는 것은?

① 단동 척　　　② 연동 척
③ 콜릿 척　　　④ 마그네틱 척

풀이 **콜릿 척(collet chuck)**

• 터릿, 자동, 탁상 선반에 사용
• 중심 정확, 가는 지름, 원형 · 각봉 재료
• 스핀들에 슬리브를 끼운 후 사용
　※ 샤프펜슬에서 심을 고정하는 원리와 같다.

20 선반가공에서 이동식 방진구를 사용할 때 어느 부분에 설치하는가?

① 심압대　　　② 에이프런
③ 왕복대의 새들　④ 베드

풀이 **방진구(work rest)**

• 선반에서 가늘고 긴 가공물의 휨이나 떨림을 방지하기 위해 사용하는 부속품
• 고정식 방진구 : 선반 베드 위에 고정
• 이동식 방진구 : 왕복대의 새들에 고정, 2개의 조 (jaw)가 있다.

21 4개의 조가 각각 단독으로 움직일 수 있으므로 불규칙한 모양의 일감을 고정하는 데 편리한 척은?

① 단동척　　　② 연동척
③ 콜릿척　　　④ 마그네틱척

풀이 **단동척**

• 4개의 조(jaw)가 독립 이동
• 외경이 불규칙한 재료 가공 용이
• 편심가공 가능

22 선반에서 테이퍼 가공을 하는 방법으로 틀린 것은?

① 심압대의 편위에 의한 방법
② 맨드릴을 편위시키는 방법
③ 복식 공구대를 선회시켜 가공하는 방법
④ 테이퍼 절삭장치에 의한 방법

풀이 맨드릴은 동심원을 가공하기 위해 선반에 쓰이는 부속품이다.

23 선반 가공에서 외경을 절삭할 경우, 절삭가공 길이 200mm를 1회 가공하려고 한다. 회전수 1,000rpm, 이송속도 0.15mm/rev이면 가공시간은 약 몇 분인가?

① 0.5　　　② 0.91
③ 1.33　　　④ 1.48

풀이 절삭시간 $T = \dfrac{L}{fn} = \dfrac{200}{0.15 \times 1,000} \fallingdotseq 1.33 \text{min}$

여기서, L : 가공할 길이(mm)
　　　　f : 공구의 이송속도(mm/rev)
　　　　n : 회전수(rpm)

24 선반에서 주축의 회전수는 1,000rpm이고 외경 50mm를 절삭할 때 절삭속도는 약 몇 m/min인가?

① 1.571　　　② 15.71
③ 157.1　　　④ 1,571

풀이 절삭속도 $V = \dfrac{\pi D N}{1,000}$

$$= \dfrac{\pi \times 50 \times 1,000}{1,000} ≒ 157.1\,\mathrm{m/min}$$

여기서, V : 절삭속도(m/min)

D : 공작물의 지름(mm)

N : 회전수(rpm)

25 선반에서 주축회전수 1,500rpm, 이송속도 0.3 mm/rev으로 절삭하고자 한다. 실제 가공길이가 562.5mm라면 가공에 소요되는 시간은 얼마인가?

① 1분 25초　　② 1분 15초

③ 48초　　④ 40초

풀이 선반의 가공시간

$$T = \dfrac{L}{fn} = \dfrac{562.5}{0.3 \times 1,500}$$

$$= 1.25\mathrm{min} = 1분 15초$$

여기서, L : 가공할 길이(mm)

f : 공구의 이송속도(mm/rev)

n : 회전수(rpm)

26 다음 중 선반에서 절삭속도에 대한 설명으로 맞는 것은?

① 바이트가 일감의 회전당 길이 방향으로 이동되는 거리이다.

② 바이트에 대한 일감의 원둘레 또는 표면속도이다.

③ 일감의 회전수이다.

④ 바이트의 회전수이다.

풀이 절삭속도

바이트(고정)에 대한 일감(회전)의 원둘레 또는 표면속도

$$V = \dfrac{\pi D n}{1,000}\,(\mathrm{m/min})$$

여기서, V : 절삭속도

n : 회전수(rpm)

D : 공작물의 지름(mm)

27 다음 가공물의 테이퍼 값은 얼마인가?

① 0.25　　② 0.5

③ 1.5　　④ 2

풀이 가공물의 테이퍼 값 $= \dfrac{D-d}{l} = \dfrac{10-5}{20} = 0.25$

여기서, D : 테이퍼의 큰 지름(mm)

d : 테이퍼의 작은 지름(mm)

l : 가공물의 전체 길이(mm)

28 보통 선반의 이송 단위로 가장 올바른 것은?

① 1분당 이송(mm/min)

② 1회전당 이송(mm/rev)

③ 1왕복당 이송(mm/stroke)

④ 1회전당 왕복(stroke/rev)

풀이 선반에서 이송(f)은 매 회전 시마다 바이트가 이동되는 거리를 말하며 mm/rev로 표시한다.

29 선반가공의 경우 절삭속도가 100m/min이고, 공작물 지름이 50mm일 경우 회전수는 약 몇 rpm으로 하여야 하는가?

① 526

② 534

③ 625

④ 637

풀이 공작물의 회전수

$$n = \dfrac{1,000\,V}{\pi d} = \dfrac{1,000 \times 100}{\pi \times 50} ≒ 637\mathrm{rpm}$$

여기서, V : 절삭속도(m/min)

d : 공작물의 지름(mm)

30 테이퍼를 심압대 편위에 의한 방법으로 절삭할 때, 테이퍼 양 끝 지름 중 큰 지름이 12mm, 작은 지름이 8mm, 테이퍼 부분의 길이가 80mm, 공작물 전체 길이가 200mm라 하면 심압대의 편위량 e(mm)는?

① 4 　　　　② 5
③ 6 　　　　④ 7

풀이 심압대 편위량 $e = \dfrac{(D-d)L}{2l}$

$$= \dfrac{(12-8) \times 200}{2 \times 80} = 5\mathrm{mm}$$

여기서, L : 가공물의 전체 길이
　　　　D : 테이퍼의 큰 지름
　　　　d : 테이퍼의 작은 지름
　　　　l : 테이퍼의 길이

PART

03

CNC 선반

CRAFTSMAN COMPUTER AIDED LATHE

CHAPTER 001 CNC의 개요

CRAFTSMAN COMPUTER AIDED LATHE

SECTION 01 CNC의 정의

❶ NC(수치 제어)

NC는 Numerical Control의 약어이며 수치로 제어한다는 의미로, 수치자료 형태로 코드화된 지령을 통해 기계요소의 동작을 제어하는 방법이다.

즉 '공작물에 대한 공구의 위치를 그에 대응하는 수치정보로 명령하는 제어'이다.

❷ CNC(Computerized Numerical Control)

① 컴퓨터에 의한 수치제어(NC)를 의미하며, 대표적으로 공작기계에 사용된다.

② CNC 공작기계

    ㉠ CNC 장치가 부착된 공작기계를 말한다.

    ㉡ **용도** : 일반적으로 항공기 부품과 같이 복잡하며, 로트당 생산수량이 50~100개 정도의 다품종 소량 및 중량 생산품의 가공에 적합하다.

    ㉢ CNC 공작기계의 종류

    CNC 선반, CNC 밀링, 머시닝 센터, 복합가공기, CNC 와이어 컷 머신, CNC 방전가공기, CNC 보링머신, CNC 연삭기, CNC 드릴링머신, CNC 레이저 컷 머신, CNC 워터제트머신, CNC 펀칭머신, CNC 절곡기, CNC 호빙머신 등 거의 모든 공작기계에 CNC 장치를 부착하여 사용하고 있다.

❸ DNC

① DNC란 직접수치제어(direct numerical control) 또는 분배수치제어(distribute numerical control)라는 의미로 쓰인다.

② 여러 대의 CNC 공작기계를 한 대의 컴퓨터에 결합시켜 제어하는 시스템으로 개개의 CNC 공작기계의 작업성, 생산성을 개선함과 동시에 그것을 조합하여 CNC 공작기계군으로 운영을 제어, 관리하는 것이다.

1 필요성

CNC 공작기계는 다품종 소량 및 중량 생산품 가공에 적합하므로 다음 요구사항을 만족한다.

① 제품의 라이프 사이클(life cycle)이 짧아진다.
② 제품의 고급화로 부품의 고정밀화가 요구된다.
③ 복잡한 형상들로 이루어진 다품종 소량생산 방식이 요구된다.
④ 생산성 향상을 위하여 생산체계의 자동화가 급속히 이루어진다.
⑤ 자동화된 생산설비를 변화시키지 않고 프로그램의 변화만으로 다양한 제품을 생산할 수 있는
   설비 및 기계가 요구된다.

2 정보흐름

| CNC 공작기계의 정보흐름 |

① 프로그래머가 도면에 맞추어 가공경로와 가공조건 등을 CNC 프로그램으로 작성하여 입력한다.
② 정보처리 회로에서 그 정보를 펄스(pulse) 신호로 출력한다.
③ 이 펄스 신호에 의하여 서보(servo)모터가 구동된다.
④ 서보모터에 결합되어 있는 볼스크루(ball screw)가 회전함으로써 테이블을 이송하면서 자동
   가공이 이루어진다.

3 장단점

(1) CNC 공작기계의 장점

① 일정한 품질의 제품을 만들 수 있다.
② 생산능률을 높일 수 있다.
③ 제조원가 및 인건비를 절감할 수 있다.
④ 특수공구 제작이 불필요하여 공구 관리비를 절감할 수 있다.
⑤ 작업자의 피로가 감소된다.
⑥ 정밀 부품의 대량 생산이 가능하다.
⑦ 사용 기계 수의 절감으로 공장 크기가 축소된다.

(2) CNC 공작기계의 단점

① 초기 투자비용이 많이 필요하다.
② 유지보수 및 관리비용이 많이 필요하다.
③ 작업자의 정기적인 교육이 필요하다.

4 구성

CNC 공작기계는 정보처리 회로, 데이터의 입출력 장치, 강전 제어반, 유압 유닛, 서보모터, 기계 본체 등으로 구성되어 있으며, 그 구성은 인체와 흡사하므로 인체와 비교하여 보면 다음과 같다.

① **정보처리 회로** : 인체의 두뇌
② **데이터의 입출력 장치** : 인체의 눈
③ **강전 제어반** : 굵은 신경에서 가는 신경으로 에너지 전달
④ **유압 유닛** : 인체의 심장
⑤ **서보 모터** : 인체의 손과 발
⑥ **기계 본체** : 인체의 몸체

SECTION 03 자동화설비

1 자동화의 개요

제품의 설계에서 제조, 출하에 이르기까지 공장 내의 공정을 자동화하는 기술로, 컴퓨터 시스템이나 산업 로봇을 도입하여 공장의 무인화, 생산관리의 자동화 등을 행하는 시스템을 말한다.

2 자동화의 목적

① 품질의 균일성, 정밀도 향상 및 조립작업 능률화
② 위험한 작업으로부터 작업자를 보호
③ 공작기계를 자동화함으로써 기계, 공장, 공간을 효율적으로 이용

3 자동화 시스템의 용어

(1) CAD(Computer-Aided Design)

설계의 생성, 수정, 편집, 해석 및 최적 설계 등을 효과적으로 수행하기 위해 컴퓨터를 이용한다.

(2) CAM(Computer-Aided Manufacturing)

제품의 생산 및 제조를 위해 가공 시스템을 계획하고 조정하고 관리하기 위하여 컴퓨터 시스템을 이용한다.

(3) FMC(Flexible Manufacturing Cell, Flexible Machining Cell)

FMC는 하나의 CNC 공작기계에 공작물을 자동으로 공급하는 장치 및 가공물을 탈착하는 장치, 필요한 공구를 자동으로 교환하는 장치, 가공된 제품을 자동 측정하고 감시하며 보정하는 장치 및 이들을 제어하는 장치를 갖추고 있다.

(4) FMS(Flexible Manufacturing System)

① FMS란 유연 생산 시스템으로, 필요한 제품을 유연성(또는 융통성) 있게 생산할 수 있는 시스템이다.

② CNC 공작기계와 산업용 로봇, 자동반송 시스템, 자동창고 등을 총괄하여 중앙의 컴퓨터로 제어하면서 소재의 공급에서부터 가공, 조립, 출고까지 관리하는 생산방식으로, 공장 전체 시스템을 무인화하여 생산 관리의 효율을 최대한 높이는 유연성 있는 생산 시스템이다.

③ FMS 도입 시 기대효과
   ㉠ 다품종 소량 생산에 있어서의 생산성 향상
   ㉡ 유연성의 확대
   ㉢ 품질의 균일화
   ㉣ 정보관리의 향상 및 생력화(생력화 : 산업의 기계화·무인화를 촉진시켜 노동력을 줄임)
   ㉤ 생산계획과 설계변경이 쉽다.
   ㉥ 재고품의 감소 및 임금 절약

(5) FA(Factory Automation, 공장자동화)

제품의 설계에서 제조, 출하에 이르기까지 공장 내의 공정을 자동화하는 기술로, 컴퓨터 시스템이나 산업 로봇을 도입하여 공장의 무인화, 생산관리의 자동화 등을 행하는 시스템을 총칭하는 말이다.

(6) CIMS(Computer Integrated Manufacturing System)

컴퓨터 통합생산(CIMS)은 사업계획과 지원, 제품설계, 가공공정계획, 공정자동화 등의 모든 계획 기능(수요의 예측, 시간계획, 재료수급계획, 발송, 회계 등)과 실행계획(생산과 공정제어, 물류, 시험과 검사 등)을 컴퓨터에 의하여 통합 관리하는 시스템을 말한다.

SECTION 04 제어방식

1 위치결정 NC 장치

① 공구의 최후 위치만을 제어하는 것으로 도중의 경로는 무시하고 다음 위치까지 얼마나 빠르게, 정확하게 이동시킬 수 있는가 하는 것이 문제가 된다.

② 정보처리회로는 간단하고 프로그램이 명령하는 이동거리 기억회로와 테이블의 현재위치 기억회로, 그리고 이 두 가지를 비교하는 회로로 구성되어 있다.

> **예** 보링 가공, 탭 가공, 드릴 가공 등

| 위치결정 제어 |

2 직선절삭 NC 장치

① 위치결정 NC와 비슷하지만 이동 중에 소재를 절삭하기 때문에 도중의 경로가 문제된다. 단, 그 경로는 직선에만 해당된다.

② 공구치수의 보정, 주축의 속도변화, 공구의 선택 등과 같은 기능이 추가되기 때문에 정보처리회로는 위치결정 NC보다 복잡하게 구성되어 있다.

③ 이동속도(이송률 : feedrate)를 반드시 지정해 주어야 된다.

| 직선절삭 제어 |

❸ 윤곽절삭 NC 장치

① 2개 이상의 서보모터를 연동시켜 위치와 속도를 제어하므로 대각선 경로, S 자형 경로 등 어떠한 경로라도 자유자재로 이동시켜 연속 절삭할 수 있다.

② 동시에 3축을 제어하면서 3차원의 형상도 가공할 수 있다.

③ 윤곽 제어도 이동속도(이송률 : feedrate) 지정이 반드시 필요하다.

④ 최근의 CNC 공작기계는 대부분 이 방식을 적용한다.

| 곡선 절삭 | | 곡면 절삭 |

SECTION 05 서보기구

❶ 서보기구의 개요

인체에서 손과 발에 해당하는 것으로 머리에 비유하는 정보처리회로(CPU)에서 보낸 명령에 의하여 공작기계의 테이블 등을 움직이게 하는 기구를 말한다.

❷ 서보의 종류

(1) 개방회로(open-loop) 방식

① 시스템의 정밀도는 피드백이 없으므로 모터 성능에 의해 좌우된다.

② 테이블은 스테핑 모터(stepping motor)에 의해 이송된다.

③ 정밀도가 낮아서 NC에는 거의 사용하지 않는다.

| 개방회로 방식 |

(2) 반폐쇄회로 방식

① 속도정보는 서보모터에 내장된 타코 제너레이터에서 검출되어 제어된다.

② 위치정보는 볼 스크루나 서보모터의 회전각도를 측정해 간접적으로 실제 공구의 위치를 추정하고 보정해주는 간접 피드백 시스템 제어방식이다.

③ 서보모터가 기어를 통하지 않고 볼 스크루에 직접 연결될 경우, 신뢰할 수 있는 수준의 정밀도를 얻을 수 있고, 비교적 가격도 저렴해, 일반적인 NC 공작기계에는 대부분 이 방식이 적용된다.

| 반폐쇄회로 방식 |

(3) 폐쇄회로 방식(closed loop system)

① 속도정보는 서보모터에 내장된 타코 제너레이터에서 검출되어 제어된다.

② 위치정보는 최종 제어 대상인 테이블에 리니어 스케일(linear scale, 직선자)을 부착하여 테이블의 직선 방향 위치를 검출하여 제어된다.

③ 가공물이 고중량이고, 고정밀도가 필요한 대형 기계에 주로 사용된다.

| 폐쇄회로 방식 |

(4) 하이브리드 서보 방식(hybrid loop system)

① 속도정보는 서보모터에 내장된 타코 제너레이터에서 검출되어 제어된다.

② 위치정보는 만약 반폐쇄회로 방식으로 움직인 결과에 오차가 있으면 그 오차를 폐쇄회로 방식으로 검출하여 보정을 행하는 방식이다.

③ 작업조건이 좋지 않고 고정밀도를 요구하는 기계에 사용된다.

④ 위치정보의 정밀도를 높이기 위해서 리니어 스케일 대신 고가인 광학 스케일을 사용하는 경우도 있다.

| 하이브리드(복합회로) 서보 방식 |

3 DC 서보모터의 조건

① 큰 출력을 낼 수 있어야 한다.

② 가감속 특성 및 응답성이 우수하여야 한다.

③ 규정된 속도 범위에서 안전한 속도제어가 이루어져야 한다.

④ 연속 운전으로는 빈번한 가감속이 가능해야 한다.

⑤ 신뢰도가 높아야 한다.

⑥ 진동이 적고 소형이며 견고해야 한다.

⑦ 온도상승이 적고 내열성이 좋아야 한다.

SECTION 06 CNC 공작기계의 조작반

(a)

(b)

(c)

① 주 전원 스위치[그림 (a)]

기계 뒤쪽에 위치한 주 전원 스위치를 ON 시켜줌으로써 기계에 필요하는 실질적인 전원을 공급해 준다.

② 전원 스위치[그림 (b)]

스위치를 ON 시켜주면 머시닝 센터의 프로그램을 부팅시킴으로써 장비를 사용할 수 있게 해준다.

③ 비상정지 스위치[그림 (c)]

EMERGENCY STOP 스위치를 누르면 기계의 작동을 정지시켜 기계와 작업자의 안전을 도모한다. 한번 더 누르면 비상정지가 해제되고, 수동이나 G28로 기계 원점으로 복귀한 후 가공한다.

(d)   (e)   (f)

④ STANDBY 스위치[그림 (d)]

스위치를 ON 시켜주면 하드웨어 작동 및 머시닝 센터의 유압장치들을(주축 회전 장치, 절삭유 공급장치, 자동공구 교환장치, 가공물 자동 착탈기 등) 작동시켜 준다.

⑤ ZERO RETURN 스위치[그림 (d)]

스위치를 ON 시켜주면 공구와 작업대의 원점을 복귀시켜주는 역할을 한다.

⑥ WORK LIGHT 스위치[그림 (e)]

기계 내부의 가공상태를 확인하기 위해 작업등을 켜고 끄는 역할을 한다.

⑦ START 스위치[그림 (f)]

ZERO RETURN 스위치를 누른 후 START 스위치를 눌러서 실제로 공구와 작업대의 원점을 복귀시켜준다.

⑧ FEED HOLD 스위치[그림 (f)]

자동 운전을 일시 정지시키기 위해 사용한다.

(g)   (h)

⑨ MODE 스위치[그림 (g)]

    ㉠ MDI : MDI 모드에서 수동으로 데이터를 입력하여 기계운전을 실행한다.

    ㉡ EDIT : 새로운 프로그램을 작성하고 등록된 프로그램을 삽입, 수정, 삭제하는 기능이다.

    ㉢ MEMORY : 저장된 프로그램을 실행하고, 저장된 프로그램을 불러와서 편집할 수도 있다.

    ㉣ TAPE : TAPE 등 외부장치에 의한 프로그램 입력 및 수정할 수 있다.

⑩ RAPID OVERRIDE[그림 (g)]

    수동 및 자동 운전 시 급속이송의 속도를 조절한다.

    [0, 25(7.5m/min), 50(15m/min), 100(30m/min)]

⑪ SPINDLE 스위치[그림 (h)]

    ㉠ START(주축 회전 버튼)

        주축을 현재 지령된(MDI상) 방향으로 회전시키기 위해 사용한다.

    ㉡ STOP(주축 정지 버튼)

        주축 회전을 정지시키기 위해 사용한다.

    ㉢ SELECT, MAG, INDEX(공구 매거진 회전 버튼)

        공구 매거진을 CW(시계방향)로 회전시키기 위해 사용한다.

⑫ 기타[그림 (h)]

    ㉠ JOG : 각종 기계 버튼에 의한 기계운전을 할 때 사용한다.

    ㉡ +Z : Z축의 원점복귀를 확인할 때 사용한다.

    ㉢ −X, −Y, −Z : 축을 '−' 방향으로 이송시키기 위해 사용한다.

    ㉣ +X, +Y, +Z : 축을 '+' 방향으로 이송시키기 위해 사용한다.

    ㉤ RAPID : 급속 이송 버튼으로 축을 급속으로 이송시키기 위해 사용하며, '+' 또는 '−' 버튼을 동시에 눌러야 한다.

CHAPTER 002

CNC 프로그램

CRAFTSMAN COMPUTER AIDED LATHE

SECTION 01 프로그램의 기초

1 좌표축 및 좌표계의 종류

(1) 좌표축과 운동기호

CNC 공작기계의 제어 대상이 되는 축은 혼선을 피하기 위하여 ISO, KS 규격에서 좌표축과 운동기호에 대하여 오른손 직교좌표계를 표준좌표계로 지정해 놓았다.

  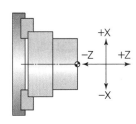

| 오른손 직교좌표계와 운동기호 |

기준축	보조축(1차)	보조축(2차)	회전축	기준축의 결정방법
X축	U축	P축	A축	가공의 기준이 되는 축
Y축	V축	Q축	B축	X축과 직각을 이루는 이송축
Z축	W축	R축	C축	절삭동력이 전달되는 스핀들 축

(2) 좌표계

① 절대좌표계

㉠ 프로그램 작성자가 프로그램을 쉽게 작성하기 위하여 공작물의 임의의 점을 원점으로 정해 명령어의 기준점이 되도록 한 좌표계를 말한다.

㉡ 선반의 경우 좌표어는 X, Z를 사용한다.

㉢ '공작물 좌표계'라고도 하며, G50 명령을 이용하여 각 공작물마다 설정한다.

② 상대좌표계

　　㉠ 현재의 위치가 원점이 되며, 일시적으로 좌표를 '0'으로 설정할 때 사용한다.

　　㉡ 선반의 경우 좌표어는 U, W를 사용한다.

　　㉢ 공구의 세팅, 간단한 핸들 이동, 좌표계 설정 등에 사용한다.

2 지령방법의 종류

(1) 절대지령 방식

① 프로그램 원점을 기준으로 직교좌표계의 좌푯값을 입력하는 방식이다.

② CNC 선반의 경우는 어드레스 X, Z로 나타낸다.

　예 G00 X20. Z40. ;

③ 머시닝 센터의 경우는 어드레스 X, Y, Z를 사용하며 선두에 절대지령인 G90코드를 입력한다.

　예 G00 G90 X100. Y100. Z20. ;

(2) 증분지령(또는 상대명령) 방식

① 현재의 공구위치를 기준으로 끝점까지의 X, Y, Z의 증분값을 입력하는 방식이다.

② CNC 선반의 경우는 어드레스 U, W로 나타낸다.

　예 G00 U10. W20. ;

③ 머시닝 센터의 경우는 어드레스 X, Y, Z를 사용하며 선두에 증분지령인 G91코드를 입력한다.

　예 G00 G91 X5. Y5. Z10. ;

(3) 혼합지령 방식

① 절대지령 방식과 증분지령 방식을 한 블록 내에 혼합하여 명령하는 방식이다.

② CNC 선반의 경우는 어드레스 X, W 또는 U, Z를 혼합하여 사용한다.

　예 G00 X20. W20. ;

SECTION 02 원점 및 좌표계 설정

1 기계원점 및 기계좌표계

(1) 기계원점

① 기계상에 고정된 임의의 점으로 기계 제작 시 제조사에서 위치를 정하는 점이다.
② 프로그램 및 기계를 조작할 때 기준이 되는 점으로, 사용자가 임의로 변경해서는 안 된다.
③ 전원을 켰을 때 기계원점 복귀를 해야만 기계좌표계가 성립한다.
④ 조작판상의 원점복귀 스위치를 이용하여 수동으로 원점복귀 할 수 있다.
⑤ 모드 스위치를 자동 또는 반자동에 위치시키고 G28을 이용하여 각 축을 자동으로 기계원점까지 복귀시킬 수 있다.

(2) 기계좌표계

① 기계원점을 기준으로 하는 좌표계를 말한다.
② 전원 공급 후 수동 원점복귀를 해야만 기계좌표계가 활성화된다.
③ 공작물 좌표계 및 각종 파라미터 설정값의 기준이 되며, 모든 연산의 기준이 되는 점이다.

2 프로그램 원점

① 프로그램을 편리하게 작성하기 위하여 도면상에 있는 임의의 점을 프로그램상의 절대좌표기준점으로 하는 점을 말한다.
② 일반적으로 공작물의 양쪽 끝 단의 중심에 표시한다.
③ 도면상에 원점 표시기호(⊕)를 표시한다.

3 시작점과 공작물 좌표계 설정

① 시작점(start point) : 사용 공구가 출발하는 임의의 점을 말한다.
② 공작물 좌표계 설정 : 프로그램 원점과 공작물의 한 점을 일치시켜 절대좌표의 기준점으로 정하는 작업을 말한다.

4 좌표치와 최소 입력단위

① 좌표치의 입력방법에는 인치 입력(G20)과 메트릭 입력(G21)방식이 있다.
② CNC 선반의 경우 X축의 좌표치는 직경명령을 적용하도록 설정하여 사용한다.
③ 최소 입력단위는 0.001mm가 일반적이다.

SECTION 03 프로그램의 개요 및 구성

1 프로그램의 개요

(1) 프로그래밍

주어진 도면의 제품을 가공하기 위하여 가공공정을 CNC 장치가 이해할 수 있는 표현 형식으로 바꾸는 작업이다.

(2) 파트 프로그램

CNC 프로그램은 부품의 일부분을 가공하는 프로그램의 조합에 의하여 완성되므로 일명 파트 프로그램이라고 한다.

(3) 가공계획 수립

① 가공할 범위와 사용할 기계를 선정한다.
② 가공물의 고정방법 및 필요한 치공구를 선정한다.
③ 가공순서를 결정한다.
④ 사용할 공구를 선정한다.
⑤ 절삭조건(주축의 회전수와 이송속도, 절입량, 절삭유의 사용 유무 등)을 결정한다.
⑥ 프로그램 작성방법은 간단한 형상의 도면인 경우에는 수동 프로그래밍, 복잡한 형상의 경우에는 자동 프로그래밍을 이용한다.

2 프로그램의 구성

- 주소(address)와 수치(data)의 조합 ⇒ 단어(word)
- 단어(word)들의 조합 ⇒ 명령절(block)
- 명령절의 조합 ⇒ 프로그램
- 주프로그램과 보조프로그램 ⇒ 프로그램
- 프로그램은 명령절 단위로 실행되며, 주프로그램을 따라 실행되지만 주프로그램에서 보조프로그램을 호출(M98)하면, 보조프로그램에 따라 실행되며, 보조프로그램을 종료(M99)하면 주프로그램으로 복귀하여 작업을 진행한다.

(1) 주소(address)

주소는 영문 대문자(A~Z) 중의 한 개로 표시되며, 각 주소의 기능은 다음과 같다.

기능	주소(address)	의미
프로그램 번호	O	프로그램 번호
전개번호	N	전개번호(작업순서)
준비기능	G	이동 형태(직선, 원호 등)
좌표어	X, Y, Z	각 축의 이동위치 지정(절대 방식)
	U, V, W	각 축의 이동거리와 방향 지정(증분 방식)
	A, B, C	부가축의 이동 명령
	I, J, K	원호 중심에 대한 각 축의 벡터성분
	R	원호반지름, 코너 R
이송기능	F, E	이송속도, 나사의 리드
보조기능	M	기계 동작부의 ON/OFF 제어 명령
주축기능	S	주축 회전수 또는 절삭속도
공구기능	T	공구번호 및 공구보정번호
휴지	P, U, X	일시정지(dwell) 시간의 지정
프로그램 번호 지정	P	보조프로그램 호출번호 및 반복횟수 지정
전개번호 지정	P, Q	복합 반복 사이클에서의 시작과 종료 번호
반복횟수	L	보조프로그램 반복횟수
매개변수	D, I, K	주기에서의 파라미터(절입량, 횟수 등)

(2) 수치(data)

① 수치는 주소의 기능에 따라 2자리의 수치와 4자리의 수치를 사용하며, 좌표치의 주소에 사용되는 수치는 최소 명령단위에 따라 0.001mm까지 표시할 수 있다.

예 • G00 – (2자리 수)
  • S2500 – (4자리 수)
  • X10.015 Z100.005 – (소수점 이하 3자리 수)

② 소수점의 사용

NC 프로그램을 작성할 때 FANUC 시스템에서 소수점을 사용할 수 있는 데이터는 길이를 나타내는 수치 데이터와 함께 사용되는 어드레스(X, Y, Z, U, V, W, A, B, C, I, J, K, R, F) 다음의 수치 데이터에만 가능하다. 단, 장비 및 파라미터 설정에 따라 소수점 없이 사용할 수도 있다.

예 • X10.0 = 10mm
  • X10. = 10mm(소수점 다음에 나오는 0은 생략할 수 있다.)
  • X100 = 0.1mm(최소 명령단위가 0.001mm이므로 소수점이 없으면 뒤쪽에서 3번째에 소수점이 있는 것으로 간주한다.)

- X10.05＝10.05mm
- S2000. — 알람 발생(소수점 입력 에러)

(3) 단어(word)

명령절을 구성하는 가장 작은 단위로 주소(address)와 수치(data)의 조합에 의하여 이루어진다.

(4) 명령절(block)

① 몇 개의 단어가 모여 구성된 한 개의 명령단위를 명령절이라고 한다.

② 명령절과 명령절은 EOB(End Of Block)로 구분되며, 제작사에 따라 ';' 또는 '#'과 같은 부호로 간단히 표시한다.

③ 한 명령절에 사용되는 단어의 수에는 제한이 없다.

N10 G96 S150 T0100 M03 ;
N20 G01 X15. Z-10 F0.2 ;

---

1 프로그램 번호(O)

① CNC 기계의 제어장치는 여러 개의 프로그램을 메모리에 저장할 수 있다.

② 저장된 프로그램을 구별하기 위하여, 서로 다른 프로그램 번호를 붙인다.

③ 프로그램 번호는 주소의 영문자 "O" 다음에 4자리의 숫자 즉, 0001~9999까지를 임의로 정할 수 있다.

2 전개번호(N : sequence number)

① 블록의 순서를 지정하는 것으로 "N" 다음에 4자리 이내의 숫자로 번호를 표시한다.

② 매 명령절마다 붙이지 않아도 프로그램의 수행에는 지장이 없으나, 복합 반복 사이클(G70~G73)을 사용하거나 전개번호로 특정 명령절(block)을 탐색하고자 할 때에는 반드시 필요하다.

3 준비기능(G : preparation function)

제어장치의 기능을 동작하기 위한 준비를 하는 기능으로 "G"와 두 자리의 숫자로 구성되어 있다.

① 1회 유효 G-코드(One shot G-code) : 지정된 명령절에서만 유효한 G-코드
  예 G04 : 일시 정지, G28 : 자동 원점 복귀, G50 : 공작물 좌표계 설정 등

② 연속 유효 G-코드(Modal G-code) : 동일 그룹 내의 다른 G-코드가 나올 때까지 유효한 G-코드
  예 G00 : 위치 결정(급속이송), G01 : 직선가공(절삭 이송), G02 : 원호가공(CW) 등

❚ CNC 선반 G-코드 일람표

코드	그룹	기능	코드	그룹	기능
★G00	01	급속 위치 결정	G41	07	공구인선반지름 보정 좌측
★G01		직선보간(절삭이송)	G42		공구인선반지름 보정 우측
G02		원호보간(CW : 시계방향)	G43	08	공구길이 보정 '+'
G03		원호보간(CCW : 반시계방향)	G44		공구길이 보정 '−'
G04	00	휴지(Dwell)	G49		공구길이 보정 취소
G10		데이터 설정	G50	00	공작물 좌표계 설정, 주축 최고 회전수 지정
G20	06	Inch 입력	G68	04	대향 공구대 좌표 ON
★G21		Metric 입력	G69		대향 공구대 좌표 OFF
★G22	04	금지영역 설정	G70	00	정삭 사이클
G23		금지영역 설정 취소	G71		내·외경 황삭 사이클
G25	08	주축속도 변동 검출 OFF	G72		단면 황삭 사이클
G26		주축속도 변동 검출 ON	G73		모방 사이클
G27	00	원점 복귀 확인	G74		단면 홈 가공 사이클
G28		기계 원점 복귀	G75		내·외경 홈 가공 사이클
G29		원점으로부디의 복귀	G76		자동 나사 가공 사이클
G30		제2, 3, 4 원점 복귀	G90	01	내·외경 절삭 사이클
G31		Skip 기능	G92		나사 절삭 사이클
G32	01	나사 절삭	G94		단면 절삭 사이클
G34		가변 리드 나사 절삭	G96	02	절삭속도(m/min) 일정 제어
G36	00	자동 공구 보정(X)	★G97		주축 회전수(rpm) 일정 제어
G37		자동 공구 보정(Z)	G98	03	분당 이송 지정 (mm/min)
★G40	07	공구인선반지름 보정 취소	★G99		회전당 이송 지정 (mm/rev)

- 00그룹은 지령된 블록에서만 유효함(one shot G-코드)
- ★ 표시 기호는 전원을 공급할 때 설정되는 G-코드를 나타냄
- G-코드 일람표에 없는 G-코드를 지령하면 알람이 발생함
- G-코드는 그룹이 서로 다르면 한 블록에 몇 개라도 지령할 수 있음
- 동일 그룹의 G-코드를 같은 블록에 1개 이상 지령하면 뒤에 지령한 G-코드만 유효거나, 알람이 발생함

▌ 머시닝 센터 G-코드 일람표

코드	그룹	기능	코드	그룹	기능
★G00	01	위치 결정(급속이송)	G57	12	공작물 좌표계 4번 선택
★G01		직선보간(절삭)	G58		공작물 좌표계 5번 선택
G02		원호보간(CW : 시계방향)	G59		공작물 좌표계 6번 선택
G03		원호보간(CCW : 반시계방향)	G60	00	한 방향 위치 결정
G04	00	휴지(Dwell)	G61	15	Exact Stop 모드
G09		Exact Stop	G62		자동 코너 오버라이드
G10		데이터 설정	★G64		연속 절삭 모드
★G15	17	극좌표지령 취소	G65	00	Macro 호출
G16		극좌표지령	G66	12	Macro Modal 호출
★G17	02	X-Y 평면 설정	★G67		Macro Modal 호출 취소
G18		Z-X 평면 설정	G68	16	좌표회전
G19		Y-Z 평면 설정	★G69		좌표회전 취소
G20	06	Inch 입력	G73	09	고속 심공드릴 사이클
G21		Metric 입력	G74		왼나사 탭 사이클
G22	04	금지영역 설정	G76		정밀 보링 사이클
★G23		금지영역 설정 취소	★G80		고정 사이클 취소
G27	00	원점 복귀 Check	G81		드릴 사이클
G28		기계 원점 복귀	G82		카운터 보링 사이클
G30		제2, 3, 4 원점 복귀	G83		심공드릴 사이클
G31		Skip 기능	G84		탭 사이클
G33	01	나사 절삭	G85		보링 사이클
G37	00	자동 공구길이 측정	G86		보링 사이클
★G40	07	공구지름 보정 취소	G87		백보링 사이클
G41		공구지름 보정 좌측	G88		보링 사이클
G42		공구지름 보정 우측	G89		보링 사이클
G43	08	공구길이 보정 '+'	★G90	03	절대지령
G44		공구길이 보정 '-'	★G91		증분지령
★G49		공구길이 보정 취소	G92	00	공작물 좌표계 설정

코드	그룹	기능	코드	그룹	기능
★G50	08	스케일링, 미러 기능 무시	★G94	05	분당 이송(mm/min)
G51		스케일링, 미러 기능	G95		회전당 이송(mm/rev)
G52	00	로컬좌표계 설정	G96	13	절삭속도(m/min) 일정 제어
G53		기계좌표계 선택	★G97		주축 회전수(rpm) 일정 제어
★G54	12	공작물 좌표계 1번 선택	★G98	10	고정 사이클 초기점 복귀
G55		공작물 좌표계 2번 선택	G99		고정 사이클 R점 복귀
G56		공작물 좌표계 3번 선택			

★ : 전원 공급 시 자동으로 설정

④ 주축기능(S : spindle speed function)

① 주축을 회전시키는 기능으로 주축 모터의 회전속도를 변환시켜 속도를 제어한다.

② G96 : 절삭 속도 일정 제어(m/min), G97 : 주축 회전수 일정 제어(rpm)

예 • G50 S2500 ; ⇒ 주축의 최고속도를 2,500rpm으로 설정
 • G96 S100 M03 ; ⇒ 절삭속도가 100m/min로 일정하게 시계방향 회전
 • G97 S1000 M03 ; ⇒ 주축 회전수가 1,000rpm으로 시계방향 회전

⑤ 이송기능(F : feed function)

공작물과 공구의 상대속도를 지정하는 기능이며 분당 이송(mm/min)과 회전당 이송(mm/rev)이 있다.

CNC 선반		머시닝 센터	
G98	분당 이송(mm/min)	★G94	분당 이송(mm/min)
★G99	회전당 이송(mm/rev)	G95	회전당 이송(mm/rev)

★ : 전원공급 시 자동으로 설정

예 • G98 G01 X20. Z40. F100 ; ⇒ 100mm/min의 속도로 이송
 • G99 G01 X25. Z24. F0.2 ; ⇒ 1회전당 0.2mm 이송

⑥ 공구기능(T : tool function)

CNC 선반에서 공구 선택과 공구 보정을 하는 기능이고, 머시닝 센터에서는 공구를 선택하는 기능으로 M06(공구교환)과 함께 사용해야 에러가 발생하지 않는다.

① CNC 선반의 경우

T □□ △△
 └─ 공구보정번호(01번~99번), 00은 보정 취소 기능
 └─ 공구선택번호(01번~99번), 기계 사양에 따라 지령 가능한 번호로 결정

② 머시닝 센터의 경우

T□□ M06 ⇒ □□번 공구 선택 후 공구교환

7 보조기능(M : miscellaneous function)

제어장치의 명령에 따라 CNC 공작기계가 가지고 있는 보조기능을 제어(On/Off)하는 것으로 M 뒤에 2자리 숫자를 붙여 사용한다.

예 • M□□(01~99까지 지정된 2자릿수)
  • N0010 G50 X150.0 Z200.0 S1300 T0100 M41 : 기어 교환(1단)
  • N0011 G96 X130 M03 : 주축 정회전
  • N0012 G00 X62.0 Z0.0 S0100 T0100 M08 : 절삭유 ON

▌ 머시닝 센터의 보조기능

코드	기능	용도
M00	프로그램 정지	실행 중인 프로그램을 일시 정지시키며, 자동 개시를 누르면 재개
M01	선택 프로그램 정지	조작판의 M01 스위치가 ON인 경우, 프로그램 일시 정지
M02	프로그램 종료	프로그램 종료 기능으로 모달 정보가 모두 없어짐
M03	주축 정회전(CW : 시계방향)	주축을 시계방향으로 회전
M04	주축 역회전(CCW : 반시계방향)	주축을 반시계방향으로 회전
M05	주축 정지	주축을 정지시키는 기능
M06	공구 교환(MCT만 해당)	지정한 공구로 교환, T(공구기능)와 같이 사용
M08	절삭유 ON	절삭유 펌프 스위치 ON
M09	절삭유 OFF	절삭유 펌프 스위치 OFF
M19	주축 한 방향 정지(MCT만 해당)	주축을 한 방향으로 정지시키는 역할로 공구 교환 및 고정 사이클의 공구 이동에 이용
M30	프로그램 종료 & Rewind	프로그램 종료 후 다시 처음으로 되돌아감

M98	보조프로그램 호출	• 11T가 아닌 경우
		 M98 P□□□□ △△△△
		    └ 보조프로그램 번호
		  └ 반복횟수(생략하면 1회)
		• 11T인 경우
		 M98 P△△△△ L □□□□
		      └ 반복횟수(생략하면 1회)
		  └ 보조프로그램 번호

M99	주프로그램으로 복귀	보조프로그램의 종료 후 주프로그램으로 복귀

SECTION 05 CNC 프로그램의 보간기능

1 급속 위치결정(G00)

① 지령된 종점으로 급속하게 이동하는 것을 말한다.
② 공구는 기계 제작 회사에서 설정한 최고 속도로 급속 이송한다.
③ 비절삭 구간에서 사용하는 기능으로 처음 공작물에 접근하거나, 가공 완료 후 복귀할 때, 공구를 교환할 때 가장 많이 사용한다.

(1) CNC 선반

- 절대지령
  G00 X50. Z0. ;
- 상대지령
  G00 U−150. W−100. ;
- 혼합지령
  G00 X50. W−100. ;
  G00 U−150. Z0. ;

| CNC 선반의 급속 위치결정 |

(2) 머시닝 센터

| 머시닝 센터의 급속 위치결정 |

방법 ① : X, Y축 이동 후 Z축 이동경로 지정(일반적으로 가장 많이 사용함)

- 절대지령
  G00 G90 X50. Y50. :
  Z10. ;

- 증분지령
  G00 G91 X−100. Y−50. :
  Z−40. ;

방법 ② : X, Y, Z축 동시 이동 경로 지정

- 절대지령
  G00 G90 X50. Y50. Z10. ;

- 증분지령
  G00 G91 X−100. Y−50. Z−40. ;

❷ 직선보간(G01)

① 직선 절삭 가공 시 사용하는 기능이다.
② 지령된 종점으로 F에서 지정한 속도에 따라 직선으로 가공한다.
③ 테이퍼나 모따기도 직선에 포함된다.

(1) CNC 선반

| CNC 선반의 직선보간 |

- 절대지령
  G01 X80. Z−120. F0.2 ;
- 상대지령
  G01 U40. W−120. F0.2 ;
- 혼합지령
  G01 X80. W−120. F0.2 ;
  G01 U40. Z−120. F0.2 ;

이송속도 F는 회전당 이송(mm/rev)을 기본으로 한다.

(2) 머시닝 센터

| 머시닝 센터의 직선보간 |

- 절대지령(G90)
  G01 G90 X55. Y30. F100 ;
- 상대지령(G91)
  G01 G91 X30. Y5. F100 ;

이송속도 F는 분당 이송(mm/min)을 기본으로 한나.

3 원호보간(G02, G03)

지령된 시점에서 종점까지의 반경 R 크기로 원호가공을 하는 기능이다.

(1) CNC 선반

① 지령방법

$$\begin{Bmatrix} G02 \\ G03 \end{Bmatrix} X(U) \underline{\quad} Z(W) \underline{\quad} \begin{Bmatrix} R\underline{\quad} \\ I\underline{\quad} K\underline{\quad} \end{Bmatrix} F\underline{\quad} ;$$

여기서, X(U), Z(W) : 원호가공의 종점의 좌표
R : 원호 반경(mm)
I, K : R 지령 대신 사용, 원호 시작점에서 중심점까지의 거리(반경지령)
F : 이송속도(mm/rev)

② 가공방향

G02 : CW(시계방향 원호가공)
G03 : CCW(반시계방향 원호가공)

③ R 지령에 의한 원호보간

㉠ 180° 이하의 원호를 가공할 때, R 값은 (+)로 입력한다.
㉡ 180° 이상의 원호를 가공할 때, R 값은 (−)로 입력한다.
㉢ 선반에서 180° 원호를 가공하면 구의 형상이 만들어지므로 R 값은 항상 (+)로 입력한다.

| R 지령에 의한 원호보간 |

④ I, K 지령에 의한 원호보간

| I, K 지령에 의한 원호보간 |

원호의 중심이 원호의 시작점 기준으로 왼쪽 또는 아래에 있으면 −값을, 오른쪽 또는 위에 있으면 +값을 입력한다.

⑤ 원호보간의 예

| 원호보간 |

- R 지령(절대지령)
  A → B : G01 Z−10. F0.2 ;
  B → C : G02 X30. Z−15. R5. ;
  C → D : G01 X40. ;
- R 지령(상대지령)
  A → B : G01 W−10. F0.2 ;
  B → C : G02 U10. W−5. R5. ;
  C → D : G01 U10. ;
- I, K 지령
  A → B : G01 Z−10. F0.2 ;
  B → C : G02 X30. Z−15. I5. ;
  C → D : G01 X40. ;

(2) 머시닝 센터

① 지령방법

$$\begin{Bmatrix} G17 \\ G18 \\ G19 \end{Bmatrix} \begin{Bmatrix} G02 \\ G03 \end{Bmatrix} \begin{Bmatrix} G90 \\ G91 \end{Bmatrix} X\_\_ Y\_\_ Z\_\_ \begin{Bmatrix} R\_\_ \\ I\_\_ J\_\_ K\_\_ \end{Bmatrix} F\_\_ ;$$

여기서, F : 이송속도(mm/min)

② 작업평면 선택 및 가공방향

G17 (XY평면)   G18 (ZX평면)   G19 (ZY평면)

③ R 지령에 의한 원호보간

- 180° 이하인 원호는 R+로 지령
- 180° 초과인 원호는 R−로 지령
- 원호의 시작점 (80,20)
- 원호의 끝점 (130,70)

| R 지령에 의한 원호보간 |

원호 ⓐ(180° 이하)와 원호 ⓑ(180° 초과)는 시작점과 끝점, 반지름의 크기가 같지만 R 지령 (R+, R−)에 따라 가공 형상이 달라진다.

예 ⓐ 원호가공 G17 G02 G90 X130. Y70. R50. F100 ;

　　ⓑ 원호가공 G17 G03 G90 X130. Y70. R−50. F100 ;

④ I, J, K 지령에 의한 원호보간

$$\begin{Bmatrix} G17 \\ G18 \\ G19 \end{Bmatrix} \begin{Bmatrix} G02 \\ G03 \end{Bmatrix} \begin{Bmatrix} G90 \\ G91 \end{Bmatrix} \begin{Bmatrix} X\_\_\ Y\_\_\ I\_\_\ J\_\_ \\ X\_\_\ Z\_\_\ I\_\_\ K\_\_ \\ Y\_\_\ Z\_\_\ J\_\_\ K\_\_ \end{Bmatrix} F\_\_\_ ;$$

X축 방향의 값은 I로, Y축 방향의 값은 J로, Z축 방향의 값은 K로 지령한다.

원호의 중심이 원호의 시작점 기준으로 왼쪽 또는 아래에 있으면 −값을, 오른쪽 또는 위에 있으면 +값을 입력한다.

원호 시작점 (X,Y)=(40,30)
원호 반지름=R15
예 G41 X40.0 D01 ;
　 G02 I-15.0 ;
　 G41 Y30.0 D01 ;
　 G02 J-15.0 ;

원호 시작점 (X,Y)=(20,10)
원호 반지름=R15
예 G41 X20.0 D01 ;
　 G02 I15.0 ;
　 G41 Y10.0 D01 ;
　 G02 J15.0 ;

|I, J, K 지령에 의한 원호보간|

4 휴지(dwell, G04)

(1) CNC 선반

① 의미

　㉠ 지령한 시간 동안 공구의 이송을 정지(dwell : 일시정지)시키는 기능이다.

　㉡ 홈가공이나 드릴가공 등에서 간헐이송에 의해 칩을 절단할 때 사용한다.

　㉢ 홈가공 시 회전당 이송에 의해 단차량이 없는 진원가공을 할 때 사용한다.

　㉣ 주소는 기종에 따라 X, U, P를 사용한다.

② 지령방법

$$G04 \begin{cases} X\underline{\quad}; \\ U\underline{\quad}; \\ P\underline{\quad}; \end{cases}$$

　※ X, U : 소수점 이하 세 자리까지 사용 가능

　※ P : 소수점 사용 불가

　㉠ 2초 동안 일시정지 하는 경우

G04 X2.0 ;	G04 U2.0 ;	G04 P2000 ;

　㉡ 정지시간과 스핀들 회전수의 관계

$$정지시간(초) = \frac{60}{스핀들\ 회전수[rpm]} \times 일시정지\ 회전수$$

ⓒ 1,500rpm으로 회전하는 스핀들에서 3회전의 휴지(dwell)를 주는 경우

$$정지시간(초) = \frac{60}{1,500} \times 3 = 0.12$$

G04 X0.12 ;	G04 U0.12 ;	G04 P120 ;

(2) 머시닝 센터

$$G04 \begin{Bmatrix} X\underline{} \; ; \\ P\underline{} \; ; \end{Bmatrix}$$

※ X : 소수점 이하 세 자리까지 사용 가능, P : 소수점 사용 불가

SECTION 06 CNC 프로그램의 보정기능

1 보정기능

① 프로그램을 작성할 때 공구의 길이와 형상을 고려하지 않고 작성한다.
② 실제 가공 시 각각의 공구 직경(인선반경 보정)과 길이가 서로 다르므로 이 차이를 보정화면에 등록하고 공작물을 가공할 때 호출하여 자동으로 위치 보정을 받을 수 있도록 하는 기능이다.

2 인선반경 보정

① 인선(nose) : 공구의 날 끝의 둥근 부분을 말한다.
② 테이퍼 절삭이나 원호 절삭의 경우 인선 반경에 의하여 과대절삭이나 과소절삭이 발생하여 오차가 발생한다.
③ 공구의 인선반경에 의한 가공 경로의 오차를 자동으로 보정하는 기능을 인선반경 보정이라고 한다.

(1) CNC 선반

(a) 보정 전   (b) 보정 후

| CNC 선반에서 인선반경 보정 |

① 가상인선

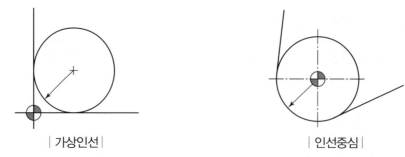

| 가상인선 | | 인선중심 |

㉠ 인선 반지름이 없는 것으로 하여 가상의 인선을 정해 놓고 이 점을 기준점으로 나타낸 것
  을 말한다.

㉡ 인서트의 반지름은 R0.4, R0.8, R1.0, R1.2 등이 많이 사용된다.

② 가상인선의 번호

| 가상인선의 번호 |

공구가 CNC 선반에 설치된 상태에서 인선반경의 중심에서 본 가상인선의 방향을 나타내는
번호를 말한다.

③ 공구 보정값의 입력

| 공구 보정값 |

기준공구와 사용공구와의 길이 차이를 X 성분
과 Z 성분으로 구분하여 측정한 다음 입력한다.

공구 번호	X (X 성분)	Z (Z 성분)	R (인선반경)	T (공구인선 유형)
01	0.000	0.000	0.8	3
02	0.457	1.321	0.2	2
03	2.765	2.987	0.4	3
04	1.256	−1.234	·	8
05	·	·	·	·
·	·	·	·	·

④ 가공위치와 이동지령

테이퍼 절삭이나 원호절삭의 경우 반드시 지령해야 한다.

| 가공위치에 따른 G-코드 |

G-코드	가공위치	공구 경로
G40	인선 보정 취소	공작물 위에 공구가 존재한다.
G41	인선 좌측보정	공구가 공작물의 왼쪽에 존재한다.
G42	인선 우측보정	공구가 공작물의 오른쪽에 존재한다.

⑤ 지령방법

$\begin{Bmatrix} G41 \\ G42 \end{Bmatrix} X(U)\underline{\quad} Z(W)\underline{\quad} T0303 \; ;$

G40 X(U)___ Z(W)___ I___ K___ ;

※ 보정 취소를 할 경우, 공작물 형상의 다음 좌푯값을 I, K를 이용하여 반드시 기입한다.

⑥ 공구인선반경 보정지령과 취소

예

G50 X150. Z150. S2000 T0300 ;
G96 S150 M03 ;
G00 G42 X40. Z2. T0303 ;
G01 Z−35. F0.2 ;
G00 G40 X150. Z150. I15. ;
T0300 M05 ;
M02 ;

㉠ G50 X150. Z150. S2000 T0300 ;
공작물 좌표계 기준(◑)으로 공구위치 (150,150)으로 이동, 주축의 최고회전수 2,000 rpm 설정, 03번 공구 선택 및 보정 취소

ⓛ G96 S150 M03 ;

　절삭속도 150(m/min), 주축 시계방향 회전

ⓒ G00 G42 X40. Z2. T0303 ;

　공구위치 (40,2)로 이동하면서, 공구인선반지름 보정 우측 적용, 03번 공구 03번 보
　정번호에 있는 보정값 적용

ⓔ G01 Z-35. F0.2 ;

　절삭가공 시작 Z방향 -35이동, 이송속도 1회전당 0.2mm 이동

ⓜ G00 G40 X150. Z150. I15. ;

　공구위치 (150,150)으로 이동하면서, 보정 취소, 공작물 형상의 다음 좌푯값 I15.

ⓗ T0300 M05 ;

　03번 공구 보정 취소, 주축 정지

ⓢ M02 ;

　프로그램 종료

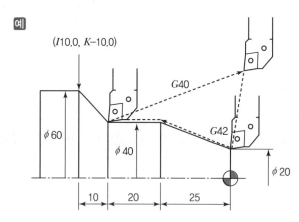

```
G50 X150. Z150. S2000 ;
G96 S150 M03 T0300 ;
G00 G42 X20. Z0. T0303 ;
G01 X40. Z-25. F0.2 ;
    W-20. ;
G00 G40 X150. Z150. I10.
    K-10. ;
T0300 M05 ;
M02 ;
```

ⓐ G50 X150. Z150. S2000 ;

　공작물 좌표계 기준(◕)으로 공구위치 (150,150)으로 이동, 주축의 최고 회전수 2,000
　rpm 설정

ⓛ G96 S150 M03 T0300 ;

　절삭속도 150(m/min), 주축 시계방향 회전, 03번 공구 선택 및 보정 취소

ⓒ G00 G42 X20. Z0. T0303 ;

　공구위치 (20, 0)으로 이동하면서, 공구인선반지름 보정 우측 적용(G42), 03번 공구
　03번 보정번호에 있는 보정값 적용

ⓔ G01 X40. Z-25. F0.2 ;

　절삭가공 시작 X방향 40, Z방향 -25 이동, 이송속도 1회전당 0.2mm 이동

ⓜ W-20. ;

　절삭가공 Z방향으로 상대좌표 기준으로 -20 이동

ⓗ G00 G40 X150. Z150. I10. K-10. ;

　　공구위치 (150,150)으로 이동하면서, 보정 취소(G40), 공작물 형상의 다음 좌푯값

　　I10., K-10.

ⓐ T0300 M05 ;

　　03번 공구 보정 취소, 주축 정지

ⓞ M02 ;

　　프로그램 종료

⑦ 취소절에서 I, K의 사용

　ⓐ G40 지령절과 같이 기입한다.

　ⓑ 공구의 이동점과 상관없이 I, K 값으로 공작물 형상의 다음 좌푯값을 입력한다.

(2) 머시닝 센터

머시닝 센터에서는 다양한 공구를 사용하므로 각각의 공구 길이와 직경에 차이가 있다. 프로그램을 작성할 때는 이러한 사항을 무시하여 작성하고, 공작물을 가공할 때 머시닝 센터의 공구 보정값 입력란에 입력된 보정값을 호출하여 사용한다.

① 지령방법

$$\begin{Bmatrix} G17 \\ G18 \\ G19 \end{Bmatrix} \begin{Bmatrix} G00 \\ G01 \end{Bmatrix} \begin{Bmatrix} G40 \\ G41 \\ G42 \end{Bmatrix} \begin{Bmatrix} X\_\_\ Y\_\_ \\ Z\_\_\ X\_\_ \\ Y\_\_\ Z\_\_ \end{Bmatrix} D\_\_ ;$$

　ⓐ 가공평면 선택

　　G17(XY평면 가공), G18(ZX평면 가공), G19(YZ평면 가공)

　ⓑ 공구지름 보정은 반드시 G00, G01과 함께 지령해야 한다.

　　(단, G02, G03과 함께 지령할 경우 알람이 발생한다.)

　ⓒ 공구지름 보정 G-코드

G-코드	의미	공구 경로
G40	공구지름 보정 취소	공작물 위에 공구가 존재한다.
G41	공구지름 보정 좌측	공구가 공작물의 왼쪽에 존재한다.
G42	공구지름 보정 우측	공구가 공작물의 오른쪽에 존재한다.

| 외측 공구경 보정의 방향 |

| 내측 공구경 보정의 방향 |

㉣ D : 보정화면에 공구지름 보정값을 입력한 번호

② 공차가 주어진 경우 공구지름 보정

　㉠ 외측 가공

　　ⓐ －공차로 주어진 외측 양쪽 가공의 경우

(a) 외측 양쪽 가공　　　　　　(b) 허용치수와 보정값에 감할 치수

│ －공차로 주어진 외측 양쪽 가공 │

- 가공과정에서 오차가 발생할 수 있으므로 공차의 중앙값을 보정값으로 입력하는 것이 좋다.
- 공차＝위치수 허용공차－아래치수 허용공차
- 보정값(D)＝엔드밀의 반경－(공차/4)
　예 엔드밀 직경＝ϕ16일 경우
　　보정값(D)＝8－(0.03/4)＝7.9925

　　ⓑ －공차로 주어진 외측 한쪽 가공과 깊이를 가공하는 경우

(a) 외측 한쪽 가공　　　　　　(b) 허용치수와 보정값에 감할 치수

│ －공차로 주어진 외측 한쪽 가공 │

　보정값(D)＝엔드밀의 반경－(공차/2)
　예 엔드밀 직경＝ϕ16일 경우
　　보정값(D)＝8－(0.03/2)＝7.985
　　길이 보정값(H)＝엔드밀 길이 보정값－(공차/2) [단, G43(공구길이보정 "＋")인 경우]

ⓛ 내측 가공

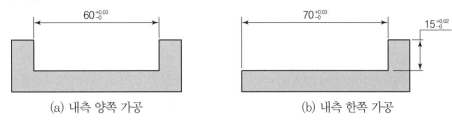

(a) 내측 양쪽 가공   (b) 내측 한쪽 가공

| +공차로 주어진 내측 가공 |

  ⓐ +공차로 주어진 내측 양쪽 가공의 경우

    보정값(D) = 엔드밀의 반경 − (공차/4)

    예 엔드밀 직경 = $\phi16$일 경우

      보정값(D) = 8 − (0.03/4) = 7.9925

  ⓑ +공차로 주어진 내측 한쪽 가공과 깊이를 가공하는 경우

    보정값(D) = 엔드밀의 반경 − (공차/2)

    예 엔드밀 직경 = $\phi16$일 경우

      보정값(D) = 8 − (0.03/2) = 7.985

      길이 보정값(H) = 엔드밀 길이 보정값 + (공차/2) [단, G43(공구길이보정 " + ")인 경우]

❸ 공구길이 보정

(1) CNC 선반

  예 CNC 선반에서 지령값 X30.0으로 프로그램하여 외경을 가공한 후 측정한 결과 $\phi30.01$이었다. 기존의 X축 보정값이 +0.03이라면 보정값을 얼마로 수정해야 하는가?

    • 측정값과 지령값의 오차 = 30.01 − 30.0 = +0.01 (0.01만큼 크게 가공됨)

      그러므로 공구를 X축 방향으로 −0.01만큼 이동하는 보정을 하여야 한다.

      외경이 기준치수보다 크게 가공되었으므로 −값을 더하여 작게 가공해야 한다.

    • 공구 보정값 = 기존의 보정값 + 더해야 할 보정값

            = 0.03 + (−0.01) = 0.02

  예 CNC 선반에서 지령값 X45.0으로 프로그램하여 내경을 가공한 후 측정한 결과 $\phi45.16\,\mathrm{mm}$이었다. 기존의 X축 보정값이 +0.025라 하면 보정값을 얼마로 수정해야 하는가?

    • 측정값과 지령값의 오차 = 45.16 − 45.0 = +0.16 (0.16만큼 크게 가공됨)

      그러므로 공구를 X축의 방향으로 −0.16만큼 이동하는 보정을 하여야 한다.

      내경이 기준치수보다 크게 가공되었으므로 −값을 더하여 작게 가공해야 한다.

    • 공구 보정값 = 기존의 보정값 + 더해야 할 보정값

            = 0.025 + (−0.16) = −0.135

예 CNC 선반에서 지름(외경) 30mm를 가공 후 측정하였더니 29.7mm였다. 이때 공구 보정값을 얼마로 수정하여야 하는가?(단, 기존 보정량은 X4.3 Z5.4이다.)
- 측정값과 지령값의 오차＝29.7－30.0＝－0.3 (0.3만큼 작게 가공됨)
  그러므로 공구를 X축의 방향으로 0.3만큼 이동하는 보정을 하여야 한다.
  외경이 기준치수보다 작게 가공되었으므로 ＋값을 더하여 크게 가공해야 한다.
- 공구 보정값＝기존의 보정값＋더해야 할 보정값
  $$＝4.3＋0.3＝4.6$$

예 CNC 선반에서 Z0인 지점에서 지령값 W－30.0으로 프로그램하여 가공한 후 길이를 측정한 결과 30.2mm이었다. 기존의 Z축 보정값이 0.05라고 하면 보정값을 얼마로 수정하여야 하는가?
- 측정값과 지령값의 오차＝30.2－30.0＝0.2 (0.2만큼 길게 가공됨)
  그러므로 공구를 Z축의 방향으로 0.2만큼 이동하는 보정을 하여야 한다.
  길이가 기준치수보다 길게 가공되었으므로 ＋값을 더하여 짧게 가공해야 한다.
- 공구 보정값＝기존의 보정값＋더해야 할 보정값
  $$＝0.05＋0.2＝0.25$$

(2) 머시닝 센터

① 지령방법

$$\begin{Bmatrix} G90 \\ G91 \end{Bmatrix} \begin{Bmatrix} G00 \\ G01 \end{Bmatrix} Z\text{——} \begin{Bmatrix} G43 \\ G44 \end{Bmatrix} H\text{——} ;$$

㉠ 공구길이 보정 G－코드

G－코드	의미	공구 경로
G43	공구길이 보정 ＋	공구가 '＋' 방향으로 이동한다.
G44	공구길이 보정 －	공구가 '－' 방향으로 이동한다.
G49	공구길이 보정 취소	－

㉡ H : 보정화면에 공구길이 보정값을 입력한 번호

② 보정길이 적용 예

㉠ G43을 이용한 공구길이 보정(H03의 보정량＝＋60.3)
  G00 G91 Z－200. G43 H03 ;
㉡ G44를 이용한 공구길이 보정(H03의 보정량＝－60.3)
  G00 G91 Z－200. G44 H03 ;
㉢ 공구길이 보정 취소
  G00 G91 Z200. G49 ;
  또는
  G00 G91 Z200. H00 ;

CHAPTER

003 CNC 프로그래밍

CRAFTSMAN COMPUTER AIDED LATHE

SECTION 01 CNC 선반 프로그래밍

1 기계원점복귀를 해야 하는 경우

① 처음 전원스위치를 켰을 때
② 작업 중 비상정지버튼을 눌렀을 때
③ 정전 후 전원을 다시 공급하였을 때
④ 기계가 행정한계를 벗어나 경보가 발생하여 행정오버해제 버튼을 누르고 경보를 해제하였을 때

2 원점복귀

(1) 자동 원점복귀(G28)

자동 원점복귀를 할 때는 급속이송으로 움직이므로 가공물과 충돌할 수도 있어 중간 경유점을 경유하여 복귀하는 것이 좋다. 또한, 지정되지 않은 축은 복귀하지 않는다.

① 절대지령에 의한 자동 원점복귀
G28 X100. Z-125. ;
(경유점인 (100, -125)를 경유하여
자동으로 원점 복귀한다.)

② 증분지령에 의한 자동 원점복귀
G28 U44. W0. ;

③ 현 지점에서 자동 원점복귀
G28 U0. W0. ;

(2) 제2, 3, 4 원점복귀(G30)

G30 P__ X(U)__ Z(W)__ ;
P2, P3, P4는 각각 제2, 제3, 제4원점을 말하며, P를 생략하면 제2원점으로 자동으로 선택된다.

(3) 원점복귀 확인(G27)

G27 X(U)__ Z(W)__ ;

수동 원점복귀 후 정확하게 원점에 복귀하였는지 확인하는 기능이다.

(4) 원점으로부터 자동복귀(G29)

G29 X(U)__ Z(W)__ ;

G29에 의한 지령은 앞서 입력한 G30에서의 경유점인 점 B를 경유하여 G29에서 입력한 위치로 공구를 이동한다.

① 제2 원점복귀(A → B → R 이동)

   G30 X100. Z-50. ;

② B점을 경유한 이동(R → B → C 이동)

   G29 X30. Z-20. ;

3 좌표계 설정(G50)

① 프로그램 원점과 시작점의 위치 관계를 기계에 알려주어 프로그램 원점을 절대좌표의 원점(X0, Z0)으로 설정해주는 기능이다.

② 1회 유효 G-코드로서 지령된 블록에서만 유효하다.

③ 주축 최고회전수 제한 기능을 포함한다.

④ 좌표계 설정기능으로 머시닝 센터에서 G92(공작물좌표계설정)의 기능과 같다.

예 G50 X100. Z110. S1300 T0100 M42 ;

   G50-공작물 좌표계 설정

   S1300-주축 최고 회전수 지정(rpm)

   T0100-01번 공구 선택 및 보정취소

   M42-주축기어 2단(중속위치)

4 단일형 고정 사이클(G90, G94)

① 선반가공에서 황삭 또는 나사절삭 등은 1회 절삭으로는 불가능하므로 여러 번 반복하여 절삭해야 한다.

② 반복 절삭하는 과정을 몇 개의 지령절로 명령하므로 프로그램을 간단히 할 수 있다.

③ 고정 사이클의 가공은 1회 절삭한 다음 초기점으로 복귀하여 다시 반복 가공하며, 가공이 완료되면 초기점으로 복귀 후 고정사이클이 종료되므로 초기점이 중요하다.

④ 계속 유효 명령이므로 반복 절삭할 때 X축의 절입량만 지정하면 된다.

⑤ I(R)를 지정하지 않거나 0으로 하면 직선절삭이 실행된다.

(1) 내 · 외경 절삭 사이클(G90)

① 지령방법

G90 X(U)___ Z(W)___ F___ ; (직선 절삭)

G90 X(U)___ Z(W)___ I(R)___ F___ ; (테이퍼 절삭)

　　　여기서, X(U)___ Z(W)___ : 절삭의 끝점 좌표

　　　　　　　I(R)___ : 테이퍼의 경우 절삭의 끝점과 절삭의 시작점의 상대 좌푯값

　　　　　　　　반경지령(I : 11T에 적용, R : 11T 아닌 경우에 적용)

　　　　　　　F___ : 이송속도(mm/rev)

② 테이퍼 절삭 시 $I(R)$ 값 계산하기

$$L' : L = I(R) : r$$

$$I(R) = \frac{L' \times r}{L}$$

| 테이퍼 절삭 시 $I(R)$ 값 |

③ 테이퍼 절삭 시 $I(R)$ 값의 부호 정하기

| −값인 경우 | | +값인 경우 |

절삭 종점(C점)을 기준으로 하여 시작점(B점)의 위치가 X축 방향으로 '+' 방향에 있으면 '+'가 되고, '−' 방향에 있으면 '−'가 된다.

예 G90을 이용하여 직선 절삭 프로그램 작성하기

(단, 절삭속도 120m/min, 이송속도 0.2mm/rev, 1회 절입은 5mm로 한다.)

G96 S120 M03 ;
G00 X72. Z2. T0101 M08 ;
G90 X65. Z−60. F0.2 ; (1회 절삭)
    X60. ; (2회 절삭)
    X55. ; (3회 절삭)
    X50. ; (4회 절삭)
G00 X100. Z100. T0100 M09 ;
    M05 ;
    M02 ;

예 G90을 이용하여 테이퍼 절삭 프로그램 작성하기

(단, 이송속도 0.2mm/rev, I 값은 일정, 1회 절입은 반경 2.5mm로 한다.)

G00 X80. Z2. T0101 M08 ;
G90 X77. Z−40. I−6.4 F0.2 ; (1회 절삭)
    X72. ; (2회 절삭)
    X67. ; (3회 절삭)
    X62. ; (4회 절삭)
G00 X100. Z100. T0100 M09 ;
    M05 ;
    M02 ;

$$I(R) = \frac{L' \times r}{L} = \frac{42 \times \dfrac{62-50}{2}}{40} = 6.4, \text{ 방향이 '−'이므로 } I \text{ 값은 } -6.4 \text{이다.}$$

(2) 단면 절삭 사이클(G94)

① 지령방법

급속이송(R)
절삭이송(F)

| 단면 절삭 사이클 |

G94 X(U)___ Z(W)___ F___ ; (평행 절삭)

G94 X(U)___ Z(W)___ K(R)___ F___ ; (테이퍼 절삭)

　　여기서, X(U)___ Z(W)___ : 절삭의 끝점 좌표

　　　　　　　K(R)___ : 테이퍼의 경우 절삭의 끝점과 절삭의 시작점의 상대 좌푯값

　　　　　　　　　　반경지령(K : 11T에 적용, R : 11T 아닌 경우에 적용)

　　　　　　　F___ : 이송속도(mm/rev)

예 G94를 이용하여 단면 절삭 프로그램 작성하기

　　(단, 이송속도 0.2mm/rev, 1회 절입은 4mm로 한다.)

ϕ 50 ϕ 20

20

50

G00 X60. Z2. T0101 ;

G94 X20. Z-4. F0.2 ; (1회 절삭)

　　　　Z-8. ; (2회 절삭)

　　　　Z-12. ; (3회 절삭)

　　　　Z-16. ; (4회 절삭)

　　　　Z-20. ; (5회 절삭)

G00 X100. Z100. T0100 ;

5 복합형 고정 사이클(G70~G76)

① 제품의 최종 형상과 절삭조건 등을 지정해 주면 공구 경로가 자동으로 결정되어 가공하는 기능이다.

② 프로그램을 간단하게 하는 고정 사이클이다.

③ 복합형 고정 사이클의 구역 안(P부터 Q 블록까지)에 명령된 F, S, T는 막깎기 사이클 실행 중에는 무시되고 다듬질 사이클에서만 실행된다.

④ 고정 사이클 실행 도중에 보조 프로그램 명령을 사용할 수 없다.

⑤ 고정 사이클 명령의 마지막 블록에는 자동 면취 및 코너 R 명령을 사용할 수 없다.

⑥ G71, G72는 막깎기 사이클이지만, 다듬질 여유를 U0, W0로 명령하면 완성치수로 가공할 수 있다.

(1) 내 · 외경 황삭 사이클(G71)

① 특징

ㄱ 제품의 최종형상과 절삭조건 등을 지정해 주면 정삭여유가 남을 때까지 가공한 후 사이클 초기점으로 복귀하는 기능이다.

ㄴ 내 · 외경을 황삭 가공하는 복합형 고정 사이클이다.

② 지령방법

> G71 U(Δd) R(e) ;
> G71 P(ns) Q(nf) U(Δu) W(Δw) F(f) ;   ······(11T 아닌 경우)

여기서, U(Δd) : 1회 X축 방향 가공깊이(절삭깊이), 반경지령 및 소수점지령 가능

R(e) : 도피량(절삭 후 간섭 없이 공구가 빠지기 위한 양)

11T인 경우 파라미터에서 지정

P(ns) : 정삭가공 지령절의 첫 번째 전개번호

Q(nf) : 정삭가공 지령절의 마지막 전개번호

U(Δu) : X축 방향의 정삭여유(지름지령)

W(Δw) : Z축 방향의 정삭여유

F(f) : 황삭 가공 시 이송속도(mm/rev), P와 Q 사이의 F 값은 무시되고

G71 블록에서 지령된 데이터가 유효하다.

> G71 P(ns) Q(nf) U(Δu) W(Δw) D(Δd) F(f) ;   ······(11T인 경우)

여기서, D(Δd) : 1회 X축 방향 가공깊이(절삭깊이), 반경지령 및 소수점지령 불가능

③ 가공순서 및 정삭여유 U, W의 부호 관계

| 가공순서 및 정삭여유 U, W의 부호 |

ㄱ U의 부호는 바이트가 공작물 위쪽에 있으면 '+', 아래에 있으면 '−'

ㄴ W의 부호는 바이트가 공작물 오른쪽에 있으면 '+', 왼쪽에 있으면 '−'

(2) 단면 황삭 사이클(G72)

| 가공순서 및 정삭여유 |

G72 W($\underline{\Delta w}$) R($\underline{e}$) ;

G72 P($\underline{ns}$) Q($\underline{nf}$) U($\underline{\Delta u}$) W($\underline{\Delta w}$) F($\underline{f}$); ……(11T 아닌 경우)

여기서, W($\underline{\Delta w}$) : 1회 Z축 방향 가공깊이(절삭깊이), 반성시령 및 소수점지령 가능

R($\underline{e}$) : 도피량(절삭 후 간섭 없이 공구가 빠지기 위한 양)

11T인 경우 파라미터에서 지정

P($\underline{ns}$) : 정삭가공 지령절의 첫 번째 전개번호

Q($\underline{nf}$) : 정삭가공 지령절의 마지막 전개번호

U($\underline{\Delta u}$) : X축 방향의 정삭여유(지름지령)

W($\underline{\Delta w}$) : Z축 방향의 정삭여유

F($\underline{f}$) : 황삭가공 시 이송속도[mm/rev], P와 Q 사이의 F 값은 무시되고

G72 블록에서 지령된 데이터가 유효하다.

G72 P⟨ns⟩ Q⟨nf⟩ U⟨Δu⟩ W⟨Δw⟩ D⟨Δd⟩ F⟨f⟩ ;   ······(11T인 경우)

여기서, D⟨Δd⟩ : 1회 Z축 방향 가공깊이(절삭깊이), 반경지령 및 소수점지령 불가능

(3) 모방 사이클(G73)

일정한 절삭 형태를 조금씩 이동시키면서 가공하는 기능으로, 미리 만들어진 공작물(단조품, 주조품)을 황삭 가공하는 복합형 고정 사이클이다.

| 가공순서 및 정삭여유 |

G73 U⟨Δi⟩ W⟨Δk⟩ R⟨d⟩ ;
G73 P⟨ns⟩ Q⟨nf⟩ U⟨Δu⟩ W⟨Δw⟩ F⟨f⟩ ;   ······(11T 아닌 경우)

여기서, U⟨Δi⟩ : X축 방향 도피거리 및 방향(반경지정)
　　　　W⟨Δk⟩ : Z축 방향 도피거리 및 방향
　　　　R⟨d⟩ : 분할횟수(황삭가공의 횟수와 같음)
　　　　P⟨ns⟩ : 정삭가공 지령절의 첫 번째 전개번호
　　　　Q⟨nf⟩ : 정삭가공 지령절의 마지막 전개번호
　　　　U⟨Δu⟩ : X축 방향의 정삭여유(지름지령)
　　　　W⟨Δw⟩ : Z축 방향의 정삭여유
　　　　F⟨f⟩ : 황삭가공 시 이송속도[mm/rev], P와 Q 사이의 F 값은 무시되고 G73 블록에서
　　　　　　　지령된 데이터가 유효하다.

(4) 정삭 사이클(G70)

황삭가공(G71, G72, G73) 완료 후 G70으로 정삭 가공한다.

G70 P⟨ns⟩ Q⟨nf⟩ F⟨f⟩ ;

여기서, P⟨ns⟩ : 정삭가공 지령절의 첫 번째 전개번호
　　　　Q⟨nf⟩ : 정삭가공 지령절의 마지막 전개번호
　　　　F⟨f⟩ : 정삭가공 시 이송속도(mm/rev), P와 Q 사이의 F 값은 무시되고 G70 블록에서
　　　　　　　지령된 데이터가 유효하다.

(5) 단면 홈 가공 사이클(G74)

가공 시 발생하는 긴 칩의 발생을 줄일 수 있으며, X축의 명령을 생략하면 단면 드릴 작업을 할 수 있다.

G74 R($\underline{r}$) ;
G74 X(U)($\underline{\Delta u}$) Z(W)($\underline{\Delta w}$) P($\underline{p}$) Q($\underline{q}$) R($\underline{d}$) F($\underline{f}$) ; ······(11T 아닌 경우)

여기서, R($\underline{r}$) : 후퇴량, Z축 방향으로 Q($\underline{q}$)만큼 가공 후 뒤쪽으로 이동하는 양
X(U)($\underline{\Delta u}$) : 가공하고자 하는 X축 방향의 최종지점
Z(W)($\underline{\Delta w}$) : 가공하고자 하는 Z축 방향의 최종지점
P($\underline{p}$) : X축 방향의 이동량, 바이트 폭보다 넓은 홈을 가공할 경우 이동거리는
　　　　홈 바이트의 2/3 정도 입력한다.(소수점 없이 입력함)
Q($\underline{q}$) : 1회 Z축 방향 가공깊이, 소수점 없이 입력함
R($\underline{d}$) : X축 방향 이동량의 반대 방향으로의 후퇴량, X축 방향의 이동량이 없는 경우 생략,
　　　　단면 드릴 작업을 하는 경우도 생략
F($\underline{f}$) : 황삭가공 시 이송속도[mm/rev]

(6) 내 · 외경 홈 가공 사이클(G75)

공작물의 내경이나 외경에 홈을 가공하는 사이클로서 홈 가공 시 발생하는 긴 칩의 발생을 줄일 수 있다.

G75 R($\underline{r}$) ;
G75 X(U)($\underline{\Delta u}$) Z(W)($\underline{\Delta w}$) P($\underline{p}$) Q($\underline{q}$) R($\underline{d}$) F($\underline{f}$) ; ······(11T 아닌 경우)

여기서, R($\underline{r}$) : 후퇴량, X축 방향으로 P($\underline{p}$)만큼 가공 후 뒤쪽으로 이동하는 양
X(U)($\underline{\Delta u}$) : 가공하고자 하는 X축 방향의 최종지점
Z(W)($\underline{\Delta w}$) : 가공하고자 하는 Z축 방향의 최종지점
P($\underline{p}$) : 1회 X축 방향 가공깊이(소수점 없이 입력함)
Q($\underline{q}$) : Z축 방향의 이동량, 바이트 폭보다 넓은 홈을 가공할 경우 이동거리는
　　　　홈 바이트의 2/3 정도 입력한다.(소수점 없이 입력함)
R($\underline{d}$) : X축 방향 이동량의 반대 방향으로의 후퇴량, X축 방향의 이동량이 없는 경우 생략
F($\underline{f}$) : 황삭 가공 시 이송속도[mm/rev]

6 나사가공(G32, G76, G92)

① 나사가공을 할 때 주축의 회전수가 변하면 일정한 피치를 가진 나사를 가공할 수 없으므로 주축 회전수 일정 제어(G97)로 지령해야 한다.
② 이송속도 조절 오버라이드는 100%로 고정해야 한다.
③ 나사가공이 완료되면 자동으로 시작점으로 복귀한다.

④ 시작점과 종료점

| 나사가공 |

㉠ 시작점의 X축 방향의 위치(피치에러에서 오는 불량 방지)

수나사의 외경＋피치×2

㉡ Z축의 위치

ⓐ 시작점의 불완전 나사부의 여유

$$\delta_1 = 3.6 \times \frac{L \times N}{1,800}$$

ⓑ 종료지점의 불완전 나사부의 여유

$$\delta_2 = \frac{L \times N}{1,800}$$

　　여기서, L : 나사의 리드
　　　　　 N : 주축의 회전수[rpm]

(1) 나사 절삭(G32)

평행 나사, 테이퍼나사, 다줄 나사, 사각(scroll) 나사 등을 가공할 수 있다.

G32 X(U)＿＿ Z(W)＿＿ (Q＿＿) F＿＿ ;

　　여기서, X(U), Z(W) : 나사 절삭의 끝점 좌표
　　　　　 Q : 다줄 나사 가공 시 절입각도(1줄 나사의 경우 생략한다.)
　　　　　 F : 나사의 리드(인치계 나사의 경우 F대신 E를 입력하고, 인치 치수로 되어 있는
　　　　　　　 피치를 밀리미터 치수로 바꾸어 입력한다.)

(2) 나사 절삭 사이클(G92)

① 평행 나사

G92 X(U)＿＿ Z(W)＿＿ F＿＿ ;

　　여기서, X(U) : 절삭 시 나사 끝점의 X좌표(지름지령)
　　　　　 Z(W) : 절삭 시 나사 끝점의 Z좌표
　　　　　 F : 나사의 리드

② 테이퍼 나사

G92 X(U)___ Z(W)___ I___ F___ ;　　　　……(11T 인 경우)
G92 X(U)___ Z(W)___ R___ F___ ;　　　　……(11T 아닌 경우)

　　　여기서, I 또는 R : 테이퍼 나사 절삭 시 나사 끝점(X좌표)과 나사 시작점(X좌표)의
　　　　　　　　　　　거리(반경지령)와 방향
　　　　　　　　　　　(I-__, R-__는 수나사, I__, R__는 암나사)

(3) 자동 나사 가공 사이클(G76)

① 11T 아닌 경우

G76 P(m) (r) (a) Q(Δd min) R(d) ;
G76 X(U)___ Z(W)___ P(k) Q(Δd) R(i) F___ ;

　　　여기서, P(m) : 다듬질 횟수(01~99까지 입력 가능)
　　　　　　　(r) : 불완전 나사부 면취량(00~99까지 입력 가능) - 리드의 몇 배인가 지정
　　　　　　　(a) : 나사산의 각도(80, 60, 55, 30, 29, 0 지령 가능)
　　　　　　　　　예 m=01 ⇒ 1회 정삭, r=10 ⇒ 45° 면취, a=60 ⇒ 삼각 나사
　　　　　　　Q(Δd min) : 최소 절입량(소수점 사용 불가, 생략 가능)
　　　　　　　R(d) : 정삭여유
　　　　　　　X(U), Z(W) : 나사 끝점 좌표
　　　　　　　P(k) : 나사산의 높이(반경지령), 소수점 사용 불가
　　　　　　　Q(Δd) : 첫 번째 절입량(반경지령), 소수점 사용 불가
　　　　　　　R(i) : 테이퍼 나사 절삭 시 나사 끝점(X좌표)과 나사 시작점(X좌표)의
　　　　　　　　　　거리(반경지령), I=0이면 평행 나사(생략 가능)
　　　　　　　F : 나사의 리드

② 11T인 경우

G76 X(U)___ Z(W)___ I___ K___ D___ (R___) F___ A___ P___ ;

　　　여기서, X(U), Z(W) : 나사 끝점 좌표
　　　　　　　I : 나사 절삭 시 나사 끝점(X좌표)과 나사 시작점(X좌표)의 거리
　　　　　　　　 (반경지령), I=0이면 평행 나사(생략 가능)
　　　　　　　K : 나사산의 높이(반경지령)
　　　　　　　D : 첫 번째 절입량(반경지령), 소수점 사용 불가
　　　　　　　R : 면취량(파라미터로 설정)
　　　　　　　F : 나사의 리드
　　　　　　　A : 나사의 각도
　　　　　　　P : 절삭방법(생략하면 절삭량 일정, 한쪽 날 가공을 수행)

7 절삭속도 일정 제어(G96, G97)

(1) 절삭속도 일정 제어(G96)

절삭속도를 일정하게 제어하는 기능이다. G96과 함께 절삭속도가 주어지면 항상 절삭속도를 일정하게 유지하기 위하여 가공 중인 공작물의 지름이 커지면 주축 회전수가 낮아지고, 지름이 작아지면 주축 회전수가 높아진다.

※ 지름이 작아지면 주축 회전수는 계속 증가하여 기계 자체의 최고 회전수를 초과하게 되므로 G50을 이용하여 주축 최고 회전수를 제한한다.

① 지령방법

G96 S___ ;

여기서, S : 절삭속도[m/min]

② 계산식

$$S = \frac{\pi DN}{1,000}[\text{m/min}] \quad, \quad N = \frac{1,000 S}{\pi D}[\text{rpm}]$$

여기서, D : 직경[mm], N : 주축 회전수[rpm]

(2) 주축 회전수 일정 제어(G97)

주속 일정 제어 취소라고도 하며, 공작물의 지름이 변하더라도 프로그램을 바꾸지 않는 한 일정하게 회전하는 것을 말한다. 드릴작업, 나사작업, 지름의 변화가 심하지 않은 긴 환봉 등을 가공할 때 사용한다.

G97 S___ ;

여기서, S : 주축의 회전수[rpm]

1 원점복귀

(1) 자동 원점복귀(G28)

$$G28 \begin{Bmatrix} G90 \\ G91 \end{Bmatrix} X\_\_ \ Y\_\_ \ Z\_\_ \ ;$$

여기서, G90, G91 : 절대지령 및 증분지령
X, Y, Z : 기계원점복귀를 하는 축을 지정하며 어드레스 뒤의 값은 중간 경유점의 좌표

예 자동 원점복귀(G28) 프로그램 작성하기

㉠ G28 G90 X0. Y0. Z0. ;

ⓐ점에서 ⓑ점(공작물 좌표계의 원점)까지 이동한 다음 기계 원점으로 복귀한다.

㉡ G28 G91 X0. Y0. Z0. ;

ⓐ점에서 바로 기계 원점으로 복귀한다.

(2) 제2, 3, 4 원점복귀(G30)

G30 G91 Z0. ;

현재 위치에서 Z축만 제2원점으로 복귀하며, 주로 공구 교환위치로 보낼 때 사용한다. 반드시 공구길이 보정이 취소된 상태에서 원점복귀를 해야 하며, 그렇지 않으면 알람이 발생한다.

❷ 공작물 좌표계 설정

(1) 공작물 좌표계 설정(G92)

반자동(MDI) 모드에서 공작물의 좌표계 원점을 설정하고자 할 때 사용한다.

> G92 G90 X___ Y___ Z___ ;

여기서, X, Y, Z : 공작물 원점에서 시작점까지의 좌푯값을 입력

예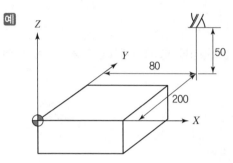

G92 G90 X80. Y200.Z50. ;

(2) 공작물 좌표계 설정(G54~59)

- 미리 설정된 좌표계(컴퓨터 화면에서 입력된 값)를 사용할 수 있다.
- 공작물 보정화면(컴퓨터 화면)에 입력하는 값은 기계 원점으로부터 공작물 원점까지의 거리를 입력한다.

① 지령방법

> $\left\{\begin{array}{c}\text{G54} \\ \text{~} \\ \text{G59}\end{array}\right\}$ G90 X___ Y___ Z___ ;

G-코드	내용	G-코드	내용
G54	공작물 좌표계 1번 선택	G57	공작물 좌표계 4번 선택
G55	공작물 좌표계 2번 선택	G58	공작물 좌표계 5번 선택
G56	공작물 좌표계 3번 선택	G59	공작물 좌표계 6번 선택

② G54의 X, Y 원점 설정하기(FANUC 시스템)

(a) 터치 포인트 센서　　　　(b) 아큐센터

| 평면 측정용(X축, Y축) |

| 하이트프리세터 – 길이 측정용(Z축) |

(a) 기준면 터치   (b) 아큐센터 반경만큼 이동

| 아큐센터를 이용한 공작물 좌표계 설정 |

  ㉠ 직경이 φ10인 아큐센터를 주축에 고정하고 주축 회전수를 100rpm으로 설정한다.
  ㉡ 핸들 조 ⇒ X축 기준면 터치

         : (기능 KEY) OFFSET SETTING ⇒ 좌표계 ⇒ G54의 X 좌표 입력
         란으로 커서 이동 ⇒ 조작 ⇒ X−5. 입력 ⇒ 측정

       Y축 기준면 터치

         : (기능 KEY) OFFSET SETTING ⇒ 좌표계 ⇒ G54의 Y 좌표 입력
         란으로 커서 이동 ⇒ 조작 ⇒ Y−5. 입력 ⇒ 측정

③ 길이 보정 및 G54에 Z값 입력하기

| 하이트프리세터를 이용한 공구길이 보정 |

  ㉠ 가공물 위에 하이트프리세터를 올려놓는다.
  ㉡ MDI ⇒ PROG ⇒ T1 M6 ; (1번 공구 교환)
  ㉢ 핸들을 조작하여 공구를 Z축 방향으로 내려 공구가 하이트프리세터를 눌러 다이얼게이지 눈금이 0이 되도록 한다.
  ㉣ OFFSET SETTING ⇒ 보정 ⇒ 1번 공구번호 (001)로 커서 이동 ⇒ Z 입력 ⇒ C. 입력
  ㉤ T2, T3 공구도 같은 방법으로 설정한다.
  ㉥ 길이보정 후 OFFSET SETTING ⇒ 좌표계 ⇒ G54 ⇒ Z에 −100. 입력

예 G54 G00 G90 Z150. G43 H01 ;
    급속 위치결정을 하는데 G54에 입력된 값과 H1(길이보정 번호)에 입력된 값을 더하여 이동한다.

(3) 구역 좌표계 설정(G52)

```
G52 X___ Y___ Z___ ;
```

> 여기서, X, Y, Z : 구역 좌표계의 원점(공작물 좌표계 기준으로 본 좌표)

(4) 기계 좌표계 설정(G53)

기계 고유의 위치나 공구교환 위치로 이동하고자 할 때 사용한다.

```
G90 G53 X___ Y___ Z___ ;
```

> 여기서, X, Y, Z : 기계 좌표계의 끝점

❸ 고정 사이클

① 프로그램을 간단하게 하는 기능이다.
② 구멍을 가공하는 몇 개의 블록을 하나의 블록으로 프로그램을 작성한다.
③ 고정 사이클은 드릴, 탭, 보링 기능 등이 있고, 응용하여 다른 기능으로도 사용 가능하다.
　🅟 보링 사이클로도 드릴 작업이 가능하다.

(1) 고정 사이클의 기본동작

- 동작 1 : 구멍가공 위치로 급속 위치결정
- 동작 2 : R점(가공 시작점) 급속 위치결정
- 동작 3 : 구멍가공
- 동작 4 : 구멍 바닥에서의 동작(dwell)
- 동작 5 : R점으로 복귀
- 동작 6 : 초기점으로 이동

| 고정 사이클의 기본동작 |

(2) 고정 사이클의 동작

G-코드	용도	동작 3	동작 4	동작 5
G73	고속 심공드릴 사이클	간헐 절삭이송	–	급속이송
G74	왼나사 탭 사이클	절삭이송	주축 정회전	절삭이송
G76	정밀 보링 사이클	절삭이송	주축 정위치 정지	급속이송
G81	드릴 사이클	절삭이송	–	급속이송
G82	카운터 보링 사이클	절삭이송	드웰(dwell)	급속이송

G-코드	용도	동작 3	동작 4	동작 5
G83	심공드릴 사이클	간헐 절삭이송	–	급속이송
G84	탭 사이클	절삭이송	주축 역회전	절삭이송
G85	보링 사이클	절삭이송	–	절삭이송
G86	보링 사이클	절삭이송	주축 정지	급속이송
G87	백보링 사이클	절삭이송	주축 정위치 정지	절삭이송 또는 급속이송
G88	보링 사이클	절삭이송	드웰(dwell), 주축 정지	수동이송 또는 급속이송
G89	보링 사이클	절삭이송	드웰(dwell)	급속이송

(3) 지령방법

① **평면선택** : G17(XY평면), G18(ZX평면), G19(YZ평면)

② **고정 사이클 종류 선택** : G73~G89(G80은 고정 사이클 취소기능이다.)

③ **G90, G91 선택** : 절대 및 상대 지령 선택(이미 지령된 경우 생략 가능)

④ **G98, G99 선택** : 초기점 복귀 및 R점 복귀 선택

⑤ **구멍의 위치** : 가공할 구멍의 위치를 절대 및 증분 지령 입력(공구 급속이송)

⑥ **가공 데이터**

    ㉠ Z : R점에서 구멍 바닥까지의 거리(증분지령), 구멍 바닥의 위치(절대지령) 입력

    ㉡ R : 가공을 시작하는 Z좌표 값(구멍 가공 후 공구의 복귀점)

    ㉢ Q : G73, G83에서는 매회 절입량이고, G76, G87에서는 후퇴량을 뜻한다.

    ㉣ P : 구멍 바닥에서의 휴지(일시정지)시간

⑦ **F** : 절삭 이송속도(mm/min)

⑧ **반복횟수(K 또는 L)**

    ㉠ 0M에서는 K, 0M 이외에는 L로 지정한다.

    ㉡ K 지령을 생략할 경우 K1(1회 가공)로 지령한 것으로 한다.

    ㉢ K0으로 지령하면 현재 블록에서 고정 사이클 데이터만 기억하고, 구멍작업은 하지 않으며, 다음에 구멍의 위치가 지령되면 사이클 기능을 실행한다.

CHAPTER 004 CAD/CAM

CRAFTSMAN COMPUTER AIDED LATHE

SECTION 01 CAD/CAM 시스템의 하드웨어

1 입력장치

① 키보드

문자, 숫자, 특수문자를 입력하는 장치로 알파뉴메릭(alphanumeric), 기능키, 키패드 등으로 구성되어 있다.

② 마우스

쥐 모양을 닮아 마우스라 부르며, 마우스를 움직여 커서의 움직임을 제어하거나 버튼을 클릭하여 명령을 실행하는 장치이다.

③ 트랙볼

볼(ball)을 손가락 끝이나 다른 신체 부위를 사용하여 굴려서 커서 등을 원하는 위치에 놓은 다음, 볼의 위 또는 좌우에 있는 버튼을 눌러 원하는 것을 선택하도록 하는 장치이다.

④ 라이트펜

감지용 렌즈를 이용하여 컴퓨터 명령을 수행하는 끝이 뾰족한 펜 모양의 입력 장치로 컴퓨터 작업 시 펜을 이동시키면서 눌러 명령한다. 마우스(mouse)나 터치 스크린(touch screen) 방식에 비해 입력이 세밀하므로 그림 등 그래픽 작업도 할 수 있으며 작업 속도도 빠른 장점이 있다.

⑤ 조이스틱

막대를 수직, 수평, 경사 방향으로 움직여서 포인터를 이동시키는 장치로 컴퓨터 게임의 시뮬레이터에 많이 사용하는 장치이다.

⑥ 포인팅 스틱

노트북 컴퓨터에 채용하고 있는 포인팅 장치로서 손가락으로 원하는 방향으로 지그시 밀거나 당겨주면 압력과 방향을 인식해서 마우스의 움직임을 대신해 주는 장치이다.

⑦ 터치패드

컴퓨터 화면 위를 지시하기 위한 장치로서 압력 감지기가 달려 있는 작은 평판으로 마우스를 대신하는 입력장치이다. 손가락이나 펜을 이용해 접촉하면 그 압력에 의해 커서가 움직이고, 이에 따른 위치 정보를 컴퓨터가 인식한다.

⑧ 터치스크린

터치스크린은 구현 원리와 동작 방법에 따라 다양한 방식(저항막/광학/정전용량/초음파/압력 등)으로 구분된다. 여기서 우리가 흔히 접하는 휴대폰이나 스마트폰, 태블릿 PC 등에 탑재된 터치스크린은 저항막(감압) 방식과 정전용량 방식으로 나눌 수 있다.

⑨ 디지타이저

그래픽 태블릿, 도형 입력판(태블릿)이라고 하며, 무선 혹은 유선으로 연결된 펜과 펜에서 전하는 정보를 받는 납작한 판으로 이루어져 있다. 이 판에 입력되는 좌표를 판독하여 컴퓨터에 디지털 형식으로 입력해주는 장치이다.

⑩ 스캐너

사진 또는 그림과 같은 종이 위의 도형의 정보를 그래픽 형태로 읽어 들여 컴퓨터에 전달하는 입력 장치이다.

② 중앙처리장치

명령어의 해석과 자료의 연산, 비교 등의 처리를 제어하는 컴퓨터 시스템의 핵심적인 장치를 말한다.

① 제어장치

프로그램 명령어를 해석하고, 해석된 명령의 의미에 따라 연산장치, 주기억장치, 입출력장치 등에 동작을 지시한다.

② 연산장치

덧셈, 뺄셈, 곱셈, 나눗셈의 산술 연산만이 아니라 AND, OR, NOT, XOR와 같은 논리 연산을 하는 장치로 제어장치의 지시에 따라 연산을 수행한다.

③ 레지스터

주기억장치로부터 읽어온 명령어나 데이터를 저장하거나 연산된 결과를 저장하는 공간이다.

③ 출력장치

컴퓨터 시스템의 정보처리 결과를 사람이 알아볼 수 있는 문자, 도형, 음성 등의 다양한 형태로 제공하고 나타내는 장치를 말한다. LCD나 CRT 같은 모니터나 프린터, 스피커 등이 가장 널리 사용되지만, 플로터, 빔 프로젝터, 그래픽 디스플레이, 음성 출력 장치 등도 많이 사용되고 있다.

① CRT 모니터

가장 오래되고 대중적인 디스플레이 장치로 음극선관, 혹은 브라운관이라고도 하며, LCD 모니터보다 전력소비량이 많고 부피도 크고 무거워 거의 단종된 상태이다.

② LCD 모니터

액정 표시장치(liquid crystal display)로 화질이 선명하며 본체 자체가 얇고 가벼워 공간 활용도가 높고 설치가 편리하다. CRT 모니터에 비해 다소 응답시간이 느리고 색상 표현력이 떨어진다는 단점이 있다.

③ 프린터

잉크 또는 레이저를 이용하여 문서나 이미지를 인쇄할 수 있는 장치이다.

④ 플로터

A4 용지 이외에 A0, A1 등 다양한 규격의 용지를 인쇄할 수 있는 제품이다. 일반 잉크젯 프린터와 흡사한 기능을 가지지만, 글자보다는 도형 인쇄에 적합하여 간판 제작, 도면, 현수막 인쇄 등 전문적인 용도로 많이 사용되며 일반적으로 해상도가 높을수록 우수한 결과물을 얻을 수 있다.

⑤ 그래픽 디스플레이

도형 표시장치라고도 하며, 브라운관을 사용하여 전자적으로 도형을 그리게 하는 장치를 말한다.

⑥ 빔 프로젝터

빛을 이용하여 슬라이드나 동영상, 이미지 등을 스크린에 비추는 장치를 말한다.

SECTION 02 CAD/CAM 일반

① 포스트 프로세서

CAD/CAM 소프트웨어에서 작성된 가공 데이터를 읽어 특정의 CNC 공작기계 컨트롤러에 맞도록 NC 데이터를 만들어 주는 과정을 말한다.

② CAM 시스템에서 정보처리(가공과정) 흐름

도형 정의 → 곡선 및 곡면 정의 → 공구경로 생성 → NC데이터 생성 → DNC 전송

③ 등고선 가공

CAM 시스템이 곡면 가공방법에서 Z축 방향의 높이가 같은 부분을 연결하여 가공하는 방법을 말한다.

④ 커습(cusp)

CAD/CAM에서 경로 간 간격에 의하여 형성되는 공구의 흔적으로 공구 경로 사이 간격에 의해 생기는 조개껍질 형상의 최고점과 최저점의 높이차를 말한다.

CHAPTER 01 CNC의 개요

01 CNC 공작기계에서 각 축을 제어하는 역할을 하는 부분은?

① ATC 장치　　　② 공압 장치
③ 서보 기구　　　④ 칩처리 장치

풀이 서보기구 : 인체에서 손과 발에 해당하는 것으로, 머리에 비유하는 정보처리회로(CPU)로부터 보내진 명령에 의하여 공작기계의 테이블 등을 움직이게 하는 기구를 말한다.

02 CNC 공작기계의 제어 방식이 아닌 것은?

① 시스템 제어　　　② 위치결정 제어
③ 직선절삭 제어　　　④ 윤곽절삭 제어

풀이 제어방식
위치결정 제어, 직선절삭 제어, 윤곽절삭 제어

03 서보 기구에서 위치와 속도를 서보 모터에 내장된 인코더(Encoder)에 의해서 검출하는 그림과 같은 방식은?

① 반폐쇄회로 방식　　　② 개방회로 방식
③ 폐쇄회로 방식　　　④ 반개방회로 방식

풀이 반폐쇄회로 방식
• 속도정보는 서보모터에 내장된 타코 제너레이터에서 검출되어 제어된다.
• 위치정보는 볼 스크루나 서보 모터의 회전 각도를 측정해 간접적으로 실제 공구의 위치를 추정하고 보정해주는 간접 피드백 시스템 제어 방식이다.

04 CNC 공작기계에서 일시적으로 운전을 중지하고자 할 때 보조 기능, 주축 기능, 공구 기능은 그대로 수행되면서 프로그램 진행이 중지되는 버튼은?

① 사이클 스타트(cycle start)
② 취소(cancel)
③ 머신 레디(machine ready)
④ 이송 정지(feed hold)

풀이 이송 정지(feed hold) : 자동 운전을 일시 정지시키기 위해 프로그램 진행이 중지되는 버튼을 말한다.

05 간단한 프로그램을 편집과 동시에 시험적으로 실행할 때 사용하는 모드 선택 스위치는?

① 반자동운전(MDI)　　② 자동운전(AUTO)
③ 수동이송(JOG)　　④ DNC 운전

풀이 • 반자동 운전(MDI) : 간단한 프로그램을 편집과 동시에 시험적으로 실행할 때 사용한다.
• 자동운전(AUTO) : 저장된 프로그램을 자동 실행할 때 사용한다.
• 수동이송(JOG) : 각종 기계 버튼에 의해 축을 수동으로 '+' 또는 '-' 방향으로 이송시킬 때 사용한다.

정답 | 01 ③　02 ①　03 ①　04 ④　05 ①

- DNC 운전 : 컴퓨터 등 외부 기기로부터 가공 프로그램을 불러와서 자동 실행할 때 사용한다.

06 컴퓨터 통합 생산(CIMS) 방식의 특징으로 틀린 것은?

① life cycle time이 긴 경우에 유리하다.
② 품질의 균일성을 향상시킨다.
③ 재고를 줄임으로써 비용이 절감된다.
④ 생산과 경영관리를 효율적으로 하여 제품 비용을 낮출 수 있다.

풀이 life cycle time이 짧은 경우에 유리하다.

07 CNC 선반에서 나사절삭 시 나사 바이트가 시작점이 동일한 점에서 시작되도록 해주는 기구를 무엇이라고 하는가?

① 인코더(encoder)
② 위치 검출기(position coder)
③ 리졸버(resolver)
④ 볼 스크루(ball screw)

풀이
- 인코더(encoder) : CNC 기계의 움직임을 전기적 신호로 변환하여 속도 제어와 위치 검출을 하는 일종의 피드백 장치이다.
- 위치 검출기(position coder) : CNC 선반에서 나사절삭 시 나사 바이트가 시작점이 동일한 점에서 시작되도록 해주는 기구이다.
- 리졸버(resolver) : CNC 기계의 움직임을 전기적 신호로 표시하는 피드백 장치이다.
- 볼 스크루(ball screw) : 서보모터의 회전운동을 직선운동으로 바꾸어 테이블을 구동시키는 나사이다.

08 DNC 시스템의 구성요소가 아닌 것은?

① CNC 공작기계 ② 중앙 컴퓨터
③ 통신선 ④ 플로터

풀이 DNC 시스템의 구성요소
중앙 컴퓨터, CNC 공작기계, 통신선

09 컴퓨터에 의한 통합 생산 시스템으로 설계, 제조, 생산, 관리 등을 통합하여 운영하는 시스템은?

① CAM ② FMS
③ DNC ④ CIMS

풀이 CIMS : 컴퓨터 통합생산(CIMS)은 사업계획과 지원, 제품설계, 가공공정계획, 공정 자동화 등의 모든 계획기능(수요의 예측, 시간계획, 재료수급계획, 발송, 회계 등)과 실행계획(생산과 공정제어, 물류, 시험과 검사 등)을 컴퓨터에 의하여 통합 관리하는 시스템을 말한다.

10 서보기구에서 검출된 위치를 피드백하여 이를 보정하여 주는 회로는?

① 비교 회로
② 정보처리 회로
③ 연산 회로
④ 개방 회로

풀이 비교 회로 : 서보기구에서 검출된 위치를 피드백하여 이를 보정하여 주는 회로를 말한다.

11 CNC 공작기계 조작판에서 공구 교환, 주축 회전, 간단한 절삭 이송 등을 명령할 때 사용하는 반자동 운전 모드는?

① MDI ② JOG
③ EDIT ④ TAPE

풀이
- MDI : CNC 공작기계 조작판에서 공구 교환, 주축 회전, 간단한 절삭 이송 및 간단한 프로그램을 편집과 동시에 시험적으로 실행하는 반자동 운전 모드이다.
- JOG : 각종 기계 버튼에 의해 축을 수동으로 '+' 또는 '−' 방향으로 이송시킬 때 사용한다.
- EDIT : 새로운 프로그램을 작성하고 등록된 프로그램을 삽입, 수정, 삭제하는 기능이다.
- AUTO : 저장된 프로그램을 자동 실행할 때 사용한다.

12 다음 중 CNC 공작기계를 사용할 때의 특징으로 알맞은 것은?

① 가공의 능률화와 정밀도 향상이 가능하다.
② 치공구가 다양하게 되어 공구의 수가 증가한다.
③ 작업 조건의 설정으로 숙련자의 수를 증가시킨다.
④ 다품종 소량생산보다 소품종 대량생산에 더 적합하다.

풀이 ② 치공구를 사용할 필요가 없다.
③ 작업 조건의 설정으로 숙련자의 수를 감소시킨다.
④ 소품종 대량생산보다 다품종 소량생산에 더 적합하다.

13 CNC 기계의 움직임을 전기식 신호로 변환하여 속도제어와 위치검출을 하는 일종의 피드백 장치는?

① 인코더(encoder)
② 컨트롤러(controller)
③ 서보모터(servo motor)
④ 볼 스크루(ball screw)

풀이 인코더(encoder) : CNC 기계의 움직임을 전기적 신호로 변환하여 속도 제어와 위치 검출을 하는 일종의 피드백 장치이다.

14 조작판의 급속 오버라이드 스위치가 다음과 같이 급속 위치 결정(G00) 동작을 실행할 경우 실제 이송속도는 얼마인가?(단, 기계의 급속 이송속도는 1,000mm/min이다.)

RAPID OVERRIDE

① 100mm/min
② 150mm/min
③ 200mm/min
④ 250mm/min

풀이 급속 오버라이드(rapid override) 스위치
수동 및 자동 운전 시 급속이송의 속도를 조절하는 스위치이다.
• F25% : 1,000mm/min×0.25=250mm/min
• F50% : 1,000mm/min×0.5=500mm/min
• F100% : 1,000mm/min×1.0=1,000mm/min

15 1대의 컴퓨터에서 여러 대의 CNC 공작기계에 테이터를 분배하여 전송함으로써 동시에 직접 제어, 운전할 수 있는 방식을 무엇이라 하는가?

① DNC
② CAM
③ FA
④ FMS

풀이 DNC : 여러 대의 CNC 공작기계를 한 대의 컴퓨터에 결합시켜 제어하는 시스템으로 개개의 CNC 공작기계의 작업성, 생산성을 개선함과 동시에 그것을 조합하여 CNC 공작기계군으로 운영을 제어, 관리하는 것이다.

16 다음 중 CNC 공작기계 사용 시 비경제적인 작업은?

① 작업이 단순하고, 수량이 1~2개인 수리용 부품
② 항공기 부품과 같이 정밀한 부품
③ 곡면이 많이 포함되어 있는 부품
④ 다품종이며 로트당 생산수량이 비교적 적은 부품

풀이 작업이 단순하고, 수량이 1~2개인 수리용 부품은 범용 공작기계를 이용하는 것이 좋다.

17 근래에 생산되는 대형 정밀 CNC 고속가공기에 주로 사용되며 모터에서 속도를 검출하고, 테이블에 리니어 스케일을 부착하여 위치를 피드백하는 서보기구 방식은?

① 개방회로 방식
② 반폐쇄회로 방식
③ 폐쇄회로 방식
④ 복합회로 방식

정답 | 12 ① 13 ① 14 ④ 15 ① 16 ① 17 ③

풀이 폐쇄회로 방식(closed loop system)
- 속도정보는 서보모터에 내장된 타코 제너레이터에서 검출되어 제어된다.
- 위치정보는 최종 제어 대상인 테이블에 리니어 스케일(linear scale, 직선자)을 부착하여 테이블의 직선 방향 위치를 검출하여 제어된다.

18 CNC 공작기계에서 공작물에 대한 공구의 위치를 그에 대응하는 수치정보로 지령하는 제어를 무엇이라 하는가?
① NC(Numerical Control)
② DNC(Direct Numerical Control)
③ FMS(Flexible Manufacturing System)
④ CIMS(Computer Integrated Manufacturing System)

풀이 NC(수치 제어) : Numerical Control의 약어로 수치로 제어한다는 의미로 수치자료 형태로 코드화된 지령을 통해 기계요소의 동작을 제어하는 방법이다. 즉 "공작물에 대한 공구의 위치를 그에 대응하는 수치정보로 명령하는 제어"이다.

19 다음 중 CNC 공작기계에서 사용하는 서보기구의 제어방식이 아닌 것은?
① 개방회로 방식
② 스탭회로 방식
③ 폐쇄회로 방식
④ 반폐쇄회로 방식

풀이 서보기구의 제어방식에는 개방회로(open-loop) 방식, 반폐쇄회로 방식, 폐쇄회로 방식(closed loop system), 하이브리드 서보 방식(hybrid loop system)이 있다.

20 다음 중 DNC의 장점으로 볼 수 없는 것은?
① 유연성과 높은 계산 능력을 가지고 있다.
② 천공테이프를 사용하므로 전송속도가 빠르다.
③ CNC 프로그램들을 컴퓨터 파일로 저장할 수 있다.
④ 공장에서 생산성과 관련되는 데이터를 수집하고 일괄 처리할 수 있다.

풀이 DNC의 장점
천공 테이프를 사용하지 않고, LAN 케이블을 사용하여 전송속도가 빠르다.

21 다음 중 FMC(Flexible Manufacturing Cell)에 관한 설명으로 틀린 것은?
① FMS의 특징을 살려 소규모화한 가공 시스템이다.
② ATC(Automatic Tool Changer)가 장착되어 있다.
③ APC(Automatic Pallet Changer)가 장착되어 있다.
④ 여러 대의 CNC 공작기계를 무인 운전하기 위한 시스템이다.

풀이 FMC는 하나의 CNC 공작기계에 공작물을 자동으로 공급하는 장치 및 가공물을 탈착하는 장치(APC), 필요한 공구를 자동으로 교환하는 장치(ATC), 가공된 제품을 자동측정하고 감시하며 보정하는 장치 및 이들을 제어하는 장치를 갖추고 있다.

22 반폐쇄회로 방식의 NC 기계가 운동하는 과정에서 오는 운동손실(lost motion)에 해당되지 않는 것은?
① 스크루의 백래시 오차
② 비틀림 및 처짐의 오차
③ 열변형에 의한 오차
④ 고강도에 의한 오차

풀이 반폐쇄회로 방식의 운동손실(lost motion)
- 스크루의 백래시 오차, 비틀림 및 처짐의 오차, 열변형에 의한 오차, 마찰에 의한 오차 등이 있다.
- 최근에는 높은 정밀도의 볼스크루가 개발되어 신뢰할 수 있는 수준의 정밀도를 얻을 수 있다.

23 CNC 공작기계의 정보처리회로에서 서보모터를 구동하기 위하여 출력하는 신호의 형태는?
① 문자 신호
② 위상 신호
③ 펄스 신호
④ 형상 신호

정답 | 18 ① 19 ② 20 ② 21 ④ 22 ④ 23 ③

풀이 펄스신호 : 정보처리회로에서 서보모터를 구동하기 위하여 출력하는 신호의 형태

24 공작기계의 핸들 대신에 구동 모터를 장치하여 임의의 위치에 필요한 속도로 테이블을 이동시켜 주는 기구의 명칭은?

① 검출기구　　　② 서보기구

③ 펀칭기구　　　④ 인터페이스 회로

풀이 서보기구(servo unit) : 공작기계의 핸들 대신에 구동 모터를 장치하여 임의의 위치에 필요한 속도로 테이블을 이동시켜 주는 기구

CHAPTER **02** CNC 프로그램

01 CNC 공작기계 좌표계의 이동위치를 지령하는 방식에 해당하지 않는 것은?

① 절대지령 방식

② 증분지령 방식

③ 잔여지령 방식

④ 혼합지령 방식

풀이 CNC 공작기계 좌표계의 이동위치를 지령하는 방식
절대지령 방식, 증분지령(또는 상대명령) 방식, 혼합지령 방식

02 다음 중 CNC 프로그램 구성에서 단어(word)에 해당하는 것은?

① S　　　　　　② G01

③ 42　　　　　④ S500 M03 ;

풀이 • 단어(word) : 명령절을 구성하는 가장 작은 단위로 주소(address)와 수치(data)의 조합에 의하여 이루어진다.

• 주소(address) : 영문 대문자(A~Z) 중의 한 개로 표시된다.

따라서 G01(G : 주소, 01 : 수치)이 답이다.

S500 M03 ;은 두 개의 단어로 구성되어 있다.

---

03 CNC 선반에서 a에서 b까지 가공하기 위한 원호보간 프로그램으로 틀린 것은?

① G02 X40. Z−25. R20. ;

② G02 U10. W−15. R20. ;

③ G02 U40. Z−15. R20. ;

④ G02 X40. W−15. R20. ;

풀이 절대지령은 원점 표시기호(⊕)를 기준으로 좌푯값을 생각하고, 증분지령은 점 a를 임시 원점으로 생각하고 좌푯값을 입력한다.

a에서 b까지의 가공은 시계 방향이므로 G02를 지령하고, 180° 이하의 원호이므로 R값은 (+)로 지령한다.

• 절대지령 : G02 X40. Z−25. R20. ;

• 증분지령 : G02 U10. W−15. R20. ;

• 혼합지령 : G02 X40. W−15. R20. ;

• 혼합지령 : G02 U10. Z−25. R20. ;

04 1,000prm으로 회전하는 스핀들에서 3회전 휴지(dwell : 일시정지)를 주려고 한다. 정지시간과 CNC 프로그램이 옳은 것은?

① 정지시간 : 0.18초,
　CNC프로그램 : G03 X0.18 ;

② 정지시간 : 0.18초,
　CNC프로그램 : G04 X0.18 ;

③ 정지시간 : 0.12초,
　CNC프로그램 : G03 X0.12 ;

④ 정지시산 : 0.12초,
　CNC프로그램 : G04 X0.12 ;

풀이 정지시간과 스핀들 회전수의 관계

정지시간(초)

$$= \frac{60}{\text{스핀들 회전수(rpm)}} \times \text{일시정지 회전수}$$

$$= \frac{60}{1,000} \times 3 = 0.18 \text{ 이므로}$$

G04 X0.18 ;로 입력한다.

---

05 머시닝 센터 프로그램에서 공구길이 보정에 관한 설명으로 틀린 것은?

① Y축에 명령하여야 한다.
② 여러 개의 공구를 사용할 때 한다.
③ G49는 공구길이 보정 취소 명령이다.
④ G43은 (+) 방향 공구길이 보정이다.

풀이 Z축에 명령하여야 한다.

06 다음 중 기계 좌표계에 대한 설명으로 틀린 것은?

① 기계원점을 기준으로 정한 좌표계이다.
② 공작물 좌표계 및 각종 파라미터 설정값의 기준이 된다.
③ 금지영역 설정의 기준이 된다.
④ 기계원점 복귀 준비기능은 G50이다.

풀이 • 기계원점 복귀 준비기능은 G28이다.
• G50은 공작물 좌표계 설정, 주축 최고 회전수 지정 준비기능이다.

07 다음 CNC 프로그램에서 T0505의 의미는?

```
G00 X20.0 Z12.0 T0505 ;
```

① 5번 공구의 날끝 반경이 0.5mm임을 뜻한다.
② 5번 공구의 선택이 5번째임을 뜻한다.
③ 5번 공구를 5번 선택한다는 뜻이다.
④ 5번 공구 선택과 5번 공구의 보정번호를 뜻한다.

풀이 T0505 : 05번 공구 선택과 05번 공구 보정번호를 뜻한다.

08 CNC 선반의 공구 날끝 보정에 관한 설명으로 틀린 것은?

① 날끝 R에 의한 가공 경로 오차량을 보상하는 기능이다.
② G40 명령은 공구 날끝 보정 취소 기능이다.
③ G41과 G42 명령은 모달 명령이다.
④ 공구 날끝 보정은 가공이 시작된 다음 이루어져야 한다.

풀이 공구 날끝 보정은 가공이 시작되기 전에 G00과 함께 이루어져야 한다.

09 CNC 선반에서 G99 명령을 사용하여 F0.15로 이송 지령한다. 이때, F 값의 설명으로 맞는 것은?

① 주축 1회전당 0.15mm의 속도로 이송
② 주축 1회전당 0.15m의 속도로 이송
③ 1분당 15mm의 속도로 이송
④ 1분당 15m의 속도로 이송

풀이 • G99 : 회전당 이송 지정(mm/rev)
• F0.15 : 주축 1회전당 0.15mm의 속도로 이송

10 다음의 보조기능(M 기능) 중 주축의 회전방향과 관계되는 것은?

① M02　　　　② M04
③ M08　　　　④ M09

풀이 주축의 회전방향과 관계되는 보조 기능은 M03(주축 정회전, 시계 방향), M04(주축 역회전, 반시계 방향)이다.

11 다음 그림에서 B → A로 절삭할 때의 CNC 선반 프로그램으로 맞는 것은?

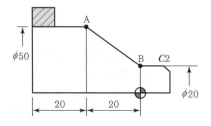

① G01 U30. W-20. ;
② G01 X50. Z20. ;
③ G01 U50. Z-20. ;
④ G01 U30. W20. ;

풀이 절대지령은 원점 표시기호(⊕)를 기준으로 좌푯값을 생각하고, 증분지령은 점 B를 임시 원점으로 생각하고 좌푯값을 입력한다.

- 증분지령 : G01 U30. W−20. ;
- 절대지령 : G01 X50. Z20. ; → G01 X50. Z−20. ;으로 수정
- 혼합지령 : G01 U50. Z−20. ; → G01 U30. Z−20. ;으로 수정

12 CNC 프로그램에서 지령된 블록에서만 유효한 G 코드(one shot G 코드)는?

① G00   ② G04
③ G17   ④ G41

풀이 ㉠ 1회 유효 G 코드(one shot G code)
- 지정된 명령절에서만 유효한 G−코드
- G04(일시 정지)

㉡ 연속 유효 G 코드(modal G code)
- 동일 그룹 내의 다른 G 코드가 나올 때까지 유효한 G 코드
- G00[위치 결정(급속 이송)], G17(X−Y 평면 선택), G41(공구인선 반지름 보정 좌측)

13 CNC 선반 프로그램에서 주축 회전수(rpm) 일정 제어 G 코드는?

① G96   ② G97
③ G98   ④ G99

풀이
- G97 : 주축 회전수(rpm)일정 제어
- G96 : 절삭속도(m/min)일정 제어
- G98 : 분당 이송 지정(mm/min)
- G99 : 회전당 이송 지정(mm/rev)

14 CNC 프로그램을 작성하기 위하여 가공계획을 수립하여야 한다. 이때 고려해야 할 사항이 아닌 것은?

① 가공물의 고정방법 및 필요한 치공구의 선정
② 범용 공작기계에서 가공할 범위 결정
③ 가공순서 결정
④ 절삭조건의 설정

풀이 범용 공작기계에서 가공할 범위를 결정하는 것은 제품의 전체 가공계획에서 수립해야 할 사항이다.

15 몇 개의 단어(word)가 모여 CNC 기계가 동작을 하도록 하는 하나의 지령단위를 무엇이라고 하는가?

① 주소(address)
② 데이터(data)
③ 전개번호(sequence number)
④ 지령절(block)

풀이 지령절(block)
몇 개의 단어(word)가 모여 CNC 기계가 동작을 하도록 하는 하나의 지령단위를 뜻한다.
- 주소(address) : 영문 대문자(A~Z) 중의 한 개로 표시된다.
- 수치(data) : 주소의 기능에 따라 2자리의 수치와 4자리의 수치를 사용한다.
- 단어(word) : 명령절을 구성하는 가장 작은 단위로 주소(address)와 수치(data)의 조합에 의하여 이루어진다.

16 다음 중 머시닝 센터에서 X, Y, Z 축에 회전하는 부가 축이 아닌 것은?

① A   ② B
③ C   ④ D

풀이

기준축	보조축 (1차)	보조축 (2차)	회전축	기준축의 결정 방법
X 축	U 축	P 축	A 축	가공의 기준이 되는 축
Y 축	V 축	Q 축	B 축	X 축과 직각을 이루는 이송 축
Z 축	W 축	R 축	C 축	절삭동력이 전달되는 스핀들 축

17 다음 중 CNC 선반 프로그램에 관한 설명으로 틀린 것은?

① 절대지령은 X, Z 어드레스로 결정한다.
② 증분지령은 U, W 어드레스로 결정한다.
③ 절대지령과 증분지령은 한 블록에 지령할 수 없다.
④ 프로그램 작성은 절대지령과 증분지령을 혼용해서 사용할 수 있다.

풀이 절대지령과 증분지령을 한 블록에 지령하는 방식을 혼합지령 방식이라고 한다.

18 일반적으로 프로그램 작성자가 프로그램을 쉽게 작성하기 위하여 공작물 좌표계 원점과 일치시키는 것은?

① 기계 원점　　　　② 제2원점
③ 제3원점　　　　④ 프로그램 원점

풀이 프로그램 원점 : 일반적으로 프로그램 작성자가 프로그램을 쉽게 작성하기 위하여 공작물 좌표계 원점과 일치시켜 작업한다.

19 다음 중 CNC 선반 프로그래밍에서 소수점을 사용할 수 있는 어드레스로 구성된 것은?

① X, U, R, F　　　② W, I, K, P
③ Z, G, D, Q　　　④ P, X, N, E

풀이 소수점을 사용할 수 있는 데이터는 길이를 나타내는 수치 데이터와 함께 사용되는 어드레스(X, Y, Z, U, V, W, A, B, C, I, J, K, R, F) 다음의 수치 데이터에만 가능하다. 단, 장비 및 파라미터 설정에 따라 소수점 없이 사용할 수도 있다.

20 프로그램 작성자가 프로그램을 쉽게 작성하기 위하여 공작물 임의의 점을 원점으로 정해 명령의 기준점이 되도록 한 좌표계는?

① 절대 좌표계　　　② 기계 좌표계
③ 상대 좌표계　　　④ 잔여 좌표계

풀이 절대 좌표계 : 프로그램 작성자가 프로그램을 쉽게 작성하기 위하여 공작물의 임의의 점을 원점으로 정해 명령의 기준점이 되도록 한 좌표계로 공작물 좌표계라고도 한다.

21 다음 설명에 해당하는 좌표계는?

> 도면을 보고 프로그램을 작성할 때에 절대 좌표계의 기준이 되는 점으로서, 프로그램 원점이라고도 한다.

① 공작물 좌표계　　② 기계 좌표계
③ 극 좌표계　　　　④ 상대 좌표계

풀이 공작물 좌표계 : 프로그램 원점과 공작물의 한 점을 일치시켜 절대 좌표의 기준점으로 정하는 좌표계를 말한다.

CHAPTER 03 CNC 프로그래밍

01 CNC 선반에서 외경 절삭을 하는 단일형 고정 사이클은?

① G89　　　　② G90
③ G91　　　　④ G92

풀이 단일형 고정 사이클에는 G90, G94가 있고, G90은 내·외경 절삭 사이클을 뜻하며, G94는 단면절삭 사이클을 뜻한다.

02 CNC 선반의 안지름 및 바깥지름 막깍기의 사이클 프로그램에서 (경우1)의 "D(△d)", (경우2)의 "U(△d)"가 의미하는 것은?

> (경우 1)
> G71 P＿ Q＿ U＿ W＿ D(△d)＿ F＿ ;
>
> (경우 2)
> G71 U(△d)＿ R＿ ;
> G71 P＿ Q＿ U＿ W＿ F＿ ;

① 도피량
② 1회 절삭량
③ X축 방향의 다듬질 여유
④ 사이클 시작 블록의 전개번호

풀이 • 경우 1 : 11T인 경우, 경우 2 : 11T 아닌 경우
• (경우 1) D(△d) : 1회 X축 방향 가공깊이(절삭깊이), 반경지령 및 소수점 지령 불가능
• (경우 2) U(△d) : 1회 X축 방향 가공깊이(절삭깊이), 반경지령 및 소수점 지령 가능

03 다음 프로그램에서 공작물의 지름이 ϕ60mm일 때, 주축의 회전수는 얼마인가?

> G50 S1300 ;
> G96 S130 ;

정답 | 18 ④　19 ①　20 ①　21 ① | 01 ②　02 ②　03 ③

① 147rpm ② 345rpm

③ 690rpm ④ 1,470rpm

풀이 $N = \dfrac{1,000S}{\pi D}(\text{rpm})$

$= \dfrac{1,000 \times 130}{\pi \times 60} = 689.67 ≒ 690(\text{rpm})$

여기서, N : 주축의 회전수(rpm)

S : 절삭속도(m/min) ⇒ S130

D : 공작물의 지름(mm) ⇒ $\phi60$

04 다음 도면에서 M40×1.5로 나타낸 부분을 CNC 프로그램할 때 ( ) 안에 알맞은 것은?

M40×1.5

( ) X39.9 Z-20. F1.5 ;

① G94 ② G92

③ G90 ④ G50

풀이 • G92 : 나사 절삭 사이클

• G94 : 단면 절삭 사이클

• G90 : 내·외경 절삭 사이클

• G50 : 공작물 좌표계 설정,
　　　　주축 최고 회전수 설정

05 CNC 선반에서 공구 위치가 다음과 같을 때 좌표계 설정으로 올바른 것은?

120

지름 120

(X0. Z0.)

① G50 X120. Z120. ;

② G50 X240. Z120. ;

③ G50 X120. Z240. ;

④ G54 X120. Z120. ;

풀이 (X0. Z0.)이 원점이고 공구의 위치가 X축 방향으로 120mm, Z축 방향으로 120mm만큼 떨어져 있으므로 G50 X120. Z120. ;이다.

06 CNC 선반에서 G71로 황삭가공한 후 정삭가공하려면 G 코드는 무엇을 사용해야 하는가?

① G70 ② G72

③ G74 ④ G76

풀이 • 일반적으로 황삭가공(G71, G72, G73) 완료 후 정삭가공(G70)으로 마무리한다.

• G74는 단면 홈 가공 사이클이며, G76은 나사가공 사이클을 뜻한다.

• 황삭 : rough machining(grinding), 거친 절삭

• 정삭 : for finishing, 정밀 절삭

07 CNC 선반에서 제2 원점으로 복귀하는 준비 기능은?

① G27 ② G28

③ G29 ④ G30

풀이 • G30 : 제2, 3, 4 원점 복귀

• G27 : 원점 복귀 확인

• G28 : 기계 원점 복귀(자동 원점 복귀)

• G29 : 원점으로부터 복귀

08 다음은 머시닝 센터에서 고정사이클을 지령하는 방법이다. G_ X_ Y_ R_ Q_ P_ F_ K_ 또는 L_ ; 에서 K0 또는 L0라면 어떤 의미를 나타내는가?

① 고정사이클을 1번만 반복하라는 뜻이다.

② 구멍 바닥에서 휴지시간을 갖지 말라는 뜻이다.

③ 구멍가공을 수행하지 말라는 뜻이다.

④ 초기점 복귀를 하지 말고 가공하라는 뜻이다.

풀이 K0 또는 L0 : 현재 블록에서 고정 사이클 데이터만 기억하고, 구멍가공을 하지 않으며, 다음에 구멍의 위치가 지령되면 사이클 기능을 실행한다.

정답 | 04 ② 05 ① 06 ① 07 ④ 08 ③

09 다음 중 머시닝 센터에서 공구의 길이 차를 측정하는 데 가장 적합한 것은?

① R 게이지　　　　② 사인바

③ 한계 게이지　　　④ 하이트 프리세터

풀이 하이트 프리세터 : 머시닝 센터에 각종 공구를 고정하고 각 공구의 길이를 비교하여 그 차이값을 구하고, 보정값 입력란에 입력하는 측정기를 말한다.

10 그림에서 단면 절삭 고정 사이클을 이용한 프로그램의 준비 기능은?

① G76　　　　　　② G90

③ G92　　　　　　④ G94

풀이 • G94 : 단면 절삭 사이클
• G76 : 자동 나사 가공 사이클
• G90 : 내 · 외경 절삭 사이클
• G92 : 나사 절삭 사이클

11 CNC 선반에서 복합형 고정사이클 G76을 사용하여 나사가공을 하려고 한다. G76에 사용되는 X의 값은 무엇을 의미하는가?

① 골지름　　　　　② 바깥지름

③ 안지름　　　　　④ 유효지름

풀이 G76 X(U)_ Z(W)_ I_K_D_ (R_) F_A_P_ ;
여기서, X(U), Z(W) : 나사 끝점 좌표(골지름 좌표)
　　　　I : 나사 절삭 시 나사 끝점(X좌표)과 나사
　　　　　시작점(X좌표)의 거리(반경지령),
　　　　　I=0이면 평행나사(생략 가능)
　　　　K : 나사산의 높이(반경지령)
　　　　D : 첫 번째 절입량(반경지령), 소수점 사
　　　　　용 불가
　　　　R : 면취량(파라미터로 설정)
　　　　F : 나사의 리드
　　　　A : 나사산의 각도
　　　　P : 징삭방법(생략하면 절삭량 일정, 한쪽
　　　　　날 가공을 수행)

12 다음과 같은 CNC 선반 프로그램에 대한 설명으로 틀린 것은?

```
G74 R0.4 ;
G74 Z-60.0 Q1500 F0.2 ;
```

① F0.2는 이송속도이다.

② Q15000은 X 방향의 이동량이다.

③ R0.4는 1스텝 가공 후 도피량이다.

④ G74는 팩 드릴링 사이클이다.

풀이 Q : 1회 Z축 방향 가공깊이로서 소수점 없이 입력한다. z축 1회 절입 깊이는 1.5mm(Q1500)이다.

13 CNC 선반에서 G32 코드를 사용하여 피치가 1.5mm인 2줄 나사를 가공할 때 이송 F의 값은?

① F1.5　　　　　　② F2.0

③ F3.0　　　　　　④ F4.5

풀이 F : 나사의 리드
나사의 리드(L)=나사 줄 수(n)×피치(p)
　　　　　　　　　=2×1.5=3
∴ F3.0을 입력한다.

14 다음 중 CNC 선반 프로그램에서 기계 원점 복귀 체크 기능은?

① G27　　　　　　② G28

③ G29　　　　　　④ G30

풀이 • G27 : 기계 원점 복귀 체크
• G28 : 기계 원점 복귀
• G29 : 원점으로부터 복귀
• G30 : 제2, 3, 4 원점 복귀

15 CNC 선반의 준비기능 중 단일형 고정 사이클로만 짝지어진 것은?

① G28, G75　　　② G90, G94

③ G50, G76　　　④ G98, G74

풀이 단일형 고정사이클(G90, G92, G94)
• 선반가공에서 황삭 또는 나사절삭 등은 1회 절삭으로는 불가능하므로 여러 번 반복하여 절삭하여야 한다.

- 고정 사이클의 가공은 1회 절삭한 다음 초기점으로 복귀하여 다시 반복 가공하며, 가공이 완료되면 초기점으로 복귀 후 고정 사이클이 종료되므로 초기점이 중요하다.
- 계속 유효명령이므로 반복 절삭할 때 X축의 절입량만 지정하면 된다.
- G90(내·외경 절삭 사이클), G92(나사 절삭 사이클), G94(단면 절삭 사이클)

16 다음 중 머시닝 센터에서 공작물 좌표계 X, Y 원점을 찾는 방법이 아닌 것은?

① 엔드밀을 이용하는 방법
② 터치 센서를 이용하는 방법
③ 인디케이터를 이용하는 방법
④ 하이트 프리세터를 이용하는 방법

풀이 ▶ 하이트 프리세터를 이용하는 방법은 공구의 길이를 측정할 때 사용하는 방법이다.

17 머시닝 센터의 고정 사이클 중 G 코드와 그 용도가 잘못 연결된 것은?

① G76 – 정밀 보링 사이클
② G81 – 드릴링 사이클
③ G83 – 보링 사이클
④ G84 – 태핑 사이클

풀이 ▶ G83 : 심공 드릴 사이클

18 다음 중 머시닝 센터의 G 코드 일람표에서 원점 복귀 명령과 관련이 없는 코드는?

① G27
② G28
③ G29
④ G30

풀이 ▶ 머시닝 센터 원점 복귀
G27(원점 복귀 Check), G28(기계원점 복귀), G30(제2, 3, 4 원점 복귀)

19 CNC 선반 프로그램 G70 P20 Q200 F0.2 ; 에서 P20의 의미는?

① 정삭가공 지령절의 첫 번째 전개번호
② 황삭가공 지령절의 첫 번째 전개번호
③ 정삭가공 지령절의 마지막 전개번호
④ 황상가공 지령절의 마지막 전개번호

풀이 ▶ P20 : 정삭가공 지령절의 첫번째 전개번호

20 머시닝 센터 프로그램에서 공작물 좌표계를 설정하는 G 코드가 아닌 것은?

① G57
② G58
③ G59
④ G60

풀이 ▶ 머시닝 센터에서의 공작물 좌표계 설정 및 선택
- G54~G59 : 공작물 좌표계 1~6번 선택
- G60 : 한 방향 위치 결정

21 CNC 선반에서 현재의 위치에서 다른 점을 경유하지 않고 X축만 기계원점으로 복귀하는 것은?

① G28 X0. ;
② G28 U0. ;
③ G28 W0. ;
④ G28 U100.0 ;

풀이 ▶ G28 U0. ; → 현재의 위치에서 다른 점을 경유하지 않고 X축만 기계원점으로 복귀

22 머시닝 센터에서 여러 개의 공작물을 한 번에 가공할 때 사용하는 좌표계 설정 준비 기능 코드가 아닌 것은?

① G54
② G56
③ G59
④ G92

풀이 ▶ • G92 : 공작물 좌표계 설정 준비 기능(한 개의 공작물을 가공할 때 사용)
- G54~G59 : 공작물 좌표계 1번~6번 선택(여러 개의 공작물을 한 번에 가공할 때 사용)

01 CAD/CAM 시스템의 주변기기 중 출력장치에 해당되는 것은?

① 조이스틱　　　② 프린터
③ 트랙볼　　　　④ 하드디스크

풀이 조이스틱, 트랙볼은 입력장치이고 프린터는 출력장치이며 하드디스크는 저장장치이다.

02 CAD/CAM 작업의 흐름을 바르게 나타낸 것은?

① 파트 프로그램 → 포스트 프로세싱 → CL 데이터 → DNC 가공
② 파트 프로그램 → CL 데이터 → 포스트 프로세싱 → DNC 가공
③ 포스트 프로세싱 → CL 데이터 → 파트 프로그램 → DNC 가공
④ 포스트 프로세싱 → 파트 프로그램 → CL 데이터 → DNC 가공

풀이 CAD/CAM 작업의 흐름
파트 프로그램 → CL 데이터 생성 → 포스트 프로세싱 → DNC 가공

03 CAD/CAM 시스템에서 입력 장치로 볼 수 없는 것은?

① 키보드(Keyboard)　② 스캐너(Scanner)
③ CRT 디스플레이　④ 3차원 측정기

풀이 키보드, 스캐너, 3차원 측정기는 입력장치에 해당하며 CRT 디스플레이(모니터)는 출력장치에 해당한다.

04 CAD/CAM 주변기기에서 기억장치는 어느 것인가?

① 하드 디스크　　② 디지타이저
③ 플로터　　　　④ 키보드

풀이 하드 디스크가 기억장치이며, 디지타이저, 키보드는 입력장치, 플로터는 출력장치이다.

05 CAD/CAM 시스템에서 입력장치에 해당되는 것은?

① 프린터　　　　② 플로터
③ 모니터　　　　④ 스캐너

풀이 프린터, 플로터, 모니터는 출력장치에 해당하고 스캐너는 입력장치에 해당한다.

06 다음 중 CAM 시스템의 처리과정을 나타낸 것으로 옳은 것은?

① 도형정의 → 곡선정의 → 곡면정의 → 공구경로생성
② 곡선정의 → 곡면정의 → 도형정의 → 공구경로생성
③ 곡면정의 → 곡선정의 → 도형정의 → 공구경로생성
④ 곡선정의 → 곡면정의 → 공구경로 → 생성도형정의

풀이 CAM 시스템의 처리과정
도형정의 → 곡선정의 → 곡면정의 → 공구경로생성

07 다음 중 CAD/CAM 시스템에서 입·출력장치에 해당되지 않는 것은?

① 메모리　　　　② 프린터
③ 키보드　　　　④ 모니터

풀이 메모리는 기억장치에 속한다.

08 CAD/CAM 시스템용 입력장치에서 좌표를 지정하는 역할을 하는 장치를 무엇이라 하는가?

① 버튼(button)
② 로케이터(locator)
③ 셀렉터(selector)
④ 밸류에이터(valuator)

풀이 로케이터(locator) : 사용자가 화면에서 일정한 위치나 방향을 표시하는 데 사용하는 입력장치이며, 평판 위에서 탐침이나 핸드커서를 움직이면서 위치를 입력한다.

정답 | 01 ②　02 ②　03 ③　04 ①　05 ④　06 ①　07 ①　08 ②

09 CAM 시스템에서 CL(Cutting Location) 데이터를 공작기계가 이해할 수 있는 NC 코드로 변환하는 작업을 무엇이라 하는가?

① 포스트 프로세싱   ② 포스트 모델링

③ CAM 모델링   ④ 인 프로세싱

풀이 포스트 프로세싱(post – processing)
- post(후에, 다음에), process(특정 결과를 달성하기 위한 과정)
- 작성된 가공 데이터를 읽어 특정 CNC 공작기계 컨트롤러에 맞도록 NC 데이터를 만들어 주는 것을 말한다.

PART 04

기타 기계가공

CRAFTSMAN COMPUTER AIDED LATHE

CHAPTER

001 기계공작 일반

CRAFTSMAN COMPUTER AIDED LATHE

SECTION 01 기계공작의 분류

1 절삭가공

(1) 공구에 의한 절삭

① 고정공구 : 선삭, 평삭, 형삭, 슬로터, 브로칭
② 회전공구 : 밀링, 드릴링, 보링, 호빙 등

(2) 입자에 의한 절삭

① 고정입자 : 연삭, 호닝, 슈퍼피니싱. 버핑 등
② 분말입자 : 래핑, 액체호닝, 배럴 등

2 비절삭가공

(1) 주조

사형주조, 금형주조, 특수주조

(2) 소성가공

난조, 입연, 인발, 전조, 압출, 판금, 프레스

(3) 용접

납땜, 단접, 용접, 특수용접

(4) 특수비절삭

전해연마, 화학연마, 방전가공, 레이저가공

1 공작기계의 구비조건

① 정밀도가 높아야 한다.
② 가공능률이 좋아야 한다.
③ 안정성이 있어야 한다.
④ 내구성이 좋고, 사용이 편리해야 한다.
⑤ 기계효율이 좋아야 한다.

2 공작기계의 분류

(1) 범용 공작기계

일반적으로 널리 사용되며, 절삭 및 이송 범위가 크다.
예 선반, 밀링머신, 드릴링머신, 연삭기, 플레이너, 셰이퍼 등

(2) 전용 공작기계

같은 종류의 제품을 대량 생산하기 위한 공작기계
예 트랜스퍼 머신, 차륜선반, 크랭크축 선반 등

(3) 단능 공작기계

한 공정의 가공만을 할 수 있는 구조
예 공구연삭기, 센터링머신, 단능선반

(4) 만능 공작기계

소규모 공장이나, 보수를 목적으로 하는 공작실, 금형공장에서 사용하며, 선반, 드릴링, 밀링머신 등의 공작기계를 하나의 기계로 조합한 공작기계이다.
예 머시닝 센터(MCT), CNC 선반

SECTION 01 절삭가공의 개요

1 절삭가공의 장단점

(1) 장점

제품을 간단하고 편리하게 정밀하고 매끄럽게 가공한다.

(2) 단점

주조 또는 단조보다 비용과 시간이 많이 필요하다.

2 절삭공구의 형상

| 각부의 명칭 |

절삭공구면의 각과 역할

기호	면의 각도	역할
α	윗면 경사각	절삭력과 속도에 영향을 주고, 칩과의 마찰 및 흐름을 좌우한다. 각이 클수록 절삭력이 감소하고, 면도 깨끗하다.
β	앞면 여유각	공작물과 바이트의 마찰을 감소시킨다.
γ	측면 여유각	

3 절삭가공 시 생기는 칩에 영향을 미치는 요인

① 공작물의 재질(연질 또는 경질)
② 절삭속도
③ 절삭깊이
④ 공구의 형상(특히, 공구의 윗면 경사각, 측면 여유각)
⑤ 칩의 변형 전 두께(공작물 표면부터 공구의 날까지)
⑥ 절삭유의 공급 여부

4 칩의 종류

|유동형 칩|

|전단형 칩|

(1) 유동형 칩

① 재료 내의 소성변형이 연속적으로 일어나 균일한 두께의 칩이 흐르는 것처럼 매끄럽게 이어져 나오는 것
② **절삭조건**
　　㉠ 신축성이 크고 소성 변형하기 쉬운 재료(연강, 동, 알루미늄 등)
　　㉡ 바이트의 윗면 경사각이 클 때
　　㉢ 절삭속도가 클 때
　　㉣ 절삭량이 적을 때
　　㉤ 인성이 크고, 연한 재료를 절삭 시

(2) 전단형 칩

① 공구의 진행으로 공작물이 압축되어, 어느 한계에 이르면 전단을 일으켜 칩이 분리된다. 유동형에서는 슬립현상이 균일하게 진행되는 데 비해 전단형은 주기성을 갖고 변하며, 변형이 최대가 될 때 전단면에서 칩이 파단된다. 대체로 저항, 온도변화 등이 양호한 편이긴 하지만 가공면이 거칠다.
② **절삭조건**
　　㉠ 연성 재질을 저속으로 절삭한 경우
　　㉡ 윗면 경사각이 작을 경우
　　㉢ 절삭깊이가 무리하게 큰 경우

| 경작형 칩 |

| 균열형 칩 |

(3) 경작형(열단형) 칩

① 재료가 공구 전면에 접착되어 공구 경사면을 미끄러지지 않고, 아래 방향으로 균열이 발생하면서 가공면에 뜯긴 흔적이 남는다.

② 절삭조건

ㄱ 점성이 큰 재질을 절삭 시

ㄴ 작은 경사각으로 절삭 시

ㄷ 절삭깊이가 너무 깊을 경우

(4) 균열형 칩

① 백주철과 같이 취성이 큰 재질을 절삭할 때 나타나는 형태이고, 절삭력을 가해도 거의 변형하지 않다가 임계압력 이상이 될 때 순간적으로 균열이 발생하면서 칩이 생성된다. 가공면은 요철이 남고 절삭저항의 변동도 커진다.

② 절삭조건

ㄱ 주철과 같은 취성이 큰 재료를 저속 절삭 시

ㄴ 절삭깊이가 깊거나 경사각이 매우 작을 시

5 구성인선(built up edge)

(1) 개요

절삭된 칩의 일부가 바이트 끝에 부착되어 절삭날과 같은 작용을 하면서 절삭을 하는 것

(2) 주기

'발생 → 성장 → 분열 → 탈락 → 일부 잔류 → 성장'을 반복

| 구성인선의 발생과 분열 |

(3) 방지법

① 절삭깊이를 얕게 하고, 윗면 경사각을 크게 한다.

② 절삭속도를 빠르게 한다.

③ 날끝에 경질 크롬 도금 등을 하여 윗면 경사각을 매끄럽게 한다.

④ 윤활성이 좋은 절삭유를 사용한다.

⑤ 절삭공구의 인선을 예리하게 한다.

SECTION 02 절삭공구

1 절삭공구의 종류

① 단인공구 : 절삭날 1개　예 선삭(선반), 평삭(셰이퍼, 플레이너 등)

② 다인공구 : 절삭날 2개 이상　예 밀링, 드릴링 등

2 절삭공구의 구비조건

① 상온 및 고온에서 경도, 내마모성, 인장강도가 클 것

② 공구 제작이 용이하고 가격이 저렴할 것

③ 마찰계수가 작을 것

④ 인성과 내마모성이 클 것

⑤ 가공재료보다 경도가 클 것

⑥ 내용착성, 내산화성, 내확산성 등 화학적으로 안정성이 클 것

SECTION 03 절삭저항

1 절삭저항의 정의

절삭할 때 절삭공구 날끝에 가해지는 힘

2 절삭저항의 3분력

① 주분력 > 배분력 > 이송분력

② 절삭저항 = 주분력 + 배분력 + 이송분력

| 선반 가공 시 발생하는 절삭저항 |

3 절삭저항의 크기에 관계되는 인자

※ 괄호 안의 내용은 절삭저항이 감소하는 조건
① 공작물(연할수록), 공구의 재질(단단할수록)
② 바이트 날끝의 형상(윗면 경사각이 클수록)
③ 절삭속도(빠를수록)
④ 절삭면적(면적이 작을수록)
⑤ 칩의 형상(유동형 칩)
⑥ 절삭각(각이 클수록)

SECTION 04 공구마모와 수명

1 공구마모 원인

① 절삭속도의 과속
② 절삭각 또는 공구날의 부적합
③ 공작기계의 진동
④ 절삭유제의 부적절

2 공구마모 결과

① 가공 정밀도 감소
② 표면거칠기 증가
③ 소요 절삭동력 증가

❸ 공구마모의 종류

| 크레이터 마모 | | 플랭크 마모 | | 치핑 |

① 크레이터 마모(crater wear)

공구 경사면이 칩과의 마찰에 의하여 오목하게 마모되는 것으로 유동형 칩의 고속절삭에서 자주 발생하고, 크레이터가 깊어지면 날끝의 경사각이 커지고 날끝이 약해짐

② 플랭크 마모(flank wear)

공구면과 공구 여유면과의 마찰에 의해 공구 여유면이 마모되는 현상

③ 날의 파손(chipping)

절삭가공 중 기계적인 충격, 진동 및 열충격 등으로 인하여 날끝부분이 미세한 파손을 일으키는 현상으로 주로 초경공구, 세라믹 공구 등에서 우발적으로 발생한다.

❹ 공구수명식(Taylor' equation)

$$VT^n = C$$

여기서, V : 절삭속도(m/min), T : 공구수명(min), n : 지수, C : 상수

① 절삭속도를 높이면 공구수명 감소
② n, C는 공작물의 특성, 공구재질, 절삭깊이, 공구의 기하학적 형상 등에 영향을 받음
③ n 값이 클수록 절삭속도 증가에 따른 공구수명의 감소가 완만하다.
④ 절삭공구별 n의 값(고속도강 : 0.15 < 초경합금 : 0.25 < 세라믹 : 0.4)

SECTION 05 절삭온도

❶ 절삭열의 발생

① 전단면에서 전단 소성변형에 의한 열
② 칩과 공구 경사면의 마찰열
③ 공작물에서 칩이 분리될 때 생기는 마찰열

2 절삭온도를 측정하는 방법

① 칩의 색깔로 판정하는 방법

② 시온도료(thermo colour paint)에 의한 방법

③ 열량계(calorimeter)

④ 열전대(thermo couple)

⑤ 복사온도계를 이용하는 방법

SECTION 06 절삭유

1 절삭유의 역할

① 냉각작용(절삭열 제거) ② 윤활작용(마찰 감소)

③ 세정작용(칩 제거) ④ 방청작용(녹 방지)

2 절삭유의 구비조건

① 마찰계수가 작고 인화점, 발화점이 높을 것

② 냉각성이 우수하고 윤활성, 유동성이 좋을 것

③ 장시간 사용해도 변질되지 않고 인체에 무해할 것

④ 사용 중 칩으로부터 분리, 회수가 용이할 것

⑤ 방청작용을 할 것

3 절삭유의 종류

① **수용성 절삭유** : 광물성유를 화학적으로 처리하여 원액과 물을 혼합하여 사용하고, 점성이 낮고 비열이 커서 냉각효과가 크므로 고속절삭 및 연삭 가공액으로 많이 사용한다.

② **광물성유** : 경유, 머신오일, 스핀들 오일, 석유 및 기타의 광유 또는 혼합유가 있고, 윤활성은 좋으나 냉각성이 적어 경절삭에 사용한다.

③ **유화유** : 광유+비눗물

④ **동물성유** : 식물성유보다는 점성이 높아 저속절삭에 사용한다.

⑤ **식물성유** : 종자유, 콩기름, 올리브유, 면실유

⑥ **첨가제**

㉠ 수용성 절삭유에는 인산염, 규산염을 첨가

㉡ 동식물유에는 유황(S), 흑연(C), 아연(Zn)을 첨가

PART 04 기타 기계가공 **247**

SECTION 01 드릴링머신

1 드릴링머신의 정의

주축에 드릴(절삭공구)을 고정하여 회전시키고 직선 이송하여 공작물에 구멍을 뚫는 공작기계이다.

전동기

헤드 →

스핀들 →

테이블 → ← 컬럼

베이스 →

| 드릴링머신 |

2 드릴링머신의 작업종류

(a) 드릴링	(b) 스폿페이싱	(c) 카운터싱킹	(d) 보링
드릴로 구멍을 뚫는 작업	볼트나 너트 고정 시 접촉부 자리 가공	접시머리 나사부 묻힘 홈 가공	이미 뚫은 구멍을 확대 가공

(e) 카운터보링	(f) 리밍	(g) 태핑
작은 나사머리 묻힘 홈 가공	이미 뚫은 작은 구멍을 정밀하게 다듬질 가공	이미 뚫은 구멍에 나사 가공

(1) 리밍(reaming)

① 기존 또는 드릴링 작업에 의한 작은 구멍을 높은 정확도로 매끈한 면을 만들면서 구멍을 넓히는
작업

② 드릴링 직경(1차 가공)=[리밍 직경(2차 가공)]−[연질 0.2mm 이하, 경질 0.13mm 이하]

(2) 태핑(tapping)

① 드릴링 작업에 의한 구멍에 암나사를 가공하는 작업

② 드릴링 직경(1차 가공)=나사 바깥지름−피치

❸ 드릴링머신용 절삭공구

(1) 드릴의 형상

(2) 재연삭 시 주의사항

　① 드릴의 날끝각(선단각 : 118°) 및 여유각(12~15°)을 바르게 연삭

　② 드릴의 중심선에 대칭으로 연삭

　③ 웹(web)의 폭을 좁게 연삭

SECTION 02 보링머신

드릴링, 단조, 주조 등의 방법으로 1차 가공한 큰 구멍을 좀 더 크고, 정밀하게 가공하는 공작기계이다.

004 그 밖의 절삭가공

CRAFTSMAN COMPUTER AIDED LATHE

SECTION 01 기어 절삭가공

| 형판을 이용한 모방절삭 |

| 총형(피니언)커터 |

(1) 형판을 이용한 모방절삭

이의 모양과 같은 곡선으로 만든 형판을 사용하여 모방 절삭하는 방식

(2) 총형커터

기어 치형의 홈 모양과 같은 커터를 사용하여 공작물을 1피치씩 회전시키면서 가공하는 방법이다.

(3) 창성법

① 랙커터 : 랙을 절삭공구로 하고, 피니언을 기어 소재로 하여 미끄러지지 않도록 고정하여 서로 상대운동시켜 절삭하는 방식

② 피니언커터 : 공작물에 적당한 깊이로 접근시켜, 커터와 공작물을 한 쌍의 기어와 같이 회전운동 시킨다.

③ 호빙머신 : 커터인 호브를 회전시키고, 동시에 공작물을 회전시키면서 축 방향으로 이송을 주어 절삭하는 공작기계

④ 기어셰이빙 : 기어 절삭기로 가공된 기어면을 매끄럽고 정밀하게 다듬질 가공(랙형과 피니언형 이 있음)

| 랙커터 |

| 피니언커터 |

| 호빙머신 |

| 호브(커터) |

(a) 피니언형 셰이빙커터

(b) 셰이빙커터

| 기어 셰이빙 |

가공하는 모양과 비슷한 많은 날이 차례로 치수가 늘면서 축선(軸線) 방향으로 배열되어 있는 봉 모양의 공구로, 이것을 브로칭머신의 축에 장치하고, 축 방향으로 밀거나 끌어당겨서 원하는 단면 모양을 가공한다.

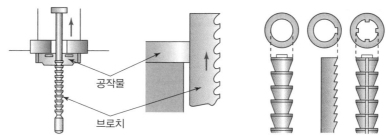

| 브로치 제작 단면 모양 |

SECTION **03** 플레이너, 셰이퍼, 슬로터

구분	작업 방법 및 내용
플레이너 (planer)	공작물을 테이블 위에 고정하여 수평 왕복운동하고, 바이트를 크로스 레일 위의 공구대에 설치하여 공작물의 운동 방향과 직각 방향으로 간헐적으로 이송시켜 공작물의 수평면, 수직면, 경사면, 홈 곡면 등을 절삭하는 공작기계로서, 주로 대형 공작물을 가공한다. 플레이너의 종류는 쌍주식, 단주식이 있다.
셰이퍼 (shaper)	램(ram)에 설치된 바이트를 직선 왕복운동시키고 테이블에 고정된 공작물을 직선이송 운동하여 비교적 작은 공작물의 평면, 측면, 경사면, 홈 가공, 키 홈, 기어, 곡면 등을 절삭하는 공작기계이다.
슬로티 (slotter)	셰이퍼를 직립형으로 만든 공작기계, 구멍의 내면이나 곡면 외에 내접 기어, 스플라인 구멍을 가공할 때 쓴다.

SECTION 01 연삭가공의 개요와 특징

1 연삭가공의 개요

연삭가공은 공작물보다 단단한 입자를 결합하여 만든 숫돌바퀴를 고속 회전시켜, 공작물의 표면을 조금씩 깎아내는 고속 절삭가공을 말한다. 이때, 연삭숫돌의 입자 하나하나가 밀링커터의 날과 같은 작용을 하여 정밀한 표면을 완성할 수 있다.

2 연삭가공의 특징

① 생성되는 칩이 매우 작아 가공면이 매끄럽고 가공정밀도가 높다.

② 연삭숫돌 입자의 경도가 높기 때문에 일반 금속재료는 물론 절삭가공이 어려운 열처리 강이나 초경합금도 가공할 수 있다.

③ 연삭숫돌 입자가 마모되어 연삭저항이 증가하면 숫돌입자가 떨어져 나가고 새로운 입자가 숫돌 표면에 나타나는 자생작용을 하므로 다른 공구와 같이 작업 중 재연마를 할 필요가 없어 연삭작업을 계속할 수 있다.

SECTION 02 연삭기의 종류와 구조

1 원통 연삭기

(1) 원통 연삭기의 개요

원통형 공작물의 외년 테이퍼 및 측면 등을 주로 연삭 가공하는 것이다.

(2) 원통 연삭기의 종류

① 테이블 왕복형 연삭기
② 숫돌대 왕복형 연삭기
③ 플런지컷형 연삭기
④ 만능 연삭기

| 테이블 왕복형 |　| 숫돌대 왕복형 |　| 플런지컷형 |

| 만능 연삭기(테이퍼 연삭) |

② 센터리스 연삭기(centerless grinding machine)

(1) 센터리스 연삭의 원리

① 공작물에 센터를 가공하기 어려운 공작물의 외경을 센터나 척을 사용하지 않고 조정숫돌과 지지대로 지지하면서 공작물을 연삭하는 방법이다.
② 공작물의 받침판과 조정숫돌에 의해 지지된다.
③ 공작물은 조정숫돌을 2~8°의 경사각을 주어 자동 이송시킨다.

(a) 외경 센터리스 연삭 　 (b) 내경 센터리스 연삭

| 센터리스 연삭방법 |

| 센터리스 연삭의 공작물 이송방법 |

(2) 센터리스 연삭의 장단점

① 장점

ㄱ 센터나 척으로 장착하기 곤란한 중공의 공작물을 연삭하는 데 편리하다.

ㄴ 공작물을 연속적으로 공급하여 연속작업을 할 수 있어 대량 생산에 적합하다.

ㄷ 연삭 여유가 작아도 작업이 가능하다.

ㄹ 센터를 낼 수 없는 작은 지름의 공작물 가공에 적합하다.

ㅁ 작업이 자동으로 이루어져 높은 숙련도를 요구하지 않는다.

② 단점

ㄱ 축 방향에 키 홈, 기름 홈 등이 있는 공작물은 가공하기 어렵다.

ㄴ 지름이 크고 길이가 긴 대형 공작물은 가공하기 어렵다.

ㄷ 숫돌의 폭보다 긴 공작물은 전후이송법으로 가공할 수 없다.

3 내면 연삭기

① 가공물의 구멍 내면을 연삭하는 공작기계로 연삭숫돌의 지름은 구멍의 지름보다 작아야 한다.

② 보통형, 유성형, 센터리스형이 있다.

| 내면 연삭기 |

4 평면 연삭기

가공물의 평면을 연삭하는 연삭기로서 수평형 평면 연삭기(평형숫돌의 원통 면으로 연삭하는 방식)와 수직형 평면 연삭기(숫돌의 끝 면으로 연삭하는 방식)가 있다.

| 수평형 평면연삭기 |

| 수직형 평면연삭기 |

5 공구 연삭기(tool grinding machine)

① 여러 가지 가공용 절삭공구를 연삭하는 것을 공구연삭이라 한다.
② 원통 연삭과 평면 연삭을 응용한 연삭법으로 만능 공구 연삭기, 드릴 연삭기, 바이트 연삭기 등이 있다.

6 특수 연삭기(special grinding machine)

특수 연삭기에는 나사 연삭기, 캠 연삭기, 기어 연삭기, 롤러 연삭기 등이 있다.

SECTION 03 연삭숫돌

1 연삭숫돌의 개요

연삭숫돌은 무수히 많은 숫돌 입자를 결합제로 결합하여 만든 것으로 연삭숫돌은 일반 절삭 공구와 달리 연삭이 계속됨에 따라 입자의 일부가 떨어나가고 새로운 입자가 나타나는 자생작용이 발생한다.

2 연삭숫돌의 표시법

연삭숫돌을 표시할 때에는, 연삭숫돌의 구성요소를 일정한 순서로 나열하여 다음과 같이 표시한다.
예 WA 46 H 8 V

WA	46	H	8	V
숫돌입자	입도	결합도	조직	결합제

❸ 연삭숫돌의 3요소

(1) 숫돌입자

절삭공구의 날에 해당하는 광물질의 결정체

(2) 결합제

입자와 입자를 결합시키는 접착제

(3) 기공

연삭열을 억제하고, 무딘 입자가 쉽게 탈락하며, 깎인 칩이 들어가는 장소

| 연삭숫돌의 3요소 |

❹ 연삭숫돌의 5인자

연삭재료, 가공정밀도, 작업방법 등에 따라 적합한 숫돌을 선택하여 사용해야 하는데 이러한 연삭숫돌을 결정하는 가장 중요한 선택요소인 연삭숫돌의 입자, 입도, 결합도, 조직, 결합제를 연삭숫돌의 5인자라고 한다.

(1) 숫돌 입자(abrasive grain)

숫돌 입자는 연삭숫돌의 날을 구성하는 부분이다.

숫돌 입자의 종류	숫돌 입자의 기호	재질	용도
알루미나계 (모스경도 9 정도)	A	흑갈색 알루미나 (알루미나 약 95%)	일반강재를 연마
	WA	백색 알루미나 (알루미나 약 99.5%)	담금질강, 특수강, 고속도강을 연마
탄화규소계 (모스경도 9.5 정도)	C	흑자색 탄화규소 (탄화규소 약 97%)	주철, 구리합금, 경합금, 비철금속, 비금속을 연마
	GC	녹색 탄화규소 (탄화규소 약 98% 이상)	경도가 매우 높은 초경합금, 특수강, 칠드 주철, 유리를 연마

(2) 입도(grain size)

입도는 숫돌 입자의 크기를 숫자로 나타낸 것으로 #8 ~ #220까지 체로 분류하여 메시(mesh) 번호로 표시한다.

(3) 결합도(grade)

① 결합도란 연삭입자를 결합시키는 접착력의 정도를 의미한다.
② 이를 숫돌의 경도(硬度)라고도 하며, 입자의 경도와는 무관하다.

③ 결합도가 낮은 쪽에서 높은 쪽으로 알파벳순으로 표시한다.

결합도 호칭	매우 연한 것 (very soft)	연한 것 (soft)	중간 것 (medium)	단단한 것 (hard)	매우 단단한 것 (very hard)
결합도 번호	E, F, G	H, I, J, K	L, M, N, O	P, Q, R, S	T, U, V, W, X, Y, Z

④ 연삭조건에 따른 숫돌의 결합도 선택

결합도가 높은 숫돌(굳은 숫돌)	결합도가 낮은 숫돌(연한 숫돌)
• 연한 재료의 연삭	• 단단한(경한) 재료의 연삭
• 숫돌차의 원주속도가 느릴 때	• 숫돌차의 원주속도가 빠를 때
• 연삭깊이가 얕을 때	• 연삭깊이가 깊을 때
• 접촉면이 작을 때	• 접촉면이 클 때
• 재료 표면이 거칠 때	• 재료 표면이 치밀할 때

(4) 조직

기공은 주로 연삭 칩이 모이는 곳으로서 연삭 칩의 배출에 큰 영향을 미친다. 기공의 대소, 즉 단위 체적당 연삭숫돌의 밀도를 조직이라 한다. 조직의 표시는 번호와 기호로 나타낸다.

▮ 연삭숫돌의 조직

구분	조밀하다.(dense)	중간(medium)	거칠다.(open)
조직 기호	C	M	W
조직 번호	0, 1, 2, 3	4, 5, 6	7, 8, 9, 10, 11, 12
입자비율	50% 이상	42 이상 ~ 50% 미만	42% 미만

(5) 결합제

결합제는 숫돌 입자를 결합하여 숫돌의 형상을 갖도록 하는 재료이다.

▮ 결합제의 종류 및 기호

종류	비트리파이드	실리케이트	고무	레지노이드	셀락	비닐	메탈
기호	V	S	R	B	E	PVA	M

※ 현재 사용되고 있는 숫돌의 대부분이 비트리파이드(V) 결합제이다.
※ 메탈(M)은 다이아몬드 숫돌의 결합제이고, 결합도가 크고, 자생능력이 떨어진다.

5 연삭숫돌의 수정작업

(1) 숫돌면의 변화

| 눈메움 | 눈무딤 | 입자 탈락 |

① 눈메움(loading)

숫돌입자의 표면이나 기공에 칩이 끼여 연삭성이 나빠지는 현상을 말한다.

② 눈무딤(glazing)

연삭숫돌의 입자가 탈락되지 않고 마모에 의하여 납작해지는 현상을 말한다.

③ 입자 탈락(spiling)

연삭숫돌의 결합도가 낮고 조직이 성긴 경우에는 작은 연삭저항에도 숫돌입자가 떨어져 나가는 현상을 말한다.

(2) 연삭숫돌 수정작업의 종류

① 드레싱(dressing)

연삭가공을 할 때 숫돌에 눈메움, 눈무딤 등이 발생하여 절삭상태가 나빠진다. 이때 예리한 절삭날을 숫돌 표면에 생성하여 절삭성을 회복시키는 작업

| 드레싱 |

| 드레서 |

② 트루잉(truing)

㉠ 연삭숫돌 입자가 연삭가공 중에 떨어져 나가거나, 처음의 연삭 단면 형상과 다르게 변하는 경우 원래의 형상으로 성형시켜 주는 것을 말한다.

㉡ 트루잉 작업은 다이아몬드 드레서, 프레스 롤러, 크러시 롤러(crush roller) 등으로 하고, 트루잉 작업과 동시에 드레싱도 함께 하게 된다.

정밀입자가공과 특수가공

SECTION 01 정밀입자가공

 Reference 정밀입자가공의 가공치수정밀도 순서

호닝(3~10μm) < 슈퍼피니싱(0.1~0.3μm) < 래핑(0.0125~0.025μm)

1 래핑(lapping)

(1) 개요

① 일반적으로 가공물과 랩(정반) 사이에 미세한 분말 상태의 랩제를 넣고, 가공물에 압력을 가하면서 상대운동을 시키면 표면 거칠기가 매우 우수한 가공면을 얻을 수 있다.

② 래핑은 블록 게이지, 한계 게이지, 플러그 게이지 등의 측정기의 측정면과 정밀기계부품, 광학 렌즈 등의 다듬질용으로 쓰인다.

(2) 특징

① 가공면이 매끈한 거울면을 얻을 수 있다.

② 정밀도가 높은 제품을 가공할 수 있다.

③ 가공면은 윤활성 및 내마모성이 좋다.

④ 가공이 간단하고 대량생산이 가능하다.

⑤ 평면도, 진원도, 직선도 등의 이상적인 기하학적 형상을 얻을 수 있다.

(3) 래핑방식

① **습식** : 습식은 랩제와 래핑액을 공급하면서 가공하는 방법으로 거친 가공에 이용된다.

② **건식** : 건식은 랩제만을 사용하는 방법으로 정밀 다듬질에 사용된다.

| 습식 래핑 | | 긴식 래핑 |

(4) 랩, 랩제 및 래핑액

① 랩 : 가공물의 재질보다 연한 것을 사용한다.(일반적으로 주철)

② 랩제 : 탄화규소(SiC), 알루미나(Al_2O_3)

③ 래핑유 : 경유, 올리브유, 물 등

| 랩 |

② 호닝(honing)

① 혼(hone)이라는 고운 숫돌 입자를 직사각형 모양으로 만들어 숫돌을 스프링으로 축에 방사형으로 부착하여 회전운동과 왕복운동을 시켜, 원통의 내면을 정밀하게 다듬질하는 방법

② 원통의 내면을 절삭한 후 보링, 리밍 또는 연삭가공을 하고, 다시 구멍에 대한 진원도, 직진도 및 표면 거칠기를 향상시키기 위해 사용한다.

| 호닝 | | 숫돌 운동 모양 |

3 액체호닝

(1) 개요

액체호닝은 연마제를 가공액과 혼합한 다음 압축공기와 함께 노즐로 고속 분사하여 공작물의 표면을 깨끗이 다듬는 가공법이다.

| 액체호닝 |

(2) 특징

① 가공 시간이 짧다.
② 가공물의 피로강도를 10% 정도 향상시킨다.
③ 형상이 복잡한 것도 쉽게 가공한다.
④ 가공물 표면에 산화막이나 거스러미(burr, 버)를 제거하기 쉽다.

4 슈퍼피니싱

① 미세하고 연한 숫돌을 가공표면에 가압하고, 공작물에 회전 이송운동, 숫돌에 진동을 주어 0.5mm 이하의 경면(鏡面) 다듬질에 사용한다.
② 정밀롤러, 저널, 베어링의 궤도, 게이지, 공작기계의 고급축, 자동차, 항공기 엔진부품, 대형 내연기관의 크랭크축 등의 가공에 사용한다.

| 슈퍼피니싱 |

5 배럴가공

① 회전하는 상자에 공작물과 숫돌 입자, 공작액, 콤파운드 등을 함께 넣어 공작물이 입자와 충돌하는 동안에 그 표면의 요철을 제거하며, 매끈한 가공면을 얻는 다듬질 방법이다.

② 배럴(barrel) : 공작물을 넣고 회전하는 상자를 배럴이라고 한다.

③ 미디어(media) : 배럴가공 시 공작물 표면을 연마하거나 광택을 내기 위한 연마제

배럴회전

물 + 연마제

작업물 및 연마제
(총 체적의 50~55%)

| 회전식 배럴의 공작액 유동 |

정지된 배럴 내에서 디스크가 회전하며
연마 매체와 가공물을 상승 운동시킨다.

| 회전식 배럴가공 |

6 숏피닝(shot peening)

① 경화된 철의 작은 볼을 공작물의 표면에 분사하여 제품의 표면을 매끈하게 하는 동시에 공작물의 피로강도나 기계적 성질을 향상시킨다.

② 숏피닝에 사용되는 작은 볼을 숏(shot)이라고 한다.

③ 숏은 칠드주철숏, 가단주철숏, 주철숏, 컷와이어숏 등이 많이 사용된다.

④ 크랭크축, 체인, 스프링 등 기존 제품의 치수나 재질 변경 없이 높은 피로강도가 필요할 경우에 사용된다.

고속의 강구에 의한
작은 홈 생성

작은 홈

경화된 표면

압축

| 숏피닝 |

1 방전가공(electric discharge machine)

(1) 방전가공의 원리

서보기구

전극(공구, 음극)

절연액
(가공액)

피가공물

전원

−

+

| 방전가공 |

① 스파크 가공(spark machining)이라고도 하며, 전기의 양극과 음극이 부딪칠 때 일어나는 스파크로 가공하는 방법이다.

② 스파크(온도 : 5,000℃)로 일어난 열에너지는 가공하려는 재료를 녹이거나 기화시켜 제거함으로써 원하는 모양으로 만들어 준다.(정밀가공 가능)

③ 공작물(양극 역할)이 전기적으로 전도성을 띠어야 한다.(전극은 음극 역할)

(2) 전극에 사용되는 재질

구리, 흑연, 텅스텐 등

(3) 절연액(가공액)

경유, 스핀들유, 머신유 등

2 초음파가공

초음파 진동을 에너지원으로 하여 진동하는 공구(horn)와 공작물 사이에 연삭 입자를 공급하여 공작물을 정밀하게 다듬는다.

3 레이저가공

(1) 개요

집적된 레이저의 고밀도 에너지를 이용하여 공작물의 일부를 순간적으로 가열하여, 용해시키거나 증발시켜 가공하는 방법으로, 대기와 공작물을 차단시켜 가공한다.

(2) 레이저의 종류

① 기체 레이저
② 반도체 레이저
③ 고체 레이저

CHAPTER 007 손다듬질 가공

CRAFTSMAN COMPUTER AIDED LATHE

SECTION 01 금긋기용 공구

금긋기 바늘(스크라이버), 펀치, 서피스게이지, 중심내기자, 홈자, 직각자, 브이블록, 평행자, 평행대, 앵글플레이트, 컴퍼스, 강철자, 하이트게이지 등이 있다.

SECTION 02 절삭용 공구

쇠톱, 정, 줄, 스크레이퍼, 리머, 탭, 다이스 등

(1) 줄작업

① 줄은 탄소공구강(STC)으로 만든다.

② 종류

직진법(일반적, 다듬질 작업), 사진법(거친 절삭, 모따기), 횡진법(좁은 면, 병진법)이 있다.

③ 줄눈의 형상

㉠ 단목 : 홑줄눈 날, 연철 및 얇은 판의 가장자리 절삭

㉡ 복목 : 겹줄눈 날

㉢ 귀목 : 거친 줄눈 날, 목재, 가죽 등의 비금속 재료 절삭

㉣ 파목 : 파도형 줄눈 날, 칩 배출이 용이

④ 줄눈의 크기

㉠ 1인치에 대한 눈금 수.

㉡ 황목(거친 줄눈), 중목(중간 눈줄), 세목(가는 눈줄), 유목(매우 가는 줄눈)

(a) 직진법   (b) 사진법   (c) 횡진법(병진법)

| 줄작업법 |

(2) 탭 작업

① **탭** : 암나사를 만드는 공구이다.

② 핸드탭은 3개가 1조로 되어 있다.

③ 가공률 **예** 1번 탭 : 55% 절삭, 2번 탭 : 25% 절삭, 3번 탭 : 20% 절삭

④ 탭 구멍의 지름 $d = D - p$

여기서, D : 나사의 바깥지름(호칭지름)
p : 나사의 피치

| 핸드탭 |

(3) 다이스

수나사를 가공하는 공구

| 다이스 |

CHAPTER
008 기계재료

CRAFTSMAN COMPUTER AIDED LATHE

SECTION 01 기계재료의 성질

1 금속재료의 성질

(1) 금속의 공통적인 성질

① 상온에서 고체이며 결정체[수은(Hg) 제외]이다.

② 비중이 크고 금속 고유의 광택을 갖는다.

③ 열과 전기의 양도체이다.

④ 가공이 용이하고, 전성과 연성이 좋다.

⑤ 비중과 경도가 크며 용융점이 높다.

(2) 기계적 성질

① 강도(strength)

  ㉠ 외력에 대한 단위 면적당 저항력의 크기

$$\text{단위} : \frac{\text{외력}}{\text{면적}} \Rightarrow \frac{\text{N}}{\text{mm}^2} = \frac{\text{kg} \cdot \text{m/s}^2}{\text{mm}^2}, \quad \frac{\text{kN}}{\text{m}^2} = \frac{1,000\text{kg} \cdot \text{m/s}^2}{\text{m}^2}$$

  ㉡ 인장강도, 전단강도, 압축강도, 굴곡강도, 비틀림강도

  Reference 순수 금속의 인장강도 순서

  니켈(Ni) > 철(Fe) > 구리(Cu) > 알루미늄(Al) > 주석(Sn) > 납(Pb)

② 경도(hardness)

  ㉠ 물체의 표면에 다른 물체(시험물체보다 단단한 물체)로 눌렀을 때 그 물체의 변형에 대한 저항력의 크기

  ㉡ 경도는 인장강도에 비례한다.

인장강도(kgf/mm²) = (0.32~0.36)×브리넬 경도(HB)

③ 인성(toughness)

　㉠ 충격에너지에 대한 단위면적당 저항력의 크기

　㉡ 끈기가 있고 질긴 성질, 연신율이 큰 재료가 충격저항도 크다.

④ 취성(메짐성 : shortness)

　인성에 반대되는 성질로, 즉 잘 부서지거나 잘 깨지는 성질

⑤ 피로(fatigue)

　㉠ 피로파괴 : 피로는 재료가 파괴하중보다 작은 하중을 반복적으로 받는 것을 의미하며, 피로로 인해 파괴되는 것을 피로파괴(fatigue failure)라 한다.

　㉡ 피로한도 : 반복응력 상태에서 진폭이 일정값 이하로 되면 사이클 수가 무한히 증가하더라도 파괴되지 않고 견디는 응력의 한계를 피로한도 또는 내구한도라고 한다.

⑥ 크리프 한도(creep limit)

　㉠ 고온에서 재료에 일정한 하중을 가하면 시간이 지남에 따라 변형도 함께 증가하는 현상을 크리프라 하며, 응력과 온도가 크면 크리프에 의한 재료의 수명은 짧아진다.

　㉡ 크리프 한도는 크리프율이 0(영)이 되는 응력의 한도를 말한다.

⑦ 연성(ductility)

　재료에 힘을 가하여 소성변형을 일으키게 하여 직선방향으로 늘릴 수 있는 성질

금(Au) > 은(Ag) > 알루미늄(Al) > 구리(Cu) > 백금(Pt) > 납(Pb) > 아연(Zn) > 철(Fe) > Ni(니켈)

⑧ 전성(malleability)

　해머링 또는 압연에 의해서 재료에 금이 생기지 않고 얇은 판으로 넓게 펼 수 있는 성질

금(Au) > 은(Ag) > 백금(Pt) > 알루미늄(Al) > 철(Fe) > 니켈(Ni) > 구리(Cu) > 아연(Zn)

⑨ 가단성(forgeability)

　재료의 단련하기 쉬운 성질로, 즉 단조, 압연, 인발 등에 의하여 변형시킬 수 있는 성질

⑩ 주조성(castability)

　금속의 주조 가공 시 작업의 쉽고 어려움을 나타내는 성질(유동성, 점성, 수축성)

⑪ 연신율(elongation percentage)

    ㉠ 재료에 인장하중을 가하면 늘어나는데, 이때 원래의 길이와 늘어난 길이의 비

    ㉡ 훅의 법칙 : 재료의 비례한도 내에서 응력과 변형률은 비례한다.

⑫ 잔류응력(redidual stress)

    소재가 변형된 후 외력이 완전히 제거된 상태에서 소재에 남아 있는 응력

⑬ 탄성(elasticity)

    외력에 의해 변형된 물체가 외력을 제거하였을 때 원래의 형태로 되돌아가려는 성질

⑭ 소성(plasticity)

    탄성과 반대되는 성질로 외력에 의해 변형이 생긴 후 외력이 제거되어도 다시 원래의 형태로 돌아오지 않는 성질

⑮ 항복점(yield point)

    재료에 인장응력을 가할 때 얻어지는 응력 – 변형률 선도에서 탄성한도를 넘어 소성변이가 시작되는 지점

(3) 물리적 성질

① 광택

    ㉠ 금속은 빛의 반사성이 우수하고 고유의 색깔을 갖는다.

    ㉡ 대부분의 금속은 은백색을 띠지만 금속 가루는 회색이나 검은색을 띤다.

    ㉢ 순금은 노란색이고, 순구리는 붉은 노란색이며, 알루미늄은 흰색을 띤다.

② 비중

    4℃의 물과 어떤 물질을 용기에 각각 체적(부피)을 같게 넣었을 때, 물의 무게에 대한 어떤 물질의 무게비

    ㉠ 비중 5 이하(경금속) : 리튬(Li, 0.53), 알루미늄(Al), 마그네슘(Mg), 티탄(Ti) 등

    ㉡ 비중 5 이상(중금속) : 로렌슘(Ir, 22.5), 납(Pb), 금(Au), 은(Ag), 철(Fe) 등

③ 용융점 및 응고점(melting point and solidification point)

    ㉠ 용융점 : 금속을 가열하여 액체상태로 바뀌는 온도

        텅스텐(W) : 3,410℃, 백금(Pt) : 1,769℃, 철(Fe) : 1,539℃, 코발트(Co) : 1,495℃

    ㉡ 응고점 : 용융금속을 냉각할 때 고체화하는 응고현상이 일어나는 온도

        수은(Hg) : -38.8℃, 납(Pb) : 327.4℃, 주석(Sn) : 231.9℃, 비스무트(Bi) : 271.3℃

Reference

순금속은 용융온도와 응고온도가 동일

2 금속의 결정구조

구분	체심입방격자(BCC)	면심입방격자(FCC)	조밀육방격자(HCP)
격자구조			
성질	용융점이 비교적 높고, 전연성이 떨어진다.	전연성은 좋으나, 강노가 충분하지 않다.	전연성이 떨어지고, 강도가 충분하지 않다.
원자 수	2(구의 개수 2개)	4(구의 개수 4개)	2(구의 개수 2개)
충전율	68%	74%	74%
경도	낮음	←→	높음
결정격자 사이공간	넓음	←→	좁음
원소	$\alpha-Fe$, W, Cr, Mo, V, Ta 등	$\gamma-Fe$, Al, Pb, Cu, Au, Ni, Pt, Ag, Pd 등	Fe_3C, Mg, Cd, Co, Ti, Be, Zn 등

3 재료의 소성가공

(1) 금속의 재결정온도 기준에 따른 분류

　① 열간가공(hot working)

　　재결정온도 이상에서 가공한다.

　② 냉간가공(cold working)

　　재결정온도 이하에서 가공한다.

(2) 가공경화(work hardening)

금속재료

냉간가공 또는 상온가공

・소성 변형이 진행되면서 금속재료의 결정입자가 가공방향으로 미끄럼 현상을 일으키게 된다.
・미끄럼에 대한 변형 저항이 점차 증가하여 금속재료의 강도 및 경도가 증가하게 되는 가공경화 현상이 나타난다.

(3) 재결정(recrystallization)

　① 냉간가공에 의해 내부 응력이 생긴 결정입자를 재결정온도 부근에서 적당한 시간 동안 가열하면, 내부응력이 없는 새로운 결정핵이 점차 성장하여 새로운 결정입자가 생기는 현상이다.

　② 재결정온도

　　1시간 안에 재결정이 완료되는 온도이다.

③ 재결정의 특징

㉠ 가열온도가 증가함에 따라 재결정시간이 줄어든다.

㉡ 가공도가 큰 재료는 새로운 결정핵의 발생이 쉬우므로 재결정온도가 낮다.

㉢ 가공도가 작은 재료는 새로운 결정핵의 발생이 어려우므로 재결정온도가 높다.

㉣ 합금원소가 첨가됨에 따라 재결정온도는 상승한다.

㉤ 재결정은 금속의 연성을 증가시키고, 강도는 저하시킨다.

1 철강재료의 개요

(1) 철강의 분류

① 일반적인 분류

- 선철
  - 파면에 따른 분류 • 회선철, 반선철, 백선철
  - 용도에 따른 분류 • 제강용 선철, 주물용 선철

- 강
  - 제조법에 따른 분류
    - 제강방법 : 전로강, 평로강, 전기로강
    - 탈산도 : 림드강, 세미킬드강, 킬드강
    - 가공방법 : 압연강, 단조강, 주강
  - 용도에 따른 분류
    - 구조용강 : 보통강, 저합금강, 침탄강, 질화강, 스프링강, 쾌삭강
    - 공구용강 : 탄소공구강, 특수공구강, 다이스강, 고속도강
    - 특수용도용강 : 베어링강, 자석강, 내식강, 내열강

② 금속 조직에 의한 분류

철강

순철	강	주철
• 0.02%C 이하 (탄소함유량 0.02% 이하)	• 아공석강 : 0.02~0.77%C • 공석강 : 0.77%C • 과공석강 : 0.77~2.11%C	• 아공정주철 : 2.11~4.3%C • 공정주철 : 4.3%C • 과공정주철 : 4.3~6.67%C

(2) 철강의 제조공정

철광석 → 용광로 → 선철 → 제강로 → 강괴

2 순철

(1) 순철의 성질

① 철강 중에 탄소 0.02% 이하를 함유하고 있으며, 기계구조용 재료로 이용되지 않고, 자기투자율이 높기 때문에 변압기 및 발전기용 박판의 전기재료로 많이 사용된다.

② 순철에는 α철, γ철, δ철의 동소체가 있으며, 상온에서 강자성체이다.

③ 단접성, 용접성은 양호하나, 유동성, 열처리성은 불량하다.

④ 상온에서 전연성이 풍부하고 항복점, 인강강도는 낮으나 연신율, 단면수축률, 충격강도, 인성 등은 높다.

⑤ 순철의 물리적 성질

비중(7.87), 용융점(1,538℃), 열전도율(0.18W/K), 인장강도(18~25N/mm^2), 브리넬 경도(60~70N/mm^2)

(2) 순철의 변태

① A_2 변태점(768℃)

순철의 자기변태점 또는 큐리점

② A_3 변태점(912℃)

순철의 동소변태[α철(체심입방격자) ↔ γ철(면심입방격자)]

③ A_4 변태점(1,400℃)

순철의 동소변태[γ철(면심입방격자) ↔ δ철(체심입방격자)]

> 순철에는 A_1 변태가 없음

3 탄소강

(1) 탄소강의 상태도

① 철-탄소계(Fe-C) 평형상태도

가로축을 철(Fe)과 탄소(C)의 2개 원소 합금 조성(%)으로 하고, 세로축을 온도(℃)로 했을 때 각 조성의 비율에 따라 나타나는 합금의 변태점을 연결하여 만든 선도를 철-탄소계 평형상태도라 한다.

| Fe-C 평형상태도 |

② Fe-C 고용체, 화합물, 조직의 명칭

    ㉠ α철 : 페라이트(Ferrite, Ⓕ로 표시함), 탄소함량이 최대 0.02%이다.

    ㉡ γ철 : 오스테나이트(Austanite, Ⓐ로 표시함)

    ㉢ Fe₃C : 시멘타이트(Cementite), 금속 간 화합물로서 탄소함량이 6.67%이다.

    ㉣ 공석강 : 펄라이트(Pearlite, Ⓟ로 표시함), 탄소함량이 0.77%이다.

> 📖 **Reference**   L(Liquid, 융액)
>
> 철(Fe)과 탄소(C)가 혼합된 액체

② 변태점

　㉠ A_0 변태점(213℃) : 시멘타이트의 자기변태점

　㉡ A_1 변태점(723℃) : 순철에는 없고 강에서만 존재하는 변태(오스테나이트 ↔ 펄라이트)

　㉢ A_2 변태점(순철 : 768℃, 강 : 770℃) : 순철의 자기변태점 또는 큐리점

　㉣ A_3 변태점(912℃) : 순철의 동소변태(α철 ↔ γ철)

　㉤ A_4 변태점(1,400℃) : 순철의 동소변태(γ철 ↔ δ철)

③ 주요 변태선

　㉠ A_1 선 : 공석선(723℃)

　㉡ A_3 선 : γ철이 α철로 석출이 시작되는 온도

　㉢ A_{cm} 선 : γ철이 Fe_3C로 석출이 시작되는 온도

④ 금속의 반응

　㉠ 용어설명

　　ⓐ 정출 : 액상에서 고체상이 새로 생기는 것

　　ⓑ 석출 : 고체상에서 다른 고체상이 새로 생기는 것

　㉡ 공석반응 : 2개 원소($Fe + C$) 합금에서 하나의 고체상(γ철)이 냉각에 의해 결정구조가 다른 2종의 새로운 고체상(α철 $+ Fe_3C$)으로 석출하는 변태를 말한다.

> γ철(오스테나이트) $\xrightleftharpoons[\text{가열}]{\text{냉각}}$ (α철 $+$ Fe_3C)(펄라이트)
>
> → 공석점 : 0.77%C, 723℃

　　여기서, 0.77%C는 철(Fe)이 99.23%이고, 탄소(C)가 0.77%임을 의미한다.

중요▶ 탄소강에서 가장 중요한 반응이니 꼭 알아두세요.

　㉢ 공정반응 : 하나의 액상에서 다른 복수의 고체상이 동시에 정출하는 현상으로서, 공정점에서는 액상에서 오스테나이트와 시멘타이트(Fe_3C)가 생성되며, 이것을 레데뷰라이트라 한다.

> L(액체) $\xrightleftharpoons[\text{가열}]{\text{냉각}}$ γ철(오스테나이트)$+$ Fe_3C(시멘타이트)
>
> → 공정점 : 4.3%C, 1,130℃

　　여기서, 4.3%C는 철(Fe)이 95.7%이고, 탄소(C)가 4.3%임을 의미한다.

　㉣ 포정반응 : 2개 원소($Fe + C$) 합금의 상변태 시 냉각과정에서 하나의 고체상(δ철)과 하나의 액상(L)이 반응하여 새로운 고체상(γ철)이 정출되는 항온변태 반응($L + \delta = \gamma$)을 말한다. 이 반응은 가역적 반응이다. δ철 주위에 γ고용체가 둘러싸는 듯한 조직을 생성하기 때문에 포정반응이라고 한다.

$$L(액상) + \delta철 \underset{가열}{\overset{냉각}{\rightleftharpoons}} \gamma철(오스테나이트) \rightarrow 포정점 : 0.17\%C, 1,495℃$$

여기서, 0.17%C는 철(Fe)이 99.83%이고, 탄소(C)가 0.17%임을 의미한다.

ⓜ 상태도에서 온도가 낮은 것부터의 순서

공석점(A_1 변태점, 723℃) < 큐리점(768℃) < 공정점(1,130℃) < 포정점(1,495℃)

⑥ 탄소함유량에 따른 강의 분류

㉠ 공석강 : 철에 탄소함유량이 0.77%이고, 조직은 펄라이트

㉡ 아공석강 : 철에 탄소함유량이 0.02~0.77%이고, 조직은 페라이트＋펄라이트

㉢ 과공석강 : 철에 탄소함유량이 0.77~2.14%이고, 조직은 펄라이트＋시멘타이트

(2) 철강의 조직

탄소강을 900℃ 정도에서 천천히 냉각시켰을 때 현미경으로 관찰한 조직은 탄소함유량에 따라 현저하게 다르게 나타나는 것을 알 수 있다.

(a) 아공석강(0.45%C)
- 흰색 : 페라이트
- 층상조직 : 펄라이트

(b) 공석강(0.77%C)
- 층상조직 : 펄라이트

(c) 과공석강(1.5%C)
- 흰색 경계 : 시멘타이트
- 층상조직 : 펄라이트

| 현미경으로 본 탄소강의 조직 |

① 페라이트(ferrite)

㉠ 순철에 탄소가 최대 0.02% 고용된 α철로 BCC(체심입방격자) 결정구조를 가지며, 현미경 조직으로는 흰색 결정으로 나타난다.

㉡ 연한 성질로 전연성이 크며, A_2점 이하에서는 강자성체이다.

② 오스테나이트(austenite)

㉠ 탄소함유량을 최대 2.14%까지 고용할 수 있는 γ철로 FCC(면심입방격자) 결정구조를 가지고 있다.

㉡ A_1점 이상에서 안정된 조직으로 상자성체이며 인성이 크다.

③ 펄라이트(pearlite)

㉠ 탄소함유량이 0.77%인 γ철이 723℃에서 분열하여 생긴 페라이트와 시멘타이트의 공석 조직으로 페라이트와 시멘타이트가 층으로 나타난다.

ⓒ 강도가 크며, 약간의 연성도 있다.

④ 시멘타이트(cementite)

 ㉠ 철(Fe)에 탄소가 6.67% 결합된 철의 금속 간 화합물(Fe_3C)로서 흰색의 침상이 나타나는 조직이며 1,153℃로 가열하면 빠른 속도로 흑연을 분리시킨다.

 ㉡ 경도가 매우 높고, 취성이 많으며, 상온에서 강자성체이다.

(3) 탄소강의 성질

① 표준상태에서 탄소(C)가 많을수록 강도나 경도가 증가하지만, 인성 및 충격값은 감소된다.

② 인장강도는 공석조직 부근에서 최대가 되고, 과공석조직은 망상의 초석 시멘타이트가 생기면서부터 변형이 잘되지 않으며, 경도는 증가하나 강도는 급격히 감소한다.

③ 탄소(C)가 많을수록 가공변형은 어렵게 되고, 냉간가공은 되지 않는다.

④ 인장강도는 200~300℃ 부근까지는 온도가 올라감에 따라 증가하여 상온보다 강해지며, 최댓값을 가진 후 그 이상의 온도에서는 급격히 감소한다(청열취성).

⑤ 연신율은 200~250℃에서 최저값을 가지며, 온도가 올라감에 따라 증가하다가, 600~700℃에서 최댓값을 가지며 그 이상온도에서는 급격히 감소한다.

⑥ 강은 알칼리(염기)에는 거의 부식되지 않으나 산에 대해서는 약하다.

(4) 탄소강에 함유된 원소의 영향

① 탄소(C)의 영향

 ㉠ 탄소강에서 탄소는 매우 중요한 원소이다.

 ㉡ 철에 탄소가 증가하면 0.77%C까지는 항복점과 인장강도는 증가하고, 연신율, 단면 수축률, 연성은 저하한다.

 ㉢ 탄소함유량이 0.77% 이상이 되면 인장강도는 낮아지나, 경도는 증가하고 취성은 커진다.

② 망간(Mn)의 영향

 ㉠ 망간(Mn)은 탄소강에서 탄소 다음으로 중요한 원소로서, 제강할 때 탈산, 탈황제로 첨가되며, 탄소강 중에 0.2~0.8% 정도 함유하고 있다.

 ㉡ 일부는 강 중에 고용되며 나머지는 황(S)과 결합하여 황화망간(MnS)으로 존재하여 황(S)의 해를 막아 적열취성을 방지한다.

 ㉢ 망간은 고온에서 결정립의 성장을 억제하므로 연신율의 감소를 막고 인장강도와 고온 가공성을 증가시킨다.

 ㉣ 주조성과 담금질 효과(경화능)를 향상시킨다.

③ 규소(Si)의 영향

 ㉠ 규소(Si)는 제철과정에서 탈산제로 쓰인다.

 ㉡ α철에 고용되어 경도, 인장강도, 탄성한계를 높이며, 고온 강도가 향상되고, 내열성, 내산성, 주조성(유동성), 전자기적 성질이 증가한다.

ⓒ 연신율(연성), 내충격성을 감소시키며, 결정입자의 조대화(커짐)로 단접성, 냉간 가공성 등을 감소시킨다.

ⓐ 보통강 중에는 규소(Si)가 0.35% 이하이므로 별다른 문제는 없다.

④ 인(P)의 영향

ⓐ 제선, 제강 중에 원료, 연료, 내화 재료 등을 통하여 강중에 함유된다.

ⓑ 특수한 경우를 제외하고 0.05% 이하로 제한하며, 공구강의 경우 0.025% 이하까지 허용된다.

ⓒ 인장강도, 경도를 증가시키지만, 연신율과 내충격성을 감소시킨다.

ⓐ 상온에서 결정립을 크게 하며, 편석(담금질 균열의 원인)이 발생된다. → 상온취성의 원인이 된다.

> **Reference** 편석
>
> 금속이나 합금이 응고할 때 화학적 조성이 고르지 않게 되는 현상

⑤ 황(S)의 영향

ⓐ 제선, 제강 원료 중에 불순물로 존재하며, 특수한 경우를 제외하고 0.05% 이하로 제한하고 있다.

ⓑ 강 중에 황(S)은 대부분 망간(Mn)과 화합하여 황화망간(MnS)을 만들고, 남은 것은 황화철(FeS)을 만든다. 이 황화철(FeS)은 인장강도, 경도, 인성, 절삭성을 증가시킨다.

ⓒ 연신율과 충격강도를 낮추며, 융점이 낮아 고온에서 취약하고 용접, 단조, 압연 등 고온 가공할 때 파괴되기 쉬운데, 이것이 적열취성의 원인이 된다.

⑥ 함유 가스의 영향

ⓐ 제강 중에 용탕에 함유된 산소(O_2), 질소(N_2), 수소(H_2)가스 등의 양은 $0.01 \sim 0.05\%$ 정도이다.

ⓑ 가스의 양이 많을수록 강이 여리고 약해진다.

ⓒ 수소(H_2)는 강을 여리게 하고, 산, 알칼리에 약하며, 헤어 크랙(hair crack)과 흰점(flakes)의 원인이 된다.

ⓐ 질소(N_2)는 페라이트에 고용되어 석출 경화의 원인이 되며, 산소(O_2)는 산화물로 함유되는데, 이 중에서 산화철(FeO)은 적열취성의 원인이 된다.

> **Reference**
>
> 수소(H_2)에 의해서 철강 내부에서 헤어크랙과 흰점이 생긴다.
> • 헤어크랙 : 강재 다듬질 면에 나타나는 머리카락 모양의 미세한 균열
> • 흰점(백점) : 강재의 파단면에 나타나는 백색의 광택을 지닌 반점

(5) 탄소강의 온도에 따른 여러 가지 취성

① 취성

취성이란 충격에 의해 깨지기 쉬운 성질을 말한다.

② 적열취성(고온취성)

강은 900℃ 이상에서 황(S)이나 산소가 철과 화합하여 산화철
(FeO)이나 황화철(FeS)을 만든다. 이때 황화철은 그림처럼 강 입
자의 경계에 결정립계로 나타나게 됨으로써 상온에서는 그 해가
작지만 고온에서는 황화철이 녹아 강을 여리게(무르게) 만들어 단
조할 수 없는 취성을 강이 갖게 되는데, 이것을 적열취성이라 한
다. 망간(Mn)을 첨가하면 황화망간(MnS)을 형성하여 적열취성
을 방지하는 효과를 얻을 수 있다.

| 망상구조 |

③ 상온취성

상온에서 충격강도가 매우 낮아 취성을 갖는 성질을 말하며, 인(P)을 함유한 강에서만 나타
난다. 왜냐하면 인이 강의 입자를 조대화시켜 강의 경도와 강도 및 탄성한계 등을 높이지만,
연성을 두드러지게 저하시켜 그 질을 취성으로 바꾼다. 이 영향은 강을 고온으로 압연 또는
단조할 때는 거의 볼 수 없으나 상온에서는 현저하기 때문에 상온취성이라고 한다.

4 특수강(합금강)

(1) 특수강의 개요

① 강철에 여러 원소를 섞어 철의 단점을 보안한 합금이다.
② 주로 니켈(Ni), 크롬(Cr), 망간(Mn), 텅스텐(W), 몰리브덴(Mo), 바나듐(V), 티탄(Ti), 코발트
(Co)의 합금원소를 많이 첨가한다.
③ 합금원소의 첨가량에 따라 저합금강과 고합금강으로 나뉜다.
 ㉠ 저합금강은 강의 경도를 증가시키는 쪽을 주목적으로 하여 강도와 인성이 증가하며, 구조
  용으로 주로 사용한다(합금원소 함유량 수 %).

> **Reference** 경도 증가 원소
>
> 크롬(Cr) > 텅스텐(W) > 바나듐(V) > 몰리브덴(Mo) > 니켈(Ni) > 망간(Mn) > 규소(Si) > 인(P)

 ㉡ 고합금강은 내식성, 내마모성, 내열성, 내한성 등의 특수성질을 부가하기 위해 사용된다
  (합금원소 함유량 10% 이상).

(2) 합금원소를 첨가하는 목적

① 기계적 · 물리적 · 화학적 성능 향상 ② 내식성, 내마멸성 증대
③ 절삭성, 소성가공성 개량   ④ 담금질성 향상

⑤ 단접성과 용접성 향상   ⑥ 고온에서 기계적 성질 저하 방지

⑦ 결정입자 성장 방지   ⑧ 상부 임계 냉각속도 저하

⑨ 황, 인 등 불순물 제거

> **Reference** 단접성
>
> 금속재료를 녹는점 가까이 가열하여 누르거나 때려서 이어 붙일 수 있는 성질

(3) 특수강에 첨가하는 합금원소의 영향

원소	특성
니켈(Ni)	강인성↑, 내산성↑, 담금질성↑, 저온취성 방지, 고가
크롬(Cr)	강인성↑, 내식성↑, 내마모성↑, 내열성↑
망간(Mn)	강인성↑, 담금질성↑, 내마모성↑, 적열취성 방지(탈산, 탈황작용)
텅스텐(W)	내열성↑, 고온강도·경도↑, 탄화물로 석출, 내마모성↑
몰리브덴(Mo)	담금질성↑, 질량효과↓, 뜨임취성 방지, 내식성↑
바나듐(V)	고온강도·경도↑, 내식성↑, 강인성↑(결정립 미세화)
티탄늄(Ti)	산소, 질소와 편석 방지, 결정립 미세화, 내식성↑, 탄화물 생성
코발트(Co)	고온 경도와 인장강도 증가
규소(Si)	• 적은 양 : 경도와 인장강도 증가 • 많은 양 : 내식성과 내열성 증가, 흑연화 촉진, 전자기적 성질 개선

(4) 탄소합금강과 주철의 KS 규격

KS 규격	영문 명칭	한글 명칭 및 특징
SM30C	Steel Machine Carbon	SM : 기계구조용 탄소강, 30C : 탄소함유량 0.3%
SS	Steel General Structure	일반구조용 압연강재
STC	Steel Tool Carbon	탄소공구강 : 톱날, 줄, 다이스 등 치공구에 사용
STS	Steel Tool Special	합금공구강
SKH	Steel K−공구 High Speed	고속도강
SPS	Spring Steel	스프링강
SC450	Steel Casting	SC : 탄소강 주강품, 최저인장강도 : 450MPa
GC	Grey Casting	회주철품
GCD	Grey Casting Ductile	구상흑연주철

(5) 구조용 특수강

탄소강을 보다 질기고, 강하게 하기 위해 니켈(Ni), 크롬(Cr), 몰리브덴(Mo), 바나듐(V), 붕소(B) 등을 약간 첨가하여 특수 열처리한 강을 말한다.

① 강인강

종류	첨가량	특성 및 사용하는 곳
Ni(니켈강)	1.5~5%(Ni)	강인성이 요구되는 항공용 볼트, 너트의 재료
Cr(크롬강)	0.9~1.2%(Cr)	자경성이 있어 담금질과 뜨임 효과가 좋으며, 크롬 탄화물이 생성되어 내마모성, 내식성, 내산화성이 우수하다.
Cr-Mo강 (SCM)	Cr강에 Mo 0.3% 첨가	강도 및 내마모성이 우수하고, 열간가공이 쉽고, 용접성이 좋고, 고온강도가 커서 축·기어·강력볼트 등에 사용한다.
Ni-Cr (SNC)	Ni강에 Cr 1% 첨가	담금질 후 뜨임한 것은 소르바이트 조직으로서 내마모성, 내식성, 내열성이 우수하다.
Ni-Cr-Mo강 (SNCM)	SNC에 Mo 0.15~0.7% 첨가	SNC에 Mo을 첨가함으로써 강인성이 증가되고, 담금질 시 질량효과가 감소되며, 뜨임취성을 방지한다.
고Mn강 (하드필드강)	Mn 10~14% 첨가	• 오스테나이트 조직이며, 가공경화속도가 아주 빠르다. • 내충격성이 대단히 우수하여 내마모재로 사용한다. • 광산기계, 파쇄기, 기차레일의 교차점에 사용된다.

② 표면경화용강

㉠ 재료 내부의 강도는 유지하고, 표면만 경화시킴으로써 피로한도와 내마모성을 향상시킨 강이다.

㉡ 침탄강, 질화강이 있다.

③ 쾌삭강

강에 황(S), 납(Pb)을 첨가하여 피삭성을 좋게 만드는 특수강이다.

④ 스프링강

스프링강에 필요한 성질은 다음과 같다.

㉠ 특성은 탄성한계 및 피로강도가 높을 것 → 인(P), 황(S)의 함량이 적을 것

㉡ 크리프 저항성 및 충분한 인성을 가져야 한다. → 소르바이트 조직의 강

㉢ 스프링의 성형 및 열처리가 용이하고, 저가이어야 한다.

(6) 특수용 특수강

① 스테인리스강

㉠ 스테인리스강의 종류 및 특성

구분		조직		
		오스테나이트	마텐자이트	페라이트
성분		18%Cr-8%Ni	13%Cr	18%Cr
강종		STS304	STS410	STS430
열처리		고용화 열처리	풀림 후 급랭	풀림
경화성		가공 경화	담금질 경화	담금질 경화 없음
기계적 특성	내식성	높음	보통	높음
	강도	높음	높음	보통
	가공	높음	낮음	보통
	자성	비자성	상자성	상자성
	용접성	높음	낮음	보통

㉡ 18-8강(오스테나이트 조직)의 예민화(입계부식)

ⓐ 고온으로부터 급랭한 강을 500~850℃ 범위로 재가열하면 고용되었던 탄소가 오스테나이트의 결정립계로 이동하여 탄화크롬(Cr_4C)이라는 탄화물이 석출된다. 이로 인해서 결정립계 부근의 크롬(Cr)양이 감소하게 되어 내식성이 감소되고 쉽게 부식이 발생한다.

ⓑ 입계균열 : 입계부식의 정도가 지나치면 균열이 발생한다.

ⓒ 입계균열의 방지책은 다음과 같다.
- 탄소량을 낮게 하면(<0.03%C) 탄화물(Cr_4C)의 형성이 억제된다.
- 티타늄(Ti), 니오븀(Nb), 탄탈럼(Ta) 등의 원소를 첨가해서 Cr_4C 대신에 TiC, NbC, TaC 등을 만들어서 크롬(Cr)의 감소를 막는다.

② 불변강

온도가 변화하여도 열팽창계수, 탄성계수 등이 변화하지 않는 강이다.

❙ 불변강의 종류 및 특징

명칭	주요 성분	특징
인바 (Invar)	Fe-Ni 36%	• 상온에 있어서의 열팽창계수가 대단히 작고, 내식성이 대단히 우수하다. • 줄자, 시계의 진자, 바이메탈 등의 재료에 사용
초인바 (Super invar)	Fe-Ni-Co	인바보다도 열팽창계수가 한층 더 작은 Fe-Ni-Co 합금이다.

명칭	주요 성분	특징
엘린바 (Elinvar)	Fe－Ni－Cr	• 인바에 크롬을 첨가하면 실온에서 탄성계수가 불변하고, 선팽창률도 거의 없다. • 시계태엽, 정밀저울의 소재로 사용된다.
코엘린바 (Co－elinvar)	Fe－Ni－Cr－Co	• 온도 변화에 대한 탄성률의 변화가 극히 적고 공기 중이나 수중에서 부식되지 않는다. • 스프링, 태엽, 기상관측용 기구의 부품에 사용된다.
플래티나이트 (Platinite)	Fe－Ni 46%	팽창계수가 유리와 비슷하여, 백금선 대용으로 전구 도입선에 사용된다.

③ 규소강

ⓐ 저탄소강에 규소(Si)를 첨가한 강으로 발전기, 전동기, 변압기 등의 철심 재료에 적합하다.

ⓑ 탄소(C) 0.08% 이하, 규소(Si) 0.8~4.3%, 망간(Mn) 0.35%를 함유하는 두께 0.2~0.5mm 의 얇은 판형이나 띠강이다.

④ 내열강

보일러, 터빈, 원자로, 화학플랜트 내연기관의 밸브, 제트기관, 로켓 등의 높은 온도에서 산화와 하중을 받는 부분에 사용되는 강이다.

5 주철

(1) 주철(cast iron)의 개요

① 보통 탄소량은 2.11~6.7%이나 흔히 사용되는 것은 2.5~4.5% 정도이다.

② 철(Fe), 탄소(C) 이외에 규소(Si), 망간(Mn), 인(P), 황(S) 등을 함유한다.

③ 강도의 조절

시멘타이트의 분해를 가감하여 흑연이 나오는 것을 조절한다.

④ 탄소량에 따른 주철의 분류

㉠ 공정주철 : 철에 탄소함유량이 4.3%일 때, 조직은 레데뷰라이트(오스테나이트＋시멘타이트)

㉡ 아공정주철 : 철에 탄소함유량이 2.14~4.3%일 때, 조직은 오스테나이트＋레데뷰라이트

㉢ 과공정주철 : 철에 탄소함유량이 4.3~6.67%일 때, 조직은 레데뷰라이트＋시멘타이트

⑤ 장점

㉠ 용융점이 낮고, 유동성이 우수하여 주조성이 좋다.

㉡ 내마멸성이 우수하다.

㉢ 압축강도가 크고, 절삭가공이 용이하다.

㉣ 가격이 저렴하고, 내식성이 우수하다.

㉤ 흑연으로 인해 강에 비해서 6~10배의 감쇠능을 가지고 있다.

물질이 진동을 흡수하는 능력

⑥ 단점

　㉠ 인장강도, 굽힘강도가 작고 충격에 약하다.

　㉡ 충격강도와 연신율이 작고 취성이 크다.

　㉢ 소성가공(고온가공)이 불가능하다.

　㉣ 내열성은 400℃까지는 좋으나 그 이상의 온도에서는 나빠진다.

　㉤ 단조, 담금질, 뜨임이 불가능하다.

(2) 주철의 조직

① 화학적 조성, 냉각 속도, 조성, 흑연 핵의 생성 정도에 따라 달라진다.

② 주철에 함유된 탄소량은 보통 2.5~4.5% 정도인데, 이들 중 일부는 유리탄소(흑연), 나머지는 화합탄소(Fe_3C)로 존재한다.

③ 유리탄소와 화합탄소의 비율에 따라 회주철(고탄소, 고규소), 백주철, 반주철로 구분된다.

(3) 응고 시 주철에 함유된 탄소의 형상

① 흑연(유리탄소)

　㉠ 단독의 탄소가 흑연으로 존재하는 것을 말한다.

　㉡ 규소(Si)가 많거나, 망간(Mn)이 적을 때 서랭하면 생긴다.

　㉢ 경도와 강도가 낮고, 회주철을 만든다.

② 시멘타이트(cementite)

　㉠ Fe_3C로서 존재하는 화합 탄소

　㉡ 규소(Si)가 적거나, 망간(Mn)이 많을 때 급랭하면 생기는 결정

　㉢ 단단하고 내마모성은 우수하지만 부서지기가 쉽다.

　㉣ 주로 백주철에 분포한다.

(4) 마우러 조직도

탄소(C)와 규소(Si)의 함유량에 따른 주철의 조직관계를 나타낸 조직도

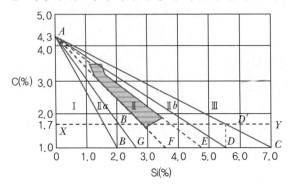

- Ⅰ구역 : 백(극경) 주철(Pearlite+Fe₃C)
- Ⅱ구역 : 펄라이트(강력) 주철(Pearlite+흑연)
- Ⅱa구역 : (경질) 주철(Pearlite+Fe₃C+흑연)
- Ⅱb구역 : 회(보통) 주철(Pearlite+F+흑연)
- Ⅲ구역 : 페라이트(연질) 주철(Ferrite+흑연)

| 마우러 주철 조직도 |

(5) 주철의 조직에 미치는 원소의 영향

① 탄소(C)

ㄱ 강도와 경도를 증가시킨다.

ㄴ 기계 가공성이 향상된다.

ㄷ 수축을 감소시킨다.

② 규소(Si)

ㄱ 탄소 다음으로 중요한 성분으로서 흑연의 생성을 촉진하는 원소이다.

ㄴ 응고 수축이 적어져서 주조가 용이하다.

ㄷ 얇은 주물 제작 시 급랭으로 인해 탄소가 시멘타이트로 변화되는 것을 방지하기 위해 규소를 다량 첨가한다.

③ 망간(Mn)

ㄱ 주철 중에는 일반적으로 0.4~1.0% 정도의 Mn을 함유한다.

ㄴ 흑연의 생성을 방지한다.

ㄷ 황화철(FeS) 제거와 쇳물에서 산소와 화합하여 탈산작용을 한다.

④ 인(P)

ㄱ 쇳물의 유동성을 좋게 한다.

ㄴ 주철을 단단하고 여리게 만든다.

⑤ 황(S)

ㄱ 유동성을 나쁘게 하여 정밀주조 작업이 어렵다.

ㄴ 주조 시 수축률을 크게 하여, 기공 및 균열을 일으키기 쉽다.

ㄷ 흑연의 생성을 방해하며, 고온취성을 일으킨다.

(6) 주철의 성장

주철은 보통 A_1점(723℃) 이상의 온도에서 가열과 냉각을 반복하면 부피 변화에 의해 강도나 수명이 저하된다.

① 주철의 성장 원인
  ㉠ 펄라이트 조직 중의 Fe_3C 분해에 따른 흑연화에 의한 팽창
  ㉡ 페라이트 조직 중의 규소의 산화에 의한 팽창
  ㉢ A_1 변태의 반복과정에서 오는 체적 변화에 따른 미세한 균열 발생
  ㉣ 흡수된 가스에 의한 팽창
  ㉤ 불균일한 가열로 생기는 균열에 의한 팽창

② 주철의 성장 방지법
  ㉠ 흑연을 미세화시켜 조직을 치밀하게 한다.
  ㉡ 탄소(C), 규소(Si)는 적게 하고, 규소(Si) 대신 내산화성이 큰 니켈(Ni)을 첨가한다.(규소(Si)는 산화하기 쉬우므로)
  ㉢ 편상흑연을 구상화시킨다.
  ㉣ 펄라이트 조직 중 시멘타이트(Fe_3C)의 흑연화를 방지하기 위해, 탄화물 안정 원소인 망간(Mn), 크롬(Cr), 몰리브덴(Mo), 바나듐(V) 등을 첨가한다.

(7) 시멘타이트의 흑연화

주철조직에 함유한 시멘타이트(Fe_3C)를 열처리하여 흑연으로 분해한다.

① 흑연화 촉진원소
  규소(Si), 니켈(Ni), 알루미늄(Al), 티타늄(Ti), 코발트(Co)

② 흑연화 방해원소
  망간(Mn), 몰리브덴(Mo), 황(S), 텅스텐(W), 크롬(Cr), 바나듐(V)

(8) 주철의 종류

① 보통주철(회주철)
  ㉠ 편상흑연과 페라이트(ferrite)로 되어 있으며, 다소의 펄라이트(pearlite)를 함유하는 회주철을 말한다.
  ㉡ 인장강도는 100~200MPa이며, 균질성이 떨어진다.
  ㉢ 주조하기 쉽고, 가격이 싸다.
  ㉣ 절삭가공이 쉽고 내마모성이 우수하며, 감쇠능이 높다.
  ㉤ 공작기계의 베드의 소재로 사용한다.

② 고급주철(강인주철)
  ㉠ 회주철 중에서 석출한 흑연편을 미세화하고, 치밀한 펄라이트 조직으로 만들어 강도와 인성을 높인 주철이다.

ⓛ 인장강도는 250MPa 이상이며, 주조성이 양호하여 대형주물 제작에 사용된다.

ⓒ 미하나이트 주철(meehanite cast iron)

  ⓐ 쇳물을 제조할 때 선철에 다량의 강철 스크랩을 사용하여 저탄소 주철을 만들고, 여기에 칼슘실리콘(Ca－Si), 페로실리콘(Fe－Si) 등을 첨가하여 조직을 균일하고 미세화시킨 펄라이트 주철

  ⓑ 인장강도가 255~340MPa이고, 내미모싱이 우수하여 브레이크 드럼, 실린더, 캠, 크랭크축, 기어 등에 사용된다.

  ⓒ 담금질에 의한 경화가 가능하다.

③ 칠드 주철(chilled casting : 냉경주물)

  ㉠ 주조 시 모래주형에 단단한 조직이 필요한 부분에 금형을 설치하여 주물을 제작하면, 금형이 설치된 부분에서 급랭이 되어 표면은 단단하고 내부는 연하게 되어 강인한 성질을 갖는 칠드 주철을 얻을 수 있다.

  ㉡ 칠드 주철의 표면은 백주철, 내부는 회주철로 만든 것으로 압연용 롤러, 차륜 등과 같은 것에 사용된다.

④ 가단주철

  ㉠ 주철의 취성을 개량하기 위해서 백주철을 높은 온도로 장시간 풀림해서 시멘타이트를 분해시켜, 가공성을 좋게 하고, 인성과 연성을 증가시킨 주철이다.

  ㉡ 가단주철의 종류

    ⓐ 백심 가단주철 : 백주철을 산화철 등으로 둘러싸게 하여, 장시간 가열 유지하여 표면층의 시멘타이트를 흑연화함과 동시에 탈산시키고 페라이트로 변화시켜 인성을 증가한 주철(탈탄제 : 철광석, 밀 스케일의 산화철)

    ⓑ 흑심 가단주철 : 백주철을 풀림 처리하면 시멘타이트(Fe_3C)가 분해되면서 흑연이 석출되는 주철로서, 절단면의 중심부는 흑색이고 주변만 탈탄으로 인하여 백색을 띤다. 이와 같은 열처리를 한 주철은 연강에 가까운 인장강도와 연신율을 가지며, 가단성이 있기 때문에 관이음쇠로서 널리 사용되고 있다.

    ⓒ 펄라이트 가단주철 : 백주철의 시멘타이트를 펄라이트화시킨 주철로써, 인성은 떨어지지만 강도와 내마모성이 뛰어나다.

⑤ 구상흑연주철

  ㉠ 편상흑연(강도와 연성이 작고, 취성이 있음)을 구상흑연(강도와 연성이 큼)으로 개선한 주철

  ㉡ 주철을 구상화하기 위하여 인(P)과 황(S) 양은 적게 하고, 마그네슘(Mg), 칼슘(Ca), 세륨(Ce) 등을 첨가한다.

  ㉢ 보통주철과 비교해 내마멸성, 내열성, 내식성이 대단히 좋아 크랭크축, 브레이크 드럼에 사용된다.

  ㉣ 구상흑연주철은 조직에 따라 페라이트형, 펄라이트형, 시멘타이트형으로 분류된다.

ⓤ 불스 아이(bull's eye) 조직

구상흑연 주위를 페라이트가 둘러싸고, 외부는 펄라이트 조직으로 황소의 눈모양처럼 생겼다.

| 불스 아이(bull's eye) |

📖 Reference 주철의 인장강도 순서

구상흑연 > 펄라이트가단 > 백심가단 > 흑심가단 > 미하나이트 > 칠드

6 강의 열처리

(1) 열처리

열처리란 금속재료(주로 철강재료)에 요구되는 기계적, 물리적 성질을 부여하기 위해 가열과 냉각 등의 조작을 적당한 속도로 조절하여 그 재료의 특성을 바꾸는 공정이다.

(2) 열처리의 목적

① 소재나 제품을 사용 목적에 적합한 조직과 성질로 바꾼다.
② 재료를 단단하게 만들어 기계적, 물리적 성능을 향상시킨다.
③ 재료를 무르게 하여 가공성을 개선시킨다.
④ 가공경화된 조직을 균질화하여 가공성을 향상시킨다.

(3) 분류

① 일반열처리

담금질, 뜨임, 풀림, 불림 등이 있다.

② 항온열처리

항온담금질(오스템퍼링, 마템퍼링, 마퀜칭, Ms퀜칭), 항온풀림, 오스포밍 등이 있다.

③ 표면경화법

㉠ 화학적인 방법

ⓐ 침탄법 : 고체침탄법, 가스침탄법. 액체침탄법(＝침탄질화법＝청화법＝시안화법)

ⓑ 질화법

㉡ 물리적인 방법 : 화염경화법, 고주파경화법

ⓒ 금속침투법 : 크로마이징, 칼로라이징, 실리코나이징, 보로나이징, 세라다이징 등

ⓔ 기타 표면경화법 : 숏피닝, 방전경화법, 하드페이싱 등

(4) 열처리 종류

(a) 담금질

(b) 뜨임

(c) 풀림

(d) 불림

Ⓟ : 펄라이트, Ⓐ : 오스테나이트, Ⓜ : 마텐자이트, Ⓣ : 트루스타이트, Ⓢ : 소르바이트

| 열처리의 종류 |

▌열처리 종류별 목적 및 방법

열처리의 종류	기본 목적	대표적인 방법
담금질(quenching)	조직 경화	$A_3 \sim A_1 + 30 \sim 50$℃ 가열 후 급랭(수랭, 유랭)
뜨임(tempering)	인성 부여	• A_1 변태점 이하 • 고온 템퍼링 : 400~600℃ • 저온 템퍼링 : 150℃
풀림(annealing)	조직 연화	$A_3 \sim A_1 + 30 \sim 50$℃ 노랭
불림(normalizing)	조직 표준화	$A_3 \sim A_{cm} + 30 \sim 50$℃ 공랭

① 담금질

㉠ 목적 : 재료의 경도와 강도를 높이기 위한 작업이다.

㉡ 강이 오스테나이트 조직으로 될 때까지 $A_1 \sim A_3$ 변태점보다 $30 \sim 50$℃ 높은 온도로 가열한 후 물이나 기름으로 급랭하여 마텐자이트 변태가 되도록 하는 공정이다.

ⓒ 냉각제에 따른 냉각속도

소금물 > 물 > 비눗물 > 기름 > 공기 > 노(내부)

ⓔ 냉각속도에 따른 담금질 조직

	Ⓐ	Ⓜ	Ⓣ	Ⓢ	Ⓟ	Ⓕ
경도(HB)	150~200	600~700	350~400	270	150~225	90~100

| 강의 상태도와 냉각경로 및 경도와 조직 변화 |

ⓐ 마텐자이트 : 수랭, 침상조직, 내부식성 우수, 고경도, 취성이 존재한다.

ⓑ 트루스타이트 : 유랭, 고경도, 부식에 약하다.

ⓒ 소르바이트 : 공랭, 강도와 탄성이 요구되는 구조용 강에 사용한다. 예 스프링강

ⓓ 오스테나이트 : 가공성이 좋지 않으며, 비자성체, 내부식성 우수, 연신율이 크다.

ⓔ 펄라이트 : 723℃에서 오스테나이트가 페라이트와 시멘타이트(고용체와 Fe_3C)의 층상이 공석정으로 변태한 것, 탄소함유량은 0.77%이고, 자성이 있다.

ⓕ 조직에 따른 경도 크기

시멘타이트(Ⓒementite) > 마텐자이트(Ⓜartensite) > 트루스타이트(Ⓣroostite) > 소르바이트(Ⓢorbite) > 펄라이트(Ⓟearlite) > 오스테나이트(Ⓐuatenite) > 페라이트(Ⓕerrite)

ⓜ 질량효과

같은 강을 같은 조건으로 담금질하더라도 질량(지름)이 작은 재료는 내외부에 온도차가 없어 내부까지 경화되나, 질량이 큰 재료는 열의 전도에 시간이 길게 소요되어 내외부에 온도차가 생김으로써 외부는 경화되어도 내부는 경화되지 않는 현상

ⓗ 심랭처리(sub zero) : 상온으로 담금질된 강을 다시 0℃ 이하의 온도로 냉각시키는 열처리이다.

ⓐ 목적 : 잔류오스테나이트를 마텐자이트로 변태시키기 위한 열처리

ⓑ 효과 : 담금질 균열 방지, 치수 변화 방지, 경도 향상 예 게이지강

② 뜨임(tempering)

㉠ 목적

ⓐ 강을 담금질한 후 취성을 없애기 위해서는 A₁변태점 이하의 온도에서 뜨임처리를 해

야 한다.

ⓑ 금속의 내부응력을 제거하고 인성을 개선하기 위한 열처리 방법이다.

ⓒ 저온뜨임 : 150℃ 부근에서 담금질 응력 제거, 치수의 경년 변화 방지, 내마모성 향상 등을 목적으로 마텐자이트 조직을 얻도록 조작을 하는 열처리 방법이다.

ⓒ 고온뜨임 : 400~600℃에서 소르바이트 조직을 얻을 수 있으며, 재료에 큰 인성을 부여한다.
예 스프링강

ⓔ 뜨임 온도에 따른 조직 변화

$$\text{ⓜartensite} \xrightarrow{\ 200℃\ } \text{ⓜartensite}$$

$$\text{ⓜartensite} \xrightarrow{\ 400℃\ } \text{ⓣroosite}$$

$$\text{ⓜartensite} \xrightarrow{\ 600℃\ } \text{ⓢorbite}$$

$$\text{ⓜartensite} \xrightarrow{\ 700℃\ } \text{ⓟearlite}$$

③ 풀림(어닐링, annealing)

| 풀림(annealing)과 불림(normalizing)의 열처리 온도 |

ⓒ 목적

ⓐ 주조, 단조, 기계가공에서 생긴 내부응력을 제거시킨다.

ⓑ 열처리로 말미암아 경화된 재료를 연화시킨다(절삭성 향상).

ⓒ 가공 또는 공작에서 경화된 재료를 연화시킨다(냉간가공성 개선).

ⓓ 금속결정 입자를 균일화하고 미세화시킨다.

ⓔ 흑연을 구상화시킨다.

ⓒ 완전풀림

　　ⓐ 온도 : 아공석강은 A_3 이상 가열, 공석강과 과공석강은 $A_1 + 30 \sim 50\,^{\circ}\mathrm{C}$ 가열 유지 후 노에서 냉각시킨다.

　　ⓑ 목적 : 결정립 미세화, 강의 연화, 소성가공성 증가

ⓒ 연화풀림

ⓔ 확산풀림

ⓜ 응력제거 풀림

ⓗ 구상화 풀림

④ 불림(normalizing)

　㉠ 열처리

　　A_3, A_{cm}선 이상 $30 \sim 50\,^{\circ}\mathrm{C}$에서 가열 → 온도 유지(재료를 균일하게 오스테나이트화함) → 대기 중에서 냉각

　㉡ 목적 : 열간가공 재료의 이상(결정립의 조대화, 내부 비틀림, 탄화물이나 그 외 석출물의 분산)을 제거하고, 조직의 표준화, 결정립의 미세화, 응력제거, 가공성 향상

　㉢ 기계적 성질 : 연성과 인성 개선, 풀림한 재료보다 항복점, 인장강도, 경도 등이 일반적으로 높다.

(5) 표면경화법

재료의 표면만을 단단하게 만드는 열처리이다.

① 화학적 표면경화

　㉠ 침탄법

종류	원료	방법
고체침탄법	목탄, 골탄, 코크스+침탄촉진제	저탄소강을 가열하여 탄소 침투
액체침탄법	시안화나트륨(NaCN)	탄소(C)와 질소(N)가 동시에 침입 확산, 청화법, 침탄질화법, 시안화법
가스침탄법	천연가스, 프로판가스, 부탄, 메탄가스	원료 가스를 변성로에서 변성 후 침탄

　㉡ 질화법

원료	방법	특징
암모니아	암모니아(NH_3) 가스 중에서 $450 \sim 570\,^{\circ}\mathrm{C}$로 $12 \sim 48$시간 가열하면 표면에 질화층을 형성	높은 경도, 내마모성 증가, 피로한도 향상, 내식성 증가, 저온 열처리이므로 변형이 적다.

ⓒ 침탄법과 질화법 특징 비교

특징	침탄법	질화법
경도	낮다.	높다.
열처리	반드시 필요	필요 없다.
변형	크다.	작다.
사용재료	제한이 적다.	질화강이어야 한다.
고온 경도	낮아진다.	낮아지지 않는다.
소요시간	짧다.	길다(12~48hr).
수정 가능 여부	가능	불가능
가열온도	높다(900~950℃).	낮다(450~570℃).
표면경화층 두께	두껍다.	얇다.

| 화학적 표면경화법 |

ⓔ 금속침투법(시멘테이션)
　ⓐ 제품을 가열하여 그 표면에 다른 금속(Zn, Al, Cr, Si, B 등)을 피복시키면, 피복과 동시에 확산작용이 일어나 우수한 표면을 가진 합금피복층을 얻을 수 있다.
　ⓑ 내열성, 내식성, 방청성, 내산화성 등의 화학적 성질과 경도 및 내마모성을 증가시키는데 목적이 있다.

금속침투법의 종류

종류	세라다이징 (sheradizing)	칼로라이징 (calorizing)	크로마이징 (chromizing)	실리코나이징 (silliconizing)	보로나이징 (boronizing)
침투제	아연(Zn)	알루미늄(Al)	크롬(Cr)	규소(Si)	붕소(B)
장점	대기 중 부식 방지	고온 산화 방지	내식, 내산, 내마모성 증가	내산성 증가	고경도 (HV 1,300~1,400)

② 물리적 표면경화

| 화염경화처리 | | 고주파경화처리 |

㉠ 화염경화법 : 산소－아세틸렌 불꽃으로 표면을 가열하여 담금질한다.

㉡ 고주파경화법 : 고주파 전류로 강의 표면을 가열하여 담금질한다.

| 숏피닝 |

㉢ 숏피닝 : 작은 입자의 강구를 소재 표면에 충돌시켜 피닝효과를 얻어 경화시킨다.

■1 구리와 구리합금

(1) 구리의 성질

① 비중 8.96, 용융점 1,083℃이다.

② 전기, 열의 양도체이다.

③ 유연하고 전연성이 좋으므로 가공이 용이하다.

④ 화학적으로 저항력이 커서 부식되지 않는다(암모니아염에는 약하다).

⑤ 아름다운 광택과 귀금속적 성질이 우수하다.

⑥ Zn, Sn, Ni, Ag 등과 용이하게 합금을 만든다.

(2) 황동[구리(Cu)+아연(Zn)]

① 황동의 성질

㉠ 아연(Zn) 함유량에 따른 물성치 : 40%일 때 인장강도가 최대, 30%일 때 연신율이 최대이다.

㉡ 아연이 증가하면 경도도 증가한다.

㉢ 경년 변화 : 황동 가공재를 상온에서 방치하거나 저온풀림 경화시킨 스프링재가 사용시간이 경과함에 따라 스프링 특성을 잃는 현상

㉣ 자연균열

ⓐ 황동이 공기 중의 암모니아, 기타 염류에 의해 입간부식을 일으키는 현상으로 상온가공에 의한 내부응력 때문에 생긴다.

ⓑ 방지법 : 도료, 아연(Zn) 도금, 저온풀림(180~260℃, 20~30분간)

② 황동의 종류

㉠ 톰백(tombac)

아연을 8~20% 함유한 α 황동으로 빛깔이 금에 가깝고 연성이 크므로 금박, 금분, 불상, 화폐제조 등에 사용한다.

㉡ 7-3 황동(cartridge brass) → 연신율 최대

ⓐ 아연을 28~30% 함유한 황동이다.

ⓑ 전연성이 좋고 상온가공이 용이하므로 판, 봉, 관, 선 등으로 만들어 사용한다.

㉢ 6-4 황동(먼츠메탈) → 인장강도 최대

ⓐ 아연 함유량이 많아 황동 중 값이 가장 싸고, 내식성이 다소 낮으며 탈아연 부식을 일으키기 쉬우나, 강도가 높아 기계부품용으로 사용한다.

ⓑ 판재, 선재, 볼트, 너트, 열 교환기, 파이프, 밸브 등을 제작하는 데 사용한다.

ⓔ 철 황동(델타메탈)

　　　　ⓐ 6－4 황동에 철을 1~2% 정도 첨가한 합금이며 델타 메탈(Delta Metal)이라고도 한다.

　　　　ⓑ 강도가 크고, 내식성이 좋아 광산, 선박, 화학 기계 등에 사용된다.

　　　　ⓒ 철이 2% 이상 함유되면 인성이 저하된다.

　　ⓜ 납황동

　　　　ⓐ 황동에 납을 1.5~3.7%까지 첨가하여 절삭성을 좋게 한 것으로 쾌삭 황동이라 한다.

　　　　ⓑ 정밀 절삭 가공을 필요로 하는 시계와 계기용 나사, 나사 등의 재료로 사용된다.

　　ⓗ 니켈 황동

　　　　ⓐ 양백(양은)이라고도 한다.

　　　　ⓑ 니켈을 첨가한 합금으로 단단하고 부식에도 잘 견딘다.

　　　　ⓒ 선재, 판재로서 스프링에 사용되며, 내식성이 크므로 장식품, 식기류, 가구재료, 계측기, 의료기기 등에 사용된다.

　　　　ⓓ 전기 저항이 높고 내열성, 내식성이 좋아 일반 전기 저항체로 이용된다.

　　ⓢ 애드미럴티 메탈(admiralty metal)

　　　　ⓐ 7－3 황동＋1% Sn

　　　　ⓑ 전연성이 좋아 증발기, 열교환기 등의 관에 사용된다.

　　ⓞ 네이벌 황동(naval brass)

　　　　ⓐ 6－4 황동＋1% Sn

　　　　ⓑ 용접용 파이프, 선박용 기계에 사용된다.

(3) 청동[구리(Cu)＋주석(Sn)]

　① 청동의 특성

　　ⓖ 내식성이 크다.

　　ⓛ 인장강도와 연신율이 크다.

　　ⓒ 내해수성이 좋다.

　　ⓔ 황동보다 주조하기 쉽다.

　② 청동의 종류

　　ⓖ 포금

　　　　ⓐ Sn(8~12%)＋Zn(1~2%)의 구리 합금이다.

　　　　ⓑ 단조성이 좋고, 강도가 높으며 내식성이 있어 밸브, 콕, 기어, 베어링 부시 등의 주물에 사용한다.

　　　　ⓒ 내해수성이 강하고, 수압, 증기압에도 강해 선박 등에 널리 사용된다.

　　ⓛ 납 청동(베어링 청동)

　　　　ⓐ Pb(4~22%)＋Sn(6~11%)의 합금으로 연성은 저하되지만 경도가 높고 내마멸성이 크므로 자동차나 일반기계의 베어링 부분에 사용된다.

ⓑ 주석 청동에 납(4.0~22%)을 함유한 것은 윤활성이 좋아 철도 차량, 압연기계 등의 고압용 베어링에 사용된다.

ⓒ 켈밋 합금(kelmet alloy) : Cu + Pb(30~40%)의 합금으로 고속·고하중용 베어링으로 자동차, 항공기 등에 널리 사용된다.

ⓒ 베릴륨 청동

ⓐ 구리 합금 중에서 가장 높은 강도와 경도를 가진다.

ⓑ 경도가 커서 가공하기 힘들지만 강도, 내마멸성, 내피로성, 전도열이 좋아 베어링, 기어, 고급 스프링, 공업용 전극에 사용된다.

ⓔ 인청동(청동 + 인(P))

ⓐ 합금 중에 P(0.05~0.5%)을 잔류시키면 구리 용융액의 유동성이 좋아지고, 강도, 경도, 탄성률 등 기계적 성질이 개선되며 내식성이 좋아진다.

ⓑ 기어, 캠, 축, 베어링, 코일 스프링, 스파이럴 스프링 등에 사용한다.

ⓜ 알루미늄 청동

ⓐ Cu + 알루미늄(6~10.5%)의 구리 – 알루미늄 합금이다.

ⓑ 황동이나 청동에 비해서 기계적 성질, 내식성, 내마멸성, 내열성 등이 우수하여 화학기계공업, 선박, 항공기, 차량부품 재료로 사용된다.

(4) Cu – Ni계 합금

① 콘스탄탄

Cu – Ni 45% 합금으로 표준저항선으로 사용된다.

② 모넬메탈

㉠ Cu – Ni 70% 합금이며, 내열성과 내식성, 내마멸성, 연신율이 크다.

㉡ 대기, 해수, 산, 염기에 대한 내식성이 크며, 고온강도가 크다.

㉢ 주조와 단련이 용이하여 터빈 날개, 펌프 임펠러, 열기관 부품 등의 재료로 사용된다.

❷ 알루미늄과 알루미늄 합금

(1) 알루미늄의 특징

① 무게가 가볍다(비중 : 2.7).

② 합금재질이 많고 기계적 특성이 양호하다.

③ 내식성이 양호하다.

④ 열과 전기의 전도성이 양호하다.

⑤ 가공성, 접합성, 성형성이 양호하다.

⑥ 빛과 열의 반사율이 높다.

(2) 알루미늄 합금의 종류

① 가공용 알루미늄 합금

분류	대표 합금	합금계	특징	용도
내식용 Al 합금	알민(almin)	Al−Mn계	• 성형가공 수축성이 좋다. • 용접이 용이하고 내식성도 양호하다.	차량, 선반, 창
	알드레이 (aldrey)	Al−Mg−Si계	• 강도가 우수, 내식성이 좋다. • 시효경화가 있다.	
	하이드로날륨 (hydronalium)	Al−Mg계	• 대표적인 내식성 합금이다. • 비열처리형 합금이다.	
고강도 Al 합금	두랄루민 (duralumin)	Al−Cu−Mg−Mn계	시효경화처리의 대표적인 합금이다.	항공기, 자동차, 리벳, 기계
	초두랄루민 (super duralumin)	Al−Cu−Mg−Mn계	강재와 비슷한 인장강도(50kgf/mm^2)	
	초초두랄루민 (extra super duralumin)	Al−Cu−Zn−Mg−Mn−Cr계	인장강도 54kgf/mm^2 이상이다.	
내열용 Al 합금	Y−합금	Al−Cu−Ni−Mg계	• Al−Cu−Ni−Mg의 합금으로 대표적인 내열용 합금이다. • 석출 경화되며 시효경화 처리한다.	내연기관의 피스톤, 실린더
	코비탈륨 (cobitalium)	Al−Cu−Ni계	Y−합금의 일종으로 Ti와 Cu를 0.2% 정도씩 첨가한다.	
	로엑스 합금 (Lo−Ex)	Al−Ni−Si계	Al−Si계에 Cu, Mg, Ni을 소량 첨가한 합금으로 열팽창계수가 작고 고온에서 기계적 성질이 높다.	

📖 **Reference** 시효경화

금속재료를 일정한 시간 동안 적당한 온도하에 놓아두면 단단해지는 현상

② 주물용 알루미늄 합금

㉠ 실루민(silumin, 알펙스라고도 함)

ⓐ 알루미늄(Al)−규소(Si)계 합금의 공정조직으로 주조성은 좋으나 절삭성은 좋지 않고 약하다.

ⓑ 개량 처리 : 주조할 때 0.05~0.1%의 금속나트륨을 첨가하여 Si의 거친 결정을 미세화시켜 강도를 개선하는 작업

ⓒ 개량 처리방법 : 금속나트륨(Na), 플루오르화나트륨(NaF), 수산화나트륨(NaOH), 알칼리염류 등을 첨가한다.

ⓛ 라우탈(lautal)
  ⓐ 알루미늄(Al)−구리(Cu)−규소(Si)계 합금으로 Al에 Si를 넣어 주조성을 개선하고, Cu를 넣어 절삭성을 향상시킨 것이다.
  ⓑ 시효경화되며, 주조균열이 적어 두께가 얇은 주물의 주조와 금형주조에 적합하다.
  ⓒ 주로 자동차 및 선박용 피스톤, 분배관 밸브 등의 재료로 쓰인다.
ⓒ Y 합금
  ⓐ 알루미늄(Al)−구리(Cu)−니켈(Ni)−마그네슘(Mg)계 합금으로 내열성이 우수하고 고온강도가 높아 실린더헤드 및 피스톤 등에 이용된다.
  ⓑ 주조성이 나쁘고 열팽창률이 크기 때문에 Al−Si계로 대체되고 있는 추세이다.
  ⓒ 시효경화성이 있다.
ⓒ 로엑스(Lo−Ex, Low Expansion)
  Al−Si계 합금에 Cu, Mg, Ni을 첨가한 것으로 선팽창계수와 비중이 작고, 내마멸성이 좋으며 고온강도가 커서 주로 내연기관의 피스톤 재료로 많이 쓰인다.
ⓜ 하이드로날륨(hydronalium)
  ⓐ Al−Mg계 합금으로 내식성이 가장 우수하며 마그날륨(magnalium)이라고도 한다.
  ⓑ 비중이 작고, 강도, 연신율, 절삭성이 우수하여 승용차의 커버, 선박용 부품, 조리용 기구 등에 사용된다.
ⓗ 다이캐스팅용 알루미늄 합금
  ⓐ 실루민 또는 하이드로날륨계 합금이 사용되며, 주조성이 우수하여 제품의 정도가 높고 표면이 아주 매끄럽다.
  ⓑ 다이캐스팅 주조는 가압하여 핸드폰 케이스 같은 두께가 얇은 주조품을 만들기 때문에 다이캐스팅 합금은 다음과 같은 성질이 필요하다.
    • 유동성이 좋을 것
    • 응고수축에 대한 용탕보급성이 좋을 것
    • 열에 의한 균열 발생이 없을 것
    • 금형에 용착되지 않을 것

③ 베어링 합금

(1) 베어링 합금의 구비 조건
① 하중에 대해 견딜 수 있는 경도 및 내압력을 가져야 한다.
② 축과 결합해 사용될 수 있도록 충분한 인성을 가져야 한다.
③ 주조성, 피가공성이 좋으며 열전도성이 커야 한다.
④ 마찰계수가 작고 저항력이 커야 한다.
⑤ 내식성이 좋아야 한다.

(2) 종류

① 화이트 메탈(white metal, 베빗메탈)

Sn − Sb − Pb − Cu계 합금, 백색, 용융점이 낮고 강도가 약하다. 저속기관의 베어링용

② 카드뮴계

카드뮴(Cd)에 니켈(Ni), 은(Ag), 구리(Cu) 등을 첨가하여 경화시킨 합금이며 피로강도가 화이트 메탈보다 우수하다.

③ 아연계 합금

고순도의 아연(Zn)만을 가지고 제조할 수 있으며, 인청동과 특성이 비슷하고, 화이트 메탈보다 경도가 높아 전차용 베어링 등에 사용된다.

④ 켈밋(Kelmet)

Cu − Pb(20~40%) 합금 마찰계수가 작고 열전도율이 우수하여, 발전기 모터, 철도차량용, 베어링용으로 사용된다.

⑤ Cu − Sn계

납청동(연청동), 인청동, 알루미늄청동, 베릴륨 청동이 있다.

SECTION 04 비금속재료와 신소재, 공구재료

1 세라믹

(1) 개요

① 비금속 무기질의 작은 입자를 성형, 소결하여 얻을 수 있는 다결정질의 소결체로서 넓은 의미로 세라믹스라 불린다.

② 규산을 주체로 하는 천연원료, 즉 점토류로 만들어진 요업제품을 말하고, 유리나 시멘트 또는 도자기(벽돌, 내화물 포함) 등이 있다(세라믹 주재료 : SiO_2).

(2) 특징

① 실온 및 고온에서 경도가 크고 내열성, 내마모성, 내식성이 크다.

② 충격에 약하고, 취성파괴의 특성을 가진다. 특히, 파괴될 때까지의 변형량이 극히 작고 균열의 진전속도가 빠르다.

2 합성수지

(1) 합성수지의 특성

① 장점

ㄱ 가볍고 깅하다.

ㄴ 녹슬거나 썩지 않는다.

ㄷ 투명성이 있으며 착색이 자유롭다.

ㄹ 전기절언성이 뛰어니다.

ㅁ 방수, 방습성이 우수하다.

ㅂ 가공성이 좋다.

ㅅ 값이 싸고, 대량 생산이 가능하다.

② 단점

ㄱ 열에 약하고, 연소할 때 유독가스를 방출하며, 태양광선 등에 의하여 열화되는 등 내후성
이 낮은 것이 많다.

ㄴ 표면경도가 낮아 내마모성이나 내구성이 떨어진다.

(2) 합성수지의 종류

① 열가소성 플라스틱

ㄱ 특성

가열에 의해 소성변형되고 냉각에 의해 경화되는 수지이며 전체 생산량의 약 80%를 차지
한다. 강도는 약한 편이다.

ㄴ 종류

폴리에틸렌 수지(PE), 폴리프로필렌 수지(PP), 폴리염화비닐 수지(PVC), 폴리스틸렌 수
지(PS), 아크릴 수지(PMMA), ABS 수지

② 열경화성 플라스틱

ㄱ 특성

가열에 의해 경화되는 플라스틱이고 전체 생산량의 20%를 차지한다. 단, 열경화성 플라
스틱에서도 경화전이나 온도범위에 따라 열화하는 경우가 있다. 강도가 높고 내열성이
며, 내약품성이 우수하다.

ㄴ 종류

페놀 수지(PF), 불포화 폴리에스테르 수지(UP), 멜라민 수지(MF), 요소 수지(UF), 폴리
우레탄(PU), 규소수지(silicone), 에폭시 수지(EP)

3 신소재

(1) 복합재료

① 복합재료의 정의

　㉠ 기지(matrix) : 복합재료의 주체가 되는 재료

　　예 고무, 플라스틱, 금속, 세라믹, 콘크리트 등

　㉡ 강화재(보강재) : 재료의 역학특성을 현저하게 향상시키는 성분 또는 재료

　　예 유리, 붕소(B), 탄화규소(SiC), 알루미나(Al_2O_3), 탄소, 강(steel) 등의 섬유상이나, 분체, 입자, 직물포 등

보강재　　　　모재　　　　복합재

| 복합재료의 제조방법 |

② 복합재료의 특징

　㉠ 장점

　　ⓐ 비강성과 비강도가 다른 재료보다 크다.

　　ⓑ 원하는 방향으로 강성과 강도를 갖도록 구성할 수 있다.

　　ⓒ 피로강도와 내식성이 우수하다.

　　ⓓ 제조방법과 자동화가 쉽다.

　㉡ 단점

　　ⓐ 내충격성이 낮다.

　　ⓑ 압축강도가 낮다.

　　ⓒ 고온에서 견디는 강도가 낮다.

③ 섬유강화 플라스틱(FRP : Fiber Reinforced Plastic)

　플라스틱을 기지로 하여 내부에 강화섬유를 함유시킴으로써 비강도를 높인 복합재료

　㉠ GFRP

　　기지[플라스틱(불포화에폭시, 불포화폴리에스테르 등)] + 강화재(유리섬유)

　㉡ CFRP

　　기지[플라스틱(불포화에폭시, 불포화폴리에스테르 등)] + 강화재(탄소섬유)

④ 섬유강화 금속(FRM : Fiber Reinforced Plastic Metal)

　기지(금속) + 강화섬유(탄화규소, 붕소, 알루미나, 텅스텐, 탄소섬유 등)

⑤ 용도

　항공기, 스포츠용품. 자동차, 소형 요트 등

(2) 형상기억합금

① 특정 온도에서의 형상을 만든 후, 다른 온도에서 변형을 가해 모양을 바꾸었어도 특정 온도를 맞추어 주면 원래의 형상으로 돌아가는 합금

② 실용화된 형상기억합금은 대부분 Ni－Ti이고 특성은 다음과 같다.

    ㉠ 내식성, 내마멸성, 내피로성, 생체 친화성이 우수하다.

    ㉡ 안경테, 에어컨 풍향조절장치, 치아교정 와이어, 브래지어 와이어, 파이프 이음매, 로봇, 자동제어장치, 공학적 응용, 의학 분야 등의 소재로 사용한다.

(a) 조립된 상태   변형 → (b) 변형 후 부피감소 상태   가열 → (c) 가열되어 펴지는 상태   가열 → (d) 안테나

| 형상기억합금의 적용(인공위성 안테나) |

(3) 비정질합금(아몰퍼스합금, amorphous)

① 결정 구조를 가지지 않는 아몰퍼스 구조이다.

② 경도와 강도가 높고 인성 또한 우수하다.

③ 자기적 특성이 우수하여 변압기용 철심 등에 활용된다.

④ 열에 약하다.

4 공구재료

(1) 공구재료의 구비조건

① 상온 및 고온경도가 높을 것   ② 강인성 및 내마모성이 클 것

③ 가공 및 열처리가 쉬울 것   ④ 내충격성이 우수할 것

⑤ 마찰계수가 작을 것

(2) 종류

① 탄소공구강(STS)

    사용온도 300℃까지, 저속 절삭공구, 일반공구 등에 사용된다.

② 합금공구강(STD)

    사용온도 450℃까지, 탄소공구강(C 0.8~1.5% 함유)＋크롬(Cr), 몰리브덴(Mo), 텅스텐(W), 바나듐(V) 원소 소량 첨가 ⇒ 탄소공구강보다 절삭성이 우수하고, 내마멸성과 고온경도가 높다.

③ 고속도강(SKH)

　㉠ 표준고속도강 : 텅스텐(18%) - 크롬(4%) - 바나듐(1%) - 탄소(0.8%)

　㉡ 하이스강(HSS)이라고도 한다.

　㉢ 사용온도는 600℃까지 가능하다.

　㉣ 고온경도가 높고 내마모성이 우수하다.

　㉤ 절삭속도를 탄소강의 2배 이상으로 할 수 있다.

④ 주조경질 합금(스텔라이트)

　㉠ 주조한 상태의 것을 연삭하여 가공하기 때문에 열처리가 불필요하다.

　㉡ 고속도강의 절삭속도에 2배이며, 사용온도는 800℃까지 가능하다.

　㉢ 코발트(Co) - 크롬(Cr) - 텅스텐(W) 합금으로, Co가 주성분이다.

⑤ 초경합금

　㉠ 탄화물 분말[탄화텅스텐(WC), 탄화티탄늄(TiC), 탄화탈탄늄(TaC)]을 비교적 인성이 있는 코발트(Co), 니켈(Ni)을 결합제로 하여 고온압축소결시킨다.

　㉡ 고온, 고속 절삭에서도 경도를 유지함으로써 절삭공구로서 성능이 우수하다.

　㉢ 취성이 커서 진동이나 충격에 약하다.

⑥ 세라믹

　㉠ 주성분인 알루미나(Al_2O_3), 마그네슘(Mg), 규소(Si)와 미량의 다른 원소를 첨가하여 소결시킨다.

　㉡ 고온경도가 높고 고온 산화되지 않는다.

　㉢ 진동과 충격에 약하다.

⑦ 서멧(cermet)

　㉠ 세라믹(ceramic) + 금속(metal)의 복합재료(알루미나(Al_2O_3) 분말 70%에 탄화티타늄(TiC) 분말 30% 정도 혼합)

　㉡ 세라믹의 취성을 보완하기 위하여 개발된 소재이다.

　㉢ 고온에서 내마모성, 내산화성이 높아 고정밀도의 고속절삭이 가능하다.

⑧ 다이아몬드

　㉠ 내마모성, 내충격성이 좋아 알루미늄과 동 등의 비철금속 정밀가공에 사용된다.

　㉡ 절삭온도가 810℃ 정도이며 다이아몬드 표면에서 산화가 일어나기 때문에 철강재의 고속절삭에는 적당하지 않다.

⑨ CBN(입방정 질화붕소) 공구

　㉠ CBN 분말을 초고온, 초고압에서 소결시킨다.

　㉡ 입방정 질화붕소로서 철(Fe) 안의 탄소(C)와 화학반응이 전혀 일어나지 않아 철강재의 절삭에 이상적이다.

　㉢ 다이아몬드 다음으로 단단하여, 현재 가장 많이 사용되는 소재이다.

CHAPTER **01** 기계공작 일반

01 다음 중 절삭가공 기계에 해당하지 않는 것은?

① 선반　　　　　② 밀링머신
③ 호빙머신　　　　④ 프레스

풀이 • 비절삭가공 : 주조, 소성가공(단조, 압연, 프레스, 인발 등), 용접, 방전가공 등
• 절삭가공 : 선삭, 평삭, 형삭. 브로칭, 줄작업, 밀링, 드릴링, 연삭, 래핑 등

02 특정한 모양이나 같은 치수의 제품을 대량 생산할 때 적합한 것으로 구조가 간단하고 조작이 편리한 공작기계는?

① 범용 공작기계　　② 전용 공작기계
③ 단능 공작기계　　④ 만능 공작기계

풀이 전용 공작기계 : 같은 종류의 제품을 대량 생산하기 위한 공작기계
예 트랜스퍼 머신, 차륜선반, 크랭크축 선반 등

03 공작기계를 구성하는 중요한 구비조건이 아닌 것은?

① 가공 능력이 클 것
② 높은 정밀도를 가질 것
③ 내구력이 클 것
④ 기계효율이 적을 것

풀이 ④ 안정성이 있고, 기계효율이 좋아야 한다.

04 공작기계를 가공능률에 따라 분류할 때 전용 공작기계에 속하는 것은?

① 플레이너　　　　② 드릴링 머신
③ 트랜스퍼 머신　　④ 밀링 머신

풀이 전용 공작기계
트랜스퍼 머신, 차륜 선반, 크랭크축 선반

CHAPTER **02** 절삭가공

01 수용성 절삭유에 대한 설명 중 틀린 것은?

① 원액과 물을 혼합하여 사용한다.
② 표면활성화제와　부식방지제를　첨가하여 사용한다.
③ 점성이 높고 비열이 작아 냉각효과가 작다.
④ 고속절삭 및 연삭 가공액으로 많이 사용한다.

풀이 ③ 점성이 낮고 비열이 커서 냉각효과가 크다.

02 바이트로 재료를 절삭할 때 칩의 일부가 공구의 날끝에 달라붙어 절삭날과 같은 작용을 하는 구성인선(built – up edge)의 방지법으로 틀린 것은?

① 재료의 절삭깊이를 크게 한다.
② 절삭속도를 크게 한다.
③ 공구의 윗면 경사각을 크게 한다.
④ 가공 중에 절삭유제를 사용한다.

풀이 ① 절삭깊이를 작게 하고, 절삭속도를 크게 한다.

정답 | 01 ④　02 ②　03 ④　04 ③　|　01 ③　02 ①

03 점성이 큰 재질을 작은 경사각의 공구로 절삭할 때 절삭 깊이가 클 때 생기기 쉬운 그림과 같은 칩의 형태는?

① 유동형 칩　　　② 전단형 칩
③ 경작형 칩　　　④ 균일형 칩

풀이 경작형(열단형) 칩
- 재료가 공구 전면에 접착되어 공구 경사면을 미끄러지지 않고 아래 방향으로 균열이 발생하면서, 가공면에 뜯긴 흔적이 남는다.
- 점성이 큰 재질을 절삭 시
- 작은 경사각으로 절삭 시
- 절삭 깊이가 너무 깊을 경우

04 구성인선(Built-up Edge)의 방지 대책으로 틀린 것은?

① 절삭 깊이를 작게 할 것
② 경사각을 크게 할 것
③ 윤활성이 좋은 절삭유제를 사용할 것
④ 마찰계수가 큰 절삭공구를 사용할 것

풀이 날 끝에 경질 크롬도금 등을 하여 마찰계수를 작게 한다.

05 절삭공구의 수명에 영향을 미치는 요소(element)와 가장 관계가 없는 것은?

① 재료 무게
② 절삭 속도
③ 가공 재료
④ 절삭유제

풀이 절삭공구의 수명은 공작물의 재질, 공구의 재질, 절삭깊이, 절삭면적, 공구의 기하학적 형상, 절삭유의 특성 등에 영향을 받는다.

06 절삭가공에서 절삭유제 사용 목적으로 틀린 것은?

① 가공면에 녹이 쉽게 발생되도록 한다.
② 공구의 경도 저하를 방지한다.
③ 절삭열에 의한 공작물의 정밀도 저하를 방지한다.
④ 가공물의 가공표면을 양호하게 한다.

풀이 절삭유에는 가공면에 녹을 방지하기 위해 방청제를 첨가한다.

07 일반적으로 연성 재료를 저속절삭으로 절삭할 때, 절삭깊이가 클 때 많이 발생하며 칩의 두께가 수시로 변하게 되어 진동이 발생하기 쉽고 표면거칠기도 나빠지는 칩의 형태는?

① 전단형 칩　　　② 경작형 칩
③ 유동형 칩　　　④ 균열형 칩

풀이 전단형 칩의 생성 요인
- 연성재질을 저속으로 절삭한 경우
- 윗면 경사각이 작을 경우
- 절삭깊이가 무리하게 큰 경우
- 취성재료를 절삭 시

08 밀링머신에서 생산성을 향상시키기 위한 절삭속도 선정 방법으로 올바른 것은?

① 추천 절삭속도보다 약간 낮게 설정하는 것이 커터의 수명을 연장할 수 있어 좋다.
② 거친 절삭에서는 절삭속도를 빠르게, 이송을 빠르게, 절삭 깊이를 깊게 선정한다.
③ 다듬 절삭에서는 절삭속도를 느리게, 이송을 빠르게, 절삭 깊이를 얕게 선정한다.
④ 가공물의 재질은 절삭속도와 상관없다.

풀이 ② 거친 절삭에서는 절삭속도를 느리게, 이송을 빠르게, 절삭 깊이를 깊게 선정한다.
③ 다듬 절삭에서는 절삭속도를 빠르게, 이송을 느리게, 절삭 깊이를 얇게 선정한다.
④ 가공물의 재질이 단단하면 절삭속도를 빠르게 하고, 무르면 느리게 한다.

09 일반적으로 구성인선 방지대책으로 적절하지 않은 방법은?

① 절삭 깊이를 깊게 할 것
② 경사각을 크게 할 것
③ 윤활성이 좋은 절삭유제를 사용할 것
④ 절삭속도를 크게 할 것

풀이 ① 절삭 깊이를 얇게 할 것

10 다음 중 공구 재질이 일정할 때 공구 수명에 가장 영향을 크게 미치는 것은?

① 이송량   ② 절삭깊이
③ 절삭속도   ④ 공작물 두께

풀이 공구수명 식에서 절삭속도를 높이면 공구수명은 감소한다.

$$VT^n = C \Rightarrow T = \sqrt[n]{\frac{C}{V}}$$

여기서, T : 공구수명(min)
V : 절삭속도(m/min)
n : 지수
C : 상수

11 칩(chip)의 형태 중 유동형 칩의 발생 조건으로 틀린 것은?

① 연성이 큰 재질을 절삭할 때
② 윗면 경사각이 작은 공구로 절삭할 때
③ 절삭 깊이가 얇을 때
④ 절삭속도가 높고 절삭유를 사용하여 가공할 때

풀이 ② 윗면 경사각이 큰 공구로 절삭할 때

12 그림에서와 같이 ϕ를 전단각, α를 윗면 경사각이라 할 때 α가 커지면 일반적으로 어떤 현상이 발생하는가?

① 칩은 두껍고 짧아지며, 절삭저항이 커진다.
② 칩은 두껍고 짧아지며, 절삭저항이 작아진다.
③ 칩은 얇고 길어지며, 절삭저항이 커진다.
④ 칩은 얇고 길어지며, 절삭저항이 작아진다.

풀이 윗면 경사각(α)이 커지면 칩은 얇고 길어지며, 절삭저항은 작아진다.

13 다음 중 일반적으로 절삭저항에 영향을 주는 요소와 가장 거리가 먼 것은?

① 절삭유의 온도   ② 절삭 면적
③ 절삭 속도   ④ 날 끝의 모양

풀이 절삭저항의 크기에 관계되는 인자
㉠ 공작물(연할수록), 공구의 재질(단단할수록)
㉡ 바이트 날 끝의 형상(윗면 경사각 클수록)
㉢ 절삭속도(빠를수록)
㉣ 절삭면적(작을수록)
㉤ 칩의 형상(유동형 칩)
㉥ 절삭각(클수록)
※ 괄호 안의 내용은 절삭저항을 감소하는 조건

14 밀링 커터의 주요 공구각 중에서 공구와 공작물이 서로 접촉하여 마찰이 일어나는 것을 방지하는 역할을 하는 것은?

① 여유각   ② 경사각
③ 날끝각   ④ 비틀림각

풀이 여유각 : 절삭 시 절삭공구와 공작물과의 마찰을 감소시키고, 날 끝이 공작물에 파고 들기 쉽게 해주는 기능을 갖고 있다. 여유각을 크게 하면 여유면의 마찰·마모가 감소되지만, 날 끝의 강도는 약해진다.

15 구성인선(builtup edge)의 방지대책으로 틀린 것은?

① 경사각을 크게 할 것
② 절삭 깊이를 크게 할 것
③ 윤활성이 좋은 절삭유를 사용할 것
④ 절삭 속도를 크게 할 것

풀이 ② 절삭 깊이를 작게 할 것

16 밀링 가공에서 생산성을 향상시키기 위한 절삭속도의 선정방법으로 적합하지 않은 것은?

① 밀링커터의 수명을 길게 유지하기 위해서는 절삭속도를 약간 낮게 설정한다.
② 가공물의 경도, 강도, 인성 등의 기계적 성질을 고려한다.
③ 거친 가공에서는 절삭속도는 빠르게, 이송은 느리게, 절삭 깊이는 작게 한다.
④ 커터의 날이 빠르게 마모되거나 손상되는 현상이 발생하면, 절삭속도를 감소시킨다.

풀이 거친 절삭은 단시간에 절삭량이 커야 하므로 절삭속도와 이송을 빠르게, 절삭깊이를 크게 선정한다.

17 주철과 같이 메진 재료를 저속으로 절삭할 때 발생하는 칩의 형태는 어느 것인가?

① 전단형 칩   ② 경작형 칩
③ 균열형 칩   ④ 유동형 칩

풀이 균열형 칩
• 백주철과 같이 취성이 큰 재질을 절삭할 때 나타나는 칩 형태이고, 절삭력을 가해도 거의 변형을 하지 않다가 임계압력 이상이 될 때 순간적으로 균열이 발생되면서 칩이 생성된다. 가공면은 요철이 남고 절삭저항의 변동도 커진다.
• 주철과 같은 취성이 큰 재료의 저속 절삭 시
• 절삭깊이가 크거ㅏ 경사각이 매우 작을 때

18 절삭공구의 옆면과 가공물의 마찰에 의하여 절삭공구의 옆면이 평행하게 마모되는 것은?

① 크레이터 마모
② 치핑
③ 플랭크 마모
④ 온도 파손

풀이 플랭크 마모 : 공구면과 공구여유면과의 마찰에 의해 공구 여유면이 마모되는 현상

19 공구 날 끝의 구성인선 발생을 방지하는 절삭 조건으로 틀린 것은?

① 절삭 깊이를 작게 한다.
② 절삭 속도를 가능한 한 빠르게 한다.
③ 윤활성이 좋은 절삭유제를 사용한다.
④ 경사각을 작게 한다.

풀이 ④ 경사각을 크게 한다.

20 경유, 머신 오일, 스핀들 오일, 석유 또는 혼합유로 윤활성은 좋으나 냉각성이 적어 경절삭에 주로 사용되는 절삭유제는?

① 수용성 절삭유
② 지방질유
③ 광유
④ 유화유

풀이 광유 : 경유, 머신오일, 스핀들 오일, 석유 및 기타의 광유 또는 혼합유로 윤활성은 좋으나 냉각성이 떨어져 경절삭에 주로 사용한다.

21 다음 그림은 절삭저항의 3분력을 나타내고 있다. P점에 해당되는 분력은?

① 배분력　　　　② 주분력
③ 횡분력　　　　④ 이송분력

풀이 절삭저항의 3분력
- 주분력>배분력>이송분력
- 절삭저항=주분력+배분력+이송분력

22 절삭공구에 치핑이 발생하는 원인으로 가장 거리가 먼 것은?

① 충격에 약한 절삭공구를 사용할 때
② 절삭공구 인선에 강한 충격을 받을 경우
③ 절삭공구 인선에 절삭저항의 변화가 큰 경우
④ 고속도강같이 점성이 큰 재질의 절삭공구를 사용할 경우

풀이 ④ 초경공구, 세라믹 공구와 같이 경도가 높고 인성이 작은 공구를 사용할 때, 공구의 날이 모서리를 따라 작은 조각으로 떨어져 나간다.

23 일반적으로 절삭온도를 측정하는 방법이 아닌 것은?

① 방사능에 의한 방법
② 열전대에 의한 방법
③ 칩의 색깔에 의한 방법
④ 칼로리미터에 의한 방법

풀이 절삭온도 측정법
- 칩의 색깔에 의한 방법
- 칼로리미터에 의한 방법
- 공구에 열전대를 삽입하는 방법
- 시온 도료를 사용하는 방법
- 공구와 일감을 열전대로 사용하는 방법
- 복사 고온계에 의한 방법

CHAPTER **03** 드릴링머신, 보링머신

01 이미 뚫려 있는 구멍을 좀 더 크게 확대하거나, 정밀도가 높은 제품으로 가공하는 기계는?

① 보링 머신　　　　② 플레이너
③ 브로칭 머신　　　④ 호빙 머신

풀이 보링 머신 : 드릴링, 단조, 주조 등의 방법으로 1차 가공한 큰 구멍을 좀 더 크고, 정밀하게 가공하는 공작기계이다.

02 드릴로 뚫은 구멍의 내면을 매끈하고 정밀하게 하는 가공은?

① 전자 빔 가공　　　② 래핑
③ 숏피닝　　　　　　④ 리밍

풀이 리밍(reaming) : 드릴로 뚫은 작은 구멍을 정확한 치수와 깨끗한 내면으로 다듬질하는 작업

03 단조나 주조품에 볼트 또는 너트를 체결할 때 접촉부가 밀착되게 하기 위하여 구멍 주위를 평탄하게 하는 가공 방법은?

① 스폿 페이싱　　　② 카운터 싱킹
③ 카운터 보링　　　④ 보링

풀이

스폿 페이싱:
볼트나 너트를 고정 시 접촉부 자리 가공

04 드릴에 대한 설명으로 틀린 것은?

① 드릴의 표준 날끝각은 120°이다.
② 웨브는 트위스트 드릴 홈 사이의 좁은 단면 부분이다.
③ 드릴의 지름이 13mm 이하인 것은 곧은 자루다.
④ 드릴의 몸통은 백 테이퍼(Back Taper)로 만든다.

풀이 드릴의 표준 날끝각은 118°이다.

05 드릴을 재연삭할 경우 틀린 것은?

① 절삭날의 길이를 좌우가 같게 한다.
② 절삭날의 여유각을 일감의 재질에 맞게 한다.
③ 절삭날의 중심선과 이루는 날끝반각을 같게 한다.
④ 드릴의 날끝각 검사는 센터 게이지를 사용한다.

풀이 ④ 드릴의 날끝각 검사는 드릴 포인트 게이지를 사용한다.

06 크고 무거워서 이동하기 곤란한 대형 공작물에 구멍을 뚫는 데 적합한 기계는?

① 레이디얼 드릴링머신
② 직립 드릴링머신
③ 탁상 드릴링머신
④ 다축 드릴링머신

풀이 레이디얼 드릴링 머신
• 이동하기 곤란한 크고 무거운 공작물 작업 시 사용된다.
• 작업반경 내에 있는 공작물 구멍 가공 시 드릴링 헤드를 이동하여 드릴링 작업을 진행한다.

07 드릴에서 절삭 날의 웹(web)이 커지면 드릴작업에 어떤 영향이 발생하는가?

① 공작물에 파고 들어갈 염려가 있다.
② 전진하지 못하게 하는 힘이 증가한다.
③ 절삭성능은 증가하나 드릴 수명이 줄어든다.
④ 절삭 저항을 감소시킨다.

풀이 드릴의 웹이 커지면 강도는 좋아지지만 홈 깊이가 얇아진다. 즉 전진하지 못하게 하는 힘이 증가한다.

08 테이퍼 자루 중 드릴에 사용되는 테이퍼는?

① 내셔널 테이퍼
② 브라운 테이퍼
③ 모스 테이퍼
④ 자콥스 테이퍼

풀이 직경이 13~75mm로 비교적 큰 드릴은 그 자루가 모스 테이퍼로 되어 있다.

09 그림과 같이 작은 나사나 볼트의 머리를 공작물에 묻히게 하기 위하여, 단이 있는 구멍 뚫기를 하는 작업은?

① 카운터 보링
② 카운터 싱킹
③ 스폿 페이싱
④ 리밍

10 드릴링머신에서 할 수 없는 작업은?

① 리밍
② 태핑
③ 카운터 싱킹
④ 슈퍼피니싱

풀이 슈퍼피니싱은 미세하고 연한 숫돌을 가공 표면에 가압하고, 공작물에 회전 이송운동, 숫돌에 진동을 주어 0.5mm 이하의 경면(鏡面) 다듬질하는 가공으로 드릴머신에서는 할 수 없다.

CHAPTER 04 **그 밖의 절삭가공**

01 주로 일감의 평면을 가공하며, 기둥의 수에 따라 쌍주식과 단주식으로 구분하는 공작 기계는?

① 셰이퍼
② 슬로터
③ 플레이너
④ 브로칭 머신

풀이 플레이너 : 공작물을 테이블 위에 고정하여 수평 왕복운동하고, 바이트를 크로스 레일 위의 공구대에 설치하여 공작물의 운동 방향과 직각 방향으로 간헐적으로 이송시켜 공작물의 수평면, 수직면, 경사면, 홈 곡면 등을 절삭하는 공작기계로서, 주로 대형 공작물을 가공한다. 플레이너의 종류는 쌍주식, 단주식이 있다.

02 다음 공작기계 중에서 주로 기어를 가공하는 기계는?

① 선반　　　　② 플레이너
③ 슬로터　　　④ 호빙머신

풀이 호빙머신 : 호브 공구를 이용하여 기어를 절삭하는 공작기계

03 주로 일감의 평면을 가공하며 기둥의 수에 따라 쌍주식과 단주식으로 구분하는 공작기계는?

① 셰이퍼　　　② 슬로터
③ 플레이너　　④ 브로칭 머신

풀이 플레이너 : 공작물을 테이블 위에 고정하여 수평 왕복운동하고, 바이트를 이송시켜 공작물의 수평면, 수직면, 경사면, 홈 곡면 등을 절삭하는 공작기계로서, 주로 대형 공작물을 가공한다. 플레이너의 종류에는 쌍주식, 단주식이 있다.

04 가늘고 긴 일정한 단면 모양의 많은 날을 가진 절삭공구를 사용하여 키 홈, 스플라인 홈, 다각형의 구멍 등 외형과 내면형상을 가공하기에 적합한 절삭방법은?

① 브로칭　　　② 방전가공
③ 호빙가공　　④ 스퍼터에칭

풀이 브로칭(broaching) 머신 : 가늘고 긴 일정한 단면 모양의 날을 가진 브로치(broach)라는 절삭 공구를 사용하여 가공물의 내면이나 외경에 필요한 형상의 부품을 가공하는 절삭법

05 가공방법에 따른 공구와 공작물의 상호운동 관계에서 공구와 공작물이 모두 직선운동을 하는 공작기계로 바르게 짝지어진 것은?

① 셰이퍼, 연삭기
② 밀링머신, 선반
③ 셰이퍼, 플레이너
④ 호닝머신, 래핑머신

풀이

[셰이퍼]

[플레이너]

CHAPTER 05 연삭가공

01 외경 연삭기의 이송방법에 해당하지 않는 것은?

① 연삭 숫돌대 방식
② 테이블 왕복식
③ 플랜지컷 방식
④ 새들 방식

풀이 아래 그림처럼 새들 방식은 평면 연삭의 방식이다.

02 원통연삭기에서 숫돌 크기의 표시 방법의 순서로 올바른 것은?

① 바깥지름×안지름
② 바깥지름×두께×안지름
③ 바깥지름×둘레길이×안지름
④ 바깥반지름×두께×안반지름

03 연삭 가공을 할 때 숫돌에 눈메움, 무딤 등이 발생하여 절삭 상태가 나빠진다. 이때 예리한 절삭날을 숫돌 표면에 생성하여 절삭성을 회복시키는 작업은?

① 드레싱　　　② 리밍
③ 보링　　　　④ 호빙

(a) 드레싱 작업　　　　(b) 드레서

04 센터리스 연삭기의 특징에 대한 설명으로 틀린 것은?

① 긴 홈이 있는 공작물도 연삭이 가능하다.
② 속이 빈 원통을 연삭할 때 적합하다.
③ 연삭 여유가 작아도 된다.
④ 대량생산에 적합하다.

센터리스 연삭의 장단점
　㉠ 장점
　　• 센터나 척으로 장착하기 곤란한 중공의 공작물을 연삭하는 데 편리하다.
　　• 공작물을 연속적으로 공급하여 연속작업을 할 수 있어 대량생산에 적합하다.
　　• 연삭 여유가 작아도 작업이 가능하다.
　　• 센터를 낼 수 없는 작은 지름의 공작물 가공에 적합하다.
　　• 작업이 자동적으로 이루어져 높은 숙련도를 요구하지 않는다.
　㉡ 단점
　　• 축 방향에 키홈, 기름홈 등이 있는 공작물은 가공하기 어렵다.
　　• 지름이 크고 길이가 긴 대형 공작물은 가공하기 어렵다.
　　• 숫돌의 폭보다 긴 공작물은 전·후 이송법으로 가공할 수 없다.

05 내면 연삭기에서 내면 연삭 방식이 아닌 것은?

① 유성형　　　② 보통형
③ 고정형　　　④ 센터리스형

내면 연삭 방식
　㉠ 유성형 : 가공물은 고정시키고, 연삭숫돌이 회전운동 및 공전운동을 동시에 진행하는 방식

　㉡ 보통형 : 가공물과 연삭숫돌에 회전운동을 주어 연삭하는 방식

　㉢ 센터리스형 : 센터리스 연삭기를 이용하여 가공물을 고정하지 않고, 연삭하는 방식

06 다음 중 연삭숫돌의 구성 3요소가 아닌 것은?

① 입자　　　　② 결합제
③ 형상　　　　④ 기공

연삭숫돌의 구성 3요소
　• 입자 : 절삭날 역할
　• 결합제 : 입자와 입자를 결합하는 역할
　• 기공 : 연삭 칩을 운반하는 역할

공작물

연삭숫돌

테이블

07 센터리스 연삭기에 대한 설명 중 틀린 것은?

① 가늘고 긴 가공물의 연삭에 적합하다.

② 가공물을 연속으로 가공할 수 있다.

③ 조정숫돌과 지지대를 이용하여 가공물을 연삭한다.

④ 가공물 조정은 센터, 척, 자석척 등을 이용한다.

풀이 조정숫돌을 1~5° 기울여 공작물이 회전되면서 자동으로 이송되어 연삭할 수 있다.

08 연삭숫돌의 크기(규격) 표시의 순서가 올바른 것은?

① 바깥지름×구멍지름×두께

② 두께×바깥지름×구멍지름

③ 구멍지름×바깥지름×두께

④ 바깥지름×두께×구멍지름

풀이 숫돌 크기의 표시방법
바깥지름×두께×구멍지름

09 다음과 같은 숫돌바퀴의 표시에서 숫돌입자의 종류를 표시한 것은?

WA 60 K m V

① 60 　　　　② m

③ WA 　　　　④ V

풀이 WA : 숫돌입자, 60 : 입도, K : 결합도, m : 조직, V : 결합제

10 회전하는 원형 테이블에 작은 공작물을 여러 개 올려놓음과 동시에 연삭할 때 주로 사용하는 평면 연삭 방식은?

① 수평 평면 연삭 　　② 수직 평면 연삭

③ 플런지 컷형 　　　④ 회전 테이블 연삭

풀이 회전 테이블 연삭
회전하는 원형 테이블에 작은 공작물을 여러 개 올려놓고 숫돌을 회전시키면, 동시에 여러 개의 공작물을 연삭할 수 있다.

11 연삭작업 시 발생하는 무딤(glazing) 현상의 발생 원인으로 거리가 먼 것은?

① 마찰에 의한 연삭열 발생이 너무 적다.

② 연삭숫돌의 결합도가 높다.

③ 연삭숫돌의 원주속도가 너무 빠르다.

④ 숫돌재료가 공작물 재료에 부적합하다.

풀이 무딤 현상이 발생하면 연삭 진행이 느려지고 연삭열은 줄어들고, 마찰에 의한 마찰열의 발생이 많아진다. → 연삭열 발생이 적어지는 것은 무딤 현상의 원인이 아니라 무딤 현상으로 인해 발생하는 결과이다.

※ 무딤(Glazing) 현상 : 숫돌바퀴의 결합도가 지나치게 높을 때 둔하게 된 숫돌입자가 떨어져 나가지 않거나, 원주속도가 큰 경우에 발생한다.

12 연삭숫돌의 자생작용이 일어나는 순서로 올바른 것은?

① 입자의 마멸 → 생성 → 파쇄 → 탈락

② 입자의 탈락 → 마멸 → 파쇄 → 생성

③ 입자의 파쇄 → 마멸 → 생성 → 탈락

④ 입자의 마멸 → 파쇄 → 탈락 → 생성

풀이 숫돌의 자생작용
• 새로운 숫돌 입자가 형성되는 작용을 말한다.
• 숫돌 입자는 연삭 과정에서 마멸 → 파쇄 → 탈락 → 생성 과정이 되풀이된다.

13 다음 중 내면 연삭기 형식의 종류에 속하지 않는 것은?

① 보통형 　　　　② 유성형

③ 센터리스형 　　④ 플랜지컷형

정답 | 07 ④　08 ④　09 ③　10 ④　11 ①　12 ④　13 ④

풀이 플랜지컷형 : 원통의 외경, 단이 있는 면 등을 가공한다.

14 다음과 같은 연삭숫돌 표시 기호 중 밑줄 친 K 가 뜻하는 것은?

$$WA \cdot 60 \cdot \underline{K} \cdot 5 \cdot V$$

① 숫돌입자　　② 조직
③ 결합도　　　④ 결합제

풀이

WA	60	K	5	V
숫돌입자	입도	결합도	조직	결합제

15 연삭기의 연삭방식 중 외경연삭의 방법에 해당하지 않는 것은?

① 유성형
② 테이블 왕복형
③ 숫돌대 왕복형
④ 플랜지컷형

풀이 유성형 : 내면 연삭 방식(안지름 연삭방식)

16 숫돌입자의 기호 중 경도가 가장 낮은 것은?

① A　　　　　② WA
③ C　　　　　④ GC

풀이 숫돌입자 경도 비교
GC > C > WA > A

17 연삭숫돌의 결합제의 구비조건이 아닌 것은?

① 입자 간에 기공이 없어야 한다.
② 균일한 조직으로 필요한 형상과 크기로 가공할 수 있어야 한다.
③ 고속회전에도 파손되지 않아야 한다.
④ 연삭열과 연삭액에 대하여 안전성이 있어야 한다.

풀이 ① 입자 간에 기공이 생겨야 한다.

18 연삭조건에 따른 입도의 선정 방법에서 고운 입도의 연삭숫돌을 선정하는 경우는?

① 절삭 깊이와 이송량이 클 때
② 다듬질 연삭 및 공구를 연삭할 때
③ 숫돌과 가공물의 접촉 면적이 클 때
④ 연하고 연성이 있는 재료를 연삭할 때

풀이 고운 입도의 연삭숫돌을 사용하는 작업
• 다듬질 연삭, 공구를 연삭할 때
• 숫돌과 가공물의 접촉 면적이 작을 때
• 경도가 크고 메진 가공물의 연삭

19 결합도가 높은 숫돌을 선정하는 기준으로 틀린 것은?

① 연질 가공물을 연삭 때
② 연삭 깊이가 작을 때
③ 접촉 면적이 작을 때
④ 가공면의 표면이 치밀할 때

풀이 ④ 가공면의 표면이 거칠 때

숫돌의 결합도 선정 기준

구분	결합도가 높은 숫돌 (단단한 숫돌)	결합도가 낮은 숫돌 (연한 숫돌)
공작물 재질	연할 때	단단할 때
숫돌의 원주속도	느릴 때	빠를 때
연삭 깊이	작을 때	클 때
접촉면적	작을 때	클 때
가공 표면	거칠 때	치밀할 때

20 성형 연삭작업을 할 때 숫돌바퀴의 형상이 균일하지 못하거나 가공물의 영향을 받아 숫돌바퀴의 형상이 변화될 때, 연삭숫돌의 외형을 수정하여 정확한 형상으로 가공하는 작업은?

① 로딩　　　　② 드레싱
③ 트루잉　　　④ 그라인딩

풀이 트루잉(truing)

- 연삭 숫돌 입자가 연삭 가공 중에 떨어져 나가거나, 처음의 연삭 단면 형상과 다르게 변하는 경우 원래의 형상으로 성형시켜 주는 것을 말한다.
- 트루잉 작업은 다이아몬드 드레서, 프레스 롤러, 크러시 롤러(crush roller) 등으로 하고, 트루잉 작업과 동시에 드레싱도 함께 하게 된다.

21 여러 가지 부속장치를 사용하여 밀링커터, 엔드밀, 드릴, 바이트, 호브, 리머 등을 연삭할 수 있으며 연삭 정밀도가 높은 연삭기는?

① 만능 공구 연삭기
② 초경 공구 연삭기
③ 특수 공구 연삭기
④ CNC 만능 연삭기

풀이 만능 공구 연삭기 : 절삭공구의 정확한 공구각을 연삭하기 위하여 사용되는 연삭기이며 초경합금공구, 드릴, 리머, 밀링커터, 호브 등을 연삭한다.

22 다음 중 연삭숫돌이 결합하고 있는 결합도의 세기가 가장 큰 것은?

① F
② H
③ M
④ U

풀이 보기에서는 알파벳 순서로 가장 뒤에 있는 "U"가 결합도의 세기가 가장 크다.

호칭	매우 연한 것	연한 것	중간 것	단단한 것	매우 단단한 것
결합도	E, F, G	H, I, J, K	L, M, N, O	P, Q, R, S	T, U, V, W, X, Y, Z

23 바깥지름 연삭기의 이송방법에 해당하지 않는 것은?

① 플런지컷형
② 테이블 왕복형
③ 연삭숫돌대 왕복형
④ 공작물 고정 유성형 연삭

풀이 유성형 연삭은 내면 연삭방식(안지름 연삭방식)이다.

CHAPTER 06 정밀입자가공과 특수가공

01 물이나 경유 등에 연삭 입자를 혼합한 가공액을 공구의 진동면과 일감 사이에 주입시켜 가며 초음파에 의한 상하진동으로 표면을 가공하는 방법은?

① 방전 가공
② 초음파 가공
③ 전자빔 가공
④ 화학적 가공

풀이 초음파 가공의 특징

- 방전 가공과는 달리 도체가 아닌 부도체도 가공이 가능하다.
- 주로 소성변형이 없이 파괴되는 유리, 수정, 반도체, 자기, 세라믹, 카본 등을 정밀하게 가공하는 데 사용한다.

02 공작물의 가공액이 담긴 탱크 속에 넣고, 가공할 모양과 같게 만든 전극을 접근시켜 아크(Arc) 발생으로 형상을 가공하는 것은?

① 방전 가공
② 초음파 가공
③ 레이저 가공
④ 화학적 가공

풀이 방전가공 : 스파크 가공(spark machining)이라고도 하며, 전기의 양극과 음극이 부딪칠 때 일어나는 스파크로 가공하는 방법이다.

03 다음 중 정밀도가 가장 높은 가공면을 얻을 수 있는 가공법은?

① 호닝
② 래핑
③ 평삭
④ 브로칭

풀이 가공면의 정밀도가 높은 순서
래핑＞호닝＞브로칭＞평삭

04 연마제를 가공액과 혼합하여 압축공기와 함께 노즐로 고속 분사시켜 가공물 표면과 충돌시켜 표면을 가공하는 가공법은?

① 래핑(lapping)
② 슈퍼피니싱(superfinishing)

---

③ 액체 호닝(liquid honing)

④ 버니싱(burnishing)

풀이 액체 호닝의 용도

• 주조품의 청소 및 산화물 제거

• 도금 및 도장의 바탕 다듬질

• 다이캐스팅 제품, 주형, 다이 등의 거스러미 제거

• 유압장치, 절삭공구의 최종 다듬질

05 호닝에 대한 특징이 아닌 것은?

① 구멍에 대한 진원도, 진직도 및 표면거칠 기를 향상시킨다.

② 숫돌의 길이는 가공 구멍 길이의 1/2 이상 으로 한다.

③ 혼은 회전운동과 축방향 운동을 동시에 시 킨다.

④ 치수 정밀도는 $3 \sim 10 \mu m$로 높일 수 있다.

풀이 숫돌의 길이는 공작물 길이(구멍 깊이)의 1/2 이하 로 한다.

06 래핑의 일반적인 특징으로 잘못된 것은?

① 가공면이 매끈한 경면을 얻을 수 있다.

② 가공면은 내식성 · 내마모성이 좋다.

③ 작업방법은 간단하나 대량생산이 어렵다.

④ 정밀도가 높은 제품을 얻을 수 있다.

풀이 래핑은 가공이 간단하고 대량생산이 가능하다.

07 입도가 작고, 연한 숫돌을 작은 압력으로 가공 물의 표면에 가압하면서 가공물에 이송을 주고, 동시에 숫돌에 진동을 주어 표면거칠기를 높이 는 가공 방법은?

① 슈퍼피니싱　　② 호닝

③ 래핑　　　　　④ 배럴 가공

풀이 슈퍼피니싱 : 미세하고 연한 숫돌을 가공 표면에 가 압하고, 공작물에 회전 이송 운동, 숫돌에 진동을 주 어 0.5mm 이하의 경면(거울 같은 면) 다듬질에 사 용한다.

08 래핑 가공에 대한 설명으로 옳지 않은 것은?

① 래핑은 랩이라고 하는 공구와 다듬질하려 고 하는 공작물 사이에 랩제를 넣고 공작 물을 누르며 상대운동을 시켜 다듬질하는 가공법을 말한다.

② 래핑 방식으로는 습식래핑과 건식래핑이 있다.

③ 랩은 공작물 재료보다 경도가 낮아야 공작 물에 흠집이나 상처를 일으키지 않는다.

④ 건식래핑은 절삭량이 많고 다듬면은 광택 이 적어 일반적으로 초기 래핑작업에 많이 사용한다.

풀이 ④ 습식래핑은 절삭량이 많고 다듬면은 광택이 적어 일반적으로 초기 래핑작업에 많이 사용한다.

※ 건식래핑은 랩제만을 사용하는 방법으로 정밀 다 듬질용으로 마무리 래핑에 사용된다.

09 방전가공에 대한 일반적인 특징으로 틀린 것은?

① 전기 도체이면 쉽게 가공할 수 있다.

② 전극은 구리나 흑연 등을 사용한다.

③ 방전 가공 시 양극보다 음극의 소모가 크다.

④ 공작물은 양극, 공구는 음극으로 한다.

풀이 ③ 방전 가공 시 음극보다 양극의 소모가 크다.

10 일반적으로 래핑유로 사용하지 않는 것은?

① 경유　　　　　② 휘발유

③ 올리브유　　　④ 물

풀이 휘발유 : 래핑유로 사용하지 않는다. (발화의 위험 성이 있다.)

11 회전하는 통 속에 가공물, 숫돌입자, 가공액, 컴 파운드 등을 함께 넣고 회전시켜 서로 부딪치 며 가공되어 매끈한 가공면을 얻는 가공법은?

① 롤러 가공　　　② 배럴 가공

③ 숏피닝 가공　　④ 버니싱 가공

풀이 배럴 가공 : 회전하는 상자에 공작물과 숫돌 입자, 공작액, 콤파운드 등을 함께 넣어 공작물과 입자가 충돌하여 표면의 요철을 제거하며, 매끈한 가공면을 얻는 다듬질 방법이다.

[회전식 배럴에서 공작액의 유동]

12 소재의 피로강도 및 기계적인 성질을 개선하기 위하여 금속으로 만든 작은 덩어리를 가공물 표면에 고속으로 분사하는 가공법은?

① 숏피닝 ② 방전가공
③ 배럴가공 ④ 슈퍼피니싱

풀이 숏피닝 : 경화된 철의 작은 볼을 공작물의 표면에 분사하여 제품의 표면을 매끈하게 하는 동시에 공작물의 피로강도나 기계적 성질을 향상시킨다.

CHAPTER 07 손다듬질 가공

01 탭의 종류 중 파이프 탭(Pipe Tap)으로 가능한 작업으로 적합하지 않은 것은?

① 오일 캡
② 리머의 가공
③ 가스 파이프 또는 파이프 이음
④ 기계 결합용 암나사 가공

풀이 파이프 탭
기계 또는 파이프 이음의 암나사를 만드는 데 사용하는 공구

02 다음 중 탭의 파손 원인으로 틀린 것은?

① 구멍이 너무 작거나 구부러진 경우
② 탭이 경사지게 들어간 경우
③ 너무 느리게 절삭한 경우
④ 막힌 구멍의 밑바닥에 탭의 선단이 닿았을 경우

풀이 ③ 너무 무리하게 힘을 가하거나 빠르게 절삭할 경우

03 작은 지름의 일감에 수나사를 가공할 때 사용하는 공구는?

① 리머 ② 다이스
③ 정 ④ 탭

풀이 • 다이스 : 수나사 가공
• 탭 : 암나사 가공

04 납, 주석, 알루미늄 등의 연한 금속이나 얇은 판금의 가장자리를 다듬질할 때, 가장 적합한 것은?

① 단목 ② 귀목
③ 복목 ④ 파목

풀이 단목 : 납, 주석, 알루미늄 등의 연한 금속이나, 판금의 가장자리를 다듬질 작업할 때 사용한다.

CHAPTER 08 기계재료

01 강을 충분히 가열한 후 물이나 기름 속에 급랭시켜 조직 변태에 의한 재질의 경화를 주목적으로 하는 것은?

① 담금질 ② 뜨임
③ 풀림 ④ 불림

풀이 담금질
• 목적 : 재료의 경도와 강도를 높이기 위한 작업
• 강이 오스테나이트 조직으로 될 때까지 $A_1 \sim A_3$ 변태점보다 $30 \sim 50℃$ 높은 온도로 가열한 후 물이나 기름으로 급랭하여 마텐자이트 변태가 되도록 하는 열처리

02 스프링강의 특성에 대한 설명으로 틀린 것은?

① 항복강도와 크리프 저항이 커야 한다.

② 반복하중에 잘 견딜 수 있는 성질이 요구된다.

③ 냉간가공 방법으로만 제조된다.

④ 일반적으로 열처리를 하여 사용한다.

풀이 스프링강에 필요한 성질

• 탄성한계 및 피로강도가 높을 것 → 인(P), 황(S)의 함량이 적을 것

• 크리프 저항성 및 충분한 인성을 가져야 한다. → 소르바이트 조직의 강

• 스프링의 성형 및 열처리가 용이하고, 저가여야 한다.

03 담금질 응력 제거, 치수의 경년변화 방지, 내마모성 향상 등을 목적으로 100~200℃에서 마텐자이트 조직을 얻도록 조작을 하는 열처리 방법은?

① 저온뜨임 ② 고온뜨임

③ 항온풀림 ④ 저온풀림

풀이 저온뜨임 : 담금질 응력 제거, 치수의 경년변화 방지, 내마모성 향상 등을 목적으로 100~200℃에서 마텐자이트 조직을 얻도록 조작을 하는 열처리

예 금형, 치공구 등

04 인장강도가 255~340MPa로 Ca – Si나 Fe – Si 등의 접종제로 접종 처리한 것으로 바탕조직은 펄라이트이며 내마멸성이 요구되는 공작기계의 안내면이나 강도를 요하는 기관의 실린더 등에 사용되는 주철은?

① 칠드주철 ② 미하나이트주철

③ 흑심가단주철 ④ 구상흑연주철

풀이 미하나이트주철

• 쇳물을 제조할 때 선철에 다량의 강철 스크랩을 사용하여 저탄소 주철을 만들고, 여기에 칼슘실리콘(Ca – Si), 페로실리콘(Fe – Si) 등을 첨가하여 조직을 균일화, 미세화한 펄라이트 주철

• 인장강도가 255~340MPa이고, 내마모성이 우수하여 브레이크 드럼, 실린더, 캠, 크랭크축, 기어 등에 사용된다.

05 탄소강에 함유된 원소 중 백점이나 헤어크랙의 원인이 되는 원소는?

① 황(S) ② 인(P)

③ 수소(H) ④ 구리(Cu)

풀이 • 수소(H_2)에 의해 철강 내부에서 헤어크랙과 백점이 생긴다.

• 헤어크랙 : 강재 다듬질 면에 나타나는 머리카락 모양의 미세한 균열

• 백점(흰점) : 강재의 파단면에 나타나는 백색의 광택을 지닌 반점

06 주철에 대한 설명 중 틀린 것은?

① 강에 비하여 인장강도가 작다.

② 강에 비하여 연신율이 작고, 메짐이 있어서 충격에 약하다.

③ 상온에서 소성변형이 잘된다.

④ 절삭가공이 가능하며 주조성이 우수하다.

풀이 주철은 소성변형이 어렵다.

07 특수강을 제조하는 목적으로 적합하지 않은 것은?

① 기계적 성질을 향상시키기 위하여

② 내마멸성을 증대시키기 위하여

③ 취성을 증가시키기 위하여

④ 내식성을 증대시키기 위하여

풀이 ③ 강도와 인성을 증가시키기 위하여

※ 취성(메짐성) : 잘 부서지거나, 잘 깨지는 성질

08 강을 절삭할 때 쇳밥(chip)을 잘게 하고 피삭성을 좋게 하기 위해 황, 납 등의 특수원소를 첨가하는 강은?

① 레일강 ② 쾌삭강

③ 다이스강 ④ 스테인리스강

풀이 쾌삭강 : 강에 황(S), 납(Pb)를 첨가하여 피삭성을 좋게 만드는 특수강

09 열처리방법 중에서 표면경화법에 속하지 않는 것은?

① 침탄법　　　　② 질화법
③ 고주파경화법　④ 항온열처리법

풀이 항온열처리 : 변태점 이상으로 가열한 강을 보통의 열처리와 같이 연속적으로 냉각히지 않고 염욕 중에 담금질하여 그 온도에 일정한 시간 항온으로 유지하였다가 냉각하는 열처리

10 열처리란 탄소강을 기본으로 하는 철강에서 매우 중요한 작업이다. 열처리의 특성을 잘못 설명한 것은?

① 내부의 응력과 변형을 감소시킨다.
② 표면을 연화시키는 등 성질을 변화시킨다.
③ 기계적 성질을 향상시킨다.
④ 강의 전기적·자기적 성질을 향상시킨다.

풀이 ② 표면을 연화하지 않고 강화한다.

11 강의 표면 경화법으로 금속 표면에 탄소(C)를 침입 고용시키는 방법은?

① 질화법　　　　② 침탄법
③ 화염경화법　　④ 숏피닝

풀이 침탄법
* 저탄소강으로 만든 제품의 표층부에 탄소를 투입시킨 후 담금질하여 표층부만을 경화하는 표면 경화법의 일종
* 종류 : 고체 침탄법, 가스 침탄법, 액체 침탄법

12 탄소강에 함유된 5대 원소는?

① 황, 망간, 탄소, 규소, 인
② 탄소, 규소, 인, 망간, 니켈
③ 규소, 탄소, 니켈, 크롬, 인
④ 인, 규소, 황, 망간, 텅스텐

풀이 탄소강에 함유된 5대 원소
탄소(C), 규소(Si), 망간(Mn), 인(P), 황(S)
※ '망인규탄은 황당한 일'로 암기

13 비자성체로서 Cr과 Ni를 함유하며 일반적으로 18-8 스테인리스강이라 부르는 것은?

① 페라이트계 스테인리스강
② 오스테나이트계 스테인리스강
③ 마텐자이트계 스테인리스강
④ 펄라이트계 스테인리스강

풀이 오스테나이트계 스테인리스강
* 18-8 스테인리스강이라 부르기도 한다.
* 내식성이 뛰어나다.
* 가공성이나 용접성이 좋다.
* 가공경화가 일어나기 쉽다.

14 열처리 방법 및 목적으로 틀린 것은?

① 불림-소재를 일정 온도로 가열 후 공랭시킨다.
② 풀림-재질을 단단하고 균일하게 한다.
③ 담금질-급랭시켜 재질을 경화시킨다.
④ 뜨임-담금질된 것에 인성을 부여한다.

풀이 풀림 : 재료를 연하게 하거나 내부응력을 제거할 목적으로 강을 오스테나이트 조직이 될 때까지 가열한 후 노나 재 속에서 서서히 냉각시키는 조작

15 철-탄소계 상태도에서 공정 주철은?

① 4.3%C　　　　② 2.1%C
③ 1.3%C　　　　④ 0.86%C

풀이
* 아공정 주철 : 2.11~4.3%C
* 공정 주철 : 4.3%C
* 과공정 주철 : 4.3~6.67%C

16 주철의 결점인 여리고 약한 인성을 개선하기 위하여 먼저 백주철의 주물을 만들고, 이것을 장시간 열처리하여 탄소의 상태를 분해 또는 소실시켜 인성 또는 연성을 증가시킨 주철은?

① 보통주철   ② 합금주철

③ 고급주철   ④ 가단주철

풀이 가단 주철[피(가 : 가능하다)鍛(단 : 두드리다)鑄鐵 (주철 : 쇠를 부어 만든 철] : 고탄소 주철로서 회주철과 같이 주조성이 우수한 백선 주물을 만들고 열처리함으로써 강인한 조직으로 만들어 단조를 가능하게 한 주철

17 탄소강에 함유되는 원소 중 강도, 연신율, 충격치를 감소시키며 적열취성의 원인이 되는 것은?

① Mn   ② Si

③ P   ④ S

풀이 적열취성

강의 온도 900℃ 이상에서 황(S)이나 산소가 철과 화합하여 산화철(FeO)이나 황화철(FeS)을 만든다. 이때 황화철은 그림처럼 강 입자의 경계에 결정립계로 나타나게 되는데, 상온에서는 그 해가 작지만 고온에서는 황화철이 녹아 강을 여리게(무르게) 만들어 단조할 수 없는 취성을 강이 갖게 되는데 이것을 적열취성이라 한다. 망간(Mn)을 첨가하면 황화망간(MnS)을 형성하여 적열취성을 방지하는 효과를 얻을 수 있다.

결정립계
FeS(황화철)
망상구조

18 다음 중 청동의 주성분 구성은?

① Cu−Zn 합금   ② Cu−Pb 합금

③ Cu−Sn 합금   ④ Cu−Ni 합금

풀이 청동 : 구리(Cu)+주석(Zn)

19 황동은 어떤 원소의 2원 합금인가?

① 구리와 주석   ② 구리와 망간

③ 구리와 납   ④ 구리와 아연

풀이 황동 : 구리(Cu)+아연(Zn)

20 알루미늄의 특성에 대한 설명 중 틀린 것은?

① 내식성이 좋다.

② 열전도성이 좋다.

③ 순도가 높을수록 강하다.

④ 가볍고 전연성이 우수하다.

풀이 Al은 순도가 높으면 전연성이 크고, 강도 · 경도는 작다.

21 구리의 일반적 특성에 관한 설명으로 틀린 것은?

① 전연성이 좋아 가공이 용이하다.

② 전기 및 열의 전도성이 우수하다.

③ 화학적 저항력이 작아 부식이 잘 된다.

④ Zn, Sn, Ni, Ag 등과는 합금이 잘 된다.

풀이 구리의 성질

• 비중 8.96, 용융점 1,083℃이다.

• 전기, 열의 양도체이다.

• 유연하고 전연성이 좋으므로 가공이 용이하다.

• 화학적으로 저항력이 커서 부식되지 않는다.(암모니아염에는 약하다.)

• 아름다운 광택과 귀금속적 성질이 우수하다.

• Zn, Sn, Ni, Ag 등과 용이하게 합금을 만든다.

22 구리에 니켈 40~50% 정도를 함유하는 합금으로서 통신기, 전열선 등의 전기저항 재료로 이용되는 것은?

① 모넬메탈   ② 콘스탄탄

③ 엘린바   ④ 인바

풀이 콘스탄탄 : Cu−Ni 45% 합금으로 표준저항선으로 사용된다.

23 Al−Cu−Mg−Mn의 합금으로 시효경화 처리한 대표적인 알루미늄 합금은?

① 두랄루민   ② Y−합금

③ 코비탈륨   ④ 로−엑스 합금

풀이 두랄루민 : Al−Cu−Mg−Mn계, 강재와 비슷한 인장강도, 항공기나 자동차 등에 사용

정답 | 17 ④ 18 ③ 19 ④ 20 ③ 21 ③ 22 ② 23 ①

24 황동의 연신율이 가장 클 때 아연(Zn)의 함유량은 몇 % 정도인가?

① 30 ② 40
③ 50 ④ 60

풀이 • 7-3 황동(Cu : 70%, Zn : 30%) : 연신율이 가장 크다.
• 6-4 황동(Cu : 60%, Zn : 40%) : 인장강도가 가장 크다.

25 5~20% Zn의 황동으로 강도는 낮으나 전연성이 좋고 황금색에 가까우며 금박 대용, 황동 단추 등에 사용되는 구리 합금은?

① 톰백 ② 문쯔메탈
③ 델타메탈 ④ 주석황동

풀이 톰백 : 아연을 5~20% 함유한 α 황동으로 빛깔이 금에 가깝고 연성이 크므로 금박, 금분, 불상, 화폐 제조 등에 사용한다.

26 내열용 알루미늄 합금 중에 Y합금의 성분은?

① 구리, 납, 아연, 주석
② 구리, 니켈, 망간, 주석
③ 구리, 알루미늄, 납, 아연
④ 구리, 알루미늄, 니켈, 마그네슘

풀이 Y합금 : Al+Cu+Ni+Mg의 합금으로 내열성 우수
예 내연기관 실린더
※ '알쿠니마'(아이구 님아~)로 암기

27 내식용 Al 합금이 아닌 것은?

① 알민(Almin)
② 알드레이(Aldrey)
③ 하이드로날륨(Hydronalium)
④ 코비탈륨(Cobitalium)

풀이 내식성 Al 합금 : 알민, 알드레이, 하이드로날륨

28 다이캐스팅 알루미늄 합금으로 요구되는 성질 중 틀린 것은?

① 유동성이 좋을 것
② 금형에 대한 점착성이 좋을 것
③ 열간 취성이 적을 것
④ 응고수축에 대한 용탕 보급성이 좋을 것

풀이 ② 금형에 점착(용착)되지 않을 것

29 주조용 알루미늄 합금이 아닌 것은?

① Al-Cu계 ② Al-Si계
③ Al-Zn-Mg계 ④ Al-Cu-Si계

풀이 • Al-Cu계, Al-Si계, Al-Cu-Si계, Al-Mg계 : 주조용 알루미늄 합금
• 초초두랄루민(Al-Cu-Zn-Mg계) : 가공용 알루미늄 합금

30 공구강의 구비조건 중 틀린 것은?

① 강인성이 클 것
② 내마모성이 작을 것
③ 고온에서 경도가 클 것
④ 열처리가 쉬울 것

풀이 공구재료의 구비조건
• 상온 및 고온 경도가 높을 것
• 강인성 및 내마모성이 클 것
• 가공 및 열처리가 쉬울 것
• 내충격성이 우수할 것
• 마찰계수가 작을 것

31 WC를 주성분으로 TiC 등의 고융점 경질 탄화물 분말과 Co, Ni 등의 인성이 우수한 분말을 결합재로 하여 소결 성형한 절삭공구는?

① 세라믹 ② 서멧
③ 주조경질합금 ④ 소결초경합금

풀이 소결초경합금
• 탄화물 분말[탄화텅스텐(WC), 탄화티타늄(TiC), 탄화탈탄늄(TaC)]을 비교적 인성이 있는 코발트

(Co), 니켈(Ni)을 결합제로 하여 압축소결한다.

- 고온, 고속절삭에서도 경도를 유지함으로써 절삭공구로서 성능이 우수하다.

32 주조경질합금의 대표적인 스텔라이트의 주성분을 올바르게 나타낸 것은?

① 몰리브덴 – 바나듐 – 탄소 – 티탄
② 크롬 – 탄소 – 니켈 – 마그네슘
③ 탄소 – 텅스텐 – 크롬 – 알루미늄
④ 코발트 – 크롬 – 텅스텐 – 탄소

풀이 주조경질합금(스텔라이트)
- 주조한 상태의 것을 연삭하여 가공하기 때문에 열처리가 불필요하다.
- 절삭속도는 고속도강의 2배이며, 사용 온도는 800℃까지 가능하다.
- 코발트(Co) – 크롬(Cr) – 텅스텐(W) 합금으로, Co가 주성분이다.
※ 암기법 – 주조(술)는 코크통에 넣어라.

33 유리섬유에 합침(合浸)시키는 것이 가능하기 때문에 FRP(Fiber Reinforced Plastic)용으로 사용되는 열경화성 플라스틱은?

① 폴리에틸렌계
② 불포화 폴리에스테르계
③ 아크릴계
④ 폴리염화비닐계

풀이 섬유강화 플라스틱(FRP, Fiber Reinforced Plastic)
- 플라스틱을 기지로 하여 내부에 강화섬유를 함유시킴으로써 비강도를 높인 복합재료
- GFRP : 기지[플라스틱(불포화에폭시, 불포화폴리에스테르 등)] + 강화재(유리섬유)
- CFRP : 기지[플라스틱(불포화에폭시, 불포화폴리에스테르 등)] + 강화재(탄소섬유)

34 열가소성 수지가 아닌 재료는?

① 멜라민 수지　　② 초산비닐 수지
③ 폴리에틸렌 수지　④ 폴리염화비닐 수지

풀이 플라스틱(합성수지)의 종류
- 열가소성 수지 : 폴리에틸렌 수지(PE), 폴리프로필렌 수지(PP), 폴리염화비닐 수지(PVC), 폴리스티렌 수지(PS), 아크릴 수지(PMMA), ABS 수지
- 열경화성 수지 : 페놀 수지(PF), 불포화 폴리에스테르 수지(UP), 멜라민 수지(MF), 요소 수지(UF), 폴리우레탄(PU), 규소수지(Silicone), 에폭시 수지(EP)

35 내열성과 내마모성이 크고 온도 600℃ 정도까지 열을 주어도 연화되지 않는 특징이 있으며, 대표적인 것으로 텅스텐(18%), 크롬(4%), 바나듐(1%)으로 조성된 강은?

① 합금공구강　　　② 다이스강
③ 고속도공구강　　④ 탄소공구강

풀이 고속도공구강의 성분 : 텅스텐 – 크롬 – 바나듐 ('텅크바'로 암기)

36 Al_2O_3 분말 약 70%에 TiC 또는 TiN 분말을 30% 정도 혼합하여 수소 분위기 속에서 소결하여 제작한 절삭공구의 재료는 무엇인가?

① 다이아몬드　　　② 서멧
③ 고속도강　　　　④ 초경합금

풀이 서멧
- 세라믹(ceramic) + 금속(metal)의 복합재료[알루미나(Al_2O_3) 분말 70%에 탄화티타늄(TiC) 분말 30%를 정도 혼합]
- 세라믹의 취성을 보안하기 위하여 개발된 소재이다.
- 고온에서 내마모성, 내산화성이 높아 고정밀도의 고속절삭이 가능하다.

37 일반적인 합성수지의 공통된 성질로 가장 거리가 먼 것은?

① 가볍다.
② 착색이 자유롭다.
③ 전기절연성이 좋다.
④ 열에 강하다.

풀이 ④ 열에 약하다.

정답 | 32 ④　33 ②　34 ①　35 ③　36 ②　37 ④

38 인공합성 절삭공구재료로 고속작업이 가능하며, 난삭재료, 고속도강, 담금질강, 내열강 등의 절삭에 적합한 공구재료는?

① 서멧
② 세라믹
③ 초경합금
④ 입방정 질화붕소

풀이 입방정 질화붕소(CBN) 공구
• CBN 분말을 초고온, 초고압에서 소결시킨다.
• 입방정 질화붕소로서 철 안의 탄소와 화학반응이 전혀 일어나지 않아 난삭재료, 고속도강, 담금질강, 내열강 등의 절삭에 이상적이다.
• 다이아몬드 다음으로 단단하여, 현재 가장 많이 사용되는 공구 소재이다.

PART

05

안전관리

CRAFTSMAN COMPUTER AIDED LATHE

CHAPTER 001 기계가공 시 안전사항

CRAFTSMAN COMPUTER AIDED LATHE

SECTION 01 선반작업 시 안전사항

① 장비 사용 전 정상 구동상태 및 이상 여부를 확인한다.
② 가공물을 설치할 때는 전원을 끄고 장착한다.
③ 바이트는 기계를 정지시킨 다음에 설치한다.
④ 작업자의 안전을 위해 작업복, 안전화, 안경 등은 착용하고 작업한다.
⑤ 작업자의 안전을 위해 장갑은 착용하지 않는다.
⑥ 가공 중 비산되는 칩으로부터 눈을 보호하기 위해 보안경을 착용한다.
⑦ 바이트는 너무 길게 설치하지 않는다.
⑧ 편심된 가공물은 균형추를 부착시킨다.
⑨ 돌리개는 적당한 크기의 것을 선택하여 사용한다.
⑩ 회전 중 속도를 변경할 때는 주축이 정지한 다음 변경한다.
⑪ 작업 중 칩의 처리는 기계를 멈추고 한다.
⑫ 센터 구멍을 뚫을 때에는 공작물의 회전수를 빠르게 한다.
⑬ 홈 깎기 바이트의 길이 방향 여유각과 옆면 여유각은 양쪽이 같게 연삭한다.
⑭ 양 센터 작업 시 심압대 센터 끝에 그리스를 발라 공작물과의 마찰을 적게 한다.

SECTION 02 밀링작업 시 안전사항

① 작업하기 전에 기계 상태를 사전 점검한다.
② 기계를 사용하기 전에 윤활부분에 적당량의 윤활유를 주입한다.
③ 절삭공구나 공작물을 설치할 때는 전원을 끄거나 완전히 정지시키고 실시한다.

④ 공작물 고정 시 높이를 맞추기 위하여 평행블록을 사용한다.

⑤ 공작물을 측정할 때는 반드시 주축을 정지한다.

⑥ 테이블 위에는 측정기나 공구류를 올려놓지 않는다.

⑦ 엔드밀과 드릴의 돌출 길이는 되도록 짧게 고정한다.

⑧ 주축 회전수의 변환은 주축이 완전히 정지한 후에 실시한다.

⑨ 정면 커터 작업 시에는 칩이 튀어나오므로 칩 커버를 설치하는 것이 좋다.

⑩ 정면 커터로 가공할 때는 칩이 작업자의 반대쪽으로 날아가도록 공작물을 이송한다.

⑪ 가공할 때는 보안경을 착용하여 눈을 보호한다.

⑫ 절삭 중에는 면장갑을 착용하지 않고, 측정할 때에는 착용한다.

⑬ 밀링 칩은 예리하므로 직접 손을 대지 말고 청소용 솔 등으로 제거한다.

⑭ 주축 회전 중에 커터 주위에 손을 대거나 브러시를 사용하여 칩을 제거해서는 안 된다.

⑮ 가공 후 거스러미를 반드시 제거한다.

⑯ 절삭 날은 양호한 것을 사용하며, 마모된 것은 재연삭 또는 교환하여야 한다.

⑰ 기계 가동 중에는 자리를 이탈하지 않는다.

⑱ 작업 중 위험한 상황이 발생하면 비상정지버튼을 누른다.

SECTION 03 기타 기계가공 시 안전사항

1 연삭작업 시 안전사항

① 연삭기 덮개의 노출각도는 90°이거나 전체 원주의 1/4을 초과하지 않아야 한다.

② 연삭숫돌을 설치 후 3분 정도 공회전을 시켜 이상 유무를 확인한다.

③ 사용 전에 연삭숫돌을 점검하여 숫돌의 균열 여부를 파악한 후 사용한다.

④ 연삭숫돌과 받침대의 간격은 3mm 이하로 유지한다.

⑤ 작업 시는 연삭숫돌의 정면에서 150° 정도 비켜서서 작업한다.

⑥ 가공물은 급격한 충격을 피하고 점진적으로 접촉시킨다.

⑦ 작업 시 연삭숫돌의 측면을 사용하여 작업하지 않는다.

⑧ 소음이나 진동이 심하면 즉시 작업을 중지한다.

⑨ 연삭작업 시는 반드시 해당 보호구(보안경, 방진마스크)를 착용하여야 한다.

⑩ 연삭숫돌의 교환은 지정된 공구를 사용한다.

② 드릴작업 시 안전사항

① 드릴작업 전 드릴이 고정되어 있는지 확인한다.
② 드릴을 고정하거나 풀 때는 주축이 완전히 멈춘 후에 한다.
③ 장갑을 끼고 작업하지 않는다.
④ 작업 중 보안경을 착용한다.
⑤ 일감을 정확하게 고정한다.
⑥ 얇은 판에 구멍을 뚫을 때에는 나무판을 밑에 받치고 작업한다.
⑦ 드릴을 회전시킨 후에는 테이블을 조정하거나 고정하지 않는다.
⑧ 드릴이 회전 중일 때는 칩을 입으로 불거나 손으로 털지 않는다.
⑨ 큰 구멍을 가공 할 때에는 먼저 작은 구멍을 뚫는다.
⑩ 드릴 이송 레버에 파이프를 걸고 무리하게 돌리지 않는다.
⑪ 전기드릴을 사용할 때는 반드시 접지를 하여 사용한다.

③ 일반공구 사용 시 안전사항

① 공구는 사용 전에 이상이 없는지 반드시 확인하고 사용한다.
② 불완전한 공구는 절대로 사용하지 않는다.
③ 공구는 사용 중에 고장이 나거나 구부러지는 경우 즉시 교체 후 사용한다.
④ 공구는 일정한 장소에 보관하여 작업공간이 정리될 수 있도록 한다.
⑤ 공구를 진동 등이 있는 기계 위나 떨어지기 쉬운 장소에 놓지 않아야 한다.
⑥ 공구에 오염원 또는 기름이 묻었을 때에는 깨끗하게 닦고 사용한다.
⑦ 공구는 각각의 용도가 정해져 있으므로 용도에 맞지 않는 공구는 사용하지 않아야 한다.
⑧ 공구는 되도록 짧게 물려서 사용한다.

④ 사업장에서 사업주가 지켜야 할 질병 예방 대책

① 건강에 관한 정기교육을 실시한다.
② 근로자의 건강진단을 빠짐없이 실시한다.
③ 사업장 환경 개선을 통한 쾌적한 작업환경을 조성한다.

⑤ 작업장 안전사항

① 방전가공 직업사의 발판을 고무 매트로 만든다.
② 로봇의 회전반경을 작업장 바닥에 페인트로 표시한다.
③ 무인반송차(AGV) 이동 통로를 황색 테이프로 표시하여 주의하도록 한다.
④ 레이저 가공 시 전원이 보안경을 착용하도록 한다.

CHAPTER 002 CNC 기계가공 시 안전사항

CRAFTSMAN COMPUTER AIDED LATHE

SECTION 01 CNC 선반작업 시 안전사항

① 전원을 순서대로 공급하고 차단한다.

② 운전 및 조작은 순서에 의하여 한다.

③ 기계의 전원을 켜기 전에는 각종 버튼과 스위치의 위치를 확인한다.

④ 운전하기 전에 비상시를 대비하여 피드홀드 스위치나 비상정지 스위치 위치를 확인한다.

⑤ 작업하기 전에 프로그램의 이상 유무와 좌표계 설정이 정확한지 확인한다.

⑥ 공작물을 고정한 다음 회전시키면서 공작물의 중심이 잘 맞았는지 점검한다.

⑦ 절삭 가공 중에 반드시 보안경을 착용한다.

⑧ 툴링(tooling) 시 프로그램 원점의 위치를 확인하고, 충돌 사고에 유의한다.

⑨ 소프트조 가공 시 척킹(chucking) 압력을 조정해야 한다.

⑩ 나사 가공 중에는 이동, 정지 버튼을 누르지 않는다.

⑪ 홈 바이트로 절단할 때에는 좌우로 이동하면서 절단하면 안 된다.

⑫ 지름에 비하여 긴 일감을 가공할 때는 한쪽 끝을 심압대로 고정하여 가공한다.

⑬ 절삭유의 비산을 방지하기 위하여 문(door)을 닫는다.

⑭ 절삭 칩의 제거는 반드시 청소용 솔이나 브러시를 이용한다.

⑮ 바이트는 너무 길게 설치하지 않는다.

⑯ 치수 검사는 공작물의 회전이 완전히 멈춘 다음 측정한다.

⑰ 공구 교환 위치는 공작물과 충돌하지 않는 위치로 한다.

⑱ 가공 작업 중 칩이 감겨버리면 이송 및 작업을 정지하고, 안전한 영역에서 제거한다.

① 기계에 전원 투입 후 안전 위치에서 저속으로 원점 복귀한다.
② 핸들 운전 시 기계에 무리한 힘이 전달되지 않도록 핸들을 천천히 돌린다.
③ 위험 상황에 대비하여 항상 비상정지 스위치를 누를 수 있도록 준비한다.
④ 작업 중 회전하는 공구에 칩이 붙었을 경우 기계를 정지하고 칩 제거 도구를 사용하여 제거한다.
⑤ 작업 중 공구나 일감에 붙는 절삭 칩의 처리방법
    ㉠ 고압의 압축공기를 이용하여 불어낸다.
    ㉡ 칩이 가루로 배출되는 경우는 집진기로 흡입한다.
    ㉢ 많은 양의 절삭유를 공급하여 칩이 흘러내리게 한다.

SECTION **03** CNC 공작기계의 안전사항

① 전원은 순서대로 공급하고 끌 때에는 역순으로 한다.
② 기계 가공하기 전에 일상 점검에 유의하고 윤활유 양이 적으면 보충한다.
③ 작업 시에는 보안경, 안전화 등 보호장구를 착용하여야 한다.
④ 강전반 및 CNC 유닛은 어떠한 충격도 주지 말아야 한다.
⑤ MDI로 프로그램을 입력할 때 입력이 끝나면 반드시 확인하여야 한다.
⑥ 일감의 재질과 공구의 재질 및 종류에 따라 회전수와 절삭속도를 결정하여 프로그램을 작성한다.
⑦ 충돌 사고에 유의하여 좌표계 설정을 확인한다.
⑧ 소수점 입력 여부를 확인한다.
⑨ 좌표계 설정이 맞는가 확인한다.
⑩ 그래픽 기능으로 공구 경로를 확인한다.
⑪ 절삭 공구, 바이스 및 공작물은 정확하게 고정하고 확인한다.
⑫ 습동유 등의 윤활 상태를 확인한다.
⑬ 모든 기능 버튼이 올바른 위치에 있는지 확인한다.
⑭ 충돌의 위험이 있을 때에는 진원 스위치를 눌러 기계를 정지시킨다.
⑮ 절식 칩의 제거는 브러시나 청소용 솔을 사용한다.

CHAPTER 003 CNC 장비 유지관리

CRAFTSMAN COMPUTER AIDED LATHE

SECTION 01 일상점검

1 매일점검

① 외관 점검 : 공구의 파손이나 마모상태, 베드면에 습동유가 나오는지 손으로 확인
② 유량 점검
③ 압력 점검
④ 각부의 작동상태 점검

2 매월점검

① 각부의 필터 점검
② 각부의 팬 모터 점검
③ 그리스유 주입
④ 백래시 보정

3 매년점검

① 기계 레벨(수평) 점검
② 기계 정도 점검
③ 절연상태 점검

4 육안검사 시 확인사항

① 공작물은 정확히 고정되어 있는가?
② 윤활유 탱크에 윤활유량은 적당한가?
③ 공기압은 충분히 유지하고 있는가?
④ 절삭유량은 적당한가?
⑤ 전기회로의 정상 상태 유무는 해당되지 않는다.

SECTION 02 경보의 종류와 해제

1 기계가공 중 기계의 이상 및 경보(alarm)가 발생한 경우

① 비상 스위치를 누르고 작업을 중지한다.

② 기계가공이 안 된다고 무조건 전원을 끄면 안 된다.

③ 경보등이 점등되었는지 확인한다.

④ 발생한 알람의 내용을 확인한 후 경보를 해제한다.

⑤ 프로그램의 이상 유무를 하나씩 확인하여 원인을 찾는다.

⑥ 간단한 내용은 조작 설명서에 따라 조치하고 안 되면 전문가에게 의뢰한다.

⑦ 중대한 결함이 발생한 경우 전문가와 협의한다.

⑧ 아무런 조치를 하지 않고 작업을 계속 진행하면 안 된다.

2 경보(알람)의 종류

① EMERGENCY STOP SWITCH ON : 비상정지 스위치 ON 알람

⇒ 비상정지 스위치를 돌려 알람 해제

② LUBR TANK LEVEL LOW ALARM : 윤활유 부족 알람

⇒ 윤활유 보충 후 알람 해제

③ THERMAL OVERLOAD TRIP ALARM : 과부하로 인한 over load trip

④ P/S_ALARM : 프로그램 알람

⇒ 알람 일람표에서 원인 확인 후 수정

⑤ OT ALARM : 금지영역 침범(OVER TRAVEL) 알람

⇒ 이송축을 안전위치로 이동

⑥ EMERGENCY L/S ON : 비상정지 리밋 스위치 작동 알람

⑦ SPINDLE ALARM : 주축 모터의 과열, 주축 모터의 과부하·과전류 알람

⑧ TORQUE LIMIT ALARM : 충돌로 인한 안전핀 파손

⇒ A/S 연락

⑨ AIR PRESSURE ALARM : 공기압 부족 알람

⇒ 공기압을 높인 후 알람 해제

⑩ 축 이동이 안 됨 : 머신록 스위치 ON, 인터록 상태 알람

⇒ 머신록 스위치 OFF 후 알람 해제

⑪ LUBRICATION LOW ALARM : 습동유(X축, Y축, Z축 베드에 사용되는 작동윤활유) 부족 알람

⇒ 습동유 보충 후 알람 해제

CHAPTER 01 기계가공 시 안전사항

01 연삭 작업할 때의 유의 사항으로 틀린 것은?

① 연삭숫돌을 사용하기 전에 반드시 결함 유무를 확인해야 한다.
② 테이퍼부는 수시로 고정 상태를 확인한다.
③ 정밀연삭을 하기 위해서는 기계의 열팽창을 막기 위해 전원투입 후 곧바로 연삭한다.
④ 작업을 할 때에는 분진이 심하므로 마스크와 보안경을 착용한다.

풀이 연삭숫돌을 설치 후 3분 정도 공회전을 시켜 이상 유무를 확인한다.

02 선반작업 시 안전사항으로 틀린 것은?

① 칩이나 절삭유의 비산을 방지하기 위해 플라스틱 덮개를 부착한다.
② 절삭가공을 할 때에는 보안경을 착용하여 눈을 보호한다.
③ 절삭작업을 할 때에는 면장갑을 착용하고 작업한다.
④ 척이 회전하는 동안에 일감이 튀어나오지 않도록 확실히 고정한다.

풀이 절삭 중에는 면장갑을 착용하지 않고, 칩 제거 또는 측정할 때에는 착용한다.

03 선반작업에서 안전 및 유의 사항에 대한 설명으로 틀린 것은?

① 일감을 측정할 때는 주축을 정지시킨다.
② 바이트를 연삭할 때는 보안경을 착용한다.
③ 홈 바이트는 가능한 한 길게 고정한다.
④ 바이트는 주축을 정지시킨 다음 설치한다.

풀이 공구는 되도록 짧게 물려서 사용한다.

04 기계 설비의 산업재해 예방 중 가장 바람직한 것은?

① 위험 상태의 제거
② 위험 상태의 삭감
③ 위험에의 적응
④ 보호구의 착용

풀이 위험 상태의 제거가 기계 설비의 산업재해 예방 중 가장 바람직하다.

05 선반작업 시 일반적인 안전수칙 중 잘못된 것은?

① 작업 중 일감이 튀어나오지 않도록 확실히 고정시킨다.
② 작업 중 회전 공작물에 말려들지 않도록 복장을 단정하게 한다.
③ 절삭가공을 할 때에는 반드시 보안경을 착용하여 눈을 보호한다.
④ 바이트는 가공시간의 절약을 위해 가공 중에 교환한다.

정답 | 01 ③ 02 ③ 03 ③ 04 ① 05 ④

풀이 • 바이트는 기계를 정지시킨 다음에 설치한다.
 • 바이트는 너무 길게 설치하지 않는다.

06 선반작업의 안전사항에 대한 내용 중 틀린 것은?

① 작업 중 칩의 처리는 기계를 멈추고 한다.
② 절삭공구는 될 수 있으면 길게 설치한다.
③ 면장갑을 끼고 작업해서는 안 된다.
④ 회전 중 속도를 변경할 때는 주축이 정지한 다음 변경한다.

풀이 ② 절삭공구는 될 수 있으면 짧게 설치한다.

07 작업상 안전수칙과 가장 거리가 먼 것은?

① 연삭기의 커버가 없는 것은 사용을 금한다.
② 드릴 작업 시 작은 일감은 손으로 잡고 한다.
③ 프레스 작업 시 형틀에 손이 닿지 않도록 한다.
④ 용접 전에는 반드시 소화기를 준비한다.

풀이 드릴 작업 시 작은 일감이라고 하더라도 정확하게 고정하여 작업한다.

08 다음 중 드릴작업에 있어 안전사항에 관한 설명으로 옳지 않은 것은?

① 장갑을 끼고 작업하지 않는다.
② 드릴을 회전시킨 후에는 테이블을 조정하지 않도록 한다.
③ 얇은 판에 구멍을 뚫을 때에는 나무판을 밑에 받치고 구멍을 뚫도록 해야 한다.
④ 가공 중 드릴 끝이 마모되어 이상한 소리가 나면 공구의 이송속도를 더욱 크게 한다.

풀이 가공 중 드릴 끝이 마모되어 이상한 소리가 나면 주축이 완전히 멈추게 한 후에 드릴을 교체한다.

09 다음 중 밀링가공의 작업 안전에 관한 설명으로 틀린 것은?

① 절삭 중 작업화를 착용한다.
② 절삭 중 보안경을 착용한다.
③ 절삭 중 장갑을 착용하지 않는다.
④ 칩(chip) 제거는 절삭 중 브러시를 사용한다.

풀이 작업 중 회전하는 공구에 칩이 부착되었을 경우 기계를 정지시키고 칩 제거 도구를 사용하여 제거한다.

10 다음 중 선반작업에서 방호조치로 적합하지 않은 것은?

① 긴 일감 가공 시 덮개를 부착한다.
② 작업 중 급정지를 위해 역회전 스위치를 설치한다.
③ 칩이 짧게 끊어지도록 칩브레이커를 둔 바이트를 사용한다.
④ 칩이나 절삭유 등의 비산으로부터 보호를 위해 이동용 실드를 설치한다.

풀이 작업 중 급정지를 위해서 비상스위치가 존재한다.

11 다음 중 밀링작업 시 안전사항으로 잘못된 것은?

① 회전하는 커터에 손을 대지 않는다.
② 절삭 중에는 면장갑을 착용하지 않는다.
③ 칩을 제거할 때에는 장갑을 끼고 손으로 한다.
④ 가공을 할 때에는 보안경을 착용하여 눈을 보호한다.

풀이 장갑을 착용하고 칩 제거 전용 도구를 사용하여 칩을 제거한다.

12 다음 중 밀링가공 시 작업안전에 대한 설명으로 틀린 것은?

① 작업 중에는 긴급 상황이라도 손으로 주축을 정지시키지 않는다.
② 안전화, 보안경 등 작업 안전에 필요한 보호구 등을 반드시 착용한다.
③ 스핀들이 저속 회전 중이라도 변속기어를 조작해서는 안 된다.
④ 가공물의 고정은 반드시 주축이 회전 중에 실시하여야 한다.

풀이 절삭공구나 공작물을 설치할 때는 전원을 끄거나 완전히 정지시키고 실시한다.

13 다음 중 선반에서 나사작업 시의 안전 및 유의사항으로 적절하지 않은 것은?

① 나사의 피치에 맞게 기어 변환 레버를 조정한다.
② 나사 절삭 중에 주축을 역회전시킬 때에는 바이트를 일감에서 일정 거리를 떨어지게 한다.
③ 나사를 절삭할 때에는 절삭유를 충분히 공급해준다.
④ 나사 절삭이 끝났을 때에는 반드시 하프 너트를 고정시켜 놓아야 한다.

풀이 ④ 나사 절삭이 끝났을 때에는 반드시 하프 너트를 풀어 놓아야 한다.

14 밀링작업 중에 지켜야 할 안전사항으로 틀린 것은?

① 기계 가동 중에 자리를 이탈하지 않는다.
② 테이블 위에 공구나 측정기 등을 올려놓지 않는다.
③ 가공물은 기계를 정지한 상태에서 견고하게 고정한다.
④ 주축 속도를 변속시킬 때는 반드시 주축이 회전 중에 변환한다.

풀이 ④ 주축 속도를 변속시킬 때는 반드시 주축이 완전히 정지된 후에 변속한다.

15 보호구를 사용할 때의 유의사항으로 틀린 것은?

① 작업에 적절한 보호구를 선정한다.
② 관리자에게만 사용방법을 알려 준다.
③ 작업장에는 필요한 수량의 보호구를 비치한다.
④ 작업을 할 때에 필요한 보호구를 반드시 사용하도록 한다.

풀이 관리자, 작업자 모두에게 사용방법을 알려주어야 한다.

16 다음 중 반드시 장갑을 착용하고 작업해야 하는 것은?

① 드릴 작업   ② 밀링 작업
③ 선반 작업   ④ 용접 작업

풀이 드릴, 밀링, 선반 작업은 공구 또는 공작물이 회전하므로 장갑을 착용하지 않고 작업해야 하며, 용접 작업은 반드시 장갑을 착용하고 작업해야 한다.

17 안전한 작업자의 행동으로 볼 수 없는 것은?

① 기계 위에 공구나 재료를 올려놓지 않는다.
② 기계의 회전을 손이나 공구로 멈추지 않는다.
③ 절삭공구는 길게 장착하여 절삭 시 접촉면을 크게 한다.
④ 칩을 제거할 때는 장갑을 끼고 브러시나 칩 클리너를 사용한다.

풀이 절삭공구는 가능한 한 짧게 장착한다.

01 CNC 공작기계의 안전에 관한 설명 중 틀린 것은?

① 그래픽 화면만 실행할 때에는 머신 록 (machine lock) 상태에서 실행한다.

② CNC 선반에서 자동원점복귀는 G28 U0 W0로 지령한다.

③ 머시닝 센터에서 자동원점복귀는 G91 G28 Z0로 지령한다.

④ 머시닝 센터에서 G49 지령은 어느 위치에 서나 실행한다.

풀이 공구를 교환하기 전에 공구길이 보정을 취소(G49) 해야 한다.

02 CNC 공작기계 작업 시 안전사항 중 틀린 것은?

① 전원은 순서대로 공급하고 차단한다.

② 칩 제거는 기계를 정지 후에 한다.

③ CNC 방전가공기에서 작업 시 가공액을 채 운 후 작업을 한다.

④ 작업을 빨리하기 위하여 안전문을 열고 작 업한다.

풀이 칩 또는 절삭유가 비산(飛 : 날 비, 散 : 흩을 산)하 므로 작업문을 닫고 작업한다.

03 CNC 공작기계의 안전운전을 위한 점검사항 과 관계가 먼 것은?

① 기계의 동작부위에 방해물질이 있는가를 점검한다.

② 공구대의 정상 작동 상태를 점검한다.

③ 이상 소음의 발생 개소가 있는지를 점검한다.

④ 볼 스크루의 정밀도를 섬검한다.

풀이 볼 스크루의 정밀도를 점검하는 것은 기계 정밀도 점 검에 해당된다.

04 머시닝 센터 작업 시 안전 및 유의 사항으로 틀린 것은?

① 기계원점 복귀는 급속이송으로 한다.

② 가공하기 전에 공구경로 확인을 반드시 한다.

③ 공구 교환 시 ATC의 작동 영역에 접근하 지 않는다.

④ 항상 비상정지 버튼을 작동시킬 수 있도록 준비한다.

풀이 ① 기계에 전원 투입 후 안전 위치에서 저속으로 원점 복귀한다.

※ ATC(Automatic Tool Changer) : 자동공구 교환장치

05 CNC 선반작업 중 측정기 및 공구를 사용할 때 안전사항이 틀린 것은?

① 공구는 항상 기계 위에 올려놓고 정리정돈 하며 사용한다.

② 측정기는 서로 겹쳐 놓지 않는다.

③ 측정 전 측정기가 맞는지 0점 세팅(setting) 한다.

④ 측정을 할 때는 반드시 기계를 정지한다.

풀이 측정기, 공구 등을 진동이 있는 기계 위나 떨어지기 쉬운 장소에 놓지 않아야 한다.

06 머시닝 센터 가공 시 칩이 공구나 일감에 부착 되는 경우 처리 방법으로 틀린 것은?

① 고압의 압축공기를 이용하여 불어낸다.

② 가공 중에 수시로 헝겊 등을 이용해서 닦 아낸다.

③ 칩이 가루로 배출되는 경우는 집진기로 흡 입한다.

④ 많은 양의 절삭유를 공급하여 칩이 흘러내 리게 한다.

풀이 가공 중 헝겊을 사용하여 칩을 제거하면 헝겊이 기계 에 말려들어 사고가 발생할 수 있으므로 가공 중 헝 겊으로 칩을 제거해서는 안 된다.

정답 | 01 ④ **02** ④ **03** ④ **04** ① **05** ① **06** ②

07 다음 중 CNC 선반작업에서 전원 투입 전에 확인해야 하는 사항과 가장 거리가 먼 것은?

① 전장(NC) 박스 및 외관 상태를 점검한다.
② 공기 압력이 적당한지 점검한다.
③ 윤활유의 급유 탱크를 점검한다.
④ X축, Z축의 백래시(back lash)를 점검한다.

풀이 X축, Z축의 백래시(back lash) 점검은 매월점검 사항이다.

08 NC 기계작업 중 안전사항으로 틀린 것은?

① NC 기계 주변을 정리정돈한 후 작업을 하였다.
② 작업 도중 정전이 되어 전원스위치를 내렸다.
③ 작업시간과 작업량을 높이기 위하여 작업 중 안전장치를 제거하였다.
④ 작업공구와 측정기기는 따로 구분하여 정리하였다.

풀이 안전을 위하여 작업 중 안전장치를 제거해서는 안 된다.

09 다음 중 CNC 공작기계 운전 중의 안전사항으로 틀린 것은?

① 가공 중에는 측정을 하지 않는다.
② 일감은 견고하게 고정시킨다.
③ 가공 중에 칩을 손으로 제거한다.
④ 옆 사람과 잡담을 하지 않는다.

풀이 작업 중 회전하는 공구에 칩이 부착되었을 경우 기계를 정지시키고 칩 제거 도구를 사용하여 제거한다.

10 다음 중 CNC 선반작업 시 안전 및 유의사항으로 틀린 것은?

① 마이크로미터로 측정 시 0점 조정을 확인한다.
② 원호 가공된 면의 측정은 반지름 게이지를 사용한다.

③ 절삭 칩의 제거는 브러시나 청소용 솔을 사용한다.
④ 원호가공은 이송속도를 빠르게 하여 진동의 발생을 방지한다.

풀이 ④ 원호 가공은 이송속도를 느리게 하여 진동의 발생을 방지한다.

11 다음 중 CNC 공작기계의 안전에 관한 사항으로 틀린 것은?

① 절삭가공 시 절삭 조건을 알맞게 설정한다.
② 공정도와 공구 세팅 시트를 작성 후 검토하고 입력한다.
③ 공구경로 확인은 보조기능(M 기능)이 작동 (on)된 상태에서 한다.
④ 기계 가동 전에 비상정지 버튼의 위치를 반드시 확인한다.

풀이 공구경로 확인은 보조기능(M 기능)이 정지(off)된 상태에서 한다.

12 다음 중 CNC 선반작업 시 안전사항으로 옳지 않은 것은?

① 고정 사이클 가공 시에 공구 경로에 유의한다.
② 칩이 공작물이나 척에 감기지 않도록 주의한다.
③ 가공 상태를 확인하기 위하여 안전문을 열어놓고 조심하면서 가공한다.
④ 고정 사이클로 가공 시 첫 번째 블록까지는 공작물과의 충돌 예방을 위하여 single block으로 가공한다.

풀이 칩 또는 절삭유가 비산(飛 : 날 비, 散 : 흩을 산)하므로 안전문을 닫고 작업한다.

13 다음 중 CNC 기계가공 중에 지켜야 할 안전 및 유의사항으로 틀린 것은?

① CNC 선반작업 중에는 문을 닫는다.
② 항상 비상정지 버튼의 위치를 확인한다.
③ 머시닝 센터에서 공작물은 가능한 한 깊게 고정한다.
④ 머시닝 센터에서 엔드밀은 되도록 길게 나오도록 고정한다.

풀이 ④ 머시닝 센터에서 엔드밀은 되도록 짧게 나오도록 고정한다.

14 CNC 선반에서 작업 안전사항이 아닌 것은?

① 문이 열린 상태에서 작업을 하면 경보가 발생하도록 한다.
② 척에 공작물을 클램핑할 경우에는 장갑을 끼고 작업하지 않는다.
③ 가공상태를 볼 수 있도록 문(이이)에 일반 투명유리를 설치한다.
④ 작업 중 타인은 프로그램을 수정하지 못하도록 옵션을 건다.

풀이 일반 투명유리는 칩에 의해 파손되기 쉬우므로 사용하지 않는 것이 좋다.

15 CNC 선반작업을 할 때 안전 및 유의사항으로 틀린 것은?

① 프로그램을 입력할 때 소수점에 유의한다.
② 가공 중에는 안전문을 반드시 닫아야 한다.
③ 가공 중 위급한 상황에 대비하여 항상 비상정지 버튼을 누를 수 있도록 준비한다.
④ 공작물에 칩이 감길 때는 문을 열고 주축이 회전상태에 있을 때 갈고리를 이용하여 제거한다.

풀이 작업 중 회전하는 공구에 칩이 부착되었을 경우 기계를 정지시키고 칩 제거 도구를 사용하여 제거한다.

16 CNC 장비에서 공구 장착 및 교환 시 안전을 위하여 필수적으로 점검할 사항이 아닌 것은?

① 공구길이 보정 상태를 확인하고 보정값을 삭제한다.
② 윤활유 및 공기의 압력이 규정에 적합한지 확인한다.
③ 툴홀더의 공구 고정 볼트가 견고히 고정되어 있는지 확인한다.
④ 기계의 회전 부위나 작동 부위에 신체 접촉이 생기지 않도록 한다.

풀이 공구길이 보정 상태는 공구 장착 및 교환 시 안전을 위하여 필수적으로 점검할 사항이 아니다.

CHAPTER **03 CNC 장비 유지관리**

01 CNC 작업 중 기계에 이상이 발생하였을 때 조치사항으로 적당하지 않은 것은?

① 알람 내용을 확인한다.
② 경보등이 점등되었는지 확인한다.
③ 간단한 내용은 조작설명서에 따라 조치하고 안 되면 전문가에게 의뢰한다.
④ 기계가공이 안 되기 때문에 무조건 전원을 끈다.

풀이 기계가공이 안 된다고 무조건 전원을 끄면 안 된다.

02 기계의 일상 점검 내용 중에서 매일 점검하지 않아도 되는 사항은?

① 절삭유의 유량이 충분한지 여부
② 각 축이 원활하게 움직이는지 여부
③ 주축의 회전이 올바르게 되는지 여부
④ 기계의 정밀도를 검사하여 정확한지 여부

풀이 기계의 정밀도를 검사하여 정확한지 여부는 매년 점검사항이다.

03 CNC 공작기계가 작동 중 이상이 생겼을 경우의 응급처치 사항으로 잘못된 것은?

① 비상 스위치를 누르고 작업을 중지한다.
② 강전반 내의 회로도를 조작하여 점검한다.
③ 경고등이 점등되었는지 확인한다.
④ 작업을 멈추고 이상 부위를 확인한다.

풀이 강전반 내의 회로도는 손대면 안 되며, 전문가에게 의뢰한다.

04 CNC 공작기계는 프로그램의 오류가 생기면 충돌사고를 유발한다. 프로그램의 오류를 검사하는 방법으로 적절하지 않은 것은?

① 수동으로 프로그램을 검사하는 방법
② 프로그램 조작기를 이용한 모의 가공 방법
③ 드라이 런 기능을 이용하여 모의 가공하는 방법
④ 자동 가공 기능을 이용하여 가공 중 검사하는 방법

풀이 프로그램 오류 검사가 완료되어 이상이 없는 경우 자동 가공 기능을 이용하여 가공한다. 따라서 자동 가공 기능을 이용하여 가공 중 검사하는 방법은 옳지 않다.

05 기계의 일상 점검 중 매일 점검에 가장 가까운 것은?

① 소음상태 점검
② 기계의 레벨 점검
③ 기계의 정적정밀도 점검
④ 절연상태 점검

풀이 일상 점검
• 매일 점검 : 외관 점검, 유량 점검, 압력 점검. 각부의 작동상태 점검, 소음상태 점검
• 매월 점검 : 각부의 필터 점검, 각부의 팬 모터 점검, 그리스유 주입, 백래시 보정
• 매년 점검 : 기계 레벨(수평) 점검, 기계 정밀도 검사, 절연상태 점검

06 CNC 공작기계 작동 중 이상이 생겼을 때 취할 행동과 거리가 먼 것은?

① 프로그램에 문제가 없는가 점검한다.
② 비상정지 버튼을 누른다.
③ 주변 상태(온도, 습도, 먼지, 노이즈)를 점검한다.
④ 일단 파라미터를 지운다.

풀이 파라미터에는 Setting, 축 제어, 서보 프로그램 등 CNC 공작기계가 최고의 성능을 내도록 맞추어 주는 많은 내용들이 있다. 따라서 파라미터의 내용을 모르고 잘못 수정하면 중대한 기계적 결함이 발생할 수 있으므로 파라미터를 함부로 지워서는 안 된다.

07 다음 중 CNC 공작기계에서 "P/S-ALARM"이라는 메시지의 원인으로 가장 적합한 것은?

① 프로그램 알람
② 금지영역 침범 알람
③ 주축모터 과열 알람
④ 비상정지 스위치 ON 알람

풀이 • 금지영역 침범 알람 : OT ALARM
• 주축모터 과열 알람 : SPINDLE ALARM
• 비상정지 스위치 ON 알람 : EMERGENCY STOP SWITCH ON

08 다음 중 CNC 공작기계의 점검 시 매일 실시하여야 하는 사항과 가장 거리가 먼 것은?

① ATC 작동 점검
② 주축의 회전 점검
③ 기계 정도 검사
④ 습동유 공급상태 점검

풀이 기계의 정도 검사는 매년점검 사항이다.

09 CNC 공작기계의 운전 시 일상점검 사항이 아닌 것은?

① 각종 계기의 상태 확인
② 가공할 재료의 성분 분석
③ 공기압이나 유압상태 확인
④ 공구의 파손이나 마모상태 확인

풀이 가공할 재료의 성분 분석은 일상점검 사항이 아니다.

10 CNC 공작기계에서 작업 전 일상적인 점검사항과 가장 거리가 먼 것은?

① 적정 유압압력 확인
② 습동유 잔유량 확인
③ 파라미터 이상 유무 확인
④ 공작물 고정 및 공구 클램핑 확인

풀이 파라미터 이상 유무 확인은 일상적인 점검사항이 아니다.

11 다음 중 CNC 공작기계 운전 중 충돌위험이 발생할 때 가장 신속하게 취하여야 할 조치는?

① 전원반의 전기회로를 점검한다.
② 조작반의 비상 스위치를 누른다.
③ 패널에 있는 메인 스위치를 차단한다.
④ CNC 공작기계의 전원 스위치를 차단한다.

풀이 CNC 공작기계 운전 중 충돌위험이 발생할 때 가장 신속하게 조작반의 비상 스위치를 눌러 기계의 구동을 멈춰야 한다.

12 다음 중 CNC 공작기계의 매일 점검 사항으로 볼 수 없는 것은?

① 각부의 유량 점검
② 각부의 작동 점검
③ 각부의 압력 점검
④ 각부의 필터 점검

풀이 각부의 필터 점검은 매월 점검 사항이다.

13 다음 중 CNC 공작기계가 자동운전 도중 충돌 또는 오작동이 발생하였을 경우 조치사항으로 가장 적절하지 않은 것은?

① 화면상의 경보(Alarm) 내용을 확인한 후 원인을 찾는다.
② 강제로 모터를 구동시켜 프로그램을 실행시킨다.
③ 프로그램의 이상 유무를 하나씩 확인하며 원인을 찾는다.
④ 비상정지 버튼을 누른 후 원인을 찾는다.

풀이 비상정지 버튼을 누르고 화면상의 경보 내용을 확인한 후 프로그램의 이상 유무를 하나씩 확인하며 원인을 찾는다. 강제로 모터를 구동시켜 프로그램을 실행시켜서는 안 된다.

14 다음 중 수치제어 공작기계의 일상점검 내용으로 가장 적절하지 않은 것은?

① 습동유의 양 점검
② 주축의 정도 점검
③ 조작판의 작동 점검
④ 비상정지 스위치 작동 점검

풀이 주축의 정도 점검은 매년점검 사항이다.

PART

06

기출문제

컴퓨터응용선반기능사

CRAFTSMAN COMPUTER AIDED LATHE

01 공구강의 구비조건 중 틀린 것은?

① 강인성이 클 것
② 내마모성이 작을 것
③ 고온에서 경도가 클 것
④ 열처리가 쉬울 것

[풀이] 공구재료의 구비조건
- 상온 및 고온 경도가 높을 것
- 강인성 및 내마모성이 클 것
- 가공 및 열처리가 쉬울 것
- 내충격성이 우수할 것
- 마찰계수가 작을 것

02 Al－Si계 합금인 실루민의 주조 조직에 나타내는 Si의 거친 결정을 미세화시키고 강도를 개선하기 위하여 개량처리를 하는 데 사용되는 것은?

① Na   ② Mg
③ Al   ④ Mn

[풀이] 개량처리
주조할 때 0.05~0.1%의 금속 나트륨(Na)을 첨가하여 Si의 거친 결정을 미세화시켜 강도를 개선하는 작업

03 스텔라이트계 주조경질합금에 대한 설명으로 틀린 것은?

① 주성분이 Co이다.
② 단조품이 많이 쓰인다.
③ 800℃까지의 고온에서도 경도가 유지된다.
④ 열처리가 불필요하다.

[풀이] ② 주조한 것을 연삭한다.

04 다음 합성수지 중 일명 EP라고 하며, 현재 이용되고 있는 수지 중 가장 우수한 특성을 지닌 것으로 널리 이용되는 것은?

① 페놀 수지
② 폴리에스테르 수지
③ 에폭시 수지
④ 멜라민 수지

[풀이] 에폭시 수지(epoxy resin) : 열경화성 플라스틱의 하나로 물과 날씨 변화에 잘 견디고, 빨리 굳으며, 접착력이 강하다. 접착제 · 강화플라스틱 · 주형 · 보호용 코팅 등에 사용한다.

05 금속을 상온에서 소성변형시켰을 때, 재질이 경화되고 연신율이 감소하는 현상은?

① 재경질
② 가공경화
③ 고용강화
④ 열변형

[풀이] 가공경화 : 금속은 가공하여 변형시키면 단단해지는데, 그 굳기는 변형의 정도에 따라 커지며, 어느 가공도 이상에서는 일정해지는 현상

06 황동의 자연균열 방지책이 아닌 것은?

① 수은   ② 아연 도금
③ 도료   ④ 저온풀림

정답 | 01 ②   02 ①   03 ②   04 ③   05 ②   06 ①

풀이 황동의 자연균열

- 황동이 공기 중의 암모니아, 기타 염류에 의해 입간부식을 일으키는 현상으로 상온가공에 의한 내부응력에 의해 균열이 발생한 것을 황동의 자연균열이라 한다.
- 방지법 : 도료 및 아연(Zn) 도금, 저온 풀림(180~260℃, 20~30분간)

07 강을 충분히 가열한 후 물이나 기름 속에 급랭시켜 조직 변태에 의한 재질의 경화를 주목적으로 하는 것은?

① 담금질   ② 뜨임
③ 풀림   ④ 불림

풀이 담금질

- 목적 : 재료의 경도와 강도를 높이기 위한 작업
- 강이 오스테나이트 조직으로 될 때까지 A_1~A_3 변태점보다 30~50℃ 높은 온도로 가열한 후 물이나 기름으로 급랭하여 마텐자이트 변태가 되도록 하는 열처리

08 다음 중 핀(Pin)의 용도가 아닌 것은?

① 핸들의 축과 고정
② 너트의 풀림 방지
③ 볼트의 마모 방지
④ 분해 조립할 때 조립할 부품의 위치 결정

풀이 핀은 키의 대용, 부품 고정의 목적으로 사용하며, 상대적인 각운동을 할 수 있다.

09 기계요소 부품 중에서 직접 전동용 기계요소에 속하는 것은?

① 벨트   ② 기어
③ 로프   ④ 체인

풀이 직접 전동용 기계요소 : 기어, 마찰차 → 전동용 기계요소가 직접 접촉

10 지름이 6cm인 원형단면의 봉에 500kN의 인장하중이 작용할 때 이 봉에 발생되는 응력은 약 몇 N/mm²인가?

① 170.8   ② 176.8
③ 180.8   ④ 200.8

풀이 응력은 면적분포의 힘이므로,

$$\text{인장응력} \quad \sigma = \frac{F(\text{인장하중})}{A_\sigma(\text{면적})} = \frac{500 \times 1,000}{\frac{\pi \times 60^2}{4}}$$

$$= 176.8 \text{N/mm}^2$$

11 회전하고 있는 원동 마찰차의 지름이 250mm이고 종동차의 지름이 400mm일 때 최대 토크는 몇 N · m인가?(단, 마찰차의 마찰계수는 0.2이고 서로 밀어붙이는 힘이 2kN이다.)

① 20   ② 40
③ 80   ④ 160

풀이 마찰차는 마찰력에 의해 토크를 전달하므로
$$T = \mu N \times \text{거리}$$
종동차의 반지름이 더 크므로 최대 토크는

$$T_{종동} = \mu N \times \frac{D_{종동}}{2} = 0.2 \times 2\text{kN} \times \left(\frac{1,000\text{N}}{1\text{kN}}\right)$$

$$\times \frac{400\text{mm} \times \left(\frac{1\text{m}}{1,000\text{mm}}\right)}{2} = 80\text{N} \cdot \text{m}$$

12 수나사의 호칭치수는 무엇을 표시하는가?

① 골지름   ② 바깥지름
③ 평균지름   ④ 유효지름

13 다음 스프링 중 너비가 좁고 얇은 긴 보의 형태로 하중을 지지하는 것은?

① 원판 스프링   ② 겹판 스프링
③ 인장 코일 스프링   ④ 압축 코일 스프링

풀이 겹판 스프링 : 스프링 강재로 만든 널빤지 모양의 평판을 7~8매 또는 10여 매를 포갠 스프링이다. 철도 차량이나 자동차의 차체를 지지하는 부분에 사용된다.

14 다음 나사 중 백래시를 작게 할 수 있고 높은 정밀도를 오래 유지할 수 있으며 효율이 가장 좋은 것은?

① 사각 나사   ② 톱니 나사
③ 볼 나사   ④ 둥근 나사

풀이 볼 나사의 특징
- 백래시가 매우 작다.
- 먼지나 이물질에 의한 마모가 적다.
- 정밀도가 높다.
- 나사의 효율이 높다.(90% 이상)
- 마찰이 매우 적다.

15 평벨트풀리의 구조에서 벨트와 직접 접촉하여 동력을 전달하는 부분은?

① 림   ② 암
③ 보스   ④ 리브

풀이 평벨트풀리

16 그림과 같이 코일 스프링의 간략도를 그릴 때 A 부분에 나타내야 할 선으로 옳은 것은?

① 굵은 실선   ② 가는 실선
③ 굵은 파선   ④ 가는 2점쇄선

풀이 A 부분은 가는 2점쇄선으로 그린다.

17 도면에 사용되는 가공 방법의 약호로 틀린 것은?

① 선반 가공 : L   ② 드릴 가공 : D
③ 연삭 가공 : G   ④ 리머 가공 : R

풀이 리머 가공은 FR로 표기한다.

18 그림과 같은 단면도의 명칭이 올바른 것은?

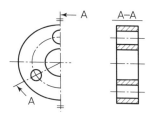

① 온단면도   ② 회전 도시 단면도
③ 한쪽 단면도   ④ 조합에 의한 단면도

풀이 잘린 2개의 단면을 하나의 위치에서 본 것처럼 조합하여 그린 단면이다.

19 기계제도에서 가는 1점쇄선이 사용되지 않는 것은?

① 중심선   ② 피치선
③ 기준선   ④ 숨은선

풀이 숨은선 : 물체의 보이지 않는 부분의 모양을 나타내는 선으로 점선 또는 파선이라 부른다.

20 다음 도면에서 (A)의 치수는 얼마인가?

① 10.5   ② 12
③ 21   ④ 22

> **풀이** 대칭도시기호가 들어가 있으므로 앞뒤 대칭인 물체이고, 우측면도와 평면도의 관계를 쉽게 알기 위해 45° 선을 이용하면 편리하다. 따라서 (A)의 치수는 $45-2\times12=21$이다.

21 그림과 같은 입체도에서 화살표 방향에서 본 것을 정면도로 할 때 가장 적합한 정면도는?

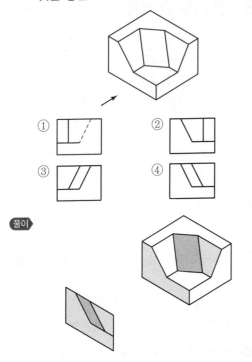

① ② ③ ④

> **풀이**

22 축의 도시 방법에 관한 설명으로 옳은 것은?
  ① 축은 길이 방향으로 온단면 도시한다.
  ② 길이가 긴 축은 중간을 파단하여 짧게 그릴 수 있다.
  ③ 축의 끝에는 모따기를 하지 않는다.
  ④ 축의 키홈을 나타낼 경우 국부 투상도로 나타내어서는 안 된다.

> **풀이** 축의 도시 방법
> ㉠ 축은 길이 방향으로 자르지 않으며 필요에 따라 부분단면으로 그린다.
> ㉡ 긴 축은 중간을 잘라내어 짧게 그리고 치수는 실제 길이로 나타낸다.
> ㉢ 모따기는 도면에 직접 기입하거나 주서에 기입한다.
> ㉣ 평면표시는 평면에 해당하는 부분은 가는 실선으로 그린다.
> ㉤ 널링은 바른 줄 및 빗줄의 2 종류가 있으며 빗줄인 경우 축 중심선에 대하여 30°로 엇갈리게 굵은 실선으로 그린다.
> ㉥ 축은 기계 가공, 측정 및 검사에 사용하는 센터 구멍을 표시한다.

23 치수보조(표시) 기호와 그 의미 연결이 틀린 것은?
  ① R : 반지름
  ② SR : 구의 반지름
  ③ t : 판의 두께
  ④ ( ) : 이론적으로 정확한 치수

> **풀이** 치수 표시 기호
> • R : 반지름을 나타내는 기호
> • SR : 구의 반지름을 나타내는 기호
> • t : 두께를 나타내는 기호
> • ( ) : 참고치수, ▯ : 이론적으로 정확한 치수

24 다음 기하 공차 기입 틀에서 ⊕가 의미하는 것은?

⊕	$\phi0.02$ Ⓜ	C

  ① 진원도   ② 동축도
  ③ 진직도   ④ 위치도

> **풀이** • 진원도 공차 : ○
> • 동심도(동축도) 공차 : ◎
> • 직진도 공차 : ▬

25 치수 $\phi40H7$에 대한 설명으로 틀린 내용은?
  ① 기준 치수는 40mm
  ② 7은 IT 공차의 등급
  ③ 아래 치수 허용차는 +0.25mm
  ④ 대문자 H는 구멍기준을 의미

정답 | 21 ④ 22 ② 23 ④ 24 ④ 25 ③

26 다음 리머 중 자루와 날 부위가 별개로 되어 있는 리머는?

① 솔리드 리머(solid reamer)

② 조정 리머(adjustable reamer)

③ 팽창 리머(expansion reamer)

④ 셸 리머(shell reamer)

27 선반에서 면판이 설치되는 곳은?

① 주축 선단　　② 왕복대

③ 새들　　④ 심압대

28 외경 연삭기의 이송방법에 해당하지 않는 것은?

① 연삭 숫돌대 방식

② 테이블 왕복식

③ 플랜지컷 방식

④ 새들 방식

29 다음 중 밀링머신을 이용하여 가공하는 데 적합하지 않은 것은?

① 평면 가공　　② 홈 가공

③ 더브테일 가공　　④ 나사 가공

30 수용성 절삭유에 대한 설명 중 틀린 것은?

① 원액과 물을 혼합하여 사용한다.

② 표면활성화제와 부식방지제를 첨가하여 사용한다.

③ 점성이 높고 비열이 작아 냉각효과가 작다.

④ 고속절삭 및 연삭 가공액으로 많이 사용한다.

31 둥근 봉 외경을 고속으로 가공할 수 있는 공작기계로 가장 적합한 것은?

① 수평 밀링　　② 직립 드릴머신

③ 선반　　④ 플레이너

32 바이트로 재료를 절삭할 때 칩의 일부가 공구의 날끝에 달라붙어 절삭날과 같은 작용을 하는 구성인선(built-up edge)의 방지법으로 틀린 것은?

① 재료의 절삭깊이를 크게 한다.

② 절삭속도를 크게 한다.

③ 공구의 윗면 경사각을 크게 한다.

④ 가공 중에 절삭유제를 사용한다.

33 원통연삭기에서 숫돌 크기의 표시 방법의 순서로 올바른 것은?

① 바깥지름×안지름
② 바깥지름×두께×안지름
③ 바깥지름×둘레길이×안지름
④ 바깥반지름×두께×안반지름

34 나사의 피치 측정에 사용되는 측정기기는?

① 오토콜리메이터 ② 옵티컬 플랫
③ 사인바 ④ 공구현미경

> **풀이** 공구현미경 : 관측 현미경과 정밀 십자이동테이블을 이용하여 길이, 각도, 윤곽 등을 측정하는 데 편리한 측정기기이다.

35 이미 뚫어져 있는 구멍을 좀 더 크게 확대하거나, 정밀도가 높은 제품으로 가공하는 기계는?

① 보링 머신 ② 플레이너
③ 브로칭 머신 ④ 호빙 머신

> **풀이** 보링 머신 : 드릴링, 단조, 주조 등의 방법으로 1차 가공한 큰 구멍을 좀 더 크고, 정밀하게 가공하는 공작기계이다.

36 마이크로미터 측정면의 평면도를 검사하는 데 사용하는 것은?

① 옵티미터 ② 오토콜리메이터
③ 옵티컬플랫 ④ 사인바

> **풀이** 마이크로미터의 검사
> 마이크로미터 측정면의 평면도와 평행도는 앤빌과 스핀들의 양측 정면에 옵티컬플랫 또는 옵티컬패럴렐을 밀착시켜 간섭무늬를 관찰해서 판정한다.

37 물이나 경유 등에 연삭 입자를 혼합한 가공액을 공구의 진동면과 일감 사이에 주입시켜 가며 초음파에 의한 상하진동으로 표면을 가공하는 방법은?

① 방전 가공 ② 초음파 가공
③ 전자빔 가공 ④ 화학적 가공

> **풀이** 초음파 가공의 특징
> • 방전 가공과는 달리 도체가 아닌 부도체도 가공이 가능하다.
> • 주로 소성변형이 없이 파괴되는 유리, 수정, 반도체, 자기, 세라믹, 카본 등을 정밀하게 가공하는 데 사용한다.

38 선반 가공에서 외경을 절삭할 경우, 절삭가공 길이 200mm를 1회 가공하려고 한다. 회전수 1,000rpm, 이송속도 0.15mm/rev이면 가공시간은 약 몇 분인가?

① 0.5 ② 0.91
③ 1.33 ④ 1.48

> **풀이** 절삭시간 $T = \dfrac{L}{fn} = \dfrac{200}{0.15 \times 1,000} ≒ 1.33\,\mathrm{min}$
> 여기서, L : 가공할 길이(mm)
> f : 공구의 이송속도(mm/rev)
> n : 회전수(rpm)

39 밀링의 절삭방법 중 상향절삭(up cutting)과 비교한 하향절삭(down cutting)에 대한 설명으로 틀린 것은?

① 절삭력이 하향으로 작용하며 가공물 고정이 유리하다.
② 공구의 마멸이 적고 수명이 길다.
③ 백래시가 자동으로 제거되며 절삭력이 좋다.
④ 저속 이송에서 회전저항이 작아 표면 거칠기가 좋다.

> **풀이** 상향절삭과 하향절삭의 비교

구분	상향절삭	하향절삭
커터의 회전방향	공작물 이송방향과 반대이다.	공작물 이송방향과 동일하다.
백래시 제거장치	필요 없다.	필요하다.
기계의 강성	강성이 낮아도 무관하다.	충격이 있어 강성이 높아야 한다.

구분	상향절삭	하향절삭
공작물 고정	불안정하다.	안정적이다.
커터의 수명	수명이 짧다.	수명이 길다.
칩의 제거	칩이 잘 제거된다.	칩이 잘 제거되지 않는다.
절삭면	거칠다	깨끗하다.
동력 손실	많다.	적다.

40 공작물에 회전을 주고 바이트에는 절입량과 이송량을 주어 원통형의 공작물을 주로 가공하는 공작기계는?

① 셰이퍼   ② 밀링
③ 선반   ④ 플레이너

41 다음 중 일반적으로 선반에서 가공하지 않는 것은?

① 키홈 가공   ② 보링 가공
③ 나사 가공   ④ 총형 가공

풀이 축의 키홈 가공은 홈 밀링커터나 엔드밀을 이용해 절삭하고, 보스(구멍)의 키홈은 브로칭, 셰이퍼, 슬로터 등을 이용해 가공한다.

42 공작기계의 부품과 같이 직선 슬라이딩 장치의 제작에 사용되는 공구로 측면과 바닥면이 60°가 되도록 동시에 가공하는 절삭공구는?

① 엔드밀
② T홈 밀링커터
③ 더브테일 밀링커터
④ 정면 밀링커터

풀이

더브테일 밀링커터

가공 경사면

43 머시닝 센터에서 주축의 회전수가 1,500rpm 이며 지름이 80mm인 초경합금의 밀링커터로 가공할 때 절삭속도는?

① 38.2m/min
② 167.5m/min
③ 376.8m/min
④ 421.2m/min

풀이 $V = \dfrac{\pi dN}{1,000} = \dfrac{\pi \times 80 \times 1,500}{1,000}$

$\fallingdotseq 376.99 \,\mathrm{m/min}$

여기서, V : 절삭속도(m/min)
d : 밀링커터의 지름(mm)
N : 커터의 회전수(rpm)

44 CNC 작업 중 기계에 이상이 발생하였을 때 조치사항으로 적당하지 않은 것은?

① 알람 내용을 확인한다.
② 경보등이 점등되었는지 확인한다.
③ 간단한 내용은 조작설명서에 따라 조치하고 안 되면 전문가에게 의뢰한다.
④ 기계가공이 안 되기 때문에 무조건 전원을 끈다.

풀이 기계가공이 안 된다고 무조건 전원을 끄면 안 된다.

45 CNC 공작기계 좌표계의 이동위치를 지령하는 방식에 해당하지 않는 것은?

① 절대지령 방식
② 증분지령 방식
③ 잔여지령 방식
④ 혼합지령 방식

풀이 CNC 공작기계 좌표계의 이동위치를 지령하는 방식 절대지령 방식, 증분지령(또는 상대명령) 방식, 혼합지령 방식

46 CNC 공작기계의 안전에 관한 설명 중 틀린 것은?

① 그래픽 화면만 실행할 때에는 머신 록 (machine lock) 상태에서 실행한다.

② CNC선반에서 자동원점복귀는 G28 U0 W0로 지령한다.

③ 머시닝 센터에서 자동원점복귀는 G91 G28 Z0로 지령한다.

④ 머시닝 센터에서 G49 지령은 어느 위치에 서나 실행한다.

풀이 공구를 교환하기 전에 공구길이 보정을 취소(G49) 해야 한다.

47 다음 중 CNC 프로그램 구성에서 단어(word) 에 해당하는 것은?

① S ② G01
③ 42 ④ S500 M03 ;

풀이 • 단어(word) : 명령절을 구성하는 가장 작은 단위 로 주소(address)와 수치(data)의 조합에 의하여 이루어진다.
• 주소(address) : 영문 대문자(A~Z) 중의 한 개로 표시된다.
따라서 G01(G : 주소, 01 : 수치)이 답이다.
S500 M03 ;은 두 개의 단어로 구성되어 있다.

48 다음 중 머시닝 센터 작업 시 프로그램에서 경 보(alarm)가 발생하는 블록은?

① G01 X10. Y15. F150 ;
② G00 X10. Y15. ;
③ G02 I15. F150 ;
④ G03 X10. Y15. S150 ;

풀이 • 경보(alarm)가 발생하는 블록 : G03 X10. Y15. S150 ;
• 원호가공(G02, G03)에서는 반지름(R값)과 이송 속도 F를 입력하여야 하며, 주축기능(S)을 지정하 면 경보가 발생한다.

49 CNC 선반에서 외경 절삭을 하는 단일형 고정 사이클은?

① G89 ② G90
③ G91 ④ G92

풀이 난일형 고정 시이클에는 G90, G94가 있고, G90은 내·외경 절삭 사이클을 뜻하며, G94는 단면절삭 사이클을 뜻한다.

50 머시닝 센터 프로그램에서 공구길이 보정에 관한 설명으로 틀린 것은?

① Y축에 명령하여야 한다.
② 여러 개의 공구를 사용할 때 한다.
③ G49는 공구길이 보정 취소 명령이다.
④ G43은 (+) 방향 공구길이 보정이다.

풀이 Z축에 명령하여야 한다.

51 CAD/CAM 시스템의 주변기기 중 출력장치에 해당되는 것은?

① 조이스틱
② 프린터
③ 트랙볼
④ 하드디스크

풀이 조이스틱, 트랙볼은 입력장치이고 프린터는 출력장 치이며 하드디스크는 저장장치이다.

52 CNC 공작기계에서 각 축을 제어하는 역할을 하는 부분은?

① ATC 장치
② 공압 장치
③ 서보 기구
④ 칩처리 장치

풀이 서보기구 : 인체에서 손과 발에 해당하는 것으로, 머 리에 비유하는 정보처리회로(CPU)로부터 보내진 명령에 의하여 공작기계의 테이블 등을 움직이게 하 는 기구를 말한다.

53 1,000prm으로 회전하는 스핀들에서 3회전 휴지(dwell : 일시정지)를 주려고 한다. 정지시간과 CNC 프로그램이 옳은 것은?

① 정지시간 : 0.18초,
CNC프로그램 : G03 X0.18 ;
② 정지시간 : 0.18초,
CNC프로그램 : G04 X0.18 ;
③ 정지시간 : 0.12초,
CNC프로그램 : G03 X0.12 ;
④ 정지시간 : 0.12초,
CNC프로그램 : G04 X0.12 ;

풀이 정지시간과 스핀들 회전수의 관계
정지시간(초)

$$= \frac{60}{\text{스핀들 회전수(rpm)}} \times \text{일시정지 회전수}$$

$$= \frac{60}{1,000} \times 3 = 0.18 \text{ 이므로}$$

G04 X0.18 ;로 입력한다.

54 연삭 작업할 때의 유의 사항으로 틀린 것은?

① 연삭숫돌을 사용하기 전에 반드시 결함 유무를 확인해야 한다.
② 테이퍼부는 수시로 고정 상태를 확인한다.
③ 정밀연삭을 하기 위해서는 기계의 열팽창을 막기 위해 전원투입 후 곧바로 연삭한다.
④ 작업을 할 때에는 분진이 심하므로 마스크와 보안경을 착용한다.

풀이 연삭숫돌을 설치 후 3분 정도 공회전을 시켜 이상 유무를 확인한다.

55 CNC 선빈에서 전원 투입 후 CNC 선반의 초기 상태의 기능으로 볼 수 없는 것은?

① 공구 인선반경 보정기능 취소(G40)
② 회전당 이송(G99)
③ 회전수 일정 제어 모드(G97)
④ 절삭속도 일정 제어 모드(G96)

풀이 CNC 선반의 초기 상태의 기능은 절삭속도 일정 제어 모드(G96)가 아니라, 주축 회전수(rpm) 일정 제어 모드(G97)이다.

56 그림과 같이 프로그램의 원점이 주어져 있을 경우 A점의 올바른 좌표는?

① X40. Z10. ② X10. Z50.
③ X30. Z0. ④ X50. Z−10.

풀이 A점의 좌푯값 : X30. Z0.
절대지령은 원점 표시기호(◐)를 기준으로 좌푯값을 생각한다.
점 A의 X 좌푯값 = φ50−20(양쪽 라운드 R 값) = φ30이므로 X30.을 입력
점 A의 Z 좌푯값은 원점 위치에서 이동하지 않았으므로 Z0.을 입력

57 나사가공 프로그램에 관한 설명으로 적당하지 않는 것은?

① 주축의 회전은 G96으로 지령한다.
② 이송속도는 나사의 리드 값으로 지령한다.
③ 나사의 절입 횟수는 절입표를 참조하여 여러 번 나누어 가공한다.
④ 복합 고정형 나사 절삭 사이클은 G76이다.

풀이 나사가공을 할 때 주축의 회전수가 변하면 일정한 피치를 가진 나사를 가공할 수 없으므로 주축 회전수 일정 제어(G97)로 지령하여야 한다.

58 머시닝 센터에서 많이 사용하지만, CNC 밀링에서는 기능이 수행되지 않는 M 기능은?

① M03 ② M04
③ M05 ④ M06

풀이 M06은 공구교환보조 기능으로 머시닝 센터에서만 해당된다.

59 CNC 선반에서 일감과 공구의 상대속도를 지정하는 기능은?

① 준비 기능(G) ② 주축 기능(S)
③ 이송 기능(F) ④ 보조 기능(M)

풀이 • 준비 기능(G) : 제어장치의 기능을 동작하기 위한 준비를 하는 기능
• 주축 기능(S) : 주축을 회전시키는 기능
• 이송 기능(F) : 공작물과 공구의 상대속도를 지정하는 기능
• 보조 기능(M) : 제어장치의 명령에 따라 CNC 공작기계가 가지고 있는 보조 기능을 제어(On/Off)하는 기능

60 CNC 선반에서 a에서 b까지 가공하기 위한 원호보간 프로그램으로 틀린 것은?

① G02 X40. Z−25. R20. ;
② G02 U10. W−15. R20. ;
③ G02 U40. Z−15. R20. ;
④ G02 X40. W−15. R20. ;

풀이 절대지령은 원점 표시기호(⬤)를 기준으로 좌푯값을 생각하고, 증분지령은 점 a를 임시 원점으로 생각하고 좌푯값을 입력한다.
a에서 b까지의 가공은 시계 방향이므로 G02를 지령하고, 180° 이하의 원호이므로 R값은 (+)로 지령한다.
• 절대지령 : G02 X40. Z−25. R20. ;
• 증분지령 : G02 U10. W−15. R20. ;
• 혼합지령 : G02 X40. W−15. R20. ;
• 혼합지령 : G02 U10. Z−25. R20. ;

01 불스 아이(bull's eye) 조직은 어느 주철에 나타나는가?

① 가단주철　　　② 미하나이트주철
③ 칠드주철　　　④ 구상흑연주철

풀이 불스 아이(bull's eye) 조직
구상흑연 주위에 페라이트가 둘러싸고, 외부는 펄라이트 조직으로 황소의 눈 모양처럼 생긴 구상흑연주철의 조직이다.

02 다음 중 청동의 주성분 구성은?

① Cu－Zn 합금　　② Cu－Pb 합금
③ Cu－Sn 합금　　④ Cu－Ni 합금

풀이 청동 : 구리(Cu)＋주석(Zn)

03 자기 감응도가 크고, 잔류자기 및 항자력이 작아 변압기 철심이나 교류기계의 철심 등에 쓰이는 강은?

① 자석강　　　② 규소강
③ 고니켈강　　④ 고크롬강

풀이 규소강
• 저탄소강에 Si를 첨가한 강으로 발전기, 전동기, 변압기 등의 철심 재료에 적합하다.
• C 0.08% 이하, Si 0.8~4.3%, Mn 0.35%를 함유하는 두께 0.2~0.5mm의 얇은 판형이나 띠강이다.

04 황(S)이 함유된 탄소강의 적열취성을 감소시키기 위해 첨가하는 원소는?

① 망간　　　② 규소
③ 구리　　　④ 인

풀이 강의 온도 900℃ 이상에서 황(S)이나 산소가 철과 화합하여 산화철(FeO)이나 황화철(FeS)을 만든다. 이때 황화철은 강 입자의 경계에 결정립계로 나타나게 되는데, 상온에서는 그 해가 작지만 고온에서는 황화철이 녹아 강을 여리게(무르게) 만들어 단조할 수 없는 취성을 강이 갖게 하고, 이것을 적열취성이라 한다. 망간(Mn)을 첨가하면 황화망간(MnS)을 형성하여 적열취성을 방지하는 효과를 얻을 수 있다.

05 다음 중 황동에 납(Pb)을 첨가한 합금은?

① 델타메탈　　　② 쾌삭황동
③ 문쯔메탈　　　④ 고강도 황동

풀이 쾌삭황동(납황동) : 황동에 납을 1.5~3.7%까지 첨가하여 절삭성을 좋게 한 것으로, 정밀 절삭 가공을 필요로 하는 시계와 계기용 나사 등의 재료로 사용된다.

06 스프링강의 특성에 대한 설명으로 틀린 것은?

① 항복강도와 크리프 저항이 커야 한다.
② 반복하중에 잘 견딜 수 있는 성질이 요구된다.
③ 냉간가공 방법으로만 제조된다.
④ 일반적으로 열처리를 하여 사용한다.

정답 | 01 ④　**02** ③　**03** ②　**04** ①　**05** ②　**06** ③

스프링강에 필요한 성질

- 탄성한계 및 피로강도가 높을 것 → 인(P), 황(S)의 함량이 적을 것
- 크리프 저항성 및 충분한 인성을 가져야 한다. → 소르바이트 조직의 강
- 스프링의 성형 및 열처리가 용이하고, 저가여야 한다.

07 다음 중 내식용 알루미늄 합금이 아닌 것은?

① 알민 ② 알드레이
③ 하이드로날륨 ④ 라우탈

풀이 라우탈은 주물용으로 사용된다.

08 다음 나사 중 먼지, 모래 등이 들어가기 쉬운 곳에 사용되는 것은?

① 둥근 나사 ② 사다리꼴 나사
③ 톱니 나사 ④ 볼 나사

풀이 둥근 나사 : 체결용으로 먼지, 모래 등이 들어가기 쉬운 곳에 사용, 너클나사라고도 함

09 가위로 물체를 자르거나 전단기로 철판을 전단할 때 생기는 가장 큰 응력은?

① 인장응력 ② 압축응력
③ 전단응력 ④ 집중응력

풀이 전단하중 : 하중과 파괴면적이 평행하게 작용하고 이때 발생하는 응력을 전단응력이라 한다.

10 다음 중 나사의 피치가 일정할 때 리드가 가장 큰 것은?

① 4줄 나사 ② 3줄 나사
③ 2줄 나사 ④ 1줄 나사

풀이 리드 : $l = np$ (여기서, n : 줄 나사, p : 피치)
→ 가장 큰 리드는 $4P$이다.

11 다음 중 마찰차를 활용하기에 적합하지 않은 것은?

① 속도비가 중요하지 않을 때
② 전달할 힘이 클 때
③ 회전속도가 클 때
④ 두 축 사이를 단속할 필요가 있을 때

풀이 전달할 힘이 클 때는 기어 등을 주로 사용하며, 마찰차는 접촉면에 미끄럼이 발생하기 때문에 큰 힘을 전달할 수 없다.

12 베어링의 호칭번호가 608일 때, 이 베어링의 안지름은 몇 mm인가?

① 8 ② 12
③ 15 ④ 40

풀이 6 08
→ 베어링 내경은 8mm이다.
→ 깊은 홈 볼베어링(베어링 계열 기호)

13 기계 부분의 운동 에너지를 열에너지나 전기에너지 등으로 바꾸어 흡수함으로써 운동 속도를 감소시키거나 정지시키는 장치는?

① 브레이크 ② 커플링
③ 캠 ④ 마찰차

14 코터이음에서 코터의 너비가 10mm, 평균 높이가 50mm인 코터의 허용전단응력이 20N/mm²일 때, 이 코터이음에 가할 수 있는 최대 하중(kN)은?

① 10 ② 20
③ 100 ④ 200

풀이 하중=전단응력×전단파괴면적
$P = \tau \cdot A_\tau = \tau \cdot 2 \cdot b \cdot t$
(b : 코터의 폭, t : 두께)
$P = 20 \times 2 \times 10 \times 50 = 20,000\text{N} = 20\text{kN}$

15 표준 스퍼기어의 잇수가 40개, 모듈이 3인 소재의 바깥 지름(mm)은?

① 120 ② 126
③ 184 ④ 204

풀이 피치원 지름 $D = m \times z$

(여기서, m : 모듈, z : 잇수)

이끝원 지름 $D_0 = D + 2a = D + 2m$

[여기서, a(어덴덤) : 이끝높이, m : 모듈]

$a = m$[표준치형에서는 이끝높이(a)와 모듈(m)의 크기를 같게 설계한다.]

∴ 소재의 지름 = 이끝원 지름

$$= 40 \times 3 + 2 \times 3 = 126\text{mm}$$

16 그림과 같은 정면도와 우측면도에 가장 적합한 평면도는?

(정면도)　　　(우측면도)

① 　②

③ 　④

풀이

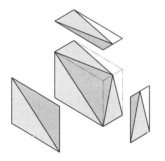

17 스프링의 도시방법에 관한 설명으로 틀린 것은?

① 그림에 기입하기 힘든 사항은 요목표에 일괄하여 표시한다.

② 조립도, 설명도 등에서 코일 스프링을 도시하는 경우에는 그 단면만을 나타내어도 좋다.

③ 요목표에 단서가 없는 코일 스프링 및 벌류트 스프링은 모두 오른쪽 감는 것을 나타낸다.

④ 코일 스프링, 벌류트 스프링 및 접시 스프링은 일반적으로 무하중 상태에서 그리며, 겹판 스프링 역시 일반적으로 무하중 상태(스프링 판이 휘어진 상태)에서 그린다.

풀이 코일 스프링, 벌류트 스프링 및 접시 스프링은 일반적으로 무하중 상태에서 그리며, 겹판 스프링은 일반적으로 하중을 받고 있는 상태(스프링 판이 수평인 상태)에서 그린다.

18 다음 그림에서 A~D에 관한 설명으로 가장 타당한 것은?

① 선 A는 물체의 이동 한계의 위치를 나타낸다.

② 선 B는 도형의 숨은 부분을 나타낸다.

③ 선 C는 대상의 앞쪽 형상을 가상으로 나타낸다.

④ 선 D는 대상이 평면임을 나타낸다.

풀이 ② 선 B는 도형의 중심 부분을 나타내는 중심선이다.

③ 선 C는 대상의 내부 형상을 나타내기 위해 가상으로 자른 경계를 나타내는 파단선이다.

④ 선 D는 잘려나간 물체의 절단면을 표시하는 데 사용하는 해칭선이다.

19 ISO 규격에 있는 미터 사다리꼴 나사의 표시 기호는?

① M 　　② Tr

③ UNC 　　④ R

풀이 • ISO 규격에 있는 것 : 미터보통(가는)나사(M), 유니파이 보통나사(UNC), 미터 사다리꼴 나사(Tr), 관용 테이퍼 수나사(R)

• ISO 규격에 없는 것 : 30° 사다리꼴 나사(TM), 29° 사다리꼴 나사(TW)

20 기어의 도시 방법에 관한 설명으로 틀린 것은?

① 잇봉우리원은 굵은 실선으로 표시한다.

② 피치원은 가는 1점쇄선으로 표시한다.

③ 이골원은 가는 실선으로 표시한다.

④ 잇줄 방향은 통상 3개의 굵은 실선으로 표시한다.

풀이 기어 이의 방향(잇줄 방향)은 3개의 가는 실선으로 그리고, 단면을 하였을 때는 가는 이점쇄선으로 그리며 기울어진 각도와 상관없이 30°로 표시한다.

21 구멍의 치수가 $\phi 50^{+0.05}_{+0.02}$이고 축의 치수가 $\phi 50^{-0.03}_{-0.05}$인 경우의 끼워맞춤은?

① 헐거운 끼워맞춤

② 중간 끼워맞춤

③ 억지 끼워맞춤

④ 고정 끼워맞춤

풀이 구멍의 최소 직경은 $\phi 50.02$이고, 축의 최대 직경은 $\phi 49.97$이므로 헐거운 끼워맞춤이 된다.

22 최대 실체 공차 방식에서 외측 형체에 대한 실효치수의 식으로 옳은 것은?

① 최대 실체 치수 − 기하공차

② 최대 실체 치수 + 기하공차

③ 최소 실체 치수 − 기하공차

④ 최소 실체 치수 + 기하공차

풀이 최대 실체 공차 방식은 실체(구멍, 축)가 최대 질량을 갖는 조건이므로 구멍 지름이 최소이거나 축 지름이 최대일 때를 말한다. 따라서 최대 실체 치수 + 기하공차이다.

23 모따기의 각도가 45°일 때의 치수 기입 방법으로 틀린 것은?

풀이 길이 치수와 각도 치수를 동시에 기입하는 경우 길이 치수가 먼저이다.

따라서, 45°×6이라고 기입하지 않고 6×45°라고 기입하여야 한다.

24 그림과 같이 나타낸 단면도의 명칭으로 옳은 것은?

① 한쪽 단면도
② 부분 단면도
③ 회전 도시 단면도
④ 조합에 의한 단면도

풀이 잘린 단면을 90° 회전시켜 그렸으므로 회전 도시 단면도에 해당한다.

25 가공에 의한 커터의 줄무늬가 기호를 기입한 면의 중심에 대하여 거의 방사 모양으로 표시하는 것은?

풀이 줄무늬 방향의 기호
R : 가공으로 생긴 커터의 줄무늬가 기호를 기입한 면의 중심에 대하여 대략 방사선 모양이다.

26 연삭 가공을 할 때 숫돌에 눈메움, 무딤 등이 발생하여 절삭 상태가 나빠진다. 이때 예리한 절삭날을 숫돌 표면에 생성하여 절삭성을 회복시키는 작업은?

① 드레싱
② 리밍
③ 보링
④ 호빙

풀이

(a) 드레싱 작업   (b) 드레서

27 탄화텅스텐(WC), 티탄(Ti), 탄탈(Ta) 등의 탄화물 분말을 코발트(Co), 니켈(Ni) 분말과 혼합하여 고온에서 소결하여 만든 절삭 공구는?

① 고속도강
② 주조합금
③ 세라믹
④ 초경합금

풀이 초경합금 : 탄화텅스텐(WC), 티탄(Ti), 탄탈늄(Ta) 등의 분말을 코발트(Co) 또는 니켈(Ni) 분말과 혼합하여 프레스로 성형한 다음 약 1,400℃ 이상의 고온에서 소결한 것으로 고온, 고속 절삭에서도 높은 경도를 유지하지만 진동이나 충격을 받으면 부서지기 쉬운 절삭 공구 재료이다.

28 정면 밀링커터와 엔드밀을 사용하여 평면 가공, 홈 가공 등을 하는 작업에 가장 적합한 밀링머신은?

① 공구 밀링머신
② 특수 밀링머신
③ 수직 밀링머신
④ 모방 밀링머신

풀이 수직 밀링머신의 절삭작업 : 정면 가공, 측면 가공, 윤곽 가공, 더브테일 가공, 홈 가공, 곡면 가공, 평면 가공

29 선반 가공에서 가공면의 표면 거칠기를 양호하게 하는 방법은?

① 바이트 노즈 반지름은 크게, 이송은 작게 한다.
② 바이트 노즈 반지름은 작게, 이송은 크게 한다.
③ 바이트 노즈 반지름은 작게, 이송은 작게 한다.
④ 바이트 노즈 반지름은 크게, 이송은 크게 한다.

정답 | 24 ③ 25 ③ 26 ① 27 ④ 28 ③ 29 ①

풀이 • 표면거칠기가 양호하다는 의미는 표면거칠기 값이 작다는 것을 말한다.
• 표면거칠기 값↓ ⇒ 바이트 노즈의 반지름↑, 이송↓

30 선반의 주축에 주로 사용되는 테이퍼의 종류는?

① 모스 테이퍼
② 내셔널 테이퍼
③ 자르노 테이퍼
④ 브라운 엔드 샤프 테이퍼

풀이 모스 테이퍼(Morse taper) : 선반의 주축, 드릴의 섕크, 밀링머신의 콜릿척 등에 사용한다.

31 엔드밀에 대한 설명 중 맞는 것은?

① 일반적으로 넓은 면, T 홈을 가공할 때 사용한다.
② 지름이 작은 경우에는 날과 자루가 분리된 것을 사용한다.
③ 거친 절삭에는 볼 엔드밀, R 가공에는 러프 엔드밀을 사용한다.
④ 엔드밀의 재질은 주로 고속도강이나 초경합금을 사용한다.

풀이 엔드밀
• 원주면과 단면에 날이 있는 형태로서 공작물의 홈, 좁은 평면, 윤곽가공, 구멍가공 등에 사용한다.
• 지름이 큰 경우에는 날과 자루를 조립하여 사용하는 셸 엔드밀도 있다.
• 재질은 고속도강이나 초경합금을 사용한다.

32 밀링의 상향 절삭으로 맞는 것은?

① 커터의 회전방향과 공작물의 이송방향이 같다.
② 커터의 회전방향과 공작물의 이송방향이 직각이다.
③ 커터의 회전방향과 공작물의 이송방향이 45°이다.
④ 커터의 회전방향과 공작물의 이송방향이 반대이다.

풀이 • 상향절삭 : 커터의 회전방향과 공작물의 이송방향이 반대
• 하향절삭 : 커터의 회전방향과 공작물의 이송방향이 동일

33 절삭공구를 전후 좌우로 이송하여 절삭깊이와 이송을 주고 공작물을 회전시키면서 절삭하는 공작 기계는?

① 셰이퍼
② 드릴링머신
③ 밀링머신
④ 선반

풀이 • 셰이퍼 : 수평, 수직, 측면, 홈 절삭
• 드릴링머신 : 구멍 뚫기 가공
• 밀링머신 : 평면, 홈, 측면, 윤곽 가공 등
• 선반 : 원통(내경/외경) 가공

34 선반의 가로 이송대 리드가 4mm이고, 핸들 둘레에 200 등분한 눈금이 매겨져 있을 때 직경 40mm의 공작물을 직경 36mm로 가공하려면 핸들의 몇 눈금을 돌리면 되는가?

① 50눈금
② 100눈금
③ 150눈금
④ 200눈금

풀이 • 공작물을 직경 40mm ⇒ 직경 36mm로 가공하려면 바이트를 2mm 이송해야 한다.
• 1눈금의 이송대 리드 $= \dfrac{4mm}{200눈금}$
$= 0.02mm/눈금$
∴ 바이트를 2mm 이송하기 위한 핸들의 눈금
$= \dfrac{2mm}{0.02mm/눈금} = 100눈금$

35 점성이 큰 재질을 작은 경사각의 공구로 절삭할 때 절삭 깊이가 클 때 생기기 쉬운 그림과 같은 칩의 형태는?

① 유동형 칩　　② 전단형 칩
③ 경작형 칩　　④ 균일형 칩

풀이 경작형(열단형) 칩
- 재료가 공구 전면에 접착되어 공구 경사면을 미끄러지지 않고 아래 방향으로 균열이 발생하면서, 가공면에 뜯긴 흔적이 남는다.
- 점성이 큰 재질을 절삭 시
- 작은 경사각으로 절삭 시
- 절삭 깊이가 너무 깊을 경우

36 드릴로 뚫은 구멍의 내면을 매끈하고 정밀하게 하는 가공은?

① 전자 빔 가공　　② 래핑
③ 숏피닝　　④ 리밍

풀이 리밍(reaming) : 드릴로 뚫은 작은 구멍을 정확한 치수와 깨끗한 내면으로 다듬질하는 작업

37 측정기로 가공물을 측정할 때 발생할 수 있는 측정 오차가 아닌 것은?

① 측정기의 오차　　② 시차
③ 우연 오차　　④ 편차

풀이 측정 오차의 종류
- 기기오차 : 측정기의 구조, 측정압력, 측정온도, 측정기의 마모 등에 따른 오차로서 아무리 정밀한 측정기라도 다소의 기기오차는 있다.
- 시차(개인오차) : 측정하는 사람의 습관, 부주의, 숙련도에 따라 발생하는 오차이다. 숙련되면 어느 정도는 오차를 줄일 수 있다.
- 우연오차(외부조건에 의한 오차) : 측정온도나 채광의 변화가 영향을 미쳐 발생하는 오차이다.

38 다음 각각의 게이지와 그 용도에 대한 설명이 틀린 것은?

① 와이어게이지는 와이어의 길이를 측정하는 것이다.
② 센터게이지는 나사절삭 시 나사바이트의 각도를 측정하는 것이다.
③ 드릴게이지는 드릴의 지름을 측정하는 것이다.
④ R 게이지는 원호 등의 반지름을 측정하는 것이다.

풀이 와이어게이지는 각종 선재의 지름이나 판재의 두께 측정하는 것이다.

39 다음 설명을 만족하는 결합제는?

@ 규산 soda(물유리 : water glass)를 숫돌 입자와 혼합하여 주형에 넣어 성형하고, 260℃에서 1~3시간 가열하여 수일간 건조한다.
ⓑ 비트리파이드 결합제보다 취성이 크고 강도가 낮기 때문에 연삭입자의 탈락이 용이하여 연삭열이 적어야 하는 절삭공구 등의 연삭에 적합하다.

① 비트리파이드 결합제
② 실리케이트 결합제
③ 셸락 결합제
④ 고무 결합제

40 수용성 절삭유제의 특성 및 설명으로 옳은 것은?

① 점성이 낮고 비열이 거서 냉각효과가 크다.
② 윤활성과 냉각성이 떨어져 잘 사용되지 않고 있다.
③ 윤활성이 좋으나 냉각성이 적어 경절삭용으로 사용한다.
④ 광유에 비눗물을 첨가하여 사용하며 비교적 냉각효과가 크다.

41 센터리스 연삭기의 특징에 대한 설명으로 틀
린 것은?

① 긴 홈이 있는 공작물도 연삭이 가능하다.

② 속이 빈 원통을 연삭할 때 적합하다.

③ 연삭 여유가 작아도 된다.

④ 대량생산에 적합하다.

풀이 센터리스 연삭의 장단점

ㄱ 장점

- 센터나 척으로 장착하기 곤란한 중공의 공작물
을 연삭하는 데 편리하다.
- 공작물을 연속적으로 공급하여 연속작업을 할
수 있어 대량생산에 적합하다.
- 연삭 여유가 작아도 작업이 가능하다.
- 센터를 낼 수 없는 작은 지름의 공작물 가공에 적
합하다.
- 작업이 자동적으로 이루어져 높은 숙련도를 요
구하지 않는다.

ㄴ 단점

- 축 방향에 키홈, 기름홈 등이 있는 공작물은 가공
하기 어렵다.
- 지름이 크고 길이가 긴 대형 공작물은 가공하기
어렵다.
- 숫돌의 폭보다 긴 공작물은 전·후 이송법으로
가공할 수 없다.

42 공작물의 가공액이 담긴 탱크 속에 넣고, 가공
할 모양과 같게 만든 전극을 접근시켜 아크
(Arc) 발생으로 형상을 가공하는 것은?

① 방전 가공   ② 초음파 가공

③ 레이저 가공   ④ 화학적 가공

풀이 방전가공 : 스파크 가공(spark machining)이라고
도 하며, 전기의 양극과 음극이 부딪칠 때 일어나는
스파크로 가공하는 방법이다.

43 CNC 공작기계가 작동 중 이상이 생겼을 경우
의 응급처치 사항으로 잘못된 것은?

① 비상 스위치를 누르고 작업을 중지한다.

② 강전반 내의 회로도를 조작하여 점검한다.

③ 경고등이 점등되었는지 확인한다.

④ 작업을 멈추고 이상 부위를 확인한다.

풀이 강전반 내의 회로도는 손대면 안 되며, 전문가에게
의뢰한다.

44 CNC 선반의 홈 가공 프로그램에서 회전하는
주축에 홈 바이트를 2회전 일시 정지하고자
한다. [   ]에 맞는 것은?

```
G50 X100. Z100. S2000 T0100 ;
G97 S1200 M03 ;
G00 X62. Z-25. T0101 ;
G01 X50. F0.05 ;
G04 [     ] ;
```

① P1200   ② P100

③ P60   ④ P600

풀이 주축 회전수(G97)가 1,200rpm이므로

$$\text{정지시간(초)} = \frac{60}{1,200} \times 2 = 0.1$$

따라서, X, U는 0.1을 입력하고 P는 100을 입력한다.

45 다음 CNC 선반 도면에서 P점에서 원호 R3를
가공하는 프로그램으로 맞는 것은?

① G02 X44. Z25. R3. F0.2 ;

② G03 X50. Z25. R3. F0.2 ;

③ G02 X47. Z22. R3. F0.2 ;

④ G03 X50. Z22. R3. F0.2 ;

풀이 점 P에서 원호 R3를 가공하는 프로그램 : G03 X50. Z22. R3. F0.2 ;
- G03 : 반시계 방향 가공
- X50. : 점 P에서 시작하여 원호 R3의 종점의 X축 방향의 위치(지름 입력)
- Z22. : 점 P에서 시작하여 원호 R3의 종점의 Z축 방향의 위치(절대지령이므로 원점 표시 기호(◉)를 기준)
- R3. : 180° 이하의 원호이므로 + 값 입력
- F0.2 : 이송속도(mm/rev)

46 CNC 공작기계의 제어 방식이 아닌 것은?

① 시스템 제어　　② 위치결정 제어

③ 직선절삭 제어　　④ 윤곽절삭 제어

풀이 제어방식

위치결정 제어, 직선절삭 제어, 윤곽절삭 제어

47 머시닝 센터 가공에서 사용되는 공구의 길이 보정을 취소하는 워드는?

① G40　　　　　② G43

③ G44　　　　　④ G49

풀이 G49(공구길이 보정 취소), G43(공구길이 보정 "+"), G44(공구길이 보정 "−"), G40(공구지름 보정 취소) 기능이다.

48 다음 중 기계 좌표계에 대한 설명으로 틀린 것은?

① 기계원점을 기준으로 정한 좌표계이다.

② 공작물 좌표계 및 각종 파라미터 설정값의 기준이 된다.

③ 금지영역 설정의 기준이 된다.

④ 기계원점 복귀 준비기능은 G50이다.

풀이
- 기계원점 복귀 준비기능은 G28이다.
- G50은 공작물 좌표계 설정, 주축 최고 회전수 지정 준비기능이다.

49 CNC 선반의 공구 날끝 보정에 관한 설명으로 틀린 것은?

① 날끝 R에 의한 가공 경로 오차량을 보상하는 기능이다.

② G40 명령은 공구 날끝 보정 취소 기능이다.

③ G41과 G42 명령은 모달 명령이다.

④ 공구 날끝 보정은 가공이 시작된 다음 이루어져야 한다.

풀이 공구 날끝 보정은 가공이 시작되기 전에 G00과 함께 이루어져야 한다.

50 기계의 일상 점검 내용 중에서 매일 점검하지 않아도 되는 사항은?

① 절삭유의 유량이 충분한지 여부

② 각 축이 원활하게 움직이는지 여부

③ 주축의 회전이 올바르게 되는지 여부

④ 기계의 정밀도를 검사하여 정확한지 여부

풀이 기계의 정밀도를 검사하여 정확한지 여부는 매년 점검사항이다.

51 다음 프로그램에서 공작물의 지름이 $\phi60$mm 일 때, 주축의 회전수는 얼마인가?

```
G50 S1300 ;
G96 S130 ;
```

① 147rpm　　　② 345rpm

③ 690rpm　　　④ 1,470rpm

풀이 $N = \dfrac{1,000S}{\pi D}$ (rpm)

$$= \frac{1,000 \times 130}{\pi \times 60} = 689.67 = 690 \text{(rpm)}$$

여기서, N : 주축의 회전수(rpm)

S : 절삭속도(m/min) ⇒ S130

D : 공작물의 지름(mm) ⇒ $\phi60$

52 CNC 공작기계의 프로그램에서 기능 설명으로 잘못된 것은?

① T 기능－공구기능 ② M 기능－보조기능
③ S 기능－이송기능 ④ G 기능－준비기능

풀이 S 기능은 주축기능이고, 주축을 회전시키는 기능으로 주축 모터의 회전속도를 변환시켜 속도를 제어한다.

53 선반작업 시 안전사항으로 틀린 것은?

① 칩이나 절삭유의 비산을 방지하기 위해 플라스틱 덮개를 부착한다.
② 절삭가공을 할 때에는 보안경을 착용하여 눈을 보호한다.
③ 절삭작업을 할 때에는 면장갑을 착용하고 작업한다.
④ 척이 회전하는 동안에 일감이 튀어나오지 않도록 확실히 고정한다.

풀이 절삭 중에는 면장갑을 착용하지 않고, 칩 제거 또는 측정할 때에는 착용한다.

54 CNC 선반의 안지름 및 바깥지름 막깎기의 사이클 프로그램에서 (경우1)의 "D(△d)", (경우2)의 "U(△d)"가 의미하는 것은?

```
(경우 1)
G71 P__ Q__ U__ W__ D(△d)__ F__ ;

(경우 2)
G71 U(△d)__ R__ ;
G71 P__ Q__ U__ W__ F__ ;
```

① 도피량
② 1회 절삭량
③ X축 방향의 다듬질 여유
④ 사이클 시작 블록의 전개번호

풀이 • 경우 1 : 11T인 경우, 경우 2 : 11T 아닌 경우
• (경우 1) D(△d) : 1회 X축 방향 가공깊이(절삭깊이), 반경지령 및 소수점 지령 불가능
• (경우 2) U(△d) : 1회 X축 방향 가공깊이(절삭깊이), 반경지령 및 소수점 시령 가능

55 CAD/CAM 작업의 흐름을 바르게 나타낸 것은?

① 파트 프로그램 → 포스트 프로세싱 → CL 데이터 → DNC 가공
② 파트 프로그램 → CL 데이터 → 포스트 프로세싱 → DNC 가공
③ 포스트 프로세싱 → CL 데이터 → 파트 프로그램 → DNC 가공
④ 포스트 프로세싱 → 파트 프로그램 → CL 데이터 → DNC 가공

풀이 CAD/CAM 작업의 흐름
파트 프로그램 → CL 데이터 생성 → 포스트 프로세싱 → DNC 가공

56 다음 중 CNC 선반 프로그램에서 G04(휴지, Dwell) 지령으로 틀린 것은?

① G04 X1.5 ;
② G04 S1.5 ;
③ G04 U1.5 ;
④ G04 P1500 ;

풀이 G04(휴지, Dwell)에서 지령한 시간 동안 공구의 이송을 정지시키는 기능으로 기종에 따라 X, U, P를 사용한다.

57 다음 CNC 프로그램에서 T0505의 의미는?

```
G00 X20.0 Z12.0 T0505 ;
```

① 5번 공구의 날끝 반경이 0.5mm임을 뜻한다.
② 5번 공구의 선택이 5번째임을 뜻한다.
③ 5번 공구를 5번 선택한다는 뜻이다.
④ 5번 공구 선택과 5번 공구의 보정번호를 뜻한다.

풀이 T0505 : 05번 공구 선택과 05번 공구 보정번호를 뜻한다.

정답 | 52 ③ 53 ③ 54 ② 55 ② 56 ② 57 ④

58 머시닝 센터 프로그램에서 XY 평면 지령을 위한 G코드는?

① G17   ② G18

③ G19   ④ G20

풀이 G17(X−Y 평면 설정), G18(Z−X 평면 설정), G19(Y−Z 평면 설정), G20(Inch 입력)이다.

59 일반적으로 NC 가공계획에 포함되지 않은 것은?

① 사용 기계 선정

② 가공순서 결정

③ 자동 프로그래밍

④ 공구 선정

풀이 NC 가공계획
- NC 기계로 가공하는 범위와 사용 기계 선정
- 가공물 고정(척킹) 방법 및 치공구(지그) 선정
- 가공순서 결정
- 가공할 공구 선정
- 가공조건의 결정

60 복합형 고정 사이클에서 다듬질 가공 사이클 G70을 사용할 수 없는 준비기능(G − 코드)은?

① G71   ② G72

③ G73   ④ G76

풀이 G76(나사절삭 사이클) : 나사가공을 할 때 주축의 회전수가 변하면 일정한 피치를 가진 나사를 가공할 수 없으므로 주축 회전수 일정 제어(G97)로 지령하여야 한다.

01 담금질 응력 제거, 치수의 경년변화 방지, 내마모성 향상 등을 목적으로 100~200℃에서 마텐자이트 조직을 얻도록 조작을 하는 열처리 방법은?

① 저온뜨임 ② 고온뜨임
③ 항온풀림 ④ 저온풀림

풀이 저온뜨임 : 담금질 응력 제거, 치수의 경년변화 방지, 내마모성 향상 등을 목적으로 100~200℃에서 마텐자이트 조직을 얻도록 조작을 하는 열처리
예 금형, 치공구 등

02 복합재료 중에서 섬유강화재료에 속하지 않는 것은?

① 섬유강화 플라스틱
② 섬유강화 금속
③ 섬유강화 시멘트
④ 섬유강화 고무

풀이 복합재료의 정의
㉠ 기지(matrix) : 복합재료의 주체가 되는 재료
예 고무, 플라스틱, 금속, 세라믹, 콘크리트 등
㉡ 강화재(보강재) : 재료의 역학특성을 현저하게 향상시키는 성분 또는 재료
예 유리, 붕소(B), 탄화규소(SiC), 알루미나(Al₂O₃), 탄소, 아라미드, 강(steel) 등의 섬유상이나, 분체, 입자, 직물포 등
㉢ 섬유강화재료 : 섬유를 강화재로 사용한 재료
예 CFRP(플라스틱+유리섬유), GFRP(플라스틱+탄소섬유)

※ 문제 오류로 실제 시험에서는 전항 정답 처리되었습니다.

03 강재의 KS 규격 기호 중 틀린 것은?

① SKH : 고속도 공구강 강재
② SM : 기계 구조용 탄소 강재
③ SS : 일반 구조용 압연 강재
④ STS : 탄소 공구강 강재

풀이 STS(Steel Tool Special) : 합금 공구강

04 원자기호와 비중과의 관계가 옳은 것은?(단, 비중은 20℃, 무산소동이다.)

① Al－6.86 ② Ag－6.96
③ Mg－9.86 ④ Cu－8.96

풀이 Al : 2.71, Ag : 10.497, Mg : 1.74

05 인장강도가 255~340MPa로 Ca－Si나 Fe－Si 등의 접종제로 접종 처리한 것으로 바탕조직은 펄라이트이며 내마멸성이 요구되는 공작기계의 안내면이나 강도를 요하는 기관의 실린더 등에 사용되는 주철은?

① 칠드주철 ② 미하나이트주철
③ 흑심가단주철 ④ 구상흑연주철

풀이 미하나이트주철
• 쇳물을 제조할 때 선철에 다량의 강철 스크랩을 사용하여 저탄소 주철을 만들고, 여기에 칼슘실리콘(Ca－Si), 페로실리콘(Fe－Si) 등을 첨가하여 조직을 균일화, 미세화한 펄라이트 주철
• 인장강도가 255~340MPa이고, 내마모성이 우수하여 브레이크 드럼, 실린더, 캠, 크랭크축, 기어 등에 사용된다.

정답 | 01 ① 02 정답 없음 03 ④ 04 ④ 05 ②

06 탄소 공구강의 구비 조건으로 틀린 것은?

① 내마모성이 클 것

② 가공 및 열처리성이 양호할 것

③ 저온에서의 경도가 클 것

④ 강인성 및 내충격성이 우수할 것

풀이 ③ 상온 및 고온 경도가 높을 것

07 황동은 어떤 원소의 2원 합금인가?

① 구리와 주석　　② 구리와 망간

③ 구리와 납　　　④ 구리와 아연

풀이 황동 : 구리(Cu)＋아연(Zn)

08 볼트를 결합시킬 때 너트를 2회전 하면 축 방향으로 10mm, 나사산 수가 4산이 진행된다. 이와 같은 나사의 조건은?

① 피치 2.5mm, 리드 5mm

② 피치 5mm, 리드 5mm

③ 피치 5mm, 리드 10mm

④ 피치 2.5mm, 리드 10mm

풀이 • 리드(1회전 시 축 방향으로 움직인 거리) :

$$l = \frac{축방향의\ 진행\ 길이}{나사의\ 회전수} = \frac{10}{2} = 5mm$$

• 줄수 :

$$n = \frac{진행된\ 나사산\ 수}{나사의\ 회전수} = \frac{4산}{2회전} = 2줄나사$$

• 피치 : $p = \frac{리드(l)}{줄수(n)} = \frac{5}{2} = 2.5mm$

09 축이음 중 두 축이 평행하고 각속도의 변동 없이 토크를 전달하는 데 가장 적합한 것은?

① 올덤 커플링　　② 플렉시블 커플링

③ 유니버설 커플링　④ 플랜지 커플링

풀이 올덤 커플링

두 축이 평행하고 축의 중심선이 약간 어긋난 경우 축간거리가 짧을 때 각속도의 변동 없이 토크를 전달하는 데 사용하는 축이음

10 나사의 끝을 이용하여 축에 바퀴를 고정시키거나 위치를 조정할 때 사용되는 나사는?

① 태핑 나사　　　② 사각 나사

③ 볼 나사　　　　④ 멈춤 나사

풀이 멈춤 나사 : 두 물체 사이에 회전이나 미끄럼이 생기지 않도록 사용하는 나사로 키(key)의 대용 역할을 한다. 회전체의 보스 부분을 축에 고정시키는 데 많이 사용한다.

멈춤 나사

11 다음 중 후크의 법칙에서 늘어난 길이를 구하는 공식은?(단, λ : 변형량, W : 인장하중, A : 단면적, E : 탄성계수, l : 길이이다.)

① $\lambda = \dfrac{Wl}{AE}$　　　② $\lambda = \dfrac{AE}{W}$

③ $\lambda = \dfrac{AE}{Wl}$　　　④ $\lambda = \dfrac{Al}{WE}$

풀이 수직응력 $\sigma = \dfrac{W}{A} = E \cdot \varepsilon = E \cdot \dfrac{\lambda}{l}$

$\left(여기서,\ 세로종변형률\ \varepsilon = \dfrac{\lambda}{l}\right)$

$\therefore \lambda = \dfrac{Wl}{AE}$

12 직선운동을 회전운동으로 변환하거나, 회전운동을 직선운동으로 변환하는 데 사용되는 기어는?

① 스퍼 기어　　　② 베벨 기어

③ 헬리컬 기어　　④ 랙과 피니언

정답 | 06 ③　07 ④　08 ①　09 ①　10 ④　11 ①　12 ④

풀이

피니언 : 좌우 회전

랙 : 직선운동

13 기어, 풀리, 커플링 등의 회전체를 축에 고정시켜서 회전운동을 전달시키는 기계요소는?

① 나사   ② 리벳
③ 핀   ④ 키

풀이 키를 이용한 동력절달

보스

키

회전축

14 엔드 저널로서 지름이 50mm인 전동축을 받치고 허용 최대 베어링 압력을 6N/mm², 저널 길이를 80mm라 할 때 최대 베어링 하중은 몇 kN인가?

① 3.64kN   ② 6.4kN
③ 24kN   ④ 30kN

풀이 베어링 하중(P)

압축력 $P = \sigma_c \times A_c = \sigma_c \times d \times l$

$\qquad = 6 \times 50 \times 80 = 24{,}000\text{N} = 24\text{kN}$

여기서, σ_c : 베어링 압력

$\qquad A_c$: 압축을 받는 투사 면적

$\qquad d$: 지름

$\qquad l$: 저널 길이

∴ 최대 베어링 하중=24kN

15 코일스프링의 전체 평균직경이 50mm, 소선의 직경이 6mm일 때 스프링 지수는 약 얼마인가?

① 1.4   ② 2.5
③ 4.3   ④ 8.3

풀이 스프링 지수 $C = \dfrac{D}{d} = \dfrac{50}{6} = 8.3$

여기서, D : 스프링 전체의 평균지름

$\qquad d$: 소선의 지름

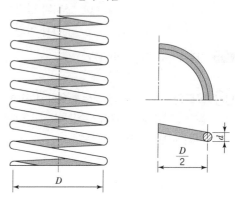

D

$\dfrac{D}{2}$

16 제3각법으로 나타낸 그림과 같은 투상도에 적합한 입체도는?

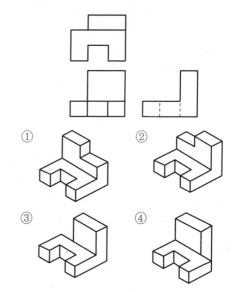

①   ②

③   ④

풀이

17 기준치수가 60, 최대 허용치수가 59.96이고 치수공차가 0.02일 때 아래 치수 허용차는?

① −0.06 ② +0.06
③ −0.04 ④ +0.04

풀이
- 위 치수 허용차=최대 허용치수−기준치수
  $$=59.96−60=−0.04$$
- 치수공차=최대 허용치수−최소 허용치수
  $$=0.02$$
  최소 허용치수=최대 허용치수−0.02
  $$=59.96−0.02=59.94$$
- 아래 치수 허용차=최소 허용치수−기준치수
  $$=59.94−60=−0.06$$

18 제도 용지에서 A0 용지의 가로길이 : 세로길이의 비와 그 면적으로 옳은 것은?

① $\sqrt{3}$: 1, 약 1m²
② $\sqrt{2}$: 1, 약 1m²
③ $\sqrt{3}$: 1, 약 2m²
④ $\sqrt{2}$: 1, 약 2m²

풀이 제도 용지의 가로와 세로의 길이 비는 $\sqrt{2}$: 1이고 A0의 넓이는 1m²이다.

19 베어링 기호 "6203ZZ"에서 "ZZ" 부분이 의미하는 것은?

① 실드 기호
② 궤도륜 모양 기호
③ 정밀도 등급 기호
④ 레이디얼 내부 틈새 기호

풀이 6203ZZ
- 62 : 베어링 계열 번호(깊은 홈 볼베어링)
- 03 : 안지름 번호(안지름 17mm)
- ZZ : 실드 기호(양쪽 실드붙이)

20 기계 가공면을 모따기할 때 다음과 같이 "C5"라고 표시하였다. 어느 부분의 길이가 5인 것을 나타내는가?

① ㉢이 5
② ㉠과 ㉡이 모두 5
③ ㉠+㉡이 5
④ ㉠+㉡+㉢이 5

풀이 C5는 가로 방향과 세로 방향을 5mm씩 깎아내는 45° 모따기 치수이므로, ㉠과 ㉡이 모두 5이다.

21 스프로킷 휠의 도시방법 중 가는 1점쇄선으로 그려야 할 곳은?

① 바깥지름 ② 이뿌리원
③ 키홈 ④ 피치원

풀이 스프로킷의 도시법

단면 처리 시 이뿌리는 굵은 실선으로

이끝원(굵은 실선)
피치원(가는 1점쇄선)
이뿌리원(가는 실선)

22 조립 부품에 대한 치수허용차를 기입할 경우 다음 중 잘못 기입한 것은?

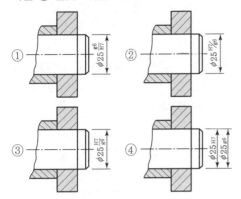

풀이 $\phi 25\frac{g6}{H7}$은 잘못된 기입이고 $\phi 25\frac{H7}{g6}$이 올바른 치수기입법이다.

23 기계제도에서 가공 방법 기호와 그 관계가 서로 맞지 않는 것은?

① M − 밀링가공   ② V − 보링가공
③ D − 드릴가공   ④ L − 선반가공

풀이 보링가공은 B로 표시한다.

24 세 줄 나사의 피치가 3mm일 때 리드는 얼마인가?

① 1mm   ② 3mm
③ 6mm   ④ 9mm

풀이 $L = n \times p = 3줄 \times 3\text{mm} = 9\text{mm}$

25 다음 중 용접구조용 압연강재에 속하는 재료 기호는?

① SM 35C   ② SM 400C
③ SS 400   ④ STKM 13C

풀이
- SM 35C : 기계 구조용 탄소강재
- SM 400C : 용접구조용 압연강재
- SS 400 : 일반 구조용 압연강재
- STKM 13C : 기계구조용 탄소강 강관

26 내면 연삭기에서 내면 연삭 방식이 아닌 것은?

① 유성형   ② 보통형
③ 고정형   ④ 센터리스형

풀이 내면 연삭 방식
㉠ 유성형 : 가공물은 고정시키고, 연삭숫돌이 회전운동 및 공전운동을 동시에 진행하는 방식

㉡ 보통형 : 가공물과 연삭숫돌에 회전운동을 주어 연삭하는 방식

㉢ 센터리스형 : 센터리스 연삭기를 이용하여 가공물을 고정하지 않고, 연삭하는 방식

27 다음 중 공구재료의 구비조건 중 맞지 않는 것은?

① 마찰계수가 작을 것
② 높은 온도에서는 경도가 낮을 것
③ 내마멸성이 클 것
④ 형상을 만들기 쉽고 가격이 저렴할 것

풀이 공구재료는 높은 온도에서 경도가 높아야 한다. (고온강도)

정답 | 22 ①   23 ②   24 ④   25 ②   26 ③   27 ②

28 다음 중 정밀도가 가장 높은 가공면을 얻을 수 있는 가공법은?

① 호닝   ② 래핑
③ 평삭   ④ 브로칭

풀이 가공면의 정밀도가 높은 순서
래핑>호닝>브로칭>평삭

29 밀링에서 홈, 좁은 평면, 윤곽가공, 구멍가공 등에 적합한 공구는?

① 엔드밀   ② 정면 커터
③ 메탈 소   ④ 총형 커터

풀이 엔드밀 : 밑면과 옆면이 날로 되어 있기 때문에 공작물의 홈과 좁은 평면 및 옆면을 가공할 수 있다.

(a) 측면가공   (b) 윤곽가공

(c) 키홈가공

30 선반작업에서 단면가공이 가능하도록 보통 센터의 원추형 부분을 축 방향으로 반을 제거하여 제작한 센터는?

① 하프센터   ② 파이프센터
③ 베어링센터   ④ 평센터

풀이 ㉠ 하프센터 : 정지센터로 가공물을 지지하고 단면을 가공하면 바이트와 가공물의 간섭으로 가공이 불가능하게 된다. 이때 보통 센터의 원추형 부분을 축 방향으로 반을 제거하여 단면가공이 가능하도록 제작한 센터이다.

㉡ 파이프센터 : 큰 지름의 구멍이 있는 가공물을 지지할 때 사용한다.

㉢ 베어링센터 : 선단 일부가 가공물과 함께 회전하도록 설계된 센터이다.

31 다음 중 연삭숫돌의 구성 3요소가 아닌 것은?

① 입자   ② 결합제
③ 형상   ④ 기공

풀이 연삭숫돌의 구성 3요소
• 입자 : 절삭날 역할
• 결합제 : 입자와 입자를 결합하는 역할
• 기공 : 연삭 칩을 운반하는 역할

32 구성인선(Built-up Edge)의 방지 대책으로 틀린 것은?

① 절삭 깊이를 작게 할 것
② 경사각을 크게 할 것
③ 윤활성이 좋은 절삭유제를 사용할 것
④ 마찰계수가 큰 절삭공구를 사용할 것

풀이 날 끝에 경질 크롬도금 등을 하여 마찰계수를 작게 한다.

33 선반에서 심압대에 고정하여 사용하는 것은?

① 바이트   ② 드릴
③ 이동형 방진구   ④ 면판

풀이 심압대
선반의 테이퍼 구멍 안에 부속품을 설치하여 가공물 지지, 센터드릴 가공, 드릴 가공 등을 하거나 중심축의 편위를 조정하여 테이퍼 절삭에 사용

34 대형이며 중량의 가공물의 강력한 중절삭에 가장 적합한 밀링머신은?

① 만능 밀링머신
② 수직 밀링머신
③ 플레이너형 밀링머신
④ 공구 밀링머신

풀이 플레이너형 밀링머신
대형 공작물과 중량물의 절삭이나 강력 절삭에 적합하다.

35 단조나 주조품에 볼트 또는 너트를 체결할 때 접촉부가 밀착되게 하기 위하여 구멍 주위를 평탄하게 하는 가공 방법은?

① 스폿 페이싱
② 카운터 싱킹
③ 카운터 보링
④ 보링

풀이

스폿 페이싱:
볼트나 너트를 고정 시 접촉부 자리 가공

36 드릴에 대한 설명으로 틀린 것은?

① 드릴의 표준 날끝각은 120°이다.
② 웨브는 트위스트 드릴 홈 사이의 좁은 단면 부분이다.
③ 드릴의 지름이 13mm 이하인 것은 곧은 자루다.
④ 드릴의 몸통은 백 테이퍼(Back Taper)로 만든다.

풀이 드릴의 표준 날끝각은 118°이다.

37 선반에서 주축의 회전수는 1,000rpm이고 외경 50mm를 절삭할 때 절삭속도는 약 몇 m/min 인가?

① 1.571
② 15.71
③ 157.1
④ 1,571

풀이 절삭속도 $V = \dfrac{\pi DN}{1,000}$

$= \dfrac{\pi \times 50 \times 1,000}{1,000} ≒ 157.1 \, \mathrm{m/min}$

여기서, V : 절삭속도(m/min)
D : 공작물의 지름(mm)
N : 회전수(rpm)

38 축보다 큰 링이 축에 걸쳐 회전하며 고속 주축에 급유를 균등하게 할 목적으로 사용하는 윤활제 급유법으로 가장 적합한 것은?

① 적하 급유
② 오일링 급유
③ 분무 급유
④ 핸드 급유

풀이 오일링 급유법
고속으로 회전하는 주축에 급유를 균등하게 할 목적으로 사용한다. 축보다 큰 링이 축에 걸쳐져 회전하며 오일 통에서 링으로 급유한다.

39 밀링 작업에서 떨림(chattering)이 발생할 경우 나타나는 현상으로 틀린 것은?

① 공작물의 가공면을 거칠게 한다.
② 공구 수명을 단축시킨다.
③ 생산 능률을 저하시킨다.
④ 치수 정밀도를 향상시킨다.

풀이 밀링 작업에서 떨림이 발생할 경우 치수 정밀도가 떨어진다.

40 측정 대상 부품은 측정기의 측정 축과 일직선 위에 놓여 있으면 측정 오차가 작아진다는 원리는?

① 월라스톤의 원리

② 아베의 원리

③ 아보트 부하곡선의 원리

④ 히스테리시스차의 원리

풀이
- 아베의 원리 : 측정 정밀도를 높이기 위해서는 측정물체와 측정 기구의 눈금을 측정 방향의 동일선상에 배치해야 한다.
- 마이크로미터 : 측정물체와 측정기구의 눈금을 일직선상에 배치한다.⇒ 아베의 원리에 맞는 측정

41 다음 중 절삭가공 기계에 해당하지 않는 것은?

① 선반   ② 밀링머신

③ 호빙머신   ④ 프레스

풀이
- 비절삭가공 : 주조, 소성가공(단조, 압연, 프레스, 인발 등), 용접, 방전가공 등
- 절삭가공 : 선삭, 평삭, 형삭. 브로칭, 줄작업, 밀링, 드릴링, 연삭, 래핑 등

42 부품 측정의 일반적인 사항을 설명한 것으로 틀린 것은?

① 제품의 평면도는 정반과 다이얼 게이지나 다이얼 테스트 인디케이터를 이용하여 측정할 수 있다.

② 제품의 진원도는 V블록 위나 양 센터 사이에 설치한 후 회전시켜 다이얼 테스트 인디게이너를 이용하여 측정할 수 있다.

③ 3차원 측정기는 몸체 및 스케일, 측정침, 구동장치, 컴퓨터 등으로 구성되어 있다.

④ 우연 오차는 측정기의 구조, 측정 압력, 측정 온도 등에 의하여 생기는 오차이다.

풀이
- 우연오차 : 측정온도나 채광의 변화가 영향을 미쳐 발생하는 오차
- 기기의 오차 : 측정기의 구조, 측정 압력, 측정 온도, 측정기의 마모 등에 따른 오차

43 CNC 선반에서 G99 명령을 사용하여 F0.15로 이송 지령한다. 이때, F 값의 설명으로 맞는 것은?

① 주축 1회전당 0.15mm의 속도로 이송

② 주축 1회전당 0.15m의 속도로 이송

③ 1분당 15mm의 속도로 이송

④ 1분당 15m의 속도로 이송

풀이
- G99 : 회전당 이송 지정(mm/rev)
- F0.15 : 주축 1회전당 0.15mm의 속도로 이송

44 다음 CNC 선반의 나사가공 프로그램 (a), (b)에서 F2.0은 무엇을 지령한 것인가?

(a) G92 X29.3 Z−26.0 F2.0 ;
(b) G76 X27.62 Z−26.0 K1.19 D350 F2.0 A60 ;

① 첫 번째 절입량

② 나사부 반경치

③ 나사산의 높이

④ 나사의 리드

풀이 F는 나사의 리드이다.
- G92 X29.3 Z−26.0 F2.0 ;
  여기서, X, Z : 절삭 시 나사 끝점 좌표
  F : 나사의 리드
- G76 X27.62 Z−26.0 K1.19 D350 F2.0 A60 ;
  여기서, X, Z : 나사 끝점 좌표
  K : 나사산의 높이(반경지령)
  D : 첫 번째 절입량(반경지령), 소수점 사용 불가
  F : 나사의 리드
  A : 나사산의 각도

45 머시닝 센터에서 M10×1.5의 탭 가공을 위하여 주축 회전수를 200rpm으로 지령할 경우 탭사이클의 이송속도로 맞는 것은?

① F300   ② F250

③ F200   ④ F150

풀이 탭 사이클의 이송속도(F) = 회전수(N) × 피치(p)
$$= 200 \times 1.5 = 300$$

46 다음 중 명령된 블록에 한해서만 유효한 1회 유효 G-코드(One Shot G-code)는?

① G90   ② G40

③ G04   ④ G01

풀이 ㉠ 1회 유효 G-코드(One shot G-code)
- 지정된 명령절에서만 유효한 G-코드
- G04(일시 정지)

㉡ 연속 유효 G-코드(Modal G-code)
- 동일 그룹 내의 다른 G-코드가 나올 때까지 유효한 G-코드
- G01[직선가공(절삭 이송)], G40(공구인선 반지름 보정 취소), G90(내·외경 절삭 사이클)

47 서보 기구에서 위치와 속도를 서보 모터에 내장된 인코더(Encoder)에 의해서 검출하는 그림과 같은 방식은?

① 반폐쇄회로 방식   ② 개방회로 방식

③ 폐쇄회로 방식   ④ 반개방회로 방식

풀이 반폐쇄회로 방식
- 속도정보는 서보모터에 내장된 타코 제너레이터에서 검출되어 제어된다.
- 위치정보는 볼 스크류나 서보 모터의 회전 각도를 측정해 간접적으로 실제 공구의 위치를 추정하고 보정해주는 간접 피드백 시스템 제어 방식이다.

48 다음 그림에서 B → A로 절삭할 때의 CNC 선반 프로그램으로 맞는 것은?

① G01 U30. W−20. ;

② G01 X50. Z20. ;

③ G01 U50. Z−20. ;

④ G01 U30. W20. ;

풀이 절대지령은 원점 표시기호(⏀)를 기준으로 좌푯값을 생각하고, 증분지령은 점 B를 임시 원점으로 생각하고 좌푯값을 입력한다.
- 증분지령 : G01 U30. W−20. ;
- 절대지령 : G01 X50. Z20. ; → G01 X50. Z−20. ;으로 수정
- 혼합지령 : G01 U50. Z−20. ; → G01 U30. Z−20. ;으로 수정

49 CAD/CAM 시스템에서 입력 장치로 볼 수 없는 것은?

① 키보드(Keyboard)   ② 스캐너(Scanner)

③ CRT 디스플레이   ④ 3차원 측정기

풀이 키보드, 스캐너, 3차원 측정기는 입력장치에 해당하며 CRT 디스플레이(모니터)는 출력장치에 해당한다.

50 머시닝 센터에서 원호 보간 시 사용되는 I, J의 의미로 올바른 것은?

① I는 Y축 보간에 사용된다.

② J는 X축 보간에 사용된다.

③ 원호의 시작점에서 원호 끝까지의 벡터 값이다.

④ 원호의 시작점에서 원호 중심점까지의 벡터 값이다.

풀이 I, J는 원호의 시작점에서 원호 중심점까지의 벡터 값이다.

51 CNC 공작기계 작업 시 안전사항 중 틀린 것은?

① 전원은 순서대로 공급하고 차단한다.
② 칩 제거는 기계를 정지 후에 한다.
③ CNC 방전가공기에서 작업 시 가공액을 채운 후 작업을 한다.
④ 작업을 빨리하기 위하여 안전문을 열고 작업한다.

풀이 칩 또는 절삭유가 비산(飛 : 날 비, 散 : 흩을 산)하므로 작업문을 닫고 작업한다.

52 선반작업에서 안전 및 유의사항에 대한 설명으로 틀린 것은?

① 일감을 측정할 때는 주축을 정지시킨다.
② 바이트를 연삭할 때는 보안경을 착용한다.
③ 홈 바이트는 가능한 한 길게 고정한다.
④ 바이트는 주축을 정지시킨 다음 설치한다.

풀이 공구는 되도록 짧게 물려서 사용한다.

53 다음 CNC 선반 프로그램에서 지름이 30mm인 지점에서의 주축 회전수는 몇 rpm인가?

```
G50 X100. Z100. S1500 T0100 ;
G96 S160 M03 ;
G00 X30. Z3. T0303 ;
```

① 1,698   ② 1,500
③ 1,000   ④ 160

풀이 • $N = \dfrac{1,000S}{\pi D}$ (rpm)

$= \dfrac{1,000 \times 160}{\pi \times 30}$

$= 1,697.65 ≒ 1,698$ (rpm)

여기서, N : 주축의 회전수(rpm)
S : 절삭속도(m/min) ⇒ S160
D : 공작물의 지름(mm) ⇒ ϕ30

• G50 X100. Z100. S1500 T0100 ;
G50에서 주축 최고 회전수를 1,500rpm으로 제한하였으므로 주축의 회전수는 1,698rpm이 아니라 1,500rpm이 답이다.

54 CNC 선반에서 일감의 외경을 지령치 X55.0으로 가공한 후 측정한 결과가 ϕ54.96이었다. 기존의 X축 보정값을 0.004라고 하면 보정값을 얼마로 수정해야 하는가?

① 0.036   ② 0.044
③ 0.04   ④ 0.08

풀이 • 측정값과 지령값의 오차
$= 54.96 - 55.0$
$= -0.04$ (0.04만큼 작게 가공됨)
그러므로 공구를 X축 방향으로 +0.04만큼 이동하는 보정을 하여야 한다.
외경이 기준치수보다 작게 가공되었으므로 + 값을 더하여 크게 가공해야 한다.
• 공구 보정값 = 기존의 보정값 + 더해야 할 보정값
$= 0.004 + (+0.04)$
$= 0.044$

55 CNC 공작기계에서 일시적으로 운전을 중지하고자 할 때 보조 기능, 주축 기능, 공구 기능은 그대로 수행되면서 프로그램 진행이 중지되는 버튼은?

① 사이클 스타트(cycle start)
② 취소(cancel)
③ 머신 레디(machine ready)
④ 이송 정지(feed hold)

풀이 이송 정지(feed hold) : 자동 운전을 일시 정지시키기 위해 프로그램 진행이 중지되는 버튼을 말한다.

56 간단한 프로그램을 편집과 동시에 시험적으로 실행할 때 사용하는 모드 선택 스위치는?

① 반자동운전(MDI) ② 자동운전(AUTO)
③ 수동이송(JOG)   ④ DNC 운전

정답 | 51 ④ 52 ③ 53 ② 54 ② 55 ④ 56 ①

• 반자동 운전(MDI) : 간단한 프로그램을 편집과 동시에 시험적으로 실행할 때 사용한다.
• 자동운전(AUTO) : 저장된 프로그램을 자동 실행할 때 사용한다.
• 수동이송(JOG) : 각종 기계 버튼에 의해 축을 수동으로 '+' 또는 '−' 방향으로 이송시킬 때 사용한다.
• DNC 운전 : 컴퓨터 등 외부 기기로부터 가공 프로그램을 불러와서 자동 실행할 때 사용한다.

57 머시닝 센터에서 공구지름 보정 취소와 공구 길이 보정 취소를 의미하는 준비기능으로 맞는 것은?

① G40, G49 　　② G41, G49
③ G40, G43 　　④ G41, G80

• G40(공구지름 보정취소)
• G49(공구길이 보정취소)

58 다음의 보조기능(M 기능) 중 주축의 회전방향과 관계되는 것은?

① M02 　　② M04
③ M08 　　④ M09

주축의 회전방향과 관계되는 보조 기능은 M03(주축 정회전, 시계 방향), M04(주축 역회전, 반시계 방향)이다.

59 CNC 선반의 단일형 고정 사이클(G90)에서 테이퍼(기울기) 값을 지령하는 어드레스(Address)는?

① O 　　② P
③ Q 　　④ R

• R : 테이퍼의 경우 절삭의 끝점과 절삭의 시작점의 상대 좌푯값
• 반경지령(I : 11T에 적용, R : 11T 아닌 경우에 적용)

60 일반적으로 CNC 선반에서 절삭동력이 전달되는 스핀들 축으로 주축과 평행한 축은?

① X축 　　② Y축
③ Z축 　　④ A축

CNC 선반에서 절삭동력이 전달되는 스핀들 축과 평행한 축은 Z축이다.

01 탄소강에 함유된 원소 중 백점이나 헤어크랙의 원인이 되는 원소는?

① 황(S) ② 인(P)

③ 수소(H) ④ 구리(Cu)

풀이 • 수소(H_2)에 의해 철강 내부에서 헤어크랙과 백점이 생긴다.
- 헤어크랙 : 강재 다듬질 면에 나타나는 머리카락 모양의 미세한 균열
- 백점(흰점) : 강재의 파단면에 나타나는 백색의 광택을 지닌 반점

02 베어링으로 사용되는 구리계 합금이 아닌 것은?

① 문쯔메탈(Muntz metal)

② 켈밋(kelmet)

③ 연 청동(lead bronze)

④ 알루미늄 청동(Al bronze)

풀이 • 문쯔메탈(Muntz metal) : 6−4 황동으로 값이 싸서 열교환기, 파이프, 밸브 등에 사용된다.
- Cu계 베어링 합금 : 켈밋(Cu−Pb 합금), 인청동, 연(납)청동, 알루미늄 청동, 베릴륨 청동

03 초경합금이 특성에 대한 설명 중 올바른 것은?

① 고온경도 및 내마멸성이 우수하다.

② 내마모성 및 압축강도가 낮다.

③ 고온에서 변형이 많다.

④ 상온의 경도가 고온에서 크게 저하된다.

풀이 초경합금의 특성
- 고온경도 및 내마멸성이 우수하다.
- 내마모성 및 압축강도가 높다.
- 고온에서 변형이 거의 없다.
- 상온의 경도가 고온에서 저하되지 않는다.

04 비중이 2.7로서 가볍고 은백색의 금속으로 내식성이 좋으며, 전기전도율이 구리의 60% 이상인 금속은?

① 알루미늄(Al) ② 마그네슘(Mg)

③ 바나듐(V) ④ 안티몬(Sb)

풀이 알루미늄의 특징
- 무게가 가볍다.(비중 : 2.7)
- 합금재질이 많고 기계적 특성이 양호하다.
- 내식성이 양호하다.
- 열과 전기의 전도성이 양호하다.(전기전도율이 구리의 60% 이상)
- 가공성, 접합성, 성형성이 양호하다.
- 빛과 열의 반사율이 높다.

05 주철에 대한 설명 중 틀린 것은?

① 강에 비하여 인장강도가 작다.

② 강에 비하여 연신율이 작고, 메짐이 있어서 충격에 약하다.

③ 상온에서 소성변형이 잘된다.

④ 절삭가공이 가능하며 주조성이 우수하다.

풀이 주철은 소성변형이 어렵다.

06 WC를 주성분으로 TiC 등의 고융점 경질 탄화물 분말과 Co, Ni 등의 인성이 우수한 분말을 결합재로 하여 소결 성형한 절삭공구는?

① 세라믹 　　② 서멧
③ 주조경질합금 　④ 소결초경합금

풀이 소결초경합금
- 탄화물 분말[탄화텅스텐(WC), 탄화티타늄(TiC), 탄화탈탄늄(TaC)]을 비교적 인성이 있는 코발트(Co), 니켈(Ni)을 결합제로 하여 압축소결한다.
- 고온, 고속절삭에서도 경도를 유지함으로써 절삭공구로서 성능이 우수하다.

07 특수강을 제조하는 목적으로 적합하지 않은 것은?

① 기계적 성질을 향상시키기 위하여
② 내마멸성을 증대시키기 위하여
③ 취성을 증가시키기 위하여
④ 내식성을 증대시키기 위하여

풀이 ③ 강도와 인성을 증가시키기 위하여
※ 취성(메짐성) : 잘 부서지거나, 잘 깨지는 성질

08 축 방향으로만 정하중을 받는 경우 50kN을 지탱할 수 있는 훅 나사부의 바깥지름은 약 몇 mm인가?(단, 허용응력은 50N/mm²이다.)

① 40mm 　　② 45mm
③ 50mm 　　④ 55mm

풀이 하중 $W = \sigma \times \dfrac{1}{4}\pi d_1^2$

여기서, d_1 : 골지름, 정하중에 의해 골지름(d_1)이 파괴된다.

$$d_1 = \sqrt{\frac{4 \times W}{\pi \sigma}} = \sqrt{\frac{4 \times 50,000}{\pi \times 50}} ≒ 35.68\text{mm}$$

KS 규격 $d_1 = 0.8d$ (d : 바깥지름)

나사부의 바깥지름 $d = \dfrac{d_1}{0.8} = \dfrac{35.68}{0.8}$

$$= 44.6\text{mm}$$

∴ 훅 나사부의 바깥지름은 44.6mm보다 큰 45mm로 설계해야 한다.

09 전위기어의 사용 목적으로 가장 옳은 것은?

① 베어링 압력을 증대시키기 위함
② 속도비를 크게 하기 위함
③ 언더컷을 방지하기 위함
④ 전동 효율을 높이기 위함

풀이 전위기어의 특징
- 이의 언더컷을 방지한다.
- 이의 강도를 증가시킨다.
- 중심거리를 어떤 범위 내에서 자유롭게 선택할 수 있다.

10 전단하중 $W(N)$를 받는 볼트에 생기는 전단응력 $\tau(\text{N/mm}^2)$를 구하는 식으로 옳은 것은? (단, 볼트 전단 면적을 $A\,\text{mm}^2$라고 한다.)

① $\tau = \dfrac{\pi A^2/4}{W}$ 　② $\tau = \dfrac{A}{W}$

③ $\tau = \dfrac{W}{\pi A^2/4}$ 　④ $\tau = \dfrac{W}{A}$

11 홈붙이 육각너트의 윗면에 파인 홈의 개수는?

① 2개 　　② 4개
③ 6개 　　④ 8개

풀이 홈붙이 육각 너트에 파인 홈은 6개이다.

12 모듈이 3이고 잇수가 30과 90인 한 쌍의 표준 평기어의 중심거리는?

① 150mm 　　② 180mm
③ 200mm 　　④ 250mm

풀이 두 기어의 중심거리(C)
$D = m \cdot z$ 적용
$$C = \frac{D_1 + D_2}{2} = \frac{m(Z_1 + Z_2)}{2}$$
$$= \frac{3(30 + 90)}{2} = 180\text{mm}$$

13 지름 5mm 이하의 바늘 모양의 롤러를 사용하는 베어링은?

① 니들 롤러베어링

② 원통 롤러베어링

③ 자동 조심형 롤러베어링

④ 테이퍼 롤러베어링

풀이 니들 롤러베어링

지름 5mm 이하의 바늘 모양의 롤러를 사용한 것으로서 좁은 장소나 충격이 있는 곳에 사용한다.

14 다음 제동장치 중 회전하는 브레이크 드럼을 브레이크 블록으로 누르게 한 것은?

① 밴드 브레이크 ② 원판 브레이크

③ 블록 브레이크 ④ 원추 브레이크

풀이 블록 브레이크

회전하는 브레이크 드럼을 브레이크 블록으로 눌러 제동한다.

15 보스와 축이 둘레에 여러 개의 같은 키(key)를 깎아 붙인 모양으로 큰 동력을 전달할 수 있고 내구력이 크며, 축과 보스의 중심을 정확하게 맞출 수 있는 특징을 가지는 것은?

① 반달 키 ② 새들 키

③ 원뿔 키 ④ 스플라인

풀이 스플라인

축에 평행하게 4~20줄의 키 홈을 판 특수키이다. 보스에도 끼워 맞추어지는 키 홈을 파서 결합한다.

16 미터나사에서 나사의 호칭 지름인 것은?

① 수나사의 골지름

② 수나사의 유효지름

③ 암나사의 유효지름

④ 수나사의 바깥지름

풀이 미터나사에서 나사의 호칭 지름은 수나사의 바깥지름(=암나사의 골지름)으로 나타낸다.

17 가동하는 부분의 이동 중 특정 위치 또는 이동 한계를 표시하는 선으로 사용되는 것은?

① 가상선 ② 해칭선

③ 기준선 ④ 중심선

풀이 가상선의 용도

• 인접 부분을 참고하거나 공구, 지그 등의 위치를 참고로 나타내는 데 사용한다.

• 가공 부분을 이동 중의 특정 위치 또는 이동 한계의 위치로 표시하는 데 사용한다.

• 되풀이하는 것을 나타내는 데 사용한다.

• 도시된 단면의 앞쪽에 있는 부분을 표시하는 데 사용한다.

18 다음 중 기준치수가 동일한 경우 죔새가 가장 큰 것은?

① H7/f6 ② H7/js6

③ H7/m6 ④ H7/p6

풀이 구멍의 기준치수가 동일하므로 축 지름이 가장 큰 것을 찾아야 한다.

축은 알파벳이 클수록 지름도 커지므로 p가 가장 큰 축이므로 죔새가 가장 크게 된다.

19 실제 길이가 90mm인 것을 척도가 1 : 2인 도면에 나타내었을 때 치수를 얼마로 기입해야 하는가?

① 2 　　　　　　② 45
③ 90 　　　　　　④ 180

풀이 척도 표시방법

$$A \quad : \quad B$$

도면 크기　　　물체의 실제 크기

A : 90 = 1 : 2, 2A = 90, A = 45이다.

20 기하공차의 기호 중 모양공차에 해당하는 것은?

① ○ 　　　　　② ∠
③ ⊥ 　　　　　④ ∥

풀이 모양공차의 종류

공차의 종류	기호
직진도 공차	—
평면도 공차	▱
진원도 공차	○
원통도 공차	⌓
선의 윤곽도 공차	⌒
면의 윤곽도 공차	◠

21 다음과 같이 구멍, 홈 등을 투상한 투상도의 명칭은?

① 보조 투상도　　② 부분 투상도
③ 국부 투상도　　④ 회전 투상도

풀이 구멍부의 특정 부분만을 그렸으므로 국부 투상도이다.

22 면의 지시 기호에서 가공방법의 기호 중 "B"가 나타내는 것은?

① 보링머신 가공　　② 브로칭 가공
③ 리머 가공　　　　④ 블라스팅 가공

풀이 가공방법에 따른 기호

가공방법	약호	
	I	II
보링머신 가공	B	보링
브로치 가공	BR	브로칭
리머 가공	FR	리밍
블라스트 다듬질	SB	블라스팅

23 다음과 같이 제3각법으로 정투상도를 작도할 때 평면도로 가장 적합한 형상은?

(정면도)　　　　(우측면도)

① 　　② 　　③ 　　④

풀이

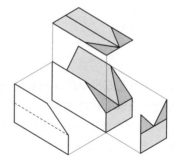

24 다음 베어링의 호칭에 대한 각각의 기호 해석으로 틀린 것은?

> 7206 C DB

① 72 : 단열 앵귤러 볼베어링
② 06 : 베어링 안지름 30mm
③ C : 틈새 기호로 보통 틈새보다 작음
④ DB : 보조기호로 베어링의 조합이 뒷면 조합

풀이 단열 앵귤러 볼베어링에서는 접촉각 기호로 A, B, C를 사용한다.
A : 22° 초과 32° 이하, B : 32° 초과 45° 이하, C : 10° 초과 22° 이하를 나타낸다.

25 보기 도면에서 품번 ⓒ의 부품 명칭으로 알맞은 것은?

① 육각 볼트
② 육각 구멍붙이 볼트
③ 둥근머리 나사
④ 둥근머리 작은 나사

풀이 ㉠ 베어링 본체
ㄴ 베어링 커버
ㄷ 육각 구멍붙이 볼트

26 선반가공에서 절식저항이 가장 큰 것은?

① 주분력
② 이송분력
③ 배분력
④ 횡분력

풀이 절삭저항의 3분력
• 크기 순서 : 주분력 > 배분력 > 이송분력
• 절삭저항 = 주분력 + 배분력 + 이송분력

27 수평 밀링머신의 플레인 커터 작업에서 상향절삭에 대한 하향절삭의 장점은?

① 날의 마멸이 적고 수명이 길다.
② 기계에 무리를 주지 않는다.
③ 절삭열에 의한 치수 정밀도의 변화가 적다.
④ 이송 기구의 백래시가 자연히 제거된다.

풀이 상향절삭과 하향절삭의 비교

구분	상향절삭	하향절삭
커터의 회전방향	공작물 이송방향과 반대이다.	공작물 이송방향과 동일하다.
백래시 제거장치	필요 없다.	필요하다.
기계의 강성	강성이 낮아도 무관하다.	충격이 있어 강성이 높아야 한다.
공작물 고정	불안정하다.	안정적이다.
커터의 수명	수명이 짧다.	수명이 길다.
칩의 제거	칩이 잘 제거된다.	칩이 잘 제거되지 않는다.
절삭면	거칠다.	깨끗하다.
동력 손실	많다.	적다.

28 절삭공구의 수명에 영향을 미치는 요소(element)와 가장 관계가 없는 것은?

① 재료 무게
② 절삭 속도
③ 가공 재료
④ 절삭유제

풀이 절삭공구의 수명은 공작물의 재질, 공구의 재질, 절삭깊이, 절삭면적, 공구의 기하학적 형상, 절삭유의 특성 등에 영향을 받는다.

29 연마제를 가공액과 혼합하여 압축공기와 함께 노즐로 고속 분사시켜 가공물 표면과 충돌시켜 표면을 가공하는 가공법은?

① 래핑(lapping)
② 슈퍼피니싱(superfinishing)
③ 액체 호닝(liquid honing)
④ 버니싱(burnishing)

풀이 액체 호닝의 용도
- 주조품의 청소 및 산화물 제거
- 도금 및 도장의 바탕 다듬질
- 다이캐스팅 제품, 주형, 다이 등의 거스러미 제거
- 유압장치, 절삭공구의 최종 다듬질

30 선반의 부속장치 중 3개의 조가 방사형으로 같은 거리를 동시에 움직이므로 원형, 정삼각형, 정육각형의 단면을 가진 공작물을 고정하는 데 편리한 척은?

① 단동척　　　　② 마그네틱척
③ 연동척　　　　④ 콜릿척

풀이 연동척
- 3개 조(jaw)가 동시 이동, 정밀도가 낮음
- 규칙적인 외경 재료 가공 용이
- 편심가공 불가능

31 측정기 선택 조건으로 가장 적합하지 않은 것은?

① 제품공차　　　　② 제품수량
③ 측정범위　　　　④ 제작회사

풀이 측정기의 선택 조건
제품공차, 제품수량, 측정범위, 측정환경, 측정대상 등

32 리머를 모양에 따라 분류할 때 날을 교환할 수 있고 날을 조정할 수 있으므로 수리공장에서 많이 사용하는 리머는?

① 솔리드 리머　　　② 셀 리머
③ 조정 리머　　　　④ 랜드 리머

풀이 조정 리머

- 본체에 3~8개의 절삭날이 한 조로 되어 있으며, 조정너트에 의해 필요한 치수로 자유롭게 조정이 가능하여 1개의 리머로 다양한 직경의 리밍 작업을 할 수 있다.
- 날 부분은 별도로 분해하며 재연마 후 사용이 가능하다.

33 밀링 가공 시 분할 가공법에 해당되지 않는 것은?

① 직접 분할법
② 간접 분할법
③ 단식 분할법
④ 차동 분할법

풀이 밀링가공 시 분할대를 이용한 분할법
직접, 단식, 차동

34 평면은 물론 각종 공구, 부속장치를 이용하여 불규칙하고 복잡한 면, 드릴의 홈, 기어의 치형 등도 가공할 수 있는 공작기계는?

① 선반　　　　　② 플레이너
③ 호빙머신　　　④ 밀링머신

풀이 밀링머신 : 밀링커터를 회전시켜 상하좌우 · 전후의 선형 이송운동을 준 공작물을 절삭하는 공작기계로, 적당한 밀링커터를 사용함으로써 평면 절삭, 홈 절삭, 절단 등 복잡한 절삭이 가능하다.

35 절삭가공에서 절삭유제 사용 목적으로 틀린 것은?

① 가공면에 녹이 쉽게 발생되도록 한다.
② 공구의 경도 저하를 방지한다.
③ 절삭열에 의한 공작물의 정밀도 저하를 방지한다.
④ 가공물의 가공표면을 양호하게 한다.

풀이 절삭유에는 가공면에 녹을 방지하기 위해 방청제를 첨가한다.

36 일반적으로 연성 재료를 저속절삭으로 절삭할 때, 절삭깊이가 클 때 많이 발생하며 칩의 두께가 수시로 변하게 되어 진동이 발생하기 쉽고 표면거칠기도 나빠지는 칩의 형태는?

① 전단형 칩　　　　② 경작형 칩
③ 유동형 칩　　　　④ 균열형 칩

풀이 전단형 칩의 생성 요인
- 연성재질을 저속으로 절삭한 경우
- 윗면 경사각이 작을 경우
- 절삭깊이가 무리하게 큰 경우
- 취성재료를 절삭 시

37 선반에서 주축회전수 1,500rpm, 이송속도 0.3 mm/rev으로 절삭하고자 한다. 실제 가공길이가 562.5mm라면 가공에 소요되는 시간은 얼마인가?

① 1분 25초 ② 1분 15초
③ 48초 ④ 40초

풀이 선반의 가공시간

$$T = \frac{L}{fn} = \frac{562.5}{0.3 \times 1,500}$$
$$= 1.25\text{min} = 1\text{분 } 15\text{초}$$

여기서, L : 가공할 길이(mm)
　　　　f : 공구의 이송속도(mm/rev)
　　　　n : 회전수(rpm)

38 일반적으로 고속 가공기(high speed machining)의 주축에 사용하는 베어링으로 적합하지 않은 것은?

① 마그네틱 베어링(magnetic bearing)
② 에어 베어링(air bearing)
③ 니들 롤러베어링(needle roller bearing)
④ 세라믹 볼베어링(ceramic ball bearing)

풀이 니들 롤러베어링 : 단위 면적당 큰 하중을 견딜 수 있어, 협소한 상소에서 큰 하중이 작용하는 곳에 주로 사용한다.

39 선반의 구조는 크게 4부분으로 구분하는데 이에 해당하지 않는 것은?

① 공구대 ② 심압대
③ 주축대 ④ 베드

풀이 선반의 주요 구성 부분은 주축대, 왕복대. 심압대, 베드이다.

40 다음 중 주로 각도 측정에 사용되는 측정기구는?

① 게이지 블록 ② 하이트 게이지
③ 공기 마이크로미터 ④ 사인바

풀이 사인바
블록 게이지로 양단의 높이를 맞추어, 삼각함수(sine)를 이용하여 각도를 측정한다.

41 밀링커터의 날 수 12개, 1날당 이송량 0.15 mm, 회전수가 600rpm일 때 테이블 이송속도는 몇 mm/min인가?

① 108 ② 54
③ 1,080 ④ 549

풀이 테이블 이송속도 $f = f_z \times z \times n$
$$= 0.15 \times 12 \times 600$$
$$= 1,080\text{mm/min}$$

여기서, f_z : 밀링커터의 날 1개당 이송량(mm)
　　　　z : 밀링커터의 날 수
　　　　n : 밀링커터의 회전수(rpm)

42 센터리스 연삭기에 대한 설명 중 틀린 것은?

① 가늘고 긴 가공물의 연삭에 적합하다.
② 가공물을 연속으로 가공할 수 있다.
③ 조정숫돌과 지지대를 이용하여 가공물을 연삭한다.
④ 가공물 조정은 센터, 척, 자석척 등을 이용한다.

풀이 조정숫돌을 1~5° 기울여 공작물이 회전되면서 자동으로 이송되어 연삭할 수 있다.

43 CNC 선반의 좌표계 설정에 대한 설명으로 틀린 것은?

① 좌표계를 설정하는 명령어로 G50을 사용한다.

② 일반적으로 좌표계는, Z축의 직교 좌표계를 사용한다.

③ 주축 방향과 직각인 축을 Z축으로 설정한다.

④ 프로그램을 작성할 때 도면 또는 일감의 기준점을 나타낸다.

풀이 주축 방향과 직각인 축을 X축으로 설정한다.

44 프로그램 원점을 기준으로 직교 좌표계의 좌푯값을 입력하는 방식은?

① 혼합지령 방식   ② 증분지령 방식

③ 절대지령 방식   ④ 구열지령 방식

풀이 절대지령 방식 : 프로그램 원점을 기준으로 직교 좌표계의 좌푯값을 입력하는 방식을 말한다.

45 CAD/CAM 주변기기에서 기억장치는 어느 것인가?

① 하드 디스크   ② 디지타이저

③ 플로터   ④ 키보드

풀이 하드 디스크가 기억장치이며, 디지타이저, 키보드는 입력장치, 플로터는 출력장치이다.

46 머시닝 센터 프로그램에서 고정 사이클의 용도로 부적절한 것은?

① 드릴 가공   ② 탭 가공

③ 3D 형상 가공   ④ 보링 가공

풀이 고정 사이클 가공은 드릴 가공, 탭 가공, 보링 가공 등 주로 반복 작업을 수행하는 데 사용한다.

47 그림의 프로그램 경로에 대한 공구경 보정 지령절로 맞는 것은?

공구경로
프로그램 경로

① G40 G01 X__ Y__ D12 ;

② G41 G01 X__ Y__ D12 ;

③ G42 G01 X__ Y__ D12 ;

④ G43 G01 X__ Y__ D12 ;

풀이 G41 G01 X__ Y__ D12 ; → 공구가 공작물의 왼쪽에 존재하므로 G41을 지령한다.

• G42(공구지름 보정 우측) : 공구가 공작물의 오른쪽에 존재한다.

• G40(공구지름 보정 취소) : 공작물 위에 공구가 존재한다.

[외측 공구경 보정의 방향]

[내측 공구경 보정의 방향]

48 CNC 선반에서 원호가공의 범위는 얼마인가?

① $\theta \leq 180°$ ② $\theta \geq 180°$

③ $\theta \leq 90°$ ④ $\theta \geq 90°$

풀이 CNC 선반에서 원호가공의 범위는 $\theta \leq 180°$이다.

49 머시닝 센터에서 주축 회전수를 200rpm으로 피치 2mm인 나사를 가공하고자 한다. 이때 이송속도 F는 몇 mm/min으로 지령해야 하는가?

① 100 ② 200

③ 300 ④ 400

풀이 이송속도(F) = 회전수(N) × 피치(p)
$$= 200 \times 2 = 400 \text{mm/min}$$

50 CNC 선반가공에서 그림과 같이 ㉠~㉣로 가공하는 단일형 내·외경 절삭 사이클 프로그램으로 적합한 것은?

① G92 X20. Z−28. F0.25 ;

② G94 X20. Z28. F0.25 ;

③ G90 X20. Z−28. F0.25 ;

④ G72 X20. W−28. F0.25 ;

풀이 • G90 : 내·외경 절삭 사이클
• G90 X20. Z−28. F0.25 ;
원점 표시기호(⊕)를 기준으로 좌푯값을 생각하므로 X 좌푯값은 ϕ20이므로 X20.을 입력하고 원점 표시기호 왼쪽으로 28만큼 가공해야 하므로 Z−28.을 입력한다.

51 CNC 공작기계의 안전운전을 위한 점검사항과 관계가 먼 것은?

① 기계의 동작부위에 방해물질이 있는가를 점검한다.

② 공구대의 정상 작동 상태를 점검한다.

③ 이상 소음의 발생 개소가 있는지를 점검한다.

④ 볼 스크루의 정밀도를 점검한다.

풀이 볼 스크루의 정밀도를 점검하는 것은 기계 정밀도 점검에 해당된다.

52 다음 CNC 선반 프로그램에서 지름 40mm일 때 주축 회전수는?

```
G50 S1800 ;
G96 S280 ;
```

① 280rpm ② 1,800rpm

③ 2,229rpm ④ 3,516rpm

풀이 • $N = \dfrac{1,000S}{\pi D}(\text{rpm}) = \dfrac{1,000 \times 280}{\pi \times 40}$
$$= 2,228.17 ≒ 2,229 \text{rpm}$$

여기서, N : 주축의 회전수(rpm)
S : 절삭속도(m/min) ⇒ S280
D : 공작물의 지름(mm) ⇒ ϕ40

• G50 S1800 ;
G50에서 주축 최고 회전수를 1,800rpm으로 제한하였으므로 주축의 회전수는 2,229rpm이 아니라 1,800rpm이다.

53 CNC 선반에서 나사절삭 시 나사 바이트가 시작점이 동일한 점에서 시작되도록 해주는 기구를 무엇이라고 하는가?

① 인코더(encoder)

② 위치 검출기(position coder)

③ 리졸버(resolver)

④ 볼 스크루(ball screw)

풀이 • 인코더(encoder) : CNC 기계의 움직임을 전기적 신호로 변환하여 속도 제어와 위치 검출을 하는 일종의 피드백 장치이다.

정답 | 48 ① 49 ④ 50 ③ 51 ④ 52 ② 53 ②

- 위치 검출기(position coder) : CNC 선반에서 나사절삭 시 나사 바이트가 시작점이 동일한 점에서 시작되도록 해주는 기구이다.
- 리졸버(resolver) : CNC 기계의 움직임을 전기적 신호로 표시하는 피드백 장치이다.
- 볼 스크루(ball screw) : 서보모터의 회전운동을 직선운동으로 바꾸어 테이블을 구동시키는 나사이다.

54 CNC 제어에 사용하는 기능 중 주로 ON/OFF 기능을 수행하는 것은?

① G 기능　　　　② S 기능
③ T 기능　　　　④ M 기능

풀이 보조기능(M) : 제어장치의 명령에 따라 CNC 공작기계가 가지고 있는 보조기능을 제어(On/Off) 하는 기능이다.

55 컴퓨터 통합 생산(CIMS) 방식의 특징으로 틀린 것은?

① life cycle time이 긴 경우에 유리하다.
② 품질의 균일성을 향상시킨다.
③ 재고를 줄임으로써 비용이 절감된다.
④ 생산과 경영관리를 효율적으로 하여 제품 비용을 낮출 수 있다.

풀이 life cycle time이 짧은 경우에 유리하다.

56 다음 중 휴지기능의 시간설정 어드레스만으로 바르게 구성된 것은?

① P, Q, K　　　　② G, Q, U
③ A, P, Q　　　　④ P, U, X

풀이 G04(휴지, Dwell)에서 지령한 시간 동안 공구의 이송을 정지시키는 기능으로 기종에 따라 X, U, P를 사용한다.

57 CNC 공작기계는 프로그램의 오류가 생기면 충돌사고를 유발한다. 프로그램의 오류를 검사하는 방법으로 적절하지 않은 것은?

① 수동으로 프로그램을 검사하는 방법
② 프로그램 조작기를 이용한 모의 가공 방법
③ 드라이 런 기능을 이용하여 모의 가공하는 방법
④ 자동 가공 기능을 이용하여 가공 중 검사하는 방법

풀이 프로그램 오류 검사가 완료되어 이상이 없는 경우 자동 가공 기능을 이용하여 가공한다. 따라서 자동 가공 기능을 이용하여 가공 중 검사하는 방법은 옳지 않다.

58 기계 설비의 산업재해 예방 중 가장 바람직한 것은?

① 위험 상태의 제거
② 위험 상태의 삭감
③ 위험에의 적응
④ 보호구의 착용

풀이 위험 상태의 제거가 기계 설비의 산업재해 예방 중 가장 바람직하다.

59 다음 도면에서 M40×1.5로 나타낸 부분을 CNC 프로그램할 때 (　) 안에 알맞은 것은?

(　) X39.9 Z-20. F1.5 ;

① G94　　　　② G92
③ G90　　　　④ G50

풀이
- G92 : 나사 절삭 사이클
- G94 : 단면 절삭 사이클
- G90 : 내·외경 절삭 사이클
- G50 : 공작물 좌표계 설정, 주축 최고 회전수 설정

60 선삭 인서트 팁의 규격이 다음과 같을 때 날 끝의 반지름(Nose R)은 얼마인가?

DNMG120408

① 0.12mm   ② 1.2mm

③ 0.4mm   ④ 0.8mm

풀이 선삭 인서트 팁의 규격(DNMG120408)

D : 인서트 팁 형상(마름모형 꼭지각 55°)

N : 인서트 팁 여유각(N=0°)

M : 정밀도(공차), M 등급

G : 홈 · 구멍의 팁 단면형상

12 : 절삭날 길이(12mm)

04 : 인서트 팁 두께(4.76mm)

08 : 코너 반경(0.8mm)

01 주철의 성장 원인이 아닌 것은?

① 흡수한 가스에 의한 팽창

② Fe_3C의 흑연화에 의한 팽창

③ 고용 원소인 Sn의 산화에 의한 팽창

④ 불균일한 가열에 의해 생기는 파열 팽창

풀이 ③ 고용 원소인 규소(Si)의 산화에 의한 팽창

02 강을 절삭할 때 쇳밥(chip)을 잘게 하고 피삭성을 좋게 하기 위해 황, 납 등의 특수원소를 첨가하는 강은?

① 레일강   ② 쾌삭강

③ 다이스강   ④ 스테인리스강

풀이 쾌삭강 : 강에 황(S), 납(Pb)를 첨가하여 피삭성을 좋게 만드는 특수강

03 일반적으로 경금속과 중금속을 구분하는 비중의 경계는?

① 1.6   ② 2.6

③ 3.6   ④ 4.6

풀이 비중 크기

경금속 < 4.6 < 중금속

04 열처리방법 중에서 표면경화법에 속하지 않는 것은?

① 침탄법   ② 질화법

③ 고주파경화법   ④ 항온열처리법

풀이 항온열처리 : 변태점 이상으로 가열한 강을 보통의 열처리와 같이 연속적으로 냉각하지 않고 염욕 중에 담금질하여 그 온도에 일정한 시간 항온으로 유지하였다가 냉각하는 열처리

05 황동의 자연균열 방지책이 아닌 것은?

① 온도 180~260℃에서 응력제거 풀림처리

② 도료나 안료를 이용하여 표면처리

③ Zn 도금으로 표면처리

④ 물에 침전처리

풀이 자연균열

• 황동이 공기 중의 암모니아, 기타 염류에 의해 입간부식을 일으키는 현상으로 상온가공에 의한 내부응력 때문에 생긴다.

• 방지법 : 도료 및 아연(Zn) 도금, 저온 풀림처리 (180~260℃, 20~30분간)

06 열경화성 수지가 아닌 것은?

① 아크릴수지   ② 멜라민수지

③ 페놀수지   ④ 규소수지

풀이 아크릴수지 : 열가소성 수지

07 알루미늄의 특성에 대한 설명 중 틀린 것은?

① 내식성이 좋다.

② 열전도성이 좋다.

③ 순도가 높을수록 강하다.

④ 가볍고 전연성이 우수하다.

정답 | 01 ③ **02** ② **03** ④ **04** ④ **05** ④ **06** ① **07** ③

풀이 Al은 순도가 높으면 전연성이 크고, 강도 · 경도는 작다.

08 스프링을 사용하는 목적이 아닌 것은?

① 힘 축적   ② 진동 흡수

③ 동력 전달   ④ 충격 완화

풀이 스프링의 용도

• 진동 흡수, 충격 완화(철도, 차량)

• 에너지 축적(시계 태엽)

• 압력의 제한(안전 밸브) 및 힘의 측정(압력 게이지, 저울)

• 기계 부품의 운동 제한 및 운동 전달(내연기관의 밸브 스프링)

09 저널 베어링에서 저널의 지름이 30mm, 길이가 40mm, 베어링의 하중이 2,400N일 때 베어링의 압력(N/mm²)은?

① 1   ② 2

③ 3   ④ 4

풀이
$$q(\text{베어링 압력}) = \frac{\text{베어링 하중}}{\text{투사면적}}$$
$$= \frac{P(\text{베어링 하중})}{d(\text{지름}) \times l(\text{저널 길이})}$$
$$= \frac{2,400\text{N}}{30\text{mm} \times 40\text{mm}} = 2\text{N/mm}^2$$

10 축에 키홈을 파지 않고 축과 키 사이의 마찰력만으로 회전력을 전단하는 키는?

① 새들 키   ② 성크 키

③ 반달 키   ④ 둥근 키

풀이 안상(새들) 키

11 웜기어에서 웜이 3줄이고 웜휠의 잇수가 60개일 때의 속도비는?

① $\frac{1}{10}$ ② $\frac{1}{20}$

③ $\frac{1}{30}$ ④ $\frac{1}{60}$

풀이 웜기어 속도비 $i = \dfrac{N_g}{N_w} = \dfrac{n}{Z_g} = \dfrac{3}{60} = \dfrac{1}{20}$

여기서, n : 웜의 줄 수, N_w : 웜의 회전수

Z_g : 웜휠의 잇수, N_g : 웜휠의 회전수

12 시편의 표점거리가 40mm이고 지름이 15mm일 때 최대하중 6kN에서 시편이 파단되었다면 연신율은 몇 %인가?(단, 연신된 길이는 10mm이다.)

① 10   ② 12.5

③ 25   ④ 30

풀이 연신율 ε
$$= \frac{\text{늘어난 길이(연신된 길이)}}{\text{시편 표점거리}} \times 100(\%)$$
$$= \frac{10\text{mm}}{40\text{mm}} \times 100(\%) = 25\%$$

13 비틀림 모멘트를 받는 회전축으로 치수가 정밀하고 변형량이 적어 주로 공작기계의 주축에 사용하는 축은?

① 차축   ② 스핀들

③ 플렉시블 축   ④ 크랭크축

풀이 ㉠ 차축 : 주로 굽힘 모멘트를 받는 축, 철도 차량의 차축

㉡ 스핀들 : 주로 비틀림 모멘트를 받으며 직접 일을 하는 회전축으로 치수가 정밀하고 변형량이 작으며, 길이가 짧아 선반, 밀링머신 등 공작기계의 주축으로 사용한다.

㉢ 플렉시블 축 : 축의 방향을 자유롭게 바꾸거나 충격을 완화시키기 위하여 사용

㉣ 크랭크축 : 직선운동과 회전운동을 상호 변환시켜 주는 축

14 나사를 기능상으로 분류했을 때 운동용 나사에 속하지 않는 것은?

① 볼나사   ② 관용나사

③ 둥근나사   ④ 사다리꼴나사

풀이 관용나사는 나사산의 각도가 55°인 삼각나사로 체결용 나사이다.

    ※ 운동용 나사 : 사각나사, 사다리꼴나사, 톱니나사, 볼나사, 둥근나사 등

15 부품의 위치결정 또는 고정 시에 사용되는 체결요소가 아닌 것은?

① 핀(pin)   ② 너트(nut)

③ 볼트(bolt)   ④ 기어 (gear)

풀이 기어는 물체의 결합용 기계요소가 아니고 직접 동력 전달용 기계요소이다.

16 기계제도에서 치수 기입 원칙에 관한 설명 중 틀린 것은?

① 기능, 제작, 조립 등을 고려하여 필요한 수치를 명료하게 도면에 기입한다.

② 치수는 되도록 주 투상도에 집중한다.

③ 치수의 자릿수가 많은 경우 3자리마다 ", " 표시를 하여 자릿수를 명료하게 한다.

④ 길이의 치수는 원칙으로 mm 단위로 하고 단위 기호는 붙이지 않는다.

풀이 치수의 자릿수가 많은 경우 3자리마다 숫자의 사이를 적당히 띄우고 콤마는 찍지 않는다.

17 다음과 같은 표면의 결 표시기호에서 가공방법은?

① 밀링   ② 연삭

③ 선삭   ④ 줄다듬질

풀이 가공방법에 따른 기호

가공방법	약호	
	I	II
밀링 가공	M	밀링
연삭 가공	G	연삭
선반 가공	L	선삭
줄 다듬질	FF	줄

18 그림과 같은 입체도에서 화살표 방향 투상도로 가장 적합한 것은?

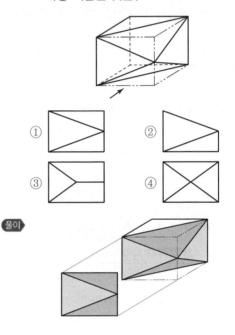

①   ②

③   ④

풀이

19 그림과 같은 도면에서 데이텀 표적 도시기호의 의미로 옳은 것은?

① 두 개의 X를 연결한 선의 데이텀 표적

② 두 개의 점 데이텀 표적

③ 두 개의 X를 연결한 선을 반지름으로 하는 원의 데이텀 표적

④ 10mm 높이의 직사각형 영역의 면 데이텀 표적

정답 | 14 ②   15 ④   16 ③   17 ①   18 ①   19 ①

풀이 데이텀 표적이 선일 때 두 개의 X를 연결한 선이 데이텀 표적이다.

20 투상한 대상물의 일부를 파단한 경계 또는 일부를 떼어낸 경계를 표시하는 데 사용하는 선은?

① 절단선 ② 파단선
③ 가상선 ④ 특수 지정선

풀이 파단선 : 물체의 일부를 자른 경계 또는 일부를 잘라 떼어낸 경계를 표시하는 데 사용한다.

21 다음과 같은 도면에서 대각선으로 교차한 가는 실선 부분은 무엇을 나타내는가?

① 취급 시 주의 표시
② 다이아몬드 형상을 표시
③ 사각형 구멍 관통
④ 평면이란 것을 표시

풀이 평면 표시로 평면에 해당하는 부분에 대각선 방향으로 가는 실선으로 그린다.

평면이라는 표시(가는 실선)

22 치수공차 및 끼워맞춤에 관한 용어 설명 중 틀린 것은?

① 허용한계치수 : 형체의 실치수가 그 사이에 들어가도록 정한 허용할 수 있는 대소 2개의 극한의 치수
② 기준치수 : 위 치수 허용차 및 아래 치수 허용차를 적용하는 데 따라 허용한계치수가 주어지는 기준이 되는 치수
③ 공차등급 : 치수공차방식 · 끼워맞춤방식으로 전체의 기준치수에 대하여 동일 수준

에 속하는 치수공차의 한 그룹

④ 최대 실체치수 : 형체의 실체가 최대가 되는 쪽의 허용한계치수로서 내측 형체에 대해서는 최대 허용치수, 외측 형체에 대해서는 최소 허용치수를 의미

풀이 최대 실체 치수 : 실체(구멍, 축)가 최대 질량을 갖는 조건이므로 구멍 지름(내측 형체)이 최소이거나 축 지름(외측 형체)이 최대일 때를 말한다. 즉, 내측 형체에 대해서는 최소 허용치수, 외측 형체에 대해서는 최대 허용치수를 의미한다.

23 나사의 각 부분을 표시하는 선에 관한 설명으로 맞는 것은?

① 수나사의 골지름과 암나사의 골지름은 굵은 실선으로 표시한다.
② 완전 나사부와 불완전 나사부의 경계는 가는 실선으로 표시한다.
③ 나사의 골면에서 본 투상도에서는 나사의 골 밑은 굵은 실선으로 그린 원주의 3/4에 거의 같은 원의 일부로 표시한다.
④ 수나사의 바깥지름과 암나사의 안지름은 굵은 실선으로 표시한다.

풀이 나사의 도시법
• 수나사의 골지름과 암나사의 골지름은 가는 실선으로 표시한다.
• 완전 나사부와 불완전 나사부의 경계는 굵은 실선으로 표시한다.
• 나사의 골면에서 본 투상도에서는 나사의 골 밑은 가는 실선으로 그린 원주의 3/4에 거의 같은 원의 일부로 표시한다.

24 다음과 같은 맞춤 핀에서 호칭지름은 몇 mm 인가?

| 맞춤 핀 KS B 1310 - 6 × 30 - A - St |

① 13mm ② 6mm
③ 10mm ④ 30mm

25 다음과 같은 도면은 무슨 기어의 맞물리는 기어 간략도인가?

① 헬리컬 기어   ② 베벨 기어
③ 웜 기어   ④ 스파이럴 베벨 기어

풀이 스파이럴 베벨 기어는 잇줄의 방향을 3개의 가는 실선으로 표기한다.

26 나사의 유효지름 측정과 관계 없는 것은?

① 삼침법   ② 피치게이지
③ 공구현미경   ④ 나사 마이크로미터

풀이 피치게이지
나사의 피치나 산 수를 측정

27 피복초경합금 공구의 재료가 아닌 것은?

① TiC   ② Fe_3C
③ TiN   ④ Al_2O_3

풀이 피복초경합금은 초경합금의 모재 표면에 TiC, TiCN, TiN, Al_2O_3 등을 $2\sim15\mu m$의 두께로 피복하여 사용하는 공구로 일반 초경합금보다 내마모성과 내열성이 좋다.

28 선반을 이용하여 가공할 수 있는 가공의 종류와 거리가 먼 것은?

① 홈 가공   ② 단면 가공
③ 기어 가공   ④ 나사 가공

풀이 기어 가공 : 호빙머신, 밀링머신, 셰이퍼 등을 이용해 가공한다.

29 다음 중 절삭유제의 사용 목적이 아닌 것은?

① 공구인선을 냉각시킨다.
② 가공물을 냉각시킨다.
③ 공구의 마모를 크게 한다.
④ 칩을 씻어주고 절삭부를 닦아준다.

풀이 ③ 윤활작용을 하여 공구의 마모를 감소시켜 준다.

30 밀링머신에서 생산성을 향상시키기 위한 절삭속도 선정 방법으로 올바른 것은?

① 추천 절삭속도보다 약간 낮게 설정하는 것이 커터의 수명을 연장할 수 있어 좋다.
② 거친 절삭에서는 절삭속도를 빠르게, 이송을 빠르게, 절삭 깊이를 깊게 선정한다.
③ 다듬 절삭에서는 절삭속도를 느리게, 이송을 빠르게, 절삭 깊이를 얇게 선정한다.
④ 가공물의 재질은 절삭속도와 상관없다.

풀이 ② 거친 절삭에서는 절삭속도를 느리게, 이송을 빠르게, 절삭 깊이를 깊게 선정한다.
③ 다듬 절삭에서는 절삭속도를 빠르게, 이송을 느리게, 절삭 깊이를 얇게 선정한다.
④ 가공물의 재질이 단단하면 절삭속도를 빠르게 하고, 무르면 느리게 한다.

31 연삭숫돌의 크기(규격) 표시의 순서가 올바른 것은?

① 바깥지름×구멍지름×두께
② 두께×바깥지름×구멍지름
③ 구멍지름×바깥지름×두께
④ 바깥지름×두께×구멍지름

풀이 숫돌 크기의 표시방법
바깥지름×두께×구멍지름

32 호닝에 대한 특징이 아닌 것은?

① 구멍에 대한 진원도, 진직도 및 표면거칠기를 향상시킨다.
② 숫돌의 길이는 가공 구멍 길이의 1/2 이상으로 한다.
③ 혼은 회전운동과 축방향 운동을 동시에 시킨다.
④ 치수 정밀도는 3~10μm로 높일 수 있다.

풀이 숫돌의 길이는 공작물 길이(구멍 깊이)의 1/2 이하로 한다.

33 선반에서 구멍이 뚫린 일감의 바깥 원통면을 동심원으로 가공할 때 사용하는 부속품은?

① 방진구   ② 돌림판
③ 면판   ④ 맨드릴

풀이 맨드릴(mandrel) : 기어, 벨트풀리 등과 같이 구멍과 외경이 동심원인 부품을 가공할 때, 공작물의 구멍을 먼저 가공하고 이 구멍에 맨드릴을 끼워 양 센터로 지지하여 외경과 측면을 가공하기 위한 선반의 부속장치

34 드릴을 재연삭할 경우 틀린 것은?

① 절삭날의 길이를 좌우가 같게 한다.
② 절삭날의 여유각을 일감의 재질에 맞게 한다.
③ 절삭날의 중심선과 이루는 날끝반각을 같게 한다.
④ 드릴의 날끝각 검사는 센터 게이지를 사용한다.

풀이 ④ 드릴의 날끝각 검사는 드릴 포인트 게이지를 사용한다.

35 작업대 위에 설치해야 할 만큼의 소형 선반으로 시계 부품, 재봉틀 부품 등의 소형물을 주로 가공하는 선반은?

① 탁상선반   ② 정면선반
③ 터릿선반   ④ 공구선반

풀이 탁상선반 : 작업대에 고정 설치하여 시계와 계기 등 소형 부품을 만드는 데 이용되는 선반

36 지름이 250mm인 연삭숫돌로 지름 20mm인 일감을 연삭할 때 숫돌바퀴의 회전수는 얼마인가?(단, 숫돌바퀴의 원주속도는 1,800m/min)이다.

① 2,575rpm   ② 2,363rpm
③ 2,292rpm   ④ 2,124rpm

풀이 숫돌바퀴의 회전수 $N = \dfrac{1,000\,V}{\pi D}$

$$= \frac{1,000 \times 1,800}{\pi \times 250}$$

$$= 2,291.8 \text{rpm}$$

$$\fallingdotseq 2,292 \text{rpm}$$

여기서, V : 숫돌바퀴의 원주속도(m/min)
D : 숫돌바퀴의 지름(mm)

37 길이 측정에 사용되는 공구가 아닌 것은?

① 버니어 캘리퍼스   ② 사인바
③ 마이크로미터   ④ 측장기

풀이 사인바 : 각도 측정기

38 탭의 종류 중 파이프 탭(Pipe Tap)으로 가능한 작업으로 적합하지 않은 것은?

① 오일 캡
② 리머의 가공
③ 가스 파이프 또는 파이프 이음
④ 기계 결합용 암나사 가공

풀이 파이프 탭
기계 또는 파이프 이음의 암나사를 만드는 데 사용하는 공구

39 밀링머신의 부속장치가 아닌 것은?

① 면판
② 분할대
③ 슬로팅 장치
④ 래크 절삭장치

풀이 면판은 선반의 부속장치이다.

40 다음 구성인선(built-up edge)을 방지하기 위한 가공조건에서 틀린 것은?

① 절삭 깊이를 작게 할 것
② 경사각을 작게 할 것
③ 윤활성이 있는 절삭유제를 사용할 것
④ 절삭속도를 크게 할 것

풀이 ② 윗면 경사각을 크게 할 것

41 밀링머신을 이용한 가공에서 상향절삭과 비교한 하향절삭의 특징으로 틀린 것은?

① 공구 날의 마멸이 적고 수명이 길다.
② 절삭날 자리 간격이 깊고, 가공면이 거칠다.
③ 절삭된 칩이 가공된 면 위에 쌓이므로, 가공할 면을 잘 볼 수 있다.
④ 커터 날이 공작물을 누르며 절삭하므로 공작물 고정이 쉽다.

풀이 ② 커터의 절삭방향과 이송방향이 같으므로 절삭날 하나마다의 날 자리 간격이 좁고, 가공면이 깨끗하다.

42 특정한 모양이나 같은 치수의 제품을 대량 생산할 때 적합한 것으로 구조가 간단하고 조작이 편리한 공작기계는?

① 범용 공작기계
② 전용 공작기계
③ 단능 공작기계
④ 만능 공작기계

풀이 전용 공작기계 : 같은 종류의 제품을 대량 생산하기 위한 공작기계
예 트랜스퍼 머신, 차륜선반, 크랭크축 선반 등

43 머시닝 센터에서 프로그램에 의한 보정량을 입력할 수 있는 기능은?

① G33
② G24
③ G10
④ G04

풀이 G10 : 머시닝 센터에서 "데이터 설정" G-코드이므로 프로그램에 의한 보정량을 입력할 수 있는 기능이다.

44 CNC 선반 프로그램에서 막깎기 가공 사이클로 지정 후 다듬질 가공 사이클(G70)로 마무리하는 가공 사이클 기능이 아닌 것은?

① G71
② G72
③ G73
④ G74

풀이 • 일반적으로 황삭 가공(G71, G72, G73) 완료 후 정삭 가공(G70)으로 마무리한다.
• G74는 단면 홈 가공 사이클이다.
• 황삭 : rough machining(grinding), 거친 절삭
• 정삭 : for finishing, 정밀 절삭

45 CNC 프로그램에서 공구의 인선 반지름(R) 보정 기능이 가장 필요한 CNC 공작기계는?

① CNC 밀링
② CNC 선반
③ CNC 호빙머신
④ CNC 와이어 컷 방전 가공기

풀이 CNC 선반은 테이퍼 절삭이나 원호 절삭의 경우 인선(공구의 날 끝 둥근 부분) 반경에 의하여 과대절삭이나 과소절삭이 발생하여 오차가 많이 발생한다.

46 다음과 같은 CNC 선반의 외경 가공용 프로그램에서 공구가 공작물의 외경 30mm 부위에 도달했을 때 주축 회전수는 약 몇 rpm인가?

G96 S180 M03 ;

① 1,690
② 1,910
③ 2,000
④ 1,540

풀이 $N = \dfrac{1,000S}{\pi D}\text{(rpm)} = \dfrac{1,000 \times 180}{\pi \times 30}$

$= 1,909.86 ≒ 1,910\text{rpm}$

여기서, N : 주축의 회전수(rpm)

S : 절삭속도(m/min) ⇒ S180

D : 공작물의 지름(mm) ⇒ $\phi30$

47 기계의 일상 점검 중 매일 점검에 가장 가까운 것은?

① 소음상태 점검
② 기계의 레벨 점검
③ 기계의 정적정밀도 점검
④ 절연상태 점검

풀이 일상 점검
- 매일 점검 : 외관 점검, 유량 점검, 압력 점검. 각부의 작동상태 점검, 소음상태 점검
- 매월 점검 : 각부의 필터 점검, 각부의 팬 모터 점검, 그리스유 주입, 백래시 보정
- 매년 점검 : 기계 레벨(수평) 점검, 기계 정밀도 검사, 절연상태 점검

48 CNC 선반에서 복합 반복 사이클(G71)로 거친 절삭을 지령하려고 한다. 각 주소(Address)의 설명으로 틀린 것은?

> G71 U(△d) R(e) ;
> G71 P(ns) Q(nf) U(△u) W(△w) F(f) ;
> 또는
> G71 P(ns) Q(nf) U(△u) W(△w) D(△d) F(f) ;

① △u : X축 방향 다듬질 여유로 지름값으로 지정
② △w : Z축 방향 다듬질 여유
③ △d : Z축 1회 절입량으로 지름값으로 지정
④ F : G71 블록에서 지령된 이송속도

풀이 △d : 1회 X축 방향 가공깊이(절삭깊이)

49 머시닝 센터에서 작업평면이 Y−Z 평면일 때 지령되어야 할 코드는?

① G17
② G18
③ G19
④ G20

풀이 G17 : X−Y 평면 설정, G18 : Z−X 평면 설정, G19 : Y−Z 평면 설정, G20 : Inch 입력이다.

50 CNC 프로그램에서 지령된 블록에서만 유효한 G 코드(one shot G 코드)는?

① G00
② G04
③ G17
④ G41

풀이 ㉠ 1회 유효 G 코드(one shot G code)
- 지정된 명령절에서만 유효한 G−코드
- G04(일시 정지)

㉡ 연속 유효 G 코드(modal G code)
- 동일 그룹 내의 다른 G 코드가 나올 때까지 유효한 G 코드
- G00[위치 결정(급속 이송)], G17(X−Y 평면 선택), G41(공구인선 반지름 보정 좌측)

51 다음 중 A(10, 20)에서 시계 방향으로 360° 원호가공을 하려고 할 때 맞게 명령한 것은?

① G02 X10. R10. ;
② G03 X10. R10. ;
③ G02 I10. ;
④ G03 I10. ;

풀이 원호가공 프로그램 : G02 I10. ;
- G02 : 시계방향가공
- I10. : 원호의 중심이 시작점(점 A)을 기준으로 X축 방향으로 +10mm만큼 떨어져 있다.

52 선반작업 시 일반적인 안전 수칙 중 잘못된 것은?

① 작업 중 일감이 튀어나오지 않도록 확실히 고정시킨다.
② 작업 중 회전 공작물에 말려들지 않도록 복장을 단정하게 한다.
③ 절삭가공을 할 때에는 반드시 보안경을 착용하여 눈을 보호한다.
④ 바이트는 가공시간의 절약을 위해 가공 중에 교환한다.

풀이 • 바이트는 기계를 정지시킨 다음에 설치한다.
• 바이트는 너무 길게 설치하지 않는다.

53 머시닝 센터 작업 시 안전 및 유의 사항으로 틀린 것은?

① 기계원점 복귀는 급속이송으로 한다.
② 가공하기 전에 공구경로 확인을 반드시 한다.
③ 공구 교환 시 ATC의 작동 영역에 접근하지 않는다.
④ 항상 비상정지 버튼을 작동시킬 수 있도록 준비한다.

풀이 ① 기계에 전원 투입 후 안전 위치에서 저속으로 원점 복귀한다.

※ ATC(Automatic Tool Changer) : 자동공구교환장치

54 절삭 공구재료로 사용되며 TiC를 주체로 하고 TiN, TiCN 등의 탄화물을 초미립화하여 소결시킨 합금은?

① 초경합금
② 세라믹(ceramic)
③ 서멧(cermet)
④ CBN(cubic boron nitride)

풀이 서멧(cermet) : 서멧은 티타늄 계열 경질입자가 함유된 초경합금으로 세라믹(ceramic)과 메탈(metal)의 합성어이다. 세라믹의 취성을 보완하기 위해 개발

된 내화물과 금속 복합체의 총칭으로 고속절삭에서 저속절삭까지 사용 범위가 넓고 크레이터 마모, 플랭크 마모 등이 적으며, 구성인선이 거의 발생하지 않는 공구이며, Al_2O_3 분말에 TiC 또는 TiN 분말을 혼합하여 수소 분위기 속에서 소결하여 제작한다.

55 CNC 프로그램에서 공구기능에 속하는 어드레스는?

① G   ② F
③ T   ④ M

풀이 준비기능(G), 이송기능(F), 공구기능(T), 보조기능(M)

56 CNC 선반에서 공구 위치가 다음과 같을 때 좌표계 설정으로 올바른 것은?

① G50 X120. Z120. ;
② G50 X240. Z120. ;
③ G50 X120. Z240. ;
④ G54 X120. Z120. ;

풀이 (X0. Z0.)이 원점이고 공구의 위치가 X축 방향으로 120mm, Z축 방향으로 120mm만큼 떨어져 있으므로 G50 X120. Z120. ;이다.

57 DNC 시스템의 구성요소가 아닌 것은?

① CNC 공작기계
② 중앙 컴퓨터
③ 통신선
④ 플로터

풀이 DNC 시스템의 구성요소
중앙 컴퓨터, CNC 공작기계, 통신선

58 머시닝 센터에서 가공물의 고정시간을 줄여 생산성을 높이기 위하여 부착하는 장치를 의미하는 약어는?

① FA ② ATC

③ FMS ④ APC

풀이 • APC(자동 팔레트 교환장치) : 공작물을 자동으로 공급하는 장치 및 가공물을 탈착하는 장치

• ATC(자동 공구 교환장치) : 필요한 공구를 자동으로 교환하는 장치

59 CNC 공작기계에서 작업을 수행하기 위한 제어방식이 아닌 것은?

① 윤곽절삭 제어

② 평면절삭 제어

③ 직선절삭 제어

④ 위치결정 제어

풀이 CNC 공작기계는 제어방식에 따라 위치결정 제어, 직선절삭 제어, 윤곽절삭 제어의 3가지 방식으로 구분할 수 있다.

60 다음 보기에서 기능 취소를 나타내는 준비기능을 모두 고른 것은?

(A) G40	(B) G70
(C) G90	(D) G28
(E) G49	(F) G80

① B, C, D ② A, C, E

③ B, D, F ④ A, E, F

풀이 • G40(공구인선반지름 보정 취소), G49(공구길이 보정 취소), G80(고정 사이클 취소)

• G28(기계 원점 복귀), G70(정삭 사이클), G90(내 · 외경 절삭 사이클)

01 Cr 10~11%, Co 26~58%, Ni 10~16%를 함유하는 철합금으로 온도 변화에 대한 탄성률의 변화가 극히 적고 공기 중이나 수중에서 부식되지 않고, 스프링, 태엽, 기상관측용 기구의 부품에 사용되는 불변강은?

① 인바(invar)

② 코엘린바(coelinvar)

③ 퍼멀로이(permalloy)

④ 플래티나이트(platinite)

풀이 불변강은 Fe와 Ni이 공통으로 함유되어 있고 나머지 성분만 구분하면 되는데 코엘린바는 크롬(Cr)과 코발트(Co)가 추가로 함유된 불변강이다.

※ 코엘린바 : 크롬+코발트('ㅋ'을 공통으로 기억)

02 주철의 흑연화를 촉진시키는 원소가 아닌 것은?

① Al ② Mn

③ Ni ④ Si

풀이 시멘타이트의 흑연화
- 주철조직에 함유된 시멘타이트(Fe_3C)를 열처리하여 흑연으로 분해
- 흑연화 촉진원소 : 규소(Si), 니켈(Ni), 알루미늄(Al), Ti(티탄), Co(코발트)
  ※ '규니는 알루미늄으로 된 티코를 탄다.'로 암기
- 흑연화 방해원소 : 망간(Mn), 황(S), 몰리브덴(Mo), 텅스텐(W), 바나듐(V), 크롬(Cr)

03 설계도면에 SM40C로 표시된 부품이 있다. 어떤 재료를 사용해야 하는가?

① 인장강도가 40MPa인 일반구조용 탄소강

② 인장강도가 40MPa인 기계구조용 탄소강

③ 탄소를 0.37~0.43% 함유한 일반구조용 탄소강

④ 탄소를 0.37~0.43% 함유한 기계구조용 탄소강

풀이 SM40C
기계구조용 탄소강(steel machine carbon), 탄소 0.37~0.43%를 함유

04 담금질한 탄소강을 뜨임 처리하면 어떤 성질이 증가되는가?

① 강도 ② 경도

③ 인성 ④ 취성

풀이 뜨임
담금질 후 금속의 내부응력을 제거하고 인성을 개선

05 철강 재료에 관한 올바른 설명은?

① 용광로에서 생산된 철은 강이다.

② 탄소강은 탄소 함유량이 3.0~4.3% 정도이다.

③ 합금강은 탄소강에 필요한 합금 원소를 첨가한 것이다.

④ 탄소강의 기계적 성질에 가장 큰 영향을 끼치는 원소는 규소(Si)이다.

풀이 ① 용광로에서 생산된 철은 선철이다.
② 탄소강은 탄소 함유량이 0.02~2.11% 정도이다.
④ 탄소강의 기계적 성질에 가장 큰 영향을 끼치는 원소는 탄소(C)이다.

06 주조경질합금의 대표적인 스텔라이트의 주성분을 올바르게 나타낸 것은?

① 몰리브덴－바나듐－탄소－티탄
② 크롬－탄소－니켈－마그네슘
③ 탄소－텅스텐－크롬－알루미늄
④ 코발트－크롬－텅스텐－탄소

풀이 주조경질합금(스텔라이트)
• 주조한 상태의 것을 연삭하여 가공하기 때문에 열처리가 불필요하다.
• 절삭속도는 고속도강의 2배이며, 사용 온도는 800℃까지 가능하다.
• 코발트(Co)－크롬(Cr)－텅스텐(W) 합금으로, Co가 주성분이다.
※ 암기법－주조(술)는 코크통에 넣어라.

07 강괴를 탈산 정도에 따라 분류할 때 이에 속하지 않는 것은?

① 림드강
② 세미 림드강
③ 킬드강
④ 세미 킬드강

풀이 탈산 정도에 따른 강괴의 종류(탈산이 잘된 순서)
킬드강 > 세미킬드강 > 캡트강 > 림드강

08 구름베어링 중에서 볼베어링의 구성요소와 관련이 없는 것은?

① 외륜
② 내륜
③ 니들
④ 리테이너

풀이 니들(needle : 바늘) : 바늘 모양의 롤러로 니들 롤러베어링의 부품이다.

[구름베어링의 구조]

09 평기어에서 피치원의 지름이 132mm, 잇수가 44개인 기어의 모듈은?

① 1
② 3
③ 4
④ 6

풀이 모듈 $m = \dfrac{D(\text{피치원 지름})}{Z(\text{기어 잇수})} = \dfrac{132\,\text{mm}}{44} = 3$

($D = m \cdot z$에서)

10 나사 및 너트의 이완을 방지하기 위하여 주로 사용되는 핀은?

① 테이퍼 핀
② 평행 핀
③ 스프링 핀
④ 분할 핀

풀이 분할 핀
한쪽 끝이 두 가닥으로 갈라진 핀으로, 나사 및 너트의 이완을 방지하거나 축에 끼워진 부품이 빠지는 것을 막음

11 그림에서 응력집중 현상이 일어나지 않는 것은?

풀이 응력집중

재료에 하중을 가했을 때, 노치(notch)나 구멍 등의 단면이 급격히 변하는 부분에 응력이 집중되는 현상

12 압축 코일스프링에서 코일의 평균지름(D)이 50mm, 감김수가 10회, 스프링지수(C)가 5.0일 때 스프링 재료의 지름은 약 몇 mm인가?

① 5   ② 10

③ 15   ④ 20

풀이 $C = \dfrac{D}{d}$

여기서, D : 스프링 전체의 평균지름

d : 소선의 지름(재료의 지름)

C : 스프링 지수

$d = \dfrac{D}{C} = \dfrac{50\text{mm}}{5} = 10\text{mm}$

∴ 스프링 재료의 지름＝10mm

13 나사 결합부에 진동하중이 작용하던가, 심한 하중변화가 있으면 어느 순간에 너트가 풀리기 쉽다. 너트의 풀림 방지법으로 사용하지 않는 것은?

① 나비 너트   ② 분할 핀

③ 로크 너트   ④ 스프링 와셔

풀이 나비 너트

공구 없이 손으로 돌려서 체결할 수 있는 손잡이가 달린 너트

14 나사에 관한 설명으로 옳은 것은?

① 1줄 나사와 2줄 나사의 리드(Lead)는 같다.

② 나사의 리드각과 비틀림각의 합은 90°이다.

③ 수나사의 바깥지름은 암나사의 안지름과 같다.

④ 나사의 크기는 수나사의 골지름으로 나타낸다.

풀이 ① '리드＝나사줄수×피치'이므로 2줄 나사의 리드는 1줄 나사의 2배이다.

③ 수나사의 바깥지름은 암나사의 골지름과 같다. (수나사의 골지름은 암나사의 안지름과 같다.)

④ 나사의 크기는 수나사의 바깥지름으로 나타난다. (호칭지름)

15 체인 전동의 특징으로 잘못된 것은?

① 고속 회전의 전동에 적합하다.

② 내열성, 내유성, 내습성이 있다.

③ 큰 동력 전달이 가능하고 전동 효율이 높다.

④ 미끄럼이 없고 정확한 속도비를 얻을 수 있다.

풀이 체인 전동의 특징

• 소음과 진동이 커서 고속회전에는 부적합하며 저속운전 시 지속적으로 큰 힘을 전달할 때 주로 사용한다.

• 동력을 전달하는 두 축 사이의 거리가 비교적 멀어 기어 전동이 불가능한 곳에 사용한다.

• 미끄럼 없이 큰 동력을 정확하게 효율적으로 전달할 수 있다.

16 제3각법으로 투상된 그림과 같은 투상도에서 평면도로 가장 적합한 것은?

17 다음과 같이 물체의 구멍, 홈 등 특정 부위만의 모양을 도시하는 투상도의 명칭은?

① 보조 투상도   ② 국부 투상도

③ 전개 투상도   ④ 회전 투상도

풀이 구멍부의 특정 부분만을 그렸으므로 국부 투상도이다.

18 표면거칠기 지시방법에서 '제거가공을 허용하지 않는다.'는 것을 지시하는 것은?

①

②

③   6.3

④   6.3

풀이 제거가공 여부에 따른 표시

   ✓ : 절삭 등 제거가공의 필요 여부를 문제 삼지 않는다.

   ⩗ : 제거가공을 하지 않는다.

   ▽ : 제거가공을 한다.

19 기계제도 도면에 사용되는 가는 실선의 용도로 틀린 것은?

① 치수보조선

② 치수선

③ 지시선

④ 피치선

풀이 • 가는 실선의 용도 : 치수선, 치수보조선, 지시선, 회전단면선, 중심선, 수준면선 등

• 피치선 : 가는 1점쇄선으로 표시한다.

20 다음과 같은 암나사 관련 부분의 도시 기호의 설명으로 틀린 것은?

① 드릴의 지름은 8.5mm

② 암나사의 안지름은 10mm

③ 드릴 구멍의 깊이는 14mm

④ 유효 나사부의 길이는 10mm

풀이 암나사의 안지름(드릴지름)은 8.5mm, 암나사의 골지름은 10mm이다. 유효 나사부의 길이는 10mm, 드릴 구멍의 깊이는 14mm이다.

21 기계제도에서 최대 실체공차방식의 기호는?

① Ⓝ   ② Ⓛ

③ Ⓜ   ④ Ⓟ

풀이 • Ⓜ : 최대 실체 조건

• Ⓛ : 최소 실체 조건

• Ⓟ : 돌출공차

• Ⓢ : 실체공차를 사용하지 않음

22 상용하는 공차역에서 위 치수 허용차와 아래 치수 허용차의 절댓값이 같은 것은?

① H   ② js
③ h   ④ E

풀이 • H : 아래 치수 허용차가 0
     • h : 위 치수 허용차가 0
     • js : 위 치수 허용차와 아래 치수 허용차의 절댓값
       이 같은 것이다.

23 베어링 호칭번호 '6308 Z NR'로 되어 있을 때 각각의 기호 및 번호에 대한 설명으로 틀린 것은?

① 63 : 베어링 계열 기호
② 08 : 베어링 안지름 번호
③ Z : 레이디얼 내부 틈새 기호
④ NR : 궤도륜 모양 기호

풀이 Z(한쪽 실드 기호), ZZ(양쪽 실드 기호)를 뜻한다.

24 치수숫자와 함께 사용되는 기호로 45° 모따기를 나타내는 기호는?

① C   ② R
③ K   ④ M

풀이 치수 표시 기호
     • C : 45° 모따기를 나타내는 기호
     • R : 반지름을 나타내는 기호
     • M : 미터나사를 나타내는 기호

25 지시선의 화살표로 나타낸 중심면은 데이텀 중심평면 A에 대칭으로 0.08mm의 간격을 갖는 평행한 두 개의 평면 사이에 있어야 한다고 할 때 들어가야 할 기하공차 기호로 옳은 것은?

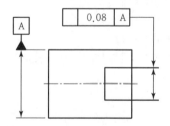

26 피측정물을 양 센터에 지지하고, 360° 회전시켜 다이얼 게이지의 최댓값과 최솟값의 차이로서 진원도를 측정하는 것은?

① 직경법   ② 반경법
③ 3점법   ④ 센터법

풀이 진원도 측정 방법
     • 직경법(지름법) : 다이얼 게이지 스탠드에 다이얼 게이지를 고정시켜 각각의 지름을 측정하여 지름의 최댓값과 최솟값의 차이로 진원도 측정
     • 반지름법(반경법) : 피측정물을 양 센터 사이에 물려 놓고 다이얼 게이지를 접촉시켜 피측정물을 회전시켰을 때 흔들림의 최댓값과 최솟값의 차이로 표시한다.
     • 삼점법 : V 블록 위에 피측정물을 올려놓고 정점에 다이얼 게이지를 접촉시켜, 피측정물을 회전시켰을 때 흔들림의 최댓값과 최솟값의 차이로 표시됨

27 다음과 같은 숫돌바퀴의 표시에서 숫돌입자의 종류를 표시한 것은?

WA 60 K m V

① 60   ② m
③ WA   ④ V

풀이 WA : 숫돌입자, 60 : 입도, K : 결합도, m : 조직, V : 결합제

28 자동 모방장치를 이용하여 모형이나 형판을 따라 절삭하는 선반은?

① 모방선반   ② 공구선반
③ 정면선반   ④ 터릿선반

풀이 모방선반 : 형상이 복잡하거나 곡선형 외경만을 가진 공작물을 많이 가공할 때 편리하며 트레이서를 접촉시켜 형판 모양으로 공작물을 가공한다. 테이퍼 및 곡면 등이 모방 절삭에 사용된다.

29 절삭 저항을 변화시키는 요소에 대한 설명으로 올바른 것을 모두 고른 것은?

> ㉠ 절삭 면적이 커지면 절삭 저항은 감소한다.
> ㉡ 절삭 속도가 증가하면 절삭 저항은 감소한다.
> ㉢ 윗면 경사각이 감소하면 절삭 저항은 감소한다.
> ㉣ 연한 재질의 일감보다는 단단한 재질일수록 절삭 저항은 커진다.

① ㉠, ㉢   ② ㉡, ㉣
③ ㉠, ㉡, ㉢   ④ ㉡, ㉢, ㉣

풀이 ㉠ 절삭 면적이 커지면 절삭 저항은 증가한다.
㉢ 윗면 경사각이 감소하면 절삭 저항은 증가한다.

30 밀링 작업에서 하향절삭과 비교한 상향절삭의 특징으로 올바른 것은?

① 절삭력이 상향으로 작용하여 고정이 불리하다.
② 가공할 때 충격이 있어 높은 강성이 필요하다.
③ 절삭날의 마멸이 적고 공구수명이 길다.
④ 백래시를 제거하여야 한다.

풀이 상향절삭과 하향절삭의 비교

구분	상향절삭	하향절삭
커터의 회전방향	공작물 이송방향과 반대이다.	공직물 이송방향과 동일하다.
백래시 제거장치	필요 없다.	필요하다.
공작물 고정	불안정하다.	안정적이다.
커터의 수명	수명이 짧다.	수명이 길다.

구분	상향절삭	하향절삭
칩의 제거	칩이 잘 제거된다.	칩이 잘 제거되지 않는다.
절삭면	거칠다.	깨끗하다.
동력 손실	많다.	적다.
기계의 강성	강성이 낮아도 됨	충격이 있어 강성이 높아야 한다.

31 호닝(Honing)에서 교차각(s)이 몇 도일 때 다듬질량이 가장 큰가?

① 10~15°   ② 23~35°
③ 40~50°   ④ 55~65°

풀이 호닝의 왕복운동과 회전운동에 의한 교차각
• 거친 가공 : 40~50°, 다듬 호닝 : 20~40°
• 거친 호닝일 때 다듬질량이 가장 크다.

32 기어 가공 시 잇수 분할에 사용되는 밀링 부속 장치는?

① 수직축 장치   ② 분할대
③ 회전 테이블   ④ 래크 절삭장치

풀이 분할대 : 둥근 단면의 공작물을 사각, 육각 등으로 가공하고, 기어의 치형과 같이 일정한 각으로 나누는 분할작업 시 사용한다.

33 주로 일감의 평면을 가공하며, 기둥의 수에 따라 쌍주식과 단주식으로 구분하는 공작 기계는?

① 셰이퍼   ② 슬로터
③ 플레이너   ④ 브로칭 머신

플레이너 : 공작물을 테이블 위에 고정하여 수평 왕
복운동하고, 바이트를 크로스 레일 위의 공구대에
설치하여 공작물의 운동 방향과 직각 방향으로 간헐
적으로 이송시켜 공작물의 수평면, 수직면, 경사면,
홈 곡면 등을 절삭하는 공작기계로서, 주로 대형 공
작물을 가공한다. 플레이너의 종류는 쌍주식, 단주
식이 있다.

34 다음 중 공작물에 암나사를 가공하는 작업은?

① 보링 작업　　　② 탭 작업
③ 리머 작업　　　④ 다이스 작업

• 탭 작업 : 암나사 가공 작업
　• 다이스 작업 : 수나사 가공 작업

35 회전하는 원형 테이블에 작은 공작물을 여러 개 올려놓음과 동시에 연삭할 때 주로 사용하는 평면 연삭 방식은?

① 수평 평면 연삭　　② 수직 평면 연삭
③ 플런지 컷형　　　④ 회전 테이블 연삭

회전 테이블 연삭
회전하는 원형 테이블에 작은 공작물을 여러 개 올려
놓고 숫돌을 회전시키면, 동시에 여러 개의 공작물
을 연삭할 수 있다.

공작물
연삭숫돌
테이블

36 절삭 공구의 구비조건으로 틀린 것은?

① 충격에 견딜 수 있는 강인성이 있을 것
② 고온에서도 경도가 감소하지 않을 것
③ 인장강도와 내마모성이 작을 것
④ 쉽게 원하는 모양으로 제작이 가능할 것

③ 강인성 및 내마모성이 클 것

37 다음 끼워맞춤에서 요철틈새 0.1mm를 측정할 경우 가장 적당한 것은?

0.1

① 내경 마이크로미터
② 다이얼 게이지
③ 버니어 캘리퍼스
④ 틈새 게이지

틈새 게이지
미세한 틈새 측정

38 절삭유제의 특징에 해당하지 않는 것은?

① 공구수명을 감소시키고, 절삭성능을 높여
준다.
② 공구와 칩 사이의 마찰을 감소시킨다.
③ 절삭열을 냉각시킨다.
④ 칩을 씻어주고 절삭부를 깨끗이 닦아 절삭
작용을 쉽게 한다.

① 공구수명을 증가시키고, 절삭성능을 높여준다.

39 일반적으로 밀링머신에서 사용하는 테이블 이송과 커터 회전당 이송으로 가장 적합한 것은?

① mm/min, mm/rev
② mm/min, mm/stroke
③ mm/min, mm/sec
④ mm/sec, mm/stroke

풀이 • 테이블 이송속도 : [mm/min]
• 커터 회전당 이송속도 : [mm/rev]

40 공작기계가 갖춰야 할 구비조건으로 틀린 것은?

① 높은 정밀도를 가질 것
② 가공능력이 클 것
③ 내구력이 작을 것
④ 기계효율이 좋을 것

풀이 ③ 내구력이 클 것

41 일반적으로 구성인선 방지대책으로 적절하지 않은 방법은?

① 절삭 깊이를 깊게 할 것
② 경사각을 크게 할 것
③ 윤활성이 좋은 절삭유제를 사용할 것
④ 절삭속도를 크게 할 것

풀이 ① 절삭 깊이를 얕게 할 것

42 선반 가공에서 가늘고 긴 가공물을 절삭할 때 사용하는 부속 장치는?

① 돌리개   ② 방진구
③ 콜릿척   ④ 돌림판

풀이 방진구 : 지름이 작고 길이가 긴 공작물의 선반가공 시 휨이나 진동을 방지해 준다.

43 컴퓨터에 의한 통합 생산 시스템으로 설계, 제조, 생산, 관리 등을 통합하여 운영하는 시스템은?

① CAM   ② FMS
③ DNC   ④ CIMS

풀이 CIMS : 컴퓨터 통합생산(CIMS)은 사업계획과 지원, 제품설계, 가공공정계획, 공정 자동화 등의 모든 계획기능(수요의 예측, 시간계획, 재료수급계획, 발송, 회계 등)과 실행계획(생산과 공정제어, 물류, 시험과 검사 등)을 컴퓨터에 의하여 통합 관리하는 시스템을 말한다.

44 CNC 선반에서 지령값 X를 ϕ50mm로 가공한 후 측정한 결과 ϕ49.97mm이었다. 기존의 X축 보정값이 0.005라면 보정값을 얼마로 수정해야 하는가?

① 0.035   ② 0.135
③ 0.025   ④ 0.125

풀이 측정값과 지령값의 오차
$=49.97-50.0$
$=-0.03$ (0.03만큼 작게 가공됨)
따라서, 공구를 X축 방향으로 +0.03만큼 이동하는 보정을 하여야 하고, 외경이 기준치수보다 작게 가공되었으므로 +값을 더하여 크게 가공해야 한다.
∴ 공구 보정값=기존의 보정값+더해야 할 보정값
$=0.005+(+0.03)=0.035$

45 CAD/CAM 시스템에서 입력장치에 해당되는 것은?

① 프린터   ② 플로터
③ 모니터   ④ 스캐너

풀이 프린터, 플로터, 모니터는 출력장치에 해당하고 스캐너는 입력장치에 해당한다.

46 CNC 선반에서 점 B에서 점 C까지 가공하는 프로그램을 올바르게 작성한 것은?

① G02 U10. W−5. R5. ;
② G02 X10. Z−5. R5. ;
③ G03 U10. W−5. R5. ;
④ G03 X10. Z−5. R5. ;

풀이 점 B에서 점 C까지 가공하는 프로그램 : G02 U10.
W−5. R5. ;

절대지령은 원점 표시 기호(◑)를 기준으로 좌푯값을 생각하고, 증분지령은 점 B를 임시 원점으로 생각하고 좌푯값을 입력한다.

B에서 C까지의 가공은 시계 방향이므로 G02를 지령하고, 180° 이하의 원호이므로 R 값은 (+)로 지령한다.

- 절대지령 : G02 X30. Z−20. R5. ;
- 증분지령 : G02 U10. W−5. R5. ;
- 혼합지령 : G02 X30. W−5. R5. ;
- 혼합지령 : G02 U10. Z−20. R5. ;

47 선반작업의 안전사항에 대한 내용 중 틀린 것은?

① 작업 중 칩의 처리는 기계를 멈추고 한다.
② 절삭공구는 될 수 있으면 길게 설치한다.
③ 면장갑을 끼고 작업해서는 안 된다.
④ 회전 중 속도를 변경할 때는 주축이 정지한 다음 변경한다.

풀이 ② 절삭공구는 될 수 있으면 짧게 설치한다.

48 선반작업에서 공작물의 가공 길이가 240mm이고, 공작물의 회전수가 1,200rpm, 이송속도가 0.2mm/rev일 때 1회 가공에 필요한 시간은 몇 분(min)인가?

① 0.2　　　　② 0.5
③ 1.0　　　　④ 2.0

풀이 선반의 가공시간(T)

$$T = \frac{L}{nf} \times i$$

$$= \frac{240\text{mm}}{1,200\text{rpm} \times 0.2\,\text{mm/rev}} \times 1\text{회} = 1\text{min}$$

여기서, T : 가공시간(min)
　　　L : 공작물의 가공길이(mm)
　　　n : 공작물의 회전수(rpm)
　　　f : 이송속도(mm/rev)
　　　i : 가공 횟수

49 CNC 공작기계에 대한 기계좌표계의 설명으로 올바른 것은?

① 자동 실행 중 블록의 나머지 이동거리를 표시해 준다.
② 일시적으로 좌표를 0(zero)으로 설정할 때 사용한다.
③ 전원 투입 후 기계 원점 복귀 시 이루어진다.
④ 프로그램 작성자가 임의로 정할 수 있다.

풀이
- 잔여좌표계 : 자동 실행 중 블록의 나머지 이동거리를 표시해 준다.
- 상대좌표계 : 일시적으로 좌표를 0(zero)으로 설정할 때 사용한다.
- 공작물좌표계 : 프로그램 작성자가 임의로 정할 수 있다.

50 서보기구 중 가장 널리 사용되는 다음과 같은 제어 방식은?

① 반폐쇄회로 방식
② 하이브리드 서보 방식
③ 개방회로 방식
④ 폐쇄회로 방식

풀이 반폐쇄회로 방식
- 속도정보는 서보모터에 내장된 타코 제너레이터에서 검출되어 제어된다.
- 위치정보는 볼 스크루나 서보모터의 회전각도를 측정해 간접적으로 실제 공구의 위치를 추정하고 보정해주는 간접 피드백 시스템 제어 방식이다.

51 CNC 공작기계가 가지고 있는 M(보조기능)의 기능이 아닌 것은?

① 스핀들 정 · 역회전 기능
② 절삭유 ON, OFF 기능
③ 절삭속도 선택 기능
④ 프로그램의 선택적 정지 기능

풀이 절삭속도 선택 기능은 이송기능(F)에 해당한다.

52 CNC 선반작업 중 측정기 및 공구를 사용할 때 안전사항이 틀린 것은?

① 공구는 항상 기계 위에 올려놓고 정리정돈 하며 사용한다.
② 측정기는 서로 겹쳐 놓지 않는다.
③ 측정 전 측정기가 맞는지 0점 세팅(setting) 한다.
④ 측정을 할 때는 반드시 기계를 정지한다.

풀이 측정기, 공구 등을 진동이 있는 기계 위나 떨어지기 쉬운 장소에 놓지 않아야 한다.

53 CNC 선반에서 G71로 황삭가공한 후 정삭가공하려면 G 코드는 무엇을 사용해야 하는가?

① G70   ② G72
③ G74   ④ G76

풀이 • 일반적으로 황삭가공(G71, G72, G73) 완료 후 정삭가공(G70)으로 마무리한다.
• G74는 단면 홈 가공 사이클이며, G76은 나사가공 사이클을 뜻한다.
• 황삭 : rough machining(grinding), 거친 절삭
• 정삭 : for finishing, 정밀 절삭

54 다음은 머시닝 센터에서 프로그램에 의한 보정량 입력을 나타낸 것이다. 설명으로 올바른 것은?

G10 P＿＿＿＿ R＿＿＿＿ ;

① P : 보정번호, R : 공구번호
② P : 보정번호, R : 보정량

③ P : 공구번호, R : 보정번호
④ P : 보정량, R : 보정취소

풀이 G10(데이터 설정), P(공구 보정번호), R(보정량 값 입력)

55 CNC 선반 프로그램에서 주축 회전수(rpm) 일정 제어 G 코드는?

① G96   ② G97
③ G98   ④ G99

풀이 • G97 : 주축 회전수(rpm)일정 제어
• G96 : 절삭속도(m/min)일정 제어
• G98 : 분당 이송 지정(mm/min)
• G99 : 회전당 이송 지정(mm/rev)

56 다음과 같은 CNC 선반의 평행나사절삭 프로그램에서 F2.0의 설명으로 맞는 것은?

G92 X48.7 Z－25. F2.0 ;
        X48.2 ;

① 나사의 높이 2mm
② 나사의 리드 2mm
③ 나사의 피치 2mm
④ 나사의 줄 수 2줄

풀이 F2.0 : 나사의 리드가 2mm이다.

57 인서트의 크기는 절삭이 가능한 범위 내에서 최소의 크기로 하는데 최대 절삭 깊이는 인선 길이의 얼마 정도로 유지하는 것이 좋은가?

① $\frac{1}{2}$ ② $\frac{1}{3}$
③ $\frac{1}{4}$ ④ $\frac{1}{5}$

풀이 인서트의 크기에 따른 최대 절삭 깊이는 인선길이의 1/2 정도로 유지하는 것이 좋다.

58 다음 중 CNC 선반에서 증분지령(Incremental)
으로만 프로그래밍 한 것은?

① G01 X20. Z-20. ;
② G01 U20. W-20. ;
③ G01 X20. W-20. ;
④ G01 U20. Z-20. ;

풀이 증분지령 방식 : 현재의 공구위치를 기준으로 끝점
까지의 X, Z의 증분값을 입력하는 방식으로 CNC 선
반의 경우 어드레스 U, W로 나타낸다.

59 CNC 공작기계 작동 중 이상이 생겼을 때 취
할 행동과 거리가 먼 것은?

① 프로그램에 문제가 없는가 점검한다.
② 비상정지 버튼을 누른다.
③ 주변 상태(온도, 습도, 먼지, 노이즈)를 점
검한다.
④ 일단 파라미터를 지운다.

풀이 파라미터에는 Setting, 축 제어, 서보 프로그램 등
CNC 공작기계가 최고의 성능을 내도록 맞추어 주는
많은 내용들이 있다. 따라서 파라미터의 내용을 모
르고 잘못 수정하면 중대한 기계적 결함이 발생할 수
있으므로 파라미터를 함부로 지워서는 안 된다.

60 CNC 선반의 준비기능은 한번 지령 후 계속 유
효한 기능과 1회 유효한 기능으로 나누어진다.
다음 중 계속 유효한 모달(modal) G 코드는?

① G01   ② G04
③ G28   ④ G30

풀이 ㉠ 1회 유효 G 코드(one shot G code)
• 지정된 명령절에서만 유효한 G 코드
• G04(일시 정지), G28(자동 원점 복귀), G30
(제2, 3, 4 원점 복귀)
㉡ 연속 유효 G 코드(modal G code)
• 동일 그룹 내의 다른 G 코드가 나올 때까지 유
효한 G 코드
• G01[직선보간(절삭 이송)]

01 구리의 일반적 특성에 관한 설명으로 틀린 것은?

① 전연성이 좋아 가공이 용이하다.

② 전기 및 열의 전도성이 우수하다.

③ 화학적 저항력이 작아 부식이 잘 된다.

④ Zn, Sn, Ni, Ag 등과는 합금이 잘 된다.

풀이 구리의 성질

- 비중 8.96, 용융점 1,083℃이다.
- 전기, 열의 양도체이다.
- 유연하고 전연성이 좋으므로 가공이 용이하다.
- 화학적으로 저항력이 커서 부식되지 않는다.(암모니아염에는 약하다.)
- 아름다운 광택과 귀금속적 성질이 우수하다.
- Zn, Sn, Ni, Ag 등과 용이하게 합금을 만든다.

02 유리섬유에 합침(合浸)시키는 것이 가능하기 때문에 FRP(Fiber Reinforced Plastic)용으로 사용되는 열경화성 플라스틱은?

① 폴리에틸렌계

② 불포화 폴리에스테르계

③ 아크릴계

④ 폴리염화비닐계

풀이 섬유강화 플라스틱(FRP, Fiber Reinforced Plastic)

- 플라스틱을 기지로 하여 내부에 강화섬유를 함유시킴으로써 비강도를 높인 복합재료
- GFRP : 기지[플라스틱(불포화에폭시, 불포화폴리에스테르 등)]+강화재(유리섬유)
- CFRP : 기지[플라스틱(불포화에폭시, 불포화폴리에스테르 등)]+강화재(탄소섬유)

03 구리에 니켈 40~50% 정도를 함유하는 합금으로서 통신기, 전열선 등의 전기저항 재료로 이용되는 것은?

① 모넬메탈

② 콘스탄탄

③ 엘린바

④ 인바

풀이 콘스탄탄 : Cu−Ni 45% 합금으로 표준저항선으로 사용된다.

04 일반적으로 탄소강에서 탄소 함유량이 증가하면 용해온도는?

① 낮아진다.

② 높아진다.

③ 불변이다.

④ 불규칙적이다.

풀이 Fe−C 상태도에서 탄소강에 해당되는 구간에서는 X축의 탄소 함유량이 증가할수록 Y축의 용융온도가 낮아진다.

[Fe−C 상태도]

05 강재의 크기에 따라 표면이 급랭되어 경화되기 쉬우나 중심부에 갈수록 냉각속도가 늦어져 경화량이 적어지는 현상은?

① 경화능
② 잔류응력
③ 질량효과
④ 노치효과

풀이 질량효과 : 같은 강을 같은 조건으로 담금질하더라도 질량(지름)이 작은 재료는 내외부에 온도차가 없어 내부까지 경화되나, 질량이 큰 재료는 열의 전도에 시간이 길게 소요되어 내외부에 온도차가 생겨 외부는 경화되어도 내부는 경화되지 않는 현상

06 열간가공이 쉽고 다듬질 표면이 아름다우며 특히 용접성이 좋고 고온강도가 큰 장점을 갖고 있어 각종 축, 기어, 강력볼트, 암, 레버 등에 사용하는 것으로 기호 표시를 SCM으로 하는 강은?

① 니켈-크롬강
② 니켈-크롬-몰리브덴강
③ 크롬-몰리브덴강
④ 크롬-망간-규소강

풀이 SCM : 크롬-몰리브덴강
(S : Steel, C : Cr, M : Molybdenum)

07 탄소강의 가공에 있어서 고온가공의 장점 중 틀린 것은?

① 강괴 중의 기공이 압착된다.
② 결정립이 미세화되어 강의 성질을 개선시킬 수 있다.
③ 편석에 의한 불균일 부분이 확산되어서 균일한 재질을 얻을 수 있다.
④ 상온가공에 비해 큰 힘으로 가공도를 높일 수 있다.

풀이 고온가공은 변형저항이 크지 않기 때문에 작은 외력으로도 크게 변형된다.

08 24산 3줄 유니파이 보통 나사의 리드는 몇 mm인가?

① 1.175
② 2.175
③ 3.175
④ 4.175

풀이 유니파이 보통나사의 피치는 1인치(25.4mm)에 나사산 수가 24산이므로

$$피치(p) = \frac{25.4\text{mm}}{24} = 1.0583\text{mm}$$

$$\begin{aligned}리드(L) &= 줄수(n) \times 피치(p) \\ &= 3 \times 1.0583 \\ &= 3.175\end{aligned}$$

09 단면적이 100mm²인 강재에 300N의 전단하중이 작용할 때 전단응력(N/mm²)은?

① 1
② 2
③ 3
④ 4

풀이 응력은 면적분포의 힘이므로,

$$\begin{aligned}전단응력(\tau) &= \frac{전단하중(P)}{전단면적(A)} \\ &= \frac{300}{100} = 3\text{N/mm}^2\end{aligned}$$

10 주로 강도만을 필요로 하는 리벳이음으로서 철교, 선박, 차량 등에 사용하는 리벳은?

① 용기용 리벳
② 보일러용 리벳
③ 코킹
④ 구조용 리벳

풀이 구조용 리벳은 주로 철교, 선박, 차량, 항공기 등에 사용한다.

11 평판 모양의 쐐기를 이용하여 인장력이나 압축력을 받는 2개의 축을 연결하는 결합용 기계요소는?

① 코터
② 커플링
③ 아이 볼트
④ 테이퍼 키

풀이

12 회전운동을 하는 드럼이 안쪽에 있고 바깥에서 양쪽 대칭으로 드럼을 밀어 붙여 마찰력이 발생하도록 한 브레이크는?

① 블록 브레이크
② 밴드 브레이크
③ 드럼 브레이크
④ 캘리퍼형 원판 브레이크

풀이 드럼 브레이크

회전운동을 하는 드럼이 바깥쪽에 있고, 두 개의 브레이크 블록이 드럼의 안쪽에서 대칭으로 드럼에 접촉하여 제동한다.

13 평벨트 전동과 비교한 V 벨트 전동의 특징이 아닌 것은?

① 고속운전이 가능하다.
② 미끄럼이 적고 속도비가 크다.
③ 바로걸기와 엇걸기 모두 가능하다.
④ 접촉 면적이 넓으므로 큰 동력을 전달한다.

풀이 평벨트는 바로걸기(◯◯◯)와 엇걸기(◯✕◯) 모두 가능하나, 단면이 사다리꼴(▱)인 V−벨트는 엇걸기를 할 수 없다.

14 키의 종류 중 페더 키(Feather Key)라고도 하며, 회전력의 전달과 동시에 축 방향으로 보스를 이동시킬 필요가 있을 때 사용되는 것은?

① 미끄럼 키
② 반달 키
③ 새들 키
④ 접선 키

풀이 미끄럼 키

페더 키 또는 안내 키라고도 하며, 축 방향으로 보스를 미끄럼 운동을 시킬 필요가 있을 때 사용한다.

15 동력 전달용 기계요소가 아닌 것은?

① 기어
② 체인
③ 마찰차
④ 유압 댐퍼

풀이 유압 댐퍼는 충격을 감소시켜주는 완충 장치이다.

16 줄무늬 방향의 기호와 그에 대한 설명으로 틀린 것은?

① C : 가공으로 생긴 컷의 줄무늬가 기호를 기입한 면의 중심에 거의 동심원 모양
② R : 가공으로 생긴 컷의 줄무늬가 기호를 기입한 면의 중심에 대하여 거의 방사 모양
③ M : 가공으로 생긴 컷의 줄무늬 방향이 기호를 기입한 그림의 투영면에 평행
④ X : 가공으로 생긴 컷의 줄무늬 방향이 기호를 기입한 그림의 투영면에 비스듬하게 2방향을 교차

풀이 줄무늬 방향의 기호

M : 가공으로 생긴 커터의 줄무늬가 여러 방향으로 교차 또는 방향이 없음

17 절단된 면을 다른 부분과 구분하기 위하여 가는 실선으로 규칙적으로 줄을 늘어놓은 선들의 명칭은?

① 기준선   ② 파단선

③ 피치선   ④ 해칭선

18 다음과 같은 도면에서 100으로 표현된 치수 표시가 의미하는 것은?

① 정사각형의 변을 표시

② 평면도를 표시

③ 이론적으로 정확한 치수 표시

④ 참고 치수 표시

19 스퍼기어의 도면에서 항목표에 기입해야 하는 사항으로 가장 거리가 먼 것은?

① 치형   ② 모듈

③ 압력각   ④ 리드

20 그림과 같은 입체도에서 화살표 방향이 정면 일 경우 평면도로 가장 적합한 것은?

①   ②

③   ④

21 ϕ50 H7/g6으로 표시된 끼워맞춤 기호 중 "g6"에서 "6"이 뜻하는 것은?

① 공차의 등급

② 끼워맞춤의 종류

③ 공차역의 위치

④ 아래치수 허용차

22 최대 실체 공차 방식의 적용을 표시하는 방법 으로 옳지 못한 것은?

①	⊕	ϕ0.04 Ⓜ	A
②	⊕	ϕ0.04	A Ⓜ
③	⊕ Ⓜ	ϕ0.04	A
④	⊕	ϕ0.04 Ⓜ	A Ⓜ

풀이 ① 규제 형체에 적용하는 경우로 공차값 뒤에 Ⓜ을 기입한다.

② 데이텀 형체에 적용하는 경우로 데이텀 문자 뒤에 Ⓜ을 기입한다.

④ 규제 형체와 데이텀 형체에 적용하는 경우로 공차값과 데이텀 문자 뒤에 각각 Ⓜ을 기입한다.

23 투상도법 중 제1각법과 제3각법이 속하는 투상도법은?

① 경사투상법   ② 등각투상법

③ 정투상법   ④ 다이메트릭 투상법

풀이 정투상법에는 1각법과 3각법으로 물체를 투상하여 도면을 그린다.

24 기계제도에서 스프링의 도시 방법에 관한 설명으로 틀린 것은?

① 스프링의 종류 및 모양만을 간략도로 나타내는 경우에는 스프링 재료의 중심선만을 굵은 실선으로 도시한다.

② 조립도, 설명도 등에서 코일 스프링을 도시하는 경우에는 그 단면만을 나타내어도 좋다.

③ 코일 스프링에서 양 끝을 제외한 동일 모양 부분의 일부를 생략하는 경우에는 생략하는 부분의 선 지름의 중심선을 굵은 2점쇄선으로 나타낸다.

④ 코일 스프링, 벌류트 스프링, 스파이럴 스프링 및 접시 스프링은 일반적으로 무하중 상태에서 그리며, 겹판 스프링은 일반적으로 스프링 판이 수평인 상태에서 그린다.

풀이 ③ 코일 스프링에서 양 끝을 제외한 동일 모양 부분의 일부를 생략하는 경우에는 생략하는 부분의 선 지름의 중심선을 가는 1점쇄선으로 그린다.

25 기하공차의 종류와 기호의 연결이 잘못된 것은?

① ○ – 진원도   ② ▱ – 평행도

③ ◎ – 동심도   ④ ↗ – 원주 흔들림

풀이 ▱ : 평면도 공차, // : 평행도 공차

26 공작기계를 구성하는 중요한 구비조건이 아닌 것은?

① 가공 능력이 클 것

② 높은 정밀도를 가질 것

③ 내구력이 클 것

④ 기계효율이 적을 것

풀이 ④ 안정성이 있고, 기계효율이 좋아야 한다.

27 주로 각도 측정에 사용되는 측정기는?

① 측장기   ② 사인바

③ 직선자   ④ 지침 측미기

풀이 사인바 : 블록 게이지로 양단의 높이를 맞추어, 삼각함수(sine)를 이용하여 각도를 측정한다.

28 밀링절삭에서 상향절삭과 하향절삭에 대한 설명으로 틀린 것은?

① 공구의 회전 방향과 반대 방향으로 공작물을 이송하는 것을 하향절삭이라고 한다.

② 상향절삭을 하면 면은 좋게 보이나 하향절삭보다 다듬질 면은 거칠게 된다.

③ 하향절삭을 할 때는 백래시를 완전히 제거하여야 한다.

④ 상향절삭을 하게 되면 절삭날이 공작물을 들어올리는 방향으로 작용하므로 공작물의 고정이 불안하다.

풀이 ① 공구의 회전 방향과 반대 방향으로 공작물을 이송하는 것을 상향절삭이라고 한다.

---

29 다음 중 탭의 파손 원인으로 틀린 것은?

① 구멍이 너무 작거나 구부러진 경우
② 탭이 경사지게 들어간 경우
③ 너무 느리게 절삭한 경우
④ 막힌 구멍의 밑바닥에 탭의 선단이 닿았을 경우

풀이 ③ 너무 무리하게 힘을 가하거나 빠르게 절삭할 경우

30 다음 중 공구 재질이 일정할 때 공구 수명에 가장 영향을 크게 미치는 것은?

① 이송량　　　　② 절삭깊이
③ 절삭속도　　　　④ 공작물 두께

풀이 공구수명 식에서 절삭속도를 높이면 공구수명은 감소한다.

$$VT^n = C \Rightarrow T = \sqrt[n]{\frac{C}{V}}$$

여기서, T : 공구수명(min)
V : 절삭속도(m/min)
n : 지수, C : 상수

31 마이크로미터의 나사 피치가 0.5mm이고 딤블(thimble)의 원주를 50등분 하였다면 최소 측정값은 몇 mm인가?

① 0.1　　　　② 0.01
③ 0.001　　　　④ 0.0001

풀이 최소 측정값 $= \dfrac{\text{나사의 피치}}{\text{딤블의 등분 수}}$

$= \dfrac{0.5}{50} = 0.01\text{mm}$

32 칩(chip)의 형태 중 유동형 칩의 발생 조건으로 틀린 것은?

① 연성이 큰 재질을 절삭할 때
② 윗면 경사각이 작은 공구로 절삭할 때
③ 절삭 깊이가 얕을 때
④ 절삭속도가 높고 절삭유를 사용하여 가공할 때

풀이 ② 윗면 경사각이 큰 공구로 절삭할 때

33 다음 중 선반에서 절삭속도에 대한 설명으로 맞는 것은?

① 바이트가 일감의 회전당 길이 방향으로 이동되는 거리이다.
② 바이트에 대한 일감의 원둘레 또는 표면속도이다.
③ 일감의 회전수이다.
④ 바이트의 회전수이다.

풀이 절삭속도
바이트(고정)에 대한 일감(회전)의 원둘레 또는 표면속도

$$V = \frac{\pi D n}{1,000} \text{(m/min)}$$

여기서, V : 절삭속도, n : 회전수(rpm)
D : 공작물의 지름(mm)

34 수평 밀링머신에서 금속을 절단하는 데 사용되는 커터는?

① 메탈 소　　　　② 측면 커터
③ 평면 커터　　　　④ 총형 커터

풀이 메탈 소(metal : 금속, saw : 톱) : 수평 밀링머신에서 금속의 절단과 홈파기에 사용

35 다음 중 윤활제가 갖추어야 할 조건이 아닌 것은?

① 사용 상태에서 충분한 점도가 있어야 한다.
② 화학적으로 활성이며 균질하여야 한다.
③ 산화나 열에 대하여 안정성이 높아야 한다.
④ 한계윤활상태에서 견딜 수 있는 유성이 있어야 한다.

풀이 ② 화학적으로 불활성이며 균질하여야 한다.

※ 화학적으로 '활성'이란 의미는 윤활제 사용 중 화학반응이 일어나기 쉽다는 의미이다.

36 연마제를 가공액과 혼합하여 가공물 표면에 압축공기로 고압과 고속으로 분산시켜 가공물 표면과 충돌시켜 표면을 가공하는 방법은?

① 래핑(Lapping)

② 버니싱(Burnishing)

③ 슈퍼피니싱(Superfinishing)

④ 액체 호닝(Liquid Honing)

풀이 액체 호닝(Liquid Honing) : 액체 호닝은 연마제를 가공액과 혼합한 다음 압축공기와 함께 노즐로 고속 분사시켜 공작물의 표면을 깨끗이 다듬는 가공법이다.

37 다음 중 선반을 이용하여 가공하기 가장 어려운 작업은?

① 원통 가공   ② 나사 가공

③ 키홈 가공   ④ 구멍 가공

풀이 축의 키홈 가공은 홈 밀링커터나 엔드밀을 이용해 절삭하고, 보스(구멍)의 키홈은 브로칭, 세이퍼, 슬로터 등을 이용해 가공한다.

38 소형 가공물을 한 번에 다량으로 고정하여 연삭하는 연삭기는?

① 공구 연삭기   ② 평면 연삭기

③ 내면 연삭기   ④ 외경 연삭기

풀이 평면연삭기 중 회전 테이블 연삭은 회전하는 원형 테이블에 작은 공작물을 여러 개 올려놓고 숫돌을 회전시키면, 동시에 여러 개의 공작물을 연삭할 수 있다.

39 크고 무거워서 이동하기 곤란한 대형 공작물에 구멍을 뚫는 데 적합한 기계는?

① 레이디얼 드릴링머신

② 직립 드릴링머신

③ 탁상 드릴링머신

④ 다축 드릴링머신

풀이 레이디얼 드릴링 머신

• 이동하기 곤란한 크고 무거운 공작물 작업 시 사용된다.

• 작업반경 내에 있는 공작물 구멍 가공 시 드릴링 헤드를 이동하여 드릴링 작업을 진행한다.

40 테이블의 전후 및 좌우 이송으로 원형, 윤곽 가공 및 분할작업에 적합한 밀링머신의 부속장치는?

① 회전 바이스   ② 회전 테이블

③ 분할대   ④ 슬로팅 장치

풀이 회전테이블 : 공작물을 수동 또는 자동 이송에 의하여 회전운동을 시켜 윤곽가공 및 간단한 등분의 분할작업을 할 수 있다.

41 다음은 숫돌의 표시이다. WA 60 K m V 중 m이 의미하는 것은 무엇인가?

① 입도   ② 결합도

③ 조직   ④ 결합제

풀이 • WA : 숫돌입자

• 60 : 입도

• K : 결합도

• m : 조직

• V : 결합제

42 다음 선반 바이트의 공구각 중 공구의 날 끝과 일감의 마찰을 방지하는 것은?

① 경사각   ② 날끝각

③ 여유각   ④ 날끝반지름

풀이 여유각 : 바이트와 공작물의 마찰을 줄이기 위한 각

43 CNC 공작기계 조작판에서 공구 교환, 주축 회전, 간단한 절삭 이송 등을 명령할 때 사용하는 반자동 운전 모드는?

① MDI   ② JOG

③ EDIT   ④ TAPE

정답 | **36** ④ **37** ③ **38** ② **39** ① **40** ② **41** ③ **42** ③ **43** ①

• MDI : CNC 공작기계 조작판에서 공구 교환, 주축 회전, 간단한 절삭 이송 및 간단한 프로그램을 편집과 동시에 시험적으로 실행하는 반자동 운전 모드이다.
  • JOG : 각종 기계 버튼에 의해 축을 수동으로 '＋' 또는 '－' 방향으로 이송시킬 때 사용한다.
  • EDIT : 새로운 프로그램을 작성하고 등록된 프로그램을 삽입, 수정, 삭제하는 기능이다.
  • AUTO : 저장된 프로그램을 자동 실행할 때 사용한다.

44 다음 중 CAM 시스템의 처리과정을 나타낸 것으로 옳은 것은?

① 도형정의 → 곡선정의 → 곡면정의 → 공구경로생성

② 곡선정의 → 곡면정의 → 도형정의 → 공구경로생성

③ 곡면정의 → 곡선정의 → 도형정의 → 공구경로생성

④ 곡선정의 → 곡면정의 → 공구경로 → 생성도형정의

CAM 시스템의 처리과정
  도형정의 → 곡선정의 → 곡면정의 → 공구경로생성

45 CNC 선반 프로그래밍에서 분당 150mm씩 공구의 이송을 나타내는 지령으로 알맞은 것은?

① G98 F150   ② G99 F0.15

③ G98 F0.15   ④ G99 F150

• G98 : 분당 이송 지정(mm/min)
  • G98 F150 : 분당 150mm씩 이송
  • G99 : 회전당 이송 지정(mm/rev)

46 머시닝 센터 가공 시 칩이 공구나 일감에 부착되는 경우 처리 방법으로 틀린 것은?

① 고압의 압축공기를 이용하여 불어낸다.

② 가공 중에 수시로 헝겊 등을 이용해서 닦아낸다.

③ 칩이 가루로 배출되는 경우는 집진기로 흡입한다.

④ 많은 양의 절삭유를 공급하여 칩이 흘러내리게 한다.

가공 중 헝겊을 사용하여 칩을 제거하면 헝겊이 기계에 말려들어 사고가 발생할 수 있으므로 가공 중 헝겊으로 칩을 제거해서는 안 된다.

47 CNC 선반에서 주축속도 일정 제어와 주축속도 일정 제어 취소를 지령하기 위한 코드는?

① G30, G31   ② G90, G91

③ G96, G97   ④ G41, G42

• G96 : 절삭속도(m/min) 일정 제어
  • G97 : 주축 회전수(rpm) 일정 제어(G97을 실행하면 G96이 취소된다.)

48 다음은 머시닝 센터에서 고정사이클을 지령하는 방법이다. G_ X_ Y_ R_ Q_ P_ F_ K_ 또는 L_ ; 에서 K0 또는 L0라면 어떤 의미를 나타내는가?

① 고정사이클을 1번만 반복하라는 뜻이다.

② 구멍 바닥에서 휴지시간을 갖지 말라는 뜻이다.

③ 구멍가공을 수행하지 말라는 뜻이다.

④ 초기점 복귀를 하지 말고 가공하라는 뜻이다.

K0 또는 L0 : 현재 블록에서 고정 사이클 데이터만 기억하고, 구멍가공을 하지 않으며, 다음에 구멍의 위치가 지령되면 사이클 기능을 실행한다.

49 1,000rpm으로 회전하는 주축에서 2회전 일시정지 프로그램을 할 때 맞는 것은?

① G04 X1.2 ;   ② G04 W120 ;

③ G04 U1.2 ;   ④ G04 P120 ;

정지시간(초) $= \dfrac{60}{1,000} \times 2 = 0.12$
  X, U는 0.12, P는 120을 입력한다.

50 CNC 프로그램을 작성하기 위하여 가공계획을 수립하여야 한다. 이때 고려해야 할 사항이 아닌 것은?

① 가공물의 고정방법 및 필요한 치공구의 선정
② 범용 공작기계에서 가공할 범위 결정
③ 가공순서 결정
④ 절삭조건의 설정

풀이 범용 공작기계에서 가공할 범위를 결정하는 것은 제품의 전체 가공계획에서 수립해야 할 사항이다.

51 CNC 선반 원호보간 프로그램에 대한 설명으로 틀린 것은?

> G02(G03) X(U)_ Z(W)_ R_ F_ ;
> G02(G03) X(U)_ Z(W)_ I_ K_ F_ ;

① G03 : 반시계 방향 원호보간
② I, K : 원호 시작점에서 끝점까지의 벡터량
③ X, Z : 끝점의 위치(절대지령)
④ R : 반지름 값

풀이 I, K : 원호의 시작점에서 원호 중심점까지의 벡터 값이다.

52 서보기구에서 검출된 위치를 피드백하여 이를 보정하여 주는 회로는?

① 비교 회로
② 정보처리 회로
③ 연산 회로
④ 개방 회로

풀이 비교 회로 : 서보기구에서 검출된 위치를 피드백하여 이를 보정하여 주는 회로를 말한다.

53 CNC 선반에서 제2 원점으로 복귀하는 준비 기능은?

① G27
② G28
③ G29
④ G30

풀이
- G30 : 제2, 3, 4 원점 복귀
- G27 : 원점 복귀 확인
- G28 : 기계 원점 복귀(자동 원점 복귀)
- G29 : 원점으로부터 복귀

54 머시닝 센터에서 지름 10mm인 엔드밀을 사용하여 외측 가공 후 측정값이 φ62.0mm가 되었다. 가공 치수를 φ61.5mm로 가공하려면 보정값을 얼마로 수정하여야 하는가?(단, 최초 보정은 5.0으로 반지름 값을 사용하는 머시닝 센터이다)

① 4.5
② 4.75
③ 5.5
④ 5.75

풀이 측정값과 가공값의 오차 = 62.0 − 61.5 = 0.5 (0.5 만큼 크게 가공됨)
외측 양쪽 가공이므로 0.5 / 2 = 0.25
∴ 공구경 보정값 = 5.0 − 0.25 = 4.75

55 CNC 선반에서 공구보정 번호 4번을 선택하여, 2번 공구를 사용하려고 할 때 공구지령으로 옳은 것은?

① T 0402
② T 4020
③ T 0204
④ T 2040

풀이 CNC 선반의 경우 : T□□△△
- □□ : 공구선택번호(01번~99번), 기계 사양에 따라 지령 가능한 번호로 결정
- △△ : 공구보정번호(01번~99번), 00은 보정 취소 기능

56 다음 중 CNC 선반에서 절대지령(absolute)으로만 프로그래밍한 것은?

① G00 U10. Z10. ;
② G00 X10. W10. ;
③ G00 U10. W10. ;
④ G00 X10. Z10. ;

풀이 절대지령 방식

프로그램 원점을 기준으로 직교 좌표계의 좌푯값을 입력하는 방식으로 CNC 선반의 경우는 어드레스 X, Z로 나타낸다.

57 작업상 안전수칙과 가장 거리가 먼 것은?

① 연삭기의 커버가 없는 것은 사용을 금한다.
② 드릴 작업 시 작은 일감은 손으로 잡고 한다.
③ 프레스 작업 시 형틀에 손이 닿지 않도록 한다.
④ 용접 전에는 반드시 소화기를 준비한다.

풀이 드릴 작업 시 작은 일감이라고 하더라도 정확하게 고정하여 작업한다.

58 CNC 선반에서 바깥지름 거친 가공 프로그램에 대한 설명으로 옳은 것은?

```
N32 G71 U2.0 R0.5 ;
N34 G71 P36 Q48 U0.4 W0.1 F0.25 ;
N36 G00 X30.0 ;
```

① Z축 방향의 1회 절입량은 2mm이다.
② Z축 방향의 도피량은 0.5mm이다.
③ 고정 사이클 시작 번호는 N36이다.
④ Z축 방향의 다듬질 여유는 0.4mm이다.

풀이 ① X축 방향의 1회 절입량은 2mm이다.
② X축 방향의 도피량은 0.5mm이다.
④ X축 방향의 다듬질 여유는 0.4mm이다.

59 CNC 선반에서 안전을 고려하여 프로그램을 테스트할 때 축 이동을 하지 않게 하기 위해 사용하는 조작판은?

① 옵셔널 프로그램 스톱(optional program stop)
② 머신 록(machine lock)
③ 옵셔널 블록 스킵(optional block skip)
④ 싱글 블록(single block)

풀이 머신 록(machine lock) 스위치 : 프로그램 테스트 및 기계 점검을 할 때 축 이동을 하지 않고 데이터를 확인하며, 머신 록 작동 후에는 항상 원점복귀를 해야 한다.

60 몇 개의 단어(word)가 모여 CNC 기계가 동작을 하도록 하는 하나의 지령단위를 무엇이라고 하는가?

① 주소(address)
② 데이터(data)
③ 전개번호(sequence number)
④ 지령절(block)

풀이 지령절(block)

몇 개의 단어(word)가 모여 CNC 기계가 동작을 하도록 하는 하나의 지령단위를 뜻한다.

• 주소(address) : 영문 대문자(A~Z) 중의 한 개로 표시된다.
• 수치(data) : 주소의 기능에 따라 2자리의 수치와 4자리의 수치를 사용한다.
• 단어(word) : 명령절을 구성하는 가장 작은 단위로 주소(address)와 수치(data)의 조합에 의하여 이루어진다.

01 다음 중 로크웰 경도를 표시하는 기호는?

① HBS
② HS
③ HV
④ HRC

풀이 경도시험
• 브리넬 경도(HB)
• 로크웰 경도(HRB/HRC)
• 비커스 경도(HV)
• 쇼어 경도(HS)

02 형상기억합금의 종류에 해당되지 않는 것은?

① 니켈-티타늄계 합금
② 구리-알루미늄-니켈계 합금
③ 니켈-티타늄-구리계 합금
④ 니켈-크롬-철계 합금

풀이 니켈-크롬-철계 합금은 형상기억합금이 아니다.

※ 형상기억합금에는 니켈-티탄계, 구리-알루미늄-니켈계, 니켈-티타늄-구리계, 니켈-티타늄-철계, 금-카드뮴계, 은-카드뮴계 등의 합금이 있다.

03 열가소성 수지가 아닌 재료는?

① 멜라민 수지
② 초산비닐 수지
③ 폴리에틸렌 수지
④ 폴리염화비닐 수지

풀이 플라스틱(합성수지)의 종류
• 열가소성 수지 : 폴리에틸렌 수지(PE), 폴리프로필렌 수지(PP), 폴리염화비닐 수지(PVC), 폴리스티렌 수지(PS), 아크릴 수지(PMMA), ABS 수지
• 열경화성 수지 : 페놀 수지(PF), 불포화 폴리에스테르 수지(UP), 멜라민 수지 (MF), 요소 수지 (UF), 폴리우레탄(PU), 규소수지(Silicone), 에폭시 수지(EP)

04 베릴륨 청동 합금에 대한 설명으로 옳지 않은 것은?

① 구리에 2~3%의 Be을 첨가한 석출경화성 합금이다.
② 피로한도, 내열성, 내식성이 우수하다.
③ 베어링, 고급 스프링 재료에 이용된다.
④ 가공이 쉽게 되고 가격이 싸다.

풀이 베릴륨은 고가이고, 경도가 커서 가공이 곤란하다.

05 주철의 성장 원인 중 틀린 것은?

① 펄라이트 조직 중의 Fe_3C 분해에 따른 흑연화
② 페라이트 조직 중의 Si의 산화
③ A_1 변태의 반복 과정에서 오는 체적 변화에 기인되는 미세한 균열의 발생
④ 흡수된 가스의 팽창에 따른 부피의 감소

풀이 ④ 흡수된 가스의 팽창에 따른 부피의 증가

정답 | 01 ④ 02 ① 03 ① 04 ④ 05 ④

06 Al-Cu-Mg-Mn의 합금으로 시효경화 처리한 대표적인 알루미늄 합금은?

① 두랄루민   ② Y-합금
③ 코비탈륨   ④ 로-엑스 합금

풀이 두랄루민 : Al-Cu-Mg-Mn계, 강재와 비슷한 인장강도, 항공기나 자동차 등에 사용

07 다이캐스팅용 합금의 성질로서 우선적으로 요구되는 것은?

① 유동성   ② 절삭성
③ 내산성   ④ 내식성

풀이 다이캐스팅은 필요한 주조 형상에 완전히 일치하도록 정확하게 기계가공된 강제의 금형에 용융금속을 주입하여 금형과 똑같은 주물을 얻는 정밀주조법이다. 정밀한 주조를 하기 위해서는 용융금속의 유동성이 좋아야 한다.

08 스프링에서 스프링 상수(k) 값의 단위로 옳은 것은?

① N   ② N/mm
③ N/mm²   ④ mm

풀이 하중 $W = k \cdot \delta$에서
스프링 상수 $k = \dfrac{W(\text{하중} : \text{N})}{\delta(\text{처짐량} : \text{mm})}$
→ 단위 : N/mm

09 다음 ISO 규격 나사 중에서 미터 보통 나사를 기호로 나타내는 것은?

① Tr   ② R
③ M   ④ S

풀이 M : 미터(meter) 보통 나사

10 분할 핀에 관한 설명이 아닌 것은?

① 테이퍼 핀의 일종이다.
② 너트의 풀림을 방지하는 데 사용된다.
③ 핀 한쪽 끝이 두 갈래로 되어 있다
④ 축에 끼워진 부품의 빠짐을 방지하는 데 사용된다.

풀이 분할핀은 테이퍼(경사진) 핀이 아니다.

[분할핀]

11 하중 3,000N이 작용할 때, 정사각형 단면에 응력 30N/cm²가 발생했다면 정사각형 단면 한 변의 길이는 몇 mm인가?

① 10   ② 22
③ 100   ④ 200

풀이 응력 $\sigma = \dfrac{W(\text{하중})}{A(\text{면적})}$ 에서

$A = \dfrac{W(\text{하중})}{\sigma(\text{응력})} = \dfrac{3,000}{30} = 100\text{cm}^2$

정사각형 단면적 $A = a \times a$이므로,
$a^2 = 100\text{cm}^2$에서 $a = 10\text{cm} = 100\text{mm}$이다.

12 축이음 설계 시 고려사항으로 틀린 것은?

① 충분한 강도가 있을 것
② 진동에 강할 것
③ 비틀림각의 제한을 받지 않을 것
④ 부식에 강할 것

풀이 비틀림각의 제한은 축 설계 시 강성(변형)에 대한 고려사항이므로, '③ 비틀림각의 제한을 받지 않을 것'은 축이음 설계 시 고려사항이 아니다.

※ 축이음은 축과 축을 연결해 동력 전달을 목적으로 사용한다.

13 모듈이 m인 표준 스퍼기어(미터식)에서 총 이 높이는?

① $1.25m$ ② $1.5708m$
③ $2.25m$ ④ $3.2504m$

풀이 표준 스퍼기어의 이 크기
• 전체 이 높이 = $2.25m$
• 이뿌리 높이 = $1.25m$
• 이끝 높이 = m

정답 | 06 ①   07 ①   08 ②   09 ③   10 ①   11 ③   12 ③   13 ③

14 레이디얼 볼베어링 번호 6200의 안지름은?

① 10mm ② 12mm

③ 15mm ④ 17mm

풀이

호칭번호	내경(mm)
6000	10
6001	12
6002	15
6003	17
6004	20 (4×5)
6005	25 (5×5)
6006	30 (6×5)

60, 62, 63, 70 등 베어링 계열 기호와 상관없이 내경은 표의 값이 된다.

안지름 번호×5 = 내경

15 3줄 나사, 피치가 4mm인 수나사를 1/10회전 시키면 축 방향으로 이동하는 거리는 몇 mm 인가?

① 0.1 ② 0.4

③ 0.6 ④ 1.2

풀이 리드(l)

나사를 1회전 하였을 때 축 방향으로 이동하는 거리

$l = np = 3 \times 4 = 12\text{mm}$

(여기서, p : 피치, n : 나사의 줄수)

$\therefore \dfrac{1}{10}$ 회전 시 이동거리 $= 12 \times \dfrac{1}{10} = 1.2\text{mm}$

16 그림과 같은 입체도의 화살표 방향 투상이 정면일 경우 우측면도로 가장 적합한 것은?

풀이

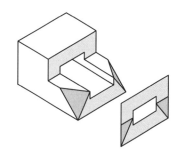

17 다음 중 긴 쪽 방향으로 절단하여 단면도로 나타내기에 가장 적합한 것은?

① 리브 ② 기어의 이

③ 하우징 ④ 볼트

풀이 키, 축, 리브, 바퀴 암, 기어의 이, 볼트, 너트, 핀, 단일 기계요소 등의 물체들은 잘라서 단면으로 나타내지 않는다. 그 이유는 단면을 나타내면 물체를 이해하는 데 오히려 방해만 되고 잘못 해석될 수 있기 때문이며, 실제 물체가 잘려진다 하더라도 단면 표시를 하지 않는 것을 원칙으로 한다.

18 그림과 같은 육각 볼트를 제도할 때 옳지 않은 설명은?

① 볼트 머리의 외형선을 굵은 실선으로 그린다.
② 나사의 골지름을 나타내는 선은 가는 실선으로 그린다.
③ 나사의 피치원 지름선은 가는 2점쇄선으로 그린다.
④ 완전 나사부와 불완전 나사부의 경계선은 굵은 실선으로 그린다.

풀이 나사의 피치원 지름선을 그리지 않는다.

19 다음 중 기하공차 도시와 관련하여 이론적으로 정확한 치수를 나타낸 것으로 옳은 것은?

① "50" ② (50)

③ 50 ④ 50

풀이 치수 표시 기호

② (50) : 참고치수를 나타낸다.

③ 50 : 이론적으로 정확한 치수를 나타낸다.

④ 50 : 비례 치수가 아닌 치수를 나타낸다.

20 그림과 같은 면의 지시기호의 의미로 가장 적합한 설명은?

① 제거가공을 필요로 한다는 것을 지시하는 경우

② 제거가공을 허락하지 않는 것을 지시하는 경우

③ 제거가공을 자유롭게 하도록 지시하는 경우

④ 특별히 규정하지 않는다는 것을 지시하는 경우

풀이 제거가공 여부에 따른 표시

 : 절삭 등 제거가공의 필요 여부를 문제 삼지 않는다.

 : 제거가공을 하지 않는다.

: 제거가공을 한다.

21 도면을 마이크로필름으로 촬영하거나 복사하고자 할 때 도면의 위치 결정에 편리하도록 도면에 나타내야 하는 것은?

① 비교눈금　　　　② 중심마크

③ 도면구역　　　　④ 표제란

풀이 중심마크 : 마이크로필름으로 촬영하거나, 제품 생산에 사용할 수 있도록 복사할 때, 편의를 위하여 만드는 것을 말한다.

22 다음과 같은 부품란에 대한 설명 중 틀린 것은?

4	세트 스크루	SM30C	4		M4×0.7
3	커넥팅 로드	SF440A			
2	육각 너트	SM30C			3×18
1	실린더	GC200			
품번	품명	재질	수량	중량	비고

① 실린더의 재질은 회주철이다.

② 육각 너트의 재질은 공구강이다.

③ 커넥팅 로드는 탄소강 단강품이며 최저 인장강도가 440N/mm²이다.

④ 세트 스크루는 호칭지름이 4mm이고, 피치 0.7mm인 미터나사이다.

풀이 SM30C : 기계구조용 탄소강재, 탄소의 함유량이 0.3%이다.

23 베어링이 "6203ZZ"라 표시되어 있을 경우 다음 중 알 수 없는 것은?

① 베어링 계열　　　② 베어링 안지름

③ 실드 사양　　　　④ 정밀도 등급

풀이 62 : 베어링 계열, 03 : 베어링 안지름, ZZ : 실드 사양이다. 정밀도 등급은 알 수 없다.

24 다음 축과 구멍의 공차치수에서 최대 틈새는?

구멍 : $\phi 50^{+0.025}_{0}$

축 : $\phi 50^{-0.025}_{-0.050}$

① 0.075　　　　　② 0.050

③ 0.025　　　　　④ 0.015

풀이 최대 틈새는 구멍이 최대 크기이고 축은 최소 크기일 때 나오므로

$50.025 - 49.95 = 0.075$이다.

25 기계가공 도면의 척도가 2 : 1로 나타났을 때, 실선으로 표시된 형상의 치수가 30으로 표시되었다면 가공 제품의 해당 부분 실제 가공치수는?

① 15mm　　　　② 30mm

③ 60mm　　　　④ 90mm

풀이 도면에 기입되는 치수는 도면의 척도와 관계없이 실제 치수를 기입하므로 실제 가공치수도 30mm로 가공한다.

26 절삭 공구 재료의 구비조건으로 틀린 것은?

① 고온에서 경도가 저하되지 않을 것

② 일감보다 단단하고 인성이 전혀 없을 것

③ 내마멸성이 클 것

④ 성형성이 좋고 가격이 저렴할 것

풀이 ② 일감보다 단단하고 인성이 클 것

27 연삭작업 시 발생하는 무딤(glazing) 현상의 발생 원인으로 거리가 먼 것은?

① 마찰에 의한 연삭열 발생이 너무 적다.

② 연삭숫돌의 결합도가 높다.

③ 연삭숫돌의 원주속도가 너무 빠르다.

④ 숫돌재료가 공작물 재료에 부적합하다.

풀이 무딤 현상이 발생하면 연삭 진행이 느려지고 연삭열은 줄어들고, 마찰에 의한 마찰열의 발생이 많아진다. → 연삭열 발생이 적어지는 것은 무딤 현상의 원인이 아니라 무딤 현상으로 인해 발생하는 결과이다.

※ 무딤(Glazing) 현상 : 숫돌바퀴의 결합도가 지나치게 높을 때 둔하게 된 숫돌입자가 떨어져 나가지 않거나, 원주속도가 큰 경우에 발생한다.

28 나사의 유효지름 측정방법에 해당하지 않는 것은?

① 나사마이크로미터에 의한 유효지름 측정방법

② 삼침법에 의한 유효지름 측정방법

③ 공구현미경에 의한 유효지름 측정방법

④ 사인바에 의한 유효지름 측정방법

풀이 사인바는 각 측정기이다.

29 기계공작법 중 재료에 열, 압축력, 충격력 등의 하중을 가하여 모양을 변형시켜 제품을 만드는 가공법은?

① 접합가공법　　② 절삭가공법

③ 소성가공법　　④ 분말야금법

풀이 소성가공법 : 가공물에 외력을 가하면 변형이 생기고, 외력을 제거하여도 변형이 남는 성질을 이용하여 가공하는 공작법

30 그림의 마이크로미터가 지시하는 측정값은?

① 1.23mm　　　② 1.53mm

③ 1.73mm　　　④ 2.23mm

풀이

슬리브 읽음	1.5	[mm]
(+) 딤블 읽음	0.23	[mm]
	1.73	[mm]

31 표와 같은 회전수를 가진 밀링머신에서 커터의 지름 120mm이고, 한 날당 이송이 0.2mm, 커터의 날 수가 8개인 초경 절삭공구를 사용하여 절삭하고자 한다. 이때 절삭속도는 약 150 m/min으로 하고자 할 때 적합한 회전수는?

회전수(rpm)	1,450	1,050	780	540
	390	290	190	135

① 1,050rpm　　② 780rpm

③ 540rpm　　　④ 390rpm

풀이 회전수 $n = \dfrac{1,000\,V}{\pi d}$

$$= \dfrac{1,000 \times 150}{\pi \times 120} = 397 \text{rpm}$$

32 볼트 자리가 평면이 아니거나 구멍과 직각이 되지 않을 때 행하는 작업은?

① 카운터 보링　　② 카운터 싱킹
③ 스폿 페이싱　　④ 보링

> 풀이 스폿 페이싱:
> 볼트나 너트를 고정 시 접촉부 자리 가공

33 그림에서와 같이 ϕ를 전단각, α를 윗면 경사 각이라 할 때 α가 커지면 일반적으로 어떤 현상이 발생하는가?

① 칩은 두껍고 짧아지며, 절삭저항이 커진다.
② 칩은 두껍고 짧아지며, 절삭저항이 작아진다.
③ 칩은 얇고 길어지며, 절삭저항이 커진다.
④ 칩은 얇고 길어지며, 절삭저항이 작아진다.

> 풀이 윗면 경사각(α)이 커지면 칩은 얇고 길어지며, 절삭 저항은 작아진다.

34 작은 지름의 일감에 수나사를 가공할 때 사용하는 공구는?

① 리머　　　　② 다이스
③ 정　　　　　④ 탭

> 풀이 • 다이스 : 수나사 가공
> • 탭 : 암나사 가공

35 대형이며 중량의 가공물을 가공하기 위한 밀링머신으로 플레이너와 비슷한 구조로 되어 있으며, 플레이너의 공구대를 밀링헤드로 바꾸어 장착함으로써 플레이너보다 효율적이고, 강력한 중절삭이 가능한 밀링머신은?

① 만능(universal) 밀링머신
② 생산형(production) 밀링머신
③ 모방(copy) 밀링머신
④ 플레이너형(planer) 밀링머신

> 풀이 플레이너형 밀링머신 : 플레이너의 공구대 대신 밀링헤드가 장착된 형식이며 대형 공작물과 중량물의 절삭이나 강력 절삭에 적합하다.

36 윤활제의 급유방법 중 마찰면이 넓거나 시동되는 횟수가 많을 때 사용하며 저속 및 중속 축의 급유에 주로 사용되는 방법은?

① 강제 급유방법　　② 적하 급유방법
③ 오일링 급유방법　④ 패드 급유방법

> 풀이 적하 급유방법 : 마찰면이 넓거나 시동되는 횟수가 많을 때 사용하고, 저속 및 중속 축의 급유에 사용된다.

37 선반의 테이퍼 구멍 안에 부속품을 설치하여 가공물 지지, 센터드릴 가공, 드릴 가공 등을 하거나 중심축의 편위를 조정하여 테이퍼 절삭에 사용하는 부분은?

① 심압대　　　② 베드
③ 왕복대　　　④ 주축대

> 풀이 심압대
> • 주축대와 마주 보는 베드 우측에 위치
> • 심압대 중심과 주축 중심 일치(주축대와 심압대 사이에 공작물 고정)
> • 센터작업 시 센터드릴을 테이퍼에 끼워 작업한다.

38 강성이 크고 강력한 연삭기 및 연삭숫돌이 개발되어 나타난 연삭가공 방법으로 연삭작업에서 한 번에 연삭 깊이를 크게 하여 가공하는 방법은?

① 경면 연삭(mirror grinding)
② 고속 연삭(high speed grinding)
③ 자기 연삭(magnetic grinding)
④ 크립 피드 연삭(creep feed grinding)

정답 | 32 ③　33 ④　34 ②　35 ④　36 ②　37 ①　38 ④

풀이 크립 피드 연삭(creep feed grinding) : 연삭 깊이
를 깊게 하고 이송을 느리게 하여 1회의 연삭숫돌 통
과로 가공 완료시키는 연삭

39 다음 중 분할대를 이용한 분할법의 종류가 아
닌 것은?

① 직접 분할 방법
② 단식 분할 방법
③ 복식 분할 방법
④ 차동 분할 방법

풀이 밀링머신에서 복식 분할 방법은 없다.

40 래핑의 일반적인 특징으로 잘못된 것은?

① 가공면이 매끈한 경면을 얻을 수 있다.
② 가공면은 내식성 · 내마모성이 좋다.
③ 작업방법은 간단하나 대량생산이 어렵다.
④ 정밀도가 높은 제품을 얻을 수 있다.

풀이 래핑은 가공이 간단하고 대량생산이 가능하다.

41 다음 중 일반적으로 절삭저항에 영향을 주는
요소와 가장 거리가 먼 것은?

① 절삭유의 온도
② 절삭 면적
③ 절삭 속도
④ 날 끝의 모양

풀이 절삭저항의 크기에 관계되는 인자
ㄱ 공작물(연할수록), 공구의 재질(단단할수록)
ㄴ 바이트 날 끝의 형상(윗면 경사각 클수록)
ㄷ 절삭속도(빠를수록)
ㄹ 절삭면적(작을수록)
ㅁ 칩의 형상(유동형 칩)
ㅂ 절삭각(클수록)
※ 괄호 안에 내용은 절삭저항을 감소하는 조건

42 이송 절삭력은 그림과 같이 서로 직각으로 된
세 가지 분력으로 나누어서 생각할 수 있다.
그림에서 ㄱ은 어떤 분력인가?

① 주분력
② 배분력
③ 이송분력
④ 횡분력

풀이 절삭저항의 3분력
• 주분력(ㄱ) > 배분력(ㄷ) > 이송분력(ㄴ)
• 절삭저항 = 주분력 + 배분력 + 이송분력

43 CNC 선반에서 공구 인선 반지름 보정을 하고
자 할 때 보정값 입력란에 공구의 인선 반지름
값과 함께 반드시 입력하여야 하는 것은?

① 공구의 길이 번호
② 공구의 가상인선 번호
③ 공구보정값의 X 성분 값
④ 공구보정값의 Z 성분 값

풀이 공구 인선 반지름 보정을 하고자 할 때 공구의 인선
반지름 값과 공구의 가상인선 번호를 반드시 함께 입
력하여야 한다.

44 CNC 선반의 보조 장치들을 제어하는 M 코드
와 그 의미가 올바르게 연결된 것은?

① M04 – 주축 정회전
② M08 – 절삭유 off
③ M30 – 프로그램 rewind & restart
④ M48 – 주축 오버라이드 무시

풀이 M04(주축 역회전), M08(절삭유 on), M48(주축 오
버라이드 무시 취소, MCT만 해당)

45 다음 중 머시닝 센터에서 X, Y, Z 축에 회전하
는 부가 축이 아닌 것은?

① A
② B
③ C
④ D

기준축	보조축 (1차)	보조축 (2차)	회전축	기준축의 결정 방법
X 축	U 축	P 축	A 축	가공의 기준이 되는 축
Y 축	V 축	Q 축	B 축	X 축과 직각을 이루는 이송 축
Z 축	W 축	R 축	C 축	절삭동력이 전달되는 스핀들 축

46 다음 중 CNC 공작기계를 사용할 때의 특징으로 알맞은 것은?

① 가공의 능률화와 정밀도 향상이 가능하다.
② 치공구가 다양하게 되어 공구의 수가 증가한다.
③ 작업 조건의 설정으로 숙련자의 수를 증가시킨다.
④ 다품종 소량생산보다 소품종 대량생산에 더 적합하다.

② 치공구를 사용할 필요가 없다.
③ 작업 조건의 설정으로 숙련자의 수를 감소시킨다.
④ 소품종 대량생산보다 다품종 소량생산에 더 적합하다.

47 그림의 a에서 360°의 원을 가공하는 머시닝센터 프로그램으로 옳은 것은?

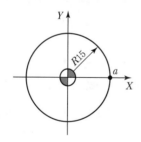

① G02 I15. F100 ;
② G02 I-15. F100 ;
③ G02 J15. F100 ;
④ G02 J-15. F100 ;

원호가공 프로그램
G02 I-15. F100 ;
• G02 : 시계방향가공
• I-15. : 원호의 중심이 시작점(점 a)을 기준으로 X축 방향으로 -15mm만큼 떨어져 있으므로
• F100 : 이송속도(mm/min)

48 다음 중 CNC 선반 프로그램에 관한 설명으로 틀린 것은?

① 절대지령은 X, Z 어드레스로 결정한다.
② 증분지령은 U, W 어드레스로 결정한다.
③ 절대지령과 증분지령은 한 블록에 지령할 수 없다.
④ 프로그램 작성은 절대지령과 증분지령을 혼용해서 사용할 수 있다.

절대지령과 증분지령을 한 블록에 지령하는 방식을 혼합지령 방식이라고 한다.

49 다음과 같이 ㉠ → ㉡까지 이동하기 위한 프로그램으로 옳은 것은?

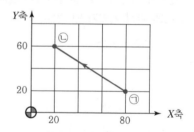

① G90 G00 X-60. Y-40. ;
② G91 G00 X20. Y60. ;
③ G90 G00 X20. Y60. ;
④ G91 G00 X60. Y-40. ;

㉠에서 ㉡까지 이동은 절대지령인 경우 원점 표시 기호(⊕)를 기준으로 하고, 증분지령인 경우 ㉠ 점이 임시 원점이라고 생각하면 된다.
• 절대지령 : G90 G00 X20. Y60. ;
• 증분지령 : G91 G00 X-60. Y40. ;

50 CNC 선반에서 나사 가공 시 이송속도(F 코드)에 무엇을 지령해야 하는가?

① 줄수 ② 피치

③ 리드 ④ 호칭

풀이 이송속도(F 코드)에 나사의 리드 값을 지령하여야 한다.

51 고속가공기의 장점을 설명한 것으로 틀린 것은?

① 난삭재의 가공이 가능하다.

② 절삭저항이 저하되고, 공구의 수명이 길어진다.

③ 칩이 가공열을 가지고 제거되기 때문에 공작물에 열이 남지 않는다.

④ 공구지름이 큰 것을 사용하므로, 효과적 가공이 가능하고 공구가 부러지지 않는다.

풀이 고속가공기는 공구지름이 작은 것을 사용한다.

52 다음과 같은 CNC 선반 프로그램에서 N03 블록 끝에서의 주축의 회전수는 얼마인가?

```
N01 G50 X100.0 Z100.0 S1000 T0100
M41 ;
N02 G96 S100 M03 ;
N03 G00 X10.0 Z5.0 T0101 M08 ;
```

① 100rpm ② 1,000rpm

③ 2,000rpm ④ 3,183rpm

풀이
- $N = \dfrac{1,000S}{\pi D}(\text{rpm})$

$= \dfrac{1,000 \times 100}{\pi \times 10} = 3,183.10 = 3,183(\text{rpm})$

여기서, N : 주축의 회전수(rpm)

S : 절삭속도(m/min)=S100

D : 공작물의 지름(mm)=X10.0

- N01 G50 X100.0 Z100.0 S1000 T0100 ;
G50에서 주축 최고 회전수를 1,000rpm으로 제한하였으므로 주축의 회전수는 3,183rpm이 아닌 1,000rpm이 답이다.

53 다음 중 CNC 공작기계에서 "P/S-ALARM"이라는 메시지의 원인으로 가장 적합한 것은?

① 프로그램 알람

② 금지영역 침범 알람

③ 주축모터 과열 알람

④ 비상정지 스위치 ON 알람

풀이
- 금지영역 침범 알람 : OT ALARM
- 주축모터 과열 알람 : SPINDLE ALARM
- 비상정지 스위치 ON 알람 : EMERGENCY STOP SWITCH ON

54 다음 중 CNC 공작기계의 안전을 위하여 기계 가공을 준비하는 순서로 가장 적합한 내용은?

① 전원 투입 → 원점 복구 → 프로그램 입력 → 공구 장착 및 세팅 → 공구경로 확인 → 가공

② 전원 투입 → 프로그램 입력 → 공구 장착 및 세팅 → 공구경로 확인 → 원점 복귀 → 가공

③ 전원 투입 → 공구 장착 및 세팅 → 프로그램 입력 → 공구경로 확인 → 원점복귀 → 가공

④ 전원 투입 → 공구경로 확인 → 원점복귀 → 프로그램 입력 → 공구 장착 및 세팅 → 가공

풀이 전원 투입 후 가장 먼저 기계 원점 복귀부터 실행해야 한다.

55 일반적으로 프로그램 작성자가 프로그램을 쉽게 작성하기 위하여 공작물 좌표계 원점과 일치시키는 것은?

① 기계 원점 ② 제2원점

③ 제3원점 ④ 프로그램 원점

풀이 프로그램 원점 : 일반적으로 프로그램 작성자가 프로그램을 쉽게 작성하기 위하여 공작물 좌표계 원점과 일치시켜 작업한다.

정답 | 50 ③ 51 ④ 52 ② 53 ① 54 ① 55 ④

56 머시닝 센터에서 엔드밀을 사용하여 ϕ30을 원호 가공 후 내경을 측정한 결과 ϕ29.96이 었다. 이때 공구경 보정값은 얼마로 수정해야 하는가?(단, 기존 보정값은 6.00mm이었다.)

① 5.94mm　　② 5.98mm

③ 6.02mm　　④ 6.04mm

풀이 측정값과 기준값의 오차
$$= 29.96 - 30.0$$
$$= -0.04\ (0.04만큼\ 작게\ 가공됨)$$
내경 가공이므로 $0.04/2 = 0.02$
∴ 공구경 보정값 $= 6.0 - 0.02 = 5.98$mm

57 CNC 공작기계에서 백래시의 오차를 줄이기 위해 사용하는 기계부품으로 가장 적합한 것은?

① 볼나사　　② 리드스크루

③ 사각나사　　④ 유니파이나사

풀이 볼나사 : 서보모터와 NC 공작기계의 이송기구를 연결하며, 서보모터의 회전운동을 직선운동으로 바꾸어 주는 일종의 운동용 나사로서, 나사축과 너트 사이에서 볼이 구름운동을 하기 때문에 높은 효율을 얻을 수 있고 예압을 부여하여 백래시(backlash)를 적게 할 수 있다.

58 "G□□ X_ Y_ Z_ R_ Q_ P_ F_ L_;"는 머시닝 센터의 고정 사이클 구멍 가공 모드 지령방법이다. 이때 P가 의미하는 것은?

① 절삭 이송 속도를 지정

② 초기점에서부터 거리를 지정

③ 고정사이클 반복 횟수를 지정

④ 구멍 바닥에서 휴지 시간을 지정

풀이 P는 '구멍 바닥에서 휴지(Dwell)시간을 지정'이라는 뜻이다.

59 다음 중 드릴 작업에 있어 안전사항에 관한 설명으로 옳지 않은 것은?

① 장갑을 끼고 작업하지 않는다.

② 드릴을 회전시킨 후에는 테이블을 조정하지 않도록 한다.

③ 얇은 판에 구멍을 뚫을 때에는 나무판을 밑에 받치고 구멍을 뚫도록 해야 한다.

④ 가공 중 드릴 끝이 마모되어 이상한 소리가 나면 공구의 이송속도를 더욱 크게 한다.

풀이 가공 중 드릴 끝이 마모되어 이상한 소리가 나면 주축이 완전히 멈추게 한 후에 드릴을 교체한다.

60 CNC 선반에서 그림과 같이 다듬질 여유로 절삭하는 외경 황삭의 고정 사이클 프로그램으로 옳은 것은?

① G90 X28.2 Z−19.9 F0.2 ;

② G90 X28.4 Z−19.9 F0.2 ;

③ G90 X28.2 Z−20.1 F0.2 ;

④ G90 X28.4 Z−20.1 F0.2 ;

풀이 G90 X28.4 Z−19.9 F0.2 ;
원점 표시 기호(◓)를 기준으로 좌푯값을 생각한다.
• X 좌푯값 : 외경이 ϕ28, 다듬질 여유 0.2mm, 28 +0.2×2(양쪽)=28.4
• Z 좌푯값 : 원점 표시 기호 왼쪽으로 20만큼 가공, 다듬질 여유 0.1mm, −(20−0.1)=−19.9

01 금속재료를 고온에서 오랜 시간 외력을 걸어 놓으면 시간의 경과에 따라 서서히 그 변형이 증가하는 현상은?

① 크리프　　　　　② 스트레스
③ 스트레인　　　　④ 템퍼링

풀이 크리프(creep) : 고온에서 재료에 일정한 하중을 가하면 시간이 지남에 따라 변형도 함께 증가하는 현상

02 황동의 연신율이 가장 클 때 아연(Zn)의 함유량은 몇 % 정도인가?

① 30　　　　　　　② 40
③ 50　　　　　　　④ 60

풀이 • 7 - 3 황동(Cu : 70%, Zn : 30%) : 연신율이 가장 크다.
• 6 - 4 황동(Cu : 60%, Zn : 40%) : 인장강도가 가장 크다.

03 공구용 합금강을 담금질 및 뜨임 처리하여 개선되는 재질의 특성이 아닌 것은?

① 조직의 균질화　　② 경도 조절
③ 가공성 향상　　　④ 취성 승가

풀이 취성은 감소한다.

04 주철의 장점이 아닌 것은?

① 압축 강도가 작다.
② 절삭 가공이 쉽다.
③ 주조성이 우수하다.
④ 마찰 저항이 우수하다.

풀이 ① 압축 강도가 크다.

05 구상 흑연주철을 조직에 따라 분류했을 때 이에 해당하지 않는 것은?

① 마텐자이트형　　② 페라이트형
③ 펄라이트형　　　④ 시멘타이트형

풀이 구상 흑연주철의 조직에 다른 분류
페라이트(ferrite)형, 펄라이트(pearlite)형, 시멘타이트(cementite)형

※ '페(fe)페(pe)시(ce)'로 암기

06 절삭공구류에서 초경합금의 특성이 아닌 것은?

① 경도가 높다.
② 마모성이 좋다.
③ 압축 강도가 높다.
④ 고온 경도가 양호하다.

풀이 ② 내마모성이 좋다.

07 합금의 종류 중 고용융점 합금에 해당하는 것은?

① 티단 힙금
② 텅스텐 합금
③ 마그네슘 합금
④ 알루미늄 합금

풀이 용융온도
티탄(Ti) : 1,660℃, 텅스텐(W) : 3,410℃, 마그네슘(Mg) : 649℃, 알루미늄(Al) : 659℃

정답 | 01 ①　02 ①　03 ④　04 ①　05 ①　06 ②　07 ②

08 지름 50mm 축에 10mm인 성크 키를 설치했을 때, 일반적으로 전단하중만을 받을 경우 키가 파손되지 않으려면 키의 길이는 몇 mm인가?

① 25mm   ② 75mm

③ 150mm   ④ 200mm

풀이 경험식에 의한 키의 길이 $l = 1.5d$로 설계한다.

$l = 1.5 \times d = 1.5 \times 50\text{mm} = 75\text{mm}$

09 롤링 베어링의 내륜이 고정되는 곳은?

① 저널   ② 하우징

③ 궤도면   ④ 리테이너

풀이 롤링 베어링의 구조

10 모듈 5, 잇수 40인 표준 평기어의 이끝원 지름은 몇 mm인가?

① 200mm   ② 210mm

③ 220mm   ④ 240mm

풀이 피치원 지름 $D = m \cdot z = 5 \times 40 = 200\text{mm}$

표준 평기어에서 $m = a$ [모듈과 이끝 높이(어덴덤)가 동일하므로]

이끝원 지름 = 피치원 지름$(D) + 2 \times a$

$= 200 + (2 \times 5) = 210\text{mm}$

∴ 이끝원 지름 = 210mm

여기서, m : 모듈, D : 피치원 지름

z : 잇수, a : 이끝 높이

11 두 축이 평행하고 거리가 아주 가까울 때 각속도의 변동 없이 토크를 전달할 경우 사용되는 커플링은?

① 고정 커플링(fixed coupling)

② 플렉시블 커플링(flexible coupling)

③ 올덤 커플링(Oldham's coupling)

④ 유니버설 커플링(universal coupling)

풀이 올덤 커플링

두 축이 평행하고 축의 중심선이 약간 어긋났을 때 각속도의 변동 없이 토크를 전달하는 데 사용하는 축 이음

12 기계재료의 단단한 정도를 측정하는 가장 적합한 시험법은?

① 경도시험   ② 수축시험

③ 파괴시험   ④ 굽힘시험

풀이 경도시험 : 硬(굳을 경), 度(법 도) → 단단함과 무름 정도를 측정함

13 인장응력을 구하는 식으로 옳은 것은?(단, A는 단면적, W는 인장하중이다.)

① $A \times W$ ② $A + W$

③ $\dfrac{A}{W}$ ④ $\dfrac{W}{A}$

풀이 응력은 면적분포의 힘이므로

$$\text{인장응력}(\sigma) = \frac{\text{인장하중}(W)}{\text{단면적}(A)}$$

14 다음 중 구름 베어링의 특성이 아닌 것은?

① 감쇠력이 작아 충격 흡수력이 작다.

② 축심의 변동이 작다.

③ 표준형 양산품으로 호환성이 높다.

④ 일반적으로 소음이 작다.

풀이 미끄럼 베어링과 구름 베어링의 비교

구분	미끄럼 베어링	구름 베어링
크기	지름은 작으나 폭이 크다.	폭은 작으나 지름이 크다.
구조	일반적으로 간단하다.	전동체가 있어서 복잡하다.
충격흡수	유막에 의한 감쇠력이 우수하다.	감쇠력이 작아 충격 흡수력이 작다.
고속회전	고속회전에 유리하다.	고속회전에 불리하다.
저속회전	유막 구성력이 낮아 불리하다.	유막의 구성력이 불충분하더라도 유리하다.
소음	특별한 고속 이외는 정숙하다.	일반적으로 소음이 크다.
하중	추력하중은 받기 힘들다.	추력하중을 용이하게 받는다.
기동 토크	유막형성이 늦은 경우 크다.	작다.
베어링 강성	정압 베어링에서는 축심의 변동 가능성이 있다.	축심의 변동은 적다.
규격화	자체 제작하는 경우가 많다.	표준형 양산품으로 호환성이 높다.

15 자동차의 스티어링 장치, 수치 제어 공작기계의 공구대, 이송장치 등에 사용되는 나사는?

① 둥근 나사   ② 볼 나사
③ 유니파이 나사   ④ 미터 나사

풀이 볼 나사

효율이 가장 좋은 나사이므로 자동차 같은 차량에 많이 쓰인다.

16 다음과 같은 제3각 정투상도에 가장 적합한 입체도는?

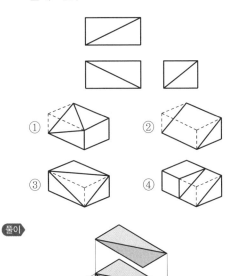

①   ②   ③   ④

풀이

17 원통이나 축 등의 투상도에서 대각선을 그어서 그 면이 평면임을 나타낼 때에 사용되는 선은?

① 굵은 실선
② 가는 파선
③ 가는 실선
④ 굵은 1점쇄선

풀이 평면 표시는 평면에 해당하는 부분에 대각선 방향으로 가는 실선으로 그린다.

평면이라는 표시(가는 실선)

18 스프로킷 휠의 도시방법에 관한 내용으로 옳은 것은?

① 바깥지름은 굵은 실선으로 그린다.

② 이뿌리원은 가는 1점쇄선으로 그린다.

③ 피치원은 가는 파선으로 그린다.

④ 요목표는 작성하지 않는다.

풀이 스프로킷의 도시법

19 다음 도면에 대한 설명으로 잘못된 것은?

① 긴 축은 중간을 파단하여 짧게 그렸고, 치수는 실제 치수를 기입하였다.

② 평행 키 홈의 깊이 부분을 회전 도시 단면도로 나타내었다.

③ 평행 키 홈의 폭 부분을 국부투상도로 나타내었다.

④ 축의 양 끝을 $1 \times 45°$로 모따기하도록 지시하였다.

풀이 ② 평행 키 홈의 깊이 부분을 부분 단면도로 나타내었다.

※ 부분단면도 : 물체에서 필요한 일부분을 잘라내어 그 형상을 나타내는 기법으로 원하는 곳에 자유롭게 적용할 수 있으며, 잘려나간 부분은 파단선을 이용하여 그 경계를 표시해 준다.

20 다음 중 나사의 표시를 옳게 나타낸 것은?

① 왼 M25×2−2줄

② 왼 M25−2−2−6줄

③ 2줄 왼 M25×2−2A

④ 왼 2줄 M25×2−6H

풀이 나사의 표시 방법

감기는 방향	줄 수	호칭	등급
왼	2줄	M25×2	6H

21 부품의 기능과 역할에 따라 틈새 또는 죔새가 생기는 끼워맞춤은?

① 헐거운 끼워맞춤 ② 억지 끼워맞춤

③ 표준 끼워맞춤 ④ 중간 끼워맞춤

풀이 중간 끼워맞춤에 대한 설명이다.

22 표면의 결 도시기호에서 가공에 의한 컷의 줄무늬가 여러 방향으로 교차 또는 무방향으로 도시된 기호는?

풀이 줄무늬 방향의 기호

M : 가공으로 생긴 커터의 줄무늬가 여러 방향으로 교차 또는 방향이 없음

23 도면에서 치수 숫자와 함께 사용되는 기호를 올바르게 연결한 것은?

① 지름 : D

② 구의 지름 : □

③ 반지름 : R

④ 45° 모따기 : 45°

풀이 치수 표시 기호
- D : 드릴의 호칭치수를 나타내는 기호
- □ : 정사각형의 변을 나타내는 기호
- R : 반지름을 나타내는 기호
- C : 45° 모따기를 나타내는 기호

24 도면에서 어떤 경우에 해칭(Hatching)하는가?

① 가상 부분을 표시할 경우
② 절단 단면을 표시할 경우
③ 회전 부분을 표시할 경우
④ 부품이 겹치는 부분을 표시할 경우

풀이 해칭선 : 잘려나간 물체의 절단면을 가는 실선으로 규칙적으로 빗줄을 그어 표시한다.

25 최대 실체공차 방식의 적용을 올바르게 나타낸 것은?

① 공차붙이 형체에 적용하는 경우 공차값 뒤에 기호 ⓜ을 기입한다.
② 공차붙이 형체에 적용하는 경우 공차값 앞에 기호 ⓜ을 기입한다.
③ 공차붙이 형체에 적용하는 경우 공차값 뒤에 기호 Ⓢ를 기입한다.
④ 공차붙이 형체에 적용하는 경우 공차값 앞에 기호 Ⓢ를 기입한다.

풀이 공차붙이 형체에 적용하는 경우

⊕	0.04ⓜ	A

26 연삭숫돌의 자생작용이 일어나는 순서로 올바른 것은?

① 입자의 마멸 → 생성 → 파쇄 → 탈락
② 입자의 탈락 → 마멸 → 파쇄 → 생성
③ 입자의 파쇄 → 마멸 → 생성 → 탈락
④ 입자의 마멸 → 파쇄 → 탈락 → 생성

풀이 숫돌의 자생작용
- 새로운 숫돌 입자가 형성되는 작용을 말한다.
- 숫돌 입자는 연삭 과정에서 마멸 → 파쇄 → 탈락 → 생성 과정이 되풀이된다.

27 수평 밀링머신에서 슬로팅 장치는 어디에 설치하는가?

① 헤드
② 분할대
③ 새들 위
④ 테이블 위

풀이 슬로팅 장치
수평 또는 만능 밀링 머신의 주축 머리(헤드)에 장착하여 슬로팅 머신과 같이 절삭공구를 상하로 왕복운동시켜 키홈, 스플라인, 세레이션, 기어 등을 절삭하는 장치를 말한다.

28 버니어 캘리퍼스의 측정 시 주의사항 중 잘못된 것은?

① M형 버니어 캘리퍼스로 특히 작은 구멍의 안지름을 측정할 때는 실제 치수보다 작게 측정됨을 유의해야 한다.
② 사용하기 전 각 부분을 깨끗이 닦아서 면지, 기름 등을 제거한다.
③ 측정 시 공작물을 가능한 한 힘 있게 밀어붙여 측정한다.
④ 눈금을 읽을 때는 시차를 없애기 위해 눈금 면의 직각 방향에서 읽는다.

풀이 측정 시 공작물을 힘 있게 밀어붙여 측정하면 공작물에 따라 눌림이나 오차가 발생한다.

29 다음 중 내면 연삭기 형식의 종류에 속하지 않는 것은?

① 보통형
② 유성형
③ 센터리스형
④ 플랜지컷형

풀이 플랜지컷형 : 원통이 외경, 단이 있는 면 등을 가공한다.

30 가늘고 긴 일감은 절삭력과 자중으로 휘거나 처짐이 일어나 정확한 치수로 깎기 어렵다. 이것을 방지하는 선반의 부속장치는 무엇인가?

① 센터
② 방진구
③ 맨드릴
④ 면판

정답 | 24 ② 25 ① 26 ④ 27 ① 28 ③ 29 ④ 30 ②

31 다음 중 절삭유제의 작용이 아닌 것은?

① 마찰을 줄여준다.

② 절삭성능을 높여준다.

③ 공구 수명을 연장시킨다.

④ 절삭열을 상승시킨다.

(풀이) ④ 절삭열을 제거한다. → 냉각작용

32 드릴에서 절삭 날의 웹(web)이 커지면 드릴작업에 어떤 영향이 발생하는가?

① 공작물에 파고 들어갈 염려가 있다.

② 전진하지 못하게 하는 힘이 증가한다.

③ 절삭성능은 증가하나 드릴 수명이 줄어든다.

④ 절삭 저항을 감소시킨다.

(풀이) 드릴의 웹이 커지면 강도는 좋아지지만 홈 깊이가 얕아진다. 즉 전진하지 못하게 하는 힘이 증가한다.

33 다음 중 소품종 대량생산에 가장 적합한 공작기계는?

① 만능 공작기계 ② 범용 공작기계

③ 전용 공작기계 ④ 표준 공작기계

(풀이) 전용 공작기계 : 같은 종류의 제품을 대량생산하기 위한 공작기계

예 트랜스퍼 머신, 차륜선반, 크랭크축 선반 등

34 절삭속도 126m/min, 밀링커터의 날 수 8개, 지름 100mm, 1날당 이송을 0.05mm라 하면 테이블의 이송속도는 몇 mm/min인가?

① 180.4 ② 160.4

③ 129.1 ④ 80.4

(풀이) 회전수 $n = \dfrac{1,000\,V}{\pi d} = \dfrac{1,000 \times 126}{\pi \times 100} ≒ 401\text{rpm}$

여기서, D : 공작물의 지름(mm)

V : 절삭속도(m/min)

이송속도 $f = f_z \times n \times z = 0.05 \times 401 \times 8$

$= 160.4\text{mm/min}$

여기서, f_z : 밀링커터의 날 1개당 이송량(mm)

n : 밀링커터의 회전수(rpm)

z : 밀링커터의 날 수

35 절삭공구가 갖추어야 할 조건으로 틀린 것은?

① 고온경도를 가지고 있어야 한다.

② 내마멸성이 커야 한다.

③ 충격에 잘 견디어야 한다.

④ 공구 보호를 위해 인성이 작아야 한다.

(풀이) 절삭공구는 충격에 잘 견딜 수 있도록 인성과 강도가 커야 한다.

36 다음 중 선반의 주요 부분이 아닌 것은?

① 컬럼 ② 왕복대

③ 심압대 ④ 주축대

(풀이) 선반의 주요 구성요소

주축대, 베드, 왕복대, 심압대

37 만능 밀링에서 127개의 이를 가진 기어를 절삭하려고 할 때 가장 적당한 분할방식은?

① 차동 분할법 ② 직접 분할법

③ 단식 분할법 ④ 복식 분할법

(풀이) 차동 분할법 : 직접, 단식 분할법으로 분할할 수 없는 61 이상의 소수(67, 97, 121, 127, …)나 특수한 수의 분할에 사용한다.

38 입도가 작고, 연한 숫돌을 작은 압력으로 가공물의 표면에 가압하면서 가공물에 이송을 주고, 동시에 숫돌에 진동을 주어 표면거칠기를 높이는 가공 방법은?

① 슈퍼피니싱 ② 호닝

③ 래핑 ④ 배럴 가공

(풀이) 슈퍼피니싱 : 미세하고 연한 숫돌을 가공 표면에 가압하고, 공작물에 회전 이송 운동, 숫돌에 진동을 주어 0.5mm 이하의 경면(거울 같은 면) 다듬질에 사용한나.

정답 | 31 ④ 32 ② 33 ③ 34 ② 35 ④ 36 ① 37 ① 38 ①

39 탭 작업 시 탭의 파손 원인으로 가장 적절한 것은?

① 구멍이 너무 큰 경우
② 탭이 경사지게 들어간 경우
③ 탭의 지름에 적합한 핸들을 사용한 경우
④ 구멍이 일직선인 경우

풀이 탭의 파손 원인
- 구멍이 너무 작거나 구부러진 경우
- 탭이 경사지게 들어간 경우
- 탭의 지름에 적합한 핸들을 사용하지 않는 경우
- 너무 무리하게 힘을 가하거나 빠르게 절삭할 경우
- 막힌 구멍의 밑바닥에 탭 선단이 닿았을 경우

40 연성재료를 절삭할 때 유동형 칩이 발생하는 조건으로 가장 알맞은 것은?

① 절삭 깊이가 적으며 절삭속도가 빠를 때
② 저속 절삭으로 절삭 깊이가 클 때
③ 점성이 큰 가공물을 경사각이 작은 공구로 가공할 때
④ 주철과 같이 메진 재료를 저속으로 절삭할 때

풀이 유동형 칩 발생 조건
- 신축성이 크고 소성 변형하기 쉬운 재료(연강, 동, 알루미늄 등)
- 바이트의 윗면 경사각이 클 때
- 절삭속도가 클 때
- 절삭깊이가 얕을 때

41 머시닝 센터에서 ϕ12mm 엔드밀로 가공하려 할 때 절삭속도가 32m/min이면 공구의 분당 회전수는 약 몇 rpm이어야 하는가?

① 약 750rpm
② 약 800rpm
③ 약 850rpm
④ 약 900rpm

풀이 공구의 분당 회전수 $n = \dfrac{1,000\,V}{\pi d} = \dfrac{1,000 \times 32}{\pi \times 12}$

$= 848.82\text{rpm} ≒ 850\text{rpm}$

여기서, V : 절삭속도(m/min)

d : 엔드밀 지름(mm)

42 기포의 위치에 의하여 수평면에서 기울기를 측정하는 데 사용하는 액체식 각도측정기는?

① 사인바
② 수준기
③ NPL식 각도기
④ 콤비네이션 세트

풀이 수준기
투명관 내의 기포 위치를 확인하여 기울기를 측정하는 데 사용되는 액체식 각도 측정기로서, 기계의 조립 및 설치 시 수평, 수직, 45° 각을 측정할 때 사용한다.

43 다음 중 CNC 프로그램에서 주축의 회전수를 350rpm으로 직접 지정하는 블록은?

① G50 S350 ;
② G96 S350 ;
③ G97 S350 ;
④ G99 S350 ;

풀이
- G97 : 주축 회전수(rpm) 일정 제어
- G50 : 공작물 좌표계 설정, 주축 최고 회전수 지정
- G96 : 절삭속도(m/min) 일정 제어
- G99 : 회전당 이송 지정(mm/rev)

44 조작판의 급속 오버라이드 스위치가 다음과 같이 급속 위치 결정(G00) 동작을 실행할 경우 실제 이송속도는 얼마인가?(단, 기계의 급속 이송속도는 1,000mm/min이다.)

RAPID OVERRIDE

① 100mm/min
② 150mm/min
③ 200mm/min
④ 250mm/min

정답 | 39 ② 40 ① 41 ③ 42 ② 43 ③ 44 ④

급속 오버라이드(rapid override) 스위치
수동 및 자동 운전 시 급속이송의 속도를 조절하는 스위치이다.

- F25% : 1,000mm/min×0.25＝250mm/min
- F50% : 1,000mm/min×0.5＝500mm/min
- F100% : 1,000mm/min×1.0＝1,000mm/min

45 다음 중 나사가공 프로그램에 관한 설명으로 가장 적절하지 않은 것은?

① 주축의 회전은 G97로 지령한다.
② 이송속도는 나사의 피치 값으로 지령한다.
③ 나사의 절입 회수는 절입표를 참조하여 여러 번 나누어 가공한다.
④ 복합, 고정형 나사 절삭 사이클은 G76이다.

이송속도는 나사의 리드 값으로 지령한다.

46 ϕ30 드릴 가공에서 절삭속도가 150m/min, 이송이 0.08mm/rev일 때, 회전수와 이송속도(feed rate)는?

① 150rpm, 0.08mm/min
② 300rpm, 0.16mm/min
③ 1,592rpm, 127.4mm/min
④ 3,184rpm, 63.7mm/min

- 회전수 $N = \dfrac{1,000\,V}{\pi d} = \dfrac{1,000 \times 150}{\pi \times 30}$
$= 1,591.55 ≒ 1,592\text{rpm}$
- 이송속도 $F = 이송 \times 회전수\ N$
$= 0.08\text{mm/rev} \times 1,592\text{rpm}$
$≒ 127.4\text{mm/min}$

47 다음 중 지령된 블록에서만 유효한 G 코드(one shot G code)가 아닌 것은?

① G04   ② G30
③ G40   ④ G50

㉠ 1회 유효 G 코드(one shot G code)
- 지정된 명령절에서만 유효한 G－코드
- G04(일시 정지), G30(제2, 3, 4 원점 복귀), G50(공작물 좌표계 설정)

㉡ 연속 유효 G 코드(modal G code)
- 동일 그룹 내의 다른 G 코드가 나올 때까지 유효한 G 코드
- G40(공구인선 반지름 보정 취소)

48 CNC 기계의 움직임을 전기식 신호로 변환하여 속도제어와 위치검출을 하는 일종의 피드백 장치는?

① 인코더(encoder)
② 컨트롤러(controller)
③ 서보모터(servo motor)
④ 볼 스크루(ball screw)

인코더(Encoder) : CNC 기계의 움직임을 전기적 신호로 변환하여 속도 제어와 위치 검출을 하는 일종의 피드백 장치이다.

49 다음 프로그램에서 P_ 가 의미하는 것은?

```
G71 U_ R_ ;
G71 P_ Q_ U_ W_ F_ ;
```

① X축 방향의 도피량
② 고정 사이클 시작 번호
③ X축 방향의 1회 절입량
④ 고정 사이클 끝 번호

P : 정삭가공 지령절의 첫 번째 전개번호로서 고정 사이클 시작 번호이다.

50 다음 중 CNC 선반작업에서 전원 투입 전에 확인해야 하는 사항과 가장 거리가 먼 것은?

① 전장(NC) 박스 및 외관 상태를 점검한다.
② 공기 압력이 적당한지 점검한다.
③ 윤활유의 급유 탱크를 점검한다.
④ X축, Z축의 백래시(back lash)를 점검한다.

정답 | 45 ② 46 ③ 47 ③ 48 ① 49 ② 50 ④

풀이 X축, Z축의 백래시(back lash) 점검은 매월점검 사항이다.

51 다음 중 밀링 가공의 작업 안전에 관한 설명으로 틀린 것은?

① 절삭 중 작업화를 착용한다.
② 절삭 중 보안경을 착용한다.
③ 절삭 중 장갑을 착용하지 않는다.
④ 칩(chip) 제거는 절삭 중 브러시를 사용한다.

풀이 작업 중 회전하는 공구에 칩이 부착되었을 경우 기계를 정지시키고 칩 제거 도구를 사용하여 제거한다.

52 다음은 머시닝 센터에서 ϕ10mm 엔드밀로 ϕ50mm인 내경을 윤곽 가공하는 프로그램이다. 절삭 속도는 약 몇 m/min인가?

```
G97 S800 M03 ;
G02 I-25. F300 ;
```

① 12.6
② 25.1
③ 125.7
④ 251

풀이 G97 S800 M03 ;
→ 800rpm으로 주축 회전수 일정하게 정회전
$$V = \frac{\pi d N}{1,000} = \frac{\pi \times 10\,\mathrm{mm} \times 800\mathrm{rpm}}{1,000}$$
$$= 25.13 = 25.1\,\mathrm{m/min}$$
여기서, V : 절삭속도(m/min)
　　　　d : 밀링커터의 지름(mm)
　　　　N : 커터의 회전수(rpm)

53 다음 중 CNC 선반에서 원호가공을 하는 데 적합하지 않은 word는?

① R-8.
② I-3. K-5.
③ G02
④ R8.

풀이 R-8. : CNC 선반에서 180° 원호를 가공하면 구의 형상이 만들어지므로 CNC 선반의 경우 원호가공의 범위는 $\theta \leq 180°$이다. 따라서 R 값은 항상 (+)로 입력한다.

54 다음 중 CNC 공작기계에서 사용되는 좌표치의 기준으로 사용하지 않는 좌표계는?

① 고정 좌표계
② 기계 좌표계
③ 공작물 좌표계
④ 구역 좌표계

풀이 CNC 공작기계에 사용되는 좌표치의 기준
기계 좌표계, 공작물 좌표계, 구역 좌표계

55 다음 CNC 선반 프로그램과 공구보정 화면을 보고, 3번 공구의 날 끝(인선) 반경 보정값으로 옳은 것을 고르면?

```
G00 X20. Z0. T0303 ;
```

보정번호	X축	Y축	R	T
01	0.000	0.000	0.8	3
02	2.456	4.321	0.2	2
03	5.765	7.987	0.4	2
04				
05				

① 0.2mm
② 0.4mm
③ 0.8mm
④ 3.0mm

풀이 보정번호 03번의 R 값을 읽으면 된다.

56 다음 중 CAD/CAM 시스템에서 입·출력장치에 해당되지 않는 것은?

① 메모리　　　　② 프린터
③ 키보드　　　　④ 모니터

풀이 메모리는 기억장치에 속한다.

57 NC 기계작업 중 안전사항으로 틀린 것은?

① NC 기계 주변을 정리정돈한 후 작업을 하였다.
② 작업 도중 정전이 되어 전원스위치를 내렸다.
③ 작업시간과 작업량을 높이기 위하여 작업 중 안전장치를 제거하였다.
④ 작업공구와 측정기기는 따로 구분하여 정리하였다.

풀이 안전을 위하여 작업 중 안전장치를 제거해서는 안 된다.

58 다음 중 머시닝 센터 프로그램에서 공구지름 보정에 관한 설명으로 옳은 것은?

① 일반적으로 공구의 지름만큼 보정한다.
② 공구의 진행 방향을 기준으로 오른쪽 보정은 G40을 사용한다.
③ 공구를 교환하기 전에 공구 지름보정을 취소해야 한다.
④ 공구지름 보정 취소에는 G49를 사용한다.

풀이 ① 일반적으로 공구의 반지름만큼 보정한다.
② 공구의 진행 방향을 기준으로 오른쪽 보정은 G42를 사용한다.
④ 공구지름 보정 취소에는 G40을 사용한다.

59 다음 보조기능 중 'M02'를 대신하여 쓸 수 있는 것은?

① M00　　　　② M05
③ M09　　　　④ M30

풀이 • M02 : 프로그램 종료
• M30 : 프로그램 종료 후 다시 처음으로 되돌아감
• M00 : 프로그램 정지
• M05 : 주축 정지

60 다음 중 머시닝 센터에서 공구의 길이 차를 측정하는 데 가장 적합한 것은?

① R 게이지　　　　② 사인바
③ 한계 게이지　　　　④ 하이트 프리세터

풀이 하이트 프리세터 : 머시닝 센터에 각종 공구를 고정하고 각 공구의 길이를 비교하여 그 차이값을 구하고, 보정값 입력란에 입력하는 측정기를 말한다.

01 열처리란 탄소강을 기본으로 하는 철강에서 매우 중요한 작업이다. 열처리의 특성을 잘못 설명한 것은?

① 내부의 응력과 변형을 감소시킨다.
② 표면을 연화시키는 등 성질을 변화시킨다.
③ 기계적 성질을 향상시킨다.
④ 강의 전기적 · 자기적 성질을 향상시킨다.

풀이 ② 표면을 연화하지 않고 강화한다.

02 5~20% Zn의 황동으로 강도는 낮으나 전연성이 좋고 황금색에 가까우며 금박 대용, 황동 단추 등에 사용되는 구리 합금은?

① 톰백
② 문쯔메탈
③ 델타메탈
④ 주석황동

풀이 톰백 : 아연을 5~20% 함유한 α 황동으로 빛깔이 금에 가깝고 연성이 크므로 금박, 금분, 불상, 화폐 제조 등에 사용한다.

03 다음 중 플라스틱 재료로서 동일 중량으로 기계적 강도가 강철보다 강력한 재질은?

① 글라스 섬유
② 폴리카보네이트
③ 나일론
④ FRP

풀이 섬유강화 플라스틱(FRP, Fiber Reinforced Plastic) : 플라스틱을 기지로 하여 내부에 강화섬유를 함유시킴으로써 비강도를 높인 복합재료

04 일반구조용 압연강재의 KS 기호는?

① SS330
② SM400A
③ SM45C
④ SNC415

풀이 • SM400A : 용접구조용 압연강재
• SM45C : 기계구조용 탄소강재
• SNC415 : 니켈크롬강

05 철과 탄소는 약 6.68% 탄소에서 탄화철이라는 화합물을 만드는데 이 탄소강의 표준조직은 무엇인가?

① 펄라이트
② 오스테나이트
③ 시멘타이트
④ 소르바이트

풀이 시멘타이트
• Fe에 탄소가 6.68% 화합된 철의 금속 간 화합물(Fe_3C)로 흰색의 침상이 나타나는 조직으로 1,153℃로 가열하면 빠른 속도로 흑연을 분리시킨다.
• 경도가 매우 높고, 취성이 많으며, 상온에서 강자성체이다.

06 비철금속 구리(Cu)가 다른 금속 재료와 비교해 우수한 것 중 틀린 것은?

① 연하고 전연성이 좋아 가공하기 쉽다.
② 전기 및 열전도율이 낮다.
③ 아름다운 색을 띠고 있다.
④ 구리합금은 철강 재료에 비하여 내식성이 좋다.

풀이 ② 전기 및 열전도율이 높다.

정답 | 01 ② 02 ① 03 ④ 04 ① 05 ③ 06 ②

07 강의 표면 경화법으로 금속 표면에 탄소(C)를 침입 고용시키는 방법은?

① 질화법　　　　② 침탄법
③ 화염경화법　　④ 숏피닝

풀이 침탄법
- 저탄소강으로 만든 제품의 표층부에 탄소를 투입시킨 후 담금질하여 표층부만을 경화하는 표면 경화법의 일종
- 종류 : 고체 침탄법, 가스 침탄법, 액체 침탄법

08 왕복운동 기관에서 직선운동과 회전운동을 상호 전달할 수 있는 축은?

① 직선 축　　　　② 크랭크축
③ 중공축　　　　④ 플렉시블 축

풀이 크랭크축(crank shaft)
회전운동을 직선운동으로 변환 또는 직선운동을 회전운동으로 변환시켜주는 축이다. **예** 엔진의 피스톤의 직선왕복운동을 회전운동으로 변환

09 재료의 안전성을 고려하여 허용할 수 있는 최대응력을 무엇이라 하는가?

① 주응력　　　　② 사용응력
③ 수직응력　　　④ 허용응력

풀이 허용응력 : 탄성한도 영역 내의 안전상 허용할 수 있는 최대응력

10 스퍼 기어에서 z는 잇수(개)이고, P가 지름피치(인치)일 때 피치원 지름(D, mm)를 구하는 공식은?

① $D = \dfrac{Pz}{25.4}$　　② $D = \dfrac{25.4}{Pz}$

③ $D = \dfrac{P}{25.4\,z}$　　④ $D = \dfrac{25.4z}{P}$

풀이 이의 크기를 나타내는 기준
모듈 : 미터계, 지름피치 : 인치계

모듈 $m = \dfrac{D}{z}(\mathrm{mm})$ $(D = m \cdot z$에서$)$

지름피치 $P = \dfrac{1}{m} = \dfrac{z(잇수)}{D(피치원지름)}(\mathrm{inch})$

$1\mathrm{inch} = 25.4\mathrm{mm}$ 적용하면

$P = \dfrac{z}{D}(\mathrm{inch}) \times \dfrac{25.4\mathrm{mm}}{1\mathrm{inch}} = 25.4\dfrac{z}{D}(\mathrm{mm})$

$\therefore\ D = 25.4\dfrac{z}{P}(\mathrm{mm})$

11 큰 토크를 전달시키기 위해 같은 모양의 키홈을 등간격으로 파서 축과 보스를 잘 미끄러질 수 있도록 만든 기계요소는?

① 코터　　　　② 묻힘 키
③ 스플라인　　④ 테이퍼 키

풀이 스플라인
축에 여러 개의 같은 키홈을 파서 여기에 맞는 한 짝의 보스 부분을 만들어 서로 잘 미끄러져 운동할 수 있게 한 것

12 스프링의 길이가 100mm인 한 끝을 고정하고, 다른 한 끝에 무게 40N의 추를 달았더니 스프링의 전체 길이가 120mm로 늘어났을 때 스프링 상수는 몇 N/mm인가?

① 8　　　　② 4
③ 2　　　　④ 1

풀이 스프링 상수 $k = \dfrac{W}{\delta} = \dfrac{40}{120 - 100} = 2\mathrm{N/mm}$

여기서, W : 하중, δ : 처짐량(신장량)

13 다음 벨트 중에서 인장강도가 대단히 크고 수명이 가장 긴 벨트는?

① 가죽 벨트　　　② 강철 벨트
③ 고무 벨트　　　④ 섬유 벨트

풀이 강철 벨트 : 인장강도가 가장 크고 수명이 가장 길다.

14 축이음 기계요소 중 플렉시블 커플링에 속하는 것은?

① 올덤 커플링　　　② 셀러 커플링
③ 클램프 커플링　　④ 마찰 원통 커플링

풀이 유연성 커플링(flexible coupling)
• 올덤 커플링, 유니버설 커플링, 고무 축이음 등
• 두 축의 위치와 축각을 유연하게 조정할 수 있다.

15 회전체의 균형을 좋게 하거나 너트를 외부에 돌출시키지 않으려고 할 때 주로 사용하는 너트는?

① 캡 너트　　　② 둥근 너트
③ 육각 너트　　④ 와셔붙이 너트

풀이 둥근 너트

16 그림의 치수 기입 방법 중 옳게 나타낸 것을 모두 고른 것은?

가. 현의 치수 기입 / 나. 호의 치수 기입
다. 반지름의 치수 기입 / 라. 각도의 치수 기입

① 가, 나, 다, 라　　② 나, 다, 라
③ 가, 나, 다　　　　④ 나, 다

풀이 현의 치수 기입에서 단위(mm)는 기입하지 않는다.

17 다음과 같은 입체도에서 화살표 방향에서 본 것을 정면도로 하여 3각법으로 투상한 것으로 가장 적합한 것은?

① ②
③ ④

풀이

18 다음 중 분할 핀 호칭 지름에 해당하는 것은?

① 분할 핀 구멍의 지름
② 분할 상태의 핀의 단면지름
③ 분할 핀의 길이
④ 분할 상태의 두께

풀이 분할 핀의 호칭
규격 번호−호칭지름×호칭길이−재료
예 KS B ISO 1234−5×50−St

19 투상면이 어느 각도를 가지고 있기 때문에 그 실형을 도시하기 위하여 그림과 같이 나타내는 투상법의 명칭은?

① 보조 투상도   ② 부분 투상도
③ 회전 투상도   ④ 국부 투상도

풀이 회전 투상도 : 단일 물체의 일부가 어느 각도를 가지고 있을 때 그 물체의 실제 모양을 나타내기 위하여 구부러진 부분의 중심선을 기준 중심선까지 회전시켜 나타내는 투상도를 말한다.

20 기하공차의 종류별 기호가 잘못 연결된 것은?

① 평면도 : ▱   ② 원통도 : ◯
③ 위치도 : ⊕   ④ 진직도 : ──

풀이 ⌀ : 원통도 공차, ◯ : 진원도 공차

21 베어링 기호가 "F684C2P6"으로 나타나 있을 때 "68"이 나타내는 뜻은?

① 안지름 번호
② 베어링 계열 기호
③ 궤도륜 모양 기호
④ 정밀도 등급 기호

풀이 F684C2P6
• F : 궤도륜 모양 기호(플랜지 붙이)
• 68 : 베어링 계열 번호(깊은 홈 볼베어링)
• 4 : 베어링 안지름 번호(4mm)
• C2 : 레이디얼 내부 틈새기호(C2 틈새)
• P6 : 정밀도 등급 기호(6급)

22 오른쪽 그림과 같이 절단면을 색칠한 것을 무엇이라고 하는가?

① 해칭   ② 단면
③ 투상   ④ 스머징

풀이 절단된 단면을 표시하는 방법에는 해칭(hatching)과 스머징이 있다.
• 해칭 : 잘려나간 물체의 절단면을 가는 실선으로 규칙적으로 빗줄을 그은 선으로 표시한다.
• 스머징 : 잘려나간 물체의 절단면을 표시하기 위해 해칭을 대신하여 엷게 색칠하는 것을 말한다.

23 끼워맞춤 방식에서 구멍의 치수가 축의 치수보다 큰 경우 그 치수의 차를 무엇이라고 하는가?

① 위치수 공차   ② 죔새
③ 틈새   ④ 허용차

풀이 구멍의 치수가 축의 치수보다 큰 경우 헐거우므로 틈새가 발생한다.

24 미터 사다리꼴 나사에서 나사의 호칭지름인 것은?

① 수나사의 골지름
② 수나사의 유효지름
③ 암나사의 유효지름
④ 수나사의 바깥지름

풀이 나사의 호칭지름은 수나사의 바깥지름(＝암나사의 골지름)으로 표시한다.

25 가공에 의한 컷의 줄무늬가 기호를 기입한 면의 중심에 대하여 거의 동심원 모양인 경우의 기호는?

① C   ② M
③ R   ④ X

풀이 줄무늬 방향의 기호

C : 가공으로 생긴 커터의 줄무늬가 기호를 기입한 면의 중심에 대하여 동심원 모양

26 다음과 같은 연삭숫돌 표시 기호 중 밑줄 친 K 가 뜻하는 것은?

WA · 60 · <u>K</u> · 5 · V

① 숫돌입자　　　② 조직
③ 결합도　　　　④ 결합제

풀이

WA	60	K	5	V
숫돌입자	입도	결합도	조직	결합제

27 밀링 커터의 주요 공구각 중에서 공구와 공작물이 서로 접촉하여 마찰이 일어나는 것을 방지하는 역할을 하는 것은?

① 여유각　　　　② 경사각
③ 날끝각　　　　④ 비틀림각

풀이 여유각 : 절삭 시 절삭공구와 공작물과의 마찰을 감소시키고, 날 끝이 공작물에 파고 들기 쉽게 해주는 기능을 갖고 있다. 여유각을 크게 하면 여유면의 마찰 · 마모가 감소되지만, 날 끝의 강도는 약해진다.

28 절삭공구를 재연삭하거나 새로운 절삭공구로 바꾸기 위한 공구수명 판정기준으로 거리가 먼 것은?

① 가공면에 광택이 있는 색조 또는 반점이 생길 때
② 공구인선의 마모가 일정량에 도달했을 때
③ 완성치수의 변화량이 일정량에 도달했을 때
④ 주철과 같은 메진 재료를 저속으로 절삭했을 시 균열형 칩이 발생할 때

풀이 균열형 칩이 발생한 것은 주철이라는 공작물의 재질에 의해서 발생한 것으로 공구수명이 다한 건 아니다.

29 다음 중 일반적으로 각도 측정에 사용되는 측정기는?

① 사인바(sine bar)
② 공기 마이크로미터(air micrometer)
③ 하이트 게이지(height gauge)
④ 다이얼 게이지(dial gauge)

풀이 사인바

블록 게이지로 양단의 높이를 맞추어, 삼각함수(sine)를 이용하여 각도를 측정한다.

30 일반 드릴에 대한 설명으로 틀린 것은?

① 사심(Dead Center)은 드릴 날 끝에서 만나는 부분이다.
② 표준 드릴의 날끝각은 118°이다.
③ 마진(Margin)은 드릴을 안내하는 역할을 한다.
④ 드릴의 지름이 13mm 이상의 것은 곧은 자루 형태이다.

풀이 ④ 드릴의 지름이 13mm 이상의 것은 모스 테이퍼 자루 형태이다.

※ 드릴의 지름 13mm 이하 : 곧은 자루

31 선반에서 양 센터 작업을 할 때, 주축의 회전력을 가공물에 전달하기 위해 사용하는 부속품은?

① 연동척과 단동척
② 돌림판과 돌리개
③ 면판과 클램프
④ 고정 방진구와 이동 방진구

풀이 돌림판과 돌리개

주축의 회전을 공작물에 전달하기 위해 사용하는 선반의 부속품이다.

32 주로 대형 공작물이 테이블 위에 고정되어 수평 왕복운동을 하고 바이트를 공작물의 운동 방향과 직각 방향으로 이송시켜서 평면, 수직면, 홈, 경사면 등을 가공하는 공작기계는?

① 플레이너   ② 호빙 머신
③ 보링 머신   ④ 슬로터

풀이 플레이너

공작물을 테이블 위에 고정하여 수평 왕복운동하고, 바이트를 이송시켜 공작물의 수평면, 수직면, 경사면, 홈 곡면 등을 절삭하는 공작기계로서 주로 대형 공작물을 가공한다.

33 다음 중 비교 측정기에 해당하는 것은?

① 버니어 캘리퍼스   ② 마이크로미터
③ 다이얼 게이지   ④ 하이트 게이지

풀이 비교측정

다음 그림과 같이 기준 치수의 블록 게이지와 제품을 측정기로 비교하여 측정기의 바늘이 가리키는 눈금에 의하여 그 차를 읽는 측정법이다.

34 밀링머신의 주요 구성요소로 틀린 것은?

① 니(knee)   ② 컬럼(column)
③ 테이블(table)   ④ 맨드릴(mandrel)

풀이 • 맨드릴(mandrel)은 선반의 부속장치이다.
• 밀링 머신의 구성요소 : 컬럼, 베이스, 니, 새들, 테이블

35 구성인선(Built-up Edge)의 방지대책으로 틀린 것은?

① 경사각을 크게 할 것
② 절삭 깊이를 크게 할 것
③ 윤활성이 좋은 절삭유를 사용할 것
④ 절삭 속도를 크게 할 것

풀이 ② 절삭 깊이를 작게 할 것

36 수용성 절삭유제의 특징에 관한 설명으로 옳은 것은?

① 윤활성은 좋으나 냉각성이 적어 경절삭용으로 사용한다.
② 윤활성과 냉각성이 떨어져 잘 사용되지 않고 있다.
③ 점성이 낮고 비열이 커서 냉각효과가 크다.
④ 광유에 비눗물을 첨가하여 사용하며 비교적 냉각효과가 크다.

풀이 수용성 절삭유

광물성유를 화학적으로 처리하여 원액과 물을 혼합하여 사용하고, 점성이 낮고 비열이 커서 냉각효과가 크므로 고속절삭 및 연삭 가공액으로 많이 사용한다.

정답 | 32 ①   33 ③   34 ④   35 ②   36 ③

37 밀링머신에서 테이블의 이송속도를 나타내는 식은?[단, f : 테이블 이송속도(mm/min), f_z : 커터 날 1개마다의 이송(mm), z : 커터의 날 수, n : 커터의 회전수(rpm)]

① $f = f_z \times z \times n$

② $f = \dfrac{f_z \times z \times n}{1,000}$

③ $f = \dfrac{f_z \times z}{n}$

④ $f = \dfrac{1,000}{f_z \times z \times n}$

풀이 분당 테이블 이송속도
$f = f_z \times z \times n(\text{mm/min})$

38 래핑 가공에 대한 설명으로 옳지 않은 것은?

① 래핑은 랩이라고 하는 공구와 다듬질하려고 하는 공작물 사이에 랩제를 넣고 공작물을 누르며 상대운동을 시켜 다듬질하는 가공법을 말한다.

② 래핑 방식으로는 습식래핑과 건식래핑이 있다.

③ 랩은 공작물 재료보다 경도가 낮아야 공작물에 흠집이나 상처를 일으키지 않는다.

④ 건식래핑은 절삭량이 많고 다듬면은 광택이 적어 일반적으로 초기 래핑작업에 많이 사용한다.

풀이 ④ 습식래핑은 절삭량이 많고 다듬면은 광택이 적어 일반적으로 초기 래핑작업에 많이 사용한다.

※ 건식래핑은 랩제만을 사용하는 방법으로 정밀 다듬질용으로 마무리 래핑에 사용된다.

39 연삭기의 연삭방식 중 외경연삭의 방법에 해당하지 않는 것은?

① 유성형   ② 테이블 왕복형
③ 숫돌대 왕복형   ④ 플랜지컷형

풀이 유성형 : 내면 연삭 방식(안지름 연삭방식)

40 선반의 종류 중 볼트, 작은 나사 등을 능률적으로 가공하기 위하여 보통 선반의 심압대 대신에 회전 공구대를 설치하여 여러 가지 절삭공구를 공정에 맞게 설치한 선반은?

① 자동선반(automatic lathe)
② 터릿선반(turret lathe)
③ 모방선반(copying lathe)
④ 정면선반(face lathe)

풀이 터릿선반
보통 선반의 심압대 대신에 터릿으로 불리는 회전 공구대를 설치하여 여러 가지 절삭공구를 공정에 맞게 설치하여 간단한 부품을 대량생산하는 선반

41 다음 가공물의 테이퍼 값은 얼마인가?

① 0.25   ② 0.5
③ 1.5   ④ 2

풀이 가공물의 테이퍼 값 $= \dfrac{D-d}{l} = \dfrac{10-5}{20} = 0.25$

여기서, D : 테이퍼의 큰 지름(mm)
　　　　d : 테이퍼의 작은 지름(mm)
　　　　l : 가공물의 전체 길이(mm)

42 다음 중 정밀입자에 의하여 가공하는 기계는?

① 밀링머신
② 보링머신
③ 래핑머신
④ 와이어컷 방전가공기

래핑머신 : 랩제를 사용하여 마모와 연삭작용에 의해 공작물을 다듬질하는 정밀 가공기이다.

43 다음은 CNC 프로그램의 일부분이다. 여기에서 L4가 의미하는 것으로 가장 올바른 것은?

> N0034 M98 P2345 L4 ;

① 보조프로그램 호출번호 명령이 4번임을 뜻한다.
② 보조프로그램의 반복 횟수를 4회 실행하라는 뜻이다.
③ 나사가공 프로그램에서 나사의 리드가 4 mm임을 뜻한다.
④ 보조 프로그램 호출 후 다른 보조 프로그램을 4번 호출한다는 뜻이다.

풀이 M98(보조 프로그램 호출), P2345(보조 프로그램 번호 2345), L4(보조 프로그램 4번 반복)

44 $\phi 50mm$ SM20C 재질의 가공물을 CNC 선반에서 작업할 때 절삭속도가 80m/min이라면, 적절한 스핀들의 회전수는 약 얼마인가?

① 510rpm   ② 1, 020rpm
③ 1,600rpm   ④ 2,040rpm

풀이 $N = \dfrac{1,000S}{\pi D}(\text{rpm})$

$= \dfrac{1,000 \times 80}{\pi \times 50} = 509.30 \approx 510(\text{rpm})$

여기서, N : 주축의 회전수(rpm)
S : 절삭속도(m/min)=80m/min
D : 공작물의 지름(mm)=$\phi 50$

45 다음 중 드릴가공에서 휴지기능을 이용하여 바닥면을 다듬질하는 기능은?

① 머신록   ② 싱글블록
③ 오프셋   ④ 드웰

46 다음 중 CNC 선반 프로그래밍에서 소수점을 사용할 수 있는 어드레스로 구성된 것은?

① X, U, R, F   ② W, I, K, P
③ Z, G, D, Q   ④ P, X, N, E

풀이 소수점을 사용할 수 있는 데이터는 길이를 나타내는 수치 데이터와 함께 사용되는 어드레스(X, Y, Z, U, V, W, A, B, C, I, J, K, R, F) 다음의 수치 데이터에만 가능하다. 단, 장비 및 파라미터 설정에 따라 소수점 없이 사용할 수도 있다.

47 근래에 생산되는 대형 정밀 CNC 고속가공기에 주로 사용되며 모터에서 속도를 검출하고, 테이블에 리니어 스케일을 부착하여 위치를 피드백하는 서보기구 방식은?

① 개방회로 방식
② 반폐쇄회로 방식
③ 폐쇄회로 방식
④ 복합회로 방식

풀이 폐쇄회로 방식(closed loop system)
• 속도정보는 서보모터에 내장된 타코 제너레이터에서 검출되어 제어된다.
• 위치정보는 최종 제어 대상인 테이블에 리니어 스케일(linear scale, 직선자)을 부착하여 테이블의 직선 방향 위치를 검출하여 제어된다.

48 다음 중 CNC 공작기계의 점검 시 매일 실시하여야 하는 사항과 가장 거리가 먼 것은?

① ATC 작동 점검
② 주축의 회전 점검
③ 기계 정도 검사
④ 습동유 공급상태 점검

풀이 기계의 정도 검사는 매년점검 사항이다.

정답 | 43 ② 44 ① 45 ④ 46 ① 47 ③ 48 ③

49 다음 중 CNC 공작기계에서 이송속도(feed speed)에 대한 설명으로 틀린 것은?

① CNC 선반의 경우 가공물이 1회전 할 때 공구의 가로 방향 이송을 주로 사용한다.

② CNC 선반의 경우 회전당 이송인 G98이 전원공급 시 설정된다.

③ 날이 2개 이상인 공구를 사용하는 머시닝 센터의 경우 분당 이송을 주로 사용한다.

④ 머시닝 센터의 경우 분당 이송거리는 "날 당 이송거리×공구의 날 수×회전수"로 계산된다.

풀이 CNC 선반의 경우 회전당 이송인 G99가 전원 공급 시 자동으로 설정된다.

CNC 선반	
G98	분당 이송(mm/min)
★G99	회전당 이송(mm/rev)
머시닝 센터	
★G94	분당이송(mm/min)
G95	회전당 이송(mm/rev)

(★ : 전원공급 시 자동으로 설정)

50 다음 머시닝 센터 가공용 CNC 프로그램에서 G80의 의미는?

N10 G80 G40 G49

① 공구경 보정 취소
② 위치 결정 취소
③ 공구길이 보정 취소
④ 고정 사이클 취소

풀이 • G80 : 고정 사이클 취소
• G40 : 공구경 보정 취소
• G49 : 공구길이 보정 취소

51 다음 중 CNC 공작기계 운전 중의 안전사항으로 틀린 것은?

① 가공 중에는 측정을 하지 않는다.
② 일감은 견고하게 고정시킨다.
③ 가공 중에 칩을 손으로 제거한다.
④ 옆 사람과 잡담을 하지 않는다.

풀이 작업 중 회전하는 공구에 칩이 부착되었을 경우 기계를 정지시키고 칩 제거 도구를 사용하여 제거한다.

52 CNC 선반에서 ϕ52 부분을 가공하고, 측정한 결과 ϕ51.97이었다. 기존의 X축 보정값이 0.002라면 보정값을 얼마로 수정해야 ϕ52로 가공되는가?

① 0.002
② 0.028
③ 0.03
④ 0.032

풀이 측정값과 지령값의 오차
$=51.97-52.0=-0.03$ (0.03만큼 작게 가공됨)
그러므로 공구를 X축 방향으로 $+0.03$만큼 이동하는 보정을 하여야 한다.
외경이 기준치수보다 작게 가공되었으므로 $+$값을 더하여 크게 가공해야 한다.
∴ 공구 보정값
$=$기존의 보정값$+$더해야 할 보정값
$=0.002+(+0.03)$
$=0.032$

53 1대의 컴퓨터에서 여러 대의 CNC 공작기계에 테이터를 분배하여 전송함으로써 동시에 직접 제어, 운전할 수 있는 방식을 무엇이라 하는가?

① DNC
② CAM
③ FA
④ FMS

풀이 DNC : 여러 대의 CNC 공작기계를 한 대의 컴퓨터에 결합시켜 제어하는 시스템으로 개개의 CNC 공작기계의 작업성, 생산성을 개선함과 동시에 그것을 조합하여 CNC 공작기계군으로 운영을 제어, 관리하는 것이다.

54 그림에서 단면 절삭 고정 사이클을 이용한 프로그램의 준비 기능은?

① G76 　　　　② G90
③ G92 　　　　④ G94

풀이
- G94 : 단면 절삭 사이클
- G76 : 자동 나사 가공 사이클
- G90 : 내・외경 절삭 사이클
- G92 : 나사 절삭 사이클

55 다음 머시닝 센터 프로그램 중에서 사용된 공구길이 보정을 나타내는 준비기능(G 코드)은 어느 것인가?

```
G17 G40 G49 G80 ;
G91 G28 Z0. ;
G28 X0. Y0. ;
G90 G92 X400. Y250. Z500. ;
T01 M06 ;
G00 X - 15. Y - 15. S1000 M03 ;
G43 Z50. H01 ;
Z3. ;
G01 Z - 5. F100 M08 ;
G41 X0. D11 ;
```

① G40 　　　　② G41
③ G43 　　　　④ G91

풀이
- G43 : 공구길이 보정 "+"
- G40 : 공구지름 보정 취소
- G41 : 공구지름 보정 좌측
- G91 : 증분 지령

56 다음 중 CNC 공작기계 사용 시 비경제적인 작업은?

① 작업이 단순하고, 수량이 1~2개인 수리용 부품
② 항공기 부품과 같이 정밀한 부품

③ 곡면이 많이 포함되어 있는 부품
④ 다품종이며 로트당 생산수량이 비교적 적은 부품

풀이 작업이 단순하고, 수량이 1~2개인 수리용 부품은 범용 공작기계를 이용하는 것이 좋다.

57 다음은 CNC 선반 프로그램에서 P1에서 P2로 진행하는 블록을 나타낸 것이다. ( ) 안에 알맞은 명령어는?

(　　) X26. Z－10. R3. ;

① G01 　　　　② G02
③ G03 　　　　④ G04

풀이
- P1에서 P2는 시계 방향 원호가공(G02)을 뜻한다.
- G03(반시계 방향 원호가공), G01(직선가공), G04(휴지, 일시정지)

58 다음 중 CNC 선반에서 G96(주축속도 일정 제어)의 설명으로 옳은 것은?

① 공작물의 직경에 관계없이 회전수는 일정하다.
② 공작물 직경에 관계없이 가공 중 원주속도는 일정하다.
③ 절삭 시 공구가 공작물 직경이 감소하는 방향으로 진행하면 주축의 회전수도 감소한다.
④ 나사가공이나 홈가공 시 많이 이용한다.

풀이 G96 : 절삭속도(m/min)를 일정하게 제어하는 기능이다. 항상 절삭속도를 일정하게 유지하기 위하여 가공 중인 공작물의 지름이 커지면 주축 회전수가 낮아지고, 지름이 작아지면 주축 회전수가 높아진다. 따라서 공작물 직경에 관계없이 가공 중 원주속도는 일정하다.

59 다음 중 선반작업에서 방호조치로 적합하지 않은 것은?

① 긴 일감 가공 시 덮개를 부착한다.
② 작업 중 급정지를 위해 역회전 스위치를 설치한다.
③ 칩이 짧게 끊어지도록 칩브레이커를 둔 바이트를 사용한다.
④ 칩이나 절삭유 등의 비산으로부터 보호를 위해 이동용 실드를 설치한다.

풀이 작업 중 급정지를 위해서 비상스위치가 존재한다.

60 CNC 선반에서 복합형 고정사이클 G76을 사용하여 나사가공을 하려고 한다. G76에 사용되는 X의 값은 무엇을 의미하는가?

① 골지름   ② 바깥지름
③ 안지름   ④ 유효지름

풀이 G76 X(U)_ Z(W)_ I_ K_ D_ (R_) F_ A_ P_ ;
여기서, X(U), Z(W) : 나사 끝점 좌표(골지름 좌표)
　　　　 I : 나사 절삭 시 나사 끝점(X좌표)과 나사 시작점(X좌표)의 거리(반경지령), I=0이면 평행나사(생략 가능)
　　　　 K : 나사산의 높이(반경지령)
　　　　 D : 첫 번째 절입량(반경지령), 소수점 사용 불가
　　　　 R : 면취량(파라미터로 설정)
　　　　 F : 나사의 리드
　　　　 A : 나사산의 각도
　　　　 P : 정삭방법(생략하면 절삭량 일정, 한쪽 날 가공을 수행)

01 탄소강에 함유된 5대 원소는?

① 황, 망간, 탄소, 규소, 인

② 탄소, 규소, 인, 망간, 니켈

③ 규소, 탄소, 니켈, 크롬, 인

④ 인, 규소, 황, 망간, 텅스텐

풀이 탄소강에 함유된 5대 원소

탄소(C), 규소(Si), 망간(Mn), 인(P), 황(S)

('망인규탄은 황당한 일'로 암기)

02 황이 함유된 탄소강의 적열취성을 감소시키기 위해 첨가하는 원소는?

① 망간   ② 규소

③ 구리   ④ 인

풀이 적열취성(고온취성)

강 온도 900℃ 이상에서 황(S)이나 산소가 철과 화합하여 산화철(FeO)이나 황화철(FeS)을 만든다. 이때 황화철은 강 입자의 경계에 결정립계로 나타나게 되는데, 상온에서는 그 해가 작지만 고온에서는 황화철이 녹아 강을 여리게(무르게) 만들어 단조할 수 없는 취성을 강이 갖게 되는데 이것을 적열취성이라 한다. 망간(Mn)을 첨가하면 황화망간(MnS)을 형성하여 적열취성을 방지하는 효과를 얻을 수 있다.

03 내열성과 내마모성이 크고 온도 600℃ 정도까지 열을 주어도 연화되지 않는 특징이 있으며, 대표적인 것으로 텅스텐(18%), 크롬(4%), 바나듐(1%)으로 조성된 강은?

① 합금공구강   ② 다이스강

③ 고속도공구강   ④ 탄소공구강

풀이 고속도공구강의 성분 : 텅스텐－크롬－바나듐

('텅크바'로 암기)

04 초경공구와 비교한 세라믹 공구의 장점 중 옳지 않은 것은?

① 고속절삭 가공성이 우수하다.

② 고온경도가 높다.

③ 내마멸성이 높다.

④ 충격강도가 높다.

풀이 세라믹

• 주성분인 알루미나(Al_2O_3)에 마그네슘(Mg), 규소(Si)와 미량의 다른 원소를 첨가하여 소결시킨다.

• 고온경도가 높고 고온산화가 되지 않는다.

• 진동과 충격에 약하다.

05 내열용 알루미늄 합금 중에 Y합금의 성분은?

① 구리, 납, 아연, 주석

② 구리, 니켈, 망간, 주석

③ 구리, 알루미늄, 납, 아연

④ 구리, 알루미늄, 니켈, 마그네슘

풀이 Y합금 : Al＋Cu＋Ni＋Mg의 합금으로 내열성 우수

예 내연기관 실린더

['알쿠니마'(아이구 님아~)로 암기]

정답 | 01 ① 02 ① 03 ③ 04 ④ 05 ④

06 항공기 재료로 가장 적합한 것은 무엇인가?

① 파인 세라믹　　② 복합 조직강

③ 고강도 저합금강　④ 초두랄루민

풀이 초두랄루민 : Al+Cu+Mg+Mn의 합금(알쿠마망), 강재와 비슷한 인장강도(50kgf/mm²)이고, 가벼워서 항공기나 자동차 등에 사용된다.

07 마텐자이트와 베이나이트의 혼합조직으로 M_s와 M_f 점 사이의 열욕에 담금질하여 과랭 오스테나이트의 변태가 완료할 때까지 항온 유지한 후에 꺼내어 공랭하는 열처리는 무엇인가?

① 오스템퍼(austemper)

② 마템퍼(martemper)

③ 마퀜칭(marquenching)

④ 패턴팅(patenting)

풀이

08 유니버설 조인트의 허용 축 각도는 몇 도(°) 이내인가?

① 10°　　　　　② 20°

③ 30°　　　　　④ 60°

풀이 두 축의 중심선인 축 각도가 30° 이내로 교차할 때 사용하는 축이음이다.

09 기어의 잇수가 40개이고, 피치원의 지름이 320mm일 때 모듈 값은?

① 4　　　　　　② 6

③ 8　　　　　　④ 12

풀이 모듈 $m = \dfrac{D}{Z} = \dfrac{320}{40} = 8$ ($D = m \cdot z$에서)

10 깊은 홈 볼베어링의 호칭번호가 6208일 때 안지름은 얼마인가?

① 10mm　　　　② 20mm

③ 30mm　　　　④ 40mm

풀이 • 62 : 깊은 홈 볼베어링을 나타냄

• 안지름 = 8(안지름 번호) × 5 = 40mm

11 하중의 작용 상태에 따른 분류에서 재료의 축선 방향으로 늘어나게 하려는 하중은?

① 굽힘하중　　　② 전단하중

③ 인장하중　　　④ 압축하중

풀이 인장하중

12 스프링의 용도에 대한 설명 중 틀린 것은?

① 힘의 측정에 사용된다.

② 마찰력 증가에 이용한다.

③ 일정한 압력을 가할 때 사용한다.

④ 에너지를 저축하여 동력원으로 작동시킨다.

풀이 스프링의 용도

• 압력의 제한(안전 밸브) 및 힘의 측정(압력 게이지, 저울)

• 기계 부품의 운동 제한 및 운동 전달(내연 기관의 밸브 스프링)

• 에너지 축적(시계 태엽)

• 진동 흡수, 충격 완화(철도, 차량)

13 길이가 1m이고 지름이 30mm인 둥근 막대에 30,000N의 인장하중을 작용하면 얼마 정도 늘어나는가?(단, 세로탄성계수 : $2.1 \times 10^5 N/mm^2$)

① 0.102mm ② 0.202mm

③ 0.302mm ④ 0.402mm

풀이 늘어난 길이

$$\lambda = \frac{Pl}{AE} = \frac{Pl}{\frac{\pi}{4}d^2 \times E} = \frac{4Pl}{\pi d^2 E}$$

$$= \frac{4 \times 30,000 \times 1,000}{\pi \times 30^2 \times 2.1 \times 10^5} = 0.202 mm$$

여기서, A : 둥근 막대 단면적, P : 인장하중
l : 막대 길이, E : 세로탄성계수

14 나사에 대한 설명으로 틀린 것은?

① 나사산의 모양에 따라 삼각, 사각, 둥근 것 등으로 분류한다.

② 체결용 나사는 기계 부품의 접합 또는 위치 조정에 사용된다.

③ 나사를 1회전 하여 축 방향으로 이동한 거리를 "리드"라 한다.

④ 힘을 전달하거나 물체를 움직이게 할 목적으로 사용하는 나사는 주로 삼각 나사이다.

풀이 ④ 동력 전달용 나사로는 주로 사각 나사가 쓰이고, 사각 나사보다 강력한 동력전달에 쓰이는 나사는 사다리꼴 나사이다.

15 양쪽 끝 모두 수나사로 되어 있으며, 한쪽 끝에 상대 쪽에 암나사를 만들어 미리 반영구적으로 나사 박음하고, 다른 쪽 끝에 너트를 끼워 죄도록 하는 볼트는 무엇인가?

① 스테이 볼트 ② 아이 볼트

③ 탭 볼트 ④ 스터드 볼트

풀이 스터드 볼트(stud bolt)
볼트의 머리가 없는 볼트로 한 끝은 본체에 고정되어 있고, 고정되지 않는 볼트부 끝에 너트를 끼워 죈다.
(분해가 간편하다.)

16 나사를 "M12"로만 표시하였을 경우 설명으로 틀린 것은?

① 2줄 나사인데 표시하지 않고 생략되었다.

② 오른나사인데 표시하지 않고 생략되었다.

③ 미터 나사이고 피치는 생략되었다.

④ 나사의 등급이 생략되었다.

풀이 1줄 나사인 경우만 생략하고, 2줄 나사인 경우 2L, 3줄 나사인 경우 3L 등으로 표시한다.

17 다음 그림의 설명 중 맞는 것은?

① 지시선의 화살표로 나타낸 축선은 데이텀의 축직선 A－B를 축선으로 하는 지름 0.08 mm인 원통 안에 있어야 한다.

② 지시선의 화살표로 나타내는 원통면의 반지름 방향의 흔들림은 데이텀 축직선 A－B에 관하여 1회전시켰을 때, 데이텀 축직선에 수직한 임의의 측정면 위에서 0.08mm를 초과해서는 안 된다.

③ 지시선의 화살표로 나타내는 면은 데이텀 축직선 A－B에 대하여 평행하고 또한 화살표 방향으로 0.08mm만큼 떨어진 두 개의 평면 사이에 있어야 한다.

④ 대상으로 하고 있는 면은 동일 평면 위에서 0.08mm만큼 떨어진 2개의 동심원 사이에 있어야 한다.

풀이 동축도는 데이텀 축심 또는 원통 중심에 대하여 동축(同軸)에 있어야 할 형체 축심과 원통 중심이 허용 범위로부터 벗어난 크기를 규제하는 공차이고, 축심과 원통 중심을 규제하므로 공차값에 ϕ 기호를 붙인다. 따라서, 지시선 화살표로 나타낸 축선은 데이텀 축 직선 A−B를 축선으로 하는 지름 0.08mm인 원통 안에 있어야 한다.

18 재료가 최대 크기일 경우에 형태가 한계 크기가 되는 고려된 형태의 상태, 즉 구멍의 경우 최소 지름과 축의 경우 최대 지름이 되는 상태를 무엇이라고 하는가?

① 최대 재료 조건(MMC)
② 한계 재료 조건(UMC)
③ 최소 재료 조건(LMC)
④ 일반 재료 조건(NMC)

풀이 최대 재료 조건(MMC)에 대한 설명이다.

19 기하공차 기호 중 동축도를 나타내는 기호는?

풀이 동축도 공차는 동심도 공차(◎)를 뜻한다.

20 다음 치수와 병용되는 기호 중 잘못된 것은?

① R5
② C5
③ ◇5
④ $\phi5$

풀이 ◇5은 치수 보조 기호로 사용되지 않고, □5는 한 변의 길이가 5mm인 정사각형을 나타낸다.

21 표면의 결 도시방법에서 어떤 제작공정 도면에 이미 제거 가공 또는 다른 방법으로 얻어진 전(前) 가공의 상태를 그대로 남겨두는 것만을 지시하는 기호는?

풀이 제거가공 여부에 따른 표시

: 절삭 등 제거가공의 필요 여부를 문제 삼지 않는다.

: 제거가공을 하지 않는다.

: 제거가공을 한다.

22 다음 그림에서 화살표 방향을 정면도로 하였을 때 좌측면도로 맞는 것은?

풀이

23 다음 도면에서 ㉠~㉤의 선의 명칭이 모두 올바르게 짝지어진 것은?

㉮ 가상선	㉯ 기준선
㉰ 파단선	㉱ 중심선
㉲ 숨은선	㉳ 수준면선
㉴ 지시선	㉵ 치수선
㉶ 치수보조선	㉷ 외형선
㉸ 해칭선	㉹ 절단선

① ㉠-㉷, ㉡-㉴, ㉢-㉮, ㉣-㉲, ㉤-㉱
② ㉠-㉷, ㉡-㉮, ㉢-㉰, ㉣-㉲, ㉤-㉱
③ ㉠-㉹, ㉡-㉷, ㉢-㉰, ㉣-㉲, ㉤-㉱
④ ㉠-㉷, ㉡-㉮, ㉢-㉰, ㉣-㉳, ㉤-㉲

풀이 ㉠-외형선, ㉡-가상선, ㉢-파단선, ㉣-숨은선, ㉤-중심선을 나타낸다.

24 인벌류트 치형을 가진 표준 스퍼기어의 전체 이 높이는 다음 중 어떤 값이 되는가?
① "모듈"의 크기와 동일하다.
② "2.25×모듈"의 값이 된다.
③ "π×모듈"의 값이 된다.
④ "잇수×모듈"의 값이 된다.

풀이 전체 이 높이(h)=$2.25 \times M$(모듈)

25 다음과 같은 단면도를 나타내고 있는 절단선 위치가 가장 올바른 것은?

① 단면 A-B ② 단면 C-D
③ 단면 E-F ④ 단면 G-H

풀이 단면도에서 아랫부분의 구멍이 보이므로 단면 C-D와 단면 G-H가 이에 해당된다. 또한 단면도 중간 부분도 큰 구멍과 작은 구멍이 보이므로 단면 C-D가 된다.

26 밀링 가공에서 생산성을 향상시키기 위한 절삭속도의 선정방법으로 적합하지 않은 것은?
① 밀링커터의 수명을 길게 유지하기 위해서는 절삭속도를 약간 낮게 설정한다.
② 가공물의 경도, 강도, 인성 등의 기계적 성질을 고려한다.
③ 거친 가공에서는 절삭속도는 빠르게, 이송은 느리게, 절삭 깊이는 작게 한다.
④ 커터의 날이 빠르게 마모되거나 손상되는 현상이 발생하면, 절삭속도를 감소시킨다.

풀이 거친 절삭은 단시간에 절삭량이 커야 하므로 절삭속도와 이송을 빠르게, 절삭깊이를 크게 선정한다.

27 지름이 작은 가공물이나 각 봉재를 가공할 때 편리하며, 보통 선반에서는 주축 테이퍼 구멍에 슬리브를 끼우고 여기에 척을 끼워 사용하는 것은?
① 단동 척 ② 연동 척
③ 콜릿 척 ④ 미그네틱 척

풀이 콜릿 척(collet chuck)

• 터릿, 자동, 탁상 선반에 사용

• 중심 정확, 가는 지름, 원형·각봉 재료

• 스핀들에 슬리브를 끼운 후 사용

  ※ 샤프펜슬에서 심을 고정하는 원리와 같다.

28 사인바(sine bar)에 의한 각도 측정에서 필요하지 않은 것은?

① 블록 게이지   ② 다이얼 게이지

③ 버니어 캘리퍼스   ④ 정반

풀이 • 아래 그림은 사인바에 의한 각도 측정방법을 나타낸 그림이다.

• 사인바에 의한 각도 측정 시 필요한 것 : 사인바, 블록 게이지, 다이얼 게이지, 정반, 앵글 플레이트

29 구성인선의 방지방법이 아닌 것은?

① 절삭 깊이를 크게 한다.

② 경사각을 크게 한다.

③ 윤활성이 있는 절삭유제를 사용한다.

④ 절삭 속도를 크게 한다.

풀이 ① 절삭 깊이를 작게 한다.

30 기계가공에서 절삭유제의 사용 목적이 아닌 것은?

① 공작물을 냉각시킨다.

② 절삭열에 의한 정밀도 저하를 방지한다.

③ 공작물의 부식을 증가시킨다.

④ 공구의 경도 저하를 방지한다.

풀이 ③ 절삭유는 방청 성분이 있어 공작물의 부식을 방지한다.

31 가공할 구멍이 드릴 작업할 수 있는 것에 비하여 훨씬 큰 포신 가공 등에 적합한 보링 머신은 무엇인가?

① 보통 보링 머신   ② 정밀 보링 머신

③ 지그 보링 머신   ④ 코어 보링 머신

풀이 그림 (a) 코어 보링 커터를 이용하여 철판을 절삭하면 그림 (b)처럼 원 둘레 부분만 절삭되어 큰 직경의 구멍을 가공할 수 있다.

(a) 코어 보링 커터

(절삭 전 철판)   (원 둘레만 절삭)   (원 전체가 제거됨)

(b) 코어 보링 머신의 절삭 방법

32 드릴에 의해 뚫린 구멍은 보통 진원도 및 내면의 다듬질 정도가 양호하지 못하므로, 구멍의 내면을 정밀하게 다듬질하는 가공은 무엇인가?

① 줄 가공   ② 탭 가공

③ 리머 가공   ④ 다이스 가공

풀이 리머 가공 : 드릴로 뚫은 작은 구멍을 정확한 치수와 깨끗한 내면으로 다듬질하는 작업이다.

드릴링 직경(1차 기공)＝리밍 직경(2차 가공)－연질 0.2mm 이하, 경질 0.13mm 이하

33 숫돌입자의 기호 중 경도가 가장 낮은 것은?

① A   ② WA

③ C   ④ GC

풀이 숫돌입자 경도 비교

GC＞C＞WA＞A

34 센터, 척 등을 사용하지 않고 가공물의 표면을 조정하는 조정숫돌과 지지대를 이용하여 가공물을 연삭하는 기계는 무엇인가?

① 외경 연삭기　　② 내면 연삭기

③ 공구 연삭기　　④ 센터리스 연삭기

풀이 센터리스 연삭의 원리 : 센터로 가공하기 어려운 공작물의 외경을 센터나 척을 사용하지 않고 조정숫돌과 지지대로 지지하면서 연삭하는 방법이다. 공작물의 받침판과 조정숫돌에 의해 지지된다.

※ 센터리스 연삭은 가늘고 긴 가공물의 연삭에 적합한 특징이 있다.

35 밀링머신의 부속품이나 부속장치가 아닌 것은?

① 분할대

② 맨드릴

③ 회전 테이블

④ 슬로팅 장치

풀이 • 밀링머신 부속품 : 분할대, 바이스, 회전 테이블, 슬로팅 장치 등

• 선반 부속품 : 방진구, 맨드릴, 센터, 면판, 돌림판과 돌리개, 척 등

36 Al_2O_3 분말 약 70%에 TiC 또는 TiN 분말을 30% 정도 혼합하여 수소 분위기 속에서 소결하여 제작한 절삭공구의 재료는 무엇인가?

① 다이아몬드　　② 서멧

③ 고속도강　　　④ 초경합금

풀이 서멧

• 세라믹(ceramic)＋금속(metal)의 복합재료[알루미나(Al_2O_3) 분말 70%에 탄화티타늄(TiC) 분말 30%를 정도 혼합]

• 세라믹의 취성을 보안하기 위하여 개발된 소재이다.

• 고온에서 내마모성, 내산화성이 높아 고정밀도의 고속절삭이 가능하다.

37 선반의 주요 구성 부분에 해당되지 않은 것은?

① 주축대　　　② 베드

③ 왕복대　　　④ 테이블

풀이 선반의 주요 구성요소

주축대, 베드, 왕복대, 심압대

38 보통 선반의 이송 단위로 가장 올바른 것은?

① 1분당 이송(mm/min)

② 1회전당 이송(mm/rev)

③ 1왕복당 이송(mm/stroke)

④ 1회전당 왕복(stroke/rev)

풀이 선반에서 이송(f)은 매 회전 시마다 바이트가 이동되는 거리를 말하며 mm/rev로 표시한다.

39 화학밀링(화학절삭)의 일반적인 특징으로 거리가 먼 것은 무엇인가?

① 공구비가 절감된다.

② 가공속도가 빠르다.

③ 가공 깊이에 제한을 받는다.

④ 가공 변질층은 적다.

풀이 ② 가공속도가 느리다.

40 공작기계를 가공능률에 따라 분류할 때 전용 공작기계에 속하는 것은?

① 플레이너　　　② 드릴링 머신

③ 트랜스퍼 머신　④ 밀링 머신

풀이 전용 공작기계

트랜스퍼 머신, 차륜 선반, 크랭크축 선반

41 마이크로미터에서 나사의 피치가 0.5mm, 딤블의 원주 눈금이 50등분 되어 있다면 최소 측정값은 얼마인가?

① 0.001mm　　② 0.01mm

③ 0.05mm　　　④ 0.50mm

최소 측정값 $= \dfrac{\text{나사의 피치}}{\text{딤블의 등분 수}}$

$$= \dfrac{0.5}{50} = 0.01\text{mm}$$

42 수평 밀링머신의 플레인 커터 작업에서 상향 절삭의 특징으로 틀린 것은?

① 칩이 날의 절삭을 방해하지 않는다.
② 하향절삭에 비하여 커터의 수명이 짧다.
③ 절삭된 칩이 가공된 면 위에 쌓인다.
④ 이송 기구의 백래시가 제거된다.

풀이 상향절삭과 하향절삭의 비교

구분	상향절삭	하향절삭
커터의 회전방향	공작물 이송방향과 반대이다.	공작물 이송방향과 동일하다.
백래시 제거장치	필요 없다.	필요하다.
공작물 고정	불안정하다.	안정적이다.
커터의 수명	수명이 짧다.	수명이 길다.
칩의 제거	칩이 잘 제거된다.	칩이 잘 제거되지 않는다.
절삭면	거칠다.	깨끗하다.
동력 손실	많다.	적다.

43 다음 중 밀링 작업 시 안전사항으로 잘못된 것은?

① 회전하는 커터에 손을 대지 않는다.
② 절삭 중에는 면장갑을 착용하지 않는다.
③ 칩을 제거할 때에는 장갑을 끼고 손으로 한다.
④ 가공을 할 때에는 보안경을 착용하여 눈을 보호한다.

풀이 장갑을 착용하고 칩 제거 전용 도구를 사용하여 칩을 제거한다.

44 다음 중 CNC 프로그램으로 틀린 지령 블록은?

① N20 G00 X20.0 Y30.0 ;
② N30 G01 X80.0 F200 ;
③ N40 G03 G42 X100.0 Y50.0 R20.0 ;
④ N50 G01 Y150.0 ;

풀이 N40 G03 G42 X100.0 Y50.0 R20.0 ;
공구지름 보정(G40, G41, G42)은 G00, G01과 함께 지령하여야 하며, 원호보간(G02, G03)과 함께 지령하게 되면 알람이 발생한다.

45 다음 중 CNC 선반작업 시 안전 및 유의사항으로 틀린 것은?

① 마이크로미터로 측정 시 0점 조정을 확인한다.
② 원호 가공된 면의 측정은 반지름 게이지를 사용한다.
③ 절삭 칩의 제거는 브러시나 청소용 솔을 사용한다.
④ 원호가공은 이송속도를 빠르게 하여 진동의 발생을 방지한다.

풀이 ④ 원호 가공은 이송속도를 느리게 하여 진동의 발생을 방지한다.

46 다음은 머시닝 센터에서 가공되는 프로그램의 일부이다. 가공에 사용되는 공구가 2날, ϕ 30 엔드밀인 경우 이론적인 날당 이송속도(mm/날)는 약 얼마인가?

```
G43 Z-5.0 H03 S700 M03 ;
G01 X10.0 Y20.0 F150 M08 ;
```

① 0.09   ② 0.11
③ 0.43   ④ 2.33

풀이 S700 : 밀링커터의 회전수(700rpm)
F150 : 테이블 이송속도(150mm/min)
$f = f_z \times z \times N$

여기서, f : 테이블 이송속도(mm/min)

　　　　f_z : 1개의 날당 이송(mm/날)

　　　　z : 커터의 날 수

　　　　n : 회전수(rpm)

$$\therefore f_z = \frac{f}{z \times N} = \frac{150\text{mm}/\text{min}}{2 \times 700\text{rpm}} \fallingdotseq 0.11\,(\text{mm}/\text{날})$$

47 다음 중 수치제어 가공에서 프로그래밍의 순서를 가장 올바르게 나열한 것은?

① 부품도면 → 가공순서 결정 → 프로세스 시트 작성 → 프로그램 입력 및 확인

② 부품도면 → 프로세스 시트 작성 → 프로그램 입력 → 가공순서 결정

③ 프로그램 입력 → 부품도면 → 가공순서 결정 → 프로세스 시트 작성

④ 프로그램 입력 → 공정 설정 → 부품도면 → 프로세스 시트 작성

48 CNC 공작기계의 운전 시 일상점검 사항이 아닌 것은?

① 각종 계기의 상태 확인

② 가공할 재료의 성분 분석

③ 공기압이나 유압상태 확인

④ 공구의 파손이나 마모상태 확인

(풀이) 가공할 재료의 성분 분석은 일상점검 사항이 아니다.

49 다음 중 프로그램의 정지, 절삭유의 on/off 등 기계 각 부위에 대한 지령을 수행하는 기능은?

① 공구기능　　　　② 보조기능

③ 준비기능　　　　④ 주축기능

(풀이) 보조기능(M) : 제어장치의 명령에 따라 CNC 공작기계가 가지고 있는 보조기능을 제어(on/off)하는 기능이다.

50 CNC 선반작업 시 공구를 0.5초 정지(dwell)시키려고 할 때의 지령방법으로 옳은 것은?

① G04 X5.0 ;　　　② G04 U5.0 ;

③ G04 P500 ;　　　④ G04 W500 ;

(풀이) • 어드레스 X, U, P를 사용하며, 수치 입력 시 P는 소수점 사용 불가이고 X, U는 소수점 이하 세 자리까지 사용 가능하다.

• G04 X0.5 ; 또는 G04 U0.5 ; 또는 G04 P500 ; 이라고 입력한다.

51 CNC 공작기계에서 공작물에 대한 공구의 위치를 그에 대응하는 수치정보로 지령하는 제어를 무엇이라 하는가?

① NC(Numerical Control)

② DNC(Direct Numerical Control)

③ FMS(Flexible Manufacturing System)

④ CIMS(Computer Integrated Manufacturing System)

(풀이) NC(수치 제어) : Numerical Control의 약어로 수치로 제어한다는 의미로 수치자료 형태로 코드화된 지령을 통해 기계요소의 동작을 제어하는 방법이다. 즉 "공작물에 대한 공구의 위치를 그에 대응하는 수치정보로 명령하는 제어"이다.

52 2축 이상을 동시에 급속 이송시킬 경우 각 축이 독립적인 급속 이송속도로 위치결정되며, 지령된 위치까지 도달한 축부터 순서대로 정지하는 위치 결정 방법은 무엇인가?

① 보간형 위치결정　　② 비보간형 위치결정

③ 직선형 위치결정　　④ 비직선형 위치결정

(풀이) • 직선형 위치결정 : 공구의 경로는 G01(직선가공)과 같고, 각 축의 급속 이송속도를 넘지 않으면서 최단 위치결정이 되는 속도로 위치결정된다.

• 비직선형 위치결정 : 2축 이상을 동시에 급속 이송시킬 경우 각 축이 독립적인 급속 이송속도로 위치결정되며, 지령된 위치까지 도달한 축부터 순서대로 정지하여 위치가 결정된다.

출발점
비직선형 위치결정
직선형 위치결정
도착점

53 다음은 CNC 선반의 1줄 나사 가공 프로그램이다. 프로그램에 사용된 나사의 피치를 나타내는 것은?

```
G28 U0. W0. ;
G50 X150. Z150. T0700 ;
G97 S6000 M03 ;
G00 X36. Z3. T0707 M08 ;
G92 X31.2 Z-20. F2. ;
X30.7 ;
```

① 31.2 　　　② 20.
③ 3. 　　　　④ 2.

풀이 F2. : 나사의 리드를 나타낸다.
나사의 리드(L)=나사 줄 수(n)×피치(p)
1줄 나사 가공이므로 나사의 리드와 피치가 서로 같다.

54 머시닝 센터에서 "공구길이 (−) 보정"에 해당하는 것은?

① G41 　　　② G42
③ G43 　　　④ G44

풀이 • G44 : 공구길이 (−) 보정
• G43 : 공구길이 (+) 보정

55 다음과 같은 CNC 선반 프로그램에 대한 설명으로 틀린 것은?

```
G74 R0.4 ;
G74 Z-60.0 Q1500 F0.2 ;
```

① F0.2는 이송속도이다.
② Q15000은 X 방향의 이동량이다.
③ R0.4는 1스텝 가공 후 도피량이다.
④ G74는 팩 드릴링 사이클이다.

풀이 Q : 1회 Z축 방향 가공깊이로서 소수점 없이 입력한다. z축 1회 절입 깊이는 1.5mm(Q1500)이다.

56 다음 CNC 선반 프로그램에서 바이트가 현재 외경을 20mm로 가공을 하고 있다면 이때의 주축회전수는 몇 rpm인가?

```
G50 X150.0 Z250.0 S1500 T0100 ;
G96 S150 M03 ;
```

① 250 　　　② 1,500
③ 2,387 　　　④ 2,500

풀이 • $N = \dfrac{1,000S}{\pi D}$ (rpm)

$= \dfrac{1,000 \times 150}{\pi \times 20} = 2,387.32 ≒ 2,387$ (rpm)

여기서, N : 주축의 회전수(rpm)
　　　　S : 절삭속도(m/min) ⇒ S150
　　　　D : 공작물의 지름(mm) ⇒ ϕ20

• G50 X150.0 Z250.0 S1500 T0100 ;
G50에서 주축 최고 회전수를 1,500rpm으로 제한하였으므로 주축의 회전수는 2,387rpm이 아닌 1,500rpm이 답이다.

57 CNC 선반에서 지름을 50mm로 가공한 후 측정한 결과 지름이 49.98mm였다. 기존의 보정값이 0.004라면 수정해야 할 보정값은 얼마인가?

① 0.02 　　　② 0.04
③ 0.024 　　　④ 0.048

풀이 측정값과 지령값의 오차
$= 49.98 - 50.0 = -0.02$ (0.02만큼 작게 가공됨)
그러므로 공구를 X축 방향으로 +0.02만큼 이동하는 보정을 하여야 한다.
외경이 기준치수보다 작게 가공되었으므로 + 값을 더하여 크게 가공해야 한다.
∴ 공구 보정값=기존의 보정값+더해야 할 보정값
　　　　　　=0.004+(+0.02)
　　　　　　=0.024

58 다음 중 CNC 선반에 사용되는 각 워드에 대한 설명으로 틀린 것은?

① G00 – 위치 결정(급속 이송)

② G28 – 자동 원점 복귀

③ G42 – 공구인선 반지름 보정 취소

④ G98 – 분당 이송속도 지정

풀이 • G42 : 공구인선 반지름 보정 우측
• G40 : 공구인선 반지름 보정 취소

59 CNC 선반에서 원호보간 시 원호의 내각이 180°를 초과하면 지령할 수 없는 기능은?

① R   ② K

③ I   ④ J

풀이 CNC 선반에서 180° 원호를 가공하면 구의 형상이 만들어지므로 CNC 선반의 경우 원호가공의 범위는 $\theta \leq 180°$이다. 따라서 180°를 초과하면 R 값을 지령할 수 없다.

60 프로그램 작성자가 프로그램을 쉽게 작성하기 위하여 공작물 임의의 점을 원점으로 정해 명령의 기준점이 되도록 한 좌표계는?

① 절대 좌표계   ② 기계 좌표계

③ 상대 좌표계   ④ 잔여 좌표계

풀이 절대 좌표계 : 프로그램 작성자가 프로그램을 쉽게 작성하기 위하여 공작물의 임의의 점을 원점으로 정해 명령의 기준점이 되도록 한 좌표계로 공작물 좌표계라고도 한다.

01 구리 4%, 마그네슘 0.5%, 망간 0.5%, 나머지가 알루미늄인 고강도 알루미늄 합금은?

① 실루민
② 두랄루민
③ 라우탈
④ 로-엑스

풀이 두랄루민 : Al+Cu+Mg+Mn의 합금(알구마망). 알루미늄 합금으로서 시효경화(시간이 지남에 따라 강도가 커짐)될 수 있는 제품이다. 오늘날에는 주로 알루미늄-구리 합금을 일컬어 두랄루민이라고 한다. 가볍고도 단단한 합금으로, 비행기 외부 패널이나 자동차 패널에 사용된다.

02 니켈강을 가공 후 공기 중에 방치하여도 담금질 효과를 나타내는 현상은 무엇인가?

① 질량효과
② 자경성
③ 시기균열
④ 가공경화

풀이
• 질량효과 : 재료의 질량 및 단면 치수의 대소에 의하여 열처리 효과가 달라지는 정도를 말한다.
• 자경성 : 담금질 온도에서 공기 중에 냉각하는 것만으로도 마텐자이트 조직이 생성되어 단단해지는 성질을 말하며, 니켈, 크롬, 망간 등이 함유된 특수강에서 볼 수 있는 현상이다.
• 시기 균열 : 상온가공을 한 후 황동, 양은 등에서 시간이 경과함에 따라 발생하는 균열
• 가공경화 : 금속을 가공하여 변형시키면 단단해지는 현상으로 경도와 강도는 증가하나 연신율은 감소한다.

03 킬드강에는 어떤 결함이 주로 생기는가?

① 편석 증가
② 내부에 기포
③ 외부에 기포
④ 상부 중앙에 수축공

풀이 킬드 강괴(killed steel ingot)
• 강력한 탈산제인 페로실리콘(Fe-Si), 페로망간(Fe-Mn) 또는 알루미늄(Al) 등을 첨가하여 완전히 탈산시켜서 ingot 중에 기공이 생기지 않도록 진정시킨 강
• 기공은 없으나 상부에 수축공이 형성되므로 이것을 제거하기 위해서 상부를 절단해서 사용

04 내식용 Al 합금이 아닌 것은?

① 알민(Almin)
② 알드레이(Aldrey)
③ 하이드로날륨(Hydronalium)
④ 코비탈륨(Cobitalium)

풀이 내식성 Al 합금 : 알민, 알드레이, 하이드로날륨

05 주철의 성질을 가장 올바르게 설명한 것은?

① 탄소의 함유량이 2.0% 이하이다.
② 인장강도가 강에 비하여 크다.
③ 소성변형이 잘된다.
④ 주조성이 우수하다.

풀이 ① 탄소의 함유량이 2.11~6.7%이다.
② 강에 비해 인장강도, 굽힘강도가 작고 충격에 약하다.
③ 소성가공이 불가능하다.

정답 | 01 ② 02 ② 03 ④ 04 ④ 05 ④

06 공구재료의 필요조건이 아닌 것은?

① 열처리가 쉬울 것
② 내마멸성이 작을 것
③ 강인성이 클 것
④ 고온 경도가 클 것

풀이 ② 내마멸성이 크고, 마찰계수가 작을 것

07 합금주철에서 0.2~1.5% 첨가로 흑연화를 방지하고 탄화물을 안정시키는 원소는 무엇인가?

① Cr
② Ti
③ Ni
④ Mo

풀이 Cr(크롬) : 0.2~1.5% 첨가시키면, 흑연화를 방지하고 탄화물을 안정화시킨다. 내식성, 내열성을 증대시키고 내부식성이 좋아진다.

08 나사의 용어 중 리드에 대한 설명으로 맞는 것은?

① 1회전 시 작용되는 토크
② 1회전 시 이동한 거리
③ 나사산과 나사산의 거리
④ 1회전 시 원주의 길이

풀이 나사를 1회전시켰을 때 축 방향으로 이동한 거리를 리드라 한다.

09 볼트와 볼트 구멍 사이에 틈새가 있어 전단응력과 휨 응력이 동시에 발생하는 현상을 방지하기 위한 가장 올바른 방법은?

① 와셔를 사용한다.
② 로크너트를 사용한다.
③ 멈춤 나사를 사용한다.
④ 링이나 봉을 끼워 사용한다.

풀이 링이나 봉을 끼워 사용하면 볼트 구멍 사이에 틈새가 없어져 전단응력과 휨 응력이 동시에 발생하는 현상을 방지한다.

10 축의 설계 시 고려해야 할 사항으로 거리가 먼 것은?

① 강도
② 제동장치
③ 부식
④ 변형

풀이 축의 설계에 고려되는 사항
강도, 변형(강성), 진동, 부식, 응력집중, 열응력, 열팽창 등

② 제동장치는 축 설계 시 고려사항이 아니다.

11 3줄 나사에서 피치가 2mm일 때 나사를 6회 전시키면 이동하는 거리는 몇 mm인가?

① 6
② 12
③ 18
④ 36

풀이 나사의 리드
(나사가 1회전 했을 때 축 방향으로 나아간 거리)
$l = n \times p = 3 \times 2 = 6mm(1회전)$
$6mm \times 6(회전) = 36mm$
여기서, l : 리드, n : 줄수, p : 피치

12 볼트의 머리와 중간재 사이 또는 너트와 중간재 사이에 사용하여 충격을 흡수하는 작용을 하는 것은?

① 와셔 스프링
② 토션바
③ 벌류트 스프링
④ 코일 스프링

풀이 와셔 스프링

13 사용 기능에 따라 분류한 기계요소에서 직접 전동 기계요소는?

① 마찰차
② 로프
③ 체인
④ 벨트

풀이 • 직접 전동용 기계요소 : 마찰차, 기어(기계요소가 직접 닿아 동력 전달)
• 간접 전동용 기계요소 : 벨트, 체인, 로프

정답 | 06 ② 07 ① 08 ② 09 ④ 10 ② 11 ④ 12 ① 13 ①

14 웜 기어의 특징으로 가장 거리가 먼 것은?

① 큰 감속비를 얻을 수 있다.

② 중심거리에 오차가 있을 때는 마멸이 심하다.

③ 소음이 작고 역회전 방지를 할 수 있다.

④ 웜 휠의 정밀측정이 쉽다.

풀이 ④ 웜 휠의 정밀측정이 어렵다.

웜 기어의 특징

장점	단점
• 큰 감속비가 얻어진다. (1/10~1/100) • 부하용량이 크다. • 역회전 방지를 할 수 있다. • 소음과 진동이 적다.	• 전동효율이 낮다. (40~50%) • 중심거리에 오차가 있을 때는 마멸이 심하다. • 웜과 웜 휠에 스러스트 하중이 생긴다. • 웜 휠은 정밀측정이 어렵다.

15 한 변의 길이가 20mm인 정사각형 단면에 4kN의 압축하중이 작용할 때 내부에 발생하는 압축응력은 얼마인가?

① 10N/mm²   ② 20N/mm²

③ 100N/mm²   ④ 200N/mm²

풀이 $\sigma_c = \dfrac{P_c}{A} = \dfrac{4 \times 10^3}{20 \times 20} = 10\text{N/mm}^2$

여기서, σ_c : 압축응력(N/mm²)

A : 단면적(mm²)

P_c : 압축하중(N)

16 주로 대칭인 물체의 중심선을 기준으로 내부 모양과 외부 모양을 동시에 표시하는 단면도는?

① 온단면도

② 부분 단면도

③ 한쪽 단면도

④ 회전 도시 단면도

17 기계제도에서 "C5" 기호를 나타내는 방법으로 옳은 것은?

①   ②

③   ④

풀이 C5 : 가로방향과 세로방향을 5mm씩 깎아내는 45° 모따기 치수이므로, 가로치수와 세로치수를 같이 기입해 준다.

18 기계가공 표면의 결 대상면을 지시하는 기호 중 제거가공을 허락하지 않는 것을 지시하고자 할 때 사용하는 기호는?

① ✓   ② ⌀✓

③ ▽✓   ④ ▽

풀이 제거가공 여부에 따른 표시

✓ : 절삭 등 제거가공의 필요 여부를 문제 삼지 않는다.

⌀✓ : 제거가공을 하지 않는다.

✓ : 제거가공을 한다.

19 KS 재료 기호가 "STC"일 경우 이 재료는?

① 냉간 압연 강판   ② 크롬 강재

③ 탄소 주강품   ④ 탄소 공구강 강재

풀이 STC : 탄소 공구강 강재, SC : 탄소강 주강품

20 기하공차 기입 틀에서 B가 의미하는 것은?

//	0.008	B

① 데이텀   ② 공차 등급

③ 공차기호   ④ 기준치수

풀이 공차의 종류 → 공차값 → 데이텀(기준면)을 나타내는 문자

// | 0.008 | B

21 그림과 같은 정면도와 우측면도에 가장 적합한 평면도는?

① ② ③ ④

풀이

22 스퍼기어를 그리는 방법에 대한 설명으로 올바른 것은?

① 잇봉우리원은 가는 실선으로 그린다.
② 피치원은 가는 2점쇄선으로 그린다.
③ 이골원은 가는 파선으로 나타낸다.
④ 축에 직각인 방향에서 본 단면도일 경우 이골의 선은 굵은 실선으로 그린다.

풀이 • 잇봉우리원(이끝원) : 외형선
• 피치원 : 가는 1점쇄선
• 이골원 : 가는 실선[축에 직각인 방향에서 본 단면도일 경우(면을 자른 경우) : 외형선]

23 나사의 도시법에 대한 설명으로 틀린 것은?

① 수나사의 바깥지름, 암나사의 안지름은 굵은 실선으로 한다.
② 완전나사부와 불완전 나사부의 경계선은 굵은 실선으로 한다.
③ 수나사, 암나사의 골 및 불완전 나사부의 골을 표시하는 선은 굵은 실선으로 한다.
④ 수나사와 암나사가 조립된 부분은 항상 수나사가 암나사를 감춘 상태에서 표시한다.

풀이 수나사, 암나사의 골 및 불완전 나사부의 골을 표시하는 선은 가는 실선으로 한다.

24 치수공차의 범위가 가장 큰 치수는?

① $50^{+0.05}_{-0.03}$ ② $60^{+0.03}_{+0.01}$
③ $70^{-0.02}_{-0.05}$ ④ 80 ± 0.02

풀이 위 치수 허용차 값과 아래 치수 허용차 값의 차(−)가 가장 큰 것을 찾는다.

① $0.05 - (-0.03) = 0.08$
② $0.03 - 0.01 = 0.02$
③ $(-0.02) - (-0.05) = 0.03$
④ $0.02 - (-0.02) = 0.04$

25 도면에서 2종류 이상의 선이 같은 장소에 겹칠 때 다음 중 가장 우선하는 것은?

① 절단선   ② 숨은선
③ 중심선   ④ 무게중심선

풀이 선의 우선순위

외형선 → 숨은선 → 절단선 →
가는 1점쇄선 → 가는 2점쇄선 →
치수 보조선

• 가는 1점쇄선 : 중심선, 기준선, 피치선
• 가는 2점쇄선 : 가상선, 무게중심선

26 연삭숫돌의 결합제의 구비조건이 아닌 것은?

① 입자 간에 기공이 없어야 한다.
② 균일한 조직으로 필요한 형상과 크기로 가공할 수 있어야 한다.
③ 고속회전에도 파손되지 않아야 한다.
④ 연삭열과 연삭액에 대하여 안전성이 있어야 한다.

풀이 ① 입자 간에 기공이 생겨야 한다.

27 테이퍼 자루 중 드릴에 사용되는 테이퍼는?

① 내셔널 테이퍼
② 브라운 테이퍼
③ 모스 테이퍼
④ 자콥스 테이퍼

풀이 직경이 13~75mm로 비교적 큰 드릴은 그 자루가 모스 테이퍼로 되어 있다.

28 점성이 큰 재질을 작은 경사각의 공구로 절삭할 때, 절삭 깊이가 클 때 생기기 쉬운 그림과 같은 칩의 형태는?

① 유동형 칩   ② 전단형 칩
③ 경작형 칩   ④ 균열형 칩

풀이 경작형(열단형) 칩
• 재료가 공구 전면에 접착되어 공구 경사면을 미끄러지지 않고 아래 방향으로 균열이 발생하면서, 가공면에 뜯긴 흔적이 남는다.
• 점성이 큰 재질을 절삭 시
• 작은 경사각으로 절삭 시
• 절삭 깊이가 너무 깊을 경우

29 선반 가공에서 기어, 벨트 풀리 등의 소재와 같이 구멍이 뚫린 일감의 바깥 원통면이나 옆면을 가공할 때 구멍에 조립하여 센터 작업으로 사용하는 부속품은?

① 맨드릴   ② 면판
③ 방진구   ④ 돌림판

풀이 맨드릴(mandrel)
기어, 벨트풀리 등과 같이 구멍과 외경이 동심원인 부품을 가공할 때, 공작물의 구멍을 먼저 가공하고 이 구멍에 맨드릴을 끼워 양 센터로 지지하여, 외경과 측면을 가공하기 위한 선반의 부속장치

면판 돌리개 / 가공물 / 단체 맨드릴

30 절삭을 목적으로 하는 금속 공작기계에 해당하지 않는 것은?

① 밀링 가공　　② 연삭가공
③ 프레스 가공　　④ 선반가공

풀이 프레스 가공 ⇒ 소성가공

31 밀링 가공의 일감 고정 방법으로 적당하지 않은 것은?

① 바이스는 항상 평행도를 유지하도록 한다.
② 바이스를 고정할 때 테이블 윗면이 손상되지 않도록 주의한다.
③ 가공된 면을 직접 고정해서는 안 된다.
④ 바이스 핸들은 항상 바이스에 부착되어 있어야 한다.

풀이 ④ 바이스 핸들은 공작물을 고정 후 제거하여 정해진 위치에 놓는다.

32 CNC 선반에 사용되는 세라믹 공구의 주성분은?

① 알루미나　　② 티타늄
③ 산화나트륨　　④ 서멧

풀이 세라믹 공구 : 알루미나(Al_2O_3) 분말을 주성분으로 마그네슘, 규소 등의 산화물과 소량의 다른 원소를 첨가하여 소결한 절삭공구이다.

33 일반적인 버니어 캘리퍼스로 측정할 수 없는 것은?

① 나사의 유효지름
② 지름이 30mm인 둥근 봉의 바깥지름

③ 지름이 35mm인 파이프의 안지름
④ 두께가 10mm인 철판의 두께

풀이 나사의 유효지름은 나사 마이크로미터, 삼침법, 공구현미경, 만능측장기 등으로 측정할 수 있다.

34 드릴을 재연삭할 경우 틀린 것은?

① 절삭 날이 중심선과 이루는 날끝반각을 같게 한다.
② 절삭 날의 여유각을 일감의 재질에 맞게 한다.
③ 절삭 날의 길이를 좌우 같게 한다.
④ 드릴의 날끝각 검사는 드릴 게이지를 사용한다.

풀이 ④ 드릴의 날끝각 검사는 센터 게이지를 사용한다.
※ 드릴의 지름 측정 : 드릴 게이지

35 레이저 가공은 가공물에 레이저 빛을 쏘이면 순간적으로 일부분이 가열되어, 용해되거나 증발되는 원리이다. 가공에 사용되는 레이저 종류가 아닌 것은?

① 기체 레이저　　② 반도체 레이저
③ 고체 레이저　　④ 지그 레이저

풀이 레이저의 종류 : 기체, 반도체, 고체

36 선반가공의 경우 절삭속도가 100m/min이고, 공작물 지름이 50mm일 경우 회전수는 약 몇 rpm으로 하여야 하는가?

① 526　　② 534
③ 625　　④ 637

풀이 공작물의 회전수
$$n = \frac{1,000\,V}{\pi d}$$
$$= \frac{1,000 \times 100}{\pi \times 50} ≒ 637\mathrm{rpm}$$

여기서, V : 절삭속도(m/min)
d : 공작물의 지름(mm)

정답 | 30 ③　31 ④　32 ①　33 ①　34 ④　35 ④　36 ④

37 방전가공에 대한 일반적인 특징으로 틀린 것은?

① 전기 도체이면 쉽게 가공할 수 있다.

② 전극은 구리나 흑연 등을 사용한다.

③ 방전 가공 시 양극보다 음극의 소모가 크다.

④ 공작물은 양극, 공구는 음극으로 한다.

풀이 ③ 방전 가공 시 음극보다 양극의 소모가 크다.

38 센터리스 연삭의 장점 중 거리가 먼 것은?

① 숙련을 요구하지 않는다.

② 가늘고 긴 가공물의 연삭에 적합하다.

③ 중공의 가공물을 연삭할 때 편리하다.

④ 대형이나 중량물의 연삭이 가능하다.

풀이 ④ 대형이나 중량물의 연삭이 불가능하다.

39 고속회전에 베어링의 냉각효과를 원할 때, 경제적인 방법으로 대형기계에 자동 급유되도록 순환펌프를 이용하여 급유하는 방법은?

① 강제 급유법　　② 분무 급유법

③ 오일링 급유법　④ 적하 급유법

풀이 강제 급유(순환)법

- 기름의 순환을 많게 하여 냉각효과를 상승시키므로 펌프에 의해 기름을 베어링 안으로 강제 급유한다.
- 1대의 펌프로 많은 베어링에 동시에 확실한 급유가 가능하다.
- 고속 · 고하중용에 적합하다.

40 긱도를 측정할 수 없는 측정기는?

① 사인바　　　　② 수준기

③ 콤비네이션 세트　④ 와이어 게이지

풀이 와이어 게이지 : 각종 선재의 지름이나 판재의 두께 측정

41 선반에서 새들과 에이프런으로 구성되어 있는 부분은?

① 베드　　　　　② 주축대

③ 왕복대　　　　④ 심압대

풀이 왕복대는 새들, 에이프런, 공구대로 구성되어 있다.

42 일반적인 방법으로 밀링머신에서 가공할 수 없는 것은?

① 테이퍼 축 가공　② 평면 가공

③ 홈 가공　　　　④ 기어 가공

풀이 테이퍼 축 가공 ⇒ 선반에서 가공

43 CNC 공작기계에서 작업 전 일상적인 점검사항과 가장 거리가 먼 것은?

① 적정 유압압력 확인

② 습동유 잔유량 확인

③ 파라미터 이상 유무 확인

④ 공작물 고정 및 공구 클램핑 확인

풀이 파라미터 이상 유무 확인은 일상적인 점검사항이 아니다.

44 머시닝 센터에서 G84는 탭(Tap) 공구를 이용한 탭 가공 고정 사이클이다. G99 G84 X10. Y10. Z−30. R3. F_ ;에서 F는 몇 mm/min을 주어야 하는가?(단, 주축 회전수는 240rpm이고, 피치는 1.5mm이다.)

① 160　　　　　② 240

③ 360　　　　　④ 480

풀이 탭 가공 시 이송속도

F(이송속도) $= N$(회전수) $\times p$ (나사의 피치)

$= 240\text{rpm} \times 1.5\text{mm}$

$= 360\text{mm/min}$

45 다음 프로그램의 지령이 뜻하는 것은?

> G17 G02 X40. Y40. R40. Z20. F85 ;

① 위치 결정　　　② 직선 보간

③ 원호 보간　　　④ 헬리컬 보간

풀이 • 원호 보간의 경우

　G17 G02 X40. Y40. R40. F85 ;

　• 헬리컬 보간의 경우

　G17 G02 X40. Y40. R40. Z20. F85 ;

　Z20.이 존재하므로 헬리컬 보간이 답이다.

46 다음 중 보조 기능(M 기능)에 대한 설명으로 틀린 것은?

① M02 – 프로그램 종료

② M03 – 주축 정회전

③ M05 – 주축 정지

④ M09 – 절삭유 공급 시작

풀이 M09 : 절삭유 공급 종료

47 CNC 선반의 나사 가공 프로그램에서 두 번째 (2회째) 절입 시 나사의 골지름은?

```
G28 U0. W0. ;
G50 X200. Z200. T0500 ;
G97 S500 M03 ;
G00 X37. Z3. T0505 M08 ;
G92 X34.3 Z-20. F1.5 ;
    X33.9 ;
    X33.62 ;
```

① X37

② X34.3

③ X33.9

④ X33.62

풀이 • X34.3 : 절삭 시 나사 끝점의 X좌표(지름 지령)

• X33.9 : 두 번째(2회째) 절입 시 나사의 골지름

• X33.62 : 세 번째(3회째) 절입 시 나사의 골지름

48 다음 중 CNC 선반 프로그램에서 이송과 관련된 준비기능과 그 단위가 올바르게 연결된 것은?

① G98 : mm/min, G99 : mm/rev

② G98 : mm/rev, G99 : mm/min

③ G98 : mm/rev, G99 : mm/rev

④ G98 : mm/min, G99 : mm/min

풀이 • G98 : 분당 이송 지정(mm/min)

• G99 : 회전당 이송 지정(mm/rev)

49 다음 CNC 선반 프로그램에서 ϕ15mm인 지름을 가공 시 주축의 회전수는 몇 rpm인가?

```
N10 G50 X150. Z200. S1500 T0500 ;
N20 G96 S130 M03 ;
```

① 130

② 759

③ 1,500

④ 2,759

풀이 • $N = \dfrac{1,000S}{\pi D}(\text{rpm})$

$\quad = \dfrac{1,000 \times 130}{\pi \times 15} = 2,758.69 ≒ 2,759(\text{rpm})$

여기서, N : 주축의 회전수(rpm)

$\quad\quad\quad\quad S$: 절삭속도(m/min) ⇒ S130

$\quad\quad\quad\quad D$: 공작물의 지름(mm) ⇒ ϕ15

• G50 X150. Z250. S1500 T0500 ;

G50에서 주축 최고 회전수를 1,500rpm으로 제한하였으므로 주축의 회전수는 2,759rpm이 아닌 1,500rpm이 답이다.

50 다음 중 좌표치의 지령방법에서 현재의 공구위치를 기준으로 움직일 방향의 좌표치를 입력하는 방식은?

① 증분지령 방식

② 절대지령 방식

③ 혼합지령 방식

④ 구역지령 방식

풀이 증분지령 방식 : 현재의 공구위치를 기준으로 끝점까지의 X, Y, Z의 증분값을 입력하는 방식을 말한다.

51 다음 중 CNC 공작기계 운전 중 충돌위험이 발생할 때 가장 신속하게 취하여야 할 조치는?

① 전원반의 전기회로를 점검한다.

② 조작반의 비상 스위치를 누른다.

③ 패널에 있는 메인 스위치를 차단한다.

④ CNC 공작기계의 전원 스위치를 차단한다.

풀이 CNC 공작기계 운전 중 충돌위험이 발생할 때 가장 신속하게 조작반의 비상 스위치를 눌러 기계의 구동을 멈춰야 한다.

52 다음 중 도면의 점 B에서 점 A로 절삭하려 할 때의 프로그램 좌푯값으로 틀린 것은?

① G01 X40. Z50. F0.2 ;
② G01 U20. W−50. F0.2 ;
③ G01 U20. Z10. F0.2 ;
④ G01 X40. W−50. F0.2 ;

풀이 절대지령은 원점 표시 기호(⊙)를 기준으로 좌푯값을 생각하고, 증분지령은 점 B를 임시 원점으로 생각하고 좌푯값을 입력한다.
G01 X40. Z50. F0.2 ; → G01 X40. Z10. F0.2 ;
으로 수정하여야 한다.
• 증분지령 : G01 U20. W−50. F0.2 ;
• 혼합지령 : G01 U20. Z10. F0.2 ;
• 혼합지령 : G01 X40. W−50. F0.2 ;

53 CAD/CAM 시스템용 입력장치에서 좌표를 지정하는 역할을 하는 장치를 무엇이라 하는가?

① 버튼(button)
② 로케이터(locator)
③ 셀렉터(selector)
④ 밸류에이터(valuator)

풀이 로케이터(locator) : 사용자가 화면에서 일정한 위치나 방향을 표시하는 데 사용하는 입력장치이며, 평판 위에서 탐침이나 핸드커서를 움직이면서 위치를 입력한다.

54 다음 중 연삭 작업할 때의 유의사항으로 가장 적절하지 않은 것은?

① 연삭숫돌은 사용하기 전에 반드시 결함 유무를 확인해야 한다.
② 연삭숫돌 드레싱은 한 달에 한 번씩 정기적으로 해야 한다.
③ 안전을 위하여 일정 시간 공회전을 한 뒤 작업을 한다.
④ 작업을 할 때에는 분진이 심하므로 마스크와 보안경을 착용한다.

풀이 연삭숫돌 드레싱은 한 달에 한 번씩 정기적으로 하는 것이 아니라 연삭성이 저하되면 수시로 실시한다.

55 다음 중 CNC 공작기계에서 사용하는 서보기구의 제어방식이 아닌 것은?

① 개방회로 방식
② 스탭회로 방식
③ 폐쇄회로 방식
④ 반폐쇄회로 방식

풀이 서보기구의 제어방식에는 개방회로(open−loop) 방식, 반폐쇄회로 방식, 폐쇄회로 방식(closed loop system), 하이브리드 서보 방식(hybrid loop system)이 있다.

56 다음 중 수치제어 공작기계에서 Z축에 덧붙이는 축(부가 축)의 이동 명령에 사용되는 주소(address)는?

① M(축)   ② A(축)
③ B(축)   ④ C(축)

풀이

기준축	보조축 (1차)	보조축 (2차)	회전축	기준축의 결정 방법
X 축	U 축	P 축	A 축	가공의 기준이 되는 축
Y 축	V 축	Q 축	B 축	X 축과 직각을 이루는 이송 축
Z 축	W 축	R 축	C 축	절삭동력이 전달되는 스핀들 축

57 머시닝 센터에서 공구길이 보정 취소와 공구 지름 보정 취소를 의미하는 준비기능으로 옳은 것은?

① G49, G40
② G41, G49
③ G40, G43
④ G41, G80

풀이 • G49 : 공구길이 보정 취소
• G40 : 공구지름 보정 취소

58 다음과 같은 CNC 선반에서의 나사가공 프로그램에서 ( ) 안의 내용으로 알맞은 것은?

```
          ⋮
G70 P010060 Q50 R30 ;
G76 X13.62 Z−32.5 P1190 Q350 F(  ) ;
          ⋮
```

① 1.0
② 1.5
③ 2.0
④ 2.5

풀이 • F : 나사의 리드, 다른 지시사항이 없으므로 1줄 나사가공이다.
• 나사의 리드(L)=나사 줄 수(n)×피치(p)=1×2 =2이므로, 2를 입력

59 다음 설명에 해당하는 좌표계는?

> 도면을 보고 프로그램을 작성할 때에 절대 좌표계의 기준이 되는 점으로서, 프로그램 원점이라고도 한다.

① 공작물 좌표계
② 기계 좌표계
③ 극 좌표계
④ 상대 좌표계

풀이 공작물 좌표계 : 프로그램 원점과 공작물의 한 섬을 일치시켜 절대 좌표의 기준점으로 정하는 좌표계를 말한다.

60 CNC 선반의 나사 가공 사이클 프로그램에서 [보기 1]의 "D", [보기 2] N51 블록의 "Q"가 의미하는 것은?

```
[보기 1]
G76 X_ Z_ I_ K_ D_ F_ A_ P_ ;
[보기 2]
N50 G76 P_ Q_ R_ ;
N51 G76 X_ Z_ P_ Q_ R_ F_ ;
```

① 나사의 끝점
② 나사산의 높이
③ 첫 번째 절입 깊이
④ 나사의 시작점에서 끝점까지의 거리

풀이 • [보기 1] : 11T인 경우
  D : 첫 번째 절입량(반경지령), 소수점 사용 불가
• [보기 2] : 11T 아닌 경우
  Q : 첫 번째 절입량(반경지령), 소수점 사용 불가

01 가단주철의 종류에 해당하지 않는 것은?

① 흑심 가단주철

② 백심 가단주철

③ 오스테나이트 가단주철

④ 펄라이트 가단주철

풀이 가단주철
- 주철의 취성을 개량하기 위해서 백주철을 높은 온도로 장시간 풀림해서 시멘타이트를 분해시켜, 가공성을 좋게 하고, 인성과 연성을 증가시킨 주철
- 종류 : 흑심가단주철, 백심가단주철, 펄라이트 가단주철

02 비자성체로서 Cr과 Ni를 함유하며 일반적으로 18-8 스테인리스강이라 부르는 것은?

① 페라이트계 스테인리스강

② 오스테나이트계 스테인리스강

③ 마텐자이트계 스테인리스강

④ 펄라이트계 스테인리스강

풀이 오스테나이트계 스테인리스강
- 18-8 스테인리스강이라 부르기도 한다.
- 내식성이 뛰어나다.
- 가공성이나 용접성이 좋다.
- 가공경화가 일어나기 쉽다.

03 8~12% Sn에 1~2% Zn의 구리 합금으로 밸브, 콕, 기어, 베어링, 부시 등에 사용되는 합금은?

① 코르손 합금 ② 베릴륨 합금

③ 포금 ④ 규소 청동

풀이 포금
- Sn(8~12%)+Zn(1~2%)의 구리 합금이다.
- 단조성이 좋고, 강력하며 내식성이 있어 밸브, 콕, 기어, 베어링, 부시 등의 주물에 사용한다.
- 내해수성이 강하고, 수압, 증기압에도 강해 선박 등에 널리 사용된다.

04 주철의 여러 성질을 개선하기 위하여 합금 주철에 첨가하는 특수원소 중 크롬(Cr)이 미치는 영향이 아닌 것은?

① 경도를 증가시킨다.

② 흑연화를 촉진시킨다.

③ 탄화물을 안정시킨다.

④ 내열성과 내식성을 향상시킨다.

풀이 ② 흑연화를 지연시킨다.

05 다이캐스팅 알루미늄 합금으로 요구되는 성질 중 틀린 것은?

① 유동성이 좋을 것

② 금형에 대한 점착성이 좋을 것

③ 열간 취성이 적을 것

④ 응고수축에 대한 용탕 보급성이 좋을 것

풀이 ② 금형에 점착(용착)되지 않을 것

06 탄소강의 경도를 높이기 위하여 실시하는 열처리는?

① 불림 ② 풀림

③ 담금질 ④ 뜨임

풀이 담금질 : 재료를 단단하게 할 목적으로 강을 오스테나이트 조직으로 될 때까지 가열한 후 물이나 기름에 급랭하는 열처리

07 고용체에서 공간격자의 종류가 아닌 것은?

① 치환형   ② 침입형

③ 규칙격자형   ④ 면심입방격자형

풀이 고용체의 공간격자 종류
치환형, 침입형, 규칙격자형('치'를 공통으로 기억)

08 브레이크 드럼에서 브레이크 블록에 수직으로 밀어 붙이는 힘이 1,000N이고 마찰계수가 0.45일 때 드럼의 접선 방향 제동력은 몇 N인가?

① 150   ② 250

③ 350   ④ 450

풀이 접선 방향의 제동력은 마찰력 F_f(수직력만의 함수)
이므로
$$F_f = \mu N = 0.45 \times 1,000 = 450N$$

09 기어 전동의 특징에 대한 설명으로 가장 거리가 먼 것은?

① 큰 동력을 전달한다.

② 큰 감속을 할 수 있다.

③ 넓은 설치장소가 필요하다.

④ 소음과 진동이 발생한다.

풀이 기어는 두 축 사이의 거리가 짧은 경우에 효율적으로 동력을 전달한다.

10 미터나사에 관한 설명으로 틀린 것은?

① 기호는 M으로 표기한다.

② 나사산의 각도는 55°이다.

③ 나사의 지름 및 피치를 mm로 표시한다.

④ 부품의 결합 및 위치의 조정 등에 사용된다.

풀이 미터보통나사의 나사산 각도는 60°이다.

11 축 방향으로 인장하중만을 받는 수나사의 바깥지름(d)과 볼트 재료의 허용인장응력(σ_a) 및 인장하중(W)과의 관계가 옳은 것은?(단, 일반적으로 지름 3mm 이상인 미터나사이다.)

① $d = \sqrt{\dfrac{2W}{\sigma_a}}$ ② $d = \sqrt{\dfrac{3W}{8\sigma_a}}$

③ $d = \sqrt{\dfrac{8W}{3\sigma_a}}$ ④ $d = \sqrt{\dfrac{10W}{3\sigma_a}}$

풀이 허용인장응력 $\sigma_a = \dfrac{W(\text{축하중})}{A(\text{인장파괴면적})}$

$= \dfrac{W}{\dfrac{\pi}{4}d_{내경}^2(\text{골지름 파괴})}$

$d_{내경} = \sqrt{\dfrac{4W}{\pi\sigma_a}}$

$d_{내경} = 0.8 d_{외경}$을 대입하면

$d_{외경} = \sqrt{\dfrac{2W}{\sigma_a}}$

12 전단하중에 대한 설명으로 옳은 것은?

① 재료를 축 방향으로 잡아당기도록 작용하는 하중이다

② 재료를 축 방향으로 누르도록 작용하는 하중이다.

③ 재료를 가로 방향으로 자르도록 작용하는 하중이다.

④ 재료가 비틀어지도록 작용하는 하중이다.

풀이 전단하중
하중이 파괴면적에 평행하게 작용한다.

13 평벨트의 이음방법 중 효율이 가장 높은 것은?

① 이음쇠 이음   ② 가죽끈 이음

③ 관자 볼트 이음   ④ 접착제 이음

이음 종류	접착제 이음	철사 이음	가죽끈 이음	이음쇠 이음
이음 효율	75~90%	60%	40~50%	40~70%

14 지름 $D_1 = 200\text{mm}$, $D_2 = 300\text{mm}$의 내접 마찰차에서 그 중심거리는 몇 mm인가?

① 50 ② 100
③ 125 ④ 250

풀이 마찰차 중심거리(C)

$$C = \frac{D_2}{2} - \frac{D_1}{2} = \frac{300\text{mm} - 200\text{mm}}{2} = 50\text{mm}$$

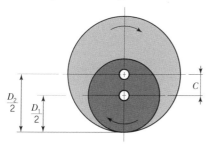

15 베어링 호칭번호가 6205인 레이디얼 볼베어링의 안지름은?

① 5mm ② 25mm
③ 62mm ④ 205mm

풀이 62 05

→ 베어링 내경은 $5 \times 5 = 25$mm이다.
→ 깊은 홈 볼베어링(베어링 계열 기호)

16 다음 그림의 물체에서 화살표 방향을 정면도로 정투상하였을 때 투상도의 명칭과 투상도가 바르게 연결된 것은?

(A)

(B)

(C)

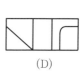
(D)

① (A) : 우측면도 ② (B) : 좌측면도
③ (C) : 정면도 ④ (D) : 저면도

풀이

17 기계제도에 사용하는 선의 분류에서 가는 실선의 용도가 아닌 것은?

① 치수선 ② 치수 보조선
③ 지시선 ④ 숨은선

풀이 숨은선 : 물체의 보이지 않는 부분의 모양을 나타내는 선으로 점선 또는 파선이라 부른다.

18 다음 중 각도 치수의 허용한계 기입 방법으로 잘못된 것은?

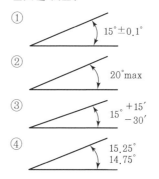

① $15° \pm 0.1°$
② $20° \text{max}$
③ $15° {}^{+15'}_{-30'}$
④ $15.25°$ $14.75°$

풀이 20°max는 각도 치수의 허용한계 기입 방법이 아니다.

19 다음의 기호는 어떤 밸브를 나타낸 것인가?

① 4포트 3위치 전환밸브
② 4포트 4위치 전환밸브
③ 3포트 3위치 전환밸브
④ 3포트 4위치 전환밸브

풀이 • ports : 밸브에 접속되는 주관로의 수(1, 2, 3, 4
로 4포트)
• position : 작동유의 흐름 방향을 바꿀 수 있는 위
치의 수(네모 칸의 수로 3위치)

20 기계가공 도면에서 기계가공 방법 기호 중 줄
다듬질 가공 기호는?

① FJ ② FP
③ FF ④ JF

풀이 줄 다듬질 가공 기호는 FF로 표기한다.

21 스퍼 기어의 도시법에서 잇봉우리원을 표시
하는 선의 종류는?

① 가는 1점쇄선 ② 가는 실선
③ 굵은 실선 ④ 굵은 2점쇄선

풀이 잇봉우리원은 이끝원을 말한다.

22 다음 도면에서 "A" 치수는 얼마인가?

① 17.5 ② 23.5
③ 24 ④ 29

풀이 A=35−6=29mm
전체 길이(35mm)에서 아래 구멍 중심(6mm)을 뺀
치수이다.

23 조립한 상태에서의 치수의 허용한계 기입이
"85 H6/g5"인 경우 해석으로 틀린 것은?

① 축 기준식 끼워맞춤이다.
② 85는 축과 구멍의 기준 치수이다.
③ 85H6의 구멍과 85g5의 축을 끼워맞춤한
것이다.
④ H6과 g5의 6과 5는 구멍과 축의 IT 기본
공차의 등급을 말한다.

풀이 85 H6/g5에서 H6이 존재하므로 구멍기준식 끼워
맞춤이다.

24 그림과 같은 단면도의 명칭은?

① 온단면도 　　② 회전 도시 단면도
③ 부분 단면도 　　④ 한쪽 단면도

풀이 잘린 단면을 90° 회전시켜 그렸으므로 회전 도시 단면도에 해당한다.

25 치수공차와 기하공차 사이의 호환성을 위한 규칙을 정한 것으로서 생산비용을 줄이는 데 유용한 공차 방식은?

① 형상 공차 방식
② 최대 허용 공차 방식
③ 최대 한계 공차 방식
④ 최대 실체 공차 방식

풀이 최대 실체 공차 방식 : 실체(구멍, 축)가 최대 질량을 갖는 조건이므로 구멍 지름이 최소이거나 축 지름이 최대일 때를 말한다. 최대 실체 치수(MMS)의 기호는 Ⓜ으로 표기한다.

26 보링 작업에서 가장 많이 쓰이는 절삭공구는?

① 바이트 　　② 리머
③ 정면커터 　　④ 탭

풀이 보링 바이트
보링은 바이트를 사용하여 이미 뚫려 있는 구멍 내부를 확대하여 정확한 치수로 완성하는 절삭가공을 말한다. 이때 사용하는 공구가 보링 바이트이다.

27 주철과 같이 메진 재료를 저속으로 절삭할 때 발생하는 칩의 형태는 어느 것인가?

① 전단형 칩 　　② 경작형 칩
③ 균열형 칩 　　④ 유동형 칩

풀이 균열형 칩
• 백주철과 같이 취성이 큰 재질을 절삭할 때 나타나는 칩 형태이고, 절삭력을 가해도 거의 변형을 하지 않다가 임계압력 이상이 될 때 순간적으로 균열이 발생되면서 칩이 생성된다. 가공면은 요철이 남고 절삭저항의 변동도 커진다.
• 주철과 같은 취성이 큰 재료의 저속 절삭 시
• 절삭깊이가 크거나 경사각이 매우 작을 때

28 연삭조건에 따른 입도의 선정 방법에서 고운 입도의 연삭숫돌을 선정하는 경우는?

① 절삭 깊이와 이송량이 클 때
② 다듬질 연삭 및 공구를 연삭할 때
③ 숫돌과 가공물의 접촉 면적이 클 때
④ 연하고 연성이 있는 재료를 연삭할 때

풀이 고운 입도의 연삭숫돌을 사용하는 작업
• 다듬질 연삭, 공구를 연삭할 때
• 숫돌과 가공물의 접촉 면적이 작을 때
• 경도가 크고 메진 가공물의 연삭

29 일반적인 윤활방법의 종류가 아닌 것은?

① 유체 윤활 　　② 경계 윤활
③ 극압 윤활 　　④ 공압 윤활

풀이 윤활방법은 유체 윤활(완전 윤활 또는 후막 윤활), 경계 윤활(불완전 윤활), 극압 윤활(고체 윤활)이 있다.

정답 | 24 ② **25** ④ **26** ① **27** ③ **28** ② **29** ④

30 선반가공에서 이동식 방진구를 사용할 때 어느 부분에 설치하는가?

① 심압대
② 에이프런
③ 왕복대의 새들
④ 베드

풀이 방진구(work rest)
• 선반에서 가늘고 긴 가공물의 휨이나 떨림을 방지하기 위해 사용하는 부속품
• 고정식 방진구 : 선반 베드 위에 고정
• 이동식 방진구 : 왕복대의 새들에 고정, 2개의 조(jaw)가 있다.

31 4개의 조가 각각 단독으로 움직일 수 있으므로 불규칙한 모양의 일감을 고정하는 데 편리한 척은?

① 단동척
② 연동척
③ 콜릿척
④ 마그네틱척

풀이 단동척
• 4개의 조(jaw)가 독립 이동
• 외경이 불규칙한 재료 가공 용이
• 편심가공 가능

32 다듬질면의 평면도를 측정하는 데 사용되는 측정기는 무엇인가?

① 옵티컬 플랫
② 한계 게이지
③ 공기 마이크로미터
④ 사인바

풀이 옵티컬 플랫 : 마이크로미터의 앤빌에 밀착시켜 간섭무늬를 관찰해서 앤빌 면(측정면)의 평면도를 판정한다. → 같은 원리로 다듬질면의 평면도를 측정할 수 있다.

읽음 방향

옵티컬 플랫
앤빌
완전한 평면

옵티컬 플랫
앤빌
요철면

33 선반가공의 경우 절삭속도가 120m/min이고 공작물의 지름이 60mm일 경우, 회전수는 약 몇 rpm인가?

① 637
② 1,637
③ 64
④ 164

풀이 회전수(n)

$$n = \frac{1,000\,V}{\pi d} = \frac{1,000 \times 120}{\pi \times 60} ≒ 636.62\,\mathrm{rpm}$$

여기서, V : 절삭속도(m/min)
　　　　d : 공작물의 지름(mm)

34 공기 마이크로미터를 원리에 따라 분류할 경우 이에 속하지 않는 것은?

① 유량식
② 배압식
③ 유속식
④ 전기식

풀이 공기 마이크로미터
• 압축공기가 노즐과 피측정물의 사이를 빠져나올 때 틈새 크기에 따른 공기량의 변화를 측정한다. 즉, 틈새가 크면 공기량이 많고 틈새가 작으면 공기량이 적어지는데, 이 공기의 유량을 유량계로 측정하고 수치화하여 읽도록 만든 것이다.
• 종류 : 유량식, 배압식, 유속식

35 절삭공구의 옆면과 가공물의 마찰에 의하여 절삭공구의 옆면이 평행하게 마모되는 것은?

① 크레이터 마모
② 치핑
③ 플랭크 마모
④ 온도 파손

풀이 플랭크 마모 : 공구면과 공구여유면과의 마찰에 의해 공구 여유면이 마모되는 현상

Flank 마멸 → 피삭재

36 가늘고 긴 공작물을 센터나 척을 사용하여 지지하지 않고, 원통형 공작물의 바깥지름 및 안지름을 연삭하는 것은?

① 척 연삭
② 공구 연삭
③ 수직 평면 연삭
④ 센터리스 연삭

풀이 센터리스 연삭 : 가늘고 긴 공작물의 외경을 센터나 척을 사용하지 않고 조정숫돌과 지지대로 지지하면서 공작물을 연삭하는 방법

37 기차 바퀴와 같이 지름이 크고, 길이가 짧은 공작물을 절삭하기에 가장 적합한 공작기계는?

① 탁상 선반
② 수직 선반
③ 터릿 선반
④ 정면 선반

풀이 정면 선반 : 기차 바퀴처럼 지름이 크고 길이가 짧은 가공물을 절삭하기에 편리한 선반

38 일반적으로 래핑유로 사용하지 않는 것은?

① 경유
② 휘발유
③ 올리브유
④ 물

풀이 휘발유 : 래핑유로 사용하지 않는다.(발화의 위험성이 있다.)

39 드릴로 뚫은 구멍의 내면을 매끈하고 정밀하게 다듬질하는 가공법은?

① 리머 가공
② 탭 가공
③ 줄 가공
④ 다이스 가공

풀이 리머 가공 : 드릴로 뚫은 작은 구멍을 정확한 치수와 깨끗한 내면으로 다듬질하는 작업이다.
드릴링 직경(1차 가공) = 리밍 직경(2차가공) − 연질 0.2mm 이하, 경질 0.13mm 이하

40 공구 날 끝의 구성인선 발생을 방지하는 절삭 조건으로 틀린 것은?

① 절삭 깊이를 작게 한다.
② 절삭 속도를 가능한 한 빠르게 한다.
③ 윤활성이 좋은 절삭유제를 사용한다.
④ 경사각을 작게 한다.

풀이 ④ 경사각을 크게 한다.

41 밀링 공작기계에서 스핀들의 회전운동을 수직 왕복운동으로 변환시켜주는 부속 장치는?

① 수직 밀링 장치
② 슬로팅 장치
③ 만능 밀링 장치
④ 래크 밀링 장치

풀이 슬로팅 장치 : 니형 밀링 머신의 컬럼 앞면에 주축과 연결하여 주축의 회전운동을 직선 왕복운동으로 변화시키고, 바이트를 사용하여 가공물의 안지름에 키 홈, 스플라인, 세레이션 등을 가공한다.

42 밀링머신에서 상향절삭과 비교한 하향절삭의 특징으로 옳은 것은?

① 이송 나사의 백래시는 큰 영향이 없다.
② 기계의 강성이 낮아도 무방하다.
③ 절삭 날에 마찰이 적어 수명이 길다.
④ 표면거칠기가 상향절삭보다 거칠다.

풀이 상향절삭과 하향절삭의 비교

구분	상향절삭	하향절삭
커터의 회전방향	공작물 이송방향과 반대이다.	공작물 이송방향과 동일하다.
백래시 제거장치	필요 없다.	필요하다.
기계의 강성	낮아도 무방하다.	높아야 한다.
공작물 고정	불안정하다.	안정적이다.
커터의 수명	수명이 짧다.	수명이 길다.
칩의 제거	칩이 잘 제거된다.	칩이 잘 제거되지 않는다.
절삭면	거칠다.	깨끗하다.
동력 손실	많다.	적다.

정답 | 36 ④ 37 ④ 38 ② 39 ① 40 ④ 41 ② 42 ③

43 다음 중 머시닝 센터의 드릴작업 프로그램에서 사용되지 않는 어드레스는?(단, G81을 사용하는 것으로 가정한다.)

① X   ② Z

③ Q   ④ F

풀이 Q : G73, G83에서는 매회 절입량이고, G76, G87에서는 후퇴량(항상 증분지령)을 뜻한다.

44 다음 중 머시닝 센터에서 준비기능인 G44 공구길이 보정으로 옳은 것은?(단, 1번 공구길이는 64mm, 2번 공구길이는 127mm이며, 기준공구는 1번 공구이다.)

① 63   ② −63

③ 127   ④ −127

풀이 G44(공구길이 보정 −)를 나타내므로 $64 - 127 = -63$으로 보정하면 된다.

45 다음 중 CNC 프로그램에서 보조기능에 대한 설명으로 틀린 것은?

① M02는 "프로그램의 정지"를 의미한다.

② M03은 "주축의 역회전"을 의미한다.

③ M05는 "주축의 정지"를 의미한다.

④ M08은 "절삭유 ON(공급)"을 의미한다.

풀이 틀린 것은 ①, ②이다. M02는 "프로그램의 종료"를 의미하고, M03은 "주축의 정회전"을 의미한다. M00이 "프로그램의 정지"를 뜻한다.

46 다음 중 FMC(Flexible Manufacturing Cell)에 관한 설명으로 틀린 것은?

① FMS의 특징을 살려 소규모화한 가공 시스템이다.

② ATC(Automatic Tool Changer)가 장착되어 있다.

③ APC(Automatic Pallet Changer)가 장착되어 있다.

④ 여러 대의 CNC 공작기계를 무인 운전하기 위한 시스템이다.

풀이 FMC는 하나의 CNC 공작기계에 공작물을 자동으로 공급하는 장치 및 가공물을 탈착하는 장치(APC), 필요한 공구를 자동으로 교환하는 장치(ATC), 가공된 제품을 자동측정하고 감시하며 보정하는 장치 및 이들을 제어하는 장치를 갖추고 있다.

47 공작물이 도면과 같이 가공되도록 프로그램 원점과 공작물의 한 점을 일치시킨 좌표계를 무엇이라 하는가?

① 구역 좌표계   ② 도면 좌표계

③ 공작물 좌표계   ④ 기계 좌표계

풀이 공작물 좌표계 : 프로그램 원점과 공작물의 한 점을 일치시켜 절대좌표의 기준점으로 정하는 좌표계를 말한다.

48 다음 중 CNC 공작기계의 안전에 관한 사항으로 틀린 것은?

① 절삭가공 시 절삭 조건을 알맞게 설정한다.

② 공정도와 공구 세팅 시트를 작성 후 검토하고 입력한다.

③ 공구경로 확인은 보조기능(M 기능)이 작동(on)된 상태에서 한다.

④ 기계 가동 전에 비상정지 버튼의 위치를 반드시 확인한다.

풀이 공구경로 확인은 보조기능(M 기능)이 정지(off)된 상태에서 한다.

49 CNC 선반에서 G32 코드를 사용하여 피치가 1.5mm인 2줄 나사를 가공할 때 이송 F의 값은?

① F1.5   ② F2.0

③ F3.0   ④ F4.5

풀이 F : 나사의 리드

나사의 리드(L) = 나사 줄 수(n) × 피치(p)
$$= 2 \times 1.5 = 3$$
∴ F3.0을 입력한다.

50 다음 중 CNC 선반에서 증분지령 어드레스는?

① V, X ② Z, W
③ X, Z ④ U, W

풀이
• CNC 선반에서 증분지령 어드레스 : U, V, W
• CNC 선반에서 절대지령 어드레스 : X, Y, Z

51 다음과 같은 선반 도면에서 지름지정으로 C점의 위치 데이터로 옳은 것은?

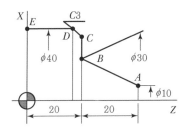

① X34. Z20. ② X37. Z20.
③ X36. Z20. ④ X33. Z20.

풀이 절대지령은 원점 표시 기호(◐)를 기준으로 좌푯값을 생각하여야 한다.
C점의 X축의 좌표는 직경 $\phi40$의 오른쪽 끝부분에 모따기 C3이 가공되어 있으므로
$\phi40 - 6$(양쪽 모따기량) $= \phi34$
따라서, C점의 위치 데이터는 "X34. Z20."이 된다.

52 다음 중 머시닝 센터에서 "공작물 좌표계 설정과 신댁"을 할 때 사용할 수 없는 준비기능은?

① G50 ② G54
③ G59 ④ G92

풀이 머시닝 센터에서의 공작물 좌표계 설정 및 선택
• G54~G59 : 공작물 좌표계 1~6번 선택
• G92 : 공작물 좌표계 설정
• G50 : 스케일링, 미러 기능 무시

53 다음 중 간단한 프로그램을 편집과 동시에 시험적으로 실행할 때 사용하는 모드 선택 스위치로 가장 적합한 것은?

① 반자동운전(MDI)
② 자동운전(AUTO)
③ 수동이송(JOG)
④ 이송정지(FEED HOLD)

풀이
• MDI : 간단한 프로그램을 편집과 동시에 시험적으로 실행할 때 사용한다.
• AUTO : 저장된 프로그램을 자동 실행할 때 사용한다.
• JOG : 각종 기계 버튼에 의해 축을 수동으로 '+' 또는 '−' 방향으로 이송시킬 때 사용한다.
• FEED HOLD : 자동운전을 일시 정지시키기 위해 프로그램 진행을 중지하는 버튼을 말한다.

54 다음 중 머시닝 센터 프로그램에서 G17 평면의 원호 보간에 대한 설명으로 틀린 것은?

① R은 원호 반지름 값이다.
② R과 I, J는 함께 명령할 수 있다.
③ I, J 값이 0이라면 생략할 수 있다.
④ I는 원호 시작점에서 중심점까지 X축 벡터값이다.

풀이 R 지령방식은 360°를 한 번에 가공할 수 없으므로 I, J와 함께 사용하지 않는다.

55 다음 중 DNC의 장점으로 볼 수 없는 것은?

① 유연성과 높은 계산 능력을 가지고 있다.
② 천공테이프를 사용하므로 전송속도가 빠르다.
③ CNC 프로그램들을 컴퓨터 파일로 저장할 수 있다.
④ 공장에서 생산성과 관련되는 데이터를 수집하고 일괄 처리할 수 있다.

풀이 DNC의 장점
천공 테이프를 사용하지 않고, LAN 케이블을 사용하여 전송속도가 빠르다.

56 다음 중 가상 날 끝(nose. R) 방향을 결정하는 요소는?

① 공구의 출발 위치
② 공구의 형상이나 방향
③ 공구 날 끝 반지름의 크기
④ 공구의 보정 방향과 정밀도

공구의 형상이나 방향에 따라 가상 날 끝(nose. R) 방향을 결정한다.

57 CNC 선반 프로그램에서 다음과 같은 내용이고 공작물의 직경이 50mm일 때 주축의 회전수는 약 얼마인가?

G96 S150 M03;

① 650rpm
② 800rpm
③ 955rpm
④ 1,100rpm

$N = \dfrac{1,000S}{\pi D}(\mathrm{rpm}) = \dfrac{1,000 \times 150}{\pi \times 50}$

$= 954.93 ≒ 955(\mathrm{rpm})$

여기서, N : 주축의 회전수(rpm)
S : 절삭속도(m/min)=S150
D : 공작물의 지름(mm)=$\phi50$

58 다음 중 CNC 공작기계의 제어 방법이 아닌 것은?

① 직접 제어방식
② 개방회로 제어방식
③ 폐쇄회로 제어방식
④ 하이브리드 제어방식

서보기구의 제어방식에는 개방회로(open-loop) 방식, 반폐쇄회로 방식, 폐쇄회로 방식(closed loop system), 하이브리드 서보 방식(hybrid loop system) 이 있다.

59 다음 중 자동 모드(AUTO MODE)와 반자동 모드(MDI MODE)에서 모두 실행 가능한 복합형 고정 사이클 준비기능(G 코드)으로 틀린 것은?

① G76
② G75
③ G74
④ G73

자동(AUTO) 모드와 반자동(MDI) 모드 모두 실행 가능한 복합형 고정 사이클
• G74 : 단면 홈 가공 사이클(팩 드릴링)
• G75 : 내·외경 홈 가공 사이클
• G76 : 자동 나사 가공 사이클

60 다음 중 밀링 가공 시 작업안전에 대한 설명으로 틀린 것은?

① 작업 중에는 긴급 상황이라도 손으로 주축을 정지시키지 않는다.
② 안전화, 보안경 등 작업 안전에 필요한 보호구 등을 반드시 착용한다.
③ 스핀들이 저속 회전 중이라도 변속기어를 조작해서는 안 된다.
④ 가공물의 고정은 반드시 주축이 회전 중에 실시하여야 한다.

절삭공구나 공작물을 설치할 때는 전원을 끄거나 완전히 정지시키고 실시한다.

01 황동의 합금 원소는 무엇인가?

① Cu−Sn
② Cu−Zn
③ Cu−Al
④ Cu−Ni

풀이 황동 : 구리(Cu)+아연(Zn)

02 초경합금에 대한 설명 중 틀린 것은?

① 경도가 HRC 50 이하로 낮다.
② 고온경도 및 강도가 양호하다.
③ 내마모성과 압축강도가 높다.
④ 사용목적, 용도에 따라 재질의 종류가 다양하다.

풀이 ① 초경합금의 경도는 약 HRC 75 정도이다.

03 특수강에 포함되는 특수 원소의 주요 역할 중 틀린 것은?

① 변태속도의 변화
② 기계적, 물리적 성질의 개선
③ 소성 가공성의 개량
④ 탈산, 탈황의 방지

풀이 ④ 탈산, 탈황 촉진(불순물 제거)

04 다이캐스팅용 알루미늄(Al) 합금이 갖추어야 할 성질로 틀린 것은?

① 유동성이 좋을 것
② 열간취성이 적을 것
③ 금형에 대한 점착성이 좋을 것
④ 응고 수축에 대한 용탕 보급성이 좋을 것

풀이 ③ 금형에 용착되지 않을 것

05 열처리 방법 및 목적으로 틀린 것은?

① 불림−소재를 일정 온도로 가열 후 공랭시킨다.
② 풀림−재질을 단단하고 균일하게 한다.
③ 담금질−급랭시켜 재질을 경화시킨다.
④ 뜨임−담금질된 것에 인성을 부여한다.

풀이 풀림 : 재료를 연하게 하거나 내부응력을 제거할 목적으로 강을 오스테나이트 조직이 될 때까지 가열한 후 노나 재 속에서 서서히 냉각시키는 조작

06 금속의 결정구조에서 체심입방격자의 금속으로만 이루어진 것은?

① Au, Pb, Ni
② Zn, Ti, Mg
③ Sb, Ag, Sn
④ Ba, V, Mo

풀이 체심입방격자 금속
텅스텐(W), 크롬(Cr), 몰리브덴(Mo), 바나듐(V), 리튬(Li), 바륨(Ba) 등

07 경질이고 내열성이 있는 열경화성 수지로서 전기기구, 기어 및 프로펠러 등에 사용되는 것은?

① 아크릴 수지
② 페놀 수지
③ 스티렌 수지
④ 폴리에틸렌

풀이 페놀수지(phenol resin) : 내열성이 좋고, 전기절연성이 우수하여 전기기구 등의 부품으로 쓰인다.

정답 | 01 ② 02 ① 03 ④ 04 ③ 05 ② 06 ④ 07 ②

08 가장 널리 쓰이는 키(Key)로 축과 보스 양쪽에 키홈을 파서 동력을 전달하는 것은?

① 성크 키   ② 반달 키

③ 접선 키   ④ 원뿔 키

풀이 성크(묻힘) 키

09 길이 100cm의 봉이 압축력을 받고 3mm만큼 줄어들었다. 이때, 압축 변형률은 얼마인가?

① 0.001   ② 0.003

③ 0.005   ④ 0.007

풀이 압축 변형률 $\varepsilon = \dfrac{\lambda(\text{줄어든 길이})}{l(\text{봉의 원래 길이})} = \dfrac{3\text{mm}}{100\text{cm}}$

$= \dfrac{3\text{mm}}{1,000\text{mm}} = 0.003$

10 물체의 일정 부분에 걸쳐 균일하게 분포하여 작용하는 하중은?

① 집중하중   ② 분포하중

③ 반복하중   ④ 교번하중

풀이 분포하중

그림처럼 다리 위의 상판은 지점 사이에 균일하게 하중이 분포한다. 이런 하중 w를 분포하중이라 한다.

$w(\text{N/m})$

11 볼나사의 단점이 아닌 것은?

① 자동체결이 곤란하다.

② 피치를 작게 하는 데 한계가 있다.

③ 너트의 크기가 크다.

④ 나사의 효율이 떨어진다.

풀이 ④ 마찰이 적어 나사의 효율이 매우 높다.

볼나사(Ball Screw)의 특징

장점	단점
• 백래시가 매우 적다. • 먼지나 이물질에 의한 마모가 적다. • 정밀도가 높다. • 나사의 효율이 높다. (90% 이상) • 마찰이 매우 적다.	• 자동체결이 곤란하다. • 피치를 작게 하는 데 한계가 있다. • 너트의 크기가 크다.

12 각속도(ω, rad/s)를 구하는 식 중 옳은 것은? [단, N : 회전수(rpm), H : 전달마력(PS)이다.]

① $\omega = (2\pi N)/60$

② $\omega = 60/(2\pi N)$

③ $\omega = (2\pi N)/(60H)$

④ $\omega = (60H)/(2\pi N)$

풀이 1 바퀴 → 2π rad(라디안),

회전수 : N(rpm ; revolution per minute)

∴ 각속도 $\omega = \dfrac{2\pi \text{ rad}}{1 \text{ rev}} \times \dfrac{N \text{ rev}}{1\min \times 60\dfrac{\sec}{1\min}}$

$= \dfrac{2\pi N}{60}(\text{rad/sec})$

13 외접하고 있는 원통마찰차의 지름이 각각 240mm, 360mm일 때, 마찰차의 중심 거리는?

① 60mm   ② 300mm

③ 400mm   ④ 600mm

풀이 외접 마찰차 중심거리 C

$= \dfrac{D_1 + D_2}{2} = \dfrac{240\text{mm} + 360\text{mm}}{2} = 300\text{mm}$

14 국제단위계(SI)의 기본단위에 해당되지 않는 것은?

① 길이 : m
② 질량 : kg
③ 광도 : mol
④ 열역학 온도 : K

풀이 광도 : cd(칸델라), 분자량 : mol(몰)

15 축을 설계할 때 고려하지 않아도 되는 것은?

① 축의 강도
② 피로 충격
③ 응력 집중의 영향
④ 축의 표면조도

풀이 축의 설계에 고려되는 사항
강도, 변형(강성), 진동, 부식, 응력집중, 열응력, 열팽창 등

④ 축의 표면조도는 축 설계 시 고려사항이 아니다.

16 다음 중 표면의 결 도시 기호에서 각 항목이 설명하는 것으로 틀린 것은?

① d : 줄무늬 방향의 기호
② b : 컷오프 값
③ c′ : 기준길이, 평가길이
④ g : 표면 파상도

풀이 지시기호 위치에 따른 표시

b : 가공방법, 표면처리
c′ : 기준길이, 평가길이

d : 줄무늬 방향의 기호
e : 기계가공 공차(ISO에 규정되어 있음)
f : 최대 높이 또는 10점 평균 거칠기의 값
g : 표면 파상도(KS B 0610에 따름)

17 도면의 표제란에 제3각법 투상을 나타내는 기호로 옳은 것은?

①

②

③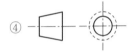

④

풀이 1각법과 3각법의 기호

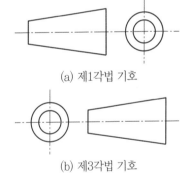

(a) 제1각법 기호

(b) 제3각법 기호

18 여러 개의 관련되는 치수에 허용한계를 지시하는 경우로 틀린 것은?

① 누진 치수 기입은 가격 제한이 있거나 다른 산업 분야에서 특별히 필요한 경우에 사용해도 된다.
② 병렬 치수 기입 방법 또는 누진 치수 기입 방법에서 기입하는 치수공차는 다른 치수 공차에 영향을 주지 않는다.

③ 직렬 치수 기입 방법으로 치수를 기입할 때에는 치수공차가 누적된다.

④ 직렬 치수 기입 방법은 공차의 누적이 기능에 관계가 있을 경우에 사용하는 것이 좋다.

풀이 직렬 치수 기입법 : 한 줄로 나란히 연결된 치수에 주어진 치수공차가 누적되어도 상관없는 경우에 사용하며, 공차의 누적이 기능에 관계가 있으면 좋지 않으므로 잘 사용하지 않는다.

19 3각법으로 정투상한 보기와 같은 정면도와 평면도에 적합한 우측면도는?

풀이

20 기어의 도시방법 중 선의 사용방법으로 틀린 것은?

① 잇봉우리원(이끝원)은 굵은 실선으로 그린다.

② 피치원은 가는 2점쇄선으로 그린다.

③ 이골원(이뿌리원)은 가는 실선으로 그린다.

④ 잇줄 방향은 통상 3개의 가는 실선으로 그린다.

풀이 피치원 지름 : 가는 1점쇄선

21 ISO 규격에 있는 미터 사다리꼴 나사의 표시 기호는?

① Tr
② M
③ UNC
④ R

풀이 • ISO 규격에 있는 미터 사다리꼴 나사의 표시 기호는 Tr로 표기한다.
• ISO 규격에 없는 30° 사다리꼴 나사의 표시 기호는 TM, 29° 사다리꼴 나사의 표시 기호는 TW로 표기한다.

22 기계가공 도면에 사용되는 가는 1점쇄선의 용도가 아닌 것은?

① 중심선
② 기준선
③ 피치선
④ 해칭선

풀이 • 가는 1점쇄선 : 중심선, 기준선, 피치선
• 가는 실선 : 치수선, 치수보조선, 지시선, 회전 단면선, 중심선, 수준면선, 파단선, 해칭선 등

23 데이텀을 지시하는 문자기호를 공차기입틀 안에 기입할 때의 설명으로 틀린 것은?

① 1개를 설정하는 데이텀은 1개의 문자기호로 나타낸다.

② 2개의 공통 데이텀을 설정할 때는 2개의 문자기호를 하이픈(−)으로 연결한다.

③ 여러 개의 데이텀을 지정할 때는 우선순위가 높은 것을 오른쪽에서 왼쪽으로 각각 다른 구획에 기입한다.

④ 2개 이상의 데이텀을 지정할 때, 우선순위가 없을 경우는 문자기호를 같은 구획 내에 나란히 기입한다.

풀이 ① 1개의 문자기호로 나타내는 경우

		A

② 2개의 문자기호를 하이픈(−)으로 연결하는 경우

		$A-B$

③ 우선순위가 높은 것은 문자기호를 왼쪽에서 오른쪽으로 각각 다른 구획에 기입하는 경우

	A	B	C

④ 우선순위가 없을 경우는 문자기호를 같은 구획 내에 나란히 기입하는 경우

		AB

24 관용 테이퍼 나사 종류 중 테이퍼 수나사 R에 대하여만 사용하는 3/4인치 평행 암나사를 표시하는 KS 나사 표시 기호는?

① PT 3/4   ② RP 3/4

③ PF 3/4   ④ RC 3/4

풀이 관용 테이퍼 나사 표시방법

나사의 종류		나사의 종류를 표시하는 기호	나사의 호칭방법
관용테이퍼 나사	테이퍼 수나사	R	R3/4
	테이퍼 암나사	Rc	Rc3/4
	평행 암나사	Rp	Rp3/4

25 축과 구멍의 끼워맞춤에서 축의 치수는 $\phi 50^{-0.012}_{-0.028}$, 구멍의 치수는 $\phi 50^{+0.025}_{0}$일 경우 최소 틈새는 몇 mm인가?

① 0.053   ② 0.037

③ 0.028   ④ 0.012

풀이 최소 틈새는 구멍이 최소 크기이고 축은 최대 크기일 때이다.
∴ 50−49.988=0.012

26 알루미나(Al_2O_3) 분말에 규소(Si) 및 마그네슘(Mg) 등의 산화물을 첨가하여 소결시킨 것으로, 고온에서 경도가 높고 내마멸성이 좋으나 충격에 약한 공구재료는?

① 초경합금   ② 주조경질합금

③ 합금공구강   ④ 세라믹

풀이 세라믹
• 주성분인 알루미나(Al_2O_3)에 마그네슘(Mg), 규소(Si)와 미량의 다른 원소를 첨가하여 소결시킨다.
• 고온경도가 높고 고온산화가 되지 않는다.
• 진동과 충격에 약하다.

27 결합도가 높은 숫돌을 선정하는 기준으로 틀린 것은?

① 연질 가공물을 연삭 때

② 연삭 깊이가 작을 때

③ 접촉 면적이 작을 때

④ 가공면의 표면이 치밀할 때

풀이 ④ 가공면의 표면이 거칠 때

숫돌의 결합도 선정 기준

구분	결합도가 높은 숫돌 (단단한 숫돌)	결합도가 낮은 숫돌 (연한 숫돌)
공작물 재질	연할 때	단단할 때
숫돌의 원주속도	느릴 때	빠를 때
연삭 깊이	작을 때	클 때
접촉면적	작을 때	클 때
가공 표면	거칠 때	치밀할 때

28 센터리스 연삭의 장점에 대한 설명으로 거리가 먼 것은?

① 센터가 필요하지 않아 센터구멍을 가공할 필요가 없다.

② 연삭 여유가 작아도 된다.

③ 대형 공작물의 연삭에 적합하다.

④ 가늘고 긴 공작물의 연삭에 적합하다.

풀이 ③ 대형 공작물의 연삭은 불가능하다.

29 일반적으로 공구의 회전운동과 가공물의 직선운동에 의하여 가공하는 공작기계는?

① 선반　　　　　② 셰이퍼
③ 슬로터　　　　④ 밀링머신

풀이 밀링머신
• 공구 → 회전 운동
• 공작물 → 직선 운동

30 깊은 구멍가공에 가장 적합한 드릴링 머신은?

① 다두 드릴링머신
② 레이디얼 드릴링머신
③ 직립 드릴링머신
④ 심공 드릴링머신

풀이 심공(深 : 깊을 심, 孔 : 구멍 공) 드릴링머신
구멍의 지름에 비해 깊은 구멍을 뚫을 때 사용하는 드릴링 머신

31 선반에서 테이퍼 가공을 하는 방법으로 틀린 것은?

① 심압대의 편위에 의한 방법
② 맨드릴을 편위시키는 방법
③ 복식 공구대를 선회시켜 가공하는 방법
④ 테이퍼 절삭장치에 의한 방법

풀이 맨드릴은 동심원을 가공하기 위해 선반에 쓰이는 부속품이다.

32 다이얼 게이지에 대한 설명으로 틀린 것은?

① 소형이고 가벼워서 취급이 쉽다.
② 외경, 내경, 깊이 등의 측정이 가능하다.
③ 연속된 변위량의 측정이 가능하다.
④ 어태치먼트의 사용방법에 따라 측정 범위가 넓어진다.

풀이 ② 평행도, 평면도, 진원도, 원통도, 축의 흔들림을 측정한다.

33 절삭 공구재료의 구비조건으로 틀린 것은?

① 마찰계수가 클 것
② 고온경도가 클 것
③ 인성이 클 것
④ 내마모성이 클 것

풀이 ① 마찰계수가 작을 것

34 다수의 절삭 날을 일직선상에 배치한 공구를 사용해서 공작물 구멍의 내면이나 표면을 여러 가지 모양으로 절삭하는 공작기계는?

① 브로칭머신
② 슈퍼피니싱
③ 호빙머신
④ 슬로터

풀이 브로칭(Broaching) 머신 : 가늘고 긴 일정한 단면 모양의 날을 가진 브로치(Broach)라는 절삭 공구를 사용하여 가공물의 내면이나 외경에 필요한 형상의 부품을 가공하는 절삭법

35 선반의 주요 구성 부분이 아닌 것은?

① 주축대   ② 회전 테이블

③ 심압대   ④ 왕복대

풀이 선반의 주요 구성 부분

주축대, 왕복대, 심압대, 베드

36 밀링머신에서 분할대를 이용하여 분할하는 방법이 아닌 것은?

① 직접 분할 방법   ② 차동 분할 방법

③ 단식 분할 방법   ④ 복합 분할 방법

풀이 밀링 가공 시 분할 방법에는 직접 분할법, 단식 분할법, 차동 분할법이 있다.

37 이동식 방진구는 선반의 어느 부위에 설치하는가?

① 주축   ② 베드

③ 왕복대   ④ 심압대

풀이 이동식 방진구

왕복대의 새들에 고정, 2개의 조가 있다.

38 줄의 크기 표시방법으로 가장 적합한 것은?

① 줄 눈의 크기를 호칭치수로 한다.

② 줄 폭의 크기를 호칭치수로 한다.

③ 줄 단면적의 크기를 호칭치수로 한다.

④ 자루 부분을 제외한 줄의 전체 길이를 호칭치수로 한다.

풀이

39 선반가공에서 외경을 절삭할 경우, 절삭가공 길이 100mm를 1회 가공하려고 한다. 회전수 1,000rpm, 이송속도 0.15mm/rev이면 가공시간은 약 몇 분(min)인가?

① 0.5   ② 0.67

③ 1.33   ④ 1.48

풀이 선반의 가공시간 $T = \dfrac{L}{fn}$

$$= \dfrac{100}{0.15 \times 1,000} = 0.67 \mathrm{min}$$

여기서, L : 가공할 길이(mm)

f : 공구의 이송속도(mm/rev)

n : 회전수(rpm)

40 그림에서 정반면과 사인바의 윗면이 이루는 각($\sin\theta$)을 구하는 식은?

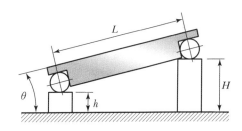

① $\sin\theta = \dfrac{H-h}{L}$

② $\sin\theta = \dfrac{H+h}{L}$

③ $\sin\theta = \dfrac{L-h}{H}$

④ $\sin\theta = \dfrac{L-H}{h}$

풀이 사인바 각도 : $\sin\theta = \dfrac{H-h}{L}$

41 다음 재질 중 밀링커터의 절삭속도를 가장 빠르게 할 수 있는 것은?

① 주철
② 황동
③ 저탄소강
④ 고탄소강

풀이 • 밀링커터의 절삭속도는 경도가 낮을수록 빠르게, 경도가 높을수록 느리게 하여야 한다.
• 경도 크기 순서 :
주철>고탄소강>저탄소강>황동

42 선반가공에서 바이트를 구조에 따라 분류할 때 틀린 것은?

① 단체 바이트
② 팁 바이트
③ 클램프 바이트
④ 분리 바이트

풀이 선반의 바이트에 분리 바이트는 없다.

43 머시닝 센터의 고정 사이클 중 G 코드와 그 용도가 잘못 연결된 것은?

① G76 – 정밀 보링 사이클
② G81 – 드릴링 사이클
③ G83 – 보링 사이클
④ G84 – 태핑 사이클

풀이 G83 : 심공 드릴 사이클

44 다음 중 CNC 선반에서 다음과 같은 공구 보정 화면에 관한 설명으로 틀린 것은?

공구 보정번호	X축	Z축	R	T
01	0.000	0.000	0.8	3
02	0.457	1.321	0.2	2
03	2.765	2.987	0.4	3
04	1.256	−1.234	•	8
05	•	•	•	•
•	•	•	•	•

① X축 : X축 보정량
② R : 공구 날 끝 반경
③ Z축 : Z축 보정량
④ T : 사용 공구 번호

풀이 T : 사용 공구 번호
공구번호 3이 중복되어 있으며 데이터 값도 달라서 잘못되었다.

45 다음 중 선반작업 시 안전 사항으로 올바르지 못한 것은?

① 칩이나 절삭유의 비산 방지를 위하여 플라스틱 덮개를 부착한다.
② 절삭 가공을 할 때에는 반드시 보안경을 착용하여 눈을 보호한다.
③ 절삭작업을 할 때에는 칩에 손을 베이지 않도록 장갑을 착용한다.
④ 척이 회전하는 도중에 소재가 튀어나오지 않도록 확실히 고정한다.

풀이 절삭 중에는 면장갑을 착용하지 않고, 측정할 때에는 착용한다.

46 CNC 선반은 크게 "기계 본체 부분"과 "CNC 장치 부분"으로 구성되는데 다음 중 "CNC 장치 부분"에 해당하는 것은?

① 공구대
② 위치검출기
③ 척(chuck)
④ 헤드스톡

풀이 • CNC 장치 부분 : 서보 구동부, 위치검출기(인코더), 속도검출기(타코 제너레이터) 등
• 기계 본체 부분 : 주축대(head stock), 척(chuck), 공구대, 심압대(tail stock), 베드(bed), 왕복대, 이송장치, 유압장치 등

47 다음 중 그림과 같은 원호보간 지령을 I, J를 사용하여 표현한 것으로 옳은 것은?

① G03 X20.0 Y20.0 I−20.0 ;

② G03 X20.0 Y20.0 I−20.0 J−20.0 ;

③ G03 X20.0 Y20.0 J−20.0 ;

④ G03 X20.0 Y20.0 I20.0 ;

풀이 원호가공 프로그램 : G03 X20. Y20. I−20. ;
- G03 : 반시계 방향 가공
- X20. Y20. : 종점의 절대 좌푯값
- I−20. : 원호의 중심(40, 20)이 시점(60, 20)을 기준으로 X축 방향으로 −20mm만큼 떨어져 있다.

48 다음 중 일반적으로 NC 가공 계획에 포함되지 않는 것은?

① 사용 기계 선정

② 가공할 공구 선정

③ 프로그램의 수정 및 편집

④ 공작물 고정방법 및 치공구 선정

풀이 NC 가공 계획
- NC 기계로 가공하는 범위와 사용 기계 선정
- 가공물 고정(척킹) 방법 및 치공구(지그) 선정
- 가공순서 결정
- 가공할 공구 선정
- 가공조건의 결정

49 CNC 선반의 준비기능 중 단일형 고정 사이클로만 짝지어진 것은?

① G28, G75   ② G90, G94

③ G50, G76   ④ G98, G74

풀이 단일형 고정사이클(G90, G92, G94)
- 선반가공에서 황삭 또는 나사절삭 등은 1회 절삭으로는 불가능하므로 여러 번 반복하여 절삭하여야 한다.
- 고정 사이클의 가공은 1회 절삭한 다음 초기점으로 복귀하여 다시 반복 가공하며, 가공이 완료되면 초기점으로 복귀 후 고정 사이클이 종료되므로 초기점이 중요하다.
- 계속 유효명령이므로 반복 절삭할 때 X축의 절입량만 지정하면 된다.
- G90(내·외경 절삭 사이클), G92(나사 절삭 사이클), G94(단면 절삭 사이클)

50 다음 중 머시닝 센터 프로그램에서 "F400"이 의미하는 것은?

> G94 G91 G01 X100. F400 ;

① 0.4mm/rev   ② 400mm/min

③ 400mm/rev   ④ 0.4mm/min

풀이 F400의 의미
G94 : 분당 이송(mm/min)에서는 400mm/min이고, G95 : 회전당 이송(mm/rev)에서는 400mm/rev이다.

51 다음 중 CNC 공작기계의 매일 점검 사항으로 볼 수 없는 것은?

① 각부의 유량 점검   ② 각부의 작동 점검

③ 각부의 압력 점검   ④ 각부의 필터 점검

풀이 각부의 필터 점검은 매월 점검 사항이다.

52 홈 가공이나 드릴 가공을 할 때 일시적으로 공구를 정지시키는 기능(휴지기능)의 CNC 용어를 무엇이라 하는가?

① 드웰(dwell)

② 드라이 런(dry run)

③ 프로그램 정지(program stop)

④ 옵셔널 블록 스킵(optional block skip)

풀이 드웰(Dwell) : 홈 가공이나 드릴 가공을 할 때 일시적으로 공구를 정지시키는 기능(휴지기능)을 말한다.

53 다음 중 CAD/CAM 시스템의 NC 인터페이스 과정으로 옳은 것은?

① 파트 프로그램 → NC 데이터 → 포스트 프로세싱 → CL 데이터

② 파트 프로그램 → CL 데이터 → 포스트 프로세싱 → NC 데이터

③ 포스트 프로세싱 → 파트 프로그램 → CL 데이터 → NC 데이터

④ 포스트 프로세싱 → 파트 프로그램 → NC 데이터 → CL 데이터

풀이 CAD/CAM 작업의 흐름

파트 프로그램 → CL 데이터 → 포스트 프로세싱 → NC 데이터

※ 포스트 프로세싱(post−processing)
- post(후에, 다음에), processing(특정 결과를 달성하기 위한 과정)
- 작성된 가공 데이터를 읽어 특정 CNC 공작기계 컨트롤러에 맞도록 NC 데이터를 만들어 주는 것을 말한다.

54 다음 중 CNC 공작기계에서 속도와 위치를 피드백하는 장치는?

① 서보 모터   ② 컨트롤러
③ 주축 모터   ④ 인코더

풀이 인코더(encoder) : CNC 기계의 움직임을 전기적 신호로 변환하여 속도 제어와 위치 검출을 하는 일종의 피드백 장치이다.

55 다음 중 CNC 선반 프로그램에서 기계 원점 복귀 체크 기능은?

① G27   ② G28
③ G29   ④ G30

풀이
- G27 : 기계 원점 복귀 체크
- G28 : 기계 원점 복귀
- G29 : 원점으로부터 복귀
- G30 : 제2, 3, 4 원점 복귀

56 다음 중 CNC 선반작업 시 안전사항으로 옳지 않은 것은?

① 고정 사이클 가공 시에 공구 경로에 유의한다.
② 칩이 공작물이나 척에 감기지 않도록 주의한다.
③ 가공 상태를 확인하기 위하여 안전문을 열어놓고 조심하면서 가공한다.
④ 고정 사이클로 가공 시 첫 번째 블록까지는 공작물과의 충돌 예방을 위하여 single block으로 가공한다.

풀이 칩 또는 절삭유가 비산(飛 : 날 비, 散 : 흩을 산)하므로 안전문을 닫고 작업한다.

57 다음 중 보조기능에서 선택적 프로그램 정지(optional stop)에 해당되는 것은?

① M00   ② M01
③ M05   ④ M06

풀이 M00(프로그램 정지), M05(주축 정지), M06(공구 교환, MTC만 가능)

58 다음 중 CNC 공작기계에서 주축의 속도를 일정하게 제어하는 명령어는?

① G96   ② G97
③ G98   ④ G99

풀이
- G96 : 주축 속도(m/min) 일정 제어
- G97 : 주축 회전수(rpm) 일정 제어
- G98 : 분당 이송 지정(mm/min)
- G99 : 회전당 이송 지정(mm/rev)

59 다음 중 머시닝 센터에서 공작물 좌표계 X, Y 원점을 찾는 방법이 아닌 것은?

① 엔드밀을 이용하는 방법
② 터치 센서를 이용하는 방법
③ 인디케이터를 이용하는 방법
④ 하이트 프리세터를 이용하는 방법

풀이 하이트 프리세터를 이용하는 방법은 공구의 길이를 측정할 때 사용하는 방법이다.

60 다음 중 CNC 선반에서 M20×1.5의 암나사를 가공하고자 할 때 가공할 안지름(mm)으로 가장 적합한 것은?

① 23.0   ② 21.5
③ 18.5   ④ 17.0

풀이 $D = d - p$

여기서, D : 드릴의 지름(가공할 안지름)(mm)
        d : 호칭지름(나사의 바깥지름)(mm)
        p : 나사의 피치(mm)

$D = 20 - 1.5 = 18.5 \text{mm}$

01 열처리의 방법 중 강을 경화시킬 목적으로 실시하는 열처리는?

① 담금질　　　② 뜨임
③ 불림　　　　④ 풀림

풀이 담금질 : 재료를 단단하게 할 목적으로 강을 오스테나이트 조직이 될 때까지 가열한 후 물이나 기름에 급랭하는 열처리

02 다음 중 알루미늄 합금이 아닌 것은?

① Y 합금
② 실루민
③ 톰백(tombac)
④ 로엑스(Lo−Ex)합금

풀이 톰백(tombac) : 구리와 아연의 합금

03 탄소 공구강의 구비 조건으로 거리가 먼 것은?

① 내마모성이 클 것
② 저온에서의 경도가 클 것
③ 가공 및 열처리성이 양호할 것
④ 강인성 및 내충격성이 우수할 것

풀이 ② 상온 및 고온경도가 높고, 마찰계수가 작을 것

04 마우러 조직도에 대한 설명으로 옳은 것은?

① 탄소와 규소량에 따른 주철의 조직 관계를 표시한 것
② 탄소와 흑연량에 따른 주철의 조직 관계를 표시한 것

③ 규소와 망간양에 따른 주철의 조직 관계를 표시한 것
④ 규소와 Fe_3C 양에 따른 주철의 조직 관계를 표시한 것

풀이 마우러 조직도
탄소와 규소량에 따른 주철의 조직 관계를 표시

05 베어링으로 사용되는 구리계 합금으로 거리가 먼 것은?

① 켈밋(kelmet)
② 연청동(lead bronze)
③ 문쓰메탈(Muntz metal)
④ 알루미늄 청동(Al bronze)

풀이 문쓰메탈(Muntz metal)
• 6−4 황동으로 아연 함유량이 많아 황동 중 값이 가장 싸고, 내식성이 다소 낮고 탈아연 부식을 일으키기 쉬우나, 강도가 높아 기계부품용으로 사용한다.
• 용도 : 열교환기, 파이프, 밸브, 탄피 등

06 고속도공구강 강재의 표준형으로 널리 사용되고 있는 18-4-1형에서 텅스텐 함유량은?

① 1%　　　　② 4%

③ 18%　　　　④ 23%

풀이 표준고속도강 : 텅스텐(18%)-크롬(4%)-바나듐(1%)-탄소(0.8%) ('텅크바'로 암기)

07 공구용으로 사용되는 비금속 재료로 초내열성 재료, 내마멸성 및 내열성이 높은 세라믹과 강한 금속의 분말을 배합 소결하여 만든 것은?

① 다이아몬드　　　② 고속도강

③ 서멧　　　　　　④ 석영

풀이 서멧(cermet) : 세라믹(ceramic)과 메탈(metal)의 복합어로 세라믹의 취성을 보완하기 위하여 개발된 소재이다.

08 피치 4mm인 3줄 나사를 1회전시켰을 때의 리드는 얼마인가?

① 6mm　　　　② 12mm

③ 16mm　　　　④ 18mm

풀이 리드 $l = np = 3 \times 4 = 12mm$

여기서, n : 나사의 줄 수, p : 피치

09 표점거리 110mm, 지름 20mm의 인장시편에 최대하중 50kN이 작용하여 늘어난 길이 $\triangle l$ =22mm일 때, 연신율은?

① 10%　　　　② 15%

③ 20%　　　　④ 25%

풀이 연신율 $\varepsilon = \dfrac{늘어난\ 길이}{표점거리} \times 100(\%)$

$= \dfrac{22mm}{110mm} \times 100(\%) = 20\%$

10 벨트전동에 관한 설명으로 틀린 것은?

① 벨트풀리에 벨트를 감는 방식은 크로스벨트 방식과 오픈벨트 방식이 있다.

② 오픈벨트 방식에서는 양 벨트풀리가 반대 방향으로 회전한다.

③ 벨트가 원동차에 들어가는 측을 인(긴)장 측이라고 한다.

④ 벨트가 원동차로부터 풀려 나오는 측을 이완 측이라 한다.

풀이 ② 오픈벨트 방식에서는 양 벨트풀리가 같은 방향으로 회전한다.

[바로걸기(오픈벨트)]

[엇걸기(크로스벨트)]

11 축에 키(key) 홈을 가공하지 않고 사용하는 것은?

① 묻힘(sunk) 키

② 안장(saddle) 키

③ 반달 키

④ 스플라인

풀이 안장키

saddle : "안장"이라는 뜻

12 원주에 톱니 형상의 이가 달려 있으며 폴(pawl)과 결합하여 한쪽 방향으로 간헐적인 회전운동을 주고 역회전을 방지하기 위하여 사용되는 것은?

① 래칫 휠
② 플라이휠
③ 원심 브레이크
④ 자동 하중 브레이크

풀이 래칫 휠 : 원주에 톱니 형상의 이가 달려 있으며 폴(pawl)과 결합하여 한쪽 방향으로 회전운동을 주고, 역회전을 방지하기 위하여 사용한다.

13 기어에서 이(tooth)의 간섭을 막는 방법으로 틀린 것은?

① 이의 높이를 높인다.
② 압력각을 증가시킨다.
③ 치형의 이끝면을 깎아낸다.
④ 피니언의 반경 방향의 이뿌리면을 파낸다.

풀이 이의 높이를 높이면 이의 간섭이 더 심해진다.(언더컷 증가)

14 볼트, 너트의 풀림 방지 방법 중 틀린 것은?

① 로크 너트에 의한 방법
② 스프링 와셔에 의한 방법
③ 플라스틱 플러그에 의한 방법
④ 아이 볼트에 의한 방법

풀이 볼트, 너트의 풀림 방지

• 로크(lock) 너트에 의한 방법
• 분할 핀에 의한 방법
• 혀붙이, 스프링, 고무와셔에 의한 방법
• 멈춤나사에 의한 방법
• 스프링 너트에 의한 방법

※ 아이 볼트는 주로 축하중만을 받을 때 사용하는 볼트이다.

15 전달마력 30kW, 회전수 200rpm인 전동축에서 토크 T는 약 몇 N·m인가?

① 107
② 146
③ 1,070
④ 1,430

풀이
$$T = \frac{H_{kW}}{\omega} = \frac{H_{kW}}{\frac{2\pi n}{60}} = \frac{60 \times H_{kW}}{2\pi n}$$

$$= \frac{60 \times 30 \times 10^3}{2\pi \times 200}$$

$$= 1,432.4 \text{N} \cdot \text{m} \doteqdot 1,430 \text{N} \cdot \text{m}$$

단위를 환산해 보면
$1\text{kW} = 10^3\text{W} = 10^3\text{J/s}$이고, 각속도 ω는 rad/s이므로 T의 단위는 $\frac{\text{J/s}}{\text{rad/s}} = \text{J/rad} = \text{N} \cdot \text{m}$(라디안은 무차원, $\text{J} = \text{N} \cdot \text{m}$)

16 스프링의 제도에 관한 설명으로 틀린 것은?

① 코일 스프링의 종류와 모양만을 간략도로 나타내는 경우에는 재료의 중심선만을 굵은 실선으로 도시한다.
② 코일 부분의 양 끝을 제외한 동일 모양 부분의 일부를 생략할 때는 생략한 부분의 선지름의 중심선을 굵은 2점쇄선으로 도시한다.
③ 코일 스프링은 일반적으로 무하중인 상태로 그리고 겹판 스프링은 일반적으로 스프링 판이 수평인 상태에서 그린다.
④ 그림 안에 기입하기 힘든 사항은 요목표에 표시한다.

정답 | 12 ① 13 ① 14 ④ 15 ④ 16 ②

풀이 • 코일 부분의 중간 부분을 생략할 때에는 생략한 부분을 가는 1점쇄선으로 표시하거나 또는 가는 2점 쇄선으로 표시해도 좋다.
• 코일 부분의 양 끝을 제외한 동일 모양 부분의 일부를 생략할 때는 생략한 부분의 선 지름의 중심선을 가는 1점쇄선으로 그린다.

17 보기 도면은 제3각 정투상도로 그려진 정면도와 평면도이다. 우측면도로 가장 적합한 것은?

[보기]

① ② ③ ④

풀이 정면도와 평면도를 가지고 우측면도를 판단해보면 아래 그림 (a), (b), (c) 정도로 해석할 수 있다.

(a)

(b)

(c)

18 구멍과 축의 기호에서 최대허용치수가 기준치수와 일치하는 기호는?

① H ② h
③ G ④ g

풀이 h : 최대허용치수가 기준치수와 일치한다.

19 제도에 있어서 치수 기입 요소로 틀린 것은?

① 치수선 ② 치수 숫자
③ 가공 기호 ④ 치수 보조선

풀이 치수 기입 요소에는 치수선, 치수 보조선, 화살표, 치수 문자, 지시선 등이 있다.

20 기하공차 기호에서 자세공차를 나타내는 것은?

① ━ ② ○
③ ◎ ④ ∠

풀이 자세공차는 평행도 공차(∥), 직각도 공차(⊥), 경사도 공차(∠)가 있다.

21 KS 나사 표시 방법에서 G 3/4 A로 기입된 기호의 올바른 해독은?

① 가스용 암나사로 인치 단위이다.
② 가스용 수나사로 인치 단위이다.
③ 관용 평행 수나사로 등급이 A급이다.
④ 관용 테이퍼 암나사로 등급이 A급이다.

풀이 G 3/4 A
G(관용 평행 나사), 3/4(외경 3/4인치), A(A급)을 뜻한다.

정답 | 17 ② 18 ② 19 ③ 20 ④ 21 ③

22 KS의 부문별 기호로 옳은 것은?

① KS A – 기계
② KS B – 전기
③ KS C – 토건
④ KS D – 금속

풀이 한국산업표준의 분류체계(각 분야를 알파벳으로 구분)

분류기호	A	B	C	D
부문	기본	기계	전기	금속

23 줄무늬 방향 기호 중에서 가공에 의한 커터의 줄무늬가 기호를 기입한 면의 중심에 대하여 대략 동심원 모양일 때 기입하는 기호는?

① =
② X
③ M
④ C

풀이 줄무늬 방향의 기호

기호	뜻	설명도
C	가공으로 생긴 커터의 줄무늬가 기호를 기입한 면의 중심에 대하여 동심원 모양	⊚ ∇C

24 기어의 제도에서 모듈(m)과 잇수(z)를 알고 있을때, 피치원의 지름(d)을 구하는 식은?

① $d = \dfrac{m}{z}$
② $d = \dfrac{z}{m}$
③ $d = \dfrac{1}{2}mz$
④ $d = mz$

풀이 피치원 지름(d) = 모듈(m) × 잇수(z)

25 도면의 표현 방법 중에서 스머징(smudging)을 하는 이유는 어떤 경우인가?

① 물체의 표면이 거친 경우
② 물체의 단면을 나타내는 경우
③ 물체의 표면을 열처리하고자 하는 경우
④ 물체의 특정 부위를 비파괴 검사하고자 하는 경우

풀이 물체의 단면을 나타내는 표시
해칭, 스머징(smudging)

※ 스머징 : 잘려나간 물체의 절단면을 표시하기 위해 해칭을 대신하여 엷게 색칠하는 것을 말한다.

26 주철과 같은 메진 재료를 저속으로 절삭할 때, 주로 생기는 칩으로서 가공면이 좋지 않은 것은?

① 유동형 칩
② 전단형 칩
③ 열단형 칩
④ 균열형 칩

풀이 균열형 칩
• 백주철과 같이 취성이 큰 재질을 절삭할 때 나타나는 칩 형태이고, 절삭력을 가해도 거의 변형을 하지 않다가 임계압력 이상이 될 때 순간적으로 균열이 발생되면서 칩이 생성된다. 가공면은 요철이 남고 절삭저항의 변동도 커진다.
• 주철과 같은 취성이 큰 재료를 저속 절삭 시
• 절삭깊이가 크거나 경사각이 매우 작을 시

27 수평 밀링머신과 비교한 수직 밀링머신에 관한 설명으로 틀린 것은?

① 공구는 주로 정면 밀링커터와 엔드밀을 사용한다.
② 평면가공이나 홈가공, T 홈가공, 더브테일 등을 주로 가공한다.
③ 주축 헤드는 고정형, 상하 이동형, 경사형 등이 있다.
④ 공구는 아버를 이용하여 고정한다.

풀이 ④ 공구는 콜릿척을 이용하여 고정한다.

28 다음 공작기계 중에서 주로 기어를 가공하는 기계는?

① 선반　　　　② 플레이너
③ 슬로터　　　　④ 호빙머신

풀이 호빙머신 : 호브 공구를 이용하여 기어를 절삭하는 공작기계

29 비교측정에 사용되는 측정기기는?

① 투영기
② 마이크로미터
③ 다이얼 게이지
④ 버니어 캘리퍼스

풀이 비교측정

아래 그림과 같이 기준 치수의 블록 게이지와 제품을 측정기로 비교하여 측정기의 바늘이 가리키는 눈금에 의하여 그 차를 읽는 측정법이다.

30 미세하고 비교적 연한 숫돌 입자를 공작물의 표면에 작은 압력으로 접촉시키면서, 매끈한 고정밀도의 표면으로 일감을 다듬는 가공법은?

① 호닝　　　　② 래핑
③ 슈퍼피니싱　　④ 전해 연삭

풀이 슈퍼피니싱

미세하고 연한 숫돌을 가공표면에 가압하고, 공작물에 회전 이송운동, 숫돌에 진동을 주어 0.5mm 이하의 경면(거울 같은 면) 다듬질에 사용한다.

31 절삭공구 수명에 영향을 주는 요소 중 고속도강의 경사각은 몇 도(°) 이상 되면 강도가 부족하여 치핑(chipping)의 원인이 되는가?

① 20° 이상　　② 25° 이상
③ 30° 이상　　④ 35° 이상

풀이 고속도강과 같이 열에 매우 민감한 절삭공구에서 경사각이 증가하면 절삭온도는 낮아지므로, 경사각이 공구수명에 많은 영향을 미친다. 고속도강은 인성이 크지만 경사각이 30°보다 커지면 공구인선의 강도가 부족하여 치핑의 원인이 되어 공구수명이 짧아진다.

32 주로 일감의 평면을 가공하며 기둥의 수에 따라 쌍주식과 단주식으로 구분하는 공작기계는?

① 셰이퍼　　　　② 슬로터
③ 플레이너　　　④ 브로칭 머신

풀이 플레이너 : 공작물을 테이블 위에 고정하여 수평 왕복운동하고, 바이트를 이송시켜 공작물의 수평면, 수직면, 경사면, 홈 곡면 등을 절삭하는 공작기계로서, 주로 대형 공작물을 가공한다. 플레이너의 종류에는 쌍주식, 단주식이 있다.

33 밀링 절삭방법에서 상향절삭과 비교한 하향절삭에 대한 설명으로 틀린 것은?

① 날 자리의 길이가 짧아 커터의 마모가 적다.
② 절삭된 칩이 이미 가공된 면 위에 쌓인다.
③ 이송기구의 백래시가 자연히 제거된다.
④ 커터 날이 공작물을 누르며 절삭하므로 공작물 고정이 용이하다.

풀이 ③ 이송기구의 백래시 제거 장치가 필요하다.

정답 | 28 ④　29 ③　30 ③　31 ③　32 ③　33 ③

34 탭의 파손 원인에 대한 설명으로 거리가 먼 것은?

① 탭이 경사지게 들어간 경우
② 나사구멍이 너무 크게 가공된 경우
③ 막힌 구멍의 밑바닥에 탭의 선단이 닿았을 경우
④ 탭의 지름에 적합한 핸들을 사용하지 않는 경우

풀이 ② 나사구멍이 너무 작게 가공된 경우

35 센터리스 연삭기에 대한 설명으로 틀린 것은?

① 연속작업을 할 수 있어 대량생산에 적합하다.
② 중공의 원통을 연삭하는 데 편리하다.
③ 대형 중량물도 연삭할 수 있다.
④ 연삭 여유가 작아도 된다. 차축

풀이 ③ 대형이나 중량물, 긴 홈이 있는 가공물은 연삭이 불가능하다.

36 밀링 분할대의 종류가 아닌 것은?

① 신시내티형
② 브라운 샤프트형
③ 모르스형
④ 밀워키형

풀이 분할대의 종류는 브라운 샤프트형, 신시내티형, 밀워키형이 있다.

37 경유, 머신 오일, 스핀들 오일, 석유 또는 혼합유로 윤활성은 좋으나 냉각성이 적어 경절삭에 주로 사용되는 절삭유제는?

① 수용성 절삭유   ② 지방질유
③ 광유   ④ 유화유

풀이 광유 : 경유, 머신오일, 스핀들 오일, 석유 및 기타의 광유 또는 혼합유로 윤활성은 좋으나 냉각성이 떨어져 경절삭에 주로 사용한다.

38 밀링머신의 부속장치가 아닌 것은?

① 분할대   ② 회전 테이블
③ 슬로팅 장치   ④ 면판

풀이 면판 : 선반의 부속장치

39 보통 선반에서 왕복대의 구성 부분이 아닌 것은?

① 에이프런   ② 새들
③ 공구대   ④ 베드

풀이 베드 : 주축대, 왕복대, 심압대를 지지해준다.

40 일반적으로 나사의 피치 측정에 사용되는 측정기기는?

① 오토콜리메이터   ② 옵티컬 플랫
③ 공구 현미경   ④ 사인 바

풀이 공구 현미경 : 공구현미경은 관측 현미경과 정밀 십자이동테이블을 이용하여 길이, 각도, 윤곽 등을 측정하는 데 편리한 측정기로 특히 나사각, 나사의 피치 측정에 사용되고 있다.

41 선반 작업에서 칩이 연속적으로 흘러나오게 될 때 칩을 짧게 끊어주는 것은?

① 칩 커터   ② 칩 세팅
③ 칩 브레이커   ④ 칩 그라인딩

풀이 칩 브레이커(chip breaker) : 유동형 칩에 의한 가공표면 상처, 작업자의 안전 위협, 절삭유 공급 및 절삭가공 방해를 막기 위해 칩을 인위적으로 짧게 끊어준다.

42 200mm×200mm×40mm인 알루미늄 판을 φ20mm인 밀링커터를 사용하여 가공하고자 한다. 이때, 잘삭속도가 62.8m/min이면 밀링의 회전수는 약 몇 rpm인가?

① 1,000   ② 1,200
③ 1,400   ④ 2,000

$$n = \frac{1,000\,V}{\pi d} = \frac{1,000 \times 62.8}{\pi \times 20} = 1,000\text{rpm}$$

여기서, d : 공작물의 지름(mm)

V : 절삭속도(m/min)

43 다음 중 선반에서 나사작업 시의 안전 및 유의사항으로 적절하지 않은 것은?

① 나사의 피치에 맞게 기어 변환 레버를 조정한다.

② 나사 절삭 중에 주축을 역회전시킬 때에는 바이트를 일감에서 일정 거리를 떨어지게 한다.

③ 나사를 절삭할 때에는 절삭유를 충분히 공급해준다.

④ 나사 절삭이 끝났을 때에는 반드시 하프 너트를 고정시켜 놓아야 한다.

풀이 ④ 나사 절삭이 끝났을 때에는 반드시 하프 너트를 풀어 놓아야 한다.

44 다음 중 CNC 공작기계가 자동운전 도중 충돌 또는 오작동이 발생하였을 경우 조치사항으로 가장 적절하지 않은 것은?

① 화면상의 경보(Alarm) 내용을 확인한 후 원인을 찾는다.

② 강제로 모터를 구동시켜 프로그램을 실행시킨다.

③ 프로그램의 이상 유무를 하나씩 확인하며 원인을 찾는다.

④ 비상정지 버튼을 누른 후 원인을 찾는다.

풀이 비상정지 버튼을 누르고 화면상의 경보 내용을 확인한 후 프로그램의 이상 유무를 하나씩 확인하며 원인을 찾는다. 강제로 모터를 구동시켜 프로그램을 실행시켜서는 안 된다.

45 다음 중 주 또는 보조 프로그램의 종료를 표시하는 보조기능이 아닌 것은?

① M02　　　　② M05

③ M30　　　　④ M99

풀이 • M02(프로그램 종료), M30(프로그램 종료 & Rewind), M99(주 프로그램으로 복귀)

• M05(주축 정지)

46 다음 중 CNC 기계가공 중에 지켜야 할 안전 및 유의사항으로 틀린 것은?

① CNC 선반작업 중에는 문을 닫는다.

② 항상 비상정지 버튼의 위치를 확인한다.

③ 머시닝 센터에서 공작물은 가능한 한 깊게 고정한다.

④ 머시닝 센터에서 엔드밀은 되도록 길게 나오도록 고정한다.

풀이 ④ 머시닝 센터에서 엔드밀은 되도록 짧게 나오도록 고정한다.

47 NC 기계의 테이블을 직선운동으로 만드는 나사로서 정밀도가 높고 백래시가 거의 없는 것은?

① 볼 스크루

② 사다리꼴 스크루

③ 삼각 스크루

④ 관용평행 스크루

풀이 볼 스크루 : 서보 모터와 NC 공작기계의 이송기구를 연결하며, 서보 모터의 회전운동을 직선운동으로 바꾸어 주는 일종의 운동용 나사로서, 나사축과 너트 사이에서 볼이 구름운동을 하기 때문에 높은 효율을 얻을 수 있고 예압을 부여하여 백래시(backlash)를 적게 할 수 있다.

48 그림은 머시닝 센터의 가공용 도면이다. 다음 중 절대명령에 의한 이동지령을 올바르게 나타낸 것은?

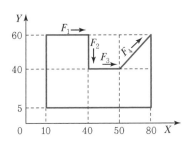

① F_1 : G90 G01 X40. Y60. F100 ;
② F_2 : G91 G01 X40. Y40. F100 ;
③ F_3 : G90 G01 X10. Y0. F100 ;
④ F_4 : G91 G01 X30. Y60. F100 ;

풀이 F_1 : G90 G01 X40. Y60. F100 ;
절대명령은 절대원점(0,0)을 기준으로 좌푯값을 생각하면 되고, 증분명령은 공구의 시작점이 임시원점(0,0)이므로 시작점을 기준으로 좌푯값을 생각하면 된다.

G90(절대명령)	
F_1	G90 G01 X40. Y60. F100 ;
F_2	G90 G01 X40. Y40. F100 ;
F_3	G90 G01 X50. Y40. F100 ;
F_4	G90 G01 X80. Y60. F100 ;

G91(증분명령)	
F_1	G91 G01 X30. Y0. F100 ;
F_2	G91 G01 X0. Y$-$20. F100 ;
F_3	G91 G01 X10. Y0. F100 ;
F_4	G91 G01 X30. Y20. F100 ;

49 CNC 선반에서 1,000rpm으로 회전하는 스핀들에서 2회전 드웰을 프로그래밍하려면 몇 초간 정지 지령을 사용하여야 하는가?

① 0.06초 　　② 0.12초
③ 0.18초 　　④ 0.24초

풀이 정지시간(초)$=\dfrac{60}{1,000}\times 2=0.12$
X, U는 0.12, P는 120을 입력한다.

50 다음 그림에서 절대좌표계를 사용하여 A(10, 20)에서 B(25, 5)로 시계 방향 270° 원호가공을 하려고 한다. 머시닝 센터 가공 프로그램으로 올바르게 명령한 것은?

① G02 X25. Y5. R15. ;
② G03 X25. Y5. R15. ;
③ G02 X25. Y5. R$-$15. ;
④ G03 X25. Y5. R$-$15. ;

풀이 원호가공 프로그램 : G02 X25. Y5. R$-$15. ;
• G02 : 시계 방향 가공
• X25. Y5. : 종점(점 B)의 절대좌푯값
• R$-$15. : 180° 초과인 원호이므로 ($-$)로 지령

51 다음 중 CNC 선반에서 도면의 P1에서 P2로 직선 절삭하는 프로그램의 지령이 잘못된 것은?

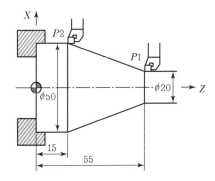

① G01 X50. Z15. F0.2 ;
② G01 U50. Z15. F0.2 ;
③ G01 X50. W$-$40. F0.2 ;
④ G01 U30. Z15. F0.2 ;

풀이 절대지령은 원점 표시 기호(⊙)를 기준으로 좌푯값을 생각하고,
증분지령은 점 P1을 임시원점으로 생각하고 좌푯값을 입력한다.
G01 U50. Z15. F0.2 ; → G01 U30. Z15. F0.2 ;
- 절대지령 : G01 X50. Z15. F0.2 ;
- 증분지령 : G01 U30. W-40. F0.2 ;
- 혼합지령 : G01 X50. W-40. F0.2 ;
- 혼합지령 : G01 U30. Z15. F0.2 ;

52 그림과 같이 프로그램의 원점이 주어져 있을 경우 A점의 좌표로 옳은 것은?

① X40. Z10.　　② X10. Z50.
③ X50. Z-10.　　④ X30. Z0.

풀이 절대지령이므로 원점 표시 기호(⊙)를 기준으로 좌푯값을 생각하면 된다.
A점의 좌표는 X30. Z0. 이다.
- X 좌푯값 : 가장 큰 지름이 φ50이고 R10으로 가공되어 있으므로 φ50-20(양쪽가공)=φ30이 된다.
- Z 좌푯값 : 점 A는 원점 표시 기호 +Z축 방향 위의 점이므로 0 이다.

53 다음 중 공구 날 끝 반경 보정에 관한 설명으로 틀린 것은?

① G41은 공구 날 끝 좌측 보정이다.
② G40은 공구 날 끝 반경 보정 취소이다.
③ 공구 날 끝 반경 보정은 G02, G03 지령 블록에서 하여야 한다.
④ 테이퍼 가공 및 원호가공의 경우 공구 날 끝 보정이 필요하다.

풀이 공구 날 끝 반경 보정은 G00, G01과 함께 지령하여야 하며, 원호보간(G02, G03)과 함께 지령하게 되면 알람이 발생한다.

54 CAM 시스템에서 CL(Cutting Location) 데이터를 공작기계가 이해할 수 있는 NC 코드로 변환하는 작업을 무엇이라 하는가?

① 포스트 프로세싱　　② 포스트 모델링
③ CAM 모델링　　④ 인 프로세싱

풀이 포스트 프로세싱(post-processing)
- post(후에, 다음에), process(특정 결과를 달성하기 위한 과정)
- 작성된 가공 데이터를 읽어 특정 CNC 공작기계 컨트롤러에 맞도록 NC 데이터를 만들어 주는 것을 말한다.

55 다음 중 CNC 선반 프로그램에서 복합형 고정 사이클인 G71에 대한 설명으로 틀린 것은?

① G71 사이클을 시작하는 최초의 블록에서는 Z를 지정할 수 있다.
② G71은 황삭 사이클이지만 정삭 여유를 지령하지 않으면 완성치수로 가공할 수 있다.
③ 고정 사이클 지령 최후의 블록에는 자동면취 지령을 할 수 없다.
④ 고정 사이클 실행 도중에 보조 프로그램 지령은 할 수 없다.

풀이 ① G71 사이클을 시작하는 최초의 블록에서는 X축 좌푯값만 지령하고 Z축은 지령하지 않는다.

56 다음 중 머시닝 센터 프로그램에서 공구길이 보정 취소 G 코드에 해당하는 것은?

① G43　　② G44
③ G49　　④ G30

풀이
- G49 : 공구길이 보정 취소
- G43 : 공구길이 보정 "+"
- G44 : 공구길이 보정 "-"
- G30 : 제2, 3, 4 원점 복귀

정답 | 52 ④　53 ③　54 ①　55 ①　56 ③

57 CNC 선반에서 프로그램과 같이 가공을 할 때 주축의 최고 회전수로 옳은 것은?

```
G50 X50. Z30. S1800 T0200;
G96 S314 M03;
```

① 314rpm   ② 1,000rpm
③ 1,800rpm   ④ 2,000rpm

풀이 G50 X150. Z30. S1800 T0200 ;
• G50 : 공작물 좌표계 설정, 주축 최고 회전수 설정
• S1800 : 주축 최고 회전수 1,800rpm

58 다음 중 머시닝 센터의 부속장치에 해당하지 않는 것은?

① 칩 처리장치
② 자동 공구 교환장치
③ 자동 일감 교환장치
④ 좌표계 자동 설정장치

풀이 머시닝 센터의 부속장치에는 칩 처리장치, 자동 공구 교환장치(ATC), 자동 일감 교환장치(APC) 등이 있다.

59 다음 중 머시닝 센터의 G 코드 일람표에서 원점 복귀 명령과 관련이 없는 코드는?

① G27   ② G28
③ G29   ④ G30

풀이 머시닝 센터 원점 복귀
G27(원점 복귀 Check), G28(기계원점 복귀), G30(제2, 3, 4 원점 복귀)

60 머시닝 센터에서 프로그램 원점을 기준으로 직교좌표계의 좌푯값을 입력하는 절대지령의 준비기능은?

① G90   ② G91
③ G92   ④ G89

풀이 G90 : 절대지령, G91 : 증분지령,
G92 : 공작물 좌표계 설정, G89 : 보링 사이클

01 다음 중 청동의 합금 원소는?

① Cu+Fe ② Cu+Sn
③ Cu+Zn ④ Cu+Mg

풀이 청동 : 구리(Cu)+주석(Sn)

02 탄소공구강의 단점을 보강하기 위해 Cr, W, Mn, Ni, V 등을 첨가하여 경도, 절삭성, 주조성을 개선한 강은?

① 주조경질합금 ② 초경합금
③ 합금공구강 ④ 스테인리스강

풀이 합금공구강(STD) : 탄소공구강에 Cr, W, Mn, Ni, V 등을 첨가하여 탄소공구강보다 절삭성이 우수하고, 내마멸성과 고온경도가 높다.

03 수기가공에서 사용하는 줄, 쇠톱날, 정 등의 절삭가공용 공구에 가장 적합한 금속재료는?

① 주강 ② 스프링강
③ 탄소공구강 ④ 쾌삭강

풀이 탄소공구강(STS) : 사용 온도 300℃까지, 저속 절삭공구, 일반공구 등에 사용된다.

04 일반적인 합성수지의 공통된 성질로 가장 거리가 먼 것은?

① 가볍다. ② 착색이 자유롭다.
③ 전기절연성이 좋다. ④ 열에 강하다.

풀이 ④ 열에 약하다.

05 철-탄소계 상태도에서 공정 주철은?

① 4.3%C ② 2.1%C
③ 1.3%C ④ 0.86%C

풀이 • 아공정 주철 : 2.11~4.3%C
• 공정 주철 : 4.3%C
• 과공정 주철 : 4.3~6.67%C

06 다음 비철 재료 중 비중이 가장 가벼운 것은?

① Cu ② Ni
③ Al ④ Mg

풀이 • 마그네슘(Mg) : 비중 1.74로 실용 금속 중 가장 가볍다.
• Cu(8.96), Ni(8.90), Al(2.7)

07 탄소강에 첨가하는 합금원소와 특성과의 관계가 틀린 것은?

① Ni - 인성 증가
② Cr - 내식성 향상
③ Si - 전자기적 특성 개선
④ Mo - 뜨임취성 촉진

풀이 ④ Mo - 뜨임취성 방지

08 나사의 피치가 일정할 때 리드(Lead)가 가장 큰 것은?

① 4줄 나사 ② 3줄 나사
③ 2줄 나사 ④ 1줄 나사

풀이 리드 $l = n$(나사의 줄수)$\times p$(피치)

→ 4줄 나사가 리드가 가장 크다.

09 직접전동 기계요소인 홈 마찰차에서 홈의 각도(2α)는?

① $2\alpha = 10 \sim 20°$

② $2\alpha = 20 \sim 30°$

③ $2\alpha = 30 \sim 40°$

④ $2\alpha = 40 \sim 50°$

풀이 홈 마찰차의 홈의 각도 : $2\alpha = 30 \sim 40°$

10 2kN의 짐을 들어 올리는 데 필요한 볼트의 바깥지름은 몇 mm 이상이어야 하는가?(단, 볼트 재료의 허용인장응력은 400N/cm²이다.)

① 20.2

② 31.6

③ 36.5

④ 42.2

풀이 $d_{외경} = \sqrt{\dfrac{2W}{\sigma}} = \sqrt{\dfrac{2 \times 2,000}{4}} = 31.6\text{mm}$

여기서, $2\text{kN} = 2,000\text{N}, \ 1\text{cm} = 10\text{mm}$

$400\text{N/cm}^2 = \dfrac{400\text{N}}{\text{cm}^2 \times \left(\dfrac{10\text{mm}}{1\text{cm}}\right)^2}$

$= \dfrac{400}{100}\dfrac{\text{N}}{\text{mm}^2} = 4\text{N/mm}^2$

11 나사의 기호 표시가 틀린 것은?

① 미터계 사다리꼴 나사 : TM

② 인치계 사다리꼴 나사 : WTC

③ 유니파이 보통 나사 : UNC

④ 유니파이 가는 나사 : UNF

풀이 인치계 사다리꼴 나사 : TW−나사산의 각도가 29°인 사다리꼴 나사

12 베어링의 호칭번호가 6308일 때 베어링의 안지름은 몇 mm인가?

① 35

② 40

③ 45

④ 50

풀이 베어링 내경은 8(안지름)$\times 5 = 40$mm이다.

63 08
→ 베어링 안지름 번호
→ 깊은 홈 볼베어링(베어링 계열 기호)

13 테이퍼 핀의 테이퍼 값과 호칭지름을 나타내는 부분은?

① 1/100, 큰 부분의 지름

② 1/100, 작은 부분의 지름

③ 1/50, 큰 부분의 지름

④ 1/50, 작은 부분의 지름

풀이

호칭지름
1
50

14 원통형 코일의 스프링 지수가 9이고, 코일의 평균 지름이 180mm이면 소선의 지름은 몇 mm인가?

① 9

② 18

③ 20

④ 27

풀이 스프링 지수$(C) = \dfrac{\text{스프링 코일의 평균지름}(D)}{\text{소선의 지름}(d)}$

소선의 지름 $d = \dfrac{D}{C} = \dfrac{180\text{mm}}{9} = 20\text{mm}$

15 간헐운동(intermittent motion)을 제공하기 위해서 사용되는 기어는?

① 베벨 기어

② 헬리컬 기어

② 헬리컬 기어

④ 제네바 기어

풀이 제네바 기어

원동차가 회전하면 핀이 종동차의 홈에 점차적으로 맞물려 간헐 운동을 하는 간헐 기어의 일종이다.

16 미터 가는 나사의 호칭 표시 "M8×1"에서 "1"이 뜻하는 것은?

① 나사산의 줄 수

② 나사의 호칭지름

③ 나사의 피치

④ 나사의 등급

풀이 미터 가는 나사의 호칭 표시방법

M8 : 나사의 호칭지름, 1 : 나사의 피치

17 그림과 같은 도면에서 A, B, C, D 선과 선의 용도에 의한 명칭이 틀린 것은?

① A : 외형선　　　② B : 중심선

③ C : 숨은선　　　④ D : 치수 보조선

풀이 D : 치수선

18 기어 제도에 관한 설명으로 틀린 것은?

① 피치원은 가는 실선으로 그린다.

② 잇봉우리원은 굵은 실선으로 그린다.

③ 잇줄 방향은 통상 3개의 가는 실선으로 표시한다.

④ 축에 직각인 방향으로 단면 도시할 경우 이골의 선은 굵은 실선으로 그린다.

풀이 피치원은 가는 1점쇄선으로 그린다.

19 다음 기하공차 도시기호에서 "AⓂ"이 의미하는 것은?

⊕	$\phi 0.04$	AⓂ

① 위치도에 최소 실체공차방식을 적용한다.

② 데이텀 형체에 최대 실체공차방식을 적용한다.

③ $\phi 0.04$mm의 공차 값에 최소 실체공차방식을 적용한다.

④ $\phi 0.04$mm의 공차 값에 최대 실체공차방식을 적용한다.

풀이 AⓂ : 데이텀(A) 형체에 최대 실체공차방식(Ⓜ)을 적용한다.

20 도면에서의 치수 배치 방법에 해당하지 않는 것은?

① 직렬 치수기입법　　② 누진 치수기입법

③ 좌표 치수기입법　　④ 상대 치수기입법

풀이 치수 배치 방법

직렬, 병렬, 누진, 좌표 치수기입법 등이 있다.

21 축의 치수가 $\phi 300^{-0.05}_{-0.20}$, 구멍의 치수가 $\phi 300^{+0.15}_{0}$인 끼워맞춤에서 최소 틈새는?

① 0　　　　　　② 0.05

③ 0.15　　　　④ 0.20

풀이 최소 틈새는 구멍은 최소 크기이고 축은 최대 크기일 때 나오므로

$300 - 299.95 = 0.05$

22 코일 스프링의 제도 방법으로 틀린 것은?

① 코일 스프링의 정면도에서 나선 모양 부분은 직선으로 나타내서는 안 된다.

② 코일 스프링은 일반적으로 하중이 걸린 상태에서 도시하지는 않는다.

③ 스프링의 모양만을 간략도로 나타내는 경우에는 스프링 재료의 중심선만을 굵은 실선으로 그린다.

④ 코일 부분의 양 끝을 제외한 동일 모양 부분의 일부를 생략할 때는 선지름의 중심선을 가는 1점쇄선으로 나타낸다.

풀이 코일 스프링의 정면도에서 나선 모양 부분은 직선으로 나타낸다.

정답 | 16 ③　**17** ④　**18** ①　**19** ②　**20** ④　**21** ②　**22** ①

23 그림과 같은 입체도에서 화살표 방향을 정면 도로 하였을 때 우측면도로 올바른 것은?

풀이

24 정면, 평면, 측면을 하나의 투상면 위에서 동시에 볼 수 있도록 두 개의 옆면 모서리가 수평선에 30°가 되고 3개의 축간 각도가 120°가 되는 투상도는?

① 등각 투상도　② 정면 투상도
③ 입체 투상도　④ 부등각 투상도

풀이 등각 투상도
정면, 우측면, 평면을 하나의 투상면에 나타내기 위하여 정면과 우측면 모서리 선을 수평선에 대하여 30°가 되게 하여 입체도로 투상한 것을 등각 투상도라 한다.

25 표면의 결 도시방법에서 가공으로 생긴 커터의 줄무늬가 여러 방향일 때 사용하는 기호는?

① X　　② R
③ C　　④ M

풀이 줄무늬 방향의 기호
M : 가공으로 생긴 커터의 줄무늬가 여러 방향으로 교차 또는 방향이 없음

26 주로 수직 밀링에서 사용하는 커터로 바깥지름과 정면에 절삭 날이 있으며, 밀링커터 축에 수직인 평면을 가공할 때 편리한 커터는?

① 정면 밀링커터
② 슬래브 밀링커터
③ T홈 밀링커터
④ 측면 밀링커터

풀이

27 그림과 같이 작은 나사나 볼트의 머리를 공작물에 묻히게 하기 위하여, 단이 있는 구멍 뚫기를 하는 작업은?

① 카운터 보링　② 카운터 싱킹
③ 스폿 페이싱　④ 리밍

28 공구의 마멸형태 중에서 주철과 같이 메짐이 있는 재료를 절삭할 때 생기는 것은?

① 경사면 마멸　　② 여유면 마멸
③ 치핑(chipping)　　④ 확산 마멸

풀이 여유면 마멸(flank wear) : 공구면과 공구여유면 과의 마찰에 의해 공구여유면이 마모되는 현상으로, 주철과 같이 메진 재료를 절삭할 때나, 분말상 칩이 생길 때 주로 발생한다.

29 가공물의 회전운동과 절삭공구의 직선운동에 의하여 내·외경 및 나사가공 등을 하는 가공 방법은?

① 밀링작업　　② 연삭작업
③ 선반작업　　④ 드릴작업

풀이 ① 밀링작업 : 평면가공, 더브테일가공
② 연삭작업 : 다듬는 가공
③ 선반작업 : 원통가공, 널링가공, 나사가공
④ 드릴작업 : 구멍 뚫기

30 선반 왕복대의 구성요소로 거리가 먼 것은?

① 공구대　　② 새들
③ 에이프런　　④ 베드

풀이 왕복대는 새들, 에이프런, 공구대로 구성되어 있다.

31 선반에서 가늘고 긴 공작물은 절삭력과 자중에 의하여 휘거나 처짐이 일어나기 쉬워 정확한 치수로 가공하기 어렵다. 이와 같은 처짐이나 휨을 방지하는 부속장치는?

① 면판　　② 돌림판과 돌리개
③ 맨드릴　　④ 방진구

32 밀링 작업 시 공작물을 고정할 때 사용되는 부속장치로 틀린 것은?

① 마그네트 척　　② 수평 바이스
③ 앵글 플레이트　　④ 공구대

풀이 공구대 : 선반에서 바이트를 고정할 때 사용되는 부속장치이다.

33 납, 주석, 알루미늄 등의 연한 금속이나 얇은 판금의 가장자리를 다듬질할 때, 가장 적합한 것은?

① 단목　　② 귀목
③ 복목　　④ 파목

풀이 단목 : 납, 주석, 알루미늄 등의 연한 금속이나, 판금의 가장자리를 다듬질 작업할 때 사용한다.

34 주축의 회전운동을 직선 왕복운동으로 변화시키고, 바이트를 사용하여 가공물의 안지름에 키(Key)홈, 스플라인, 세레이션 등을 가공할 수 있는 밀링 부속장치는?

① 분할대　　② 슬로팅 장치
③ 수직 밀링 장치　　④ 래크 절삭 장치

풀이 슬로팅 장치 : 수평 또는 만능 밀링머신의 주축 머리(헤드)에 장착하여 절삭 공구를 상하로 왕복운동시켜 키홈, 스플라인, 세레이션, 기어 등을 절삭하는 장치를 말한다.

35 구성인선의 방지대책으로 틀린 것은?

① 절삭 깊이를 적게 할 것
② 절삭 속도를 크게 할 것
③ 경사각을 작게 할 것
④ 절삭공구의 인선을 예리하게 할 것

풀이 ③ 경사각을 크게 할 것

36 시준기와 망원경을 조합한 것으로 미소 각도를 측정하는 광학적 측정기는?

① 오토콜리메이터　　② 콤비네이션 세트
③ 사인바　　　　　　④ 측장기

풀이 오토콜리메이터
시준기(collimator)와 망원경(telescope)을 조합한 것으로서 미소 각도 측정, 진직도 측정, 평면도 측정 등에 사용되는 광학적 측정기이다.

37 재질이 연한 금속을 연삭하였을 때, 숫돌 표면의 기공에 칩이 메워져서 생기는 현상은?

① 눈 메움　　　　　② 무딤
③ 입자 탈락　　　　④ 트루잉

풀이 눈 메움(loading) : 결합도가 높은 숫돌에서 알루미늄이나 구리 같이 연한 금속을 연삭할 때 숫돌 입자의 표면이나 기공에 칩이 끼여 연삭성이 나빠지는 현상을 말한다.

38 고속 주축에 균등하게 급유하기 위한 방법은?

① 핸드 급유　　　　② 담금 급유
③ 오일링 급유　　　④ 분패드 급유

풀이 오일링 급유법
고속 주축에 급유를 균등하게 할 목적으로 사용한다. 축보다 큰 링이 축에 걸쳐져 회전하며 오일 통에서 링으로 급유한다.

39 회전하는 통 속에 가공물, 숫돌입자, 가공액, 컴파운드 등을 함께 넣고 회전시켜 서로 부딪치며 가공되어 매끈한 가공면을 얻는 가공법은?

① 롤러 가공　　　　② 배럴 가공
③ 숏피닝 가공　　　④ 버니싱 가공

풀이 배럴 가공 : 회전하는 상자에 공작물과 숫돌 입자, 공작액, 컴파운드 등을 함께 넣어 공작물과 입자가 충돌하여 표면의 요철을 제거하며, 매끈한 가공면을 얻는 다듬질 방법이다.

[회전식 배럴에서 공작액의 유동]

40 센터리스 연삭기에 대한 설명 중 틀린 것은?

① 가늘고 긴 가공물의 연삭에 적합하다.
② 가공물을 연속적으로 가공할 수 있다.
③ 조정숫돌과 지지대를 이용하여 가공물을 연삭한다.
④ 가공물 고정은 센터, 척, 자석척 등을 이용한다.

풀이 센터리스 연삭기 : 공작물에 센터를 가공하기 어려운 공작물의 외경을 센터나 척을 사용하지 않고 조정숫돌과 지지대로 지지하면서 연삭하는 방법이다.

41 측정의 종류에서 비교측정 방법을 이용한 측정기는?

① 전기 마이크로미터
② 버니어 캘리퍼스
③ 측장기
④ 사인바

풀이 전기 마이크로미터 : 측정물의 치수 변화를 측정하여 측정자의 기계적 변위량을 변환기에 의해 전기신호로 변환하고 지침계에 측정 길이를 나타내는 비교 측정기이다.

정답 | 36 ① 37 ① 38 ③ 39 ② 40 ④ 41 ①

42 테이퍼를 심압대 편위에 의한 방법으로 절삭할 때, 테이퍼 양 끝 지름 중 큰 지름이 12mm, 작은 지름이 8mm, 테이퍼 부분의 길이가 80mm, 공작물 전체 길이가 200mm라 하면 심압대의 편위량 e(mm)는?

① 4 　　　　② 5
③ 6 　　　　④ 7

풀이 심압대 편위량 $e = \dfrac{(D-d)L}{2l}$

$$= \dfrac{(12-8) \times 200}{2 \times 80} = 5\,\mathrm{mm}$$

여기서, L : 가공물의 전체 길이
　　　　D : 테이퍼의 큰 지름
　　　　d : 테이퍼의 작은 지름
　　　　l : 테이퍼의 길이

43 보조 프로그램을 호출하는 보조기능(M)으로 옳은 것은?

① M02 　　　　② M30
③ M98 　　　　④ M99

풀이 • M02(프로그램 종료), M30(프로그램 종료 & Rewind), M99(주 프로그램으로 복귀)
• M98(보조 프로그램 호출)

44 보정화면에 X축 보정치가 0.1의 값이 입력된 상태에서 외경을 ϕ60으로 모의가공을 한 후 측정을 한 결과, ϕ59.54가 나왔을 경우 X축 보정치를 얼마로 입력해야 하는가?

① 0.56 　　　　② 0.46
③ 0.36 　　　　④ 0.3

풀이 • 측정값과 지령값의 오차=59.54−60.0=−0.46 (0.46만큼 작게 가공됨)
그러므로 공구를 X축 방향으로 +0.46만큼 이동하는 보정을 하여야 한다.
외경이 기준치수보다 작게 가공되었으므로 +값을 더하여 크게 가공해야 한다.
• 공구 보정값=기존의 보정값+더해야 할 보정값
　　　　　　=0.1+(+0.46)=0.56

45 밀링작업 중에 지켜야 할 안전사항으로 틀린 것은?

① 기계 가동 중에 자리를 이탈하지 않는다.
② 테이블 위에 공구나 측정기 등을 올려놓지 않는다.
③ 가공물은 기계를 정지한 상태에서 견고하게 고정한다.
④ 주축 속도를 변속시킬 때는 반드시 주축이 회전 중에 변환한다.

풀이 ④ 주축 속도를 변속시킬 때는 반드시 주축이 완전히 정지된 후에 변속한다.

46 반폐쇄회로 방식의 NC 기계가 운동하는 과정에서 오는 운동손실(lost motion)에 해당되지 않는 것은?

① 스크루의 백래시 오차
② 비틀림 및 처짐의 오차
③ 열변형에 의한 오차
④ 고강도에 의한 오차

풀이 반폐쇄회로 방식의 운동손실(lost motion)
• 스크루의 백래시 오차, 비틀림 및 처짐의 오차, 열변형에 의한 오차, 마찰에 의한 오차 등이 있다.
• 최근에는 높은 정밀도의 볼스크루가 개발되어 신뢰할 수 있는 수준의 정밀도를 얻을 수 있다.

47 CAD/CAM 시스템의 적용 시 장점에 대한 설명으로 가장 거리가 먼 것은?

① 생산성 향상
② 품질관리 용이
③ 관리비용의 증대
④ 설계 및 제조 시간 단축

풀이 CAD/CAM 시스템은 관리비용이 감소한다.

48 다음 그림의 머시닝 센터의 원호가공 경로를 나타낸 것으로 옳은 것은?

① G90 G02 X70. Y55. R25. ;
② G90 G03 X70. Y55. R25. ;
③ G90 G02 X70. Y55. R-25. ;
④ G90 G03 X70. Y55. R-25. ;

풀이 원호가공 프로그램 : G90 G02 X70. Y55. R-25. ;
- G90 : 절대 지령
- G02 : 시계 방향 가공
- X70. Y55. : 종점의 절대좌푯값(70, 55)
- R-25. : 180° 초과인 원호이므로 (-)로 지령

49 CNC 선반 프로그램 G70 P20 Q200 F0.2 ; 에서 P20의 의미는?

① 정삭가공 지령절의 첫 번째 전개번호
② 황삭가공 지령절의 첫 번째 전개번호
③ 정삭가공 지령절의 마지막 전개번호
④ 황삭가공 지령절의 마지막 전개번호

풀이 P20 : 정삭가공 지령절의 첫번째 전개번호

50 머시닝 센터에서 공구의 길이를 측정하고자 할 때, 가장 적합한 기구는?

① 다이얼 게이지
② 블록 게이지
③ 하이트 게이지
④ 툴 프리세터

풀이 툴 프리세터 : 공구 길이나 공구 직경을 측정하는 장치를 말한다.

51 다음의 프로그램에서 절삭속도(m/min)를 일정하게 유지시켜 주는 기능을 나타낸 블록은?

```
N01 G50 X250.0 Z250.0 S2000 ;
N02 G96 S150 M03 ;
N03 G00 X70.0 Z0.0 ;
N04 G01 X-1.0 F0.2 ;
N05 G97 S700 ;
N06     X0.0 Z-10.0 ;
```

① N01   ② N02
③ N03   ④ N04

풀이
- N02 : G96[절삭속도(m/min) 일정 제어]
- N01 : G50(공작물 좌표계 설정, 주축 최고 회전 수 설정)
- N03 : G00(급속위치결정)
- N04 : G01[직선보간(절삭이송)]

52 다음 중 NC의 어드레스와 그에 따른 기능을 설명한 것으로 틀린 것은?

① F : 이송기능   ② G : 준비기능
③ M : 주축기능   ④ T : 공구기능

풀이 보조기능(M) : 제어장치의 명령에 따라 CNC 공작기계가 가지고 있는 보조기능을 제어(on/off) 하는 기능이다.

53 머시닝 센터 작업 시 안전 및 유의 사항으로 틀린 것은?

① 기계원점 복귀는 급속이송으로 한다.
② 가공하기 전에 공구경로 확인을 반드시 한다.
③ 공구 교환 시 ATC의 작동 영역에 접근하지 않는다.
④ 항상 비상정지 버튼을 작동시킬 수 있도록 준비한다.

풀이 기계에 전원 투입 후 안전 위치에서 저속으로 원점 복귀한다.

54 CNC 공작기계에서 사용되는 좌표계 중 사용자가 임의로 변경해서는 안 되는 좌표계는?

① 공작물 좌표계 ② 기계 좌표계
③ 지역 좌표계 ④ 상대 좌표계

풀이 기계 좌표계 : 기계 원점을 기준으로 하는 좌표계이며, 공작물 좌표계 및 각종 파라미터 설정값의 기준이 되고, 모든 연산의 기준이 되는 점이므로 사용자가 임의로 변경해서는 안 된다.

55 다음 그림에서 B → A로 절삭할 때의 CNC 선반 프로그램으로 옳은 것은?

① G01 U30. W−20. ;
② G01 X50. Z20. ;
③ G01 U50. Z−20. ;
④ G01 U30. W20. ;

풀이 절대지령은 원점 표시기호(◉)를 기준으로 좌푯값을 생각하고,
증분지령은 점B를 임시 원점으로 생각하고 좌푯값을 입력한다.
• 절대지령 : G01 X50. Z−20. ;
• 증분지령 : G01 U30. W−20. ;
• 혼합지령 : G01 X50. W−20. ;
• 혼합지령 : G01 U30. Z−20. ;

56 머시닝 센터에서 기준공구(T01번)의 길이가 80mm이고, 또 다른 공구(T02번)의 길이는 120mm이다. G43을 사용하여 길이보정을 사용할 때 T02번 공구의 보정량은?

① 40 ② −40
③ 120 ④ −120

풀이 G43은 공구길이 보정 +를 나타내므로 120−80= 40으로 보정하면 된다.

57 1.5초 동안 일시정지(G04) 기능의 명령으로 틀린 것은?

① G04 U1.5 ;
② G04 X1.5 ;
③ G04 P1.5 ;
④ G04 P1500 ;

풀이 수치 입력 시 P는 소수점 사용 불가이고 X, U는 소수점 이하 세 자리까지 사용 가능하다.

58 CNC 선반에서 작업 안전사항이 아닌 것은?

① 문이 열린 상태에서 작업을 하면 경보가 발생하도록 한다.
② 척에 공작물을 클램핑할 경우에는 장갑을 끼고 작업하지 않는다.
③ 가공상태를 볼 수 있도록 문(이이)에 일반 투명유리를 설치한다.
④ 작업 중 타인은 프로그램을 수정하지 못하도록 옵션을 건다.

풀이 일반 투명유리는 칩에 의해 파손되기 쉬우므로 사용하지 않는 것이 좋다.

59 CNC 선반 단일 고정 사이클 프로그램에서 I(R)는 어떤 절삭기능인가?

G90 X___ Z___ I(R)___ F___ ;

① 원호가공
② 직선절삭
③ 테이퍼 절삭
④ 나사가공

풀이 • I(R) : 테이퍼 절삭에서 절삭의 끝점과 절삭의 시작점의 상대 좌푯값(반경지령)이다.
• I(11T에 적용), R(11T 아닌 경우에 적용)
• G90 X___ Z___ F___ ; (직선절삭)
• G90 X___ Z___ I(R)___ F___ ; (테이퍼 절삭)

60 다음 중 CNC 선반에서 증분지령으로만 프로그래밍한 것은?

① G01 X20. Z−20. ;
② G01 U20. W−20. ;
③ G01 X20. W−20. ;
④ G01 U20. Z−20. ;

풀이 증분지령 방식 : 현재의 공구위치를 기준으로 끝 점까지의 X, Z의 증분값을 입력하는 방식으로 CNC 선반의 경우 어드레스 U, W로 나타낸다.

01 접착제, 껌, 전기 절연재료에 이용되는 플라스틱 종류는?

① 폴리초산비닐계　② 셀룰로오스계

③ 아크릴계　④ 불소계

풀이 폴리초산비닐계 : 접착제, 껌, 절연재료에 이용되는 플라스틱

02 다음 중 표면경화법의 종류가 아닌 것은?

① 침탄법

② 질화법

③ 고주파경화법

④ 심랭처리법

풀이 심랭처리(sub-zero treatment) : 상온으로 담금질된 강을 다시 0℃ 이하의 온도로 냉각시켜 잔류 오스테나이트를 마텐자이트로 변태시키기 위한 열처리

03 금속이 탄성한계를 초과한 힘을 받고도 파괴되지 않고 늘어나서 소성변형이 되는 성질은?

① 연성　② 취성

③ 경도　④ 강도

풀이 • 연성 : 잡아당기면 외력에 의해서 파괴됨이 없이 가늘게 늘어나는 성질
• 취성 : 잘 부서지고 깨지는 성질(인성과 반대)
• 경도 : 물체의 표면을 다른 물체(시험 물체보다 단단한 물체)로 눌렀을 때 그 물체의 변형에 대한 저항력의 크기
• 강도 : 외력에 대한 단위 면적당 저항력의 크기

04 주철의 결점인 여리고 약한 인성을 개선하기 위하여 먼저 백주철의 주물을 만들고, 이것을 장시간 열처리하여 탄소의 상태를 분해 또는 소실시켜 인성 또는 연성을 증가시킨 주철은?

① 보통 주철　② 합금 주철

③ 고급 주철　④ 가단 주철

풀이 가단 주철[可(가 : 가능하다)鍛(단 : 두드리다)鑄鐵(주철 : 쇠를 부어 만든 철] : 고탄소 주철로서 회주철과 같이 주조성이 우수한 백선 주물을 만들고 열처리함으로써 강인한 조직으로 만들어 단조를 가능하게 한 주철

05 주철의 특성에 대한 설명으로 틀린 것은?

① 주조성이 우수하다.

② 내마모성이 우수하다.

③ 강보다 인성이 크다.

④ 인장강도보다 압축강도가 크다.

풀이 ③ 강보다 충격강도와 연신율이 작고 취성이 크다.

06 Cu와 Pb 합금으로 항공기 및 자동차의 베어링 메탈로 사용되는 것은?

① 양은(nickel silver)

② 켈밋(kelmet)

③ 배빗메탈(babbit metal)

④ 애드미럴티 포금(admiralty gun metal)

풀이 켈밋 합금(kelmet alloy) : Cu+Pb(30~40%)의 합금으로 고속 · 고하중을 받는 베어링용이며 자동차, 항공기 등에 널리 사용된다.

정답 | 01 ① 02 ④ 03 ① 04 ④ 05 ③ 06 ②

07 주조용 알루미늄 합금이 아닌 것은?

① Al－Cu계   ② Al－Si계

③ Al－Zn－Mg계   ④ Al－Cu－Si계

풀이
- Al－Cu계, Al－Si계, Al－Cu－Si계, Al－Mg계
  : 주조용 알루미늄 합금
- 초초두랄루민(Al－Cu－Zn－Mg계) : 가공용 알루미늄 합금

08 교차하는 두 축의 운동을 전달하기 위하여 원추형으로 만든 기어는?

① 스퍼 기어   ② 헬리컬 기어

③ 웜 기어   ④ 베벨 기어

풀이 베벨 기어
교차하는 두 축의 운동을 전달하기 위하여 원추형으로 만든 기어

09 다음 중 전동용 기계요소에 해당하는 것은?

① 볼트와 너트   ② 리벳

③ 체인   ④ 핀

풀이 동력을 전달하는 전동용 기계요소는 체인, 마찰차, 기어, 캠, 벨트, 로프 등이 있다.

10 나사의 피치와 리드가 같다면 몇 줄 나사에 해당이 되는가?

① 1줄 나사   ② 2줄 나사

③ 3줄 나사   ④ 4줄 나사

풀이 l(리드)$=n$(나사줄수)$\times p$(피치)에서 $n=1$일 때 리드와 피치가 같으므로 1줄 나사이다.

11 나사가 축을 중심으로 한 바퀴 회전할 때 축 방향으로 이동한 거리는?

① 피치   ② 리드

③ 리드각   ④ 백래시

풀이 리드(lead) : 나사를 1회전시키면 축 방향으로 나아가는 거리($l=np$)

12 압축 코일 스프링에서 코일의 평균 지름이 50 mm, 감김 수가 10회, 스프링 지수가 5일 때, 스프링 재료의 지름은 약 몇 mm인가?

① 5   ② 10

③ 15   ④ 20

풀이 스프링 지수 $C=\dfrac{\text{스프링 코일의 평균지름}(D)}{\text{소선의 지름}(d)}$

소선의 지름 $d=\dfrac{D}{C}=\dfrac{50\,\text{mm}}{5}=10\,\text{mm}$

13 축의 원주에 많은 키를 깎은 것으로 큰 토크를 전달시킬 수 있고, 내구력이 크며 보스와의 중심축을 정확하게 맞출 수 있는 것은?

① 성크 키   ② 반달 키

③ 접선 키   ④ 스플라인

풀이 스플라인
축에 평행하게 4~20줄의 키홈을 판 특수 키이다. 보스에도 끼워 맞추어지는 키홈을 파서 결합한다.

14 인장시험에서 시험편의 절단부 단면적이 14 mm²이고, 시험 진 시험편의 초기 단면적이 20 mm²일 때 단면수축률은?

① 70%   ② 80%

③ 30%   ④ 20%

풀이 단면수축률$=\dfrac{\Delta A(\text{변화된 면적})}{A(\text{초기 단면적})}\times100\%$

$=\dfrac{20-14}{20}\times100\%=30\%$

15 롤러 체인에 대한 설명으로 잘못된 것은?

① 롤러 링크와 핀 링크를 서로 교대로 하여
연속적으로 연결한 것을 말한다.
② 링크의 수가 짝수이면 간단히 결합되지만,
홀수이면 오프셋 링크를 사용하여 연결한다.
③ 조립 시에는 체인에 초기장력을 가하여 스
프로킷 휠과 조립한다.
④ 체인의 링크를 잇는 핀과 핀 사이의 거리
를 피치라고 한다.

풀이 ③ 조립할 때 체인은 초기장력 없이 느슨하게 스프로
킷에 걸어준다.

[롤러 체인]

(a) 핀 링크   (b) 롤러 링크

(c) 이음 링크   (d) 오프셋 링크

[이음 링크]

16 대칭형인 대상물을 외형도의 절반과 온단면
도의 절반을 조합하여 나타낸 단면도는?

① 한쪽 단면도   ② 계단 단면도
③ 부분 단면도   ④ 회전 단면도

17 기어를 제도할 때 가는 1점쇄선으로 나타내는
것은?

① 이골원
② 피치원
③ 잇봉우리원
④ 잇줄 방향

풀이

18 그림과 같이 축에 가공되어 있는 키홈의 형상을
투상한 투상도의 명칭으로 가장 적합한 것은?

① 회전 투상도   ② 국부 투상도
③ 부분 확대도   ④ 대칭 투상도

풀이 키홈부의 특정 부분만을 그렸으므로 국부 투상도이다.

19 감속기 하우징의 기름 주입구 나사가 PF 1/2
-A로 표시되어 있을 때 이 나사는?

① 관용 평행 나사, A급
② 관용 평행 나사, 바깥지름 1/2인치
③ 관용 테이퍼 나사, A급
④ 관용 테이퍼 나사, 바깥지름 1/2인치

풀이 PF 1/2-A
PF : 관용 평행 나사, 1/2 : 외경 1/2인치, A : A급

정답 | 15 ③   16 ①   17 ②   18 ②   19 ①

20 제3각법에 대한 설명 중 틀린 것은?

① 물체를 제3면각 공간에 놓고 투상하는 방법이다.

② 눈 → 물체 → 투상면의 순서로 투상도를 얻는다.

③ 정면도의 우측에는 우측면도가 위치한다.

④ KS에서는 특별한 경우를 제외하고는 제3각법으로 투상하는 것을 원칙으로 하고 있다.

풀이 제3각법은 눈과 물체 사이에 투상면을 두어 투상도를 얻는다.(눈 → 투상면 → 물체)

21 치수와 같이 사용될 수 없는 치수 보조기호는?

① t ② ϕ

③ ▣ ④ □

풀이 • t : 판의 두께를 나타내는 기호
• ϕ : 지름을 나타내는 기호
• □ : 정사각형의 변을 나타내는 기호

22 기하 공차의 종류 중 모양 공차에 해당하는 것은?

① 평행도 공차

② 동심도 공차

③ 원주 흔들림 공차

④ 원통도 공차

풀이 모양 공차의 종류

공차의 종류	기호	공차의 종류	기호
직진도 공차	——	원통도 공차	⌭
평면도 공차	▱	선의 윤곽도 공차	⌒
진원도 공차	○	면의 윤곽도 공차	⌓

23 그림과 같은 정면도와 좌측면도에 가장 적합한 평면도는?

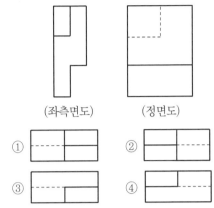

(좌측면도) (정면도)

① ②

③ ④

풀이

24 치수 $\phi24^{+0.041}_{+0.020}$의 IT 공차 등급은?(단, 다음 도표를 참고하시오.)

구분	등급	IT 5급	IT 6급	IT 7급	IT 8급
초과	이하	기본공차(μm)			
10	18	8	11	18	27
18	30	9	13	21	33
30	50	11	16	25	39

① 5급 ② 6급

③ 7급 ④ 8급

풀이 기준치수가 $\phi24$이므로 도표에서 18 초과 ~ 30 이하에서 찾는다.

기본공차가 $0.041-0.020=0.021mm=21\mu$m이므로 IT 공차는 7급이다.

25 그림과 같은 표면 줄무늬 방향 기호의 설명으로 옳은 것은?

① 가공으로 생긴 선이 방사상
② 가공으로 생긴 선이 거의 동심원
③ 가공으로 생긴 선이 두 방향으로 교차
④ 가공으로 생긴 선이 여러 방향

풀이 줄무늬 방향의 기호

M : 가공으로 생긴 커터의 줄무늬가 여러 방향으로 교차 또는 방향이 없음

26 탭 작업 중 탭의 파손 원인으로 거리가 먼 것은?

① 탭이 경사지게 들어간 경우
② 탭이 구멍 바닥에 부딪혔을 경우
③ 탭이 소재보다 경도가 높은 경우
④ 구멍이 너무 작거나 구부러진 경우

풀이 ③ 탭이 소재보다 경도가 높아야 탭 가공을 할 수 있고, 파손의 원인과는 관계없다.

27 다음 중 진원도를 측정할 때 가장 적당한 측정기는?

① 게이지 블록   ② 한계 게이지
③ 다이얼 게이지   ④ 오토콜리메이터

풀이 다이얼 게이지

• 측정자의 직선 또는 원호 운동을 기계적으로 확대하고 그 움직임을 지침의 회전 변위로 변환시켜 눈금으로 읽을 수 있는 길이 측정기이다.
• 용도 : 평형도, 평면도, 진원도, 원통도, 축의 흔들림을 측정한다.

28 선반의 주축에 대한 설명으로 틀린 것은?

① 합금강(Ni – Cr 강)을 사용하여 제작한다.
② 무게를 감소시키기 위하여 속이 빈 축으로 한다.
③ 끝부분은 제이콥스 테이퍼(Jacobs taper) 구멍으로 되어 있다.
④ 주축 회전 속도의 변환은 보통 계단식 변속으로 등비급수 속도열을 이용한다.

풀이 주축에 사용되는 테이퍼는 모스 테이퍼(Morse taper)이다.

29 다음 그림은 절삭저항의 3분력을 나타내고 있다. P점에 해당되는 분력은?

① 배분력   ② 주분력
③ 횡분력   ④ 이송분력

풀이 절삭저항의 3분력

• 주분력 > 배분력 > 이송분력
• 절삭저항 = 주분력 + 배분력 + 이송분력

30 선반가공에서 방진구의 주된 사용 목적으로 가장 적합한 것은?

① 소재의 중심을 잡기 위해 사용한다.
② 소재의 회전을 원활하게 하기 위해 사용한다.
③ 척에 소재의 고정을 단단히 하기 위해 사용한다.
④ 지름이 작고 길이가 긴 소재를 가공할 때 소재의 휨이나 떨림을 방지하기 위해 사용한다.

[방진구]　　　　[방진구 설치 예시]

풀이

31 다음 중 나사의 유효지름을 측정할 때 가장 정밀도가 높은 직접 측정법은?

① 삼침법에 의한 측정
② 투영기에 의한 측정
③ 공구현미경에 의한 측정
④ 나사 마이크로미터에 의한 측정

풀이 삼침법

나사의 골에 적당한 굵기의 침을 3개 끼워서 침의 외측거리 M을 외측 마이크로미터로 측정하여 수나사의 유효지름을 계산한다. 나사의 유효지름을 측정할 때 가장 정밀도가 높음

32 절삭공구에 치핑이 발생하는 원인으로 가장 거리가 먼 것은?

① 충격에 약한 절삭공구를 사용할 때
② 절삭공구 인선에 강한 충격을 받을 경우
③ 절삭공구 인선에 절삭저항이 변화가 큰 경우
④ 고속도강같이 점성이 큰 재질의 절삭공구를 사용할 경우

풀이 ④ 초경공구, 세라믹 공구와 같이 경도가 높고 인성이 작은 공구를 사용할 때, 공구의 날이 모서리를 따라 작은 조각으로 떨어져 나간다.

33 빌트업 에지(built-up edge)의 발생을 감소시키기 위한 방법으로 옳은 것은?

① 날 끝을 둔하게 한다.
② 절삭깊이를 크게 한다.
③ 절삭속도를 느리게 한다.
④ 공구의 경사각을 크게 한다.

풀이 빌트업 에지(구성인선) 방지법

• 절삭공구의 인선을 예리하게 한다.
• 절삭깊이를 얕게 하고, 윗면 경사각을 크게 한다.
• 절삭속도를 빠르게 한다.
• 날 끝에 경질 크롬 도금 등을 하여 윗면 경사면을 매끄럽게 한다.
• 윤활성이 좋은 절삭유를 사용한다.

34 다음 측정기 중 스크라이버(scriber)를 사용하여 금긋기 작업을 할 수 있는 것은?

① 한계 게이지　　② 마이크로미터
③ 다이얼 게이지　　④ 하이트 게이지

풀이 하이트 게이지 : 대형 부품, 복잡한 모양의 부품 등을 정반 위에 올려놓고 정반면을 기준으로 하여 높이를 측정하거나, 스크라이버로 금긋기 작업을 하는데 사용한다.

35 가늘고 긴 일정한 단면 모양의 많은 날을 가진 절삭공구를 사용하여 키 홈, 스플라인 홈, 다각형의 구멍 등 외형과 내면형상을 가공하기에 적합한 절삭방법은?

① 브로칭　　② 방전가공
③ 호빙가공　　④ 스퍼터에칭

풀이 브로칭(broaching) 머신 : 가늘고 긴 일정한 단면 모양의 날을 가진 브로치(broach)라는 절삭 공구를 사용하여 가공물의 내면이나 외경에 필요한 형상의 부품을 가공하는 절삭법

36 공작물을 테이블에 고정하고, 절삭공구를 회전 운동시키면서 적당한 이송을 주면서 평면을 가공하는 공작 기계는?

① 선반　　② 밀링머신
③ 보링머신　　④ 드릴링머신

풀이 밀링머신
- 공구 → 회전 운동
- 공작물 → 직선 운동

37 일반적으로 절삭온도를 측정하는 방법이 아닌 것은?

① 방사능에 의한 방법
② 열전대에 의한 방법
③ 칩의 색깔에 의한 방법
④ 칼로리미터에 의한 방법

풀이 절삭온도 측정법
- 칩의 색깔에 의한 방법
- 칼로리미터에 의한 방법
- 공구에 열전대를 삽입하는 방법
- 시온 도료를 사용하는 방법
- 공구와 일감을 열전대로 사용하는 방법
- 복사 고온계에 의한 방법

38 성형 연삭작업을 할 때 숫돌바퀴의 형상이 균일하지 못하거나 가공물의 영향을 받아 숫돌바퀴의 형상이 변화될 때, 연삭숫돌의 외형을 수정하여 정확한 형상으로 가공하는 작업은?

① 로딩
② 드레싱
③ 트루잉
④ 그라인딩

풀이 트루잉(truing)
- 연삭 숫돌 입자가 연삭 가공 중에 떨어져 나가거나, 처음의 연삭 단면 형상과 다르게 변하는 경우 원래의 형상으로 성형시켜 주는 것을 말한다.
- 트루잉 작업은 다이아몬드 드레서, 프레스 롤러, 크러시 롤러(crush roller) 등으로 하고, 트루잉 작업과 동시에 드레싱도 함께 하게 된다.

39 여러 가지 부속장치를 사용하여 밀링커터, 엔드밀, 드릴, 바이트, 호브, 리머 등을 연삭할 수 있으며 연삭 정밀도가 높은 연삭기는?

① 만능 공구 연삭기
② 초경 공구 연삭기
③ 특수 공구 연삭기
④ CNC 만능 연삭기

풀이 만능 공구 연삭기 : 절삭공구의 정확한 공구각을 연삭하기 위하여 사용되는 연삭기이며 초경합금공구, 드릴, 리머, 밀링커터, 호브 등을 연삭한다.

40 소재의 피로강도 및 기계적인 성질을 개선하기 위하여 금속으로 만든 작은 덩어리를 가공물 표면에 고속으로 분사하는 가공법은?

① 숏피닝
② 방전가공
③ 배럴가공
④ 슈퍼피니싱

풀이 숏피닝 : 경화된 철의 작은 볼을 공작물의 표면에 분사하여 제품의 표면을 매끈하게 하는 동시에 공작물의 피로강도나 기계적 성질을 향상시킨다.

41 상향절삭과 비교한 하향절삭의 특징으로 틀린 것은?

① 기계의 강성이 낮아도 무방하다.
② 상향절삭에 비하여 인선의 수명이 길다.
③ 이송나사의 백래시를 완전히 제거하여야 한다.
④ 절삭력이 하향으로 작용하여 가공물 고정이 유리하다.

풀이 ① 하향절삭은 가공할 때, 충격이 있어 강성이 높아야 한다.

42 절삭속도 70m/min, 밀링커터의 날 수 10, 커터의 지름 140mm, 1날당 이송 0.15mm로 밀링 가공할 때, 테이블의 이송속도는 약 얼마인가?

① 144m/min
② 144mm/min
③ 239m/min
④ 239mm/min

풀이 분당 회전수 $n = \dfrac{1,000\,V}{\pi d} = \dfrac{1,000 \times 70}{\pi \times 140}$
$$= 160\text{rpm}$$
테이블 이송속도 $f = f_z \times n \times z$
$$= 0.15 \times 160 \times 10$$
$$\fallingdotseq 239\text{mm}/\text{min}$$

여기서, f_z : 1날당 이송량(m/min)

z : 커터의 날 수

V : 절삭속도(m/min)

d : 커터 직경(mm)

43 CNC 선반에서 1초 동안 휴지(dwell)를 주는 지령으로 틀린 것은?

① G04 U1.0

② G04 X1.0

③ G04 P1000

④ G04 W1000

풀이 어드레스 X, U, P를 사용하며, 수치 입력 시 P는 소수점 사용 불가이고 X, U는 소수점 이하 세 자리까지 사용 가능하다.

44 CNC 기계의 서보기구에서 기계적 운동상태를 전기적 신호로 바꾸는 회전 피드백 장치는?

① 인코더

② 서미스터

③ 압력 센서

④ 초음파 센서

풀이 인코더(encoder) : CNC 기계의 움직임을 전기적 신호로 변환하여 속도 제어와 위치 검출을 하는 일종의 피드백 장치이다.

45 머시닝 센터에서 사용되는 자동공구 교환장치로 옳은 것은?

① APC

② AJC

③ ATC

④ AVC

풀이 자동 공구교환장치(ATC) : 주축에 고정되어 있는 현재의 공구를 매거진에서 다음 가공에 사용될 공구로 교환하여 주는 장치이다.

46 머시닝 센터 프로그램에서 공작물 좌표계를 설정하는 G 코드가 아닌 것은?

① G57

② G58

③ G59

④ G60

풀이 머시닝 센터에서의 공작물 좌표계 설정 및 선택

• G54~G59 : 공작물 좌표계 1~6번 선택

• G60 : 한 방향 위치 결정

47 CNC 선반작업을 할 때 안전 및 유의사항으로 틀린 것은?

① 프로그램을 입력할 때 소수점에 유의한다.

② 가공 중에는 안전문을 반드시 닫아야 한다.

③ 가공 중 위급한 상황에 대비하여 항상 비상정지 버튼을 누를 수 있도록 준비한다.

④ 공작물에 칩이 감길 때는 문을 열고 주축이 회전상태에 있을 때 갈고리를 이용하여 제거한다.

풀이 작업 중 회전하는 공구에 칩이 부착되었을 경우 기계를 정지시키고 칩 제거 도구를 사용하여 제거한다.

48 다음 프로그램의 밑줄 친 부분의 의미로 맞는 것은?

> G96 S1000 ;

① 1,000m/sec

② 1,000m/min

③ 1,000m/h

④ 1,000rpm

풀이 G96 S1000 ; → 주축속도(절삭속도)가 1,000 m/min이다.

49 다음 그림에서 CNC 선반 공구인선을 보정할 때 우측보정(G42)을 나타낸 것끼리 짝지어진 것은?

① ⓐ, ⓒ

② ⓐ, ⓓ

③ ⓑ, ⓒ

④ ⓑ, ⓓ

풀이 G42(공구지름 보정 우측) : 공구가 공작물의 오른쪽에 존재한다.(ⓑ, ⓒ)

[외측 공구경 보정의 방향]

[내측 공구경 보정의 방향]

50 보호구를 사용할 때의 유의사항으로 틀린 것은?

① 작업에 적절한 보호구를 선정한다.
② 관리자에게만 사용방법을 알려 준다.
③ 작업장에는 필요한 수량의 보호구를 비치한다.
④ 작업을 할 때에 필요한 보호구를 반드시 사용하도록 한다.

풀이 관리자, 작업자 모두에게 사용방법을 알려주어야 한다.

51 수치제어선반에서 변경되는 치수만 반복하여 명령하는 단일형 고정 사이클 준비기능(G 코드)이 아닌 것은?

① G90   ② G92
③ G94   ④ G96

풀이 G96 : 절삭속도(m/min) 일정 제어

단일형 고정사이클(G90, G92, G94)

• 선반가공에서 황삭 또는 나사절삭 등은 1회 절삭으로는 불가능하므로 여러 번 반복하여 절삭하여야 한다.
• 고정 사이클의 가공은 1회 절삭한 다음 초기점으로 복귀하여 다시 반복 가공하며, 가공이 완료되면 초기점으로 복귀 후 고정 사이클이 종료되므로 초기점이 중요하다.
• 계속 유효명령이므로 반복 절삭할 때 X축의 절입량만 지정하면 된다.
• G90(내·외경 절삭 사이클), G92(나사 절삭 사이클), G94(단면 절삭 사이클)

52 다음과 같은 CNC 선반 프로그래밍의 단일 고정형 나사절삭 사이클에서 1줄 나사를 가공할 때 F 값이 의미하는 것은?

> G92 X(U) Z(W) R F ;

① 리드(lead)
② 바깥지름
③ 테이퍼 값
④ Z축 좌푯값

풀이 F : 나사의 리드

53 다음 NC 프로그램에서 N20 블록을 수행할 때 주축 회전수는 몇 rpm인가?

> N10 G96 S100 ;
> N20 G00 X60. Z20. ;

① 361   ② 451
③ 531   ④ 601

풀이 $N = \dfrac{1,000S}{\pi D} (\text{rpm})$

$= \dfrac{1,000 \times 100}{\pi \times 60} = 530.52 \doteqdot 531(\text{rpm})$

여기서, N : 주축의 회전수(rpm)
S : 절삭속도(m/min)=S100
D : 공작물의 지름(mm)=X60.

54 선과 점을 이어 단순히 면을 표현하며 뼈대로만 구성되는 모델링 기법은?

① 솔리드   ② 서피스

③ 프랙털   ④ 와이어 프레임

풀이 와이어 프레임 : 속이 없이 철사로 만든 것과 같이 점과 점 사이를 선만으로 표현하여 뼈대로만 구성되는 모델링 기법이다.

55 머시닝 센터에서 공구교환을 지령하는 보조기능은?

① G 기능   ② S 기능

③ F 기능   ④ M 기능

풀이 머시닝 센터의 T□□ M06 : □□번 공구 선택 후 공구 교환(M06)

56 CNC 선반의 공구기능 T0304의 내용이 아닌 것은?

① 공구 번호 03번을 지령한다.

② 공구 보정번호 04번을 지령한다.

③ 공구 보정량이 X3mm이고 Z4mm이다.

④ 공구 번호와 보정번호를 다르게 지령해도 관계없다.

풀이 T0304 : 03번 공구 선택과 04번 공구 보정번호를 뜻한다. 공구 번호와 보정번호를 다르게 지령해도 관계없다.

57 CNC 선반에서 A에서 B로 이동할 때의 프로그램으로 맞는 것은?

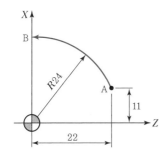

① G02 X0. Z24. I−11. K11. F0.1 ;

② G02 X0. Z24. I−22. K−11. F0.1 ;

③ G03 X48. Z0. I−11. K−22. F0.1 ;

④ G03 X48. Z0. I−22. K−22. F0.1 ;

풀이 원호가공 프로그램 : G03 X48. Z0. I−11. K−22. F0.1 ;

• 절대지령으로 원점 표시기호(⊕)를 기준으로 좌푯값을 입력한다.

• G03 : 반시계 방향 가공

• X48. : 종점의 X 좌푯값(지름 값을 입력하므로 2×24=48)

• Z0. : 종점의 Z 좌푯값

• I−11. : 원호의 중심(⊕)이 시점(점 A)을 기준으로 X축 방향으로 −11mm만큼 떨어져 있다.

• I−11. : 원호의 중심(⊕)이 시점(점 A)을 기준으로 Z축 방향으로 −22mm만큼 떨어져 있다.

• F0.1 : 이송속도(mm/min)

58 머시닝 센터 프로그래밍에서 공구지름 우측 보정 G 코드는?

① G40   ② G41

③ G42   ④ G43

풀이 • G42 : 공구지름 보정 우측

• G40 : 공구지름 보정 취소

• G41 : 공구지름 보정 좌측

• G43 : 공구길이 보정 "+"

59 준비기능의 모달(modal) G 코드 설명 중 틀린 것은?

① 모달 G 코드는 그룹별로 나누어져 있다.

② 모달 G 코드 G02가 반복 지령되면 다음 블록의 G02는 생략할 수 있다.

③ 같은 그룹의 모달 G 코드를 한 블록에 지령하여 동시에 실행시킬 수 있다.

④ 모달 G 코드는 같은 그룹의 다른 G 코드가 나올 때까지 다음 블록에 영향을 준다.

풀이 같은 그룹의 모달 G 코드를 한 블록에 1개 이상 지령하면 뒤에 지령한 G 코드만 유효하거나, 알람이 발생하므로 동시에 실행시킬 수 없다.

60 머시닝 센터를 이용하여 SM30C를 절삭속도 70m/min으로 가공하고자 한다. 공구는 2날 $-\phi20$ 엔드밀을 사용하고 절삭폭과 절삭깊이를 각각 7mm씩 주었을 때, 칩 배출량은 약 몇 cm^3/min인가?(단, 날당 이송은 0.1mm이다.)

① 5.5 ② 11
③ 16.5 ④ 20

풀이 $V=70$m/min, $z=2$, $d=\phi20$, $b=t=7$mm, $f_z=0.1$ mm

• 회전수(N)를 구하면

$$N=\frac{1,000\,V}{\pi d}$$

$$=\frac{1,000\times 70\text{m/min}}{\pi\times 20\text{mm}}\fallingdotseq 1,114.08\text{rpm}$$

• 테이블 이송속도(f)를 구하면

$f=f_z\times z\times N$

$\quad=0.1\text{mm}\times 2\times 1,114.08\,\text{rpm}$

$\quad=222.82\,\text{mm/min}$

• 절삭량(칩 배출량, Q)을 구하면

$$Q=\frac{b\times t\times f}{1,000}$$

$$=\frac{7\text{mm}\times 7\text{mm}\times 222.82\,\text{mm/min}}{1,000}$$

$$\fallingdotseq 10.92\,\text{cm}^3/\text{min}=11\,\text{cm}^3/\text{min}$$

여기서, V : 절삭속도(m/min)

$\qquad d$: 밀링커터의 지름(mm)

$\qquad f_z$: 1개의 날 당 이송(mm)

$\qquad z$: 커터의 날 수

$\qquad b$: 절삭폭

$\qquad t$: 절삭깊이

01 다음 중 표면을 경화시키기 위한 열처리 방법이 아닌 것은?

① 풀림
② 침탄법
③ 질화법
④ 고주파경화법

풀이 풀림은 공작물의 내부응력을 제거하고 연화시키는 열처리이다.

표면경화법

화학적 방법	침탄법, 질화법, 침탄질화법
금속침투법	세라다이징(Zn), 칼로라이징(Ca), 크로마이징(Cr), 실리코나이징(Si), 보로나이징(Br)
물리적 방법	화염경화법, 고주파경화법, 숏피닝 등

02 다음 중 합금공구강의 KS 재료 기호는?

① SKH
② SPS
③ STS
④ GC

풀이
- SKH : 고속도강
- SPS : 스프링강
- STS : 합금공구강
- GC : 회주철

03 소결 초경합금 공구강을 구성하는 탄화물이 아닌 것은?

① WC
② TiC
③ TaC
④ TMo

풀이 ④ 'TMo'라는 화합물은 없다.

※ 탄화물은 소재의 구성 원자에 C(탄소)가 있어야 한다.

04 구리에 아연이 5~20% 첨가되어 전연성이 좋고 색깔이 아름다워 장식품에 많이 쓰이는 황동은?

① 포금
② 톰백
③ 문쯔메탈
④ 7·3 황동

풀이 톰백 : 아연을 5~20% 함유한 α 황동으로 빛깔이 금에 가깝고 연성이 크므로 금박, 금분, 불상, 화폐 제조 등에 사용한다.

05 구리에 니켈 40~50% 정도를 함유하는 합금으로서 통신기, 전열선 등의 전기저항 재료로 이용되는 것은?

① 인바
② 엘린바
③ 콘스탄탄
④ 모넬메탈

풀이 콘스탄탄 : Cu−Ni 45% 합금으로 표준저항선으로 사용된다.

06 강재의 크기에 따라 표면이 급랭되어 경화하기 쉬우나 중심부에 갈수록 냉각속도가 늦어져 경화량이 적어지는 현상은?

① 경화능
② 잔류응력
③ 질량효과
④ 노치효과

정답 | 01 ① 02 ③ 03 ④ 04 ② 05 ③ 06 ③

풀이 질량효과 : 같은 강을 같은 조건으로 담금질하더라도 질량(지름)이 작은 재료는 내외부에 온도 차가 없어 내부까지 경화되나, 질량이 큰 재료는 열의 전도에 시간이 길게 소요되어 내외부에 온도 차가 생겨 외부는 경화되어도 내부는 경화되지 않는 현상

07 Fe-C 상태도에서 온도가 낮은 것부터 일어나는 순서가 옳은 것은?

① 포정점 → A_2 변태점 → 공석점 → 공정점
② 공석점 → A_2 변태점 → 공정점 → 포정점
③ 공석점 → 공정점 → A_2 변태점 → 포정점
④ 공석점 → 공정점 → A_2 변태점 → 포정점

풀이 Fe-C 상태도에서 변태점의 온도 순서
공석점(A_1 변태점, 723℃) < 큐리점(A_2 변태점 768℃) < 공정점(1,130℃) < 포정점(1,495℃)

08 모듈이 2이고 잇수가 각각 36, 74개인 두 기어가 맞물려 있을 때 축간거리는 약 몇 mm인가?

① 100mm   ② 110mm
③ 120mm   ④ 130mm

풀이 중심거리(C)
$$C = \frac{D_1}{2} + \frac{D_2}{2} = \frac{mz_1 + mz_2}{2}$$
$$= \frac{m(z_1 + z_2)}{2} = \frac{2 \times (36 + 74)}{2} = 110\text{mm}$$
여기서, 기어의 피치원 지름 $D = m \cdot z$ 적용

09 축에 작용하는 비틀림 토크가 2.5kN · m이고 축의 허용전단응력이 49MPa일 때 축 지름은 약 몇 mm 이상이어야 하는가?

① 24   ② 36
③ 48   ④ 64

풀이 $T = \tau_a Z_P = \tau_a \frac{\pi d^3}{16}$

$$d = \sqrt{\frac{16T}{\pi \tau_a}}$$

여기서, T : 축의 비틀림 토크, τ_a : 허용전단응력
Z_P : 극단면계수, d : 축 지름

$$T = 2.5\text{kN} \cdot \text{m} = 2.5 \times 10^3 \text{N} \cdot \text{m}$$
$$\tau_a = 49\text{MPa} = 49 \times 10^6 \text{Pa} = 49 \times 10^6 \text{N/m}^2$$
$$\therefore d = \sqrt[3]{\frac{16 \times 2.5 \times 10^3}{\pi \times 49 \times 10^6}} = 0.0638\text{m} = 64\text{mm}$$

10 외부 이물질이 나사의 접촉면 사이의 틈새나 볼트의 구멍으로 흘러나오는 것을 방지할 필요가 있을 때 사용하는 너트는?

① 홈붙이 너트   ② 플랜지 너트
③ 슬리브 너트   ④ 캡 너트

풀이 캡 너트
너트의 한쪽을 관통되지 않도록 만든 것으로 나사면을 따라 증기나 가름 등이 누출되는 것을 방지하는 부위 또는 외부로부터 먼지 등의 오염물 침입을 막는 데 주로 사용한다.

11 나사에서 리드(Lead)의 정의를 가장 옳게 설명한 것은?

① 나사가 1회전 했을 때 축 방향으로 이동한 거리
② 나사가 1회전 했을 때 나사산상의 1점이 이동한 원주거리
③ 암나사가 2회전 했을 때 축 방향으로 이동한 거리
④ 나사가 1회전 했을 때 나사산상의 1점이 이동한 원주각

12 다음 중 하중의 크기 및 방향이 주기적으로 변화하는 하중으로서 양진하중을 말하는 것은?

① 집중하중   ② 분포하중
③ 교번하중   ④ 반복하중

풀이 교번하중 : 부재가 하중을 받을 때, 힘의 크기와 방향이 변화하면서 인장과 압축이 교대로 가해지는 하중

13 리베팅이 끝난 뒤에 리벳 머리의 주위 또는 강판의 가장자리를 정으로 때려 그 부분을 밀착시켜 틈을 없애는 작업은?

① 시밍
② 코킹
③ 커플링
④ 해머링

풀이) 코킹 : 기밀을 유지하기 위한 작업으로 리베팅이 끝난 뒤에 리벳 머리의 주위 또는 강판의 가장자리를 정으로 때려 그 부분을 밀착시켜서 틈을 없애는 작업

14 다음 중 축 중심에 직각 방향으로 하중이 작용하는 베어링을 말하는 것은?

① 레이디얼 베어링(radial bearing)
② 스러스트 베어링(thrust bearing)
③ 원뿔 베어링(cone bearing)
④ 피벗 베어링(pivot bearing)

풀이) 레이디얼 베어링(radial bearing)
축 중심에 직각 방향으로 베어링 하중이 작용할 때를 레이디얼 베어링이라 한다.

15 다음 중 자동하중 브레이크에 속하지 않는 것은?

① 원추 브레이크
② 웜 브레이크
③ 캠 브레이크
④ 원심 브레이크

풀이) 자동하중 브레이크
- 작동원리 : 화물을 감아올릴 때 제동 작용은 하지 않고 클러치 작용을 하며, 내릴 때는 화물 자중에 의한 브레이크 작용을 한다.
- 종류 : 웜 브레이크, 캠 브레이크, 원심력 브레이크, 나사 브레이크, 코일 브레이크, 전자기 브레이크

16 다음 중 밑면에서 수직한 중심선을 포함하는 평면으로 절단했을 때 단면이 사각형인 것은?

① 원뿔
② 원기둥
③ 정사면체
④ 사각뿔

풀이)

[원뿔 단면도]

[원기둥 단면도]

[정사면체 단면도]

[사각뿔 단면도]

17 기계제도에서 사용하는 다음 선 중 가는 실선으로 표시되는 선은?

① 물체의 보이지 않는 부분의 형상을 나타내는 선
② 물체에 특수한 표면처리 부분을 나타내는 선
③ 단면도를 그릴 경우에 그 절단 위치를 나타내는 선
④ 절단된 단면임을 명시하기 위한 해칭선

풀이) ① 숨은선 : 가는 파선 또는 굵은 파선(물체의 보이지 않는 부분의 모양을 나타내는 선으로 점선 또는 파선이라 부른다.)
② 특수지정선 : 굵은 1점쇄선
③ 절단선 : 가는 1점쇄선(선의 시작과 끝, 방향이 바뀌는 부분은 굵게 표시)
④ 해칭선 : 가는 실선(잘려나간 물체의 절단면을 가는 실선으로 규칙적으로 빗줄을 그은 선으로 표시한다.)

18 헐거운 끼워맞춤에서 구멍의 최소 허용치수와 축의 최대 허용치수와의 차를 무엇이라 하는가?

① 최대 틈새
② 최소 죔새
③ 최소 틈새
④ 최대 죔새

풀이 헐거운 끼워맞춤은 항상 구멍이 축보다 큰 경우이고, 구멍의 최소 허용치수와 축의 최대 허용치수와의 차는 최소 틈새를 말한다.

19 다음 중 센터 구멍의 간략 도시 기호로서 옳지 않은 것은?

① KS A ISO 6411-B 2.5/8
② KS A ISO 6411-B 2.5/8
③ KS A ISO 6411-B 2.5/8
④ KS A ISO 6411-B 2.5/8

풀이 ④는 센터 구멍 도시방법으로 옳지 않다.

센터 구멍 도시방법

KS A ISO 6411-1 A 2/4.25

KS A ISO 6411-1 A 2/4.25

KS A ISO 6411-1 A 2/4.25

20 그림과 같은 입체의 투상도를 제3각법으로 나타낸다면 정면도로 옳은 것은?

정면

① ② ③ ④

풀이

21 나사의 도시법에서 나사 각부를 표시하는 선의 종류로 틀린 것은?

① 수나사의 바깥지름은 굵은 실선으로 그린다.
② 암나사의 안지름은 굵은 실선으로 그린다.
③ 가려서 보이지 않는 나사부는 가는 실선으로 그린다.
④ 완전 나사부와 불완전 나사부의 경계선은 굵은 실선으로 그린다.

풀이 가려서 보이지 않는 나사부는 가는 파선으로 그린다.

22 치수 기입 시 사용되는 기호와 그 설명으로 틀린 것은?

① C : 45° 모따기
② φ : 지름
③ SR : 구의 반지름
④ ◇ : 정사각형

풀이 ④ □ : 정사각형의 변을 나타내는 기호

23 표면거칠기와 관련하여 표면 조직의 파라미터 용어와 그 기호가 잘못 연결된 것은?

① Ra : 평가된 프로파일의 산술평균 높이
② Rq : 평가된 프로파일의 제곱평균 평방근 높이
③ Rc : 프로파일의 평균 높이
④ Rz : 프로파일의 총 높이

풀이 Rz : 10점 평균 거칠기

24 도면에서 ϕ50H7/g6로 표기된 끼워맞춤에 관한 내용의 설명으로 틀린 것은?

① 억지 끼워맞춤이다.
② 구멍의 치수허용차 등급이 H7이다.
③ 축의 치수허용차 등급이 g6이다.
④ 구멍 기준식 끼워맞춤이다.

풀이 구멍의 크기(H)가 축의 크기(g)보다 크므로 헐거운 끼워맞춤이다.

25 KS 기하공차 기호 중 진원도공차 기호는?

① $\diagup$ ② $\bigcirc$
③ $\bigodot$ ④ $\bigoplus$

풀이 원통도공차($\diagup$), 동심도(동축도)공차($\bigodot$), 위치도공차($\bigoplus$)

26 다음 중 구성인선 임계속도에 대한 설명으로 가장 적합한 것은?

① 구성인선이 발생하기 쉬운 속도를 의미한다.
② 구성인선이 최대로 성장할 수 있는 속도를 의미한다.
③ 고속도강 절삭공구를 사용하여 저탄소강재를 120m/min으로 절삭하는 속도이다.
④ 고속도강 절삭공구를 사용하여 저탄소강재를 10~25m/min으로 절삭하는 속도이다.

풀이 고속도강 절삭공구를 사용하여 저탄소강재를 절삭 시 속도가 120m/min 이상이면 구성인선이 생기지 않는다.

※ 구성인선 임계속도 : 구성인선이 없는 최저 절삭 속도

27 선반에서 테이퍼를 절삭하는 방법이 아닌 것은?

① 복식 공구대에 의한 방법
② 분할대 사용에 의한 방법
③ 심압대 편위에 의한 방법
④ 테이퍼 절삭장치에 의한 방법

풀이 분할대는 밀링에서 사용되는 부속품이다.

28 연삭가공의 특징에 대한 설명으로 거리가 먼 것은?

① 가공면의 치수 정밀도가 매우 우수하다.
② 부품 생산의 첫 공정에 많이 이용되고 있다.
③ 재료가 열처리되어 단단해진 공작물의 가공에 적합하다.
④ 높은 치수 정밀도가 요구되는 부품의 가공에 적합하다.

풀이 ② 부품 가공 시 마무리 공정에서 정밀한 표면을 얻기 위해 연삭가공을 한다.

29 다음 중 연삭숫돌이 결합하고 있는 결합도의 세기가 가장 큰 것은?

① F ② H
③ M ④ U

풀이 보기에서는 알파벳 순서로 가장 뒤에 있는 "U"가 결합도의 세기가 가장 크다.

호칭	매우 연한 것	연한 것	중간 것	단단한 것	매우 단단한 것
결합도	E, F, G	H, I, J, K	L, M, N, O	P, Q, R, S	T, U, V, W, X, Y, Z

30 절삭온도를 측정하는 방법에 해당하지 않는 것은?

① 열전대에 의한 방법
② 칩의 색깔에 의한 방법
③ 칼로리미터에 의한 방법
④ 초음파 탐지에 의한 방법

풀이 절삭온도 측정법
• 칩의 색깔에 의한 방법
• 칼로리미터에 의한 방법
• 공구에 열전대를 삽입하는 방법
• 시온 도료를 사용하는 방법
• 공구와 일감을 열전대로 사용하는 방법
• 복사 고온계에 의한 방법

정답 | 24 ① **25** ② **26** ③ **27** ② **28** ② **29** ④ **30** ④

31 오차의 종류에서 계기오차에 대한 설명으로 옳은 것은?

① 측정자의 눈의 위치에 따른 눈금의 읽음값에 의해 생기는 오차

② 기계에서 발생하는 소음이나 진동 등과 같은 주위 환경에서 오는 오차

③ 측정기의 구조, 측정압력, 측정온도, 측정기의 마모 등에 따른 오차

④ 가늘고 긴 모양의 측정기 또는 피측정물을 정반 위에 놓으면 접촉하는 면의 형상 때문에 생기는 오차

풀이 ① 측정자의 눈의 위치에 따른 눈금의 읽음값에 의해 생기는 오차 → 시차

② 기계에서 발생하는 소음이나 진동 등과 같은 주위 환경에서 오는 오차 → 외부조건에 의한 오차

④ 가늘고 긴 모양의 측정기 또는 피측정물을 정반 위에 놓으면 접촉하는 면의 형상 때문에 생기는 오차 → 우연오차

32 직경이 크고 길이가 짧은 공작물을 가공할 때 사용하는 선반은?

① 보통선반

② 정면선반

③ 탁상선반

④ 터릿선반

풀이 정면선반

• 직경이 크고 길이가 짧은 공작물 가공

• 가공물 : 대형 풀리, 플라이휠, 기차 바퀴

33 인공합성 절삭공구재료로 고속작업이 가능하며, 난삭재료, 고속도강, 담금질강, 내열강 등의 절삭에 적합한 공구재료는?

① 서멧   ② 세라믹

③ 초경합금   ④ 입방정 질화붕소

풀이 입방정 질화붕소(CBN) 공구

• CBN 분말을 초고온, 초고압에서 소결시킨다.

• 입방정 질화붕소로서 철 안의 탄소와 화학반응이 전혀 일어나지 않아 난삭재료, 고속도강, 담금질강, 내열강 등의 절삭에 이상적이다.

• 다이아몬드 다음으로 단단하여, 현재 가장 많이 사용되는 공구 소재이다.

34 다음 중 각도 측정에 적합하지 않은 측정기는?

① 사인바

② 수준기

③ 오토콜리메이터

④ 삼점식 마이크로미터

풀이 삼점식 마이크로미터
정밀한 내경 측정이 가능하다.

35 수작업으로 암나사 가공을 할 수 있는 공구는?

① 정   ② 탭

③ 다이스   ④ 스크레이퍼

풀이 탭
기계 또는 파이프 이음의 암나사를 만드는 데 사용하는 공구

36 밀링작업에서 하향절삭과 비교한 상향절삭의 특징으로 옳은 것은?

① 백래시를 제거하여야 한다.

② 절삭날의 마멸이 적고 공구수명이 길다.

③ 가공할 때 충격이 있어 높은 강성이 필요하다.

④ 절삭력이 상향으로 작용하여 고정이 불리하다.

풀이 상향절삭과 하향절삭의 비교

구분	상향절삭	하향절삭
커터의 회전방향	공작물 이송방향과 반대이다.	공작물 이송방향과 동일하다.
백래시 제거장치	필요 없다.	필요하다.
기계의 강성	낮아도 무방하다.	높아야 한다.
공작물 고정	불안정하다.	안정적이다.
커터의 수명	수명이 짧다.	수명이 길다.
칩의 제거	칩이 잘 제거된다.	칩이 잘 제거되지 않는다.
절삭면	거칠다.	깨끗하다.
동력 손실	많다.	적다.

37 전극과 가공물 사이에 전기를 통전시켜 열에너지를 이용하여 가공물을 용융 증발시켜 가공하는 것은?

① 방전가공　　　② 초음파가공
③ 화학적 가공　　④ 숏피닝가공

풀이 방전가공
- 스파크 가공(spark machining)이라고도 하며, 전기의 양극과 음극이 부딪칠 때 일어나는 스파크로 가공하는 방법이다.
- 스파크(온도 : 5,000℃)로 일어난 열에너지는 가공하려는 재료를 녹이거나 기화시켜 제거함으로써 원하는 모양으로 만들어 준다. (정밀가공 가능)
- 공작물(양극 역할)이 전기적으로 전도성을 띠어야 한다. (전극은 음극 역할)

38 밀링에서 커터의 지름이 100mm, 한 날당 이송이 0.2mm, 커터의 날 수 10개, 회전수 478 rpm일 때, 절삭속도는 약 m/min인가?

① 100　　　　② 150
③ 200　　　　④ 250

풀이 절삭속도 $V = \dfrac{\pi d n}{1,000}$

$$= \frac{\pi \times 100 \times 478}{1,000} = 150.2\,\mathrm{m/min}$$

여기서, d : 커터의 지름(mm), n : 회전수(rpm)

39 공작기계의 기본운동에 속하지 않는 것은?

① 이송운동　　　　② 절삭운동
③ 급속회전운동　　④ 위치조정운동

풀이 공작기계의 기본운동
절삭운동, 이송운동, 위치조정운동

40 주조된 구멍이나 이미 뚫은 구멍을 필요한 크기나 정밀한 치수로 넓히는 가공법은?

① 보링(boring)
② 태핑(tapping)
③ 스폿 페이싱(spot facing)
④ 카운터 보링(counter boring)

풀이 보링(Boring)
드릴링, 단조, 주조 등의 방법으로 1차 가공한 큰 구멍을 좀 더 크고 정밀하게 가공하는 작업

41 드릴, 탭, 호브 등의 날 여유면을 절삭할 수 있는 선반의 부속장치는?

① 이송장치　　　　② 릴리빙 장치
③ 총형 바이트 장치　④ 테이퍼 절삭장치

풀이 릴리빙 장치(relieving attachment) : 이송대에 캠(cam)을 설치하여 공작물이 1회전 하는 동안 바이트가 일정한 거리를 전진, 후퇴하도록 장치하여 나사탭, 드릴, 호브 등의 절삭공구의 여유면을 절삭하는 장치이다.

42 연마제를 가공액과 혼합하여 가공물 표면에 압축공기로 고압과 고속으로 분사해 가공물 표면과 충돌시켜 표면을 가공하는 방법은?

① 래핑(lapping)
② 버니싱(burnishing)
③ 액체 호닝(liquid honing)
④ 슈퍼피니싱(super finishing)

풀이 액체 호닝(liquid honing) : 연마제를 가공액과 혼합한 다음 압축공기와 함께 노즐로 고속 분사시켜 공작물의 표면을 깨끗이 다듬는 가공법이다.

43 다음 중 수치제어 공작기계의 일상점검 내용으로 가장 적절하지 않은 것은?

① 습동유의 양 점검
② 주축의 정도 점검
③ 조작판의 작동 점검
④ 비상정지 스위치 작동 점검

풀이 주축의 정도 점검은 매년점검 사항이다.

44 다음 CNC 선반 프로그램에서 가공해야 될 부분의 지름이 80mm일 때, 주축의 회전수는 약 얼마인가?

G50 S1000 ;
G96 S120 ;

① 209.5rpm   ② 477.5rpm
③ 786.8rpm   ④ 1,000.8rpm

풀이 • $N = \dfrac{1,000S}{\pi D}$ (rpm)

$= \dfrac{1,000 \times 120}{\pi \times 80} = 477.46 ≒ 477.5$ (rpm)

여기서, N : 주축의 회전수(rpm)
S : 절삭속도(m/min)=S120
D : 공작물의 지름(mm)=$\phi 80$

• G50 S1000
G50에서 제한한 주축 최고 회전수는 1,000rpm이고 제한된 회전수를 넘지 않았으므로 주축의 회전수는 477.5rpm이 답이다.

45 다음 CNC 선반 프로그램의 설명으로 틀린 것은?

G50 X150.0 Z200.0 S1300 T0100 ;

① G50 – 좌표계 설정
② X150.0 – X축 좌푯값
③ S1300 – 주축 최고 회전수
④ T0100 – 공구보정번호 01번

풀이 T0100 : 00은 보정을 취소할 때 지령한다.

46 CNC 선반에서 주축의 최고 회전수를 지정해 주는 프로그램으로 옳은 것은?

① G30 S700 ;
② G40 S1500 ;
③ G42 S1500 ;
④ G50 S1500 ;

풀이 • G50 : 공작물 좌표계 설정, 주축 최고 회전수 지정
• G50 S1500 ; : 주축 최고 회전수를 1,500rpm으로 설정

47 다음 그림의 A → B → C 이동 지령 머시닝 센터 프로그램에서 ㉠, ㉡, ㉢에 들어갈 내용으로 옳은 것은?

```
A → B : N01 G01 G91 ㉠ Y10. F120 ;
B → C : N02 G90 ㉡ ㉢ ;
```

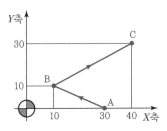

① ㉠ X10. ㉡ X30. ㉢ Y20.
② ㉠ X20. ㉡ X30. ㉢ Y30.
③ ㉠ X－20. ㉡ X30. ㉢ Y20.
④ ㉠ X－20. ㉡ X40. ㉢ Y30.

(풀이) 절대지령인 경우 원점 표시 기호(◐)를 기준으로 하고, 증분지령인 경우 시작점(A 또는 B)이 임시 원점이라고 생각하면 된다.
• A → B는 G91(증분지령)이므로 X－20. Y10.
• B → C는 G90(절대지령)이므로 X40. Y30.

48 CNC 선반의 원호절삭에서 가공 방향이 시계방향(CW)일 경우에 올바른 기능은?

① G00　　　　② G01
③ G02　　　　④ G03

(풀이) • G02 : 원호절삭(CW : 시계 방향)
• G00 : 급속위치 결정
• G01 : 직선보간(절삭이송)
• G03 : 원호보간(CCW : 반시계 방향)

49 다음 중 CNC 선반가공 시 연속형 또는 불연속형 칩이 발생하는 황동이나 주철과 같이 절삭저항이 작은 재료류를 가공하기에 가장 적합한 초경공구 재질의 종류는?

① P　　　　② M
③ K　　　　④ S

(풀이) 주철, 비철금속, 비금속 등 비연속형 칩이 나오는 제품에 적합한 초경공구 재질은 K종이다.

재질 종류	피삭재
P	비교적 긴(연속형) 칩이 발생하는 재질(강, 합금강)
M	치핑이나 크레이터를 유발하는 재료(스테인리스 강, 주강, 주철)
K	칩이 분말상태이거나 짧게 끊어지는(비연속형 칩) 재료(주철, 비철금속, 비금속)

50 다음 그림에서 절삭조건 "G96 S157"로 가공할 때 A점에서의 회전수는 약 얼마인가?(단, π는 3.14로 한다.)

① 200rpm　　　　② 250rpm
③ 1,250rpm　　　　④ 1,500rpm

(풀이) $N = \dfrac{1,000S}{\pi D} = \dfrac{1,000 \times 157}{3.14 \times 40} = 1,250\,(\mathrm{rpm})$

여기서, N : 주축의 회전수(rpm)
　　　　S : 절삭속도(m/min) = S157
　　　　D : 공작물의 지름(mm) = $\phi 40$

51 와이어컷 방전가공기의 사용 시 주의사항으로 틀린 것은?

① 운전 중에는 전극을 만지지 않는다.
② 가공액이 바깥으로 튀어나오지 않도록 안전 커버를 설치한다.
③ 와이어의 지름이 매우 작아서 공구경의 보정을 필요로 하지 않는다.
④ 가공물의 낙하 방지를 위하여 프로그램 끝부분에 정지기능(M00)을 사용한다.

(풀이) 와이어컷 방전가공은 와이어 지름의 절반과 방전 캡을 더한 치수만큼 보정이 필요하다.

52 머시닝 센터에서 공구길이 보정 시 보정번호를 나타낼 때 사용하는 것은?

① A   ② C

③ D   ④ H

풀이 H : 공구길이 보정 시 보정번호를 나타낼 때 사용한다.

53 서보기구의 위치검출 제어방식이 아닌 것은?

① 폐쇄회로(closed loop) 방식

② 패리티체크(parity check) 방식

③ 복합회로 서보(hybrid servo) 방식

④ 반폐쇄회로(semi−closed loop) 방식

풀이 서보기구의 제어방식에는 개방회로(open−loop) 방식, 반폐쇄회로 방식, 폐쇄회로 방식(closed loop system), 하이브리드 서보 방식(hybrid loop system)이 있다.

54 CNC 공작기계의 정보처리회로에서 서보모터를 구동하기 위하여 출력하는 신호의 형태는?

① 문자 신호   ② 위상 신호

③ 펄스 신호   ④ 형상 신호

풀이 펄스신호 : 정보처리회로에서 서보모터를 구동하기 위하여 출력하는 신호의 형태

55 CNC 선반에서 그림과 같이 공작물 원점을 설정할 때 좌표계 설정으로 옳은 것은?(단, 지름 지령이다.)

① G50 X100. Z100. ;

② G50 X100. Z200. ;

③ G50 X200. Z100. ;

④ G50 X200. Z200. ;

풀이 G50 X200. Z200. ;

CNC 선반에서 X축 방향의 값은 지름으로 입력한다. 문제의 도면상 '●' 점이 공작물 좌표계의 원점을 나타내고, 바이트의 끝은 '●' 점으로부터 100(반지름에 해당)만큼 떨어져 있으므로 지름은 200이 된다.

56 다음 머시닝 센터의 고정 사이클 지령에서 P의 의미는?

```
G90 G99 G82 X_ Y_ Z_ R_ P_ F_ ;
```

① 매 절입량을 지정

② 탭 가공의 피치를 지정

③ 고정 사이클 반복횟수 지정

④ 구멍 바닥에서 드웰 시간을 지정

풀이 P는 구멍 바닥에서 휴지(dwell) 시간을 지정한다는 뜻이다.

57 다음 중 반드시 장갑을 착용하고 작업해야 하는 것은?

① 드릴 작업   ② 밀링 작업

③ 선반 작업   ④ 용접 작업

풀이 드릴, 밀링, 선반 작업은 공구 또는 공작물이 회전하므로 장갑을 착용하지 않고 작업해야 하며, 용접 작업은 반드시 장갑을 착용하고 작업해야 한다.

58 DNC(Direct Numerical Control) 시스템의 구성요소가 아닌 것은?

① 컴퓨터와 메모리장치

② 공작물 장 · 탈착용 로봇

③ 데이터 송 · 수신용 통신선

④ 실제 작업용 CNC 공작기계

풀이 DNC 시스템의 구성요소
중앙 컴퓨터, CNC 공작기계, 통신선

---

59 CNC 프로그램에서 보조 프로그램(sub program)을 호출하는 보조기능은?

① M00   ② M09

③ M98   ④ M99

풀이 M98 : 보조프로그램 호출

60 CNC 선반에서 나사절삭 시 이송기능(F)에 사용되는 숫자의 의미는?

① 리드   ② 절입각도

③ 감긴 방향   ④ 호칭지름

풀이 F : 나사의 리드

01 6 · 4 황동에 철 1~2%를 첨가함으로써 강도와 내식성이 향상되어 광산용 기계, 선박용 기계, 화학용 기계 등에 사용되는 특수 황동은?

① 쾌삭 메탈
② 델타 메탈
③ 네이벌 황동
④ 애드미럴티 황동

풀이 • 쾌삭메탈(납황동, 쾌삭황동) : 황동에 납을 1.5~3.7%까지 첨가하여 절삭성을 좋게 한 것
• 네이벌 황동 : 6 – 4 황동 + 1% Sn, 용접용 파이프, 선박용 기계에 사용된다.
• 애드미럴티 황동 : 7 – 3 황동 + 1% Sn, 전연성이 좋아 증발기, 열교환기 등의 관에 사용된다.

02 냉간가공된 황동 제품들이 공기 중의 암모니아 및 염류로 인하여 입간부식에 의한 균열이 생기는 것은?

① 저장균열
② 냉간균열
③ 자연균열
④ 열간균열

풀이 자연균열 : 황동이 관, 봉 등의 잔류 응력에 의해 균열을 일으키는 현상

※ 자연균열 방지법 : 도료 및 아연(Zn) 도금, 저온풀림(180~260℃, 20~30분간)

03 탄소강에 함유되는 원소 중 강도, 연신율, 충격치를 감소시키며 적열취성의 원인이 되는 것은?

① Mn
② Si
③ P
④ S

풀이 적열취성

강의 온도 900℃ 이상에서 황(S)이나 산소가 철과 화합하여 산화철(FeO)이나 황화철(FeS)을 만든다. 이때 황화철은 그림처럼 강 입자의 경계에 결정립계로 나타나게 되는데, 상온에서는 그 해가 작지만 고온에서는 황화철이 녹아 강을 여리게(무르게) 만들어 단조할 수 없는 취성을 강이 갖게 되는데 이것을 적열취성이라 한다. 망간(Mn)을 첨가하면 황화망간(MnS)을 형성하여 적열취성을 방지하는 효과를 얻을 수 있다.

결정립계
FeS(황화철)
→ 망상구조

04 절삭공구로 사용되는 재료가 아닌 것은?

① 페놀
② 서멧
③ 세라믹
④ 초경합금

풀이 페놀은 열경화성 합성수지로 절삭공구 재료로 사용할 수 없다.

※ 절삭공구 재료에는 탄소공구강, 합금공구강, 고속도강, 초경합금, 주조경질합금, 세라믹, 서멧, 다이아몬드, 입방정 질화붕소(CBN), 피복초경합금 등이 있다.

05 탄소강에 함유된 원소 중 백점이나 헤어그랙의 원인이 되는 원소는?

① 황
② 인
③ 수소
④ 구리

정답 | 01 ② 02 ③ 03 ④ 04 ① 05 ③

풀이 수소(H_2)에 의해서 철강 내부에서 헤어크랙과 백점이 생긴다.

06 철강의 열처리 목적으로 틀린 것은?

① 내부의 응력과 변형을 증가시킨다.
② 강도, 연성, 내마모성 등을 향상시킨다.
③ 표면을 경화시키는 등의 성질을 변화시킨다.
④ 조직을 미세화하고 기계적 특성을 향상시킨다.

풀이 ① 재료의 내부응력과 변형을 감소 또는 제거시킨다.

07 상온이나 고온에서 단조성이 좋아지므로 고온가공이 용이하며 강도를 요하는 부분에 사용하는 황동은?

① 톰백   ② 6·4 황동
③ 7·3 황동   ④ 함석황동

풀이 6·4 황동 : 아연(Zn) 함유량이 40%일 때 인장강도가 최대이다.

※ 7·3 황동 : 아연(Zn) 함유량이 30%일 때 연신율이 최대이다.

08 미끄럼 베어링의 윤활방법이 아닌 것은?

① 적하 급유법   ② 패드 급유법
③ 오일링 급유법   ④ 충격 급유법

풀이 충격 급유법은 윤활방법이 아니다.

※ 미끄럼 베어링의 윤활법에는 적하 급유, 패드 급유, 오일링 급유, 손 급유(수동 급유), 원심 급유, 비말 급유, 깅제 급유, 그리스 급유가 있다.

09 일반 스퍼 기어와 비교한 헬리컬 기어의 특징에 대한 설명으로 틀린 것은?

① 임의의 비틀림각을 선택할 수 있어서 축 중심거리의 조절이 용이하다.
② 물림 길이가 길고 물림률이 크다.
③ 최소 잇수가 적어서 회전비를 크게 할 수가 있다.
④ 추력이 발생하지 않아서 진동과 소음이 적다.

풀이 헬리컬 기어
스퍼기어보다 접촉선의 길이가 길어서 큰 힘을 전달할 수 있고, 진동과 소음이 작지만, 톱니가 경사져 있어 축 방향으로 스러스트 하중(추력)이 발생한다.

10 8kN의 인장하중을 받는 정사각봉의 단면에 발생하는 인장응력이 5MPa이다. 이 정사각봉의 한 변의 길이는 약 몇 mm인가?

① 40   ② 60
③ 80   ④ 100

풀이 응력 $\sigma = \dfrac{P(하중)}{A(단면적)}$ 에서

정사각형 단면적 $A = \dfrac{P}{\sigma} = \dfrac{8 \times 10^3 N}{5 N/mm^2}$
$\qquad\qquad\qquad = 1{,}600 mm^2$

정사각봉이므로 단면적의 한 변의 길이를 x라 하면
$x^2 = 1{,}600$
$\therefore \ x = \sqrt{1{,}600} = 40 mm$
여기서, 하중 $P = 8kN = 8{,}000N$,
$\qquad\qquad$ 응력 $\sigma = 5MPa = 5N/mm^2$

11 기계의 운동에너지를 흡수하여 운동속도를 감속 또는 정지시키는 장치는?

① 기어   ② 커플링
③ 마찰차   ④ 브레이크

12 핀(pin)의 종류에 대한 설명으로 틀린 것은?

① 테이퍼 핀은 보통 1/50 정도의 테이퍼를 가지며, 축에 보스를 고정시킬 때 사용할 수 있다.
② 평행 핀은 분해·조립하는 부품의 맞춤면의 관계 위치를 일정하게 할 필요가 있을 때 주로 사용된다.

③ 분할 핀은 한쪽 끝이 2가닥으로 갈라진 핀으로 축에 끼워진 부품이 빠지는 것을 막는 데 사용할 수 있다.

④ 스프링 핀은 2개의 봉을 연결하기 위해 구멍에 수직으로 핀을 끼워 2개의 봉이 상대 각운동을 할 수 있도록 연결한 것이다.

풀이 스프링 핀

얇은 판을 원통형으로 말아서 만든 평형 핀의 일종으로 억지끼움을 했을 때 핀의 복원력으로 구멍에 정확히 밀착되는 특성이 있고, 평행 핀에 비해 중공이어서 가볍다는 이점이 있다.

13 체인전동의 일반적인 특징으로 거리가 먼 것은?

① 속도비가 일정하다.

② 유지 및 보수가 용이하다.

③ 내열, 내유, 내습성이 강하다.

④ 진동과 소음이 없다.

풀이 체인전동은 소음 및 진동이 일어나기 쉽기 때문에 고속회전에는 적합하지 않다.

14 회전체의 균형을 좋게 하거나 너트를 외부에 돌출시키지 않으려고 할 때 주로 사용하는 너트는?

① 캡 너트　　　② 둥근 너트

③ 육각 너트　　④ 와셔붙이 너트

풀이 둥근 너트

15 한쪽은 오른나사, 다른 한쪽은 왼나사로 되어 양 끝을 서로 당기거나 밀거나 할 때 사용하는 기계요소는?

① 아이 볼트　　② 세트 스크루

③ 플레이트 너트　④ 턴 버클

풀이 턴 버클

양 끝에 왼나사와 오른나사가 있어 양 끝을 서로 당기거나 밀어서, 와이어로프나 전선 등의 길이를 조정하여 장력의 조정을 필요로 하는 곳에 사용한다.

16 가공에 의한 줄무늬 방향의 기호 중 대략 동심원 모양을 나타내는 것은?

① ⎓/C　　　② ⎓/M

③ ⎓/R　　　④ ⎓/X

풀이 줄무늬 방향의 기호

기호	뜻	설명도
C	가공으로 생긴 커터의 줄무늬가 기호를 기입한 면의 중심에 대하여 동심원 모양이다.	

17 단면도의 표시방법에서 그림과 같이 도시하는 단면도의 종류 명칭은?

① 전단면도

② 한쪽 단면도

③ 부분 단면도

④ 회전 도시 단면도

풀이 잘린 단면을 90° 회전시켜 그렸으므로 회전 도시 단면도에 해당한다.

정답 | 13 ④　14 ②　15 ④　16 ①　17 ④

18 헐거운 끼워맞춤에서 구멍의 최대 허용치수와 축의 최소 허용치수와의 차를 의미하는 용어는?

① 최소 틈새　　② 최대 틈새

③ 최소 죔새　　④ 최대 죔새

풀이 헐거운 끼워맞춤은 항상 구멍이 축보다 큰 경우이고, 구멍의 최대 허용치수와 축의 최소 허용치수와의 차는 최대 틈새를 말한다.

19 다음과 같이 지시된 기하공차 기입 틀의 해독으로 옳은 것은?

| // | 0.07/100 | B |

① 평행도가 데이텀 B를 기준으로 지정길이 100mm에 대하여 0.07mm의 허용값을 가지는 것

② 평행도가 데이텀 B를 기준으로 지정길이 0.07mm에 대하여 100mm의 허용값을 가지는 것

③ 평행도가 데이텀 B를 기준으로 0.0007mm의 허용값을 가지는 것

④ 평행도가 데이텀 B를 기준으로 0.07~100 mm의 허용값을 가지는 것

풀이 //(평행도 공차), B(데이텀), 0.07/100(기준길이 100mm당 평행도가 0.07mm)

20 가는 1점쇄선의 용도로 적합하지 않은 것은?

① 도형의 중심을 표시하는 데 사용

② 중심이 이동한 중심궤적을 표시하는 데 사용

③ 위치 결정의 근거가 된다는 것을 명시할 때 사용

④ 단면의 무게중심을 연결한 선을 표시하는 데 사용

풀이 단면의 무게중심을 연결한 선을 표시하는 데 사용하는 선은 무게중심선을 뜻하며, 가는 2점쇄선으로 표시한다.

21 다음 치수기입 방법 중 호의 길이로 옳은 것은?

풀이 ① 변의 길이 치수　　② 현의 길이 치수

③ 호의 길이 치수　　④ 각도 치수

22 도면과 같이 위치도를 규제하기 위하여 B 치수에 이론적으로 정확한 치수를 기입한 것은?

① (100)　　② ~~100~~

③ <u>100</u>　　④ ‖100‖

풀이 ‖100‖ : 이론적으로 정확한 수치

23 그림과 같은 입체도를 화살표 방향에서 본 투상도로 가장 옳은 것은?(단, 해당 입체는 화살표 방향으로 볼 때 좌우대칭 구조이다.)

풀이

24 축의 도시방법에 관한 설명으로 옳은 것은?

① 축은 길이 방향으로 온단면 도시한다.
② 길이가 긴 축은 중간을 파단하여 짧게 그릴 수 있다.
③ 축의 끝에는 모따기를 하지 않는다.
④ 축의 키홈을 나타낼 경우 국부투상도로 나타내어서는 안 된다.

풀이 축의 도시법
• 축은 길이 방향으로 자르지 않으며 필요에 따라 부분단면으로 그린다.
• 모따기는 도면에 직접 기입하거나 주서에 기입한다.
• 축의 키홈을 나타낼 경우 국부투상도로 나타낸다.

25 도면에 표시된 3/8−16UNC−2A의 해석으로 옳은 것은?

① 피치는 3/8인치이다.
② 산의 수는 1인치당 16개이다.
③ 유니파이 가는 나사이다.
④ 나사부의 길이는 2인치이다.

풀이 3/8−16UNC−2A
• 3/8 : 수나사의 외경(숫자 또는 번호)
• 16 : 산의 수(1인치당 16개)
• UNC : 유니파이 보통 나사
• 2A : 나사 등급

26 구동방법에 의한 3차원 측정기의 분류가 아닌 것은?

① 래핑형　② 수동형
③ 자동형　④ 조이스틱형

풀이 래핑형이라는 구동방법은 없다.

27 바깥지름 연삭기의 이송방법에 해당하지 않는 것은?

① 플런지컷형
② 테이블 왕복형
③ 연삭숫돌대 왕복형
④ 공작물 고정 유성형 연삭

풀이 유성형 연삭은 내면 연삭방식(안지름 연삭방식)이다.

28 선반주축대에 대한 설명으로 틀린 것은?

① 주축과 변속장치를 내장하고 있다.
② 주축 내부는 모스 테이퍼로 되어 있다.
③ 절삭저항이나 진동에 견딜 수 있는 특수강을 사용한다.
④ 주축은 강도와 경도를 높이기 위하여 중실축으로 만든다.

풀이 ④ 선반의 주축은 굽힘과 비틀림 응력에 강하도록 중공축(中空軸, 중심이 비어 있는 축)으로 만든다.
※ 중실축(中實軸) : 중심이 채워져 있는 축

29 줄작업 시 줄눈의 거친 순서에 따라 작업하는 순서로 옳은 것은?

① 세목 → 황목 → 중목
② 중목 → 세목 → 황목
③ 황목 → 세목 → 중목
④ 황목 → 중목 → 세목

풀이 줄눈의 크기 순서(작업 순서)
황목 >중목>세목>유목 순으로 작업

30 다음 바이트의 각도를 나타낸 그림에서 C는?

① 경사각   ② 날끝각
③ 여유각   ④ 중립각

풀이 • C : 앞면 여유각
      • θ : 윗면 경사각

31 연삭숫돌의 표시방법 순서로 옳은 것은?

① 숫돌입자의 종류 → 입도 → 결합제 → 조직
   → 결합도
② 숫돌입자의 종류 → 입도 → 결합도 → 조직
   → 결합제
③ 숫돌입자의 종류 → 조직 → 결합도 → 입도
   → 결합제
④ 숫돌입자의 종류 → 입도 → 조직 → 결합도
   → 결합제

풀이 일반적인 연삭숫돌 표시방법

WA	46	H	8	V
숫돌입자	입도	결합도	조직	결합제

32 설삭공구의 구비조건에 대한 설명으로 틀린 것은?

① 성형성이 좋고 가격이 저렴할 것
② 내마모성이 작고 마찰계수가 높을 것
③ 높은 온도에서 경도가 떨어지지 않을 것
④ 공작물보다 단단하고 적당한 인성이 있을 것

풀이 ② 내마모성이 크고 마찰계수가 작을 것

33 드릴링머신에서 할 수 없는 작업은?

① 리밍
② 태핑
③ 카운터 싱킹
④ 슈퍼피니싱

풀이 슈퍼피니싱은 미세하고 연한 숫돌을 가공 표면에 가압하고, 공작물에 회전 이송운동, 숫돌에 진동을 주어 0.5mm 이하의 경면(鏡面) 다듬질하는 가공으로 드릴머신에서는 할 수 없다.

34 밀링머신의 규격을 나타내는 방법으로 옳은 것은?

① 밀링 본체의 크기
② 전동 마력의 크기
③ 테이블의 이송거리
④ 스핀들의 RPM 크기

풀이 밀링머신의 크기는 이송거리(mm)를 기준으로 호칭번호로 표시한다.

번호	NO.0	NO.1	NO.2	NO.3	NO.4	NO.5
이동거리	150	200	250	300	350	400

35 선반에서 테이퍼 절삭방법이 아닌 것은?

① 리드 스크루에 의한 방법
② 복식 공구대에 의한 방법
③ 심압대 편위에 의한 방법
④ 테이퍼 절삭장치에 의한 방법

풀이 리드 스크루에 의한 방법은 나사를 가공할 때 사용한다.

36 윤활제의 구비조건으로 틀린 것은?

① 열에 대해 안정성이 높아야 한다.
② 산화에 대한 안정성이 높아야 한다.
③ 온도변화에 따른 점도변화가 커야 한다.
④ 화학적으로 불활성이며 깨끗하고 균질해야 한다.

※ 윤활의 목적 : 윤활작용, 냉각작용, 밀폐작용, 청
정작용, 방청작용

37 가공방법에 따른 공구와 공작물의 상호운동 관계에서 공구와 공작물이 모두 직선운동을 하는 공작기계로 바르게 짝지어진 것은?

① 셰이퍼, 연삭기
② 밀링머신, 선반
③ 셰이퍼, 플레이너
④ 호닝머신, 래핑머신

[셰이퍼]

[플레이너]

38 측정자의 직선운동을 지침의 회전운동으로 변화시켜 눈금으로 읽을 수 있는 길이 측정기는?

① 드릴 게이지
② 마이크로미터
③ 다이얼 게이지
④ 와이어 게이지

풀이 다이얼게이지
• 측정자의 직선 또는 원호 운동을 기계적으로 확대하고 그 움직임을 지침의 회전 변위로 변환시켜 눈금으로 읽을 수 있는 길이 측정기이다.
• 용도 : 평형도, 평면도, 진원도, 원통도, 축의 흔들림을 측정한다.

39 블록 게이지, 한계 게이지 등의 게이지류, 렌즈, 광학용 유리기구 등을 다듬질하는 가공법은?

① 래핑
② 호닝
③ 액체 호닝
④ 평면 그라인딩

풀이 래핑(lapping)
• 일반적으로 가공물과 랩(정반) 사이에 미세한 분말 상태의 랩제를 넣고, 가공물에 압력을 가하면서 상대운동을 시키면 표면 거칠기가 매우 우수한 가공면을 얻을 수 있다.
• 용도 : 블록 게이지, 한계 게이지, 플러그 게이지 등의 측정기의 측정면과 정밀기계부품, 광학 렌즈 등의 다듬질에 사용

40 다음 설명에 해당하는 칩(chip)은?

공구가 진행함에 따라 일감이 미세한 간격으로 계속적으로 미끄럼 변형을 하여 칩이 생기며, 연속적으로 공구 윗면으로 흘러 나가는 모양의 칩이다.

① 균열형 칩(crack type chip)
② 유동형 칩(flow type chip)
③ 열단형 칩(tear type chip)
④ 전단형 칩(shear type chip)

풀이 유동형 칩
• 재료 내의 소성 변형이 연속적으로 일어나 균일한 두께의 칩이 흐르는 것처럼 매끄럽게 이어져 나오는 것
• 신축성이 크고 소성 변형하기 쉬운 재료(연강, 동, 알루미늄 등)
• 바이트의 윗면 경사각이 클 때
• 절삭속도가 클 때
• 절삭량이 적을 때
• 인성이 크고, 연한 재료

정답 | 37 ③ 38 ③ 39 ① 40 ②

41 직접분할법으로 6등분을 할 때, 직접분할판의 크랭크 회전수는?

① 1회전   ② 2회전

③ 3회전   ④ 4회전

풀이 직접분할법

- 정밀도가 필요하지 않은 키홈 등 단순한 분할 가공에 사용
- 24의 약수인 2, 3, 4, 6, 8, 12, 24등분이 가능
- 분할 크랭크의 회전수 $x = \dfrac{24}{N} = \dfrac{24}{6} = 4$회전

42 수평 밀링머신에서 밀링커터를 고정하는 곳은?

① 아버   ② 컬럼

③ 바이스   ④ 테이블

풀이 아버 : 수평 밀링머신에서 공구의 고정구

43 다음 그림에서 자동 코너 R 가공을 할 때 A점에서 C점까지의 가공 프로그램으로 옳은 것은?

① G01 X10. R5. F0.1 ;

② G01 X20. R5. F0.1 ;

③ G01 X10. R−5. F0.1 ;

④ G01 X20. R−5. F0.1 ;

풀이
- 자동 코너 R 가공(A에서 C까지) : G01 X20. R−5. F0.1 ;
- 자동 코너 R 가공 : 직각으로 있는 두 직선 사이에 코너 라운딩이 존재하는 경우 G01 코드에서 R 어드레스를 이용하여 가공할 수 있다.

- 자동 코너 R 가공방법

X축에서 Z축 방향으로	이동	a → d → c
	지령	G01 X(b) R(−r) ;
	이동	a → d → c'
	지령	G01 X(b) R(r) ;

Z축에서 X축 방향으로	이동	a → d → c
	지령	G01 Z(b) R(−r) ;
	이동	a → d → c'
	지령	G01 Z(b) R(r) ;

44 머시닝 센터 프로그램에서 G 코드의 기능이 틀린 것은?

① G90 − 절대명령

② G91 − 증분명령

③ G99 − 회전당 이송

④ G98 − 고정 사이클 초기점 복귀

풀이
- G99 : 고정 사이클 R점 복귀
- G95 : 회전당 이송(mm/rev)

45 CNC 선반에서 900rpm으로 회전하는 스핀들에 3회전 동안 이송정지를 하고자 한다. 올바른 지령으로만 짝지어진 것은?

① G04 X0.2 ; G04 U0.2 ; G04 P200 ;

② G04 X1.5 ; G04 U1.5 ; G04 P1500 ;

③ G04 X2.0 ; G04 U2.0 ; G04 P2000 ;

④ G04 X2.7 ; G04 U2.7 ; G04 P2700 ;

풀이 정지시간(초) $= \dfrac{60}{900} \times 3 = 0.2$ 이므로 X, U는 0.2, P는 200을 입력한다.

46 안전한 작업자의 행동으로 볼 수 없는 것은?

① 기계 위에 공구나 재료를 올려놓지 않는다.
② 기계의 회전을 손이나 공구로 멈추지 않는다.
③ 절삭공구는 길게 장착하여 절삭 시 접촉면을 크게 한다.
④ 칩을 제거할 때는 장갑을 끼고 브러시나 칩 클리너를 사용한다.

풀이 절삭공구는 가능한 한 짧게 장착한다.

47 공작기계의 핸들 대신에 구동 모터를 장치하여 임의의 위치에 필요한 속도로 테이블을 이동시켜 주는 기구의 명칭은?

① 검출기구   ② 서보기구
③ 펀칭기구   ④ 인터페이스 회로

풀이 서보기구(servo unit) : 공작기계의 핸들 대신에 구동 모터를 장치하여 임의의 위치에 필요한 속도로 테이블을 이동시켜 주는 기구

48 CNC 선반가공 프로그램에서 반드시 전개번호를 사용해야 하는 G 코드는?

① G30   ② G32
③ G70   ④ G90

풀이 G70은 정삭(다듬절삭) 사이클이므로 반드시 전개번호를 사용해야 한다.

49 도면을 보고 프로그램을 작성할 때 절대좌표계의 기준이 되는 점으로서 프로그램 원점 또는 공작물 원점이라고도 하는 좌표계는?

① 기계좌표계   ② 상대좌표계
③ 공작물좌표계   ④ 공구보정좌표계

풀이 공작물좌표계 : 도면을 보고 프로그램을 작성할 때 절대좌표계의 기준이 되는 점으로서 프로그램 원점 또는 공작물 원점이라고도 한다.

50 CNC 선반에서 날 끝 반지름 보정을 하지 않으면 가공치수에 영향을 주는 가공은?

① 나사 가공   ② 단면 가공
③ 드릴 가공   ④ 테이퍼 가공

풀이 테이퍼 가공이나 원호 가공의 경우 날 끝 반지름 보정을 하지 않으면 가공치수에 영향을 주므로 반드시 지령하여야 한다.

51 여러 대의 CNC 공작기계를 한 대의 컴퓨터에 연결해 데이터를 분배하여 전송함으로써 동시에 운전할 수 있는 방식은?

① NC   ② CAD
③ CNC   ④ DNC

풀이 DNC : 여러 대의 CNC 공작기계를 한 대의 컴퓨터에 결합시켜 제어하는 시스템으로 개개의 CNC 공작기계의 작업성, 생산성을 개선함과 동시에 그것을 조합하여 CNC 공작기계군으로 운영을 제어, 관리하는 것이다.

52 CNC 장비에서 공구 장착 및 교환 시 안전을 위하여 필수적으로 점검할 사항이 아닌 것은?

① 공구길이 보정 상태를 확인하고 보정값을 삭제한다.
② 윤활유 및 공기의 압력이 규정에 적합한지 확인한다.
③ 툴홀더의 공구 고정 볼트가 견고히 고정되어 있는지 확인한다.
④ 기계의 회전 부위나 작동 부위에 신체 접촉이 생기지 않도록 한다.

풀이 공구길이 보정 상태는 공구 장착 및 교환 시 안전을 위하여 필수적으로 점검할 사항이 아니다.

53 CNC 선반에서 G92를 이용하여 나사가공을 할 때, 그림에서 나사를 절삭하는 부분에 해당하는 것은?

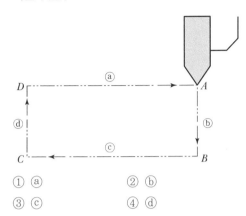

① ⓐ   ② ⓑ
③ ⓒ   ④ ⓓ

풀이 ⓒ : 절삭이송

ⓐ, ⓑ, ⓓ : 급속이송

54 CNC 선반에서 현재의 위치에서 다른 점을 경유하지 않고 X축만 기계원점으로 복귀하는 것은?

① G28 X0. ;
② G28 U0. ;
③ G28 W0. ;
④ G28 U100.0 ;

풀이 G28 U0. ; → 현재의 위치에서 다른 점을 경유하지 않고 X축만 기계원점으로 복귀

55 다음 CNC 선반 프로그램에서 N50 블록에 해당되는 주축 회전수는 약 몇 rpm인가?

```
N10 G50 X150. Z150. S1800 ;
N20 T0100 ;
N30 G96 S170 M03 ;
N40 G00 X40. Z3. T0101 M08 ;
N50 G01 X35. F0.2 ;
```

① 1,546   ② 1,719
③ 1,800   ④ 1,865

풀이 • $N = \dfrac{1,000S}{\pi D}(\text{rpm})$

$= \dfrac{1,000 \times 170}{\pi \times 35} = 1,546.08 ≒ 1,546(\text{rpm})$

여기서, N : 주축의 회전수(rpm)

S : 절삭속도(m/min) = S170

D : 공작물의 지름(mm) = X35.

• N10 G50 X150. Z150. S1800 ;
G50에서 제한한 주축 최고 회전수는 1,800rpm이고, 제한된 회전수를 넘지 않았으므로 주축의 회전수는 1,546rpm이 답이다.

56 CNC 선반가공에서 기준 공구인선의 좌표와 해당 공구인선의 좌표 차이를 무엇이라 하는가?

① 공구간섭   ② 공구보정
③ 공구벡터   ④ 공구운동

풀이 공구보정 : 기준 공구인선(날 끝의 둥근 부분)의 좌표와 해당 공구인선의 좌표 차이

57 머시닝 센터 이송에 관련된 준비기능의 설명으로 옳은 것은?

① G95는 1분당 이송량이다.
② G94는 1회전당 이송량이다.
③ G95의 값을 변화시키면 가공시간이 변한다.
④ G94의 값을 변화시키면 주축 회전수가 변한다.

풀이 • G94, G95의 값을 변화시키면 가공시간이 변한다.
• G94 : 1분당 이송량(mm/min)
• G95 : 1회전당 이송량(mm/rev)

58 보조기능(M 기능)에 대한 설명으로 틀린 것은?

① M00 : 프로그램 정지
② M03 : 주축 정회전
③ M08 : 절삭유 on
④ M99 : 보조프로그램 호출

정답 | 53 ③ 54 ② 55 ① 56 ② 57 ③ 58 ④

풀이 M99 : 보조 프로그램 종료 후 주 프로그램으로 복귀 기능이다.

59 드릴작업에 있어 안전사항에 관한 설명으로 틀린 것은?

① 장갑을 끼고 작업하지 않는다.
② 드릴을 회전시킨 후에는 테이블을 조정하지 않도록 한다.
③ 얇은 판에 구멍을 뚫을 때에는 나무판을 밑에 받치고 구멍을 뚫도록 해야 한다.
④ 가공 중 드릴 끝이 마모되어 이상한 소리가 나면 공구의 이송속도를 더욱 빠르게 한다.

풀이 가공 중 드릴 끝이 마모되어 이상한 소리가 나면 주축이 완전히 멈추게 한 후에 드릴을 교체한다.

60 머시닝 센터에서 여러 개의 공작물을 한 번에 가공할 때 사용하는 좌표계 설정 준비 기능 코드가 아닌 것은?

① G54
② G56
③ G59
④ G92

풀이 • G92 : 공작물 좌표계 설정 준비 기능(한 개의 공작물을 가공할 때 사용)
• G54~G59 : 공작물 좌표계 1번~6번 선택(여러 개의 공작물을 한 번에 가공할 때 사용)

PART
07

CBT
모의고사

01 주조 시 주형에 냉금을 삽입하여 주물 표면을
급랭시킴으로 백선화하고 경도를 증가시킨
내마모성 주철은?

① 보통 주철　　　② 고급 주철

③ 합금 주철　　　④ 칠드 주철

풀이 칠드 주철(냉경 주철)
• 주조 시 모래 주형에 단단한 조직이 필요한 부분에
금형을 설치하여 주물을 제작하면, 금형이 설치된
부분이 급랭되어 표면은 단단하고, 내부는 연하고
강인한 성질을 갖는 칠드 주철을 얻을 수 있다.
• 칠드 주철의 표면은 백주철, 내부는 회주철로서 압
연용 롤러, 차륜 등에 사용된다.

02 항온 열처리 방법에 포함되지 않는 것은?

① 오스템퍼　　　② 시안화법

③ 마퀜칭　　　　④ 마템퍼

풀이 시안화법은 표면경화법에 해당된다.

　　※ 항온 열처리의 종류 : 오스템퍼, 마템퍼, 마퀜
　　칭, Ms퀜칭, 항온풀림, 오스포밍 등

03 탄소강 중 함유되어 헤어크랙(hair crack)이
나 백점을 발생하게 하는 원소는?

① 규소(Si)　　　② 망간(Mn)

③ 인(P)　　　　④ 수소(H)

풀이 수소(H_2)에 의해서 철강 내부에서 헤어크랙과 백점
이 생긴다.

• 헤어크랙 : 강재 다듬질 면에 나타나는 머리카락
모양의 미세한 균열
• 백점(흰점) : 강재의 파단면에 나타나는 백색의
광택을 지닌 반점

04 탄소강의 열처리 종류에 대한 설명으로 틀린
것은?

① 노멀라이징 : 소재를 일정 온도에서 가열
후 유랭시켜 표준화한다.

② 풀림 : 재질을 연하고 균일하게 한다.

③ 담금질 : 급랭시켜 재질을 경화시킨다.

④ 뜨임 : 담금질된 것에 인성을 부여한다.

풀이 노멀라이징(불림) : 소재를[($A_3 \sim A_{cm}$)+(40~60
℃]에서 가열 후 공랭시켜 표준화한다.

05 주철의 풀림처리(500~600℃, 6~7시간)의
목적과 가장 관계가 깊은 것은?

① 잔류응력 제거

② 전·연성 향상

③ 부피 팽창 방지

④ 흑연의 구상화

풀이 응력제거 풀림(어닐링) : 금속재료를 500~700℃
에서 일정 시간 유지 후 냉각시켜 구조, 단조, 기계가
공 및 용접 후에 생긴 잔류응력을 제거한다.

정답 | 01 ④　02 ②　03 ④　04 ①　05 ①

[풀림처리 온도]

06 강도와 경도를 높이는 열처리 방법은?

① 뜨임   ② 담금질
③ 풀림   ④ 불림

풀이 담금질 : 재료를 단단하게 할 목적으로 강을 오스테나이트 조직으로 될 때까지 가열한 후 물이나 기름에 급랭하는 조작

07 재료시험에서 인성 또는 취성을 측정하기 위한 시험방법은?

① 경도시험   ② 압축시험
③ 충격시험   ④ 비틀림시험

풀이 충격시험 : 시험편의 충격하중에 의한 파단 시 흡수에너지의 크고 작음으로써 재료의 인성과 취성의 정도를 판정한다.

08 베어링의 재료가 구비할 성질이 아닌 것은?

① 가공이 쉬울 것   ② 부식에 강할 것
③ 충격하중에 강할 것 ④ 피로강도가 낮을 것

풀이 베어링 합금의 구비조건
 • 하중에 대해 견딜 수 있는 경도 및 내압력을 가져야 한다.
 • 축과 결합해 사용될 수 있도록 충분한 인성을 가져야 한다.
 • 주조성, 피가공성이 좋으며 열전도성이 커야 한다.
 • 마찰계수가 작고 저항력이 커야 한다.
 • 내식성이 좋아야 한다.

 • 장시간 반복적인 하중을 받으므로 피로강도가 높아야 한다.

09 나사산과 골이 같은 반지름의 원호로 이은 모양이 둥글게 되어 있는 나사는?

① 볼 나사   ② 톱니 나사
③ 너클 나사   ④ 사다리꼴 나사

풀이 너클 나사 : 체결용으로 먼지, 모래 등이 들어가기 쉬운 곳에 사용, 둥근 나사라고도 함

10 나사의 피치가 일정할 때 리드(lead)가 가장 큰 것은?

① 4줄 나사   ② 3줄 나사
③ 2줄 나사   ④ 1줄 나사

풀이 리드 $l = np$ (여기서, n : 나사의 줄 수, p : 피치)이므로 4줄 나사의 리드가 $4p$로 가장 크다.

11 에너지를 소멸시키고 충격, 진동 등의 진폭을 경감시키기 위해 사용하는 장치는?

① 차음재   ② 로프(rope)
③ 댐퍼(damper)   ④ 스프링(spring)

풀이 댐퍼(damper, 완충기)
스프링, 유압, 방진고무 등을 사용하여 진동, 충격을 완충하는 시스템으로, 자동차나 철도차량의 주행 중 안정감을 높이고, 승차감을 좋게 한다. 아래 그림은 유압을 이용한 댐퍼이다.

정답 | 06 ②   07 ③   08 ④   09 ③   10 ①   11 ③

12 전달 토크가 큰 축에 주로 사용되며 회전 방향이 양쪽 방향일 때 일반적으로 중심각이 120° 되도록 한 쌍을 설치하여 사용하는 키(Key)는?

① 드라이빙 키　　② 스플라인
③ 원뿔 키　　　　④ 접선 키

풀이

13 원동차의 지름이 160mm 종동차의 반지름이 50mm인 경우 원동차의 회전수가 300rpm이라면 종동차의 회전수는 몇 rpm인가?

① 150　　　　　② 200
③ 360　　　　　④ 480

풀이 속비 $i = \dfrac{N_2}{N_1} = \dfrac{D_1}{D_2} \Rightarrow \dfrac{N_2}{300} = \dfrac{160}{100}$

$\therefore N_2 = \dfrac{160 \times 300}{100} = 480(\text{rpm})$

여기서, 원동차의 지름 : $D_1 = 160\text{mm}$
　　　　종동차의 지름 : $D_2 = 100\text{mm}$
　　　　원동차의 회전수 : $N_1 = 300\text{rpm}$

14 구름 베어링의 호칭번호가 6208일 때 안지름 (d)은 얼마인가?

① 10mm　　　　② 20mm
③ 30mm　　　　④ 40mm

풀이

62 08
→ 베어링 내경은 $8 \times 5 = 40\text{mm}$이다.
→ 깊은 홈 볼베어링(베어링 계열 기호)

15 6각의 대각선 거리보다 큰 지름의 자리면이 달린 너트로서 볼트 구멍이 클 때, 접촉면을 거칠게 다듬질 했을 때, 또는 큰 면압을 피하려고 할 때 쓰이는 너트(Nut)는?

① 둥근 너트　　　② 플랜지 너트
③ 아이 너트　　　④ 홈붙이 너트

풀이 플랜지 너트

플랜지 부분이 접촉면적을 넓힘

16 그림은 제3각법으로 나타낸 정투상도이다. 입체도로 가장 적합한 것은?

① ② ③ ④

풀이

17 치수 보조 기호 중에서 45°의 모따기를 나타내는 기호는?

① C ② t
③ R ④ Sϕ

풀이 치수 표시 기호
① C : 45° 모따기를 나타내는 기호
② t : 두께를 나타내는 기호
③ R : 반지름을 나타내는 기호
④ Sϕ : 구의 지름을 나타내는 기호

18 도면의 형상공차 기호가 나타내는 뜻으로 가장 적합한 것은?

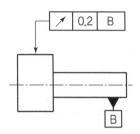

① 지시선의 화살표가 나타내는 원통면의 반지름 방향의 흔들림은 B의 축직선을 기준으로 1회전 하였을 경우 0.2mm보다 커서는 안 된다.
② 지시선의 화살표가 나타내는 원통면의 반지름 방향의 흔들림은 B의 축직선을 기준으로 1회전 하였을 경우 0.2mm보다 작아서는 안 된다.
③ 지시선의 화살표가 나타내는 원통면의 중심축의 축 방향 흔들림은 B의 축직선을 기준으로 1회전 하였을 경우 0.2mm보다 커서는 안 된다.
④ 지시선의 화살표가 나타내는 원통면의 중심축의 축 방향 흔들림은 B의 축직선을 기준으로 1회전 하였을 경우 0.2mm보다 작아서는 안 된다.

풀이 ↗ | 0.2 | B 를 설명한 내용은 ①번이다.
여기서, ↗ : 원주 흔들림 공차
　　　　0.2 : 0.2mm 이내 범위
　　　　B : 데이텀(기준면)

19 축과 구멍의 실제 치수에 따라 죔새가 생길 수도 있고 틈새가 생길 수도 있는 끼워 맞춤은?

① 이중 끼워맞춤
② 중간 끼워맞춤
③ 헐거운 끼워맞춤
④ 억지 끼워맞춤

풀이 중간 끼워맞춤에 대한 설명이다.

20 기계가공 도면에서 특수하게 가공하는 부분을 표시하는 특수 지정선으로 사용되는 선의 종류는?

① 가는 2점쇄선 ② 가는 실선
③ 굵은 1점쇄선 ④ 가는 1점쇄선

풀이 굵은 1점쇄선
• 기준선 : 기준선 중 특히 강조하는 데 쓰이는 선이다.
• 특수 지정선 : 특수한 가공을 하는 부분 등 특별한 요구 사항을 적용할 수 있는 범위를 표시하는 데 사용한다.

21 KS 나사 표시법에서 유니파이 가는 나사의 기호는?

① TM ② PS
③ UNF ④ UNC

풀이 KS 나사 표시법
• TM : 30° 사다리꼴 나사
• PS : 관용 테이퍼 나사(평행 암나사)
• UNF : 유니파이 가는 나사
• UNC : 유니파이 보통 나사

정답 | 17 ① 18 ① 19 ② 20 ③ 21 ③

22 가동 부분을 이동 중의 특정한 위치 혹은 이동 한계의 위치로 표시하는 데 사용하는 선은?

① 치수선   ② 지시선
③ 해칭선   ④ 가상선

풀이 가상선(─── - - ───)
- 인접 부분을 참고하거나 공구, 지그 등의 위치를 참고로 나타내는 데 사용한다.
- 가공 부분을 이동 중의 특정 위치 또는 이동 한계의 위치로 표시하는 데 사용한다.
- 되풀이하는 것을 나타내는 데 사용한다.
- 도시된 단면의 앞쪽에 있는 부분을 표시하는 데 사용한다.

23 그림과 같은 표면의 결에 관한 면의 지시기호에서 위치 a가 나타내는 것은?

① 가공방법
② 컷오프 값
③ 표면 거칠기 지시값
④ 결무늬 모양

풀이 지시기호 위치에 따른 표시

a : 표면 거칠기 지시값[R_a 값(μm)]

c : 컷오프 값, 평가 길이

d : 줄무늬 방향의 기호

e : 기계가공 공차(ISO에 규정되어 있음)

g : 표면 파상도(KS B 0610에 따름)

24 KS 기계제도에서 도면에 기입되는 길이 치수는 단위를 표기하지 않으나 실제 단위는?

① μm   ② cm
③ mm   ④ m

풀이 도면에서 따로 표시하지 않는 경우 길이의 기본 단위는 mm이다.

25 베어링 기호가 "F684C2P6"으로 나타나 있을 때 "C2"가 나타내는 뜻은?

① 안지름 번호
② 레이디얼 내부 틈새
③ 궤도륜 모양
④ 정밀도 등급

풀이 F684C2P6
- F : 궤도륜 모양 기호(플랜지 붙이)
- 68 : 베어링 계열 번호(깊은 홈 볼베어링)
- 4 : 베어링 안지름 번호(4mm)
- C2 : 레이디얼 내부 틈새기호(C2 틈새)
- P6 : 정밀도 등급 기호(6급)

26 두께 20mm의 탄소강판에 절삭속도 20 m/min, 드릴의 지름 10mm, 이송 0.2mm/rev로 구멍을 뚫는 데 소요되는 시간은 약 몇 초인가? (단, 드릴의 원추 높이는 7mm이고 다음 식을 이용한다)

$$T = \frac{t+h}{ns}$$

T : 소요시간, n : 드릴의 회전수,
s : 이송, t : 구멍 깊이, h : 원추 높이

① 8   ② 10
③ 13   ④ 20

풀이 드릴 날의 회전수 $n = \dfrac{1,000\,V}{\pi d} = \dfrac{1,000 \times 20}{\pi \times 10}$

$= 637$[rpm]

여기서, d : 드릴의 지름 [mm]

V : 절삭속도[m/min]

드릴작업의 소요시간 $T = \dfrac{t+h}{ns}$

$= \dfrac{20+7}{637 \times 0.2}$

$= 0.2119 \text{min} \fallingdotseq 13 \text{sec}$

27 선반가공에서 지름이 작고 긴 공작물의 처짐을 방지하기 위하여 사용하는 부속품은?

① 방진구 ② 마그넷 척
③ 단동척 ④ 심봉

풀이

[방진구]

[방진구 설치 예시]

28 절삭속도와 가공물의 지름 및 회전수와의 관계를 설명한 것으로 옳은 것은?

① 절삭작업이 진행됨에 따라 가공물 지름이 감소하면 경제적인 표준 절삭속도를 얻기 위하여 회전수를 증가시킨다.
② 절삭속도가 너무 빠르면 절삭온도가 낮아져 공구 선단의 경도가 저하되고 공구의 마모가 생긴다.
③ 절삭속도가 감소하면 가공물의 표면 거칠기가 좋아지고 절삭공구 수명이 단축된다.
④ 절삭속도의 단위는 분당 회전수(rpm)로 한다.

풀이 ② 절삭속도가 너무 빠르면 절삭온도가 높아져 공구 선단의 경도가 저하되고 공구의 마모가 생긴다.
③ 절삭속도가 증가하면 가공물의 표면 거칠기가 좋아지고 절삭공구 수명이 단축된다.
④ 절삭속도의 단위는 분당 가공길이(m/min)이다.

29 주로 수직 밀링에서 사용하며 평면가공에 주로 이용되는 커터는?

① 슬래브 밀링커터
② 정면 밀링거터
③ T홈 밀링커터
④ 더브테일 밀링커터

풀이

정면 밀링커터
가공 평면

30 수나사의 유효지름 측정 방법이 아닌 것은?

① 삼침법에 의한 방법
② 사인바에 의한 방법
③ 공구현미경에 의한 방법
④ 나사 마이크로미터에 의한 방법

풀이 나사 측정 방법

나사 마이크로미터, 삼침법, 공구현미경, 만능측장기 등

※ 사인바에 의한 방법 : 각도 측정 방법

31 연성재료를 절삭할 때 전단형 칩이 발생하는 조건으로 가장 알맞은 것은?

① 윤활성이 좋은 절삭유제를 사용할 때
② 저속절삭으로 절삭 깊이가 클 때
③ 절삭 깊이가 작고, 절삭속도가 빠를 때
④ 절삭 깊이가 작고, 경사각이 클 때

풀이 전단형 칩

㉠ 공구의 진행으로 공작물이 압축되어, 어느 한계에 이르면 전단을 일으켜 칩이 분리된다. 유동형에서는 슬립 현상이 균일하게 진행되는 데 비해 전단형은 주기성을 갖고 변하며, 변형이 최대가 될 때 전단면에서 칩이 파단된다. 대체로 저항, 온도변화 등이 양호한 편이긴 하지만 가공면이 거칠다.
㉡ 발생조건
• 연성재질을 저속으로 절삭한 경우
• 윗면 경사각이 작을 경우
• 절삭깊이가 무리하게 깊은 경우
• 취성재료를 절삭 시

칩 파단
바이트

32 표준 드릴의 여유각으로 가장 적합한 것은?

① 3 ~ 5° ② 5 ~ 8°

③ 12 ~ 15° ④ 15 ~ 18°

풀이 ▶ 표준 드릴의 여유각

12°~15°

33 다음은 2차원 절삭을 나타낸 그림이다. 절삭각은 어느 것인가?

← 절삭 방향

γ

β

α

θ

① α ② β

③ γ ④ θ

풀이 ▶ • α : 공구의 윗면 경사각
• β : 공구의 앞면 공구각
• γ : 절삭각
• θ : 공구의 측면 여유각

34 주로 수직 밀링에서 사용하는 커터로 바깥지름과 정면에 절삭날이 있으며 밀링커터 축에 수직인 평면을 가공할 때 편리한 커터는?

① 정면 밀링커터
② 슬래브 밀링커터
③ 평면 밀링커터
④ 측면 밀링커터

풀이 ▶

정면 밀링커터

가공 평면

35 마이크로미터에서 나사의 피치가 0.5mm, 딤블의 원주 눈금이 100등분 되어 있다면 최소 측정값은 얼마가 되겠는가?

① 0.05mm ② 0.01mm

③ 0.005mm ④ 0.001mm

풀이 ▶ 최소 측정값 = $\dfrac{\text{나사의 피치}}{\text{딤블의 등분 수}}$

$= \dfrac{0.5}{100} = 0.005\text{mm}$

36 절삭 시 발생하는 절삭온도에 대한 설명으로 옳은 것은?

① 절삭온도가 높아지면 절삭성이 향상된다.
② 가공물의 경도가 낮을수록 절삭온도는 높아진다.
③ 절삭온도가 높아지면 절삭공구의 마모가 증가된다.
④ 절삭온도가 높아지면 절삭공구 인선의 온도는 하강한다.

풀이 ▶ ① 절삭온도가 높아지면 절삭성이 떨어진다.
② 가공물의 경도가 낮을수록 절삭온도는 낮아진다.
④ 절삭온도가 높아지면 절삭공구 인선의 온도는 상승한다.

37 선반의 구성에 대한 설명으로 틀린 것은?

① 베드는 가공 정밀도가 높고 내마모성이 커야 한다.
② 베드는 강력한 절삭에 쉽게 변형되도록 설계되어 있다.
③ 공구대에 바이트를 고정하여 공작물을 가공할 수 있다.
④ 심압대는 공작물을 지지하거나 드릴 등의 공구를 고정할 때 사용한다.

풀이 ▶ 베드는 절삭력 및 중량, 가공 중 충격, 진동 등에 의한 변형이 없는 강성 구조이어야 한다.

정답 | 32 ③ 33 ③ 34 ① 35 ③ 36 ③ 37 ②

38 치수를 변화시키는 것보다 고정도의 표면 거칠기를 얻기 위한 정밀 입자가공은?

① 보링
② 리밍
③ 슈퍼피니싱
④ 숏피닝

풀이 슈퍼피니싱 : 공작물 표면을 다듬질하는 방법으로 초정밀다듬질이라고도 한다. 공작물의 표면에 입도가 고운 숫돌을 가벼운 압력으로 맞붙여 누르고 작은 진폭으로 진동시키면서, 공작물에는 회전 이송운동을 주어 공작물 표면을 다듬질하는 방법이다.

39 기계공작법을 크게 절삭가공과 비절삭가공으로 구분하여 분류할 때 절삭가공에 해당하는 것은?

① 주조
② 용접
③ 형삭
④ 단조

풀이 형삭가공 : 공구에 의한 절삭가공

※ 주조, 소성가공(단조), 용접은 비절삭가공이다.

40 선반작업에서 가늘고 긴 일감의 절삭력과 자중에 의한 휨과 처짐을 방지하기 위하여 사용하는 부속품은?

① 면판
② 맨드릴
③ 방진구
④ 콜릿척

41 광유에 비눗물을 첨가한 것으로 냉각작용이 비교적 크고, 윤활성도 있으며 값이 저렴한 절삭유는?

① 수용성 절삭유
② 유화유
③ 지방질유
④ 석유

풀이 유화유 : 광유+비눗물

42 "공작기계의 정밀도가 가공되는 제품의 정밀도에 영향을 미치는 것"이 설명하고 있는 공작기계 정밀도의 원리는?

① 모성 원리(copying principle)
② 정밀 원리(accurate principle)
③ 아베의 원리(Abbe's principle)
④ 파스칼의 원리(Pascal's principle)

풀이 모성 원리(copying principle) : 공작물(부품)의 정밀도는 해당 공작물을 가공한 공작기계의 정밀도를 넘을 수 없다.

43 일반적으로 CNC 공작기계에 사용되는 좌표축에서 절삭 동력이 전달되는 스핀들 축은?

① X축
② Y축
③ Z축
④ A축

풀이 CNC 선반에서 절삭동력이 전달되는 스핀들 축은 Z축이다.

44 머시닝 센터에서 프로그램 원점을 기준으로 직교 좌표계의 좌푯값을 입력하는 절대지령의 준비기능은?

① G90
② G91
③ G92
④ G89

풀이 G90(절대지령), G91(증분지령), G92(공작물 좌표계 설정), G89(보링 사이클)

45 머시닝 센터에서 XY 평면을 지정하는 G 코드는?

① G17
② G18
③ G19
④ G20

풀이 G17(XY 평면 설정), G18(ZX 평면 설정), G19(YZ 평면 설정), G20(inch 입력)

---

46 다음 머시닝 센터 프로그램에서 공구지름 보정에 사용된 보정번호는?

```
G17   G40 G49 G80 ;
G91   G28 Z0. ;
G28   X0. Y0. ;
G90   G92 X400. Y250. Z500. T01 M06 ;
G00   X-15. Y-15. S1000 M03 ;
G43   Z50. H01 ;
      Z3. ;
G01   Z-5. F100 M08 ;
G41   X0. D11 ;
```

① D11
② T01
③ M06
④ H01

47 CNC 공작기계 작업 시 안전 및 유의사항이 틀린 것은?

① 습동부에 윤활유가 충분히 공급되고 있는지 확인한다.
② 절삭가공은 드라이런 스위치를 on으로 하고 운전한다.
③ 전원을 투입하고 기계원점복귀를 한다.
④ 안전을 위해 칩 커버와 문을 닫고 가공한다.

48 CNC 공작기계에서 작업 전 일상적인 점검이 아닌 것은?

① 적정 유압압력 확인
② 공작물 고정 및 공구 클램핑 확인
③ 서보모터 구동 확인
④ 습동유 잔유량 확인

49 기계가공 전 매일 안전 점검할 사항이 아닌 것은?

① 공작물의 고정상태 점검
② 작업장의 조명상태 점검
③ 기계의 수평상태 점검
④ 공구의 장착 및 파손상태 점검

50 CNC 선반 프로그램에서 다음 지령에 대한 설명으로 틀린 것은?

```
G92 X(U)___ Z(W)___ R___ F___ ;
```

① F는 나사의 리드 값과 같게 지정한다.
② X(U)는 1회 절입할 때 나사의 골지름을 지정한다.
③ Z(W)는 나사 가공 길이를 지정한다.
④ R은 자동 모서리 코너 값을 지정한다.

51 준비기능의 그룹(group)에 대한 설명으로 맞는 것은?

① 그룹에 관계없이 준비기능(G 코드)은 같은 명령절(block)에 한 개만을 사용할 수 있다.
② 그룹에 관계없이 준비기능(G 코드)은 같은 명령절(block)에 2개 이상 사용하면 사용한 것 전부가 유효하다.
③ 그룹이 같은 준비기능(G 코드)은 같은 명령절(block)에 2개 이상 사용하면 사용한 것 전부가 유효하다.
④ 그룹이 다른 준비기능(G 코드)은 같은 명령절(block)에 2개 이상 사용하면 사용한 것 전부가 유효하다.

52 CNC 선반 프로그램에서 시계 방향(CW)의 원호를 가공 할 때 올바른 G 코드는?

① G02   ② G03

③ G04   ④ G05

풀이 G02 : 원호보간(CW : 시계 방향), G03 : 원호보 간(CCW : 반시계 방향)

53 머시닝 센터 프로그램에서 원호보간에 대한 설명으로 틀린 것은?

① R은 원호 반지름 값이다.

② I, J는 원호 시작점에서 중심점까지 벡터 값이다.

③ R과 I, J는 함께 명령할 수 있다.

④ I, J의 값 중 0인 값은 생략할 수 있다.

풀이 R 지령방식은 360°를 한 번에 가공할 수 없으므로 I, J와 함께 사용하지 않는다.

54 CNC 선반에서 지령값 X70.0으로 프로그램하 여 소재를 시험 가공한 후에 측정한 결과 ϕ 69.950이었다. 기존의 X축 보정값을 0.005라 하 면 공구 보정값을 얼마로 수정해야 하는가?

① 0.045   ② 0.055

③ 0.005   ④ 0.01

풀이 측정값과 지령값의 오차

$=69.95-70=-0.05$ (0.05만큼 작게 가공됨)

그러므로 공구를 X축 방향으로 +0.05만큼 이동하 는 보정을 하여야 한다.

외경이 기준치수보다 작게 가공되었으므로 + 값을 더하여 크게 가공해야 한다.

공구 보정값=기존의 보정값+더해야 할 보정값

$=0.005+(+0.05)$

$=0.055$

55 다음 머시닝 센터 프로그램에서 경보(alarm) 가 발생할 수 있는 블록의 전개번호는?

```
N001 G91 G01 X20. Y20. ;
N002 G01 Z-5. F85 M08 ;
N003 G02 X20. Y0. R10. ;
N004 Y-20. ;
N005 G90 G00 Z10. ;
```

① N002   ② N003

③ N004   ④ N005

풀이 N004 : Y 값만 존재하고 어떤 작업을 해야 하는지 명시되지 않아서 경보가 발생한다.

56 CNC 선반에서 G01 Z10.0 F0.15 ;으로 프로 그램한 것을 조작 패널에서 이송속도 조절장 치(feedrate override)를 80%로 했을 경우 실 제 이송속도는?

① 0.1   ② 0.12

③ 0.15   ④ 0.18

풀이 F(이송속도)가 0.15mm/rev이고, 이송속도 조절 장치를 80%로 설정하였으므로

$0.15 \times 0.8 = 0.12$

57 다음 CNC 선반 프로그램에서 N04 블록을 수 행할 때의 회전수는 얼마가 되겠는가?

```
N01 G50 X200.0 Z160.0 S2000 T0100 ;
N02 G96 S150 M03 ;
N03 G00 X120. Z24.0 ;
N04 G01 X10. F0.2 ;
```

① 4,775rpm   ② 2,000rpm

③ 2,500rpm   ④ 150rpm

풀이 • $N = \dfrac{1,000S}{\pi D}$ (rpm)

$= \dfrac{1,000 \times 150}{\pi \times 10} = 4,774.65 ≒ 4,775$ (rpm)

여기서, N : 주축의 회전수(rpm)

S : 절삭속도(m/min)=S150

D : 공작물의 지름(mm)=X10.

• N01 G50 X200.0 Z160.0 S2000 T0100 ;
G50에서 주축 최고 회전수를 2,000rpm으로 제한
하였으므로 주축의 회전수는 4,775rpm이 아닌
2,000rpm이 답이다.

58 다음 CNC 선반 프로그램에 대한 설명으로 틀린 것은?

```
G28     U0. W0. ;
        Ⓐ
G50     X150. Z150. S2000 T0100 ;
        Ⓑ      Ⓒ
G96     S180 M03 ;
        Ⓓ
```

① Ⓐ : 기계 원점 복귀 시의 경유점 지정
② Ⓑ : X축과 Z축의 좌표계 치수
③ Ⓒ : 주축 회전수 2,000rpm으로 일정하게 유지
④ Ⓓ : 원주속도를 180m/min로 일정하게 제어

풀이 S2000 : 주축 최고 회전수를 2,000rpm으로 지정

59 선반작업에서 방호장치로 부적합한 것은?

① 칩이 짧게 끊어지도록 칩브레이커를 둔 바이트를 사용한다.
② 칩이나 절삭유 등의 비산으로부터 보호를 위해 이동용 실드를 설치한다.
③ 작업 중 급정지를 위해 역회전 스위치를 설치한다.
④ 긴 일감 가공 시 덮개를 부착한다.

풀이 작업 중 위험한 상황이 발생하면 비상정지 버튼을 누른다.

60 CAM 시스템의 곡면 가공방법에서 Z축 방향의 높이가 같은 부분을 연결하여 가공하는 방법은?

① 주사선 가공   ② 등고선 가공
③ 펜슬 가공   ④ 방사형 가공

풀이 등고선 가공 : CAM 시스템의 곡면 가공방법에서 Z축 방향의 높이가 같은 부분을 연결하여 가공하는 방법을 말한다.

제2회 CBT 모의고사

01 산화물계 세라믹의 주재료는?

① SiO_2
② SiC
③ TiC
④ TiN

풀이 파인 세라믹은 크게 산화물계와 비산화물계로 나눌 수 있다.
- 산화물계 : 이산화규소(SiO_2)나 산화알루미늄(Al_2O_3) 등과 같이 금속 원소와 산소가 결합하여 이루어진 천연의 화합물이다.
- 비산화물계 : 산화물계에서의 산소(O)의 역할을 탄소(C), 질소(N), 붕소(B) 등이 대신하고 있는 화합물로서, 탄화규소(SiC), 질화규소(Si_3N_4), 질화붕소(BN) 등이 있다.

02 특수강에 첨가되는 합금원소의 특성을 나타낸 것 중 틀린 것은?

① Ni : 내식성 및 내산성을 증가
② Co : 보통 Cu와 함께 사용되며 고온 강도 및 고온 경도를 저하
③ Ti : Si나 V과 비슷하고 부식에 대한 저항이 매우 큼
④ Mo : 담금질 깊이를 깊게 하고 내식성 증가

풀이 Co : 고온 경도와 고온 인장강도 증가

03 황동에 첨가하면 강도와 연신율은 감소하나 절삭성을 좋게 하는 것은?

① 납
② 알루미늄
③ 주석
④ 철

풀이 납황동(쾌삭황동) : 황동에 납을 1.5~3.7%까지 첨가하여 절삭성을 좋게 한 것으로, 정밀 절삭 가공을 필요로 하는 시계와 계기용 나사 등의 재료로 사용된다.

04 니켈-구리 합금 중 Ni의 일부를 Zn으로 치환한 것으로, Ni 8~20%, Zn 20~35% 나머지가 Cu인 단일 고용체로 식기, 악기 등에 사용되는 합금은?

① 베네딕트메탈(Benedict metal)
② 큐프로니켈(cupro-nickel)
③ 양백(nickel silver)
④ 콘스탄탄(constantan)

풀이 양백(양은, 니켈 황동)
- 니켈을 첨가한 합금으로 단단하고 부식에도 잘 견딘다.
- Ni(10~20%)+Zn(15~30%), 나머지 Cu인 것이 많이 사용된다.
- 선재, 판재로서 스프링에 사용되며, 내식성이 크므로 장식품, 식기류, 가구 재료, 계측기, 의료기기 등에 사용된다.
- 전기 저항이 높고 내열성, 내식성이 좋아 일반 전기 저항체로 이용된다.

05 일반적인 합성수지의 장점이 아닌 것은?

① 가공성이 뛰어나다.
② 절연성이 우수하다.
③ 가벼우며 열에 강하다.
④ 임의의 색깔로 착색할 수 있다.

정답 | 01 ① 02 ② 03 ① 04 ③ 05 ③

풀이 합성수지는 열에 약하다.

합성수지의 장점
- 가볍고 강하다.
- 녹슬거나 썩지 않는다.
- 투명성이 있으며 착색이 자유롭다.
- 절연성이 뛰어나다.
- 방수성, 방습성이 우수하다.
- 가공성이 좋다.
- 값이 싸고, 대량 생산이 가능하다.

06 고탄소 주철로서 회주철과 같이 주조성이 우수한 백선 주물을 만들고 열처리함으로써 강인한 조직이 되게 하여 단조를 가능하게 한 주철은?

① 회주철 　　　　② 가단주철
③ 칠드주철 　　　　④ 합금주철

풀이 가단주철[可(가 : 가능하다, 허락하다)鍛(단 : 두드리다)鑄鐵(주철 : 쇠를 부어 만든 철)] : 단조가 가능한 주철

07 기계구조용 탄소강의 기호가 SM40C라 표현되어 있다. 여기에서 40이란 숫자가 나타내는 뜻은?

① 인장강도의 평균치
② 탄소 함유량의 평균치
③ 가공도의 평균치
④ 경도의 평균치

풀이 SM40C(Steel Machine Carbon)
- SM : 기계구조용 탄소강
- 40C : 탄소 함유량 0.4%

08 축에서 키 홈을 가공하지 않고 보스에만 테이퍼 키 홈을 만들어서 홈 속에 키를 끼우는 것은?

① 묻힘 키(성크 키)
② 새들 키(안장 키)
③ 반달 키
④ 둥근 키

풀이 새들 키

09 연신율이 20%이고, 파괴되기 직전의 늘어난 시편의 전체 길이가 30cm일 때 시편의 본래의 길이는?

① 20cm 　　　　② 25cm
③ 30cm 　　　　④ 35cm

풀이 연신율 $\varepsilon = \dfrac{l_2 - l_1}{l_1} \times 100$ [본래 길이(l_1)에 대한 늘

어난 길이($l_2 - l_1$)의 비, 백분율로 나타낸다.]

$\therefore \; l_1 = \dfrac{100 \times l_2}{\varepsilon + 100} = \dfrac{100 \times 30}{20 + 100} = 25\text{(cm)}$

여기서, l_1 : 시편의 본래의 길이

l_2 : 늘어난 시편의 전체 길이

10 브레이크 재료 중 마찰계수가 가장 큰 것은?

① 주철 　　　　② 석면직물
③ 청동 　　　　② 황동

풀이 석면직물 : 석면 섬유에 페놀 수지를 침투시켜 굳힌 물질로 내열성이 뛰어나고 잘 찢어지지 않으므로 마찰재로 적합하지만, 석면 가루는 사람과 환경에 유해하므로 지금은 거의 사용하지 않는다.

11 한 변의 길이가 2cm인 정사각형 단면의 주철제 각봉에 4,000N의 중량을 가진 물체를 올려놓았을 때 생기는 압축응력(N/mm²)은?

① 10 　　　　② 20
③ 30 　　　　④ 40

풀이 응력은 면적분포의 힘이므로

압축응력 $\sigma_c = \dfrac{F}{A} = \dfrac{4,000}{20 \times 20} = 10\text{(N/mm}^2\text{)}$

여기서, F : 압축하중(N)

A : 봉의 사각 단면적(mm²)

정사각형 한 변의 길이 : 2cm=20mm

정사각형의 넓이 : 20mm×20mm=400mm²

12 물체의 단면에 따라 평행하게 생기는 접선응력에 해당 되는 것은?

① 전단응력　　② 인장응력

③ 압축응력　　④ 변형응력

풀이 전단하중

하중이 파괴면적에 평행하게 작용한다.

13 원형봉에 비틀림 모멘트를 가하면 비틀림이 생기는 원리를 이용한 스프링은?

① 코일 스프링　　② 벌류트 스프링

③ 접시 스프링　　④ 토션바

풀이 토션바

비틀림 탄성을 이용하여 완충작용을 하는 스프링

14 테이퍼 핀에 대한 설명으로 옳은 것은?

① 보통 1/50의 테이퍼를 가지며 호칭지름은 작은 쪽의 지름으로 표시한다.

② 보통 1/200의 테이퍼를 가지며 호칭지름은 작은 쪽의 지름으로 표시한다.

③ 보통 1/50의 테이퍼를 가지며 호칭지름은 큰 쪽의 지름으로 표시한다.

④ 보통 1/100의 테이퍼를 가지며 호칭지름은 가운데 부분의 지름으로 표시한다.

풀이 테이퍼 핀

15 표준 평기어에서 피치원 지름이 600mm, 모듈이 10인 경우 기어의 잇수는 몇 개인가?

① 50　　　　② 60

③ 100　　　④ 120

풀이 기어의 잇수 $z = \dfrac{D}{m} = \dfrac{600}{10} = 60$(개)

($D = m \cdot z$에서)

여기서, D : 피치원지름, m : 모듈

16 끼워맞춤공차 중 G7/h6은 어떤 끼워 맞춤에 해당하는가?

① 구멍 기준식에서 헐거운 끼워맞춤

② 축 기준식에서 헐거운 끼워맞춤

③ 구멍 기준식에서 억지 끼워맞춤

④ 축 기준에서 억지 끼워맞춤

풀이 h6은 축 기준식을 뜻하고 G는 h보다 앞쪽이므로 헐거운 끼워맞춤이다.

17 다음 기하공차의 기호 중 단독형체에 적용하는 공차가 아닌 것은?

① ——　　　② ▱

③ ○　　　　④ //

풀이 평행도 공차(//)는 자세 공차에 해당하므로 관련 형체가 필요하다.

18 기계제도에서 가동 부분을 이동 중의 특정한 위치 또는 이동 한계의 위치로 표시하는 데 사용하는 선은?

① 지시선　　　② 중심선

③ 파단선　　　④ 가상선

- 인접 부분을 참고하거나 공구, 지그 등의 위치를 참고로 나타내는 데 사용한다.
- 가공 부분을 이동 중의 특정 위치 또는 이동 한계의 위치로 표시하는 데 사용한다.
- 되풀이하는 것을 나타내는 데 사용한다.
- 도시된 단면의 앞쪽에 있는 부분을 표시하는 데 사용한다.

19 그림과 같은 3각법에 의한 투상도에 가장 적합한 입체도는?(단, 화살표 방향이 정면이다.)

풀이

20 나사 표시 기호 중 유니파이 보통 나사를 표시하는 기호는?

① M
② UNC
③ PT
④ G

풀이 KS 나사 표시법
- M : 미터 (보통, 가는) 나사
- UNC : 유니파이 보통 나사
- PT : 관용 테이퍼 나사(테이퍼 나사)
- G : 관용 평행 나사

21 도면에 보기와 같은 형상공차가 기입되어 있을 때 올바르게 설명한 것은?

//	0.01
	0.005/100

① 소정의 길이 100mm에 대하여 0.005mm, 전체 길이에 대하여 0.01mm 의 평행도
② 소정의 길이 100mm에 대하여 0.005mm, 전체 길이에 대하여 0.01mm 의 대칭도
③ 소정의 길이 100mm에 대하여 0.005mm, 전체 길이에 대하여 0.01mm 의 직각도
④ 소정의 길이 100mm에 대하여 0.005mm, 전체 길이에 대하여 0.01mm 의 경사도

풀이 • // : 평행도 공차
- 0.01 : 전체 길이에 대하여 0.01mm 이내 범위
- 0.005/100 : 소정의 길이 100mm에 대하여 0.005 mm 이내 범위

22 가공 모양의 기호 중 가공으로 생긴 컷의 줄무늬가 거의 동심원 모양임을 표시하는 기호는?

① ②

③ ④

풀이 줄무늬 방향 기호
C : 가공으로 생긴 커터의 줄무늬가 기호를 기입한 면의 중심에 대하여 동심원 모양

23 다음 중 회전 도시 단면도로 나타내기에 적합한 것으로만 되어 있는 것은?

① 바퀴의 암(arm), 와셔, 축
② 바퀴의 암(arm), 기어의 이, 축
③ 기어의 이, 작은 나사, 리벳
④ 리브, 훅, 바퀴의 암(arm)

(풀이) 자른 면을 90° 회전시켜 형상을 보여주는 기법으로 자른 단면을 오른쪽 방향의 수직인 위치에서 바라본 형상이라고 생각하면 이해하기 쉽다. 바퀴의 암(arm), 리브, 형강, 훅 등에 많이 적용한다.

24 기어의 도시 방법으로 틀린 것은?

① 잇봉우리원은 굵은 실선으로 그린다.
② 피치원은 가는 1점쇄선으로 그린다.
③ 이골원은 가는 파선으로 그린다.
④ 잇줄 방향은 통상 3개의 가는 실선으로 그린다.

(풀이) 이골원(이뿌리원)은 가는 실선으로 그린다.

25 치수 표시에 쓰이는 기호 중 45° 모따기를 의미하는 뜻을 나타낼 때 사용하는 문자 기호는?

① R ② P
③ C ④ t

(풀이) **치수 표시 기호**
• R : 반지름을 나타내는 기호
• C : 45° 모따기를 나타내는 기호
• t : 두께를 나타내는 기호

26 다음 중 절삭 공구용 재료가 가져야 할 기계적 성질 중 맞는 것을 모두 고르면?

ㄱ 고온 경도(hot hardness)
ㄴ 취성(brittleness)
ㄷ 내마멸성(resistance to wear)
ㄹ 강인성(toughness)

① ㄱ, ㄴ, ㄷ ② ㄱ, ㄴ, ㄷ
③ ㄱ, ㄷ, ㄹ ④ ㄴ, ㄷ, ㄹ

(풀이) **공구재료의 구비조건**
• 상온 및 고온 경도가 높을 것
• 강인성 및 내마모성이 클 것
• 가공 및 열처리가 쉬울 것
• 내충격성이 우수할 것
• 마찰계수가 작을 것

27 어느 공작물에 일정한 간격으로 동시에 5개의 구멍을 가공 후 탭 가공을 하려고 한다. 적합한 드릴링머신은?

① 다두 드릴링머신
② 레이디얼 드릴링머신
③ 다축 드릴링머신
④ 직립 드릴링머신

(풀이) **다축 드릴링머신**
다수의 구멍을 동시에 가공할 수 있다.

28 다음 중 구성인선(built up edge)이 잘 생기지 않고 능률적으로 가공할 수 있는 방법으로 가장 적당한 것은?

① 절삭 깊이를 얕게 한다.
② 절삭 속도를 작게 한다.
③ 재결정 온도 이하에서 가공한다.
④ 공구의 윗면 경사각을 작게 한다.

풀이 구성인선의 방지법

- 절삭깊이를 얕게 하고, 윗면 경사각을 크게 한다.
- 절삭속도를 빠르게 한다.
- 날 끝에 경질 크롬 도금 등을 하여 윗면 경사각을 매끄럽게 한다.
- 윤활성이 좋은 절삭유를 사용한다.
- 절삭공구의 인선을 예리하게 한다.

29 절삭속도 75m/min, 밀링커터의 날 수 8, 지름 95mm, 1날당 이송을 0.04mm라 하면 테이블의 이송속도는 몇 mm/min인가?

① 129.1   ② 80.4

③ 13.4   ④ 10.1

풀이 밀링커터의 회전수 $n = \dfrac{1,000\,V}{\pi d} = \dfrac{1,000 \times 75}{\pi \times 95}$

$$= 251.3(\mathrm{rpm})$$

여기서, V : 절삭속도(m/min)

d : 밀링커터의 지름(mm)

테이블의 이송속도 $f = f_z \times z \times n$

$$= 0.04 \times 8 \times 251.3$$

$$= 80.4(\mathrm{mm/min})$$

여기서, f_z : 밀링커터의 날 1개마다 이송(mm)

z : 밀링커터의 날 수

n : 밀링커터의 회전수(rpm)

30 밀링머신에서 분할대를 이용하는 방법이 아닌 것은?

① 직접 분할 방법   ② 간접 분할 방법

③ 단식 분할 방법   ④ 차동 분할 방법

풀이 밀링머신의 분할법에 간접 분할 방법은 없다.

31 모형이나 형판을 따라 바이트를 안내하고 테이퍼나 곡면 등을 절삭하며, 유압식, 전기식, 전기 유압식 등의 종류를 갖는 선반은?

① 공구 선반   ② 자동 선반

③ 모방 선반   ④ 터릿 선반

풀이 모방 선반의 예

32 버니어캘리퍼스, 마이크로미터 등이 대표적인 측정기로, 측정 대상물의 크기를 측정기의 눈금을 이용하여 직접 읽는 측정방법은?

① 직접 측정   ② 간접 측정

③ 비교 측정   ④ 형상 측정

풀이
- 간접 측정 : 측정값과 일정한 관계가 있는 몇 개의 값을 측정함으로써 구하고자 하는 측정값을 간접적으로 구하는 측정법
- 비교 측정 : 측정되는 값과 동종의 값에 대해서 표준을 정하고, 이것과 비교함으로써 미지값을 구하는 측정법

33 다음 절삭유제에 대한 설명 중 틀린 것은?

① 공구와 칩 사이의 마찰을 줄여준다.

② 절삭열을 냉각시켜 준다.

③ 공구와 공작물을 씻어준다.

④ 공구와 공작물 사이의 친화력을 크게 한다.

풀이 ④ 공구와 공작물 사이에서 윤활작용을 하여 마찰을 감소시킨다.

34 엔드밀에 의한 가공에 관한 설명 중 틀린 것은?

① 엔드밀은 홈이나 좁은 평면 등의 절삭에 많이 이용된다.

② 엔드밀은 가능한 한 길게 고정하고 사용한다.

③ 휨을 방지하기 위해 가능한 한 절삭량을 적게 한다.

④ 엔드밀은 가능한 한 지름이 큰 것을 사용한다.

풀이 ② 엔드밀은 가능한 한 짧게 고정하여 사용한다.

정답 | **29** ②   **30** ②   **31** ③   **32** ①   **33** ④   **34** ②

35 센터리스 연삭의 통과 이송 방법에서 공작물을 이송시키는 역할을 하는 구성 요소는?

① 연삭숫돌바퀴　　② 조정숫돌바퀴
③ 지지롤　　　　　④ 받침판

풀이 통과 이송법의 원리
조정숫돌을 1~5° 기울여 공작물이 회전되면서 자동으로 이송되어 연삭할 수 있다.

연삭숫돌바퀴
공작물
받침날　조정숫돌바퀴

36 연성 재료의 절삭 깊이를 얕게 하고, 절삭속도를 빠르게 가공할 때 일반적으로 발생하는 칩의 형태는?

① 유동형 칩　　　② 전단형 칩
③ 경작형 칩　　　④ 균열형 칩

풀이 유동형 칩
㉠ 재료 내의 소성 변형이 연속적으로 일어나 균일한 두께의 칩이 흐르는 것처럼 매끄럽게 이어져 나오는 것
㉡ 발생조건
 • 신축성이 크고 소성 변형하기 쉬운 재료(연강, 동, 알루미늄 등)
 • 바이트의 윗면 경사각이 클 때
 • 절삭속도가 클 때
 • 절삭량이 적을 때
 • 인성이 크고, 연한 재료

유동형 칩
바이트

37 선삭용 인서트 형번 표기법(ISO)에서 인서트의 형상이 정사각형에 해당되는 것은?

① C　　　　　　② D
③ S　　　　　　④ V

풀이 인서트 → 절삭날

R　S　C　W　T　D　V

절삭날 강성 증가 (큰 노즈 각)	진동 성향 감소 (작은 노즈 각)
• 더 강한 절삭날	• 접근성 증가
• 더 높은 이송	• 진동 감소
• 절삭 부하 증가	• 절삭 부하 감소
• 진동 증가	• 더 약한 절삭날

38 연삭숫돌의 자생작용이 일어나는 순서로 올바른 것은?

① 입자의 마멸 → 파쇄 → 탈락 → 생성
② 입자의 탈락 → 마멸 → 파쇄 → 생성
③ 입자의 파쇄 → 마멸 → 생성 → 탈락
④ 입자의 마멸 → 생성 → 파쇄 → 탈락

풀이 연삭숫돌은 자생작용(입자의 마멸 → 파쇄 → 탈락 → 생성)을 하므로 다른 공구와 같이 작업 중 재연마를 할 필요가 없어 연삭작업을 계속할 수 있다.

39 평면 연삭가공의 일반적인 특징으로 틀린 것은?

① 경화된 강과 같은 단단한 재료를 가공할 수 있다.
② 치수 정밀도가 높고, 표면 거칠기가 우수한 다듬질면 가공에 이용된다.
③ 부품 생산의 마무리 공정에 이용되는 것이 일반적이다.
④ 바이트로 가공하는 것보다 절삭속도가 매우 느리다.

풀이 ④ 바이트로 가공하는 것보다 절삭속도가 빠르고, 가공면이 매끄럽고 가공 정밀도가 높다.

40 밀링의 절삭방식 중 하향절삭과 비교한 상향 절삭의 장점으로 올바른 것은?

① 커터 날의 마멸이 작고 수명이 길다.
② 일감의 고정이 간편하다.
③ 날 자리 간격이 짧고, 가공면이 깨끗하다.
④ 이송기구의 백래시가 자연히 제거된다.

풀이 상향절삭과 하향절삭의 비교

구분	상향절삭	하향절삭
커터의 회전방향	공작물 이송방향과 반대이다.	공작물 이송방향과 동일하다.
백래시 제거장치	필요 없다.	필요하다.
기계의 강성	낮아도 무방하다.	높아야 한다.
공작물 고정	불안정하다.	안정적이다.
커터의 수명	수명이 짧다.	수명이 길다.
칩의 제거	칩이 잘 제거된다.	칩이 잘 제거되지 않는다.
절삭면	거칠다.	깨끗하다.
동력 손실	많다.	적다.

41 선반에서 가늘고 긴 공작물을 가공할 때 발생 하는 떨림 현상이 일어나지 않도록 하기 위하 여 사용하는 장치는?

① 돌림판　　　② 맨드릴
③ 센터　　　　④ 방진구

42 구성인선(built-up edge)의 영향으로 틀린 것은?

① 절삭공구에 진동이 발생한다.
② 절삭공구 날 끝이 마멸된다.
③ 공작물 가공면이 거칠어진다.
④ 공작물 가공 치수가 정확해진다.

풀이 ④ 공작물 가공 치수가 부정확해진다.

※ 구성인선 : 절삭된 칩의 일부가 바이트 끝에 부착 되어 절삭날과 같은 작용을 하면서 절삭을 하는 것

[구성인선의 발생과 분열]

43 아래 보기에서 N11 블록을 실행하여 공구가 이동 시 걸린 시간은?

N10 G97 S1000 ;
N11 G99 G01 W-100. F0.2 ;

① 30초　　　　② 40초
③ 50초　　　　④ 60초

풀이 $T = \dfrac{L \times 60}{NF}$

$= \dfrac{100\text{mm} \times 60}{1,000\text{rpm} \times 0.2\text{mm/rev}} = 30\text{sec}$

여기서, T : 공구 이동시간(sec)
　　　　L : 공작물의 가공길이(mm) ⇒ W-100.
　　　　N : 공작물의 회전수(rpm) ⇒ S1000
　　　　F : 이송속도(mm/rev) ⇒ F0.2

44 CNC 선반의 반자동(MDI) 모드에서 실행하였 을 경우 경보(alarm)가 발생하는 블록은?

N01 G00 U20. W-20. ;
N02 G03 U20. W-10. R10. F0.1 ;
N03 T0100 S2000 M03 ;
N04 G70 P01 Q02 F0.1 ;

① N01　　　　② N02
③ N03　　　　④ N04

풀이 반자동(MDI) 모드 : 수동으로 데이터를 입력하여 기계운전을 실행할 수 있으며, 공구교환, 주축회전, 간단한 절삭이송 등을 할 때 사용한다. 복합형 고정 사이클 중에서 G70, G71, G72, G73 등과 같이 실 행하면 경보(alarm)가 발생한다.

45 CNC 선반에서 축 방향에 비해 단면 방향의 가공 길이가 긴 경우에 사용되는 단면 절삭 사이클은?

① G76   ② G90

③ G92   ④ G94

풀이 • G94 : 단면 절삭 사이클
 • G76 : 자동 나사 가공 사이클
 • G90 : 내 · 외경 절삭 사이클
 • G92 : 나사 절삭 사이클

46 자동 공구 교환장치(ATC)가 부착된 CNC 공작기계는?

① 머시닝 센터
② CNC 성형연삭기
③ CNC 와이어컷 방전가공기
④ CNC 밀링

풀이 머시닝 센터가 자동 공구 교환장치(ATC)가 부착되어 있다.

47 CAM 시스템에서 정보의 흐름을 단계별로 나타낸 것 중 가장 타당한 것은?

① 도형 정의 → CL 데이터 생성 → NC 코드 생성 → DNC
② CL 데이터 생성 → 도형 정의 → NC 코드 생성 → DNC
③ 도형 정의 → NC 코드 생성 → CL 데이터 생성 → DNC
④ CL 데이터 생성 → NC 코드 생성 → 도형 정의 → DNC

풀이 CAM 시스템에서 정보의 흐름
도형 정의 → CL 데이터 생성 → NC 코드 생성 → DNC

48 CNC 선반에서 공구가 B점을 출발하여 C점까지 가공하는 프로그램으로 바른 것은?

① G03 X50. Z−22. R3. ;
② G02 X50. Z−23. R3. ;
③ G02 X50. Z−22. R3. ;
④ G03 X50. Z22. R3. ;

풀이 점 B에서 점 C까지의 원호가공 프로그램 :
G03 X50. Z22. R3. ;
 • G03 : 반시계 방향 가공
 • X50. : 점 C의 X축 방향의 위치(지름 입력)
 • Z22. : 점 C의 Z축 방향의 위치[절대지령이므로 원점 표시기호(◑)를 기준]
 • R3. : 180° 이하의 원호이므로 + 값 입력

49 머시닝 센터 프로그램에서 공구와 가공물의 위치가 그림과 같을 때 공작물 좌표계 설정으로 맞는 것은?

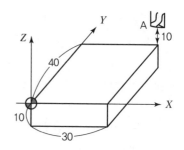

① G92 G90 X40. Y30. Z20. ;
② G92 G90 X30. Y40. Z10. ;
③ G92 G90 X−30. Y−40. Z10. ;
④ G92 G90 X−40. Y−30. Z10. ;

풀이 G92 G90 X30. Y40. Z10. ;

원점 표시기호(◑)를 기준으로 공구의 위치는 X축 방향으로 +30, Y축 방향으로 +40, Z축 방향으로 +10만큼 떨어져 있다. G92(공작물 좌표계 설정), G90(절대지령)

50 CNC 선반에서 단일형 고정 사이클 준비기능이 아닌 것은?

① G74　　　　② G90

③ G92　　　　④ G94

풀이 단일형 고정 사이클은 1회 절삭으로는 불가능하여 여러 번 반복하여 절삭하는 사이클로서 G90(내·외경 절삭 사이클), G92(나사 절삭 사이클), G94(단면 절삭 사이클) 등이 있고, G74(단면 홈 가공 사이클)는 복합형 고정 사이클에 속한다.

51 CNC 서보 기구 중에서 기계의 테이블에 직선자(scale)를 부착하여 위치를 검출한 후 위치 편차를 피드백(feedback)하여 사용하는 그림과 같은 서보기구는?

① 개방 회로　　② 반폐쇄 회로

③ 폐쇄 회로　　④ 반개방 회로

풀이 폐쇄 회로 방식(closed loop system)

㉠ 속도정보는 서보모터에 내장된 타코 제너레이터에서 검출되어 제어된다.

㉡ 위치정보는 최종 제어 대상인 테이블에 리니어 스케일(linear scale, 직선자)을 부착하여 테이블의 직선 방향 위치를 검출하여 제어된다.

52 선반가공의 작업 안전으로 거리가 먼 것은?

① 절삭가공을 할 때에는 반드시 보안경을 착용하여 눈을 보호한다.

② 겨울에 절삭작업을 할 때에는 면장갑을 착용해도 무방하다.

③ 척이 회전하는 도중에 일감이 튀어나오지 않도록 확실히 고정한다.

④ 절삭유가 실습장 바닥으로 누출되지 않도록 한다.

풀이 계절에 관계없이 작업자의 안전을 위해 장갑은 착용하지 않는다.

53 다음 CNC 선반 프로그램에서 N40 블록에서의 절삭속도는?

```
N10 G50 X150. Z150. S1000 T0100 ;
N20 G96 S100 M03 ;
N30 G00 X80. Z5. T0101 ;
N40 G01 Z-150. F0.1 M08 ;
```

① 100m/min

② 398m/min

③ 100rpm

④ 0.398rpm

풀이
$$N = \frac{1,000 S}{\pi D} \text{(rpm)}$$
$$= \frac{1,000 \times 100}{\pi \times 80} = 397.89 = 398 \text{(rpm)}$$

여기서, N : 주축의 회전수(rpm)

S : 절삭속도(m/min)=S100

D : 공작물의 지름(mm)=X80.

- N01 G50 X150. Z150. S1000 T0100 ;

G50에서 제한한 주축 최고 회전수는 1,000rpm이며, 제한된 회전수를 넘지 않으므로 주축의 회전수는 398rpm이다.

따라서, N40 블럭에서의 절삭속도는 100m/min이다.

54 휴지(dwell)를 나타내는 주소(address) 중 소수점을 사용할 수 없는 것은?

① P　　　　② Q

③ U　　　　④ X

풀이 휴지(dwell)기능 G04에서 P는 소수점 사용 불가이고 X, U는 소수점 이하 세 자리까지 사용 가능하다.

55 단일형 고정 사이클에서 안쪽과 바깥지름 절삭 사이클로 테이퍼를 가공할 때 옳게 지령한 것은?

① G90 X_ Z_ W_ F_ ;
② G90 X_ Z_ U_ F_ ;
③ G90 X_ Z_ K_ F_ ;
④ G90 X_ Z_ I_ F_ ;

풀이 • 테이퍼 절삭 :
　　G90 X(U)___ Z(W)___ I(R)___ F___ ;
　　• 직선 절삭 :
　　G90 X(U)___ Z(W)___ F___ ;

56 선반용 툴홀더 ISO 규격 C S K P̲ R 25 25 M 12에서 밑줄 친 P가 나타내는 것은?

① 클램핑 방식　　② 인서트 형상
③ 인서트 여유각　④ 공구 방향

풀이 선반 외경용 툴홀더 ISO 규격

C	클램핑 방식
S	인서트 형상
K	홀더 형상
P	인서트 여유각
R	공구 방향
25	홀더 높이
25	홀더 폭
M	홀더 길이
12	절삭날 길이

57 CAD/CAM 시스템의 입출력 장치에서 출력장치에 해당하는 것은?

① 프린터　　② 조이스틱
③ 라이트 펜　④ 마우스

풀이 조이스틱, 라이트 펜, 마우스는 입력장치에 해당하고 프린터는 출력장치에 해당한다.

58 일반적으로 CNC 선반에서 가공하기 어려운 작업은?

① 원호가공　　② 테이퍼 가공
③ 편심가공　　④ 나사가공

풀이 편심 가공 : CNC 선반에서는 보통 유압 척이 설치되어 있어서 편심가공이 힘들며, 단동 척인 경우 편심가공이 가능하나 정밀가공을 하기 쉽지 않다. 따라서 CNC 선반에서 편심가공을 하는 경우 보통 지그를 제작하여 편심작업을 한다.

59 CNC 공작기계에서 사람의 손과 발에 해당하는 것은?

① 정보처리 회로　② 볼 스크루
③ 서보기구　　　④ 조작반

풀이 서보기구 : 인체에서 손과 발에 해당하는 것으로 머리에 비유하는 정보처리 회로(CPU)로부터 보내진 명령에 의하여 공작기계의 테이블 등을 움직이게 하는 기구를 말한다.

60 머시닝 센터에서 주축의 회전수를 일정하게 제어하기 위하여 지령하는 준비 기능은?

① G96　　② G97
③ G98　　④ G99

풀이 • G96 : 절삭속도(m/min) 일정 제어
• G97 : 주축 회전수(rpm) 일정 제어
• G98 : 고정 사이클 초기점 복귀
• G99 : 고정 사이클 R점 복귀

01 강을 M_S 점과 M_f 점 사이에서 항온 유지 후 꺼내서 공기 중에서 냉각하여 마텐자이트와 베이나이트의 혼합조직으로 만드는 열처리는?

① 풀림
② 담금질
③ 침탄법
④ 마템퍼

풀이 항온열처리 중 마템퍼링 변태곡선

02 18−8계 스테인리스강의 설명으로 틀린 것은?

① 오스테나이트계 스테인리스강이라고도 하며 담금질로서 경화되지 않는다.
② 내식성, 내산성이 우수하며, 상온 가공하면 경화되어 자성을 다소 갖게 된다.
③ 가공된 제품은 수중 또는 유중 담금질하여 해수용 펌프 및 밸브 등의 재료로 많이 사용한다.
④ 가공성 및 용접성과 내식성이 좋다.

풀이 18−8계 스테인리스강은 담금질을 하여도 경화되지 않기 때문에 가공 후 열처리를 하지 않고 사용한다.

03 강자성체에 속하지 않는 성분은?

① Co
② Fe
③ Ni
④ Sb

풀이 Sb(안티모니)는 반자성체로 자성을 거의 갖지 않는 물질이다.

04 내열강에서 내열성, 내마모성, 내식성 등을 증가시키기 위해 첨가되는 대표적인 원소는?

① 크롬(Cr)
② 니켈(Ni)
③ 티탄(Ti)
④ 망간(Mn)

풀이 크롬(Cr) : 내열강의 합금원소 중 가장 중요한 원소로서 안정된 산화피막에 의해 고온에서도 산화에 잘 견디는 성질을 강하게 만들며, 내열강의 사용온도가 올라갈수록 크롬의 함유량은 증가한다.

05 마우러 조직도를 바르게 설명한 것은?

① 탄소와 규소량에 따른 주철의 조직 관계를 표시한 것
② 탄소와 흑연량에 따라 주철의 조직 관계를 표시한 것
③ 규소와 망간량에 따라 주철의 조직 관계를 표시한 것
④ 규소와 Fe_3C 양에 따른 주철의 조직 관계를 표시한 것

정답 | 01 ④ **02** ③ **03** ④ **04** ① **05** ①

풀이 마우러 조직도

C(탄소)와 Si(규소)의 함유량에 따른 주철의 조직 관계를 나타낸 조직도

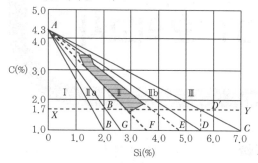

06 스프링용 강의 조직으로 적합한 것은?

① 페라이트   ② 시멘타이트

③ 소르바이트   ④ 레데부라이트

풀이 소르바이트 : α철과 미립 시멘타이트와의 기계적 혼합물이며, 마텐자이트를 500~600℃로 뜨임하거나 담금질할 때, A1 변태를 600~650℃에서 일어나게 했을 때 생기는 미세 펄라이트 조직이다. 마텐자이트 정도로 단단하며 취성이 적고, 펄라이트보다 단단하고, 강인하여 충격 저항이 크다. 그리고 저온(−40~−25℃)에서도 취성이 없으므로, 공업상 대단히 중요한 강의 조직이다. 스프링과 강선 제조에 사용된다.

07 다음 금속 재료 중 고유저항이 가장 작은 것은 어느 것인가?

① 은(Ag)   ② 구리(Cu)

③ 금(Au)   ④ 알루미늄(Al)

풀이 고유저항의 크기

은 < 구리 < 금 < 알루미늄

08 짝(pair)을 선짝과 면짝으로 구분할 때 선짝의 예에 속하는 것은?

① 선반의 베드와 왕복대

② 축과 미끄럼 베어링

③ 암나사와 수나사

④ 한 쌍의 맞물리는 기어

풀이 한 쌍의 맞물리는 기어 ⇒ 기어 이가 닿는 부분은 선이다.

09 스프링 상수의 단위로 옳은 것은?

① N · mm   ② N/mm

③ N · mm²   ④ N/mm²

풀이 스프링 상수 $k = \dfrac{W}{\delta}$ (N/mm)

여기서, W : 스프링에 작용하는 하중(N)

δ : W에 의한 스프링 처짐량(mm)

하중(W)은 처짐량(δ)에 비례($W \propto \delta$)하며 비례계수가 스프링 상수이다.

10 외부로부터 작용하는 힘이 재료를 구부려 휘어지게 하는 형태의 하중은?

① 인장하중   ② 압축하중

③ 전단하중   ④ 굽힘하중

풀이 굽힘하중

중립축을 기준으로 인장하중과 압축하중이 발생한다.

11 묻힘 키(sunk key)에 관한 설명으로 틀린 것은?

① 기울기가 없는 평행 성크 키도 있다.

② 머리 달린 경사 키도 성크 키의 일종이다.

③ 축과 보스의 양쪽에 모두 키 홈을 파서 토크를 전달시킨다.

④ 대개 윗면에 1/5 정도의 기울기를 가지고 있는 경우가 많다.

풀이 ④ 대개 윗면에 1/100 정도의 기울기를 가지고 있는 경우가 많다.

[묻힘 키]

12 에너지 흡수 능력이 크고, 스프링 작용 외에 구조용 부재 기능을 겸하고 있으며, 재료 가공이 용이하여 자동차 현가용으로 많이 사용하는 스프링은?

① 공기 스프링　　② 겹판 스프링
③ 코일 스프링　　④ 태엽 스프링

풀이 겹판 스프링

탄성을 가진 금속판을 한 겹 또는 여러 겹으로 겹쳐 만든 스프링으로, 스프링 중앙에서 발생하는 진동을 완충시킴. 트럭의 현가장치 등에 사용한다.

13 증기나 기름 등이 누출되는 것을 방지하는 부위에 또는 외부로부터 먼지 등의 오염물 침입을 막는 데 주로 사용하는 너트는?

① 캡 너트(cap nut)
② 와셔 붙이 너트(washer based nut)
③ 둥근 너트(circular nut)
④ 육각 너트(hexagon nut)

풀이 캡 너트

너트에 캡이 씌워져 있어 증기나 기름 등이 누출되는 것을 방지할 수 있고, 외부로부터 먼지 등의 오염물 침입을 막는다.

14 관의 양단에 고정되어 있으며, 온도에 의하여 관이 길이가 변화되어 열응력이 생기고 관이 길 때에는 늘어난 양도 커져 관뿐만 아니라 부속장치에도 악영향을 주게 되는데 이를 개선하기 위해 사용하는 관이음은?

① 소켓 및 니플 이음　② 신축 이음
③ 플랜지 이음　　　　④ 용접 및 납땜 이음

풀이 신축 이음

주름진 부분에서 온도 변화에 따른 관 길이 변화 보정

15 접촉면의 압력이 p, 속도가 v, 마찰계수가 μ 일 때 브레이크 용량(break capacity)을 표시하는 것은?

① $\mu p v$　　　　　② $\dfrac{1}{\mu p v}$

③ $\dfrac{p v}{\mu}$　　　　　④ $\dfrac{\mu}{p v}$

풀이 브레이크 용량은 단위 면적당 제동력이다.

$$\text{브레이크 용량} = \frac{\text{제동력}}{\text{접촉면적}} = \frac{F_f \cdot v}{A}$$

$$= \frac{\mu N v}{A} = \mu p v$$

여기서, F_f : 마찰력, v : 속도,
　　　　A : 접촉면적, p : 마찰면의 압력
　　　　μ : 마찰계수, N : 마찰면에 작용하는 힘

16 치수허용한계의 기준이 되는 치수로 도면상에는 구멍, 축 등의 호칭치수와 같은 것은?

① 치수공차　　　② 치수허용차
③ 허용한계치수　④ 기준치수

풀이 기준치수 : 위 치수 허용차 및 아래 치수 허용차를 적용하는 데 따라 허용 한계치수가 주어지는 기준이 되는 치수로 도면에 기입된 호칭치수와 같다.

17
KS 나사의 도시법에서 도시 대상과 사용하는 선의 관계가 틀린 것은?

① 수나사의 골밑은 굵은 실선으로 표시한다.
② 불완전 나사부는 경사된 가는 실선으로 표시한다.
③ 완전 나사부와 불완전 나사부의 경계는 굵은 실선으로 표시한다.
④ 암나사를 단면한 경우 암나사의 골밑은 가는 실선으로 표시한다.

풀이 수나사와 암나사의 골밑은 가는 실선으로 표시한다.

18
다음 도면에서 치수기입이 가장 올바른 것은?

풀이 □30은 한 변의 길이가 30mm인 정사각형을 나타내는 치수이므로 ①번이 정답이다.

19
그림과 같은 입체도의 화살표 방향 정면도로 가장 적합한 것은?

① ② ③ ④

풀이

20
아래 도시된 리벳 작업을 위한 도면의 내용을 바르게 설명한 것은?

① 양 끝 20mm 띄워서 50mm 피치로 지름 15mm의 구멍을 12개 뚫는다.
② 양 끝 20mm 띄워서 50mm 피치로 지름 12mm의 구멍을 15개 뚫는다.
③ 양 끝 20mm 띄워서 12mm 피치로 지름 15mm의 구멍을 50개 뚫는다.
④ 양 끝 20mm 띄워서 15mm 피치로 지름 50mm의 구멍을 12개 뚫는다.

풀이 • 12 − ϕ15 : 지름 15mm의 구멍이 12개 있다는 것을 의미한다.
• 양 끝 20mm 띄워서 50mm 간격으로 지름 15mm의 구멍을 12개 가공한다.

21 가공에 의한 컷의 줄무늬가 그림과 같은 동심원 모양으로 나타날 경우 이 줄무늬 방향의 기호는?

① C ② L
③ M ④ R

풀이 줄무늬 방향 기호
C : 가공으로 생긴 커터의 줄무늬가 기호를 기입한 면의 중심에 대하여 동심원 모양

22 평벨트풀리의 호칭방법으로 옳은 것은?

① 종류 · 명칭 · 재료 · 호칭지름
② 종류×명칭 · 호칭지름 · 호칭나비 · 재료
③ 명칭 · 종류 · 재료 · 호칭지름
④ 명칭 · 종류 · 호칭지름×호칭나비 · 재료

풀이 평벨트풀리의 호칭방법
"명칭 · 종류 · 호칭지름×호칭나비 · 재료" 순으로 표시한다.
바깥둘레면의 모양에 따라 C형과 F형으로 구분한다.
예 평벨트풀리 일체형 · C · 125×25 · 주철
평벨트풀리 분할형 · F · 125×25 · 주강

[C형]

[F형]

23 구름 베어링의 호칭 번호가 6420 C2 P6으로 표시된 경우 베어링 내경은 몇 mm인가?

① 20 ② 64
③ 100 ④ 420

풀이 호칭 번호 6420에서 뒤의 두 자리(20)가 베어링 내경을 표시한다.
베어링 내경＝20×5＝100

24 나사붙이 테이퍼 핀 규격이 아래와 같을 때 테이퍼 핀의 호칭지름은?

KS B 1308 − A − 6×30 − St

① 6mm
② 8mm
③ 13mm
④ 30mm

풀이 테이퍼 핀의 규격
• "규격번호 또는 규격명칭, 등급, 호칭직경×길이 및 재료"로 기입한다.
• KS B 1308(규격번호), A(등급), 6×30(호칭직경 ×길이), St(재료)

25 다음 그림의 도면에서 A 부분의 대각선이 뜻하는 것은?

① 평면 ② 상관선
③ 원형 ④ 결 모양

풀이 평면 표시는 평면에 해당하는 부분에 대각선 방향으로 가는 실선으로 그린다.

정답 | 21 ① 22 ④ 23 ③ 24 ① 25 ①

26 절삭가공을 할 때에 절삭열의 분포를 나타낸 것이다. 절삭열이 가장 큰 곳은?

① A ② B
③ C ④ D

풀이 절삭열의 분포
A 부분 : 60%, B 부분 : 30%, C 부분 : 10%

27 다이얼 게이지의 일반적인 특징으로 틀린 것은?

① 눈금과 지침에 의해서 읽기 때문에 오차가 적다.
② 소형, 경량으로 취급이 용이하다.
③ 연속된 변위량의 측정이 불가능하다.
④ 많은 개소의 측정을 동시에 할 수 있다.

풀이 ③ 연속된 변위량의 측정을 할 수 있다.

28 연삭하려는 부품의 형상으로 연삭숫돌을 성형하거나 성형연삭으로 인하여 숫돌 형상이 변화된 것을 부품의 형상으로 바르게 고치는 작업을 무엇이라고 하는가?

① 무딤 ② 눈 메움
③ 트루잉 ④ 입자 탈락

풀이 트루잉(truing)
• 연삭숫돌 입자가 연삭가공 중에 떨어져 나가거나, 처음의 연삭 단면 형상과 다르게 변하는 경우 원래의 형상으로 성형시켜 주는 것을 말한다.
• 트루잉 작업은 다이아몬드 드레서, 프레스 롤러, 크러시 롤러(crush roller) 등으로 하고, 트루잉 작업과 동시에 드레싱도 함께 하게 된다.

29 재료를 원하는 모양으로 변형하거나 성형시켜 제품을 만드는 기계공작법의 종류가 아닌 것은?

① 소성가공법 ② 탄성가공법
③ 접합가공법 ④ 절삭가공법

풀이 기계공작법의 종류
• 절삭가공 : 공구에 의한 절삭, 입자에 의한 절삭
• 비절삭가공 : 주조, 소성가공, 용접(접합), 특수 비절삭

30 선반에서 가늘고 긴 가공물을 절삭할 때 사용하는 부속장치로 적합한 것은?

① 방진구 ② 돌리개
③ 공구대 ④ 주축대

31 입도가 작고 연한 숫돌을 작은 압력으로 가공물의 표면에 가압하면서 가공물에 피드를 주고, 숫돌을 진동시켜 가공하는 것은?

① 호닝(honing)
② 슈퍼피니싱(superfinishing)
③ 숏피닝(shot-peening)
④ 버니싱(burnishing)

풀이 슈퍼피니싱
미세하고 연한 숫돌을 가공 표면에 가압하고, 공작물에 회전이송운동을 숫돌에 진동을 주어 0.5mm 이하의 경면(거울면) 다듬질에 사용한다.

32 드릴의 각부 중 드릴의 홈을 따라서 만들어진 좁은 날이며, 드릴을 안내하는 역할을 하는 것의 명칭은?

① 웹(web) ② 마진(margin)
③ 자루(shank) ④ 탱(tang)

정답 | 26 ① 27 ③ 28 ③ 29 ② 30 ① 31 ② 32 ②

풀이 드릴의 각부 명칭

33 칩의 마찰에 의해 바이트의 상면 경사면이 오목하게 파이는 현상은?

① 크레이터 마모　　② 플랭크 마모
③ 온도파손　　　　④ 치핑

풀이 크레이터 마모(crater wear)
공구 경사면이 칩과의 마찰에 의하여 오목하게 마모되는 것으로 유동형 칩의 고속절삭에서 자주 발생하고, 크레이터가 깊어지면 날 끝의 경사각이 커지고 날 끝이 약해짐

34 숫돌바퀴의 구성 3요소는?

① 숫돌입자, 결합제, 기공
② 숫돌입자, 입도, 성분
③ 숫돌입자, 결합도, 입도
④ 숫돌입자, 결합제, 성분

풀이 숫돌바퀴의 구성 3요소
- 숫돌입자 : 절삭공구의 날에 해당하는 광물질의 결정체
- 결합제 : 입자와 입자를 결합시키는 접착제
- 기공 : 연삭열을 억제하고 무딘 입자가 쉽게 탈락하며 깎인 칩이 들어가는 장소

35 밀링머신의 구성 요소로 틀린 것은?

① 니(knee)　　　　② 컬럼(column)
③ 테이블(table)　　④ 심압대(tail stock)

풀이 심압대는 선반의 구성 요소이다.

밀링 머신의 구성 요소
컬럼, 베이스, 니, 새들, 테이블

36 선반의 주축에 주로 사용되는 테이퍼는?

① 내셔널 테이퍼　　② 모스 테이퍼
③ 관용 테이퍼　　　④ 제이콥스 테이퍼

풀이 모스 테이퍼(Morse taper) : 선반의 주축, 드릴의 섕크, 밀링머신의 콜릿 척 등에 사용한다.

37 센터리스 연삭에서 공작물의 이송속도와 관계없는 것은?

① 조정숫돌바퀴의 지름
② 조정숫돌바퀴의 회전수
③ 연삭숫돌바퀴에 대한 조정숫돌바퀴의 경사각
④ 연삭숫돌바퀴의 지름

풀이 조정숫돌바퀴에 의해 이송속도를 조정한다.

정답 | 33 ④　34 ①　35 ④　36 ②　37 ④

38 외측 마이크로미터에서 나사의 피치가 0.5mm, 딤블의 원주 눈금이 50등분 되어 있다면 최소 측정값은?

① 0.1mm
② 0.5mm
③ 0.01mm
④ 0.02mm

풀이 최소 측정값 $= \dfrac{\text{나사의 피치}}{\text{딤블의 등분 수}}$

$= \dfrac{0.5}{50} = 0.01\text{mm}$

39 결합도에 따른 숫돌바퀴의 선정 기준에 결합도가 높은 숫돌을 사용하는 경우가 아닌 것은?

① 접촉 면적이 클 때
② 가공면의 표면이 거칠 때
③ 연삭 깊이가 작을 때
④ 숫돌바퀴의 원주속도가 느릴 때

풀이 연삭조건에 따른 숫돌의 결합도 선택
ㄱ 결합도가 높은 숫돌(굳은 숫돌)
• 연한 재료의 연삭
• 숫돌차의 원주속도가 느릴 때
• 연삭 깊이가 얕을 때
• 접촉 면적이 작을 때
• 재료 표면이 거칠 때
ㄴ 결합도가 낮은 숫돌(연한 숫돌)
• 단단한(경한) 재료의 연삭
• 숫돌차의 원주속도가 빠를 때
• 연삭 깊이가 깊을 때
• 접촉면이 클 때
• 재료 표면이 치밀할 때

40 수직 밀링머신 장치의 일반적인 운동 관계가 옳지 않은 것은?

① 주축 스핀들 – 회전
② 테이블 – 수직 이동
③ 니 – 상하 이동
④ 새들 – 전후 이동

풀이 테이블 – 좌우 이동

41 드릴링머신에서 작업할 수 없는 것은?

① 리밍
② 태핑
③ 카운터싱킹
④ 버니싱

풀이 버니싱 작업은 드릴링머신으로 할 수 없다.

[버니싱 작업]

42 줄 작업 방법에 해당하지 않는 것은?

① 후진법
② 직진법
③ 병진법
④ 사신법

풀이 후진법은 줄 작업 방법에 없다.

(a) 직진법　(b) 사진법　(c) 횡진법(병진법)

[줄 작업법]

43 CNC 선반에서 그림과 같이 A → B로 원호가 공 하는 프로그램으로 옳은 것은?

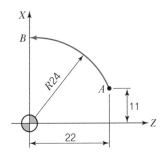

① G02 U24. W−22. R24. F0.2 ;

② G02 U26. Z−22. R24. F0.2 ;

③ G03 U24. W−22. R24. F0.2 ;

④ G03 U26. W−22. R24. F0.2 ;

풀이 원호가공 프로그램

G03 U26. W−22. R24. F0.2 ;

증분지령으로 점A가 임시 원점이라 생각하고 좌푯 값을 입력한다.

- G03 : 반시계방향 가공
- U26. : X축 방향 증분 좌푯값 +26(지름 값을 입 력하므로, $2 \times (24-11) = 26$)
- W−22. : Z축 방향 증분 좌푯값 −22
- R24 : 180° 이하인 원호이므로 +24
- F0.2 : 이송속도(mm/rev)

44 다음 그림의 A점에서 화살표 방향으로 360° 원호가공 하는 머시닝 센터 프로그램으로 맞 는 것은?

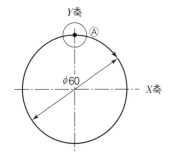

① G17 G02 G90 I30. F100 ;

② G17 G02 G90 J−30. F100 ;

③ G17 G03 G90 I30. F100 ;

④ G17 G03 G90 J−30. F100 ;

풀이 원호가공 프로그램 :

G17 G02 G90 J−30. F100 ;

- G17 : XY 평면
- G02 : 시계 방향 가공
- G90 : 절대지령
- J−30. : 원호의 중심이 시작점을 기준으로 Y축 방향으로 −30mm만큼 떨어져 있으므로
- F100 : 이송속도(mm/min)

45 CNC 프로그램에서 G04 X2.0을 바르게 설명 한 것은?

① 가공 후 2/100만큼 후퇴

② 가공 후 2/100만큼 전진

③ 가공 후 2분간 정지

④ 가공 후 2초간 정지

풀이 가공 후 공구의 이송을 2초간 정지

46 머시닝 센터 작업 시 주의해야 할 사항 중 옳 은 것은?

① 주축의 회전수는 가능한 한 고속으로 한다.

② 칩 제거는 맨손으로 하지 않는다.

③ 작업사항을 보기 위하여 작업문을 열고 작 업한다.

④ 절삭공구나 가공물을 설치할 때는 반드시 전원을 켜고 한다.

풀이 머시닝 센터 작업 시 주의사항
- 주축의 회전수는 작업상태에 맞게 설정한다.
- 칩 또는 절삭유가 비산(飛 : 날 비, 散 : 흩을 산)하므로 작업문을 닫고 작업한다.
- 절삭공구나 가공물을 설치할 때는 전원을 끄거나 완전히 정지시키고 실시한다.

47 프로그램을 편리하게 하기 위하여 도면상에 있는 임의의 점을 프로그램상의 절대좌표 기준으로 정한 점을 무엇이라 하는가?

① 제2 원점　　② 제3 원점
③ 기계 원점　　④ 프로그램 원점

풀이 프로그램 원점 : 프로그램을 편리하게 하기 위하여 도면상에 있는 임의의 점을 프로그램상의 절대좌표 기준으로 정한 점을 말한다.

48 CNC 선반에서 M30×1.5인 한 줄 나사를 가공하려고 할 때, 회전당 이송속도(F) 값은?

① 0.35　　② 0.7
③ 1.5　　④ 3.0

풀이 이송속도(F)는 나사의 리드를 입력한다.
나사의 리드(L)=나사 줄 수(n)×피치(p)
$$=1 \times 1.5 = 1.5$$

49 다음 CNC 선반 프로그램에서 N03 블록의 가공 예상 시간은?

```
N01 G00 X50. Z0. ;
N02 G97 S1000 M03 ;
N03 G01 X50. Z50. F0.2 ;
```

① 10초　　② 15초
③ 20초　　④ 25초

풀이 $T = \dfrac{L \times 60}{NF}$

$$= \frac{50\text{mm} \times 60}{1,000\text{rpm} \times 0.2\text{mm/rev}} = 15\text{sec}$$

여기서, T : 가공 예상시간(sec)
L : 공작물의 가공길이(mm)=Z50.

N : 공작물의 회전수(rpm)=S1000
F : 이송속도(mm/rev)=F0.2

50 다음 나사가공 프로그램에서 [　] 안에 알맞은 것은?

```
G76 P010060 Q50 R30 ;
G76 X13.62 Z-32.5 P1190 Q350 F[  ] ;
```

M16×2.0

30

① 1.0　　② 1.5
③ 2.0　　④ 2.5

풀이 F : 나사의 리드
나사의 리드=나사 줄 수×피치=1×2=2

51 CNC 선반가공 전에 육안으로 점검할 사항으로 적합하지 않은 것은?

① 척 압력의 적정 유지 상태
② 전자 회로 기판의 작동 상태
③ 윤활유 탱크에 있는 윤활유의 양
④ 절삭유의 유량과 작업 조명등의 밝기

풀이 전자 회로 기판의 작동 상태는 육안으로 점검할 수 없다.

52 머시닝 센터에서 모서리 치수를 정확히 가공하거나 드릴 작업, 카운터싱킹 등에서 목표점에 도달한 후 진원도 향상 및 깨끗한 표면을 얻기 위하여 사용하는 기능은?

① G33　　② G24
③ G10　　④ G04

풀이
- 가공 후 지령한 시간 동안 공구의 이송을 정지시켜 진원도를 향상하고 깨끗한 표면을 얻기 위하여 휴지기능을 사용한다.
- G33 : 나사 절삭, G10 : 데이터 설정, G04 : 휴지(dwell) 기능

53 일반적으로 CNC 프로그램의 준비기능(G 기능)에 속하지 않는 것은?

① 원호보간 ② 직선보간
③ 기어속도변환 ④ 급속이송

풀이 원호보간(G02, G03), 직선보간(G01), 급속이송(G00)

54 CNC 선반에서 나사를 가공하기 위해 주축의 회전수를 일정하게 제어하는 G 코드는?

① G94 ② G95
③ G96 ④ G97

풀이 G96 : 절삭속도(m/mm) 일정 제어, G97 : 주축 회전수(rpm) 일정 제어

55 CNC 공작기계에서 정보가 흐르는 과정으로 옳은 것은?

① 도면 → CNC 프로그램 → 서보기구 구동 → 정보처리 회로 → 기계 본체 → 가공물
② 도면 → 정보처리 회로 → CNC 프로그램 → 서보기구 구동 → 기계 본체 → 가공물
③ 도면 → CNC 프로그램 → 정보처리 회로 → 서보기구 구동 → 기계 본체 → 가공물
④ 도면 → CNC 프로그램 → 정보처리 회로 → 기계 본체 → 서보기구 구동 → 가공물

풀이 CNC공작기계의 정보흐름

56 CNC 프로그램의 주요 주소(address) 기능에서 T의 기능은?

① 주축기능 ② 공구기능
③ 보조기능 ④ 이송기능

풀이 주축기능(S), 공구기능(T), 보조기능(M), 이송기능(F)

57 머시닝 센터 작업 시 안전 및 유의 사항으로 틀린 것은?

① 비상정지 스위치의 위치를 확인한다.
② 일감은 고정장치를 이용하여 견고하게 고정한다.
③ 일감에 떨림이 생기면 거칠기가 나빠지고 공구 파손의 원인이 된다.
④ 측정기, 공구 등을 기계의 테이블에 올려 놓고 사용하면 편리하다.

풀이 측정기, 공구 등을 진동이 있는 기계 위나 떨어지기 쉬운 장소에 놓지 않아야 한다.

58 머시닝 센터 프로그램에서 공구길이 보정에 대한 설명으로 잘못된 것은?

① G43 : 공구길이 보정 "+" 방향
② G44 : 공구길이 보정 "−" 방향
③ G45 : 공구길이 보정 취소
④ H05 : 공구길이 보정 번호

풀이 G49 : 공구길이 보정 취소

59 CAD/CAM 시스템의 적용 시 장점과 가장 거리가 먼 것은?

① 생산성 향상
② 품질 관리의 강화
③ 비효율적인 생산체계
④ 설계 및 제조 시간 단축

풀이 CAD/CAM 시스템의 적용 시 효율적인 생산체계가 된다.

60 CNC 선반의 공구 기능 중 T□□△△에서 △△의 의미는?

① 공구 보정 번호 ② 공구 선택 번호
③ 공구 교환 번호 ④ 공구 호출 번호

풀이 □□ : 공구 선택 번호, △△ : 공구 보정 번호

정답 | 53 ③ 54 ④ 55 ③ 56 ② 57 ④ 58 ③ 59 ③ 60 ①

01 주조성이 우수한 백선 주물을 만들고, 열처리하여 강인한 조직으로 단조를 가능하게 한 주철은?

① 가단 주철   ② 칠드 주철
③ 구상 흑연 주철   ④ 보통 주철

풀이
- 가단 주철[可(가 : 가능하다, 허락하다)鍛(단 : 두드리다) 鑄鐵(주철 : 쇠를 부어 만든 철)] : 단조가 가능한 주철
- 칠드 주철 : 주조 시 주형에 냉금을 삽입하여 주물 표면을 급랭하여 백선화하고 경도를 증가시킨 내마모성 주철이다.
- 구상 흑연 주철 : 편상 흑연(강도와 연성이 작고 취성이 있음)을 구상 흑연(강도와 연성이 큼)으로 개선한 주철로서, 주철을 구상화하기 위하여 인(P)과 황(S)의 양은 적게 하고, 마그네슘(Mg), 칼슘(Ca), 세륨(Ce) 등을 첨가한다.
- 보통 주철(회주철) : 주철을 주형에 주입할 때, 벽 두께의 차이에 의해 냉각 속도가 지극히 느린 경우 탄소가 흑연의 형태로 많이 석출되기 때문에 파단면이 회색을 띠는 주철

02 고강도 알루미늄 합금강으로 항공기용 재료 등에 사용되는 것은?

① 두랄루민   ② 인바
③ 콘스탄탄   ④ 서멧

풀이 두랄루민
- 시효경화처리의 대표적인 합금으로, 강재와 비슷한 인장강도를 가지고 있다.
- 항공기, 자동차, 리벳, 기계 등에 사용된다.

03 가스 질화법으로 강의 표면을 경화하고자 할 때 질화효과를 크게 하는 원소는?

① 코발트   ② 니켈
③ 마그네슘   ④ 알루미늄

풀이 가스질화법 : 암모니아(NH_3) 가스 속에서 질화강을 500~550℃로 72시간 정도 가열하면 질화철이 표면에 생성되어 단단해지며 질화용 강으로는 Al, Cr, Mo을 함유하는 강이 지정되어 있다.

04 자동차용 신소재인 파인 세라믹스(fine ceramics)에 대한 설명 중 틀린 것은?

① 가볍다.
② 강도가 강하다.
③ 내화학성이 우수하다.
④ 내마모성 및 내열성이 우수하다.

풀이 세라믹 종류는 충격에 약하고, 취성파괴의 특성을 가진다. 특히 파괴될 때까지의 변형량이 극히 적고 균열의 진전속도가 빠르다.

05 조성은 Al에 Cu와 Mg이 각각 1%, Si가 12%, Ni이 1.8%인 Al 합금으로 열팽창계수가 작아 내연기관 피스톤용으로 이용되는 것은?

① Y 합금
② 라우탈
③ 실루민
④ Lo-Ex 합금

정답 | 01 ①   02 ①   03 ④   04 ②   05 ④

풀이 Lo−Ex 합금 : Al−Si 합금에 Cu, Mg, Ni을 소량 첨가한 것이다. 선팽창계수가 $20 \times 10^{-8}/℃$로 작고 내열성이 좋으며, 주조성·단조성이 뛰어나므로 자동차 등의 엔진 피스톤 재료로 널리 사용되고 있다. Lo−Ex는 low expansion(저팽창)을 줄인 말이다.

06 다음 중 회주철의 재료 기호는?

① GC   ② SC

③ SS   ④ SM

풀이 탄소합금강과 주철의 KS 규격

KS 규격	영문 명칭	한글 명칭 및 특징
GC	Grey Casting	회주철품
SC	Steel Casting	탄소강 주강품
SS	Steel General Structure	일반구조용 압연강재
SM	Steel Machine Structure	기계구조용 탄소강

07 금속의 재결정온도에 대한 설명으로 맞는 것은?

① 가열시간이 길수록 낮다

② 가공도가 작을수록 낮다.

③ 가공 전 결정입자 크기가 클수록 낮다.

④ 납(Pb)보다 구리(Cu)가 낮다.

풀이 ② 가공도가 작은 재료는 새로운 결정핵의 발생이 어려우므로 재결정온도가 높다.

③ 가공 전 결정입자 크기가 클수록 높다.

④ 납(Pb, 20℃)보다 구리(Cu, 200℃)가 높다.

※ 재결정(recrystallization)

냉간가공에 의해 내부응력이 생긴 결정입자를 재결정온도 부근에서 적당한 시간 동안 가열하면, 내부응력이 없는 새로운 결정핵이 점차 성장하여 새로운 결정입자가 생기는 현상

08 나사에서 리드(L), 피치(P), 나사 줄 수(n)의 관계식을 바르게 나타낸 것은?

① $L = P$ ② $L = 2P$

③ $L = nP$ ④ $L = n$

풀이 리드 $l = nP$ (여기서, n : 나사 줄 수, P : 피치)

09 피치원 지름 165mm이고 잇수 55인 표준 평기어의 모듈은?

① 2   ② 3

③ 4   ④ 6

풀이 모듈 $m = \dfrac{D}{z} = \dfrac{165}{55} = 3$

여기서, D : 피치원지름, z : 잇수

※ $D = m \cdot z$ → DMZ(비무장지대)로 암기

10 단면적이 20mm²인 어떤 봉에 100kgf의 인장하중이 작용할 때 발생하는 응력은?

① 2kgf/mm²   ② 5kgf/mm²

③ 20kgf/mm²   ④ 50kgf/mm²

풀이 $\sigma = \dfrac{F}{A} = \dfrac{100}{20} = 5\,\text{kgf/mm}^2$

여기서, F : 인장하중, A : 봉의 단면적

11 나사의 호칭지름은 무엇으로 나타내는가?

① 피치   ② 암나사의 안지름

③ 유효지름   ④ 수나사의 바깥지름

풀이 호칭지름

수나사의 바깥지름(d)이다. 나사를 주문할 때 쓰는 호칭이라 보면 된다.

예 나사 M10을 주세요. → 외경이 10mm인 미터나사를 주세요.

12 축 방향에 하중이 작용하면 피스톤이 이동하여 작은 구멍인 오리피스(orifice)로 기름이 유출되면서 진동을 감소시키는 완충장치는?

① 토션 바   ② 쇼크업소버

③ 고무 완충기   ④ 링 스프링 완충기

풀이 쇼크업소버(shock absorber) : 충격 흡수 장치로서, 주행 중 발생되는 노면 충격과 진동을 흡수하여 승차감을 향상시키는 현가장치의 하나이다. 자동차와 산악자전거에서 흔히 볼 수 있다.

정답 | 06 ①   07 ①   08 ③   09 ②   10 ②   11 ④   12 ②

13 회전에 의한 동력 전달 장치에서 인장 측 장력과 이완 측 장력의 차이는?

① 초기장력　　② 인장 측 장력

③ 이완 측 장력　　④ 유효장력

풀이
• 유효장력＝긴장 측 장력－이완 측 장력
• 벨트에서 유효장력을 기초로 토크와 전달동력을 설계한다.

14 너비가 5mm이고 단면의 높이가 8mm, 길이가 40mm인 키에 작용하는 전단력은?(단. 키의 허용전단응력은 2MPa이다.)

① 200N　　② 400N

③ 800N　　④ 4,000N

풀이 전단력 $P=$전단응력 $\tau_k \times$전단파괴면적 A_τ

$\qquad\qquad = \tau_k \cdot b \cdot l$

여기서, b : 너비

$\qquad\quad l$: 길이

$\tau_k = 2\text{MPa} = 2\text{N/mm}^2$

$b = 5\text{mm}$, $l = 40\text{mm}$

$\therefore P = 2 \times 5 \times 40 = 400(\text{N})$

[키에 작용하는 전단력]

15 다음 체인전동의 특성 중 틀린 것은?

① 정확한 속도비를 얻을 수 있다.

② 벨트에 비해 소음과 진동이 심하다.

③ 2축이 평행한 경우에만 전동이 가능하다.

④ 축간거리는 10~15m가 적합하다.

풀이 축간거리가 10~15m면 너무 멀어 동력 전달이 힘들다. 축간거리가 먼 경우는 벨트나 로프 전동장치를 사용한다.

16 다음 중 허용 한계 치수에서 기준 치수를 뺀 값을 의미하는 용어로 가장 적합한 것은?

① 치수공차　　② 공차역

③ 치수허용차　　④ 실치수

풀이
• 치수공차(공차 범위) : "최대 허용치수－최소 허용치수", "위 치수 허용차－아래 치수 허용차"를 말한다.
• 공차역 : 부품 형상을 구성하는 점, 선, 면, 축선 등이 기하학적으로 완벽한 형체로부터 벗어나더라도 괜찮은 영역을 정하는 것을 말하며, 공차역의 크기를 숫자로 규정한다.
• 실치수 : 물체(형체)의 실제 측정 치수를 말하며, 기본 단위는 mm이다.

17 면의 지시 기호에 대한 각 지시 기호의 위치에서 가공방법을 표시하는 위치로 맞는 것은?

① a　　② b

③ d　　④ e

풀이 지시기호 위치에 따른 표시

a : 중심선 평균 거칠기의 값[R_a의 값(μm)]

b : 가공방법, 표면처리

c : 컷오프 값, 평가길이

d : 줄무늬 방향의 기호

e : 기계가공공차(ISO에 규정되어 있음)

18 다음 중 가는 2점쇄선을 사용하여 도시하는 경우는?

① 도시된 물체의 단면 앞쪽 형상을 표시
② 다듬질한 형상이 평면임을 표시
③ 수면, 유면 등의 위치를 표시
④ 중심이 이동한 중심 궤적을 표시

풀이 가는 2점쇄선 도시 방법
  ㉠ 가상선
    • 인접부분을 참고하거나 공구, 지그 등의 위치를 참고로 나타내는 데 사용한다.
    • 가공 부분을 이동 중의 특정 위치 또는 이동 한계의 위치로 표시하는 데 사용한다.
    • 되풀이하는 것을 나타내는 데 사용한다.
    • 도시된 단면의 앞쪽에 있는 부분을 표시하는 데 사용한다.
  ㉡ 무게중심선 : 단면의 무게중심을 연결한 선을 표시하는 데 사용한다.

19 보기와 같은 도면에서 C부의 치수는?

① 43
② 47
③ 50
④ 53

풀이 $C + 15 + 17 = 82$
$C = 82 - 32 = 50$

20 그림과 같은 입체를 제3각 정투상법으로 가장 올바르게 투상한 것은?(단, 화살표 방향이 정면이다.)

---

① 정면도   ② 우측면도

③ 평면도   ④ 좌측면도

풀이

[정면도]   [우측면도]   [평면도]

21 도면에서 두 종류 이상의 선이 같은 장소에서 겹칠 경우 우선순위가 높은 순서대로 외형선부터 치수보조선까지 옳게 나타낸 것은?

① 외형선 – 무게중심선 – 중심선 – 절단선 – 숨은선 – 치수보조선
② 외형선 – 숨은선 – 절단선 – 중심선 – 무게중심선 – 치수보조선
③ 외형선 – 중심선 – 무게중심선 – 숨은선 – 절단선 – 치수보조선
④ 외형선 – 절단선 – 무게중심선 – 숨은선 – 중심선 – 치수보조선

풀이 선의 우선순위
외형선 → 숨은선 → 절단선 → 가는 1점쇄선 → 가는 2점쇄선 → 치수 보조선

22 그림과 같은 키홈만의 모양을 도시하는 것으로 충분할 경우 사용하는 투상법의 명칭은?

① 국부 투상도   ② 부분 확대도

③ 보조 투상도   ④ 회전 투상도

풀이 키홈부의 특정 부분만을 그렸으므로 국부 투상도이다.

23 키의 호칭에 대한 표시로 맞는 것은?

① 규격번호, 종류(또는 그 기호), 호칭치수 × 길이

② 규격번호, 종류(또는 그 기호), 길이 × 호칭치수

③ 종류(또는 그 기호), 규격번호, 호칭치수 × 길이

④ 종류(또는 그 기호), 규격번호, 길이 × 호칭치수

풀이 키의 호칭 방법

'규격번호, 종류(또는 그 기호), 호칭치수 × 길이'의 순서로 표시한다.

24 기하공차의 종류 중 모양공차인 것은?

① 원통도 공차   ② 위치도 공차

③ 동심도 공차   ④ 대칭도 공차

풀이 모양공차의 종류

직진도 공차(——), 평면도 공차(▱), 진원도 공차(○), 원통도 공차(⌀), 선의 윤곽도 공차(⌒), 면의 윤곽도 공차(⌓)

25 분할 핀의 호칭법으로 알맞은 것은?

① 분할 핀 KS B 1321 – 등급 – 형식

② 분할 핀 KS B 1321 – 호칭지름 × 길이 – 재료

③ 분할 핀 KS B 1321 – 호칭지름, 호칭지름 × 길이, 재료

④ 분할 핀 KS B 1321 – 길이 – 재료

풀이 분할 핀의 호칭은 '규격 번호 – 호칭지름 × 호칭길이 – 재료'로 한다.

26 "지름이 같은 일감을 한쪽에서 밀어 넣으면 연삭되면서 자동으로 이송되는 방식"이 설명하는 센터리스 연삭 방법은?

① 직립 이송 방식   ② 전후 이송 방식

③ 좌우 이송 방식   ④ 통과 이송 방식

풀이 통과 이송법(through feed method)

• 공작물을 연삭숫돌바퀴와 조정숫돌바퀴 사이에 넣고 받침대로 지지한 다음, 느린 속도로 회전하는 조정숫돌로 공작물을 회전시키면서 고속 회전하는 연삭숫돌로 연삭하는 방식이다.

• 지름이 같은 공작물을 자동으로 이송시키면서 연삭할 때 적합한 방식이다.

• 조정숫돌을 1~5° 기울여 공작물이 회전되면서 자동으로 이송되어 연삭할 수 있다.

27 수평 밀링머신의 플레인 커터 작업에서 하향절삭과 비교한 상향절삭의 특징은?

① 가공물 고정이 유리하다.

② 절삭날에 작용하는 충격이 적다.

③ 절삭날의 마멸이 적고 수명이 길다.

④ 백래시 제거장치가 필요하다.

풀이 상향절삭과 하향절삭의 비교

구분	상향절삭	하향절삭
커터의 회전방향	공작물 이송방향과 반대이다.	공작물 이송방향과 동일하다.
백래시 제거장치	필요 없다.	필요하다.
공작물 고정	불안정하다.	안정적이다.
커터의 수명	수명이 짧다.	수명이 길다.
칩의 제거	칩이 잘 제거된다.	칩이 잘 제거되지 않는다.
절삭면	거칠다.	깨끗하다.
동력 손실	많다.	적다.

28 일반적으로 드릴 작업 후 리머 가공을 할 때 리머 가공의 절삭 여유로 가장 적합한 것은?

① 0.02~0.003mm 정도

② 0.2~0.3mm 정도

③ 0.8~1.2mm 정도

④ 1.5~2.5mm 정도

풀이 리밍(reaming)

• 드릴로 뚫은 작은 구멍을 정확한 치수와 깨끗한 내면으로 다듬질하는 작업

• 드릴링 직경(1차 가공)＝리밍 직경(2차 가공)－연질 0.2mm 이하, 경질 0.13mm 이하

29 수나사 측정법 중 유효지름을 측정하는 방법이 아닌 것은?

① 나사 마이크로미터에 의한 방법

② 삼침법에 의한 방법

③ 스크린에 의한 방법

④ 공구현미경에 의한 방법

풀이 나사 측정 방법

나사 마이크로미터, 삼침법, 공구현미경. 만능측장기 등

30 선반 가공에서 절삭 깊이 1.5mm로 원통깎기를 할 때 공작물의 지름이 작아지는 양은 몇 mm 인가?

① 1.5   ② 3.0

③ 0.75   ④ 1.55

풀이 깎이는 공작물의 지름 $d = 2h = 2 \times 1.5 = 3\mathrm{mm}$

여기서, h : 절삭깊이(mm)

31 다음 중 철도차량의 바퀴를 주로 가공하는 전용 공작기계는?

① 드릴링머신

② 셰이퍼

③ 차륜선반

④ 플레이너

풀이 차륜선반 : 철도차량의 바퀴를 깎는 선반으로 정면선반 2개를 서로 마주보게 설치한다.

32 그림과 같이 작은 압력을 가하고 숫돌을 진동시켜 가공하며 방향성이 없고 표면 변질부가 대단히 작은 가공법은?

① 호닝(honing)

② 슈퍼피니싱(superfinishing)

③ 래핑(lapping)

④ 버니싱(burnishing)

풀이 슈퍼피니싱의 특징

• 가공면이 매끈하다.

• 방향성이 없으며 가공에 의한 표면의 변질부가 극히 작다.

33 래핑 작업에 쓰이는 랩제의 종류가 아닌 것은?

① 탄화규소   ② 알루미나

③ 산화철   ④ 주철가루

풀이 랩제의 종류

알루미나, 산화크롬, 탄화규소, 산화철, 다이아몬드

34 보통 선반의 이송 단위로 가장 올바른 것은?

① 1분당 이송(mm/min)

② 1회전당 이송(mm/rev)

③ 1왕복당 이송(mm/stroke)

④ 1회전당 왕복(stroke/rev)

풀이 선반의 이송(f) : 매 회전 시마다 바이트가 이동되는 거리를 말하며 mm/rev로 표시한다.

정답 | **28** ②   **29** ③   **30** ②   **31** ③   **32** ②   **33** ④   **34** ②

35 둥근 봉의 단면에 금긋기를 할 때 사용되는 공구와 가장 거리가 먼 것은?

① 다이스   ② 정반
③ 서피스 게이지   ④ V-블록

풀이 다이스는 수나사를 가공하는 수기공구이다.

36 수직 밀링머신에 사용되는 부속장치로 수동 또는 자동 이송에 의하여 회전시킬 수 있으며, 간단한 각도 분할 작업도 할 수 있는 밀링머신 부속장치는?

① 밀링바이스   ② 원형 테이블
③ 슬로팅 장치   ④ 아버

풀이 원형(회전) 테이블의 구조

37 다음 중 눈금이 없는 측정 공구는?

① 마이크로미터   ② 버니어 켈리퍼스
③ 다이얼 게이지   ④ 게이지 블록

풀이 게이지 블록
여러 개를 조합하여 길이 측정의 표준이 되는 게이지로서 사용되며, 공장용 게이지로서 가장 정확하고, 표면에 눈금이 새겨져 있지 않다.

38 다음 중 보통 선반에서 할 수 없는 작업은?

① 드릴링 작업   ② 보링 작업
③ 인덱스 작업   ④ 널링 작업

풀이 인덱스 작업
아래 그림처럼 대상이 되는 공작물의 중심 위치를 정해 두면 원주상에 위치를 잡아 가공하는 작업을 말한다. → 선반에서 작업할 수 없음

39 일반적으로 초경합금의 정면 밀링커터의 레이디얼 경사각이 가장 커야 하는 공작물 재질은?

① 알루미늄   ② 황동
③ 주철   ④ 탄소강

풀이 • 재료가 연할수록 경사각이 커야 절삭저항이 작고, 가공 정밀도가 높다.
• 재료의 경도 크기 : 알루미늄<황동<탄소강<주철

40 지름이 같은 3개의 와이어를 나사산에 대고 와이어의 바깥쪽을 마이크로미터로 측정하여 계산식에 의해 나사의 유효지름을 구하는 측정 방법은?

① 나사 마이크로미터에 의한 방법
② 삼침법에 의한 방법
③ 공구현미경에 의한 방법
④ 3차원 측정기에 의한 방법

풀이 삼침법에 의한 방법

정답 | 35 ①   36 ②   37 ④   38 ③   39 ①   40 ②

41 탄화텅스텐(WC), 티탄(Ti), 탄탈늄(Ta) 등의 분말을 코발트(Co) 또는 니켈(Ni) 분말과 혼합하여 프레스로 성형한 다음 약 1,400℃ 이상의 고온에서 소결한 것으로 고온, 고속 절삭에서도 높은 경도를 유지하지만 진동이나 충격을 받으면 부서지기 쉬운 절삭공구 재료는?

① 탄소 공구강　　② 합금 공구강
③ 고속도강　　　　④ 초경합금

풀이 초경합금에 대한 설명이다.

42 수평 밀링머신의 플레인 커터 작업에서 상향절삭과 하향절삭에 대한 설명 중 틀린 것은?

① 상향절삭은 절삭방향과 공작물의 이송방향이 같다.
② 상향절삭에서는 이송기구의 백래시가 자연스럽게 없어진다.
③ 하향절삭은 절삭된 칩이 이미 가공된 면 위에 쌓이므로 가공할 면을 잘 볼 수 있다.
④ 하향절삭은 커터 날이 공작물을 누르며 절삭하므로 일감의 고정이 간편하다.

풀이 상향절삭은 절삭방향과 공작물의 이송방향이 반대이다.

상향절삭과 하향절삭의 비교

구분	상향절삭	하향절삭
커터의 회전방향	공작물 이송방향과 반대이다.	공작물 이송방향과 동일하다.
백래시 제거장치	필요 없다.	필요하다.
공작물 고정	불안정하다.	안정적이다.
커터의 수명	수명이 짧다.	수명이 길다.
칩의 제거	칩이 잘 제거된다.	칩이 잘 제거되지 않는다.
절삭면	거칠다.	깨끗하다.
동력 손실	많다.	적다.

43 CNC 공작기계에서 기계상에 고정된 임의의 지점으로 기계 제작 시 기계 제조회사에서 위치를 정하는 고정 위치를 무엇이라고 하는가?

① 프로그램 원점　　② 기계 원점
③ 좌표계 원점　　　④ 공구의 출발점

풀이 기계 원점 : CNC 공작기계에서 기계상에 고정된 임의의 지점으로 기계 제작 시 기계 제조회사에서 위치를 정하는 점을 말한다.

44 CNC 선반 단일 고정 사이클 프로그램에서 I(R)는 어떠한 절삭 기능인가?

> G90 X___ Z___ I(R)___ F___ ;

① 원호 가공　　　　② 직선 가공
③ 테이퍼 절삭　　　④ 나사 가공

풀이 I(R) : 테이퍼 절삭
테이퍼의 경우 절삭의 끝점과 절삭의 시작점의 상대좌푯값, 반경지령(I : 11T에 적용, R : 11T 아닌 경우에 적용)

45 CNC 선반의 서보기구에 대한 설명으로 맞는 것은?

① 컨트롤러에서 가공 데이터를 저장하는 곳이다.
② 디스켓이나 테이프에 기록된 정보를 받아서 펄스화시키는 것이다.
③ CNC 컨트롤러를 작동시키는 기구이다.
④ 공작기계의 테이블 등을 움직이게 하는 기구이다.

풀이 서보기구는 인체에서 손과 발에 해당하는 것으로, 머리에 비유하는 정보처리 회로(CPU)로부터 보내진 명령에 의하여 공작기계의 테이블 등을 움직이게 하는 기구를 말한다.

46 보조 프로그램에 대한 설명 중 틀린 것은?

① 종료는 M99로 지령한다.

② 반드시 증분값으로 지령한다.

③ 호출은 M98로 지령한다.

④ 보조 프로그램은 주 프로그램과 같은 메모리에 등록되어 있어야 한다.

풀이 증분값으로 지령하는 것이 아니라 M 뒤에 2자리 숫자를 붙여 사용한다.

47 다음 도면을 CNC 선반에서 가공할 때 나사부의 외경 치수는?

① ϕ38   ② ϕ42

③ ϕ46   ④ ϕ50

풀이 M42×2.0 : M42는 나사의 호칭치수(나사의 외경 치수)이고, 2.0은 나사의 피치를 나타낸다.

48 머시닝 센터 프로그램에서 G 코드의 기능이 틀린 것은?

① G90 : 절대명령

② G91 : 증분명령

③ G94 : 회전당 이송

④ G98 : 고정 사이클 초기점 복귀

풀이 G94 : 분당 이송(mm/min)

49 CNC 선반 프로그램에서 공구의 현재 위치가 시작점일 경우 공작물 좌표계 설정으로 올바른 것은?

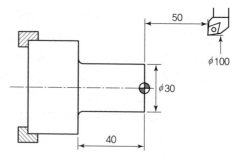

① G50 X50. Z100. ;

② G50 X100. Z50. ;

③ G50 X30. Z40. ;

④ G40 X100. Z-50. ;

풀이 원점 표시 기호(⬤)를 기준으로 바이트 끝 X축 방향의 값이 ϕ100이고, Z축 방향의 값이 50이므로 G50 X100. Z50. ;이라고 설정하면 된다.

50 CNC 선반 프로그램에서 사용되는 보조기능에 대한 설명으로 맞는 것은?

① M03 : 주축 정지

② M05 : 주축 정회전

③ M98 : 보조(부) 프로그램 호출

④ M09 : 절삭유 공급 시작

풀이 M03 : 주축 정회전(CW : 시계방향), M05 : 주축 정지, M09 : 절삭유 공급 중단

51 CNC 기계 가공 시 안전 및 유의사항으로 틀린 것은?

① 가공할 때 절삭 조건을 알맞게 설정한다.

② 가공 시작 전에 비상 스위치의 위치를 확인한다.

③ 가공 중에는 칩 커버나 문을 반드시 닫아야 한다.

④ 공정도와 공구세팅시트는 가능한 한 작성하지 않는다.

풀이 공정도와 공구세팅시트 작성은 CNC 기계 가공 시 안전 및 유의사항과 거리가 멀다.

정답 | 46 ② 47 ② 48 ③ 49 ② 50 ③ 51 ④

52 머시닝 센터에서 지름 10mm인 엔드밀을 사용하여 외측 가공 후 측정값이 $\phi62.04$mm가 되었다. 가공 치수를 $\phi61.98$mm로 가공하려면 보정값을 얼마로 수정하여야 하는가?(단, 최초 보정은 5.0으로 반지름 값을 사용하는 머시닝 센터이다.)

① 4.90 　　　　② 4.97
③ 5.00 　　　　④ 5.03

풀이 측정값과 가공값의 오차 $=62.04-61.98=0.06$
(0.06만큼 크게 가공됨)
외측 양쪽 가공이므로 $0.06/2=0.03$
∴ 공구경 보정값 $=5.0-0.03=4.97$

53 위치와 속도를 서보모터의 축이나 볼 나사의 회전 각도로 검출하여 피드백(feedback) 시키는 서보기구로, 일반 CNC 공작기계에서 주로 사용되는 그림과 같은 제어 방식은?

① 개방회로 방식 　　② 폐쇄회로 방식
③ 반폐쇄회로 방식 　④ 반개방회로 방식

풀이 반폐쇄회로 방식
• 속도정보는 서보모터에 내장된 타코 제너레이터에서 검출되어 제어된다.
• 위치정보는 볼 스크루나 서보 모터의 회전 각도를 측정해 간접적으로 실제 공구의 위치를 추정하고 보정해주는 간접 피드백 시스템 제어 방식이다.

54 머시닝 센터에서 공구길이 보정 준비 기능과 관계없는 것은?

① G42 　　　　② G43
③ G44 　　　　④ G49

풀이 • G43(공구길이 보정 "+"), G44(공구길이 보정 "−"), G49(공구길이 보정 취소)
• G42(공구지름 보정 우측)

55 머시닝 센터에서 테이블에 고정된 공작물의 높이를 측정하고자 할 때 가장 적당한 것은?

① 다이얼 게이지
② 한계 게이지
③ 하이트 게이지
④ 사인바

풀이 하이트 게이지 : 대형 부품, 복잡한 모양의 부품 등을 정반 위에 올려놓고 정반면을 기준으로 하여 높이를 측정하거나, 스크라이버(scriber)로 금긋기 작업을 하는 데 사용한다.

56 공작기계 가공 시 착용하는 안전 장구류의 종류가 아닌 것은?

① 보안경 　　　　② 안전화
③ 작업복 　　　　④ 면장갑

풀이 면장갑을 끼면 회전하는 공구나 공작물에 손이 말려 들어갈 수 있으므로 가공 중에는 착용하지 않는다.

57 프로그램 에러(error) 정보가 발생하는 경우는?

① G04 P0.5 ;
② G00 X50000 Z2. ;
③ G01 X12.0 Z−30. F0.2 ;
④ G96 S120 ;

풀이 휴지기능 G04에서 P는 소수점 사용 불가이고 X, U는 소수점 이하 세 자리까지 사용 가능하다.
예 2초 동안 일시정지 하는 경우

| G04 X2.0 ; | G04 U2.0 ; | G04 P2000 ; |

58 CNC 공작기계 사용 시 안전사항으로 틀린 것은?

① 비상정지 스위치의 위치를 확인한다.
② 칩으로부터 눈을 보호하기 위해 보안경을 착용한다.
③ 그래픽으로 공구경로를 확인한다.
④ 손의 보호를 위해 면장갑을 착용한다.

풀이 절삭 중에는 면장갑을 착용하지 않고, 칩 제거 또는 측정할 때에는 착용한다.

정답 | 52 ② 　53 ③ 　54 ① 　55 ③ 　56 ④ 　57 ① 　58 ④

59 CNC 선반의 좌표계에 대한 설명으로 틀린 것은?

① 좌표계를 설정하는 명령어로 G50을 사용한다.

② 일반적으로 좌표계는 X, Z축의 직교 좌표계를 사용한다.

③ 주축 방향과 평행한 축을 X축으로 하여 좌표계를 설정한다.

④ 프로그램을 작성할 때 도면 또는 일감의 기준점을 나타낸다.

풀이 주축 방향과 평행한 축을 Z축으로 하여 좌표계를 설정 한다.

60 CNC프로그램에서 "G96 S200 ;"에 대한 설명으로 맞는 것은?

① 주축은 200rpm으로 회전한다.

② 주축속도가 200m/min이다.

③ 주축의 최고 회전수는 200rpm이다.

④ 주축의 최저 회전수는 200rpm이다.

풀이 G96 S200 ; → 주축속도(절삭속도)가 200m/min 이다.

컴퓨터응용선반기능사 필기

발행일 | 2022. 1. 15   초판발행

저 자 | 다솔유캠퍼스
발행인 | 정용수
발행처 | 예문사

주 소 | 경기도 파주시 직지길 460(출판도시) 도서출판 예문사
T E L | 031) 955 – 0550
F A X | 031) 955 – 0660
등록번호 | 11 – 76호

정가 : 26,000원

ISBN 978–89–274–4278–3 13550